普通高等教育物联网工程专业系列教材

# 物联网通信技术

曾宪武　高　剑　任春年　包淑萍　编著

西安电子科技大学出版社

# 内 容 简 介

物联网是互联网的发展与延伸,物联网中所采用的通信技术以承载数据为主。作为数据通信的承载网络,物联网的通信技术具有非常丰富的技术内涵,包含传输、交换、有线、无线、移动等通信技术的多个方面。

本书以物联网的三层结构为主线,以感知控制层、汇聚层及网络传输层所需的通信承载网为线索,以数据通信基础为前提,讲述了短距离通信技术、无线传感器网络、通信网及其交换技术及无线移动通信技术。

本书分为5篇,共27章。第1篇为数据通信基础,全面讲述了数据通信的基本原理,是学习物联网通信技术的基础;第2篇为短距离通信技术,其内容包括各种接口及总线技术以及蓝牙、红外、超宽带技术;第3篇为无线传感器网络,它是狭义上的物联网的主要组成部分,也是狭义上的物联网通信技术;第4篇为通信网及其交换技术,讲述了通信网、传输复用技术及其交换技术;第5篇为无线移动通信技术,以现有的2G技术为主,介绍了四种3G技术,为学习物联网的移动互联打下良好的基础。

本书可作为物联网工程专业的本科生教材,也可作为相近专业的本科生与研究生教材。

## 图书在版编目(CIP)数据

物联网通信技术/曾宪武等编著.
—西安:西安电子科技大学出版社,2014.4(2024.2重印)
ISBN 978 - 7 - 5606 - 3321 - 3

Ⅰ. ①物…　Ⅱ. ①曾…　Ⅲ. ①互联网络—应用—高等学校—教材　②智能技术—应用—高等学校—教材　Ⅳ. ①TP393.4　②TP18

中国版本图书馆 CIP 数据核字(2014)第 043924 号

策　　划　毛红兵
责任编辑　张　玮　毛红兵
出版发行　西安电子科技大学出版社(西安市太白南路2号)
电　　话　(029)88202421　88201467　邮　编　710071
网　　址　www.xduph.com　　　电子邮箱　xdupfxb001@163.com
经　　销　新华书店
印刷单位　陕西天意印务有限责任公司
版　　次　2014 年 4 月第 1 版　2024 年 2 月第 8 次印刷
开　　本　787 毫米×1092 毫米　1/16　印张 29.5
字　　数　700 千字
定　　价　69.00 元
ISBN 978 - 7 - 5606 - 3321 - 3/TP

**XDUP 3613001 - 8**

\*\*\* 如有印装问题可调换 \*\*\*

# 普通高等教育物联网工程专业系列教材

## 编审专家委员会名单

# 前　言

物联网被誉为继信息高速公路后的又一次信息技术革命，是信息学科、通信学科及自动化学科的交叉融合。

在物联网中，通信技术扮演着非常重要的角色。物联网中的信息是由通信网来承载的，这使物联网具有电信承载网络的特点。由于物联网是互联网的发展与延伸，因此物联网中所采用的通信技术以承载数据为主，具有数据通信的概念。物联网作为数据通信的承载网络具有非常丰富的技术内涵，即包含了通信技术的多个层面，也就是包含了传输、交换、有线、无线、移动等通信技术的多个方面。

本书以物联网的三层结构为主线，以感知控制层、汇聚层及网络传输层所需的通信承载网为线索，介绍了短距离通信技术、无线传感器网络、通信网及其交换技术及无线移动通信技术。

本书分为 5 篇，共 27 章。第 1 篇为数据通信基础，全面介绍了数据通信的基本原理，是学习物联网通信技术的基础；第 2 篇为短距离通信技术，以实现感知控制层通信；第 3 篇为无线传感器网络，讲述了狭义上的物联网的主要组成部分，即狭义上的物联网通信技术；第 4 篇为通信网及其交换技术，讲述了通信网、传输复用技术及其交换技术；第 5 篇为无线移动通信技术，以现有的 2G 技术为主，介绍了四种 3G 技术，为学习物联网的移动互联打下良好的基础。

本书的参考学时为 72 学时，也可根据需要进行精简，如开设与无线传感器网络相关的课程，则可略过第 3 篇。

本书可作为物联网工程专业的本科生教材，也可作为相近专业的本科生与研究生教材。

曾宪武负责本书的总体组织与统稿，并编写了第 0 章及第 1、3 篇；高剑编写了第 2 篇；任春年编写了第 4 篇；包淑萍编写了第 5 篇。本书在编写的过程中得到了王志良教授的大力支持，在此表示衷心的感谢。

由于通信技术及物联网技术发展迅速，并且编者的水平有限，书中存在不当之处在所难免，敬请读者批评指正。

编　者

2013 年 12 月

# 目　　录

## 第 1 篇　数 据 通 信 基 础

# 第 2 篇　短距离通信技术

# 第 3 篇　无 线 传 感 器 网 络

# 第 0 章 概　述

物联网(Internet of Things，IoT)是继互联网后出现的信息技术领域的一次重大发展，它的广泛应用将在未来的 5～15 年内解决与国民经济相关的重大问题，并将深刻改变人们的生活方式，为此，物联网会受到各国政府、企业和学术界的高度重视。目前，美国、欧盟、日本等国家和地区已将物联网提升到了信息化战略的高度，并推进其发展。

## 0.1　物联网框架结构

作为一个庞大、复杂和综合的信息集成系统，物联网的框架由三个层次构成，即信息的感知控制层、网络传输层和应用层，其基本结构如图 0.1.1 所示。

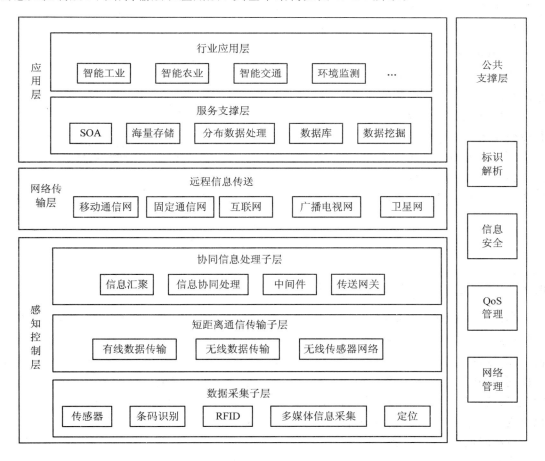

图 0.1.1　物联网框架结构

**1. 感知控制层**

感知控制层包含三个子层次，即数据采集子层、短距离通信传输子层和协同信息处理子层。

（1）数据采集子层通过各种类型的感知设备获取现实世界中的物理信息，这些物理信息可以描述当前"物"属性和运动状态。感知设备的种类主要有各种传感器、RFID、多媒体信息采集装置、条码（一维、二维条码）识别装置和实时定位装置等。

（2）短距离通信传输子层将局部范围内采集的信息汇聚到网络传输层的信息传送系统，该系统主要包括短距离有线数据传输系统、无线传输系统、无线传感器网络等。

（3）协同信息处理子层将局部采集到的信息通过汇聚装置及协同处理系统进行数据汇聚处理，以降低信息的冗余度、提高信息的综合应用度、降低与传送网络层的通信负荷为目的。协同信息处理子层主要包括信息汇聚系统、信息协同处理系统、中间件系统及传送网关系统等。

**2. 网络传输层**

网络传输层将来自感知控制层的信息通过各种承载网络传送到应用层。各种承载网络包括了现有的各种公用通信网络、专业通信网络，目前这些通信网主要有移动通信网、固定通信网、互联网、广播电视网、卫星网等。

**3. 应用层**

应用层是物联网框架结构的最高层次，是"物"的信息综合应用的最终体现。"物"的信息综合应用与行业有密切的关系，依据行业的不同而不同。

应用层主要分为两个子层次，即服务支撑层和行业应用层。服务支撑层主要用于各种行业应用的信息协同、信息处理、信息共享、信息存储等，是一个公用的信息服务平台；行业应用层主要面向诸如环境、电力、智能、工业、农业、家居等方面的应用。

另外，物联网框架还应有公共支撑层，其作用是保障整个物联网安全、有效地运行，主要包括了网络管理、QoS 管理、信息安全和标识解析等运行管理系统。

# 0.2　物联网通信系统

## 0.2.1　物联网通信系统基本结构

物联网是实现物理世界、虚拟世界、数字世界与人类社会间交互的技术手段。物联网通信模式主要分为"物与物"（Thing - to - thing）通信和"物与人"（Thing - to - person）通信。"物与物"通信，主要实现"物"与"物"在没有人工介入情况下的信息交互，如"物"能够监控其他"物"，当发生应急情况时，"物"能够主动采取相应措施。"M2M"技术就是"物与物"通信的一种形式。"物与人"通信主要实现"物"与人之间的信息交互，如人对"物"的远程控制，或者"物"向人主动报告自身的状态信息和感知信息。

在物联网中，通信系统的主要作用是将信息安全可靠地传送到目的地，由于物联网具有异构性的特点，就使得物联网所采用的通信方式和通信系统也具有异构性和复杂性。

在信息传输方面，物联网虽然采用的是以数据为主的通信手段，但在承载平台上却采

用了不同模式的有线、无线通信方式；在所采用的通信协议方面，网络传送层采用了基于
IP 的通信协议，但在感知控制层却采用了多种通信协议，如 X.25 协议、基于工业总线的
接口和协议、ZigBee 等。因此，可以说物联网的感知控制层的通信方式最为复杂。

按照物联网的框架结构，物联网的通信系统可大体分为两大类，即感知控制层通信和
网络层传输通信。其基本结构如图 0.2.1 所示。

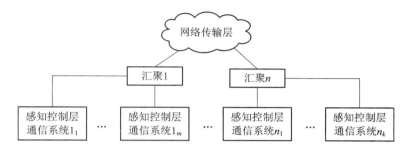

图 0.2.1　物联网通信系统结构

在图 0.2.1 中，感知控制层通信系统表示感知控制设备所具有的通信能力。一般情况
下，若干个感知控制设备负责某一区域，整个物联网可划分为众多个感知控制区域，每个
区域都通过一个汇聚设备接入到互联网中，即接入到网络传输层。

对于物联网的网络传输层，其通信系统主要是为了支持互联网而构成的数据业务传送
系统，一般由公众通信网络及专用通信网络构成，主要功能是保证互联网的有效运行。

## 0.2.2　感知控制层与网络传输层通信系统

### 1. 感知控制层通信系统

感知控制层的通信目的是将各种传感设备(或数据采集设备以及相关的控制设备)所感
知的信息在较短的通信距离内传送到信息汇聚系统，并由该系统传送(或互联)到网络传输
层。其通信的特点是传输距离近，传输方式灵活、多样。

感知控制层通信系统所采用的技术主要分为短距离有线通信、短距离无线通信和无线
传感器网络。

感知控制层的短距离有线通信系统主要是由各种串行数据通信系统构成的，目前采用
的技术有 RS-232/485、USB、CAN 工业总线及各种串行数据通信系统。

感知控制层的短距离无线通信系统主要由各种低功率、中高频无线数据传输系统构
成，目前主要采用蓝牙、红外、超宽带、无线局域网、GSM、3G 等技术来完成短距离无线
通信任务。

无线传感器网络(Wireless Sensor Network，WSN)是一种部署在感知区域内的大量的
微型传感器节点通过无线传输方式形成的一个多跳的自组织系统。它是一种网络规模大、
自组织、多跳路由、动态拓扑、可靠性高、以数据为中心、能量受限的通信网络，是"狭义"
上的物联网，也是物联网的核心技术之一。

### 2. 网络传输层通信系统

网络传输层是由数据通信主机(或服务器)、网络交换机、路由器等构成的，在数据传

送网络支撑下的计算机通信系统，其基本结构如图 0.2.2 所示。

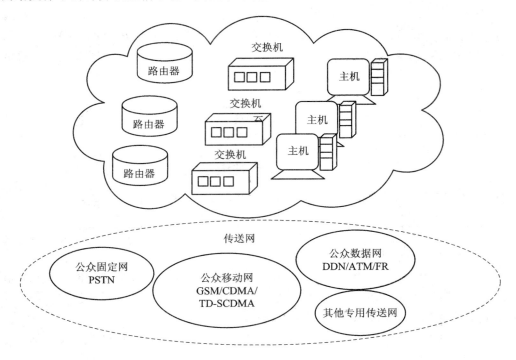

图 0.2.2　网络传输层通信系统结构

　　网络传输层通信系统中支持计算机通信系统的数据传送网可由公众固定网、公众移动通信网、公众数据网及其他专用传送网构成。目前的公众固定网、公众移动网及公众数据网主要有 PSTN（Public Switched Telephone Network，公众电话交换网）、GSM（Global System for Mobile Communications，全球移动通信系统）、CDMA（Code Division Multiple Access，码分多址）、TD‐SCDMA（Time Division Synchronous Code Division Multiple Access，时分同步码分多址）、DDN（Digital Data Network，数字数据网）、ATM（Asynchronous Transfer Mode，异步传输模式）、FR（Frame‐Relay，帧中继）等，它们为物联网的网络层提供了数据传送平台。

　　利用公众移动网和其他专用传送网构成的数据传送平台是物联网网络传输层的基础设施，主机、网络交换机及路由器等构成的计算机网络系统是物联网网络传输层的功能设施，不仅为物联网提供了各种信息存储、信息传送、信息处理等基础服务，还为物联网的综合应用层提供了信息承载平台，保障了物联网各专业领域的应用。

## 0.2.3　物联网通信技术的发展

　　物联网作为一种新兴的信息技术，是在现有的信息技术、通信技术、自动化控制技术等基础上的融合与创新。现阶段对物联网的研究，不论从理论方面，还是从实践方面，均处于起步阶段，而物联网通信技术更是如此。就目前而言，尚不能较清楚地看到物联网通信技术发展的趋势，但可以从目前的研究方向看出端倪。目前，物联网通信技术主要研究的方向有以下几个方面。

**1. 物联网扩频通信和频谱分配问题**

无线通信是利用一定频段的电磁波来传输信息的。理论上，在一定区域范围内，传输信息的电磁波的频段是不能重叠的，如重叠则会形成电磁波干扰，从而影响通信质量。采用扩频技术，则可以通过重叠的频段来传输信息，但这要求扩频所采用的 PN（Pseudorandom Noise，伪随机噪声）码之间要相互正交或跳频、跳时调度图之间不能相一致（或相似），这就需要研究扩频通信的技术及规则，使得大量部署的以扩频通信为无线传输方式的无线传感器网络之间的通信不因受到干扰而影响通信质量。

另外，还需要研究频谱分配的技术，在充分利用时分、空分或时分＋空分技术的基础上根据智能天线技术的原理，开发出合理、有效、成本低廉、体积微小的无线通信装置，以满足大量部署无线传感器网络对频谱资源的需求。

**2. 基于软件无线电和认知无线电的物联网通信体系架构**

物联网感知控制层内的终端具有多种接入网络层的通信方式，由于无线通信具有任何地点、任何时间都可接入并能进行通信的特点，因此无线通信方式是物联网终端接入网络层的首选。但随着终端数量的增多，随之而来的是需要大量的频段资源以满足接入网络的需求，另外，无线通信方式也随着通信技术的发展而不断进步，因此，需要研究能满足物联网不断发展的无线通信方式。由于软件无线电具有统一的硬件平台、多样化软件调制方式和传输模式的特点，因此，它可以满足未来不断发展的无线通信模式变化的需求，而且成本低廉、升级方便。

为了解决无线频段资源的紧张问题，认知无线电技术是解决该问题的一个关键技术。认知无线电技术可以识别利用率低的无线频段，并将这些无线频段给予回收，统一管理、优化分配，以解决无线频段资源紧张的难题。

**3. 物联网中的异构网络融合**

物联网终端具有多样性，其通信协议多样，数据传送的方式多样，并且它们分别接入不同的通信网络，这就造成了需要大量的汇聚中间件系统来进行转换，即形成接入的异构性，尤其在以无线通信方式为首选的物联网终端接入中，该问题尤为突出。

多个无线接入环境的异构性体现在以下几个方面：

（1）无线接入技术的异构性。它们的无线传输机制不同，覆盖的范围不同，可以获得的传输速率不同，提供的 QoS 不同，面向的业务和应用不同。

（2）组网方式的异构性。除了经由基站接入的单跳式无线网络以外，还有多跳式的无线自组织网和网形网，它们的网络控制方式不同，有依赖于基础设施的集中控制，也有灵活的分布式协同控制。

（3）终端的异构性。由于业务应用的多样性以及信息通信技术的不断提升，终端已从手机扩展到便携式电脑、各种类型的信息终端、娱乐终端、移动办公终端、嵌入式终端等，不同的终端具有不同的接入能力、移动能力和业务能力。

（4）频谱资源的异构性。由于不同频段的传输特性不同，适用于各种频段的无线技术也不同，并且不同地区频谱规划方式也有显著区别。

（5）运营管理的异构性。不同的运营商基于开发的业务以及用户群不同，将会设计出不同的管理策略和资费策略。

由于异构网络相对独立自治，相互之间缺乏有效的协同机制，可能造成系统间干扰、重叠覆盖、单一网络业务提供能力有限、频谱资源浪费、业务的无缝切换等问题。面对日益复杂的异构无线环境，为了用户能够便捷地接入网络，轻松地享用网络服务，"融合"已成为信息通信业的发展潮流。

融合包含以下三个层次的内容：

(1) 业务融合。以统一的 IP 网络技术为基础，向用户提供独立于接入方式的服务。

(2) 终端融合。现在的多模终端是终端融合的雏形，但是随着新的无线接入技术的不断出现，为了同时支持多种接入技术，终端会变得越来越复杂，价格也越来越高，更好的方案是采用基于软件无线电的终端重配置技术，它可以使得原本功能单一的移动终端设备具备了接入不同无线网络的能力。

(3) 网络融合。网络融合包括固定网与移动网融合，核心网与接入网融合、不同无线接入系统之间的融合等。

异构网络融合的实现分为两个阶段：连通阶段和融合阶段。连通阶段是指传感网、RFID 网、局域网、广域网等的互联互通，将感知信息和业务信息传送到网络另一端的应用服务器进行处理，以支持应用服务。融合阶段是指在各种网络连通的网络平台上，分布式部署若干信息处理的功能单元，根据应用需求在网络中对传递的信息进行收集、融合和处理，从而使基于感知的智能服务实现得更为精确。从该阶段开始，网络将从提供信息交互功能扩展到提供智能信息处理功能及支撑服务，并且传统的应用服务器网络架构向可管、可控、可信的集中智慧参与的网络架构演进。

### 4. 基于多通信协议的高能效传感器网络

无线传感器网络是物联网的核心，但由于无线传感器节点是能量受限的，因此在应用上其寿命受到较大的限制。其中一个重要的原因是通信过程传输单位比特能量消耗比过大，而这是由于通信协议中增加了过多的比特开销，以及收发节点之间的相互认证、等待等能量的开销，因此需要研究高效传输通信协议，以减少传输单位比特能量的开销。

另外，不同类型的无线传感器网络使用不同的通信协议，这就使得各类不同无线传感器网络的接入及配合部署需要协议转换环节，增加了接入和配合部署的难度，同时也增加了节点的能量消耗，因此研究多种相互融合的多通信协议栈（包）是无线传感网络发展的趋势。

### 5. IP 网络技术

物联网的网络传输层及感知控制层的部分物联网终端采用的是 IP 通信机制，但目前 IPv4 及 IPv6 两种 IP 通信方式共存应用。如何研究两个 IP 共同应用的自动识别与转换技术及应用，以及克服 IP 通信带来的 QoS 不稳定及安全隐患是 IP 网络技术需要进一步解决的问题。我们可以预见将来的 IP 通信是一个能提供满足各种 QoS 稳定要求、安全性不断提高的 IP 通信系统。

# 本 章 小 结

物联网是现有信息技术、通信技术、自动控制技术等深度融合与发展的产物。其实质是采用各种传感设备采集各种"物"的信息,传输到以互联网为核心的信息网络上,以实现全面感知、信息的智能处理、对"物"的智能控制,完成相应的应用。物联网作为一个庞大、复杂和综合的信息系统集成系统,其框架由三个层次构成,即由信息的感知控制层、网络传送层和应用层构成。

物联网用途广泛,遍及公共服务、物流零售、智能交通、安全、家居生活、环境监控、医疗护理、航空航天等多行业多领域,可以说涵盖了我们身边的工业、环境和社会的各个领域。

按照物联网的框架结构,物联网的通信系统可大体分为两大类,即感知控制层通信和网络层通信。

感知控制的通信目的是将各种传感设备所感知的信息在较短的通信距离内传送到信息汇聚系统,并由该系统传送(或互联)到网络传输层,其通信的特点是传输距离近,传输方式灵活、多样。

网络传输层是由数据通信主机(或服务器)、网络交换机、路由器等构成的,在数据传送网络支撑下的计算机通信系统。

物联网扩频通信和频谱分配,基于软件无线电和认知无线电的物联网通信体系架构,物联网中的异构网络融合,基于多通信协议的高能效传感器网络,以及 IP 网络技术是物联网通信技术主要研究的方向。

# 习 题 与 思 考

0 - 1　物联网通信系统主要由哪两大类构成?

0 - 2　感知控制层通信系统的目的及特点是什么?

0 - 3　网络传输层通信系统主要由哪些设备及系统构成?

0 - 4　目前物联网通信技术的研究方向主要有哪些?

# 第1篇　数据通信基础

物联网的感知控制层、网络传输层，乃至综合应用层中所有的信息均以数据形式呈现；感知控制层中的物联网终端通过汇聚系统接入到网络传输层，以及网络传输层内各主机之间的通信均是以数据的形式进行通信的。因此，掌握数据通信的基本原理、基本技术对于掌握物联网的通信技术非常必要。

通信的目的是传输消息，而数据是消息的一种，因此数据通信是通信的一种具体形态，数据通信具有通信的一般共性。为此，应首先掌握通信系统的基本知识和技术。

本篇主要介绍通信的基本模型与概念、数据通信基础理论、数据通信中的信道、信源编码、数字基带传输、数字调制系统、差错控制技术、数据链路传输控制规程方面的内容。

# 第1章　通信的基本模型与概念

## 1.1　通信系统模型

通信的任务是完成消息的传递。消息具有不同的形式，如符号、文字、语音、数据、图像等，为了将消息传递到目的地，须经过若干个环节构成的"通信系统"来完成，将这些环节抽象为一般的模型，即形成了通信系统的模型。

完成某一通信任务的过程可以抽象为将一个消息从消息的源头传递到消息的目的地，为了实现这一过程，要经过发送设备、传输媒质（信道）和接收设备环节，如图1.1.1所示。

图1.1.1　通信系统模型

在图1.1.1中，发送端（信息源）的作用是把各种可能的消息转换成原始电信号。为了使该信号适合在信道中传输，需由发送设备对其进行某种处理或变化，然后再传送到信道中进行传输。信道是指信号传输的通道。在接收端，接收设备的作用与发送设备相反，即从接收信号中尽可能地恢复出原始电信号，而受信者（也称信宿）是将复原的原始信号转换成相应的消息。噪声源是信道中的噪声及分布在通信系统其他各处的噪声的集中表示。

## 1.2　模拟通信与数字通信系统模型

通信中所传输的消息是多种多样的，符号、文字、语音、图形图像等都是消息多样的表现。消息可分为两种类型，第一类称为离散消息，另一类称为连续消息。离散消息是指消息的状态是可数的或离散的，也称为数字消息，例如数据、符号等。连续消息是指其状态是连续变化的，也称为模拟消息，如连续变化的语言、图像等。

为了能传递消息，各种消息需转换为电信号，即消息与电信号之间必须有一一对应的关系。通常，消息被承载在电信号的某一参量上，如果电信号的参量承载的是离散消息，则该参量必须是离散值，这种信号称为数字信号。如果电信号的参量是连续值，则这样的信号称为模拟信号。按照信道中传输的是模拟信号还是数字信号，可以相应地把通信系统分为模拟通信系统和数字通信系统。

另外，我们还可以将模拟信号转换为数字信号（称为模拟/数字变换或A/D变换），经过数字通信的方式传输后，再在接收端进行反变换(称为数字/模拟变换或 D/A 变换)，还原出模拟信号。

原始电信号由于它的成分中含有不适合信道传输的低频分量，因此，模拟通信往往需要将原始电信号变换成适合于信道传输的信号，并在接收端进行反变换，这种变换和反变换称为调制和解调。经过调制后的信号称为已调信号，它应具有两个基本特征，一是携带消息，二是适合信道的传输。通常，我们将发送端调制前和接收端解调后的信号称为基带信号，因此，原始信号又称为基带信号，而已调信号则称为频带信号。一般的模拟通信系统模型可由图 1.2.1 表示。图 1.2.1 与图 1.1.1 的不同之处是将发送设备、接收设备分别用调制器和解调器来代替。

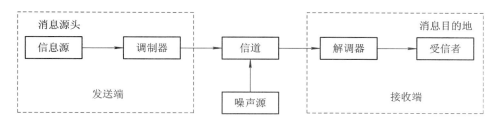

图 1.2.1 模拟通信系统模型

数字通信的基本特征是其传输离散或数字信号。在模拟通信中通过调制与解调对基带信号进行变换和反变换，要求变换(或反变换)应具有成比例的线性关系；而在数字通信中，则要求已变换的参量与基带信号之间呈一一对应的关系。除上述外，数字通信还应解决以下关键问题：

(1) 数字信号在传输时，信道噪声或干扰所造成的差错需要通过差错控制编码等手段来解决。为此，在发送端需要增加一个编码器，而接收端需要一个解码器。

(2) 当需要保密时，可以有效对基带信号进行人为的加密，此时，需要在收发两端分别增加加密器和解密器。

(3) 由于数字信号的传输是按照节拍传送数字信号单元(即码元)的，因此接收端必须按与发送端相同的节拍接收，否则会出现"张冠李戴"的混乱结果。

(4) 为了表述消息的内容，基带信号都是按消息内容编组的，各组之间用某码组表示间隔和停顿。

鉴于上述四项要解决的关键问题，数字通信系统的模型可表述为图 1.2.2 所示。

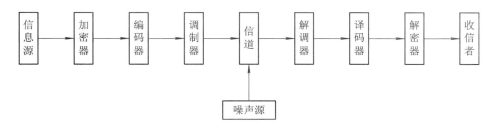

图 1.2.2 数字通信系统模型

在数字通信中，通常称节拍一致为"位同步"或"码元同步"，称编组一致为"群同步"、"帧同步"、"句同步"或"码组同步"。

实际上，在数字通信系统中，各个环节并非一定要采用图 1.2.2 所示的形式，而应依据具体的要求来设计。如对于一个数字基带传输系统（见图 1.2.3），就不采用频带调制和解调环节。另外，当数字通信系统要传输模拟消息时，还可在发送端前、接收端后分别增加模/数变换（A/D 变换）器和数/模变换（D/A 变换）器。

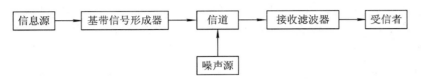

信息源 → 基带信号形成器 → 信道 → 接收滤波器 → 受信者

噪声源 → 信道

图 1.2.3 数字基带通信系统模型

和模拟通信相比，数字通信具有抗干扰能力强、传输差错可控制、便于应用信息的处理、保密性能高、可以综合传输各种消息的优点。

# 1.3 通信系统的分类及通信方式

## 1.3.1 通信系统分类

通信系统有许多不同的分类方法，这里我们从通信系统的模型出发对通信系统进行分类。

（1）按消息的物理特征分类。依据消息的物理特征不同，通信系统可以分为电报通信系统、电话通信系统、数据通信系统、图像通信系统和多媒体通信系统等。

（2）按调制方式分类。根据是否采用调制环节，可将通信系统分为基带传输通信系统和频带（调制）传输通信系统。基带传输系统中，原始消息信号未经频带调制而直接传输。频带传输通信系统是对各种信号调制后传输的总称，调制方式很多，常见的一些调制方式如表 1.3.1 所示。

**表 1.3.1 常用调制方式**

| 调 制 方 式 | | | 用 途 |
|---|---|---|---|
| 载波调制 | 线性调制 | 双边带调幅（AM） | 广播 |
| | | 单边带调制（SSB） | 载波通信、短波无线电话通信 |
| | | 双边带调制（DSB） | 立体声广播 |
| | | 残留边带调制（VSB） | 电视广播、传真 |
| | 非线性调制 | 频率调制（FM） | 微波中继、卫星通信 |
| | | 相位调制（PM） | 中间调制方式 |
| | 数字调制 | 振幅键控（ASK） | 数据传输 |
| | | 频移键控（FSK） | 数据传输 |
| | | 相位键控（PSK）、（DPSK） | 数据传输 |
| | | 其他数字调制（QAM）、（MSK） | 微波、空间通信 |

续表

| 调　制　方　式 | | | 用　　途 |
|---|---|---|---|
| 脉冲调制 | 脉冲模拟调制 | 脉幅调制（PAM） | 中间调制方式、遥测 |
| | | 脉宽调制（PDM） | 中间调制方式 |
| | | 脉位调制（PPM） | 遥测、光纤通信 |
| | 脉冲数字调制 | 脉码调制（PCM） | 市话中继 |
| | | 增量调制（DM（△M）） | 军用、民用数字电话 |
| | | 差分脉码调制（DPCM） | 电视电话、图像、多媒体 |
| | | 其他编码方式（ADPCM） | 中速数字电话 |

（3）按信号特征分类。按照信道中传输的是模拟信号还是数字信号，可以相应地把通信系统分为模拟通信系统与数字通信系统。

（4）按传输媒质分类。按照传输媒质，通信系统可分为有线和无线两大类。表 1.3.2 为通信系统使用的频段、常用的媒质和主要用途。

表 1.3.2　通信频段、传输媒质和用途

| 频率范围 | 波　　长 | 符　　号 | 传输媒质 | 用　　途 |
|---|---|---|---|---|
| $3 \sim 30$ Hz | $10^8 \sim 10^4$ m | 甚低频（VLF） | 有线线对、长波无线电 | 音频、电话、数据、长距离导航、时标 |
| $30 \sim 300$ kHz | $10^4 \sim 10^3$ m | 低频（LF） | 有线线对、长波无线电 | 导航、信标、电力线通信 |
| 300 kHz $\sim 3$ MHz | $10^3 \sim 10^2$ m | 中频（MF） | 同轴电缆、中波无线电 | 调幅广播、移动陆地通信、业余无线电 |
| $3 \sim 30$ MHz | $10^2 \sim 10$ m | 高频（HF） | 同轴电缆、短波无线电 | 移动无线电话、短波广播、定点军事通信、业余无线电 |
| $30 \sim 300$ MHz | $10 \sim 1$ m | 甚高频（VHF） | 同轴电缆、米波无线电 | 电视、调频广播、空中管制、车辆通信、导航 |
| 300 MHz $\sim 3$ GHz | $1 \sim 0.1$ m | 特高频（UHF） | 波导、分米波无线电 | 电视、空间通信、雷达导航、点对点通信、移动通信 |
| $3 \sim 30$ GHz | $0.1 \sim 0.01$ m | 超高频（SHF） | 波导、厘米波无线电 | 微波接力、卫星、空间通信、雷达 |
| $30 \sim 300$ GHz | $10 \sim 1$ mm | 极高频（EHF） | 波导、毫米波无线电 | 雷达、微波接力、射电望远镜 |
| $10^5 \sim 10^7$ GHz | $3 \times 10^{-4} \sim 3 \times 10^{-6}$ cm | 紫外、可见光、红外 | 光纤、激光通信 | 光通信 |

另外，通信所用的波长与频率有如下关系：

$$\lambda = \frac{c}{f} = \frac{3 \times 10^8}{f}$$

式中，$\lambda$ 为工作波长，$f$ 为工作频率，$c$ 为光速（m/s）。

（5）按信号复用方式分类。传输多路信号可用三种复用方式，即频分复用、时分复用和码分复用。频分复用是用频带的搬移方式使不同的信号占据不同的频段，不同信号所占据的频段不重叠交叉；时分复用是用抽样或脉冲调制的方法使不同信号占据不同的时间区间；码分复用是用一组正交的码组携带多路信号。

## 1.3.2 通信方式

对于典型的点对点通信，按照消息传递的方向与时间的关系，通信方式可分为单工、半双工和全双工三种。在数字通信中，按照码元排列方式的不同，通信方式可分为串行通信与并行通信两种。

（1）单工通信方式。单工通信方式是指消息只能按单一方向传输，物联网中感知控制层的感知信息采集传输、控制就采用单工通信方式。单工通信方式的原理如图1.3.1所示。

图1.3.1 单工通信方式原理

（2）半双工通信方式。半双工通信是指通信双方都能收发消息，但不能同时进行收发工作，须分开进行消息收发，发送端在发送消息时，接收端只能接收消息；同理，接收端发送消息时，发送端也只能接收消息。对讲机就是典型的半双工通信方式。半双工通信方式的原理如图1.3.2所示。

图1.3.2 半双工通信方式原理

（3）全双工通信方式。全双工通信方式是指通信双方均能同时收发消息，其通信的原理如图1.3.3所示。

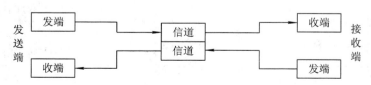

图1.3.3 全双工通信方式原理

（4）串行通信方式。串行通信方式是指将数字信号的码元按时间顺序一个接一个地在信道中传输，其通信的原理如图1.3.4所示。

图 1.3.4 串行通信方式原理

（5）并行通信方式。将数字码元分成两路或两路以上的数字信号码元序列同时在多路信道中传输，该方式称为并行通信。其通信的原理如图 1.3.5 所示。

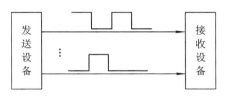

图 1.3.5 并行通信方式原理

## 1.4 信息及信息量

信息是蕴藏在消息中的有意义的内容，不同形式的消息可能蕴含相同的信息，例如分别用语音、文字、数据、图像发布天气预报，其所包含的内容应相同，也就是说这些不同形式的消息包含的有意义的内容是相同的，即信息是相同的。对于通信系统而言，它传递（传输）了多少信息，应用一个量来度量，这个量就是"信息量"。

在一切有意义的通信中，虽然消息的传递同时意味着信息的传递，但对于接收方来说，某些消息比另外的一些消息含有更多的信息量。例如，若一方告诉另一方非常可能发生的事件："今年夏天比去年夏天更热些"，比起告诉另一方很可能不会发生的事件："今年夏天比去年冬天更冷些"来说，前一消息包含的信息显然要比后者少些。因为在接收者看来，前一事件很可能发生，而后一事件却极难发生，更会使人感到意外。这表明这一极难发生事件的消息更具有价值。因此，可以看出，对接收者来说，事件越不可能发生，越使人感到意外，它所包含的信息量就越大。

事件发生的不确定度，可以用事件发生的概率来描述。即事件发生的可能性越小，概率就越小，反之，则概率越大。

依据这样的认识，我们可以得出：消息中的信息量与消息发生的概率密切相关，消息出现的概率越小，消息中包含的信息量就越大。如果事件是必然的，则它传递的信息量应为零；如果事件是不可能的，则它将有无穷多的信息量。如果我们得到不是由一个事件构成，而是由若干个独立事件构成的消息，那么这时我们得到的总的信息量就是若干个独立事件的信息量的总和。

为了计算信息量，消息中所含的信息量 $I$ 与消息 $x$ 出现的概率 $P(x)$ 间的关系有如下的规律：

（1）消息中所含的信息量 $I$ 是出现该消息的概率 $P(x)$ 的函数，即

$$I = I[P(x)] \tag{1.4.1}$$

（2）消息出现的概率越小，它所含的信息量越大；反之越小，且当 $P(x)=1$ 时，$I=0$。

（3）若干个相互独立事件构成的消息所含信息量等于各独立事件信息量的总和，即

$$I[P(x_1)P(x_2)]\cdots = I[P(x_1)] + I[P(x_2)] + \cdots \qquad (1.4.2)$$

易看出，若 $I$ 与 $P(x)$ 间的关系为

$$I = \log_a \frac{1}{P(x)} = -\log_a P(x) \qquad (1.4.3)$$

就可满足信息量的度量要求，上述定义的式（1.4.1）～式（1.4.3）即为消息 $x$ 所含的信息量 $I$。

信息量的单位取决于上述公式中对数的底数 $a$，如果 $a=2$，则信息量的单位为比特（bit）；如果 $a=e$，则信息量的单位为奈特（nit）；若 $a=10$，则信息量的单位称为十进制单位，或叫哈特莱（Hart）。通常广泛使用的单位是比特。

以下先介绍等概率出现的离散消息的度量情况。若需要传递的离散消息是在 $M$ 个消息之中独立地选择其一，且认为每个消息的发生是等概率的。显然，为了传递一个消息，只需采用一个 $M$ 进制的波形来传递。也就是说，传送 $M$ 个消息之一这样一个事件与传送 $M$ 进制波形之一是完全等价的。$M$ 进制中最简单的情况是二进制，即 $M=2$，在等概率时，式（1.4.3）成为

$$I = \text{lb} \frac{1}{1/2} = \text{lb}2 = 1(\text{bit}) \qquad (1.4.4)$$

对于 $M>2$，则传送每一波形的信息量为

$$I = \text{lb} \frac{1}{1/M} = \text{lb}M(\text{bit}) \qquad (1.4.5)$$

若 $M$ 是 2 的整幂次的数，如 $M=2^K(K=1,2,\cdots,)$，则式（1.4.5）可为

$$I = \text{lb}2^K = K(\text{bit}) \qquad (1.4.6)$$

式（1.4.6）表明，$M(M=2^K)$ 进制的每一波形包含的信息量，恰好是二进制每一波形包含信息量的 $K$ 倍。由于 $K$ 就是每个 $M$ 进制波形用二进制波形表示时所需要的波形数目，所以传送每个 $M(M=2^K)$ 进制波形的信息量就等于用二进制波形表示该波形所需要的波形数目 $K$。

总之，只要在接收者看来每一传送波形是独立且等概率出现的，一个波形所能传递的信息量就为

$$I = \text{lb} \frac{1}{P}(\text{bit}) \qquad (1.4.7)$$

或

$$I = \text{lb}M(\text{bit}) \qquad (1.4.8)$$

式中，$M$ 为传送的波形数，$P$ 为每一波形出现的概率。

下面我们介绍非等概率的情况。设离散信息源是一个由 $n$ 个符号组成的集合，称符号集。符号集中的每一个符号 $x_i$ 在消息中是按照一定的概率 $P(x_i)$ 独立出现的，又设符号集中各符号出现的概率为

$$\begin{bmatrix} x_1, & x_2, & \cdots, & x_n \\ P(x_1), & P(x_2), & \cdots, & P(x_n) \end{bmatrix}$$

且有

$$\sum_{i=1}^{n} P(x_i) = 1$$

则 $x_1$，$x_2$，$\cdots$，$x_n$ 所包含的信息量分别为 $-\mathrm{lb}P(x_1)$，$-\mathrm{lb}P(x_2)$，$\cdots$，$-\mathrm{lb}P(x_n)$。于是，每个符号所含信息量的统计平均值，即平均信息量为

$$H(x) = P(x_1)[-\mathrm{lb}P(x_1)] + P(x_2)[-\mathrm{lb}P(x_2)] + \cdots + P(x_n)[-\mathrm{lb}P(x_n)]$$

$$= -\sum_{i=1}^{n} P(x_i)[-\mathrm{lb}P(x_i)](\text{bit}) \tag{1.4.9}$$

由于 $H$ 同热力学中的熵的形式相似，所以通常又称其为信息熵，单位为 bit/符号。显然，当 $P(x_i) = \dfrac{1}{M}$（即等概率）时，式(1.4.9)即成为式(1.4.8)。

另外，不同的离散信息源可能有不同的信息熵，信息的熵值越大越好。可以证明，在式(1.4.9)成立的条件下，信息源的最大熵发生在每个符号等概率出现时，即 $P(x_i) = 1/n$，$i = 1$，$2$，$\cdots$，$n$，而最大信息熵的值等于 $\mathrm{lb}n(\text{bit}/符号)$。

关于连续消息的信息量，我们可以用概率密度来描述。可以证明，连续消息的平均信息量（相对熵值）为

$$H(x) = -\int_{-\infty}^{\infty} f(x)\, \mathrm{lb}f(x)\, \mathrm{d}x \tag{1.4.10}$$

式中，$f(x)$ 为连续消息出现的概率密度。

# 1.5　数据通信系统中的主要性能指标

物联网的信息是以数字或数据来表示的，通信方式是典型的数据通信。衡量一个数据通信系统的优劣常常用传输速率、差错率和信噪比这些技术指标。通常我们总希望一个通信系统传输速率要快、差错率要小、带宽利用率要高。

## 1.5.1　传输速率

传输速率有两种度量方式，一种是码元传输速率（$R_B$），另一种是信息传输速率（$R_b$）。

码元传输速率又称为传码率，是单位时间（每秒）内传送码元的数目，单位为波特（Baud）。为了适应线路传输，一般要将数字脉冲信息转换为某个频率的模拟信号传输，用单位时间波形来代替数字信号的"1"或"0"。单位时间内信号波形变化的次数简称为波特率，单位为波特（Baud），即

$$R_B = \frac{1}{T} \tag{1.5.1}$$

式中，$T$ 是码元的宽度。例如系统在每秒钟内传输了 4800 个码元，则这个系统的码元传输速率为 4800 波特（Baud）。

**例 1.5.1**　码元"1"或"0"是等宽度的，其宽度为 $417 \times 10^{-6}$ s，试求码元速率。

**解**　根据公式

$$R_B = \frac{1}{T} = \frac{1}{417 \times 10^{-6}} = 2400 \text{ Baud}$$

信息传输速率（$R_b$）又称为传信率，是单位时间（每秒）内传送的信息量，单位为比特/秒

(b/s)。码元传输速率($R_B$)和信息传输速率($R_b$)统称为传输速率。在二进制码元的传输中，每个码元代表一个比特的信息量，此时码元传输速率和信息传输速率在数值上是相等的，即 $R_B = R_b$，差别仅是单位不同。在多进制脉冲传输中，码元传输速率和信息传输速率是不相同的。如在 $M$ 进制中，每个码元脉冲代表了 $\mathrm{lb}M$ 个比特的信息量，此时传码率和传信率的关系是 $R_b = R_B \mathrm{lb}M$。

**例 1.5.2** 码元速率为 2400 b/s，采用八进制($M=8$)时，信息速率为多少？当采用二进制($M=2$)时，信息速率为多少？

**解** $M=8$ 时，

$$R_b = R_B \mathrm{lb}M = 2400 \times \mathrm{lb}8 = 7200 \text{ b/s}$$

$M=2$ 时，

$$R_b = R_B \mathrm{lb}M = 2400 \times \mathrm{lb}2 = 2400 \text{ b/s}$$

可见，二进制的码元速率和信息速率在数值上是相等的。

## 1.5.2 差错率

差错率可用两个指标衡量，一个是误码率，另一个是误比特率。

误码率($P_e$)是指通信过程中系统传输出的错码元数目与所传输的总的码元数目的比，也可以认为是传输出错码元的概率，即

$$P_e = \frac{传输出错码元的个数}{传输码元的总数} \tag{1.5.2}$$

误比特率($P_b$)又称为误信率，是指传输出错信息的比特数目与所传输的总信息比特数之比，即

$$P_b = \frac{传输出错信息的比特个数}{传输信息的比特总数} \tag{1.5.3}$$

## 1.5.3 信噪比

信噪比是用来衡量通信系统抗干扰能力的一个重要指标。信噪比是指信号与噪声的平均功率之比，用 $S/N$ 表示，单位为 dB。信噪比越高，说明通信系统的抗干扰能力越强。它通常是指通信系统某一点上的信号功率与噪声功率的比，即

$$\frac{S}{N} = \frac{P_S}{P_N} \tag{1.5.4}$$

式中，$S/N$ 是信噪比，$P_S$ 是信号的平均功率，$P_N$ 是噪声的平均功率。为了使用方便，一般采用分贝(dB)来表示，换算公式为

$$\left(\frac{S}{N}\right)_{dB} = 10 \lg\left(\frac{P_S}{P_N}\right) = 10 \lg\left(\frac{S}{N}\right) \tag{1.5.5}$$

# 本 章 小 结

本章从通信系统的模型出发，介绍了模拟通信及数字通信系统的模型，并按照消息的物理特征、调制方式、信号特征、传输媒质以及信号复用方式对通信系统进行了分类。

对于典型的点对点通信，按照消息传递的方向与时间的关系，通信方式可分为单工、

半双工和全双工三种。在数字通信中，按照码元排列方法的不同可分为串行通信与并行通信两种。

消息中的信息量与消息发生的概率密切相关，消息出现的概率越小，消息中包含的信息量就越大。如果事件是必然的，则它传递的信息量应为零；如果事件是不可能的，则它将含有无穷多的信息量。

物联网中的信息是以数字或数据来表示的，其通信方式是典型的数据通信方式。一个数据通信系统的优劣常常用传输速率、差错率和信噪比这些技术指标来衡量。通常我们总希望一个通信系统传输速率要快、差错率要小、带宽利用率要高。

## 习 题 与 思 考

1-1　分别画出模拟通信系统和数字通信系统的模型图。

1-2　简述通信系统的分类。

1-3　某信源的符号集由 A、B、C、D 和 E 组成。设每一个符号是独立出现的，其出现的概率分别为 1/4、1/8、1/8、3/16 和 5/16。试求该信源符号平均信息量。

1-4　通信系统的主要性能指标有哪些？

1-5　误码率是什么？误信率是什么？它们之间有何关系？

1-6　码元传输速率是什么？信息传输速率是什么？它们之间的关系如何？

1-7　对于二电平数字信号，每秒钟传输 600 个码元。问 $R_B$ 等于多少？若该数字信号的"0"和"1"是独立等概率出现的，则 $R_b$ 是多少？

1-8　如果二进制独立等概率信号的码元宽度为 0.5 ms，试求 $R_B$ 和 $R_b$；若四进制信号的码元宽度为 0.5 ms，试求 $R_B$ 和独立等概率时的 $R_b$。

# 第 2 章　数据通信基础理论

　　数据通信是两个实体间的数据传输与交换。在物联网中，两个实体可以是感知控制层中两个物联网终端，可以是物联网传输层内两个网络设备（如计算机、服务器、网络交换机、路由器等设备），也可以是综合服务应用层中任意两个服务应用。

　　数据的传输和交换需要涉及到传输技术和交换技术。数据在传输时，首先需要对发送端的原始信息进行编码和变换，使之成为可在信道中传输的信号；其次，在接收端需通过反变换和译码（或解码）还原发送端发送的原始信息。当数据的传输要经过多节点（或环节）到达目的地时，还需要通过交换技术使数据到达正确的目的地。

## 2.1　数据信号分析基础

　　数据信号是与时间有关的，因此数据信号是时间的函数；与此同时，数据信号也是与频率有关的，即一个数据信号是由各种不同频率成分构成的，因此数据信号也是频率的函数。频率函数与时间函数之间在一定条件下是一一对应的，可以相互变换。

　　数据信号分析可从时间-时域、频率-频域以及从时频域这三方面进行分析。

### 2.1.1　时域分析

　　信号以时间上的表现形式不同，可以分为连续信号和离散信号两种，如图 2.1.1 所示。

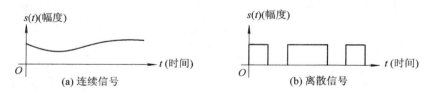

图 2.1.1　连续信号与离散信号

　　不论是连续信号还是离散信号，如果相同的信号形式以周期性的方式重复，则称为周期信号。图 2.1.2 所示的就是周期信号。

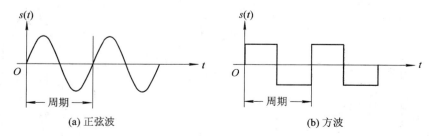

图 2.1.2　周期信号

周期信号可用数学表达式表示为

$$s(t + T) = s(t), \quad -\infty < t < +\infty \tag{2.1.1}$$

式中，$T$ 为信号的周期。周期与频率 $f$ 之间有如下的关系：

$$T = \frac{1}{f} \tag{2.1.2}$$

正弦信号是最基本的信号之一，它可用三个参数来表示：幅度（$A$）、频率（$f$）和相位（$\varphi$），即 $s(t) = A \sin(2\pi ft + \varphi)$。

正弦波的传播速度 $v$ 与波长 $\lambda$、频率 $f$ 及周期 $T$ 之间有如下关系：

$$\lambda = vT, \quad \lambda f = v \tag{2.1.3}$$

### 2.1.2　频域分析

一般，一个信号是由多个频率成分组成的，如图 2.1.3 所示。

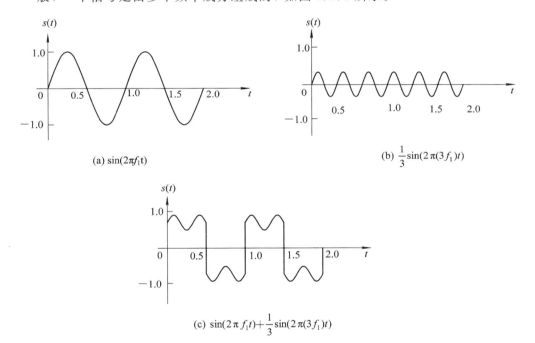

(a) $\sin(2\pi f_1 t)$

(b) $\frac{1}{3}\sin(2\pi(3f_1)t)$

(c) $\sin(2\pi f_1 t) + \frac{1}{3}\sin(2\pi(3f_1)t)$

图 2.1.3　多个频率成分构成的信号

图 2.1.3(c) 所示的多频率成分构成的信号可用数学式表示为

$$s(t) = \sin(2\pi f_1 t) + \frac{1}{3}\sin(2\pi(3f_1)t)$$

该信号由频率 $f_1$ 和频率 $3f_1$ 的两个正弦信号构成，两信号的振幅分别为 1 和 1/3，初始相位均为 0。频率 $f_1$ 和频率 $3f_1$ 是整数倍数关系，$f_1$ 是整个信号的基本频率，称为基频，信号的周期与正弦信号 $\sin(2\pi f_1 t)$ 一致，都等于 $T=1.0$。

也可以在频域上来表示图 2.1.3(c) 所示的时域函数，用 $S(f)$ 表示频域函数，其结果如图 2.1.4 所示。

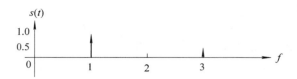

图 2.1.4 $s(t) = \sin(2\pi f_1 t) + \dfrac{1}{3}\sin(2\pi(3f_1)t)$ 频域图

对于一个单脉冲信号，它的取值区间为 $[-\tau, \tau]$，幅度为 1，它的频域函数是连续的，如图 2.1.5 所示。

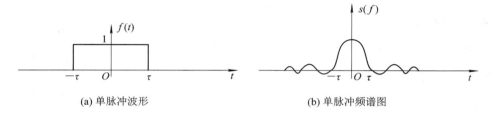

(a) 单脉冲波形　　　　　　　　　　　(b) 单脉冲频谱图

图 2.1.5 单脉冲时域及频域波形

### 2.1.3 傅里叶分析

傅里叶级数是分析信号频域特性的有力工具，能对数据信号的时频特性进行分析，对设计数据通信系统非常重要。

对于一个原始的信号 $g(t)$，可以用基本频率为 $f$（简称基频）的无限多个正弦和余弦函数的级数来逼近，即

$$g(t) = \frac{1}{2}C + \sum_{n=1}^{\infty} a_n \sin(2\pi nft) + \sum_{m=1}^{\infty} b_m \cos(2\pi mft) \tag{2.1.4}$$

式中，$C$ 为常数，$f$ 为基频，周期 $T = 1/f$，$a_n$ 和 $b_m$ 分别是 $n$ 次和 $m$ 次正弦及余弦函数的幅值，有

$$a_n = \frac{2}{T}\int_0^T g(t)\,\sin(2\pi fnt)\,\mathrm{d}t$$

$$b_m = \frac{2}{T}\int_0^T g(t)\,\cos(2\pi fmt)\,\mathrm{d}t$$

$$C = \frac{2}{T}\int_0^T g(t)\,\mathrm{d}t$$

如果单个脉冲的幅度为 $A$，宽度为 $\tau$，在时间轴两边对称，这样的矩形脉冲经傅里叶变换后，将时域函数变为了频域函数，即

$$S(\omega) = A\tau\,\frac{\sin\left(\dfrac{\omega\tau}{2}\right)}{\dfrac{\omega\tau}{2}} \tag{2.1.5}$$

式中，$\omega = 2\pi f$。当 $\omega = 2\pi/\tau$ 时，$\sin\pi = 0$，$S(\omega) = 0$，近似地把 $S(\omega)$ 的第一个零点处 $\omega = 2\pi/\tau$（或 $f = 1/\tau$）看做传输带宽为 $\tau$ 的矩形脉冲所需要的带宽，即带宽为

$$B = f = \frac{1}{\tau} \qquad (2.1.6)$$

从式(2.1.6)可以看出,带宽与脉冲宽度成反比,即数据率越高,脉冲宽度就越窄,从而要求的信道传输带宽就越宽。

## 2.2　数据率与频带的关系

有效带宽是指信号大部分能量集中的高低频率范围。虽然信号的频谱可能覆盖整个频率范围,但是大部分能量却集中在有限的频率范围内,这个范围就是信号的频带。目前还没有一种传输媒质能传输频带无限宽的信号,传输媒质传输信号的带宽是有限的。

一般来说,数据信号的波形是由多个脉冲组成的,每个脉冲的频谱是无限宽的连续频域函数。一个脉冲信号可以用无限多个振幅不同、频率不同的正弦波叠加来近似,如可近似为

$$s(t) = A \sum_{k=1}^{\infty} \frac{1}{k} \sin(2\pi k f_1 t), \ k \ \text{为奇数} \qquad (2.2.1)$$

式中,$A$ 是实数,$f_1$ 是某个频率。随着 $k$ 的增加,$1/k$ 逐渐趋近于 0,这就是说式(2.2.1)中的前几项对该信号的能量贡献较大,而后面的项则贡献较小,因此我们可以取前几项(如前 3 项)来近似地表示一个脉冲信号,于是式(2.2.1)所示信号的带宽为

$$B = 2k_M f_1 - f_1 = f_1(k_M - 1) \qquad (2.2.2)$$

式中,$B$ 为信号的带宽,$k_M$ 为所取的项数的值,如 $k_M = 1, 3, 5, 7, 9, \cdots$。例如,频率 $f_1 = 4 \text{ MHz}$,幅度 $A = 1(\text{V})$ 的正弦波,取前 3 项,用式(2.2.1)就可逼近一个 4 MHz 传输带宽的数字传输系统。同时,由于每个比特持续时长为 $T_B = T/2 = 1/(2f_1)$,故该系统的传输速率即数据率为

$$R_B = \frac{1}{T_B} = 2f_1 (\text{b/s}) \qquad (2.2.3)$$

一般来说,任何数字信号的带宽是无限宽的,而信道的传输带宽是有限的,这将限制传输信号带宽,因此在传输数字信号前,应采用适当的技术来限制信号的带宽,使其适合信道的传输。

由式(2.2.1)可以看出,$k$ 的取值越多,所逼近的信号就越精确于脉冲波形,但同时也带来了信号带宽的增加,信号带宽的增加必然要求信道传输带宽的增加,这就意味着信道将不能传输较多路的信号,因此在设计数字通信系统时应综合考虑,既不能由于考虑增加额外的信道传输带宽而限制信号的带宽,也不能由于过度精确地逼近而增加信道超额的带宽,需在两者之间权衡。

数据率与频带宽度有直接的关系。信号数据率越高,所需要的有效频带越宽。也就是说,传输系统的频带越宽,系统传输的数据就越多,如数据率为 $f_1$,则 $2f_1$ 带宽能很好地满足传输的要求。

## 2.3　交　换　技　术

物联网中的通信网络是由许多交换节点连接构成的。物联网的信息传输要经过一系列

的交换节点，从一条条传输信道（线路）到另一条条传输信道（线路）后，才能到达最终的接收端（目的地）。交换节点的作用相当于交通运输中的"换乘车站"，交换节点的信息"换乘"方式称为信息的交换方式。一般，交换方式有电路交换、报文交换和分组交换三种基本方式，其工作原理如图 2.3.1 所示。

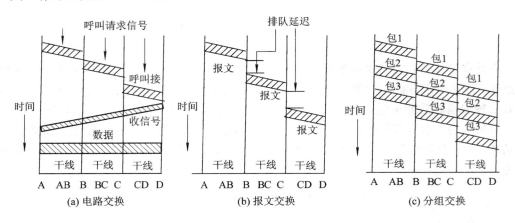

图 2.3.1　三种交换方式原理图

## 2.3.1　电路交换

　　电路交换（Circuit Switching）是最常用的一种交换方式。在通信时，通信网需对两个收发用户建立一条专用的临时电路，当通信结束时，释放该电路。电路交换进行数据通信时须经过三个阶段，即建立电路阶段、传送数据阶段和拆除电路阶段。当电路建立以后，不论双方有无数据传送，电路一直被占用，直到通信双方有一方要求拆除电路为止。电路交换有空分交换和时分交换两种方式。电路交换的缺点是建立电路的过程需要较长的时间，电路资源的利用率不高；它的优点是传输时延小且时延固定，没有信息格式的限制，而且是"透明"传输的。

## 2.3.2　报文交换

　　报文交换是以"存储—转发"方式进行的，在数据通信时，先将报文传到一节点后将信息存储起来，节点根据报文提供的目的地址，在通信网中确定信息的通路，并将要发送的报文送到输出电路队列中排队等候，一旦该输出电路空闲，就立即将报文传送给下一个节点，依次完成从源节点向目标节点的传送。

　　报文交换的优点是电路利用率高，易于实现各种不同类型终端间的通信，从而能平滑通信业务量的峰值；其缺点是传送信息的时延较长且时延不固定，对设备的要求较高，节点交换机需要具有大容量的存储、高速处理分析报文的能力。

## 2.3.3　分组交换

　　分组交换也采用"存储—转发"的技术，但它不像报文交换，以整个报文为交换单位，而是将一个较长的报文分解成若干固定长度的"段"，每一段报文按一定的格式形成一个交换单位，这个规定格式的交换单位称为"报文分组"，简称"分组"。分组作为一个独立的实体，既可断续地传送，也可经不同的传输路径来传送。由于分组长度固定且较短，又具有统一的格式，这样便于节点存储、分析和快速转发。分组进入节点进行排队和处理的时间很短，一旦确定了新的传输路径，就立即转发到下一个节点或终端。分组交换有数据报和虚电路两种交换方式。

**1．数据报**

与报文交换方式类似，每个分组在通信网中的传输路径完全由网络当前的状况随机决定。由于每个分组都有完整的地址等控制信息，所以都可以到达目的地，但到达目的地的顺序可能与发送端的顺序不一致，这需要在发送端对数据信息进行分组和编号，在接收端也要对收到的分组拆去头尾及重新排序，具有这种工作的设备称为分组拆装设备（Packet Assembly and Disassembly device，PAD），通信的收发两端均有一个这样的设备。

**2．虚电路**

在虚电路交换方式中，数据传输前，必须在源与目的地之间建立一条逻辑连接，即虚电路。虚电路是两个通信设备之间完整的双向透明的数据流路径，而不是物理电路。当虚电路建立后，各数据分组均沿着已建立起来的虚电路传送信息。一旦交换接收，立即拆除连接。从现象上来看，虚电路与电路交换方式所建立的专用电路一样，但从本质上来看，在虚电路交换中各分组还需要"存储—转发"。

# 本 章 小 结

数据信号是与时间有关的，因此数据信号是时间的函数；与此同时，数据信号也是与频率有关的，即一个数据信号是由各种不同频率成分构成的，因此数据信号也是频率的函数；频率函数与时间函数之间在一定条件下是一一对应的，可以相互变换。

数据信号分析可从时间-时域、频率-频域以及从时频域三方面进行分析。信号以时间上的表现形式不同，可以分为连续信号和离散信号两种。不论是连续信号还是离散信号，如果相同的信号形式以周期性的方式重复，则称为周期信号。正弦信号是最基本的信号之一，它可用三个参数来表示，即用幅度($A$)、频率($f$)和相位($\varphi$)。

有效带宽是指信号大部分能量集中的高低频率范围。虽然信号的频谱可能覆盖整个频率范围，但是大部分能量却集中在有限的频率范围内，这个范围就是信号的频带。

一般来说，任何数字信号的带宽是无限宽的，而信道的传输带宽是有限的，这将限制传输信号带宽，因此在传输数字信号前，应采用适当的技术来限制信号的带宽，使其适合信道的传输。

数据率与频带宽度有直接的关系。信号数据率越高，所需要的有效频带越宽。也就是说，传输系统的频带越宽，系统传输的数据就越多，如数据率为$f_1$，则$2f_1$带宽就能很好地满足传输的要求。

一般，交换方式有电路交换、报文交换和分组交换三种基本方式。

电路交换的缺点是建立电路的过程需要较长的时间，电路资源的利用率不高；它的优点是传输时延小且时延固定，没有信息格式的限制，而且是"透明"传输的。

报文交换的优点是电路利用率高，易于实现各种不同类型终端间的通信，从而能平滑通信业务量的峰值；缺点是传送信息的时延较长且时延不固定，对设备的要求较高，节点交换机需要具有大容量的存储、高速处理分析报文的能力。

由于分组长度固定且较短，又具有统一的格式，这样便于节点存储、分析和快速转发。分组进入节点进行排队和处理的时间很短，一旦确定了新的传输路径，就立即转发到下一个节点或终端。分组交换有数据报和虚电路两种交换方式。

# 习 题 与 思 考

2-1　试分别举出 1～2 个连续信号和离散信号的例子，并画图表示这两种信号。

2-2　试对下式求其傅里叶变换：

(1) $f(t) = (3t+8)\delta(t) + t$，$t > 0$

(2) $f(t) = (10t^2 + 9t + 2)\delta(t)$

(3) $f(t) = e^{-20t}(2+5t) + (7t+2)\delta(t)$，$t > 0$

2-3　交换技术主要有哪几种？试说明这几种技术的优缺点。

2-4　信号的数据速率与频带宽度有何直接的关系？如何确定一个数据信号传输系统的带宽？

# 第 3 章　数据通信中的信道

## 3.1　信道模型及其分类

信道是通信系统中重要的组成部分之一，在数据通信中，信道是数据传输系统中发送端和接收端之间的物理通道。信道是将分布在不同地理位置上的通信收发双方联系起来的桥梁，是信息传输的载体，它能将载有信息的电磁信号进行远程传送。

信道的特性和信号特性影响着数据通信的质量。描述信道的参数有信道带宽、信道容量、信道衰减、信道延迟和信道噪声等，信道的这些参数特性直接决定着信息传输的方式。

### 3.1.1　信道模型

信道的功能是将载有信息的电磁信号从一端传送到另一端。一个实际的信道除了传输媒质外，还应有相关的诸如编码/译码器、调制/解调器、接收/发送滤波器等电路，这样构成的信道称为广义信道，其模型如图 3.1.1 所示。

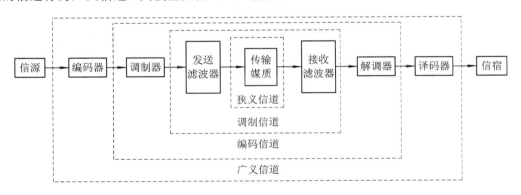

图 3.1.1　信道模型

### 3.1.2　信道分类

#### 1. 广义信道和狭义信道

广义信道按照其包含的功能，可以划分为调制信道和编码信道。调制信道是指调制器输出端到解调器入端的部分，编码信道是指编码器的输出端到译码器的输入端部分，这两个广义信道都有一个特点，即仅关心信号的变换或编解码结果，而不关心具体的物理实现过程。由于数据通信一般经过编解码和调制解调环节，因此数据通信的广义信道是包括调制信道在内的编码信道。

狭义信道是指传输信号的媒质，导线、光纤、无线电波均是狭义信道。

**2. 有线信道和无线信道**

按照狭义信道所使用的传输媒质不同，可以将狭义信道划分为有线信道和无线信道两大类。

有线信道使用的传输媒质是有形的物理媒质，常用的有双绞线、同轴电缆、光纤等。无线信道使用的是无形的传输媒质，主要是可见及不可见的电磁波，常见的无线信道有长波、中波、短波和微波、红外等无线信道。

**3. 恒参信道和随参信道**

恒参信道是指信道的各项参数不随时间变化的信道，它对信号的影响是确定的，如各种有线信道及部分无线信道。

随参信道是指信道的各项参数随时间变化的信道，它对信号的影响一般是不确定的，如短波信道、散射信道等。

**4. 有记忆信道和无记忆信道**

根据信道输出和输入的关系，编码信道可分为有记忆信道和无记忆信道。无记忆信道是指信道当前输出仅与当前输入有关。有记忆信道是指信道的当前输出不仅与当前输入有关，而且还与以前时刻的输入有关。

**5. 离散信道和连续信道**

根据信道中传送信号在时间和幅度上的取值是离散的还是连续的，可将信道划分为离散信道和连续信道。如果信道中的信号在时间和幅度上都是连续的，则信道是连续信道；如果信道中信号在时间和幅度上都是离散的，则信道是离散信道。

**6. 模拟信道和数字信道**

根据所传输信号的不同，把传输模拟信号的信道称为模拟信道，把传输数字信号的信道称为数字信道。一般来说，把调制信道看成是一种模拟信道，把编码信道看成是一种数字信道。一个实际的信道既可有数字信道，也可有模拟信道；同时既可有连续信道，也可有离散信道。

**7. 物理信道和逻辑信道**

一个实际存在的物理实体信道称为物理信道，如有线信道、无线信道等，它包含了实际存在的物理设备和传输物理媒质。采用多路复用技术在一个物理信道中来传输多路信号而划分的信道称为逻辑信道。一个物理信道可以包含多个逻辑信道。

鉴于上述分类，我们可以将信道简要地划分为如图 3.1.2 所示的类别。

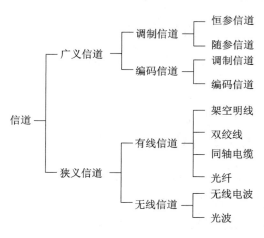

图 3.1.2 信道分类

# 3.2　信　道　容　量

从信息论的观点看,各种信道可以概括为离散信道和连续信道两类。离散信道就是广义信道中的编码信道,信道模型可以用转移概率来表示;而连续信道就是广义信道中的调制信道,其信道模型可以用时变线性系统来表示。信道容量是衡量信道最大传输能力的重要参数,连续信道和离散信道的信道容量意义各有不同。

## 3.2.1　离散信道的信道容量

设离散信道的模型如图 3.2.1 所示。图 3.2.1(a)是无噪声信道,$P(x_i)$表示发送符号 $x_i$ 的概率,$P(y_i)$表示接收到符号 $y_i$ 的概率,$P(y_i/x_i)$是转移概率,其中,$i=1,2,\cdots,n$。由于信道无噪声干扰,所以 $P(x_i)=P(y_i)$。图 3.2.1(b)是有噪声信道,$P(x_i)$为发送符号 $x_i$ 的概率,$i=1,2,\cdots,n$,$P(y_j)$是接收到符号 $y_j$ 的概率,$j=1,2,\cdots,m$,$P(y_j/x_i)$或 $P(x_i/y_j)$是转移概率,在有噪声信道中,输入和输出之间不存在一一对应的关系。当输入一个 $x_1$ 时,则输出可能为 $y_1$,也可能为 $y_2$ 或 $y_m$ 等,输出与输入间的关系随机,但输入与输出之间有一定的统计特性,该特性反映在信道的转移(或条件)概率上。

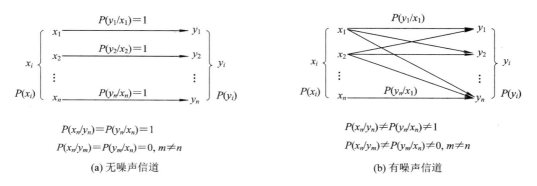

图 3.2.1　离散信道模型

在有噪声信道中,我们可得到发送 $x_i$,收到 $y_j$ 时所获得的信息量为

$$[\text{发送 } x_i \text{ 收到 } y_j \text{ 时所获得的信息量}]=-\operatorname{lb}P(x_i)+\operatorname{lb}P(x_i/y_j) \tag{3.2.1}$$

式中,$P(x_i)$为未发送 $x_i$ 前出现的概率,$P(x_i/y_j)$为收到 $y_j$ 而发送 $x_i$ 的概率。

对 $x_i$ 和 $y_j$ 取统计平均值,即对所有发送 $x_i$ 而收到 $y_j$ 的取平均,有

$$
\begin{aligned}
\text{平均信息量}/\text{符号}&=-\sum_{i=1}^{n}P(x_i)\operatorname{lb}x_i-\sum_{j=1}^{m}P(y_j)\sum_{i=1}^{n}P(x_i/y_j)\operatorname{lb}P(x_i/y_j)\\
&=H(x)-H(x/y)
\end{aligned} \tag{3.2.2}
$$

式中,$H(x)$为发送的每个符号的平均信息量;$H(x/y)$为发送符号在有噪声信道中传输时平均丢失的信息量,或当输出符号已知时在单位输入符号中的平均信息量。

为了说明信道传输信息的能力,引入信息传输速率的概念。信息传输速率是指信道在单位时间内所传输的平均信息量,用 $R$ 表示,即

$$R=H_t(x)-H_t(x/y) \tag{3.2.3}$$

式中,$H_t(x)$为单位时间内信源发送的平均信息量,或称为信源的信息速率;$H_t(x/y)$为

单位时间内发送 $x$ 而收到 $y$ 的条件平均信息量。

设单位时间传送的符号数位 $r$，于是有

$$H_l(x) = rH(x), \quad H_l(x/y) = rH(x/y)$$

$$R = r[H(x) - H(x/y)] \tag{3.2.4}$$

式(3.2.4)表明，在有噪声信道中，信息传输速率等于每秒钟内信源发送的信息量与由于信道不确定性而引起丢失的那部分信息量之差。

在无噪声信道中，由于信道不存在不确定性，即 $H(x/y)=0$，故信道传输的速率等于信源的信息速率，即 $R=rH(x)$。

从式(3.2.4)可以看出，信道传输信息的速率 $R$ 与单位时间内传送符号的数目 $r$、信源概率分布以及信道干扰的概率分布有关。但是，对于某个给定的信道，干扰概率分布应是确定的。如果单位时间内传送符号的数目 $r$ 一定，则信道传送信息的速率仅与信源的概率分布有关。因此，信源的概率分布不同，信道传输信息的速率也不同。所以，一个信道传输能力应用该信道最大可能传输信息的速率来衡量，即对于一切可能的信源概率分布，信道传输信息的速率 $R$ 的最大值称为信道容量，记为 $C$，即

$$C = \max_{\{P(x)\}} R = \max_{\{P(x)\}} [H_l(x) - H_l(x/y)] \tag{3.2.5}$$

### 3.2.2 连续信道的信道容量

若信道的带宽为 $B(\text{Hz})$，信道输出的信号功率为 $S(\text{W})$ 以及输出的加性带限高斯白噪声功率为 $N(\text{W})$，则该连续信道的容量为

$$C = B \, \text{lb}\left(1 + \frac{S}{N}\right) \, (\text{bit/s}) \tag{3.2.6}$$

上式就是信息论中非常著名的香农(Shannon)公式。它表明，当信号与作用在信道上的起伏噪声的平均功率给定时，在具有一定频带宽度 $B$ 的信道上，理论上单位时间内可能传输的信息量的极限值，该公式也成为了扩频通信技术的理论基础。

香农公式还表明，一个连续信道的信道容量受到 $B$、$S$、$N$"三要素"的限制。

# 3.3 有 线 信 道

在物联网中，构成信息传输的通信网络需要用线缆来传送信息，这些线缆组成了狭义信道。常用的有线信道有双绞线、同轴电缆、光纤等。

有线信道的传输特性非常良好，传输质量较高，但与无线信道相比，其主要的缺点是灵活、方便性较差。一般用如下特性来衡量信道的性能：

(1) 物理特性：描述传输媒质的物理结构。

(2) 传输特性：描述传输媒质允许传送信号的形式、所采用的调制技术、传输容量、传输频率范围。

(3) 传输距离：传输媒质的最大传输范围。

(4) 抗干扰性能：传输媒质对抗噪声与电磁干扰的能力。

(5) 性价比：衡量信道的经济性。

### 3.3.1 双绞线

双绞线(Twisted Pair)是较常见的传输媒质,广泛应用在计算机局域网中。双绞线由两条相互绝缘的直径为 1 mm 左右的铜导线按一定规格绞合在一起,通过绞合可减少两线间的串扰。在中、低速传输速率下,能可靠地传输信号达几公里。如果要进一步提高抗电磁干扰的能力,可在双绞线束的外围加一金属屏蔽层(如铜丝网、铝箔等)。根据双绞线是否加装屏蔽层,双绞线可分为屏蔽双绞线(Shielded Twisted Pair,STP)和非屏蔽双绞线(Unshielded Twisted Pair,UTP)两类。

**1. 物理特性**

一般,双绞线由规则的螺旋结构排列而成,由 2 根、或 4 根、或 8 根绝缘导线构成,可一对为一条传输信道,也可多对为一个传输信道,常用 RJ45 或插头作为线路的连接头。

**2. 传输特性**

在局域网中常用的双绞线根据其传输特性分为五类;在典型的以太网中常用三类、四类、五类、超五类、六类、七类非屏蔽双绞线。通常简称 x 类线。这些类线的传输特性如下:

三类线:带宽为 16 MHz,适用于语音及 10 Mb/s 以下的数据传输。

四类线:主要用于令牌环网的传输,传输速率为 10 Mb/s。

五类线:带宽为 100 MHz,适用于语音及 100 Mb/s 的高速传输,甚至可以传输 155 Mb/s 的 ATM 信号。

超五类线:100M 带宽,100 Mb/s 传输速率,比五类线衰减小,抗干扰能力强。

六类线:传输速率可达 1000 Mb/s,通常用于 1000Bas-T 局域网或光纤分布的数据接口。

七类线:常用于 1000Bas-T、千兆以太网。

最常用的非屏蔽双绞线是三类线和五类线,均用于低速率的局域网,但五类线的性能较好,适合长距离、较高速率的网络。

**3. 连通性**

双绞线适合于点—点或点—多点的通信。

**4. 传输距离**

双绞线作为中继线使用时,传输距离最大可达 15 km;用于 10 Mb/s 局域网时,与交换机或集线器的距离最大为 100 m。

**5. 抗干扰能力及性价比**

双绞线的抗干扰能力取决于相邻线间的绞合长度和适当的屏蔽,其性价比较高,安装使用及维护都比较方便。

### 3.3.2 同轴电缆

同轴电缆(Coaxial Cable)是一种常见的传输媒质,常用于电视信号、高速率、宽带宽的通信信号传输。

**1. 物理特性**

由铜质缆芯、绝缘层、屏蔽层和外围的保护套构成，其结构如图3.3.1所示。

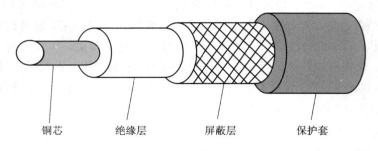

铜芯　　　　绝缘层　　　　屏蔽层　　　　保护套

图3.3.1　同轴电缆结构

铜芯一般是单根实心线或多股绞合线；绝缘层是由绝缘材料构成的包裹层；屏蔽层是由网状编制的外导体层或金属箔包裹而成的；保护套是由塑料包裹而成的。实际的同轴电缆可以是单根的，也可以由多根用塑料包装构成的多股同轴电缆。同轴电缆中的屏蔽层可以当作导体与铜芯构成双导体，同时还具有屏蔽作用，以防止电磁信号外泄和外部电磁干扰。

同轴电缆具有较宽的带宽和极好的抗干扰与抑制噪声的特性，一般用于高速率、远距离的通信。同轴电缆的特性参数由内外导及绝缘层与机械尺寸决定。

**2. 传输特性**

同轴电缆根据其阻抗的不同分为50 Ω和75 Ω两种，前者为基带同轴电缆，用于数字信号的传输；后者为宽带同轴电缆，用于模拟信号的传输。

基带同轴电缆用来传输基带数字信号，一般传输距离为1 km，传输速率可达10 Mb/s。基带同轴电缆的特点是安装简单、价格便宜。

宽带同轴电缆的带宽为300～450 MHz，可以用于宽带信号的传输，传输距离可达100 km。

**3. 连通性**

同轴电缆用于点—点或点—多点的通信传输。基带同轴电缆可用来连接数百台数据设备，宽带同轴电缆可连接数千台。

**4. 抗干扰能力及性价比**

同轴电缆抗干扰能力较强，价格处于双绞线与光纤之间，使用维护方便。

### 3.3.3　光纤

光纤(Optical Fiber)是光纤通信系统的传输媒质。由于光波的频率非常高，光纤通信系统的传输带宽远远大于其他各种传输媒质，是非常优良的有线传输媒质。

光纤分为单模光纤和多模光纤两大类。单模光纤的纤芯较细，使用激光器作为信号传输的光源，传输损耗小，能用于高速率、长距离的数据传输。多模光纤的纤芯较粗，使用便宜的发光二极管作为数据信号发送的光源，适用于低速率、短距离的数据传输。两种光纤的性能如表3.3.1所示。

表 3.3.1 单模光纤与多模光纤的性能

| 性　　能 | 多模光纤 | 单模光纤 |
|---|---|---|
| 数据传输模式 | 多种 | 一种 |
| 数据传输速率 | 200 Mb/s | 2.5 Gb/s |
| 信号衰减 | 较大 | 小 |
| 传输距离 | 几千米 | 30 km |
| 光纤尺寸 | 50 $\mu$m | <10 $\mu$m |
| 光源 | 发光二极管 | 激光器 |
| 驳接 | 简单 | 复杂 |
| 成本 | 低 | 高 |

# 3.4 无 线 信 道

　　无线信道通常是指以辐射无线电波和光波为传输媒质所构成的信道。辐射的无线电磁波可分为无线电波、微波，光波主要是应用红外和激光。理论上把频率在 $10^{12}$ Hz 以下的电磁波称为辐射无线电波，它分为无线电波和微波两个波段。无线通信是通过天线将电磁波信号发送出去的，另一个天线接收电磁波信号后还原出原始信息，这样便完成了无线通信。

　　一般来说，无线信道的传输特性与有线信道相比具有稳定性和可靠性不高、易受干扰、技术复杂等特点，但由于通信时无需有形的传输媒质连接，因此使用方便、灵活，适合于长距离、不易敷设通信线路的场合，它是物联网中非常重要的通信方式之一。

**1. 无线电波的波段**

　　$10 \sim 10^{15}$ Hz 是通信系统所使用的频率。国际电信联盟(ITU)依据波长将电磁波划分为甚低频(VLF)、低频(LF)、中频(MF)、高频(HF)、甚高频(VHF)、超高频(UHF)、特高频(SHF)、极高频(EHF)和巨高频(THF)频段。它们的频率范围分别是 3 Hz～30 kHz、30～300 kHz、300 kHz～3 MHz、3～30 MHz、30～300 MHz、300 MHz～3 GHz、3～30 GHz、30～300 GHz、300 GHz～$10^{14}$ Hz。红外线的频率范围为 300 GHz～$10^{13}$ Hz、可见光的频率范围为 $10^{13} \sim 10^{14}$ Hz。我们可以用 $c = f\lambda$ 计算出各频段的波长，其中 $c$ 为光速，$f$ 为频率，$\lambda$ 为波长。

**2. 传播方式**

　　无线电波通过发射天线后，以多种传播方式到达接收天线。传播方式主要有地面波传播、天波传播、地面—电离层波导传播、视距传播、散射传播、外大气层和星际空间传播方式。

　　地面波传播：无线电波沿地球表面传播到达接收端的传播方式。长波和中波就是利用该方式传输信号的。

　　天波传播：经电离层发射到地面的电波叫做天波。天波传播就是自发射天线发射的电波，在高空被电离层反射回来到达接收端的传播方式。电离层是指地球周围离地面60 km

以上的区域，在这个区域中存在着大量被电离的粒子，它们具有对特定波长电磁波的反射性能。

地面—电离层波导传播：电波在地面—电离层波导内的传播。长波和甚长波在此波导内可以以较小的衰减传输较长距离，且传播特性稳定，常用来进行长距离通信。

视距传播：发射的电磁波像光线一样直线传播或经过大地反射传播到接收端的传播方式。由于受到地球曲率的限制，收发之间的距离限制在视距以内。该方式主要用于超短波和微波接力通信，传播距离可以达到 50 km 以上。

散射传播：利用对流层或电离层中的不对称性来散射无线电波，使无线电波的传播到达视距以外的地方的传播方式，通信距离可达 300~800 km。

外大气层及星际空间电波传播：以卫星等航天器为对象，电波由地面发射，经大气层到达外层空间的传播方式，卫星通信就是利用了该通信方式。

# 本 章 小 结

信道的特性和信号特性影响着数据通信的质量。描述信道的参数有信道带宽、信道容量、信道衰减、信道延迟和信道噪声等，信道的这些参数特性直接决定着信息传输的方式。

信道的功能是将载有信息的电磁信号从一端传送到另一端。一个实际的信道除了传输媒质外，还应有相关的诸如编码/译码器、调制/解调器、接收/发送滤波器等电路，这样构成的信道称为广义信道。

信道分为广义信道和狭义信道、有线信道、无线信道、恒参信道、随参信道、有记忆信道、无记忆信道、离散信道、连续信道、模拟信道、数字信道、物理信道和逻辑信道。

广义信道按照它包含的功能，可以划分为调制信道和编码信道。调制信道是指调制器输出端到解调器入端的部分，编码信道是指编码器的输出端到译码器的输入端部分，这两个广义信道都有一个特点，即仅关心信号的变换或编解码结果，而不关心具体的物理实现过程。由于数据通信一般经过编解码和调制解调环节，因此数据通信的广义信道是包括调制信道在内的编码信道。

狭义信道是指传输信号的媒质，导线、光纤、无线电波均是狭义信道。

从信息论的观点看，各种信道可以概括为离散信道和连续信道两类。离散信道就是广义信道中的编码信道，信道模型可以用转移概率来表示；而连续信道就是广义信道中的调制信道，其信道模型可以用时变线性系统来表示。信道容量是衡量信道最大传输能力的重要参数，连续信道和离散信道的信道容量意义各有不同。

有线信道的传输特性非常良好，传输质量较高，但与无线信道相比，其主要的缺点是灵活、方便性较差。一般，用物理特性、传输特性、传输距离、抗干扰性能和性价比来衡量有线信道的性能。

无线信道通常是指以辐射无线电波和光波为传输媒质所构成的信道。辐射的无线电磁波可分为无线电波、微波，光波主要是应用红外和激光。理论上把频率在 $10^{12}$ Hz 以下的电磁波称为辐射无线电波，它分为无线电波和微波两个波段。无线通信是通过天线将电磁波信号发送出去的，另一个天线接收电磁波信号后还原出原始信息，这样便完成了无线通信。

一般来说，无线信道的传输特性与有线信道相比具有稳定性和可靠性不高、易受干扰、技术复杂等特点，但由于通信时无需有形的传输媒质连接，因此使用方便、灵活，适合于长距离、不易敷设通信线路的场合，它是物联网中非常重要的通信方式之一。

# 习 题 与 思 考

3-1　试简述信道的基本概念。信道可分为哪些类型？

3-2　双绞线主要有哪些种类？它们的应用场合如何？

3-3　光纤主要性能参数有哪些？单模及多模光纤分别应用在什么场合？

3-4　无线电波的频段是如何划分的？主要有哪些传播方式？

3-5　信道容量是如何定义的？连续信道和离散信道容量的定义有何区别？

3-6　香农公式有何意义？信道容量与"三要素"的关系如何？

3-7　已知某语音信道的带宽为 4 kHz，如果要求信道的信噪比 $S/N$ 为 30 dB，试求信道容量 $C$。如果信道的最大信息传输速率为 19 200 b/s，试求信道所需的最小信噪比 $S/N$。

3-8　已知某信源发送 100 Mbit 的信息，设信道的带宽为 8 kHz，信噪比为 20 dB，则发送该信息需要多少时间？

# 第4章 信源编码

　　将模拟信号转换为数字信号的过程称为模拟信号的数字化，它属于信源编码的范畴。信源编码是数字通信系统的重要组成部分。它有两个方面的作用：第一，去除信源消息的冗余信息，降低数字信号的信息量，提高传输的有效性，也就是信源的压缩编码；第二，把信源的模拟信号转换为离散信号，实现模拟信号的数字化。离散信号的实现需要将连续变化的信号用有限个数值序列来表示，这种表示过程称为抽样（或采样、取样），离散信号还需经过量化，即将离散后信号进行度量近似，然后再经过二进制或多进制编码所形成的脉冲序列信号就是最后的数字序列信号。抽样、量化、编码的过程称为数字化。

　　模拟信号数字化最常用的方式有脉冲编码调制（PCM）和增量调制（ΔM）两种。PCM 的概念最早是由法国数学家里夫斯（A. H. Reeves）于 1937 年为了解决声音的数字化提出的；ΔM 的概念是 1946 年由法国工程师德洛雷（E. M. De Loraine）提出的，目的是为了简化模拟信号数字化的方法。1946 年第一台 PCM 数字电话终端由美国的贝尔（Bell）实验室研制成功。1962 年，美国研制出采用晶体管的 24 路 1.544 Mb/s 的 PCM 系统，之后大量应用于电话通信。

　　目前，我国的公用通信系统都已实现了数字化，数字通信系统广泛应用在各个行业领域。当然，物联网也是数字通信的一个重要领域，数字通信是物联网信息传送的承载平台。

## 4.1 抽样与量化

### 4.1.1 抽样及抽样定理

　　抽样是对模拟信号在时域上的离散化，即将一个时间连续、幅度也连续的信号转变成时间离散、幅度连续的信号。

　　对于一个时间、幅度都连续的模拟信号 $x(t)$，以固定的时间间隔不断地测量它的瞬时幅度值，从而可构成一个新的信号 $x_s(nT_s)$，用离散的 $x_s(nT_s)$ 信号来表示原信号 $x(t)$ 的过程就称为抽样。抽样的实现如图 4.1.1 所示。

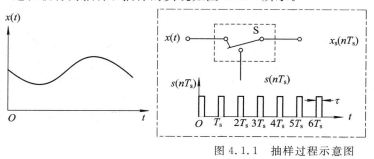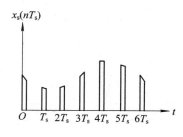

图 4.1.1　抽样过程示意图

在图中 $x(t)$ 是被抽样的模拟信号，它通过一个高速开关 S 来控制输出，当 S 接通时，输出 $x(t)$；当 S 断开时，输出信号为 0。开关以 $T_s$ 的周期接通和断开，于是就得到了窄脉冲序列 $x_s(nT_s)$。开关受到窄脉冲序列 $s(nT_s)$ 的控制，它的周期为 $T_s$，宽度为 $\tau$。当开关接通时，有持续时间为 $\tau$ 的信号输出；当开关断开时，在 $T_s - \tau$ 时间内没有信号输出。当 $\tau$ 足够小时，就认为 $x_s(nT_s)$ 是由一些点组成的序列，这些点在时间上是离散的，周期为 $T_s$，其幅度是连续的，可以是 $x(t)$ 上的任意值。

根据抽样所得信号序列的不同，可分为理想抽样、自然抽样和平顶抽样。如果抽样窄脉冲的宽度 $\tau$ 足够小，如趋近于零，这种抽样脉冲序列称为理想冲击序列 $\delta(t)$，这样的抽样称为理想抽样。在实际电路中，抽样脉冲宽度不可能趋近于零，在窄脉冲宽度 $\tau$ 持续期间，输出信号的幅度随 $x(t)$ 的变化而变化，这样的抽样称为自然抽样。如果抽样值不随被抽样信号 $x(t)$ 幅度的变化，则称该种抽样为平顶抽样，抽样后输出的信号在 $\tau$ 时间内其幅度是一致的，也就是"平顶"的。

在抽样过程中，$T_s$ 称为抽样周期，抽样频率为 $f_s = \dfrac{1}{T_s}$。抽样信号 $x_s(nT_s)$、被抽样信号 $x(t)$ 和抽样脉冲 $s(nT_s)$ 之间具有如下关系：

$$x_s(nT_s) = x(t)s(nT_s) \tag{4.1.1}$$

一个实际的抽样过程可以用一个乘法器来实现，如图 4.1.2 所示。

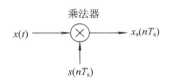

图 4.1.2　乘法器实现抽样的原理图

## 4.1.2　抽样定理

模拟信号 $x(t)$ 经过抽样，变为了 $x_s(nT_s)$，是否能包含原有 $x(t)$ 的所有信息呢？也就是说，$x_s(nT_s)$ 是否能全部复原 $x(t)$ 呢？如果能，那么用什么样的抽样脉冲来抽样呢？抽样定理将解决该问题。抽样定理包含两个基本内容，即低通抽样和带通抽样定理。

**1. 低通抽样定理**

低通抽样是指频带被限制在 $0 \sim f_H$ 范围的信号的抽样，该信号也称带限信号。$f_H$ 指信号的上限截止频率（最高频率），因此低通信号的带宽为 $B = f_H$。

低通抽样定理也称带限信号抽样定理，该定理可描述为：对于一个频率范围在 $[0, f_H]$ 内的时间连续信号 $x(t)$，若以抽样频率 $f_s \geqslant 2f_H$ 对其均匀抽样，则 $x(t)$ 被 $x_s(nT_s)$ 完全确定，或者说抽样信号 $x_s(nT_s)$ 将无失真地恢复出 $x(t)$。

$T_s$ 称为抽样周期或抽样间隔，$T_s = 1/f_s$，$1/2f_H$ 称为奈奎斯特间隔，$2f_H$ 称为奈奎斯特速率。奈奎斯特间隔是能够唯一确定连续信号 $x(t)$ 的最大抽样间隔；奈奎斯特速率是能够唯一确定连续信号 $x(t)$ 的最小抽样频率。

在频域中，我们一般用角频率 $\omega$ 表示频率，$\omega = 2\pi f$。抽样频率和抽样周期可表示为

$$\omega_s = 2\pi f_s, \quad T_s = \frac{2\pi}{\omega_s} \tag{4.1.2}$$

**2. 带通抽样定理**

带通信号是指信号的频率限制在$[f_L, f_H]$范围的信号，其中$f_L$为下限截止频率（最低频率），$f_H$为上限截止频率（最高频率），信号的带宽为$B = f_H - f_L$。带通信号的最小抽样频率为

$$f_s = 2B + \frac{2(f_H - nB)}{n} \qquad (4.1.3)$$

式中，$n$取小于$f_H/B$的最大整数（当$f_H$恰好是$B$的整数倍时，取$n$为$f_H/B$）。

当在低通情况下，若采用式（4.1.3），则此时$n=1$，$f_H = B$，$f_s = 2B = 2f_H$，此时式（4.1.2）与式（4.1.3）等价。在工程中我们一般取抽样频率为 2.5～5 倍的$f_H$，以免失真，例如在电话通信中，我们取语音频带为 300～3400 Hz，抽样频率取 8000 Hz。

**例 4.1.1**　已知某信号由 2 个频率成分组成，其表达式为$x(t) = \cos 400\pi t + \cos 80\pi t$，对其进行均匀抽样，求信号带宽、奈奎斯特速率和奈奎斯特间隔。

**解**　$\qquad f_H = 200, \quad f_L = 40, \quad B = f_H - f_L = 200 - 40 = 160$

$$\frac{f_H}{B} = \frac{200}{160} = 1.25$$

于是取$n=1$，代入式（4.1.3）得

$$f_s = 2B + \frac{2(f_H - nB)}{n} = 320 + 80 = 400 = 2f_H$$

于是带宽为 160 Hz，奈奎斯特速率为 200 Hz，奈奎斯特间隔（抽样间隔）为 5 ms。该例题告诉我们，当最高频率与最低频率相差较大时，可用最高频率作为信号的带宽，原来的带通信号可近似地看成低通信号来处理。

## 4.1.3　量化

模拟信号抽样后，抽样值是随信号幅度连续变化的，即抽样值$x_s(nT_s)$可以取无穷多个可能的值。如果用$N$个二进制数字信号来代表该抽样值的大小，以便用数字系统来传输该抽样值（以下简称为样值）信息，则$N$个二进制信号仅能同$X = 2^N$个样值相对应，而不能同无穷多个电平值相对应。这样一来，样值必须被划分为$X$个离散电平，此电平被称为量化电平。采用量化样值的方法后，才能使数字通信系统传输数字信息。

利用预先规定的有限个电平来表示模拟样值的过程称为量化。抽样把一个时间和幅度连续的信号变成了离散信号，量化把连续的抽样值变成了幅度上离散的值。

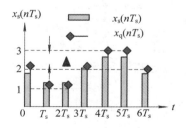

图 4.1.3 是量化过程的示意图。图中的 1、2、3 是量化后可能输出的 3 个电平值。图中的虚线是各样值量化后的取值。$x_s(0T_s) = 2$，$x_s(1T_s) = 1$，$x_s(2T_s) = 1$，$x_s(3T_s) = 2$，$x_s(4T_s) = 3$，$x_s(5T_s) = 3$，$x_s(6T_s) = 2$。

图 4.1.3　量化过程示意图

模拟信号$x(t)$经过抽样后，变为时间上离散、幅度上连续的序列$x_s(nT_s)$，经量化后变成$x_q(nT_s)$，$x_q(nT_s)$的取值为$q_1, q_2, \cdots, q_M$之一，即

$$x_q(nT_s) = q_i, \quad q_{i-1} \leqslant x_q(nT_s) = q_i, i = 2, 3, \cdots, M \qquad (4.1.4)$$

量化可分为均匀量化和非均匀量化两种。

**1. 均匀量化**

把输入信号的取值区域按等距离分割的量化称为均匀量化。在均匀量化中，每个量化区间的量化电平在各区间的中点。量化间隔(量化台阶)$\Delta$ 取决于输入信号的变化范围和量化电平数。当信号的变化范围和量化电平数确定后，量化间隔也就确定。如果输入信号的最小值和最大值分别用 $x_{\min}$ 和 $x_{\max}$ 表示，量化电平数用 $M$ 表示，则均匀量化间隔 $\Delta$ 为

$$\Delta = \frac{x_{\max} - x_{\min}}{M} \tag{4.1.5}$$

量化后输出

$$x_{\mathrm{q}}(nT_{\mathrm{s}}) = q_i, \quad 当\ q_{i-1} < x(t) \leqslant q_i$$

量化值 $x_{\mathrm{q}}$ 的取值一般按照"四舍五入"的原则来取，即

$$\begin{cases} x_{\mathrm{q}} < q_i + \dfrac{\Delta}{2}, \ 取\ x_{\mathrm{q}} = q_i \\[2mm] x_{\mathrm{q}} \geqslant q_i + \dfrac{\Delta}{2}, \ 取\ x_{\mathrm{q}} = q_{i+1} \end{cases} \tag{4.1.6}$$

量化会产生量化误差，量化误差的最大值为 $\Delta/2$，这种误差对数字通信来说是有害的，它是以量化噪声的形式出现的，量化噪声的信噪比为

$$\left(\frac{S_{\mathrm{o}}}{N_{\mathrm{q}}}\right)_{\mathrm{dB}} = 20\ \lg M \tag{4.1.7}$$

式中，$S_{\mathrm{o}}$ 为信号 $x(t)$ 的功率，$N_{\mathrm{q}}$ 为量化噪声的功率。

均匀量化的缺点主要是无论抽样值大小如何，量化噪声的信噪比仅与量化电平数 $M$ 有关，当输入信号 $x(t)$ 较小时，则量化噪声的信噪比也很小，这样对较弱的信号是不利的，往往难以达到理想的效果。通常，把满足信噪比要求的输入信号取值范围定义为动态范围。均匀量化时，信号的动态范围将受到较大的限制，为了克服这个缺点，实际应用中往往采用非均匀量化。

**2. 非均匀量化**

非均匀量化是依据信号的不同来确定量化间隔的。对于信号较小的区间，其量化间隔也小，反之，量化间隔就越大。非均匀量化与均匀量化相比，其优点是：第一，非均匀量化可以得到较高的平均信噪比；第二，量化噪声对小信号的影响与大信号的影响基本相同。

非均匀量化是通过抽样进行适当的变换后，再以均匀量化的方式进行量化的。通过一个非线性变换系统(实际应用中采用非线性电路)将输入信号 $x$ 变成另一个信号 $y$，以实现非均匀压缩变换，即

$$y = f(x) \tag{4.1.8}$$

非均匀量化是对变化后的信号 $y$ 进行均匀量化，在接收端采用反变换的方式来恢复 $x$，即

$$x = f^{-1}(y) \tag{4.1.9}$$

该过程称为扩张。实际应用中，分别在发送端和接收端采用压缩器和扩张器电路来实现非均匀量化。在压缩器中，通常采用对数方式进行压缩，即 $y = \ln x$。广泛采用的对数压缩方式有 $\mu$ 压缩律和 $A$ 压缩律。美国采用的是 $\mu$ 压缩律，我国和欧洲采用的是 $A$ 压缩律。

1) $\mu$ 压缩律

$\mu$ 压缩律是指压缩器的输入和输出具有如下关系的压缩律，即

$$y = \frac{\ln(1+\mu x)}{\ln(1+\mu)}, \quad 0 \leqslant x \leqslant 1 \tag{4.1.10}$$

式中，$x$、$y$ 分别是归一化后的输入信号和输出信号的电压，即

$$x = \frac{\text{压缩器的输入电压}}{\text{压缩器可能的最大输入电压}}$$

$$y = \frac{\text{压缩器的输出电压}}{\text{压缩器可能的最大输出电压}}$$

$\mu$ 为压缩参数，表示压缩程度。压缩特性如图 4.1.4 所示。

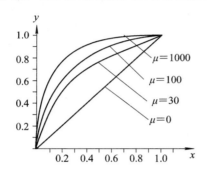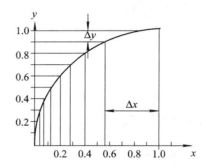

图 4.1.4　$\mu$ 率及其压缩特性

由图 4.1.4 可以看出，当 $\mu=0$ 时，压缩曲线成为一条通过原点的直线，此时无压缩，当 $\mu$ 增大时，压缩作用显著，尤其当 $\mu>100$ 以上时。压缩特性可以通过图 4.1.4 的右图明显地体现出来，均匀区间 $\Delta y$ 所对应的 $\Delta x$ 是不同的，越往下，$\Delta x$ 越小，对小信号的具有显著的扩张特性，这样就避免了像均匀量化时，对小信号产生的较大的相对量化误差，从而使得大小信号的量化信噪比大体相当，从而改善了总体的量化信噪比。

2) A 压缩律

A 压缩律是指压缩器的输入和输出具有如下关系的压缩律：

$$y = \begin{cases} \dfrac{Ax}{1+\ln A}, & 0 < x \leqslant \dfrac{1}{A} \\[2mm] \dfrac{1+\ln x}{1+\ln A}, & \dfrac{1}{A} \leqslant x \leqslant 1 \end{cases} \tag{4.1.11}$$

式中，$x$ 为归一化的压缩器输入电压；$y$ 为归一化的压缩器输出电压；$A$ 为压扩参数，表示压缩程度。

在实际通信系统中，常常采用折线来近似对数压缩特性曲线，广泛采用的 13 折线 A 律压缩（取 $A=87.6$）和 $\mu$ 律压缩（取 $\mu=255$）。图 4.1.5 所示的是 A 律折线 13（$A=87.6$）在第一象限的曲线图。

用式(4.1.11)式的函数来实现 A 律的电路非常困难，在实际工程中往往采用 13 折线（$A=87.6$）来近似，它可用数字电路非常容易地实现。图 4.1.5 是采用以下方式得到：

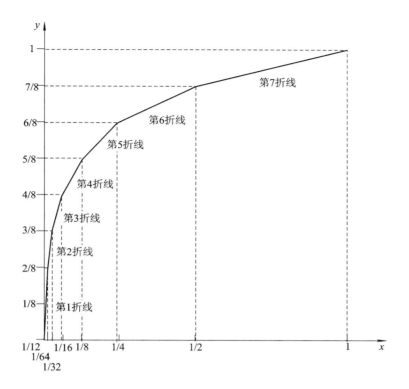

图 4.1.5 A 律 13 折线

首先，将 $x$ 轴的 0～1 分为 8 个不均匀的段。分法为：将 0～1 一分为二，中点为 1/2，将 1/2～1 之间的段作为第 8 段；将 0～1/2 段一分为二，中点为 1/4，将 1/4～1/2 作为第 7 段；再将 0～1/4 一分为二，中点为 1/8，将 1/8～1/4 作为第 6 段；然后将 0～1/8 一分为二，中点为 1/16，将 1/16～1/8 作为第 5 段，依此类推，直到最后的最小段 0～1/128，作为第 1 段。

其次，对 $y$ 轴分段，将其均匀地分为 8 段，第一段到第八段分别为 0～1/8、1/8～2/8、2/8～3/8、3/8～4/8、4/8～5/8、5/8～6/8、6/8～7/8、7/8～1。

第三，将所分得的 $x$ 轴上的段与 $y$ 轴上的段一一对应，并在所对应的段内做 $x$-$y$ 的斜直线，这样就得到了如图 4.1.5 所示的曲线。在图 4.1.5 中，第一、二段折线的斜率是相同的。上述曲线在第一象限，考虑到 $x$、$y$ 具有 $-x$、$-y$ 对称关系，另外一部分曲线在第三象限，这样共有 16 段折线，由于第一、第三象限中的第一、第二段折线的斜率相同，因此，这四段折线可看成一段折线，于是联合第一、第三象限，整个压缩律 A 就变成了 13 折线。各段折线的斜率如表 4.1.1 所示。

表 4.1.1 各 段 斜 率

| 折线段落 | 1 | 2 | 3 | 4 | 5 | 6 | 7 | 8 |
|---|---|---|---|---|---|---|---|---|
| 斜率 | 16 | 16 | 8 | 4 | 2 | 1 | $\frac{1}{2}$ | $\frac{1}{4}$ |

非均匀量化通常用于信号的幅度分布不均匀的情况。如在语音通信的信号中，小信号

出现的概率较大，大信号出现的概率较小，为了减小量化噪声的平均功率，采用非均匀量化，以减小小信号的量化噪声，适当提高大信号的量化噪声，并使大小信号的信噪比大体相当，从而改善整体的通信性能。

# 4.2 脉冲编码调制（PCM）

模拟信号经过抽样和量化后，得到离散信号 $x_q(nT_s)$，这个离散信号包含了 $M$ 个离散的量化电平值。如果直接传输该离散信号，系统的抗噪声性能将非常差。通常需将离散信号 $x_q(nT_s)$ 变为 $N$ 位二进制数字信号（$2^N \geqslant M$），接收端收到二进制数字信号后经译码还原 $x_q(nT_s)$，再经过低通滤波器恢复原始的模拟信号。这个过程就是脉冲编码调制（PCM）。

编码过程就是用二进制或多进制码组来表示量化电平的过程，即对每一个量化电平赋予一个特定的码组，每个量化电平对应一个码组，即量化电平与码组是一一对应的。码组的选择是任意的，可以是二进制或多进制，但常有的是采用二进制，这主要是便于用数字电路实现编码。

译码（解码）是特定码组恢复量化电平的过程，是编码的反过程。

通过脉冲编码调制，将模拟信号表示为二进制或多进制码组序列，从而得到时间上、幅度上都离散的数字信号。

脉冲编码调制有线性编码和非线性编码两种方式。线性编码的方法是先对抽样信号均匀量化，再对量化值进行简单的二进制编码得到对应的码组。常用的线性编码方法有级联逐次比较线性编码和逐次反馈线性编码。译码包括加权求和、译码网络及梯形译码网络等。

非线性编码通常先对抽样值进行均匀压缩和均匀量化，然后采用线性编码方法来完成编码过程，可以是先压缩后编码或先编码后压缩，此外还有直接非线性编码的方法，其中广泛采用的是直接非线性编码方法，包括 13 折线 A 律（$A = 87.6$）和 $\mu$ 律（$\mu = 255$）直接非线性编码。

## 4.2.1 PCM 通信系统

PCM 通信系统可用图 4.2.1 来表示。其中，$x(t)$ 是输入的模拟信号，最高频率为 $f_H$，抽样器以 $f \geqslant 2f_H$ 抽样频率抽样后，变为时间上离散、幅度上连续的抽样信号 $x_s(nT_s)$，抽样信号经过量化器后变成离散信号 $x_q(nT_s)$，并经过编码器后成为二进制数字信号，二进制数字信号经信道传输后，信号会受到噪声的干扰，发生畸变，但只要二进制数字信号的畸变不超过判决门限，译码器就可以通过抽样再生还原出离散信号 $x_q(nT_s)$，最后信号经

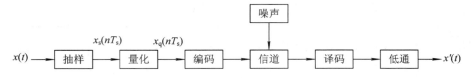

图 4.2.1　PCM 通信系统框图

过低通滤波的平滑就可得到模拟信号 $x(t)$。需要指出的是,量化编码过程称为 A/D 变换,而经译码和低通平滑的过程称为 D/A 变换。

在进行非均匀量化时,由压缩器和均匀量化器组成非均匀量化,然后进行线性编码,但在实际的通信设备中,压缩、量化和编码是由一个芯片来完成的。均匀量化和编码是由一个线性编码器来完成的。目前可以用一个一个芯片来完成抽样、压缩、量化和编码的全过程。

由于数字信号在经过信道传输时会受到噪声的干扰、以及由于信道的带宽等因素产生的码间串扰,接收端收到的二进制数字信号与发送端发送的二进制数字信号会有一定的差异,经接收端低通滤波器平滑后的模拟信号与发送端的模拟信号会有一定的差异,这种现象就是失真。

由于 PCM 信号在编码过程中是用 $N$ 位二进制码组表示一个量化电平值的,因此可以计算出该 PCM 通信系统的信息传输速率。

假设 $x(t)$ 是一个受限的低通模拟信号,最高频率为 $f_H$,则由抽样定理可知,要不失真地传输该信息的抽样频率为 $f_s \geqslant 2f_H$,如果量化级数为 $M$,采用 $N$ 位二进制码组表示量化电平,则应有 $2^N \geqslant M$。考虑理想情况,取 $f_s = 2f_H$,采用 $N$ 位二进制码组表示量化电平,于是,可以得到该 PCM 通信系统经数字化后的码元速率:

$$R_B = Nf_s = 2Nf_H (\text{Baud/s}) \tag{4.2.1}$$

式中,Baud 称为波特,故码元速率也叫波特率。由于采用二进制码元,因此每个码元含有 1 比特信息量,于是信息速率为

$$R_b = R_B = 2Nf_H (\text{b/s}) \tag{4.2.2}$$

如果采用 $K$ 进制码组表示量化电平,则每个码元包含的比特数为 $\log_2 K$,简写为 $\mathrm{lb}K$,于是,此时信息速率和码元速率的关系为

$$R_b = R_B \, \mathrm{lb}K \tag{4.2.3}$$

例如对于电话通信系统,语音信号是一个受限的模拟信号,其最高频率限制在 $f_H = 4000$ Hz,对其进行 PCM 编码,若分别采用二进制、八进制编码,量化位数分别取 8 位和 4 位,则该信号的码元速率和信息速率分别可由下述计算得到:

二进制时,由于 $R_b = R_B = 2Nf_H = 2 \times 8 \times 4000 = 64$ k,因此码元速率为 64 kBaud/s,信息速率为 64 kb/s。

八进制时,码元速率为 $R_B = 2Nf_H = 2 \times 4 \times 4000 = 32$ kBaud/s,信息速率为 $R_b = R_B \, \mathrm{lb}K = 32 \times \ln 8 = 96$ kb/s。

## 4.2.2 二进制 PCM 编码

PCM 中最常见的是用二进制码组来表示量化电平,由于二进制的符号仅为"0"和"1",并且 1 位二进制数有两种状态,可以表示两个不同的量化电平。$N$ 位可以表示 $2^N$ 种不同的状态,即可表示 $2^N$ 个不同的量化电平。

由多位二进制数组成的数字叫做二进制码组或码字,其中每一位二进制数叫做一个码元,每个码组所包含的码元个数叫做码组长度或字长。与二进制码组有关的两个参数是码

长和码距，码长是指二进制码组的位数，如 8 位二进制数构成的码组，其码长为 8。码距是指二进制码组之间对应位数不同的个数，是描述不同的程度，如 0110 和 1011 两个码组的码距为 3，因为两码组的第一位、第二位、第四位不同，不同之处共 3 个，故码距为 3。

用来编码的二进制码组的长度是由量化级数 $M$ 来决定的。量化级数越大，需要的二进制码组的数目就越多，也就意味着码长越长。例如，量化级数为 15 时，需要 15 个二进制码组来表示，码组的长度应为 4；量化级数为 7 时，需要 7 个码组，码组的长度为 3。但在实际电路中，码组的长度往往是确定的，一般都按字节表示，一个字节的长度为 8 位。

码组的长度越长，所表示的量化级数就越多，量化的间隔就越小，量化噪声（或量化误差）也就越小；但随之而来是模拟信号数字化后所产生的较大的数据量，也就意味着要求应有较宽的传输信道来传输高速率的数据，通信系统的成本也就越高。因此需要在保证通信质量的同时，合理地选择码组长度。

对于 A 律和 $\mu$ 律，其量化级数均是 256，所需要的二进制码长至少应为 8 位（$2^8 = 256$）。目前常用的编码方式有 3 种，分别是自然二进制编码（NBC）、格雷二进制编码（RBC）和折叠二进制编码（FBC）。

**1. 自然二进制编码**

自然二进制编码就是最普通的十进制整数的二进制代码，其优点是简单，但传输中容易出错，对双极性信号编码时不如折叠码方便。例如，对于一个量化级数 $M = 16$，量化范围 $L$ 为 $[-7.5, 7.5]$，量化间隔为 $\Delta = 1$，量化电平 $q$ 分别为 $-7.5$、$-6.6$、$-5.5$、$-4.5$、$-3.5$、$-2.5$、$-1.5$、$-0.5$、$0.5$、$1.5$、$2.5$、$3.5$、$4.5$、$5.5$、$6.5$、$7.5$，量化值序号为 $0 \sim 15$ 的双极性，需要用 4 位二进制码组来表示。设 4 位二进制码分别为 $a_3$、$a_2$、$a_1$、$a_0$，则量化电平与码组的关系为

$$q = a_3 2^3 + a_2 2^2 + a_1 2^1 + a_0 2^0 - 7.5 \tag{4.2.4}$$

若有 $N$ 位自然二进制码组组成的码字，各位分别表示为 $a_{N-1}, a_{N-2}, \cdots, a_1, a_0$，则量化电平与码组的关系可表示为

$$q = a_{N-1} 2^{N-1} + a_{N-2} 2^{N-2} + \cdots + a_1 2^1 + a_0 2^0 - (2^{N-1} - 0.5) \tag{4.2.5}$$

**2. 格雷二进制编码**

格雷二进制编码也叫格雷码或反射码，它是按照相邻码组之间只有一个对应位不同的规律构成的，也就是相邻码距为 1。格雷码一般是从 0000 开始，按由低位向高位变化，每次只改变一个码元，只有当低位码元不能再变时，才改变高位码元，从而保持相邻码组距为 1。在传输过程中，如果格雷码产生一位误码，原码组会变成相邻码组，因此产生的误码所造成的误差较小。

**3. 折叠二进制码**

折叠二进制编码是从自然二进制编码发展而来的，它的最高位是极性位，"1"表示正极性，"0"表示负极性，其他位表示数的绝对值的大小，除了最高位，折叠码的上下两部分是对称的。折叠码用来表示双极性信号非常方便，而且在传输过程中出现的错码对信号的影响较小。三种编码的码组如表 4.2.1 所示。

表 4.2.1　自然、格雷、折叠二进制码组

| 量化电平极性 | 量化电平值 | 量化值符号 | 自然码 | 格雷码 | 折叠码 |
|---|---|---|---|---|---|
| 负极性 | $-7.5$ | 0 | 0000 | 0000 | 0111 |
| | $-6.5$ | 1 | 0001 | 0001 | 0110 |
| | $-5.5$ | 2 | 0010 | 0011 | 0101 |
| | $-4.5$ | 3 | 0011 | 0010 | 0100 |
| | $-3.5$ | 4 | 0100 | 0110 | 0011 |
| | $-2.5$ | 5 | 0101 | 0111 | 0010 |
| | $-1.5$ | 6 | 0110 | 0101 | 0001 |
| | $-0.5$ | 7 | 0111 | 0100 | 0000 |
| 正极性 | 0.5 | 8 | 1000 | 1100 | 1000 |
| | 1.5 | 9 | 1001 | 1101 | 1001 |
| | 2.5 | 10 | 1010 | 1111 | 1010 |
| | 3.5 | 11 | 1011 | 1110 | 1011 |
| | 4.5 | 12 | 1100 | 1010 | 1100 |
| | 5.5 | 13 | 1101 | 1011 | 1101 |
| | 6.5 | 14 | 1110 | 1001 | 1110 |
| | 7.5 | 15 | 1111 | 1000 | 1111 |

# 4.3　增量调制($\Delta M$)

增量调制简称为 $\Delta M$ 或增量脉码调制方式(DM),是 PCM 后出现的一种模拟信号数字化的方法。$\Delta M$ 可以看成是 PCM 的一种特殊形式,是用 1 比特来量化的脉冲编码调制。$\Delta M$ 在每一次抽样时,用一位二进制码元表示每个差值信号,该差值信号不是表示抽样脉冲幅度,而是抽样值的变化趋势。增量调制系统的编译码设备较简单,在军用无线通信、卫星通信和高速大规模集成电路的 A/D 转换等方面均得到了广泛的应用。

增量调制的基本思想是用一个阶梯波 $x_T(t)$ 来逼近带限模拟信号 $x(t)$,然后用二进制码来表示阶梯波 $x_T(t)$,从而完成模拟信号的数字化。增量调制的波形图如图 4.3.1 所示。

图中,$x(t)$ 是连续变化的模拟信号,$x_0(t)$ 是阶梯波信号,各个阶梯的间隔为 $\Delta t$,高度为 $\sigma$,抽样频率 $f_s = 1/\Delta t$。可以看出阶梯波 $x_0(t)$ 与模拟信号 $x(t)$ 的形状非常相似,如果时间间隔 $\Delta t$ 足够小,即抽样频率 $f_s$ 足够高,而且 $\sigma$ 也足够小,则阶梯波 $x_0(t)$ 可以精确地逼近 $x(t)$。可以将阶梯波 $x_0(t)$ 看做是一个用给定的"阶梯" $\sigma$ 对连续信号 $x(t)$ 进行抽样和量化之后的波形。$\sigma$ 称为增量,阶梯波只有一个上升增量 $\sigma$(称为正增量)和下降增量 $\sigma$(称为负增量)两种情况。如果把上升一个增量 $\sigma$ 用"1"表示,把下降一个增量用"0"表示,这样就可从阶梯波 $x_0(t)$ 得到一个二进制码元序列(图 4.3.1 的二进制码元序列为 0011111001),此码元序列还可以用图中所示的锯齿波 $x_T(t)$ 得到,锯齿波 $x_T(t)$ 可以近似地逼近连续波 $x(t)$,其斜率只有 $\sigma/\Delta t$ 和 $-\sigma/\Delta t$ 两种情况。如果用"1"表示正斜率,用"0"表示负斜率,即

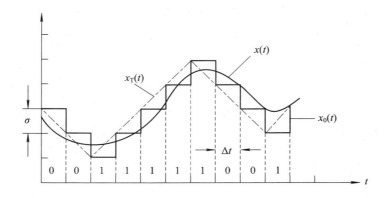

图 4.3.1　增量调制波形图

可获得一个二进制码元序列所表示的锯齿波 $x_T(t)$。

阶梯波 $x_0(t)$ 和锯齿波 $x_T(t)$ 通过低通滤波后，去除了高频成分，它们可以很好地与原信号 $x(t)$ 的波形重合，也就是说阶梯波 $x_0(t)$ 和锯齿波 $x_T(t)$ 携带了 $x(t)$ 的所有信息，即意味着只要能够从二进制码元序列恢复出阶梯波或锯齿波，就能还原原始的模拟信号。

增量调制中的一个码元"1"或"0"仅表示抽样时刻信号变化的趋势，即表示信号幅度的变化是向上增加的还是向下减小的，或者说它们代表的是模拟信号前后两个抽样值的差是正的还是负的，因而这样的调制方式称为增量调制或 $\Delta M$。

一个较为简单的增量调制系统的原理框图如图 4.3.2 所示。它由减法器、抽样脉冲产生器、抽样判决器和积分器、低通滤波等构成。其中，积分器具有译码功能，在发送端的积分器也叫本地译码器。接收端的积分器也叫译码器，它和低通滤波器构成解调器。积分器可用一个简单的 $RC$ 电路实现。

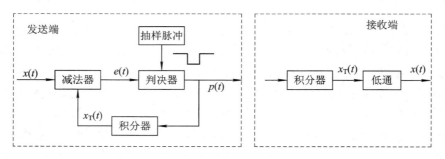

图 4.3.2　简单增量调制系统原理框图

增量调制的过程是这样的，首先模拟信号 $x(t)$ 输入到发送端的减法器，与积分器输出的锯齿波信号 $x_T(t)$ 相减得到差值信号 $e(t)$，$e(t)$ 送入到判决器中，在抽样脉冲的控制下对差值信号 $e(t)$ 的正负进行判别。若 $e(t)>0$，判决器则输出一个正的脉冲信号作为"1"码；若 $e(t)<0$，判决器则输出一个负的脉冲信号作为"0"码，这样便得到了一个二进制码元序列 $p(t)$。$p(t)$ 信号的一个方向是送入信道发送，另一个方向是反馈。$p(t)$ 的反馈信号进入到积分器后，经积分（或称译码）产生锯齿波信号 $x_T(t)$，$x_T(t)$ 用来与输入的模拟信号相减。

在接收端，数字序列 $p(t)$ 进入积分器，进行译码，译码后的信号 $x_T(t)$ 通过低通滤波器后还原为原始的输入信号 $x(t)$。

# 本 章 小 结

将模拟信号转换为数字信号的过程称为模拟信号的数字化，它属于信源编码的范畴。信源编码是数字通信系统的重要组成部分。模拟信号数字化最常用的方式有脉冲编码调制（PCM）和增量调制（$\Delta M$）两种。

抽样是对模拟信号在时域上的离散化，即将一个时间连续、幅度也连续的信号转变成时间离散、幅度连续的信号。根据抽样所得信号序列的不同，可分为理想抽样、自然抽样和平顶抽样。

低通抽样定理也称带限信号抽样定理，该定理可描述为：对于一个频率范围在 $[0, f_H]$ 内的时间连续信号 $x(t)$，若以抽样频率 $f_s \geqslant 2f_H$ 对其均匀抽样，则将 $x(t)$ 被 $x_s(nT_s)$ 完全确定，或者说抽样信号 $x_s(nT_s)$ 将无失真地恢复出 $x(t)$。

带通信号是指信号的频率限制在 $[f_L, f_H]$ 范围的信号，其中 $f_L$ 为下限截止频率（最低频率），$f_H$ 为上限截止频率（最高频率），信号的带宽为 $B = f_H - f_L$。带通信号的最小抽样频率为

$$f_s = 2B + \frac{2(f_H - nB)}{n}$$

式中，$n$ 取小于 $f_H/B$ 的最大整数（当 $f_H$ 恰好是 $B$ 的整数倍时，则取 $n$ 为 $f_H/B$）。

利用预先规定的有限个电平来表示模拟样值的过程称为量化。抽样把一个时间和幅度连续的信号变成了离散信号，量化把连续的抽样值变成了幅度上离散的值。量化可分为均匀量化和非均匀量化两种。

非均匀量化广泛采用的对数压缩方式有 $\mu$ 压缩律和 A 压缩律。美国采用的是 $\mu$ 压缩律，我国和欧洲采用的是 A 压缩律。

非均匀量化通常用于信号幅度分布不均匀的情况。如在语音通信的信号中，小信号出现的概率较大，大信号出现的概率较小，为了减小量化噪声的平均功率，采用非均匀量化，以减小小信号的量化噪声，适当提高大信号的量化噪声，并使大小信号的信噪比大体相当，从而改善整体的通信性能。

编码过程就是用二进制或多进制码组来表示量化电平的过程，即对每一个量化电平赋予一个特定的码组，每个量化电平对应一个码组，即量化电平与码组是一一对应的。码组的选择是任意的，可以是二进制或多进制，但常采用二进制，这主要是便于用数字电路实现编码。

译码（解码）是特定码组恢复量化电平的过程，是编码的反过程。

通过脉冲编码调制，将模拟信号表示为二进制或多进制码组序列，从而得到时间、幅度均离散的数字信号。

脉冲编码调制有线性编码和非线性编码两种方式。线性编码的方法是先对抽样信号均匀量化，再对量化值进行简单的二进制编码得到对应的码组。常用的线性编码方法有级联逐次比较线性编码和逐次反馈线性编码。译码包括加权求和、译码网络及梯形译码网络等。

非线性编码通常先对抽样值进行均匀压缩和均匀量化，然后采用线性编码方法来完成编码过程，可以是先压缩后编码或先编码后压缩，此外还有直接非线性编码的方法，其中广泛采用的是直接非线性编码方法，包括 13 折线 A 律（$A=87.6$）和 $\mu$ 律（$\mu=255$）直接非线性编码。

# 习 题 与 思 考

4-1 什么是抽样定理？如何保证信号在抽样后不失真地恢复原来的波形？

4-2 什么是量化？简述均匀量化和非均匀量化。

4-3 为什么需要压缩和扩张？A 律 13 折线的压缩特性是如何得到的？

4-4 已知某理想低通信号的上限截止频率 $f_H=20$ kHz，对其进行均匀抽样，试求其抽样频率和抽样周期，若该信号采用 8 级量化，求 PCM 编码后的信息速率。

4-5 某信号的频率范围为 88～108 kHz，试求其信号带宽、最低抽样频率和最大抽样间隔。

4-6 某信号的最高频率为 20 kHz，对其进行 PCM 编码，若采用 16 进制编码，量化位数为 4，试求该信号的码元速率和信息速率。

4-7 已知某信号量化范围为 $[-16,16]$，采用 8 位二进制编码，若进行均匀量化，其量化间隔 $\Delta$ 为多少？若采用 A 律 13 折线非均匀量化，其最小量化间隔 $\Delta$ 又为多少？

4-8 常用的 PCM 二进制编码有哪些？它们有何特点？

4-9 简述增量调制的原理。

4-10 增量调制中的噪声主要有哪些？如何减少增量调制中的噪声？

# 第 5 章　数字基带传输

在物联网通信中，传输系统传输的信号一般是数据信号，数据信号的传输是数据通信的基础。数据通信系统对信号的处理可归类为两种变换：① 消息和数字脉冲信号之间的变换；② 数字脉冲信号和已调信号之间的变换。

所谓的基带信号是指把消息变换为二进制（或多进制）脉冲序列的信号，将消息变为脉冲序列的过程称为基带变换。一般来说，基带信号的带宽相当宽，为了使基带信号能有效地在信道中传输，需对基带信号进行适当的变换，这种变换称为频带变换，它对应于第二种变换。传输基带信号的系统称为基带传输系统。

## 5.1　数字基带信号的波形与编码原则

### 5.1.1　数字基带信号的波形

数字脉冲信号的波形与传输信道的特性及基带传输系统的技术指标有着密切的关系，不同的波形适应于不同的传输系统和信道。由于矩形脉冲易于形成和变换，因此常用的数字脉冲的波形均是矩形脉冲。

下面以矩形脉冲为例，介绍几种常见的波形和传输码型。常用的码型有单极性码、双极性码、单极性归零码、双极性归零码、差分编码等。

**1. 单极性码**

单极性码也称不归零（Not Return Zero，NRZ）码，是由单极性矩形脉冲所形成的波形。它是一种最简单的基带数据信号，用脉冲的有、无来表示二进制码的"1"和"0"。它的特点是脉冲极性单一，有直流成分，脉冲宽度等于码元宽度。其波形如图 5.1.1(a)所示。

**2. 双极性码**

双极性码是由双极性脉冲形成的。脉冲的正、负分别对应二进制码的"1"和"0"。该码型信号的特点是电平均值为零，无直流分量，接收端的判决门限也为零，具有良好的抗干扰性能，广泛应用于基带传输系统。其波形如图 5.1.1(b)所示。

**3. 单极性归零码**

单极性归零码的脉冲宽度小于码元宽度，小于码元的其余部分要回到零电平，故称为归零码。该码型的特点是有利于减小码间干扰，有利于同步时钟的提取。其波形如图 5.1.1(c)所示。

**4. 双极性归零码**

双极性归零码是用正负脉冲分别代表二进制的"1"和"0"，脉冲的宽度小于码元的宽度，小于码元宽度的其余部分要回到零电平，该码型有利于接收端同步时钟的提取。其波形如图5.1.1(d)所示。

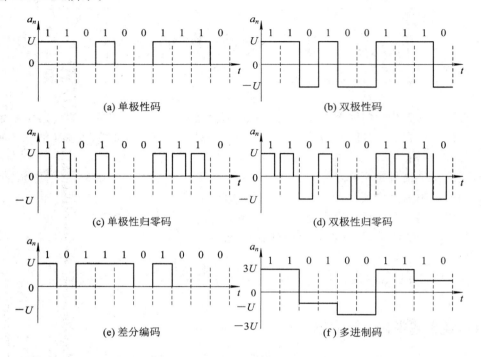

(a) 单极性码

(b) 双极性码

(c) 单极性归零码

(d) 双极性归零码

(e) 差分编码

(f) 多进制码

图5.1.1 常见基带信号波形图

### 5. 差分编码

差分编码也叫相对脉冲码。它不是用脉冲本身的电平代表二进制码"1"和"0"的,而是用脉冲波形的变化来表示码元取值的。其波形如图5.1.1(e)所示。对于差分编码,其变化的波形与差分编码输出脉冲$b_n$及原输入脉冲$a_n$有关,可用式(5.1.1)来表示,其编码电路原理图如图5.1.2所示。图中,$T$表示一个码元延时的延时器。

$$b_n = b_{n-1} \oplus a_n (\text{mod}2) \tag{5.1.1}$$

差分编码的解码公式为

$$a_n = b_{n-1} \oplus b_n (\text{mod}2) \tag{5.1.2}$$

多电平码(或多进制码)是由其取值来代表多位码元的。如4种电平脉冲,每种代表了lb$M$=lb4=2位码元,如图5.1.1(f)所示,−3 V代表00,−1 V代表01,+1 V代表10,+3 V代表11。这种码型脉冲一般在高速数据中来压缩数据率,以提高系统的带宽利用率。

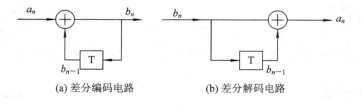

(a) 差分编码电路

(b) 差分解码电路

图5.1.2 差分编/解码电路

### 5.1.2　数字基带信号的编码原则

对于基带传输信号，其编码应满足如下基本要求：

（1）有利于提高系统的频带利用率。基带信号的编码应尽量使频带减小，使数字信号编码后的数字信号数量尽量降低，这样可以使传输系统的信息传输效率提高。有些数字信号码型经变换后，其信号的能量集中在 1/2 数码率附近，经过部分相应编码的信号可频带利用率达到基带信号传输的极限 2（b/s）/Hz，且消除了码间干扰。

（2）基带数字信号应具有尽量小的直流分量，使带宽尽量集中在中频部分。在传输系统中，设备一般要应用一些变压耦合器，该器件具有隔直流、通交流的特性，如果信号中含有的直流成分较多或频率过低，则传输的信号功率会大大减少，从而形成信号失真。另外，高频成分过多的信号在传输中会出现串扰现象，将对其他路信号产生干扰。

（3）基带信号中应足够大地提取码元同步的信号分量。基带信号在接收时，需进行抽样、判决和再生，这些都需要有定时时钟。一般来说，这个定时时钟是通过信号来提取的，这就要求基带信号中应有足够大的提取定时时钟的信号分量。

（4）基带传输码型应基本上不受信源统计特性的影响。

（5）基带传输码型应对噪声和码间干扰有较强的抵抗能力和自检能力。

（6）尽量降低译码过程引起的误码扩散，以提高传输能力。

除了上述介绍的常用码型外，还有双相码、CMI 码、5B6B 码，AMI 码、三阶高密度双极性码（HDB3）码、N 连零取代双极性码（BNZS）和 2BIQ 码等。

# 5.2　数字基带传输系统

### 5.2.1　数字基带传输系统概述

在数字通信中的有些场合中，基带信号可以不经过调制而直接进行传输，这种直接传输基带信号的数字通信系统称为数字基带传输系统。基带数字传输系统由于不需要对信号进行调制，因此对所传输的信息的处理较简单、方便，更便于物联网通信。另外，基带传输系统不但可以传输低速数字信号，而且还可以传输中、高速数字信号。从理论上来讲，任何一个采用线性调制的频带传输系统总可以等效为一个基带传输系统，因此，基带传输系统是研究频带传输系统的基础。

基带传输系统主要由波形变换器、发送滤波器、信道、匹配滤波器、均衡器和抽样判决器等构成，如图 5.2.1 所示

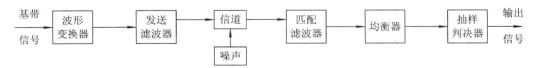

图 5.2.1　基带传输系统的组成结构图

基带传输系统的输入信号是一个脉冲序列，通常是单极性的脉冲序列（NRZ，不归零码），为了使这种序列适合于信道的传输，一般要经过波形变换器进行码型变换和波形变

换。码型变换的主要作用是将二进制脉冲序列变为双极性码（如 AMI 码或 HDB3 码），有时还要进行适当的波形变换，以减少码间干扰。当信号通过信道时，信号还要收到噪声的影响而使信号产生畸变。在接收端，为了减小加性噪声的影响，要使用匹配滤波器、均衡器来补偿码间干扰和加性噪声对信号产生的畸变，以尽量修正发送的原始基带信号，最后经过抽样判决恢复出发送端发送的基带信号。

由于基带传输系统的信道的传输带宽是有限的，因此一个基带传输系统可以看做是一个频带受限的传输系统，简称为带限系统。带限系统对所传输的脉冲信号有影响，一个宽度为 $T_s$ 的矩形脉冲通过带限系统后，脉冲信号将发生畸变，如图 5.2.2 所示。

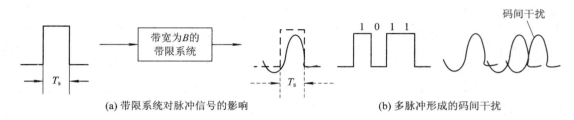

(a) 带限系统对脉冲信号的影响　　　　　　　　　　(b) 多脉冲形成的码间干扰

图 5.2.2　带限系统对脉冲信号的影响及码间干扰

带限系统对脉冲信号的畸变主要是由带限系统的频率特性所产生的。我们知道，线性系统的输出信号的频域函数是输入信号的频域函数与线性系统的频域传输函数的乘积，由于带限系的频域传输函数和脉冲信号的频域函数均是一 $\dfrac{\sin xt}{xt}$ 形式的，因此两者的乘积就是一非线性的频域函数，通过傅里叶反变换后得到的时域函数一定是有拖尾的、畸变的脉冲波形，同时由于多个拖尾的叠加，将会产生码间干扰。

为了能在接收端尽可能地恢复发送端传送的基带信号，需采用均衡技术以补偿信道或传输系统对信号产生的畸变。

## 5.2.2　均衡技术

### 1. 传输系统无失真的条件

对于一个信号通过线性系统，尤其是带限系统，信号会产生一定的失真（即畸变），那么，什么样的系统才能使信号的传输不产生失真？下面我们从理论上推导出传输系统无失真的条件。

设输入信号 $x(t)$ 通过线性系统 $H(\omega)$ 后输出信号 $y(t)$。如果要求输出信号不失真，则 $y(t)$ 的波形应与 $x(t)$ 的波形完全相同，仅在幅度上有大小之别，在时间上有一固定的延迟，即满足

$$y(t) = Kx(t-\tau) \tag{5.2.1}$$

满足式（5.2.1）的线性系统 $H(\omega)$ 就是信号传输不失真的条件。对式（5.2.1）两边进行傅里叶变换，则有

$$Y(\omega) = KX(\omega)\mathrm{e}^{-\mathrm{j}\omega\tau}$$

即

$$H(\omega) = \frac{Y(\omega)}{X(\omega)} = K\mathrm{e}^{-\mathrm{j}\omega\tau} \tag{5.2.2}$$

可见,当信号传输不失真时,线性系统的传输函数 $H(\omega)$ 的幅频特性是一条平行于频率轴、高度为 $K$ 的直线,相位特性是一条斜率为 $\tau$ 的直线。其幅频和相位特性曲线如图 5.2.3 所示。它是一个理想的系统,这样的系统在实际工程中是不存在的。

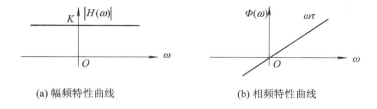

(a) 幅频特性曲线     (b) 相频特性曲线

图 5.2.3   幅频和相位特性曲线

一般来说,信道是随频率而变化的函数,信道对信号的不同频率成分的衰耗是不同的,并且对不同频率成分的衰耗幅度也不同;同样,信道对信号时延的影响也同幅度的影响一样。这样,信道便形成了一个对信号不同频率成分的衰减曲线和对时延的相频曲线,如图 5.2.4 所示。

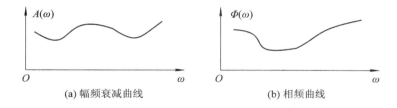

(a) 幅频衰减曲线     (b) 相频曲线

图 5.2.4   幅频衰减和相频曲线

为了改善信道的传输特性,需要在接收端对信道进行补充,即采用均衡技术,使得信道从整体来看是一个在幅频特性、相位特性上都较理想的传输信道。

**2. 频域均衡器**

在接收端,采用频域均衡器可以补偿由于信道的幅频特性和相频特性对传输信号的影响。频域均衡补偿原理如图 5.2.5 所示。

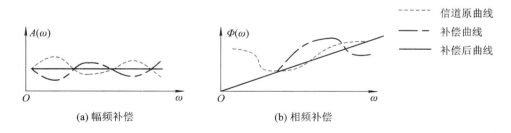

（a）幅频补偿     （b）相频补偿

图 5.2.5   频域均衡补偿原理图

通过均衡器的补偿,使得幅频特性曲线变得平坦,即信道对信号的各频率成分的衰耗一致;通过相位补偿,使时延特性尽量接近理想系统的相频特性。

**3. 时域均衡**

频域均衡对信道特性不变,且仅传输低速数字信号时,其传输效果较理想。但在信道特性不断变化及传输高速数字信号时，由于产生较强的码间干扰，其传输效果不理想，因此需要采用时域均衡的方法来减少码间干扰，降低误码率，提高传输质量。

时域均衡的原理是利用均衡器产生的相应波形去补偿畸变的波形，并在最后通过抽样判决来最有效地消除码间干扰。时域均衡器由横向滤波器构成，横向滤波器是具有固定延迟间隔、增益可调的多抽头滤波器，如图 5.2.6 所示。

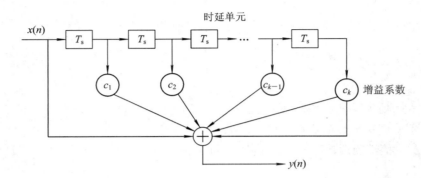

图 5.2.6　时域均衡器结构原理图

显然，时域均衡器的输入和输出之间有如下关系：

$$y(n) = \sum_{i=0}^{k} c_i x(n-i) T_s, \quad c_0 = 1 \tag{5.2.3}$$

通过调整抽头增益 $c_i$，可使得

$$\mu^2 = E(y(n) - x(n))^2 = E\Big(\sum_{i=0}^{k} c_i x(n-i) T_s - x(n)\Big)^2 \tag{5.2.4}$$

达到最小，从而消除码间干扰，提高传输质量。

## 5.2.3　眼图

一个实际的基带传输系统的性能要完全符合理想情况是非常困难的，甚至是不可能的。因此，码间干扰也就不可能完全避免。下面将介绍一种实验方法——眼图法，该方法能方便地估计系统的性能。

具体实验方法是：用一个示波器跨接在接收滤波器的输出端，然后调整示波器的水平扫描周期，使其与接收码元的周期同步。这时就可以从示波器上显示的波形观察出码间干扰和噪声的影响，从而估计出系统性能的好坏程度。示波器上显示的图形很像人的眼睛，故而称为眼图。

为了便于理解，先不考虑噪声的影响。在无噪声的情况下，一个二进制基带系统将在接收滤波器输出端得到一个基带脉冲序列。如果基带传输特性是无码间干扰的，则将得到一个如图 5.2.7(a)所示的波形；如果基带传输是有码间干扰的，则得到如图 5.2.7(b)的波形。

现用示波器观察图 5.2.7(a)所示的波形，并将示波器扫描周期调整到码元周期，这时每个码元将重叠在一起，虽然波形不是周期的，但由于荧光屏的余晖作用，仍将若干码元重复显示在荧光屏上。显然，由于图 5.2.7(a)所示的波形无码间干扰，因而重复显示的波形相互重叠，故而显示器的图像线迹清晰，如图 5.2.7(c)所示。

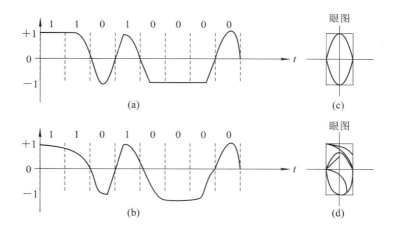

图 5.2.7　基带信号波形与眼图

当观察图 5.2.7(b)所示的波形时，由于存在码间干扰，示波器的扫描迹线就不能完全重合，于是形成的迹线也不清晰，如图 5.2.7(d)所示。从图 5.2.7(c)及图 5.2.7(d)可以看到，当波形无码间干扰时，眼图像一只睁开的眼睛，并且，眼图中央的垂直线表示最佳的抽样时刻，信号取值为±1，眼图中央的横轴位置为最佳判决门限电平。当波形存在码间干扰时，在抽样时刻得到的信号取值不再等于±1，而分布在比 1 小或比−1 大的附近，因此眼图将部分闭合。由此可见，眼图的"眼睛"睁开的大小反映着码间干扰的强弱。

当存在噪声时，噪声叠加在信号上，因而眼图的迹线更不清晰。该眼图并不能观察到随机噪声的全部形态，仅能大体估计噪声的强弱。

为了说明眼图和系统性能之间的关系，把眼图简化为如图 5.2.8 所示的模型。

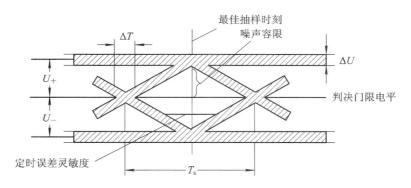

图 5.2.8　眼图模型

衡量眼图的性能指标有以下几个参数：

（1）眼图开启度。

$$眼图开启度 = \frac{U - 2\Delta U}{U}$$

式中，$U = U_+ + U_-$，是指在最佳抽样时刻该眼图张开最大的程度，无畸变眼图的开启程度为 100%。

（2）眼皮厚度。"眼皮"厚度$\left(\frac{2\Delta U}{U}\right)$是指在最佳抽样点处眼图幅度的闭合部分与最大幅度之比，无畸变眼图的"眼皮"厚度为零。

（3）交叉点发散度。交叉点发散度 $\left(\dfrac{\Delta T}{T_s}\right)$ 是指眼图波形过零点交叉线的发散程度。无畸变眼图的交叉线的发散程度为零。

（4）正、负极性不对称度。正、负极性不对称度 $\left(\dfrac{|U_+ - U_-|}{|U_+ + U_-|}\right)$ 是指在最佳抽样点处眼图正、负幅度不对称的程度。无畸变眼图的正、负极性不对称度为零。

（5）定时误差灵敏度。定时误差灵敏度由眼图斜边的斜率决定，斜率越大，定时误差就越灵敏。

眼图阴影区的垂直高度（眼皮厚）表示信号畸变范围。在抽样时刻，上下两阴影的间隔的一半为噪声容限，若噪声的瞬时值超过该容限，则可能发生误判。

# 本 章 小 结

所谓基带信号，是指把消息变换为二进制（或多进制）的脉冲序列的信号，将消息变为脉冲序列的过程称为基带变换。一般来说，基带信号的带宽相当宽，为了使基带信号能有效地在信道中传输，需对基带信号进行适当的变换，这种变换称为频带变换，它对应于第二类变换。传输基带信号的系统称为基带传输系统。数字脉冲信号的波形与传输信道的特性及基带传输系统的技术指标有着密切的关系，不同的波形适应于不同的传输系统和信道。由于矩形脉冲易于形成和变换，因此常用的数字脉冲的波形均是矩形脉冲。常用的码型有单极性码、双极性码、单极性归零码、双极性归零码、差分编码等。

对于基带传输信号，其编码应满足有利于提高系统的频带利用率，基带数字信号应具有尽量小的直流分量，使带宽尽量集中在中频部分，基带信号中应足够大地提取码元同步的信号分量，基带传输码型应基本上不受信源统计特性的影响，基带传输码型应对噪声和码间干扰有较强的抵抗能力和自检能力，以及尽量降低译码过程引起的误码扩散，提高传输能力的基本要求。

在数字通信中的有些场合中，基带信号可以不经过调制而直接进行传输，这种直接传输基带信号的数字通信系统称为数字基带传输系统。基带传输系统主要由波形变换器、发送滤波器、信道、匹配滤波器、均衡器和抽样判决器等构成。

为了改善信道的传输特性，需要在接收端对信道进行补充，即采用均衡技术，使得信道从整体来看是一个在幅频特性、相位特性上都较理想的传输信道。

采用实验方法——眼图法，该方法能方便地估计系统的性能。

# 习 题 与 思 考

5-1 什么是基带信号？什么是基带变换？为什么要进行频带变换？

5-2 数字基带信号的编码原则是什么？

5-3 常用的基带编码有哪些？它们的特点是什么？

5-4 基带信源为 1010011110011101 的数字序列，请画出单极性 NRZ、RZ 及双极性

NRZ、RZ、差分码所对应的波形。

    5-5　基带传输系统由哪几部分组成？各部分的作用如何？

    5-6　不失真传输的条件是什么？请给予分析。

    5-7　为什么要进行时域和频域均衡？

    5-8　眼图有何作用？眼图的主要参数有哪些？

# 第 6 章  数字调制系统

## 6.1  调制与数字基带信号的调制原理

在实际的通信系统中，许多信道都不适宜用来直接传输基带信号，必须将基带信号经过某种变换使其适宜信道的传输。常用的变化方法是使用调制技术，将基带信号经过适当的频谱搬移，使基带信号搬移到适宜信道传输的频带来传输基带信号。

一般来讲，调制技术是用基带信号来控制高频载波信号的某个参数，即该高频载波参数的变化与基带信号的变化具有一一对应的关系。也就是说，该高频载波信号参数完全携带了基带信号所有的信息。常用的高频载波信号是一正弦信号，基带信号可控制该高频载波信号的幅度、频率及相位这三个参数，因此，调制的方法就分成了调幅、调频和调相三种调制技术。

### 6.1.1  调制解调的基本原理

最简单的调制方法是相乘法，其基本原理如图 6.1.1 所示。基带信号也叫做调制信号，用 $s(t)$ 表示，假设 $s(t)$ 为最简单的正弦连续信号，即 $s(t) = A\cos\omega_0 t$，$\omega_0$ 为调制信号的角频率；高频载波信号是用来承载基带信号信息的，用 $c(t) = \cos\omega_c t$，$\omega_c$ 为高频载波信号的角频率，一般有 $\omega_c \gg \omega_0$ 的关系；经过调制的高频信号称为已调信号或频带信号，用 $s_m(t)$ 表示，即

$$s_m(t) = s(t)c(t) = A\cos\omega_0 t \cos\omega_c t = \frac{A}{2}[\cos(\omega_c + \omega_0)t + \cos(\omega_c - \omega_0)t] \quad (6.1.1)$$

从图 6.1.1(b)中可以看出，调制后，基带信号的频谱分别搬移到了 $\omega_c$ 的两边，分布在 $\omega_c$ 的上边和下边。如果基带信号是一个带限信号，则在 $\omega_c$ 的两边分别形成了上边带信号和下边带信号。

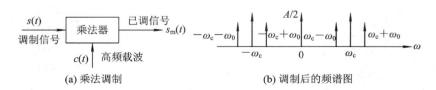

图 6.1.1  乘法调制与调制后的频谱

已调信号经信道传输后到达接收端，接收端须对已调信号进行解调，即通过变换还原出原始的基带信号。对于上述已调信号，最简单的解调器依然是一个乘法器和一个低通滤波器(或带通滤波器)组成的解调器。其基本原理如图 6.1.2 所示。

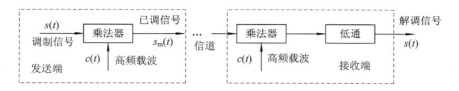

图 6.1.2　调制与解调原理图

解调时，已调信号 $s_m(t)$ 与高频信号 $c(t)$ 相乘，得到

$$s_m(t)c(t) = \frac{A}{4}\left[\cos(2\omega_c + \omega_0)t + \cos(2\omega_c - \omega_0)t\right] + \frac{A}{2}\cos\omega_0 t \qquad (6.1.2)$$

通过低通滤波器，滤掉高频成分 $\cos(2\omega_c + \omega_0)t$ 和 $\cos(2\omega_c - \omega_0)t$，便得到原始的基带信号 $\frac{A}{2}\cos\omega_0 t$。虽然解调后的幅度降低了一半，但仍然携带了基带信号的所有信息。

## 6.1.2　数字调制系统的基本原理

在数字通信系统中，数字基带信号用于控制高频载波信号的振幅、频率和相位，使高频载波信号的这三个参数能携带数字基带信号的所有信息，从而形成数字频带信号。这种将数字基带信号变为数字频带信号的方法称为数字调制。与调制解调基本原理相同，数字基带信号的传输也需要经过调制、信道传输和解调这三个步骤，才能实现数字基带信号的传输。

由于数字基带信号是离散的，即数字基带信号的每个码元仅表示一个状态，因此，数字基带信号就像一个开关的"键"一样，尤其二进制数字基带信号，它仅有"1"和"0"两个状态，可表示"开"、"关"，所以数字调制采用的方法是"键控"的调制方法。

与连续的模拟信号的调制方法相同，数字基带调制也分为幅度、频率和相位三种，称为幅度键控、频移键控和相移键控三种调制方法。

若用连续正弦信号作为高频载波信号、二进制脉冲序列作为数字基带信号，其幅度键控（Amplitude Shift Keying，ASK）、频移键控（Frequency Shift Keying，FSK）和相移键控（Phase Shift Keying，PSK）三种调制方法所形成的波形如图 6.1.3 所示。

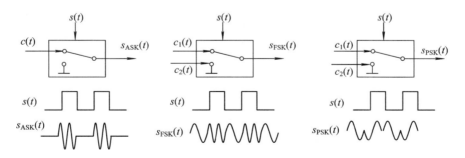

图 6.1.3　幅度键控、频移键控和相移键控调制

图 6.1.3 从左到右分别表示了幅移键控，也称通断键控（On Off Keying，OOK）；频移键控；相移键控。这三种基本调制方式都使用数字基带信号的"1"和"0"控制电路开关的通断。

图 6.1.3 所示的三种基本数字基带信号调制，也分别称为 2ASK、2FSK 和 2PSK。2ASK 的调制是通过高频载波信号输出的有、无来表示数字基带信号"0"和"1"的；2FSK 的调制是通过输出两个不同频率的载波信号来表示数字基带信号"0"和"1"的；2PSK 是通过输出不同相位的载波来表示数字基带信号"0"和"1"的。相移键控还有一种叫做相对相移键控或差分相移键控，简称 DPSK(Differential Phase Shift Keying)。

数字基带信号可以是二进制的，也可以是多进制的，因而有二进制数字调制和多进制数字调制的分类。为了便于区分数字调制的进制，习惯上在调制方式符号前加上数字来表示进制，如 2FSK 和 4FSK，它们分别表示二进制和四进制的频移键控。

数字调制具有如下几个方面的作用：

(1) 便于无线通信。在无线通信中，信号须经过天线的辐射和接收才能完成无线通信。一般数字基带信号的速率较低，无法匹配天线的尺寸，因此要发射无线信号，须将数字基带信号进行变换，使其适合天线的需要。一般来说，天线的尺寸是以发射信号波长的一半为基本尺寸的，如果发射信号的频率较低，则需一个较大尺寸的天线，而通过调制可以提供发射信号的频率，从而减小天线尺寸。

(2) 合理安排频率资源。以实现多路复用。对无线通信来说，无线频率的资源是由主管单位分配的，如果信号的发射频率相互重叠，则会形成干扰，使无线通信无法进行，因此需合理安排信号的发射频率，使各信号的无线频谱不重叠。另外在进行多路复用的通信中，也须将信号调制到不同的频段上，这样才能实现频分多路复用。

(3) 减少噪声和干扰。通过不同的调制方式可以抑制噪声和干扰。

## 6.2 数字振幅调制

数字振幅调制(ASK)是最早出现的一种数字调制方法，最初用于电报业务。特点是实现电路简单，抗噪声差，目前应用较多的是 FSK 和 PSK。ASK 有二进制的 2ASK 和多进制的 ASK 两种技术，以下分别介绍。

### 6.2.1 2ASK

二进制数字振幅键控的基本原理是使用代表二进制的数字基带序列信号来控制连续的高频载波信号。由于二进制数字序列只有"1"和"0"两种状态，所对应的连续载波也只有两种状态，即有载波输出及无载波输出。有载波输出时表示发送"1"，无载波输出时表示发送"0"。

2ASK 信号可以采用两种方法产生，一种是直接相乘法，另一种是幅移键控法。如果用 $\{s_n\}$ 表示待发数字序列，$s(t)$ 表示基地调制信号，$\cos\omega_c t$ 表示高频载波，则 2ASK 的时域表达式为

$$s_{ASK}(t) = s(t)\cos\omega_c t \tag{6.2.1}$$

相乘法实现 2ASK 的原理可用图 6.2.1 来表示。$\{s_n\}$ 是数字序列，它通过脉冲形成器后变为基带信号 $s(t)$，$s(t)$ 是单极性矩形脉冲序列；$s(t)$ 与 $\cos\omega_c t$ 相乘，然后通过带通滤波器就得到了已调信号 $s_{ASK}(t)$。带通滤波器仅允许带内信号通过，它可以抑制带外噪声。2ASK 的波形如图 6.2.2 所示。

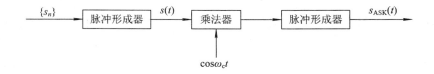

图 6.2.1　相乘法实现 2ASK 的原理图

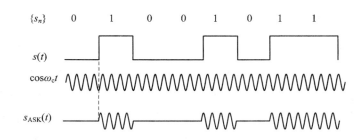

图 6.2.2　2ASK 的各点波形

2ASK 信号的解调方法有包络解调法和相干解调法两种。包络解调法也称为非相干解调法，其原理图及各点的波形如图 6.2.3 所示。

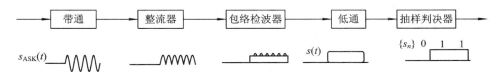

图 6.2.3　包络解调及各点波形

$s_{ASK}(t)$ 进入整流器后，经半波或全波整流变为正极性信号，包络检波器检出 $s_{ASK}(t)$ 信号的包络，然后经过低通滤波器进行平滑后输入到抽样判决器判决，最后输出二进制脉冲序列 $\{s_n\}$。

相干解调法是利用乘法器来实现的，其原理图如图 6.2.4 所示。

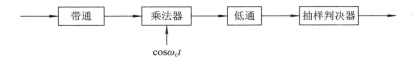

图 6.2.4　相干解调原理图

在图 6.2.4 中，已调信号 $s_{ASK}(t) = s(t)\cos\omega_c t$，与乘法器的 $\cos\omega_c t$ 相乘，得到

$$s_{ASK}(t)\cos\omega_c t = s(t)\cos^2\omega_c t = \frac{1}{2}s(t)(1 + \cos 2\omega_c t) \qquad (6.2.2)$$

在式(6.2.2)中，等式右端含有一高频成分 $\frac{1}{2}s(t)\cos 2\omega_c t$ 及基带信号成分 $\frac{1}{2}s(t)$，通过低通滤波器滤掉高频成分 $\frac{1}{2}s(t)\cos 2\omega_c t$，保留基带信号成分 $\frac{1}{2}s(t)$，再经过抽样判决后恢复原始的基带信号 $s(t)$。

ASK 是一种线性调制，其信号带宽是二进制基带调制信号的带宽的两倍。对于二进制基带信号而言，若脉冲周期为 $T_s$，则其频率为 $f_s=1/T_s$，一个脉冲表示一个二进制码元，相应的码元速率为 $R_B=f_s$，信息速率为 $R_b=R_B=f_s$。由于受到 $f_s$ 的限制，2ASK 信号的信息传输速率不可能很高，在需要较高信息传输速率的情况下，可以采用多进制数字振幅键控（MASK）来实现。

此外，2ASK 含有较大的载波分量，而载波分量不携带任何信号的信息，所以 2ASK 系统的频带利用率较低。

## 6.2.2 多进制振幅调制

在实际数字通信系统中，常常采用多进制数字调制来提高频带的利用率，实现高速信息传输。多进制数字调制是采用多进制数字基带信号对高频载波信号进行参数控制的，如对振幅控制，便成为多进制振幅键控（MASK）调制；如对频率控制，则成为多进制频率调制（MFSK）；如对相位控制，则成为多进制相位调制（MPSK）。

MASK 中，载波的幅度有 $M$ 种取值。以 4ASK 为例，若 $s(t)$ 为四进制基带信号 3120，基带信号的码元周期为 $T_s$，高频载波信号为 $\cos\omega_c t$，$s_{4ASK}(t)$ 为已调信号，则 4ASK 信号的波形如图 6.2.5 所示。

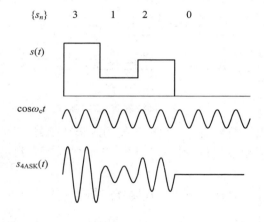

图 6.2.5 4ASK 信号波形

从图 6.2.5 可以看出，已调信号 $s_{4ASK}(t)$ 可以看成是由 3 个振幅不同、频率相同、持续时间相连的三个正弦波的和。

对多进制数字振幅调制来说，基带信号的脉冲幅度取值为 $M$ 个，脉冲周期与 $M$ 无关，因此 MASK 信号的带宽 $B_{MASK}$ 仍然是基带信号带宽的 2 倍，即

$$B_{MASK} = 2B = 2f_s = \frac{2}{T_s} \tag{6.2.3}$$

MASK 的调制方法与 2ASK 的调制方法相同，不同之处是要将数字基带信号由二进制变为 $M$ 进制。

具体做法是将按 $N(M \leqslant 2^N)$ 位二进制的码组对二进制序列进行 $N$ 位划分，将所划分的 $N$ 位二进制码组转换为对应的 $M$ 进制数，这样就得到了 $M$ 进制的数字基带信号，然后就可用高频载波以乘积的方式对 $M$ 进制的数字基带信号进行调制。

MASK 信号的解调方法与 2ASK 的方法相同，可用非相干的包络检波法和相干解调法来解调。

由于 MASK 信号的每个码元所包含的信息量比二进制的 2ASK 信号要多，因此在相同的码元速率下，MASK 信号有着更高的信息传输速率，MASK 信号的信息传输速率与码元传输速率有如下的关系：

$$R_b = R_B \operatorname{lb} M \tag{6.2.4}$$

式(6.2.4)说明，在相同信息传输速率下，MASK 信号所要求的带宽仅为 2ASK 的 $1/\operatorname{lb}M$。

## 6.3　数字频率调制

数字频率调制(FSK)是利用数字基带信号控制高频载波信号的频率变化，使其能携带数字基带信号所有的信息的一种调制方式。FSK 一般采用键控方式调制，在发送端使用不同频率的高频载波对应数字基带信号的不同状态，在接收端将不同频率的高频载波还原为相应的数字基带信号。由于采用不同的高频载波进行调制，在载波频率发生变化时，相邻的两个载波的波形相位可能是连续的，也可能是不连续的，因此 FSK 分为相位连续的 FSK 和相位不连续的 FSK 信号，它们分别被记为 CPFSK 和 DPFSK。数字频率调制系统的抗噪声性能要比数字振幅调制系统好，系统实现也较方便，在中、低速数据传输中得到广泛应用。

### 6.3.1　2FSK 移频键控的基本原理

发送端的数字基带信号为二进制的移频键控系统称为 2FSK。由于二进制基带信号只有"1"和"0"两种状态，故可以采用两个不同频率的高频载波信号来分别表示基带信号的"1"和"0"。假设分别用频率为 $f_1$ 和 $f_2$ 的两个高频载波来表示"1"和"0"，所形成的 2FSK 信号的波形如图 6.3.1 所示。图中，$c_1(t)$ 和 $c_2(t)$ 分别表示频率为 $f_1$ 和 $f_2$ 的两个高频载波信号，$s(t)$ 表示数字基带信号，$s_{2FSK}(t)$ 表示 2FSK 已调信号。

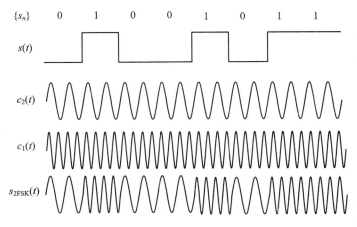

图 6.3.1　2FSK 各点信号波形

定义两个载波频率的差 $\Delta f$、两个载波的中心频率 $f_c$、调制指数(也称为频移指数)$K$，有

$$f_c = \frac{f_1 + f_2}{2} \qquad\qquad (6.3.1)$$

$$\Delta f = |f_2 - f_1| \qquad\qquad (6.3.2)$$

$$K = \frac{|f_2 - f_1|}{f_s} \qquad\qquad (6.3.3)$$

式中，$f_s = 1/T_s$ 等于数字基带信号的码元速率 $R_B$，若数字基带信号的带宽为 $B$，则相位不连续的 2FSK 信号的带宽可以近似地为

$$B_{2FSK} \approx 2B + |f_2 - f_1| \qquad\qquad (6.3.4)$$

例如，某理想低通基带数字信号的码元速率为 800 Baud，采用 2FSK 调制方式传输，载波频率为 $f_1 = 2400\ \text{Hz}$，$f_2 = 2000\ \text{Hz}$，则频差为

$$\Delta f = |f_2 - f_1| = |2400 - 2000| = 400\ (\text{Hz})$$

中心频率为

$$f_c = \frac{f_1 + f_2}{2} = \frac{2400 + 2000}{2} = 2200\ (\text{Hz})$$

$$f_s = \frac{1}{T_s} = R_B = 800\ (\text{Hz})$$

调制指数为

$$K = \frac{|f_2 - f_1|}{f_s} = \frac{400}{800} = 0.5$$

由于理想低通信号的频带利用率为 $\eta_B = 2\ (\text{b/s})/\text{Hz}$，因此有

$$B = \frac{R_b}{\eta_B} = \frac{R_B}{\eta_B} = 400\ (\text{Hz})$$

于是

$$B_{2FSK} \approx 2B + |f_2 - f_1| = 800 + 400 = 1200\ (\text{Hz})$$

### 6.3.2　2FSK 调制的实现方法

2FSK 调制的实现方法有直接调频法和频移键控法两种。直接调频法是用数字基带信号控制载波信号发生器的某些参数来改变载波信号的频率，使基带信号的不同状态对应不同频率的输出。

#### 1. 直接法

直接调频法的实现电路原理如图 6.3.2 所示。

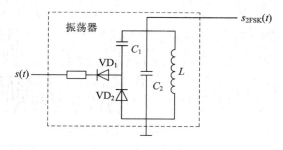

图 6.3.2　2FSK 直接法电路原理图

图中，二极管 $VD_1$ 和 $VD_2$ 是控制电容 $C_1$ 是否接入 $LC$ 震荡电路，当 $s(t)$ 为高电平（"1"）时，$VD_1$ 和 $VD_2$ 截止，$C_1$ 被断开，此时，振荡器的频率由 $L$、$C_2$ 决定，输出信号的频率为 $f_1 = \dfrac{1}{2\pi\sqrt{LC_2}}$；当 $s(t)$ 为低电平（"0"）时，$VD_1$ 和 $VD_2$ 导通，$C_1$ 被接入电路，此时，振荡器的频率由 $L$、$C_1$ 和 $C_2$ 决定，输出信号的频率为 $f_2 = \dfrac{1}{2\pi\sqrt{L(C_1+C_2)}}$。直接调频法实现 2FSK 较为简单、方便，所产生的 2FSK 信号的相位是连续的，但由于电路的分布参数不稳定，所以产生的信号的频率也不稳定。

**2. 频移键控法**

频移键控法又称为频率转换法，该方法使用数字基带信号控制电子开关在两个载波信号发生器间的转换，从而输出不同频率的载波信号，其原理图如图 6.3.3 所示。

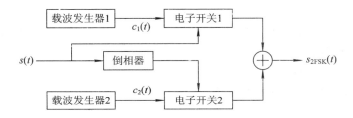

图 6.3.3　2FSK 频移键控法原理图

在图 6.3.3 中，数字基带信号 $s(t)$ 分别控制两个电子开关 1 和 2，两个载波发生器 1 和 2 分别产生频率为 $f_1$ 和 $f_2$ 的两个高频载波信号。当 $s(t)$ 为 "1" 时，控制电子开关 1 接通、电子开关 2 断开，此时输出的 $s_{2FSK}(t)$ 信号为频率 $f_1$ 的高频信号；当 $s(t)$ 为 "0" 时，控制电子开关 2 接通、电子开关 1 断开，此时输出的 $s_{2FSK}(t)$ 信号为频率 $f_2$ 的高频信号。

### 6.3.3　2FSK 的解调

2FSK 的解调有鉴频法、包络检测法、相干调解法、过零检测法和差分检测法等。

**1. 鉴频法**

一个载波频率随调制信号变化而变化的调频信号可表示为如下的数学公式：

$$s_{\text{FM}}(t) = A\cos\left[\omega_c t + K\int_{-\infty}^{t} f(t)\,\mathrm{d}t\right] = A\cos\omega(t) \tag{6.3.5}$$

式中，$\omega_c$ 为载波频率，$f(t)$ 为调制信号，$K$ 为调频指数，$\omega(t) = \omega_c t + K\int_{-\infty}^{t} f(t)\,\mathrm{d}t$ 中包含了调制信号 $f(t)$，即载波信号的角频率 $\omega(t)$ 随调制信号 $f(t)$ 的变化而变化。对式（6.3.5）求微分，有

$$\begin{aligned}\frac{\mathrm{d}s_{\text{FM}}(t)}{\mathrm{d}t} &= -A[\omega_c + Kf(t)]\sin\left[\omega_c t + K\int_{-\infty}^{t} f(t)\,\mathrm{d}t\right]\\ &= -A[\omega_c + Kf(t)]\sin\omega(t)\end{aligned} \tag{6.3.6}$$

从式（6.3.6）可以看出，对调频信号求微分后，得到的仍然是一正弦信号 $\sin\omega(t)$，但其振幅从原来 $A$ 变成了 $-A[\omega_c + Kf(t)]$，振幅中包含了调制信号 $f(t)$ 的成分。式（6.3.6）表明，对调频信号微分后的信号进行包络检测就能还原出原始的调制信号 $f(t)$。

事实上，鉴频解调器是由微分电路和包络检波器构成的鉴频器与低通滤波器或带通滤波器构成的。鉴频法解调属于非相干解调技术。

### 2. 包络检测法

2FSK 信号可以看成由两个载波频率不同的 2ASK 信号叠加而成，所以 2FSK 信号的解调可以采用两个不同的 2ASK 包络解调器来解调。其原理框图如图 6.3.4 所示。

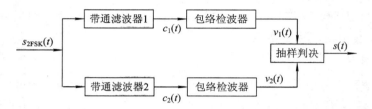

图 6.3.4　2FSK 包络解调原理图

图 6.3.4 中，两个带通滤波器分别滤出频率为 $f_1$ 和 $f_2$ 的高频载波信号 $c_1(t)$ 和 $c_2(t)$，并经包络检波器后输出 $v_1(t)$ 和 $v_2(t)$，将其送入抽样判决器。在判决过程中，如果 $v_1(t) > v_2(t)$，则判决输出"1"，否则，判决输出"0"。

该方法由于不需要采用本地的解调载波信号，所有实现较容易，常常用来实现 2FSK 系统的解调。

### 3. 相干解调法

2FSK 信号可以看成由两个载波频率不同的 2ASK 信号叠加而成，所以 2FSK 信号的解调可以采用两个不同的 2ASK 相干解调器来解调。其原理框图如图 6.3.5 所示。两个带通滤波器分别滤出频率为 $f_1$ 和 $f_2$ 的高频载波信号 $c_1(t)$ 和 $c_2(t)$，并经相干解调器后输出 $v_1(t)$ 和 $v_2(t)$，将其送入抽样判决器。在判决过程中，如果 $v_1(t) > v_2(t)$，则判决输出"1"，否则，判决输出"0"。该方法由于需要采用 2 个本地的解调载波信号，所以实现起来较复杂。

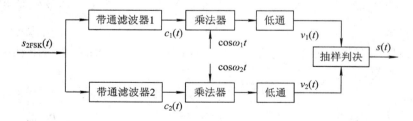

图 6.3.5　2FSK 相干解调原理图

### 4. 过零检测法

过零检测法是通过计算 2FSK 信号经过零点的数目来解调出基带数字信号的。2FSK 信号是由两种不同的载波信号组成的，在基带信号的一个周期内，两种载波由于频率不同，其过零点的次数也不同。其原理如图 6.3.6 所示。

$a$ 点为一个 2FSK 相位连续信号，经过放大限幅后成为一个如 $b$ 点所示的双极性脉冲信号，该信号通过微分电路后得到如 $c$ 点所示的双极性微分尖脉冲信号，又经过整流电路成为如 $d$ 点所示的单极性微分尖脉冲信号，然后再通过宽脉冲发生器形成如 $e$ 点所示的矩

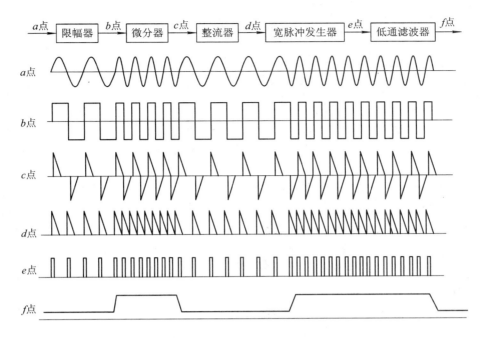

图 6.3.6　2FSK 过零点检测解调框图及各点波形图

形归零脉冲。矩形脉冲的密度越大，所对应的频率就越高，所含的直流成分也就越大，否则频率越低、直流成分越小，最后信号经过低通滤波器后所输出的信号就是基带数字信号。

**5. 差分检测法**

2FSK 信号的差分检测法原理如图 6.3.7 所示。输入的 2FSK 信号经过带通滤波器后分为两路，一路直接到达乘法器，另一路经一时延 $\tau$ 后到达乘法器，两路信号相乘后输出，再经过一个低通滤波器，最后由抽样判决器判决后即可恢复出二进制数字基带信号。

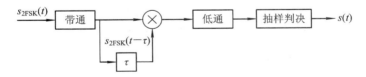

图 6.3.7　2FSK 信号差分检测原理图

## 6.3.4　2FSK 的特点

2FSK 的特点是抗干扰能力强，适用于数字电路，但所产生的 2FSK 信号的相位是不连续的，且占用的带宽较宽。

相位不连续的 2FSK 可以看成是由两个 2ASK 叠加而成的。在频域上，2FSK 调制就是将基带信号的频谱搬移到了两个载波频点的位置，并对称于 $f_c$。若设 $h$ 为调频指数，即 $h=\dfrac{\Delta f}{f_s}=\Delta f T_s$，则 2FSK 所占的带宽为 $B=|f_2-f_1|+2f_s$。

# 6.4 数字相位调制

数字相位调制也称为数字相位键控（PSK）调制，它通过二进制数字基带信号来控制高频载波的相位变化，使其能与二进制数字基带信号形成一一对应的关系，从而携带二进制数字基带信号的信息。

PSK 系统的发送端仅需一单频载波信号，对该载波信号进行移相，使载波信号相位的离散取值与数字基带信号的离散状态取值相对应，如在 2PSK 中，相位 0 和 $\pi$ 与二进制数的"0"和"1"相对应；在 4PSK 中，相位 0、$\pi/2$、$\pi$、$3\pi/2$ 与四进制数"0"、"1"、"2"、"3"相对应。也就说，在数字基带信号的每个码元周期内，PSK 系统通过发送相位不同的载波信号来表示数字基带信号的状态，同时在接收端，通过解调器将载波信号的不同相位所表示的基带信号的信息还原为所发送的数字基带信号。

在数字相位调制中，载波信号相位所表示的数字基带信号状态的方法有两种，一种是绝对移相（PSK），另一种是相对移相（DPSK）。绝对相位指的是相位数值的大小，相对相位指的是相位变化的多少。

如果利用载波信号的绝对相位直接表示数字基带信号的离散状态，则相位与数字基带信号的离散状态是一一对应的。如果利用载波信号的相对相位来表示数字基带信号的离散状态，则相位的变化值与基带信号的离散状态一一对应。这两种不同的相位调制方法所产生的波形，如图 6.4.1 所示。

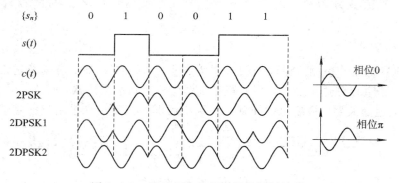

图 6.4.1 绝对相位与相对相位调制波形

图 6.4.1 中，$\{s_n\}$ 为数字序列，$s(t)$ 为基带信号，$c(t)$ 为正弦载波信号。2PSK 为绝对移相调制，2DPSK1 及 2DPSK2 分别为两种不同的相对移相调制。在 2PSK 中，用 0 相位表示一个码元宽度内数字基带信号为"0"的状态，$\pi$ 相位表示"1"的状态；在 2DPSK1 中，用相对相位 0 表示"0"，用相对相位 $\pi$ 表示"1"；在 2DPSK2 中，用相对相位 $\pi$ 表示"0"，用相对相位 0 表示"1"。

数字相移键控 PSK 与 ASK 和 FSK 相比，具有抗干扰能力强、频带利用率高的特点，受到广泛应用。

## 6.4.1 二进制绝对移相调制（2PSK）

### 1. 2PSK 的调制

PSK 可用直接调相法和相移键控法来实现。

直接调相法是用双极性数字基带信号 $s(t)$ 与载波信号直接相乘来实现的，该方法也称为模拟调制。对于一个正弦信号 $\cos\omega_c t$，有 $\cos(\omega_c t+\pi)=-\cos\omega_c t$ 的性质，也就是说，当用"1"（正电平信号）与载波信号相乘时，载波信号的相位不变；当用"0"（负电平信号）与载波信号相乘时，载波信号发生了 $\pi$ 相位的相移，这就相当于用 0 相位来表示"1"，$\pi$ 相位表示"0"。直接调相法的原理如图 6.4.2 所示。

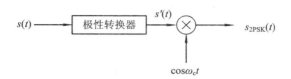

图 6.4.2  2PSK 直接调相原理图

图 6.4.2 中，$s(t)$ 为输入的单极性信号，经极性转换器后变为双极性信号 $s'(t)$，它与高频载波信号 $\cos\omega_c t$ 相乘后输出的信号 $s_{2PSK}(t)$，就是调制后的 2PSK 信号。

相移键控法也称为相位选择法，该方法与移频键控的方法相似，均采用数字基带信号控制电子开关的通断，以输出不同相位的载波信号，原理如图 6.4.3 所示。

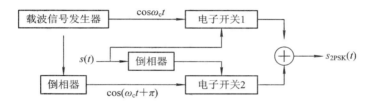

图 6.4.3  2PSK 相移键控法原理图

在图 6.4.3 中，载波信号发生器产生高频载波信号 $\cos\omega_c t$，载波信号一分为二，一部分进入电子开关 1；另一部分，经倒相器的倒相，变为 $\cos(\omega_c t+\pi)$ 后进入电子开关 2。基带信号 $s(t)$ 也分为两部分，一部分直接用来控制电子开关 1 的导通产生 0 相位载波信号；另一部分经倒相器后控制电子开关 2，使其产生 $\pi$ 相位载波信号。加法器是用来合成 0 相位与 $\pi$ 相位载波信号的，合成后的信号就是 2PSK 信号。

可以看出，直接调相法和相移键控法的原理较简单，实现电路也不复杂，这两种方法在实际应用中被广泛采用。

**2. 2PSK 的解调**

由于 2PSK 信号是一单频信号，其解调方法只能用相干解调方法来解调，该方法也称为极性比较法，其原理如图 6.4.4 所示。

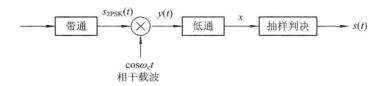

图 6.4.4  2PSK 相干解调原理图

图 6.4.4 中，带通滤波器是用来抑制带外噪声的，乘法器和低通滤波器构成了相干解

调器。若通过带通后的信号为 2PSK 信号，可表示为 $s_{2PSK}(t)=\cos(\omega_c t+\theta_n)$，其中，$\omega_c$ 为载波信号的频率，$\theta_n$ 为载波信号的相位，当 $\theta_n=0$ 时则表示二进制基带信号的"0"，$\theta_n=\pi$ 时则表示"1"。图中的 $y(t)$ 为

$$y(t)=s_{2PSK}(t)\,\cos\omega_c t=\cos(\omega_c t+\theta_n)\,\cos\omega_c t=\frac{\cos\theta_n}{2}+\frac{(2\omega_c t+\theta_n)}{2} \qquad (6.4.1)$$

信号 $y(t)$ 通过低通滤波器后其输出为 $x=\dfrac{\cos\theta_n}{2}$，由于 $\theta_n$ 的取值只能为 0 或 $\pi$，即 $x$ 也只能为 1 或 $-1$。依据抽样判决规则，当 $x>0$ 时，输出"0"；当 $x<0$ 时，输出"1"，于是便解调出了二进制基带信号 $s(t)$。

在相干解调中须用到相干载波 $\cos\omega_c t$，它应与发送端载波有相同的频率和相位，如果不同相，则会产生相位误差，造成误判。一般情况下，2PSK 的解调相干载波是从接收信号 $s_{2psk}(t)$ 中直接提取的，但由于信道噪声的影响，其相位可能发生随机变化，会严重影响抽样判决的正确性。因此在实际通信系统中，为了克服信道噪声干扰所产生的误判，往往采用相对移相调制。

## 6.4.2　二相相对移相调制(2DPSK)

### 1. 2DPSK 调制原理

二相相对调制(2DPSK)是利用相对相位来表示数字基带信号的状态的，相对相位是指前后相邻码元载波相位的相对变化。相对相位的值，一般是指本码元的初始相位与前一码元的初始相位的相位差。对于 2DPSK 信号，相对相位的值，一般取 0 和 $\pi$，即前后码元对应的载波相位或者同向或者反相。

2DPSK 信号的产生与 2PSK 信号的产生非常相似。2PSK 是对基带数字信号的码元序列直接调制，而 2DPSK 是将基带数字信号的码元序列进行变换，变换为相对码元序列进行直接调制的。前者可简称为绝对码，后者简称为相对码。

绝对码是以数字基带信号的电平的高低来表示二进制数字序列的，而相对码(也称为差分码)是根据前后码元对应的电平是否发生变化来表示二进制序列的，例如可规定，后一码元的电平相对于前一码元的电平有跳变，表示二进制数"1"，后一码元的电平相对于前一码元的电平没有跳变，表示二进制"0"，当然这个规定也可相反。对于相对码，初始电平有两种可能，因而同一二进制数字序列所变换的相对码也有两种，绝对码和相对码的波形如图 6.4.5 所示。

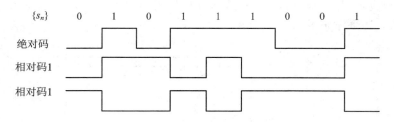

图 6.4.5　绝对码与相对码波形

相对码与绝对码之间可相互变换，若用 $J_n$ 表示绝对码，$X_n$ 表示相对码，其之间的关系为

$$X_n = J_n \oplus X_{n-1}, \quad J_n = X_n \oplus X_{n-1} \qquad (6.4.2)$$

将绝对码变换成相对码的电路称为差分编码器,将相对码转换为绝对码的电路称为差分译码器。

2DPSK 信号对绝对码来说是相对移相调制,但对相对码来说则是绝对移相调制。因此,在产生 2DPSK 信号时,仅需先将绝对码变为相对码,然后进行绝对移相调制即可,其原理如图 6.4.6 所示。

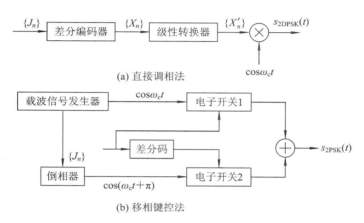

(a) 直接调相法

(b) 移相键控法

图 6.4.6　2DPSK 调制原理图

### 2. 2DPSK 解调

2DPSK 解调有相干差分译码解调和相位比较差分检测法两种。

相干差分译码解调法的原理如图 6.4.7 所示,它主要由 2PSK 解调器和差分译码器组成。2DPSK 信号经 2PSK 解调器后,输出的数字序列是一个相对码,它还需经过差分译码还原成原始的绝对码。

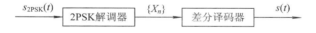

图 6.4.7　相干差分译码解调原理图

相位比较差分检测法的原理如图 6.4.8 所示。图中 $\{J_n\}$ 为绝对二进制码的数字基带信号;$a$ 点波形为 2DPSK 已调信号 $s_{2\text{DPSK}}(t)$;$b$ 点为延迟 $T_\text{B}$ 后的信号 $s_{2\text{DPSK}}(t-T_\text{B})$;$c$ 点为乘法器输出信号,乘法器的作用是用来进行相位比较的;$d$ 点为低通滤波器的输出波形;$e$ 点为抽样判决器输出波形。如果按照"1"对应相位 $\pi$,"0"对应相位 0,则在接收端,判决器的判决规则为抽样值大于零,则判决输出"0";若抽样值小于零,则判决输出"1"。

相位比较差分检测法不需要产生本地载波、差分译码器,仅需要将 2DPSK 信号进行一个延迟 $T_\text{B}$,然后与 2DPSK 信号相乘,再通过低通滤波器和抽样判决器,就可以解调出发送端发送的 2DPSK 信号。该方法实现简单,但需要延迟电路能产生一个精确的时延 $T_\text{B}$,这对整个解调系统来说,要求比较高。

相对移相调制是以相位的相对变化为基准的,它不固定载波信号的相位,码元的相位取值要由前后两个的相对变化而定,因此在解调过程中,只要前后码元的相对相位关系不受到破坏,就可通过这个相对关系来恢复出数字序列,从而增加了判决的正确性。

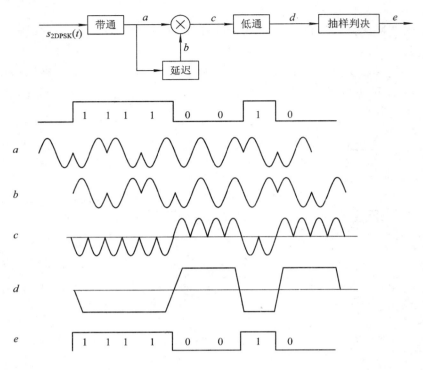

图 6.4.8 相位比较差分检测法原理图及各点波形

另外，多进制数字相位调制（MPSK）也称为多相位调制，它是二进制相位调制（2PSK）的推广。在多相位调制中，使用多个不同相位的载波信号来表示多进制数字基带信号的各个离散状态。多相位调制可以分为绝对移相（MPSK）和相对移相（MDPSK）两种。与 2PSK 和 2DPSK 相似，MPSK 和 MDPSK 信号可以看做是由 $M$ 个振幅及频率相同、初始相位不同的 2ASK 组合而成的，因此在数字基带信号码元速率一样的情况下，多相位调制信号的带宽与 2ASK 信号的带宽相同，均是数字基带信号速率的 2 倍。在相同的带宽下，MPSK 和 MDPSK 信号的传输速率是 2ASK 的 $lbM$ 倍，因此多相位调制有较高的频带利用率，可以实现高速数据传输，同时多相位调制还有较好的抗噪声性能，这使得多相位调制得到比 2PSK 及 2DPSK 更广泛的应用。

# 本 章 小 结

在实际的通信系统中，许多信道都不适宜用来直接传输基带信号，必须先将基带信号经过某种变换使其适宜信道的传输。常用的变化方法是使用调制技术，将基带信号经过适当的频谱搬移，使基带信号搬移到适宜信道传输的频带来传输基带信号。

一般来讲，调制技术利用基带信号来控制高频载波信号的某个参数，即该高频载波参数的变化与基带信号的变化具有一一对应的关系。也就是说，该高频载波信号参数完全携带了基带信号所有的信息。常用的高频载波信号是一正弦信号，基带信号可控制该高频载波信号的幅度、频率及相位这三个参数，因此，调制的方法就分成了调幅、调频和调相三种调制技术。

　　数字基带调制分为幅度、频率和相位三种，称为幅度键控、频移键控和相移键控三种调制方法。

　　数字基带信号可以是二进制的，也可以是多进制的，因而有二进制数字调制和多进制数字调制的分类。为了便于区分数字调制的进制，习惯上在调制方式符号前加上数字，来表示进制，如 2FSK 和 4FSK，它们分别表示二进制和四进制的频移键控。

　　数字调制具有便于无线通信、合理安排频率资源、调制可以减少噪声和干扰的作用。

　　数字振幅调制(ASK)是最早出现的一种数字调制方法，最初用于电报业务。特点是实现电路简单，抗噪声差，目前应用较多的是 FSK 和 PSK。ASK 有二进制的 2ASK 和多进制的 ASK 两种技术。

　　FSK 一般采用键控方式调制，在发送端使用不同频率的高频载波对应数字基带信号的不同状态，在接收端将不同频率的高频载波还原为相应的数字基带信号。由于采用不同的高频载波进行调制，在载波频率发生变化时，相邻的两个载波的波形相位可能是连续的，也可能是不连续的，因此 FSK 分为相位连续的 FSK 和相位不连续的 FSK 信号，它们分别被记为 CPFSK 和 DPFSK。数字频率调制系统的抗噪声性能要比数字振幅调制系统好，系统实现也较方便，在中、低速数据传输中得到广泛应用。

　　数字相位调制也称为数字相位键控(PSK)调制，它通过二进制数字基带信号来控制高频载波的相位变化，使其变化能与二进制数字基带信号形成一一对应的关系，从而携带二进制数字基带信号的信息。

　　在数字相位调制中，载波信号相位所表示的数字基带信号状态的方法有两种，一种是绝对移相(PSK)，另一种是相对移相(DPSK)。绝对相位指的是相位数值的大小，相对相位指的是相位变化的多少。

# 习 题 与 思 考

6-1　调制解调的作用是什么？调制的方式有哪些？

6-2　简述 2ASK 调制原理及 2ASK 信号是如何产生的。

6-3　简述 2ASK 的包络解调法和相干解调法的原理。

6-4　简述 2FSK 信号的调制原理。

6-5　试简述 2FSK 信号的过零检测解调原理。

6-6　什么是绝对相移和相对相移？

6-7　简述 2DPSK 信号的相位比较差分检测解调过程。

6-8　已知某数字信号序列为 100111001010，若码元速率为 400Baud，试画出载波频率分别为 400 Hz 和 800 Hz 时的 2ASK、2PSK、2DPSK 的波形。假设信号起始前的信号为"0"。

6-9　已知某数字信号序列为 100111001010，码元周期为 2 ms，试画出载波频率分别为 400 Hz、800 Hz 的 2FSK 波形图。

6-10　某理想低通信号码元速率为 100Baud，采用 2FSK 调制，两个载波频率分别为 4 kHz 和 8 kHz，试求 2FSK 信号的频差、调制指数和频带带宽。

# 第7章 差错控制技术

数字信号在通信系统中传输时，传输信号的波形会发生畸变和失真，产生这种现象的原因主要有两种，第一种是由于传输系统的特性的限制造成的，第二种是由于信道的噪声干扰造成的。

我们知道，一个通信系统的传输带宽是有限的，而一个数字信号的带宽从理论来说是无限的。因此，这种带宽的限制会使数字信号序列在传输的过程中产生码间干扰，从而使接收端的判决产生误判，进而造成误码。

我们还知道，通信系统中的噪声可以等效为一个信道的加性噪声，加性噪声具有随机性，它叠加在传输的数字信号上后，会随机影响接收端的判决，从而产生误码。

对于码间干扰，可采用均衡技术来消除，从而减少误码率，提高传输质量；对于加性噪声，可以采用改善信道、限制噪声带宽等技术来减小噪声的功率等措施来提高传输质量。另外，还可以通过采用差错控制技术来综合提高通信质量。

## 7.1 差错控制技术概述

为了提高通信的可靠性，有效降低误码率，在数据通信系统中可对信源产生的二进制数字序列进行适当的变化使原来彼此独立的、互不相关的信息码元序列产生某种规律，从而在接收端可根据这种规律来检测所传输信息的正确性或纠正传输中所产生的差错。不同的变换方法构成了不同的编码，在系统中使用不同的编码方法就产生了不同的差错控制方法。

编码可分为两大类，其一是检错编码，简称为检错码；其二是纠错编码，简称为纠错码。采用检错码，传输系统可以在一定程度上发现传输错误；采用纠错码，系统可以自动纠正传输差错，从而可以降低误码率，提高系统的传输可靠性。

为控制差错所采用的编码称为差错控制编码。差错控制编码一般是在信息序列中插入一定数量的新码元（即监督码元）而达到控制差错目的的。监督码不受信源和信宿端（即发端用户和收端用户）的控制，它仅是传输过程中为了减少传输错误而采用的一种信息处理技术。

差错控制编码是以牺牲传输效率为代价的。如果信道的传输速率一定，差错控制编码的加入将降低信息的传输速率。加入的码元越多，冗余度越大，检错纠错的能力就越强，而传输效率就越低。

### 7.1.1 差错控制的基本原理

在二进制编码中，1位二进制编码可表示2种不同的状态，2位二进制编码可表示4种不同的状态，$n$位二进制编码可以表示$2^n$种不同的状态。在$n$位二进制编码的$2^n$种不同的状态中，能表示有用信息的码组称为许用码组，不能表示有用信息的码组称为禁用码组。

现以 3 位二进制编码构成的码组集合 {000，001，010，011，100，101，110，111} 为例，分三种情况讨论。

（1）情况 1。若 8 个状态都表示有用信息，即均是许用码组，则其中任一码字出错都将变成另一个码字，于是，接收端无法识别哪个出错。

（2）情况 2。若只取 4 个状态，则取 000、011、101、110 表示许用码组，001、100、010、111 表示禁用码组。如果 000 中错 1 位，那么可能变为 001、100、010 中的任一个，而这三个均是禁用码组，可知传输出错。当 000 出现三个错误时，将变为 111，也是禁用码；当 000 出现两个错误时，将变为 011、110、101，它们均是许用码，可见在接收端无法发现错误。从上述分析可以看出，采用这种方法可以发现部分差错，但不能纠错。又如，在接收端收到 100，尽管可以知道是一个错码，但 000、101 和 110 在发生一位错码的情况下均可以是 100。

（3）情况 3。若要纠正错码，就需增加冗余。如果仅取 000 和 111 表示许用码组，其他为禁用码组，那么可以检验出 2 个错码，并能纠正 1 个错码。例如，收到 100 时，若只有一个错码，则可以判断错码在第一位，并纠正为 000，因为 111 的任何一位误码均不会为 100，而可能为 011、101 或 110；但若假设误码数不超过 2 位，则存在两种可能，即 000 错 1 位和 111 错 2 位，均可能变为 100，因此只能检测出错误，而无法纠错。

## 7.1.2　差错控制编码的特性与能力

差错控制编码的能力与差错控制编码的特性有关。编码的特性主要包括码字的汉明重量、码间距离和最小码距。我们用 $C$ 表示由许多码元 $C_i (0 \leqslant i \leqslant n-1)$ 构成的码字，码字中码元的个数用 $n$ 表示。以下先介绍汉明重量、码间距离和最小码距的概念。

**1. 码字的汉明重量(Hamming Weight)**

码字 $C = C_{n-1} C_{n-2} \cdots C_0$ 的汉明重量是指码字中非零码元的个数，用 HW($C$) 表示。例如，1101 的汉明重量为 3(可写成 HW(1101)=3)，HW(110101)=4。

**2. 码间距离($d$)**

码间距离又称为海明距离，是指一码组集合中任意两个码字之间的对应位上码元不同的个数，用 $d$ 表示，可表示为

$$d(C^i, C^j) = \sum_{k=0}^{n-1} (C_k^i \oplus C_k^j) \tag{7.1.1}$$

式中，$C^i$、$C^j$ 分别表示码组集合中的任意两个码组(码字)，$C^i = C_{n-1}^i C_{n-2}^i \cdots C_0^i$。例如，对于两个码字 1101 和 0111，$d(1101, 0111) = [(1 \oplus 0) + (1 \oplus 1) + (0 \oplus 1) + (1 \oplus 1)] = 1 + 0 + 1 + 0 = 2$，$d(10101, 11010) = 4$。

**3. 最小码距**

在一个码组集合 $(C^1, C^2, \cdots, C^N)$ 中，各字之间的距离可能是不相同的，就称该码组集合中最小的码距为最小码距，用 $d_0$ 表示。例如，对于码组集合 (0111100，1011011，1101001)，$d(0111100, 1011011) = 5$，$d(0111100, 1101001) = 4$，$d(1011011, 1101001) = 3$，于是最小码距 $d_0 = 3$。

在分析一组码字（码组）的检错纠错能力时，总用最小码距 $d_0$ 来衡量，这是一种最不利的情况。在 3 位二进制码中，把 8 个码字的许用码变为 4 个码字许用码就具有了纠错能力，这是因为这 8 个码字的 $d_0=1$，而在 $\{000,001,101,110\}$ 中，它们的 $d_0=2$，在 $\{000,111\}$ 中它们的 $d_0=3$。由此可见，码组集合中的最小码距 $d_0$ 不同，纠错检错的能力不同，码组集合中的最小码距越大，其纠错检错的能力也就越强。

**4. 编码纠错检错能力与最小码距 $d_0$ 的关系**

差错控制编码的抗干扰能力与码的结构有关，一种编码的结构是与它们的码距有关的，码距的长度可以反映出该种编码方式抗干扰的能力，码距与纠错检错能力之间的关系可用如下定理表述。

**定理 7.1.1** 若一种码的最小码距为 $d_0$，则它能检查传输差错个数（或称为检错能力）$e$ 应满足 $d_0 \geq e+1$。

由定理 7.1.1 可知，对于 3 位二进制编码，8 个码字均是许用码时，$d_0=1$，于是 $e=0$，这说明该码没有差错能力；当使用 4 个码字时，$d_0=2$，则 $e=1$，说明能查出 1 个差错；若取 2 个码字时，$d_0=3$，则 $e=2$，说明能查出 2 个差错。因此，要想使传输的码字具有检错能力，该码组集合的最小码距必须大于或等于 2。

**定理 7.1.2** 若一种码的最小距离为 $d_0$，则它能纠正传输差错的个数（又称为纠错能力）$t$ 应满足 $d_0 \geq 2t+1$。

**定理 7.1.3** 若一种码的最小距离为 $d_0$，则它能检查 $e$ 个差错，同时又能纠正 $t$ 个以下差错的条件为 $d_0 \geq t+e+1$。

定理 7.1.3 说明，当传输差错等于或小于 $t$ 时，该码可以自动纠正这些差错，但当差错大于 $t$ 而又小于 $e$ 时，该码只能检测出错来。

**例 7.1.1** 求码组集合 $\{000,011,101,110\}$ 和 $\{000,111\}$ 的纠错检错能力。

**解** 码组集合 $\{000,001,101,110\}$ 的最小距离 $d_0=2$，$e=d_0-1=1$，由定理 7.1.1 可知，能检查出一个错。

对于 $\{000,111\}$，$d_0=3$，$e=d_0-1=2$，可以查出 2 个错。由定理 7.1.2 可知，$t=1$，能纠正一个错。

**5. 编码效率**

控制差错编码需要加入一定的监督码才能进行差错控制，该编码方式属于分组编码的一种。在编码时，加入的监督码位数越多，其纠错的能力也越强，但同时降低了编码效率。若码长用 $n$ 表示，其中的信息码的长度为 $k$，监督码的长度为 $r$，则有 $n=k+r$，于是，编码效率为

$$\eta = \frac{k}{n} = \frac{n-r}{n} = 1 - \frac{r}{n} \tag{7.1.2}$$

差错控制编码的目的是要根据不同的干扰特性设计出纠错检错能力强、编码效率高、译码系统不复杂的编码规则。

# 7.2 差错控制方法

利用差错控制编码来控制传输系统的传输差错的方法称为差错控制方法。差错控制编

码按照能发现错误和纠正错误的不同可分为检错码和纠错码两类。检错码只能发现错误，而不能纠正错误；纠错码不仅能发现错误，而且能自动纠正错误。检错码和纠错码的结构不同，就形成了不同的差错控制方式。利用检错码可以使系统在接收端发现错误，但可能不知道出错的具体位置，需通过请求重发等方式，以达到纠正错误的目的。利用纠错码，系统在接收端译码时就能发现、并准确地判断出差错出现的位置，从而自动纠正。

在数据通信中，利用差错控制编码进行系统传输的差错控制，其基本工作方式可分为四个类型，即自动请求重发（Automatic Repeat Request，ARQ）方式、前向纠错（Forward Error Correction，FEC）方式、混合纠错（Hybrid Error Correction，HEC）方式和信息反馈（Information Repeat Request，IRQ）方式。

## 7.2.1 自动请求重发(ARQ)方式

由于采用检错编码时，系统仅能发现传输错误，而不知道错误发生的确切位置，因此需要采用自动请求重发工作方式。

接收端根据校验序列的编码规则判断所接收的数据是否发生传输错误，并把判断结果通过反馈信道传送给发送端。接收端判断的结果有三种可能：

第一种是肯定确认，即接收端对收到的校验帧校验后未发现错误，会向发送端发送一个肯定确认信号，用 ACK 表示，发送端收到 ACK 信号后即可知道该帧发送成功。

第二种是否定确认。接收端收到一个帧后，经校验发现有错误，则回送一个否定确认信号，用 NAK 表示，发送端收到 NAK 信号后必须重发该帧。

第三种是超时重发。发送端在发出一个帧后开始计时，如果在规定的时间内没有收到该帧的确认信号（ACK 或 NAK），则认为发生帧的丢失或确认信号丢失，必须重发该帧。

在传送数据时，发送需经过发送、等待、确认这三个阶段，即所谓的"停等 ARQ"。在数据帧的发送中，发送端每次仅发送缓冲区中的一个数据帧，并在发送后立即启动定时器，等待接收端回送的确认帧。定时器启动后，如在规定的时间内没有收到确认信息帧，则认为发生帧的丢失或确认信号丢失，需要重新发送。假如在规定的时间没有收到确认信息，系统就会自动重发，重发会造成重复帧的现象，即可能发生没有出错的数据帧重复发送到接收端的情况。为了解决重复帧的问题，可在每个数据帧的帧头增加一个发送序号，当收到重复帧时，根据序号可将重复的帧丢弃掉。

为了提高传输效率，人们提出了连续重发请求（Continuous ARQ ）技术，该技术的特点是不等待前一帧的确认，而直接发送下一帧。这样可能会出现发送端未发现出错之前，就有很多帧到达接收端，而接收端会将这些帧丢弃。为解决连续重发请求中出现的问题，人们提出了返回 N 帧 ARQ 及选择性重发 ARQ 技术。

ARQ 方式具有以下特点：

（1）只需要少量的冗余码元就可获得较高的传输可靠性。

（2）与前向纠错相比，复杂性和成本较低。

（3）ARQ 方式要求有反馈信道，因此不能用于单向传输和同步传输。

（4）控制规程及控制过程较复杂，系统重复传帧的现象较严重，通信效率低，不适合实时性要求高的场合。

### 7.2.2　前向纠错(FEC)方式

FEC 是利用纠错编码使接收端的译码器发现错误并准确地判断出出错的位置,从而能自动纠正的差错控制方式。

FEC 方式具有如下特点:

(1) 实时性高,无限反馈信道,特别适合于单向多点同时传送,控制规则简单,但译码设备较复杂。

(2) 纠错码的冗余度较高,传输效率较低,并且纠错码与信道特性要相配合,对信道的要求较高。

### 7.2.3　混合纠错(HEC)方式

混合纠错方式是由 FEC 和 ARQ 两者结合而成的差错控制方式。它不仅能检测出错误,而且还能在一定程度上纠正错误。

HFC 方式具有如下特点:

(1) 可以降低 FEC 的复杂度,改善 ARQ 的连贯性。

(2) 通信效率较低,通信的可靠性较高,在卫星通信中应用广泛。

### 7.2.4　信息反馈(IRQ)方式

信息反馈方式也称为回程校验方式,它是在发送端检测错误的。其工作过程为,发送端不对信息进行差错编码,而是直接将信息发送给接收端,接收端收到后,将其存储起来,再将其通过反馈信道回送给发送端,由接收端比较并发现是否出错。

IRQ 方式具有以下特点:

(1) 设备及控制规程简单。

(2) 需要反馈信道,收发两端均需要大容量的存储设备来存储传输信息。

(3) 传输效率低。

# 7.3　常用检错码

## 7.3.1　奇偶校验码

奇偶校验编码可分为奇校验编码和偶校验编码,两者的编码原理相同。

**1. 编码方法**

奇偶校验编码只需在信息码后加 1 位校验位(或称为监督位),使码组中"1"的个数为奇数或偶数。两者的监督方程分别为

$$C_n \oplus C_{n-1} \cdots \oplus C_1 \oplus C_0 = 0 (偶校验) \tag{7.3.1}$$

$$C_n \oplus C_{n-1} \cdots \oplus C_1 \oplus C_0 = 1 (奇校验) \tag{7.3.2}$$

式中,$C_n$,$C_{n-1}$,$\cdots$,$C_1$ 为信息码元,$C_0$ 为监督码元。

在接收端将接收的码组中的各个码元按照奇偶校验监督方程进行校验,若满足,则说明发送正确,否则说明发送错误。

例如，对信息码 11010100 进行偶校验，则 $C_8 \oplus C_7 \oplus \cdots \oplus C_1 = 0$，于是仅需在后面加上监督码 $C_0 = 0$ 即可，信息码及校验码为 110101000。如果要进行奇校验，那么，由于 $C_8 \oplus C_7 \oplus \cdots \oplus C_1 = 0$，即意味着信息码"1"的个数为偶数，因此需要增加 1 个"1"，此时信息码及校验码为 110101001。将上述奇偶校验的两个码字分别代入式(7.3.1)及式(7.3.2)进行检验，可发现满足监督方程。如果偶校验接收的码字为 110001000，将其代入式(7.3.1)可发现 $C_8 \oplus C_7 \oplus \cdots \oplus C_1 \oplus C_0 = 1$，不满足监督方程，可见传输中出现了差错。如果奇校验接收的码字为 110001001，将其代入式(7.3.1)可发现 $C_8 \oplus C_7 \oplus \cdots \oplus C_1 \oplus C_0 = 0$，不满足监督方程，可见传输中出现了差错。

**2. 奇偶校验编码的特点**

奇偶校验编码的优点是操作简单，冗余度低，编码效率高；缺点是奇校验只能发现奇数个错误，不能发现偶数个错误。

## 7.3.2 恒比码

恒比码是指码字中所含"1"的个数相同的码。由于码长一定，则码字中"1"和"0"的个数之比是恒定的，所以称该种编码方式为恒比码。码字中"1"的个数称为码重。

**1. 编码方法**

在恒比码中，只需保持码字中"1"和"0"的比例恒定即可。在接收端，只要判断"1"的个数是否正确便可判断传输是否正确。

我国的电传机传输汉字时是采用"保护电码"来进行的，该码为 5 中取 3 的恒定码，码的长度为 5，码中"1"的个数为 3，"0"的个数为 2。5 位码组成的码组集合的码字共有 $2^5 = 32$ 个，而 5 中取 3 的恒定码共有 $C_5^3 = \dfrac{5!}{(5-3)! \ 3!} = 10$，恰好可以表示 10 个状态，即可表示 0～9 共 10 个阿拉伯数字，并用它拼成汉字。我国的"保护电码"比国际电码的抗干扰能力强。

一般情况下，从"$n$ 中取 $m(n > m)$"恒比码的码字数目为

$$C_n^m = \frac{n!}{(n-m)!m!} \tag{7.3.3}$$

可见，恒比码实际上是用 $n$ 比特传送了 $\mathrm{lb} C_n^m$ 比特信息量，如用"5 中取 3"的恒比码来传送数据，每个码字的信息量为 $\mathrm{lb} 10 = 3.3\,(\mathrm{bit})$，而 5 位二进制码的每个码字的信息量为 $\mathrm{lb} 2^5 = 5\,(\mathrm{bit})$，也就是说用 $5 - 3.3 = 1.7$ 的信息量作为检验码而"浪费"的。恒比码的编码效率为

$$\eta = \frac{\mathrm{lb} C_n^m}{\mathrm{lb} 2^n} = \frac{\mathrm{lb} C_n^m}{n} \tag{7.3.4}$$

"5 中取 3"的恒比码编码效率为 $\eta = \dfrac{3.3}{5} = 0.66$。在国际无线电报中，采用 7 位编码，码字中有 3 个 1，共有 $C_7^3 = 35$ 个，可表示 26 个英文字母和其他一些符号。

**2. 特点**

恒比码所具有的优点是编码简单，纠错能力比奇偶校验码要强，适用于电传机或其他键盘设备；缺点是不适用随机二进制序列的编码。

恒比码必能发现错误的类型只有一种情况，即"1"错为"0"的数目恰好是"0"错为"1"的数目。

### 7.3.3 矩阵校验码

矩阵校验码也称行列监督码或纵向冗余校验码（LRC），其码元受行和列监督。行列监督码是二维的奇偶校验码。

#### 1. 编码方法

将若干个所要传送的数字序列编排成一个矩阵，矩阵中的每一行为一个码字，在每一行的最后加上一个监督码元，进行奇偶校验，矩阵中的每一列则由不同码字相同位置的码元组成，在每列的最后也加上一个监督码元，进行奇偶校验，如图7.3.1所示。

图7.3.1中，$a_0^1, \cdots, a_0^m$ 为 $m$ 行奇偶监督码中的 $m$ 个监督位，$c_{n-1}, \cdots, c_0$ 为按列进行监督的 $n$ 列奇偶校验的 $n$ 个监督位。

这种码有可能检测出偶数个错误。因为每行的监督位 $a_0^1, \cdots, a_0^m$ 虽然不能用于检测本行中的偶数个错误，但按列有可能由 $c_{n-1}, \cdots, c_0$ 监督出来。有一些偶数个错误不可能检测出来，譬如 $a_{n-2}^1, a_1^1, a_{n-2}^2, a_1^2$ 所构成的4个错码。

如数字序列 11010101 00101011 00110011 10101010，现将8位作为一个码字，编成一个矩阵，每个码字采用奇校验，则编码结果如图7.3.2所示。

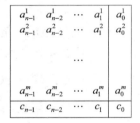

$$\begin{array}{|cccc|c|}
\hline
a_{n-1}^1 & a_{n-2}^1 & \cdots & a_1^1 & a_0^1 \\
a_{n-1}^2 & a_{n-2}^2 & \cdots & a_1^2 & a_0^2 \\
 & & \cdots & & \\
a_{n-1}^m & a_{n-2}^m & \cdots & a_1^m & a_0^m \\
\hline
c_{n-1} & c_{n-2} & \cdots & c_1 & c_0 \\
\hline
\end{array}$$

图7.3.1 矩阵码组成

$$\begin{array}{|ccccccc c|c|}
\hline
1 & 1 & 0 & 1 & 0 & 1 & 0 & 1 & 0 & 0 \\
0 & 0 & 1 & 0 & 1 & 0 & 1 & 1 & 1 \\
0 & 0 & 1 & 1 & 0 & 0 & 1 & 1 & 1 \\
1 & 0 & 1 & 0 & 1 & 0 & 1 & 0 & 1 \\
\hline
1 & 0 & 0 & 1 & 1 & 0 & 0 & 0 & 0 \\
\hline
\end{array}$$

图7.3.2 编矩阵码结果

#### 2. 特点

这种二维奇偶监督码适于检测突发错码。因为这种突发错码常常成串出现，随后有较长一段无错区间，所以在某一行出现多个奇偶错码的机会较多，而这种矩阵码正适合于检测这类突发错误。

由于矩阵码只对构成的四角误码无法检测，所以它的检测能力较强，一些试验表明，这种码可以使误码率降低至原误码率的百万分之一到万分之一。

矩阵码不仅能用来检错，还可用来纠正一些错误，如当码字中仅在一行中有奇数个错误时，能够确定错码的位置，从而进行纠正。

### 7.3.4 正反码

正反码是一种简单的能纠错的码，该种码的监督位与信息位相同，且监督码与信息码相同或相反，主要用于单位电码的前向自动纠错设备，能纠正1位错误，发现大部分2位以上的错误。

**1. 编码方法**

每一个正反码字由 10 个码元组成,其中 5 位信息码,5 位监督码。当信息码中"1"的个数为偶数时,监督码元是信息码的反码。例如:

信息码为 10101,监督码为 10101,因为信息码中"1"为奇数,所以监督码与信息码相同;构成的码字为 10101 10101。

信息码为 10010,监督码为 01101,因为信息码中"1"为偶数,所以监督码与信息码相反;构成的码字为 10010 01101。

**2. 译码**

在接收端,先将所接收码字中的信息位和监督位,按对应的位进行模 2 加,得到一个 5 位的合成码,然后用合成码产生一个校验码。若接收码字中信息码中"1"的个数为奇数,则合成码作为校验码;如果信息码中"1"的个数为偶数,则校验码为合成码的反码。最后观察校验码字中"1"的个数,并根据表 7.3.1 中的判决规则进行判决。

例如,发送码字为 10101 10101,接收码字为 10101 10101,合成码为 $10101 \oplus 10101 = 00000$,由于接收码字中信息码"1"的个数为奇数个,因此校验码为 00000,对应表 7.3.1 可看到无错误传输。

又例如,发送码字为 10101 10101,接收码字为 11101 10101,合成码为 $11101 \oplus 10101 = 01000$,由于接收码字中信息码"1"的个数为偶数个,因此校验码为 10111,对应表 7.3.1 可知信息码有 1 位错,位置在校验码"0"所对应的位置,故可自动纠正为 10101。

再例如,发送码字为 10101 10101,接收码字为 10101 00101,合成码为 $10101 \oplus 00101 = 10000$,由于接收码字中信息码"1"的个数为奇数个,故校验码为 10000,对应表 7.3.1 可看到错误发生在监督码的"1"的位置上,故自动纠正为 10101。

表 7.3.1　正反码的判决规则

| 序号 | 校验码字的构成 | 误码情况(对应信息码) |
|---|---|---|
| 1 | 全为"0" | 无差错 |
| 2 | 4 个"1",1 个"0" | 信息码有 1 位错,错位在校验码"0"所对应的位置 |
| 3 | 4 个"0",1 个"1" | 监督码有 1 位错,错位在校验码"1"所对应的位置 |
| 4 | 其他 | 差错数大于 1,不能自动纠正 |

## 7.3.5　线性分组码

线性分组码(Linear Block Codes)是信道编码中最基本的一类编码,在线性分组码中,监督码仅与所在码组中的信息码元有关,且两者之间是通过预设的线性关系联系的。

线性分组码的构成是将信息序列划分为等长为 $k$ 位的序列段后,在每段之后附加 $r$ 位监督码元(Parity Check bits),所构成的长度为 $n = k + r$ 的码组记为 $(n, k)$ 分组码。

$n$ 位长度二进制码可编成 $2^n$ 个码字,但由于信息码的长度仅为 $k$,即信息码字的个数为 $2^k$ 个(称其为许用码),所以其他 $2^n - 2^k$ 个码字不能表示信息,这些不能表示信息的码称为禁用码。

在 $(n, k)$ 分组码中,码的长度为 $n$,其中表示信息的码长为 $k$,共有 $2^k$ 个不同的长度为

$n$ 的码来对应所表示的信息，这些码构成的码组集合可用数学中的"群"来表示，并具有以下性质。

性质 1：封闭性，即任意两个码字之模 2 和仍为一个码字。

性质 2：码的最小距离等于非零码的最小重量。

线性分组编码就是对长度为 $k$ 的信息码按照一定规则加入长度为 $n-k$ 的监督码的过程，并且所增加的监督码与信息码的码元之间构成某种线性关系。以下以 $(7,4)$ 线性分组码的编码为例来说明其整个编码过程。

$(7,4)$ 码中，信息码的长度为 4，可用 $C_6 C_5 C_4 C_3$ 来表示，监督码可用 $C_2 C_1 C_0$ 来表示，编码后所形成的线性分组编码可用 $C_6 C_5 C_4 C_3 C_2 C_1 C_0$ 来表示，监督码元 $C_2$、$C_1$、$C_0$ 与信息码元 $C_6$、$C_5$、$C_4$ 及 $C_3$ 构成了如下的线性关系：

$$\begin{cases} C_2 = C_6 + C_5 + C_4 \\ C_1 = C_6 + C_5 + C_3 \\ C_0 = C_6 + C_4 + C_3 \end{cases} \tag{7.3.5}$$

利用式(7.3.5)可得到 $(7,4)$ 线性分组码，其结果如表 7.3.2 所示。

**表 7.3.2　(7，4)分组编码**

| 信息位 | 监督位 | (7,4)编码 | 信息位 | 监督位 | (7,4)编码 |
|---|---|---|---|---|---|
| 0000 | 000 | 0000000 | 1001 | 100 | 1001100 |
| 0001 | 011 | 0001011 | 1010 | 010 | 1010010 |
| 0010 | 101 | 0010101 | 1011 | 001 | 1011001 |
| 0011 | 110 | 0011110 | 1100 | 001 | 1100001 |
| 0100 | 110 | 0100110 | 1101 | 010 | 1101010 |
| 0101 | 101 | 0101101 | 1110 | 100 | 1110100 |
| 0110 | 011 | 0110011 | 1111 | 111 | 1111111 |
| 1000 | 111 | 1000111 | | | |

# 7.4　循　环　码

## 7.4.1　循环码的基本概念

在数据通信中，尤其是在计算机通信中，应用非常广泛的一种差错控制编码是循环冗余校验码(CRC)。CRC 编码实际上是一种线性分组码，具有很强的纠错能力。

**1. 循环冗余校验码(CRC)的定义**

若线性分组码各码字中的码元循环左移位(或右移位)所形成的码字仍然是码组集合中的一个码字(除全零码外)，则这种码就称为循环码。如 $n$ 长度循环码中的一个码为 $C = C_{n-1} C_{n-2} \cdots C_1 C_0$，依次循环位移后得到的码为

$$\begin{cases} C_{n-1} C_{n-2} \cdots C_1 C_0 \\ C_{n-2} C_{n-3} \cdots C_0 C_{n-1} \\ C_0 C_{n-1} C_{n-2} \cdots C_1 \end{cases}$$

各码字均是循环码中的码组。

**2. 码多项式**

一个由二进制码元序列组成的码组都可以和一个只含有"0"和"1"两个系数的多项式建立起一一对应的关系，这个多项式就称为码多项式。

一个 $n$ 位长的二进制序列，它是码多项式 $X^{n-1}$ 到 $X^0$ 的 $n-1$ 次多项式的系数。如二进制码元序列 110110 所对应的码多项式为

$$A(X) = 1 \cdot X^5 + 1 \cdot X^4 + 0 \cdot X^3 + 1 \cdot X^2 + 1 \cdot X^1 + 0 \cdot X^0 = X^5 + X^4 + X^2 + X$$

把码组中的码元当作多项式系数（取 0 或 1），把 $n$ 长度的码字写成最高次方 $n-1$ 次的多项式：

$$T(X) = C_{n-1} X^{n-1} + C_{n-2} X^{n-2} + \cdots + C_1 X^1 + C_0 \tag{7.4.1}$$

一个码字（码组）与码多项式是一一对应的，如码组 1001101 所对应的码多项式为 $T(X) = X^6 + X^3 + X^2 + 1$；而码多项式 $X^5 + X^4 + X^2 + X$ 对应的码组为 110110。

二进制码多项式间可进行加减运算，即进行逻辑上的异或运算。如两个二进制码多项式 $A_1(X)$、$A_2(X)$ 间的加减运算为

$$A_1(X) + A_2(X) = A_1(X) - A_2(X) = -A_1(X) - A_2(X)$$

**3. 码多项式的同余**

若用 $X^7 + 1$ 去除 $X^7 + X^6 + X^5 + X^3$ 所得的余式和用 $X^7 + 1$ 去除 $X^6 + X^5 + X^3 + 1$ 所得的余式相同，即

$$\frac{X^7 + X^6 + X^5 + X^3}{X^7 + 1} = 1 + \frac{X^6 + X^5 + X^3 + 1}{X^7 + 1}$$

则称两个多项式 $X^7 + X^6 + X^5 + X^3$ 和 $X^6 + X^5 + X^3 + 1$ 同余，并记为

$$X^7 + X^6 + X^5 + X^3 \equiv X^6 + X^5 + X^3 + 1 (\mathrm{mod}\ X^7 + 1)$$

利用同余的概念可以将循环码通过对应的码多项式进行分析处理。在循环码中，所有的非零码都具有循环特性，即一个码字可以由另一码字向左（或向右）循环位移而得到，对应于这种循环码多项式也具有循环特性，即每个码多项式都可以由一个次数低的码多项式得到。该码循环一次的码多项式是原码多项式 $C(x)$ 乘以 $x$，除以 $x^n + 1$ 的余式，记为

$$C^1(x) = x \cdot C(x) (\mathrm{mod}\ x^n + 1)$$

推广下去，$C(x)$ 的 $i$ 次循环位移 $C^i(x)$ 是 $C(x)$ 乘以 $x^i$，除以 $x^n + 1$ 的余式，即

$$C^i(x) = x^i \cdot C(x) (\mathrm{mod}\ x^n + 1) \tag{7.4.2}$$

循环码是线性分组码的一种，因此可以应用线性分组码的编译码方法。在 $(n, k)$ 循环码集合中，取前 $k-1$ 位都为零的码字 $g(x)$，根据循环码的循环特性，将 $g(x)$ 进行 $k-1$ 循环移位，可得到 $k$ 个码字 $g(x), xg(x), \cdots, x^{k-1}g(x)$。这 $k$ 个码多项式线性无关，因此可利用这 $k$ 个多项式相对应的码字作为各行构成码生成矩阵，于是得到 $(n, k)$ 循环码的生成矩阵

$$\boldsymbol{G}(x) = \begin{bmatrix} x^{k-1} g(x) \\ x^{k-2} g(x) \\ \vdots \\ g(x) \end{bmatrix} \tag{7.4.3}$$

码生成矩阵一旦确定，码也就确定了。式(7.4.3)说明$(n,k)$循环码可以由它的一个$(n,k)$次码多项式$g(x)$来确定，称$g(x)$为码生成多项式。$(n,k)$次码生成多项式$g(x)$具有下列性质：

性质1：$g(x)$是唯一的$(n,k)$次码多项式，并且它的次数最低。

性质2：$g(x)$是$x^{n+1}$的因式，即$x^{n+1}=h(x)g(x)$，$h(x)$称为监督多项式。

### 7.4.2 循环码的编码和译码

#### 1. 编码方法

循环码是由信息码元和监督码元构成的。首先把信息序列分为等长为$k$的若干个序列段，每信息段附加$r$位长度的监督码元，从而构成长度为$n=k+r$的循环码。循环码用$(n,k)$表示，它也可以用一个$n-1$次多项式来表示。循环码的格式如图7.4.1所示。

图 7.4.1 循环码的格式

一个$n$位循环码由$k$位信息码加上$r$位校验码组成，其中$r=n-k$。表征循环码(CRC)的多项式称为生成多项式$G(X)$。$k$位二进制码元加上$r$位 CRC 校验位后，信息位要向左移，这相当于$A(X)$乘上$X^\tau$。$X^\tau A(X)$除以生成多项式$G(X)$，得到整数多项式$Q(X)$加上余数多项式$R(X)$，即

$$\frac{X^\tau A(X)}{G(X)} = Q(X) + \frac{R(X)}{G(X)}$$

从而有

$$X^\tau A(X) - R(X) = Q(X)G(X)$$

利用多项式加减法的性质，有

$$X^\tau A(X) - R(X) = X^\tau A(X) + R(X) = Q(X)G(X) = C(X)$$

这说明信息多项式$A(X)$和余数多项式$R(X)$可以合并为一个新的多项式$C(X)$，称为循环多项式，该多项式是生成多项式$G(X)$的整数$Q(X)$倍。

根据上述原理，在发送端用信息码多项式乘上$X^\tau$，除以生成多项式$G(X)$，所得到的余数多项式就是要加的监督码。在接收端将循环码多项式$C(X)$除以生成多项式$G(X)$，若能整除，则说明传送正确，否则说明传送错误。

#### 2. 循环码的性质

在循环码中，$n-k$次码多项式有一个且仅有一个生成多项式$G(X)$。在循环码中，所有码多项式能被生成多项式$G(X)$整除。循环码的输出多项式$G(X)$是$X^n+1$的一个因式。

#### 3. CRC 校验码的生成和校验

根据信息序列的分组长度和检错能力的要求，每个$k$位信息段附加$r$位监督码元构成$n=k+r$位循环码，其生成步骤如下：

（1）在 $k$ 位信息码组的后面加上 $r$ 个 0。$r$ 是监督码元的位数，比生成多项式 $G(X)$ 的位数 $r+1$ 少 1 位。

（2）采用二进制除法将新的加长的长度为 $n$ 的码组用 $G(X)$ 来除，所产生的余数就是 CRC 校验码。

（3）用 $r$ 个码元的 CRC 校验码元替代信息段后面附加的 $r$ 个 0，如果余数的位数小于 $r$，则在最左端用 0 补足 $r$ 位；如果除法运算没有产生余数（信息码组是可以被整除的），则用 $r$ 位 0 作为校验码。

在接收端进行校验时，可按以下步骤进行：

第一步，将接收到的数据分为若干个长度为 $n$ 的数据段，用 $G(X)$ 来除。

第二步，如果 $n$ 位数据段能被 $G(X)$ 整除，则说明该数据段在传送的过程中未发生差错，否则，说明传送过程中出现了差错。

以下以两个例子来说明循环码的编码过程。

例如，信息码组为 1101，生成多项式为 $G(X)=X^3+X+1$，编（7，4）循环码。编码步骤如下：

（1）$A(X)=1101$ 为 4 位二进制码，需附加 $r=7-4=3$ 位监督码，在 1101 后附加 000，变为 1101000。

（2）用 $G(X)=X^3+X+1$（对应的码组为 1011）去除 1101000，即将 1101000 作为被除数，1011 作为除数，进行除法运算，得到的余数为 1，于是 CRC 校验码为 001。

（3）用 001 替代第一步中的 000，最后的编码为 1101001。

注意，在进行除法运算时，需要进行减法运算，该减法运算实际上是一个异或运算，如 $10-01$，则结果为 11。

又例如，信息码组为 101，编一个（7，3）的循环码。编码的步骤如下：

（1）确定监督码的码长，监督位的码长为 $r=n-k=7-3=4$。

（2）确定生成多项式 $G(X)$。根据循环码的性质，循环码的生成多项式 $G(X)$ 是 $X^n+1$ 的一个因式，所以生成多项式 $G(X)$ 是 $X^7+1$ 的一个因式，而 $G(X)$ 是 $n-k=4$ 次因式。对 $X^7+1$ 可分解因式为

$$X^7+1=(X+1)(X^3+X^2+1)(X^3+X^2+1)$$

从 $X^7+1$ 的因式分解中任意选择 4 次因式，我们选择 $G(X)=(X+1)(X^3+X^2+1)$，需要注意的是上述的因式分解与严格意义上的初等数学的因式分解不同，这里执行的运算是异或运算，如 $X+X=0$，因此 $G(X)=(X+1)(X^3+X^2+1)=X^4+X^3+X^2+1$，所对应的码为 11101。

（3）在信息码组后附加 4 位 0，变为 1010000。

（4）除法运算，并求余。

$$\frac{1010000}{11101}=Q(X)+\frac{0011}{11101}$$

（5）用余数 0011 替代 0000，得到最后的编码为 1010011。

**4. 循环码的应用及特点**

在串行通信中，常常采用 CRC - 16、CRC - CCITT 及 CRC - 32 这 3 种常用的生成多项式来产生校验码。

CRC-16 的生成多项式为 $G(X) = X^{16} + X^{15} + X^2 + 1$；CRC-CCITT 的生成多项式为 $G(X) = X^{16} + X^{12} + X^5 + 1$；CRC-32 的生成多项式为 $G(X) = X^{32} + X^{26} + X^{23} + X^{22} + X^{16} + X^{12} + X^{11} + X^{10} + X^8 + X^7 + X^5 + X^4 + X^2 + X + 1$。

由于循环码的循环特性，使得它的编解码设备较简单，并且纠错能力强，特别适合检测突发性的差错，除了数据段的码组能被整除外，循环冗余校验还能检测出所有的差错，故在计算机通信中应用得非常广泛。

# 7.5 卷 积 码

## 7.5.1 基本原理

卷积码是一种非分组码，它的校验位不仅和本组码有关，而且还与前组及前若干组码有关，具有连环监督作用，因此卷积码也称为连环码。

卷积码的整个编码过程是环环相扣连锁进行的。编码时，信息序列分为 $k_0$ 个码元段，每段在经过编码后变为 $n_0 (n_0 > k_0)$ 个码元的码组，通常 $n_0$ 和 $k_0$ 都是较小的整数。

编码器的每个单位时间内所输出的 $n_0$ 个码元不仅与此时输入的 $k_0$ 个信息码元有关，而且还与之前较长一段时间内输入的信息码元有关。图 7.5.1 所示为一个简单的 $n_0 = 3$，$k_0 = 1$ 的卷积编码器。

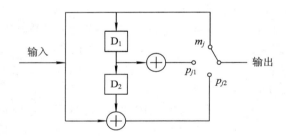

图 7.5.1 $n_0 = 3$，$k_0 = 1$ 的卷积编码器

在每一个单位时间内，当一个新的信息码元 $m_j$ 进入编码器，存储在存储器中的码组向右依次移动一位，此时新的信息码元一方面直接进入信道，同时前面两个单位时间内输入的信息码元 $m_{j-1}$、$m_{j-2}$ 按一定方式进行模 2 加的运算，得到两个监督码元 $P_{j1}$、$P_{j2}$ 后依次随 $m_j$ 送入信道。由图 7.5.1 可知：

$$P_{j1} = m_j \oplus m_{j-1}, \quad P_{j2} = m_j \oplus m_{j-2} \tag{7.5.1}$$

若下一个单位时间内输入的信息码元为 $m_{j+1}$，则它的两个监督码元为

$$P_{(j+1)1} = m_{j+1} \oplus m_j, \quad P_{(j+1)2} = m_{j+1} \oplus m_{j-1} \tag{7.5.2}$$

若输入的信息码元为 $m_j$、$m_{j+1}$，则输出的编码为 $m_j\ P_{j1}\ P_{j2}\ m_{j+1}\ P_{(j+1)1}\ P_{(j+1)2}$。若 $m_j m_{j+1} = 11$，则输出为 111101。

可见，第 $j$ 时刻输入的信息码元 $m_j$ 经编码得到的子编码 $C_j$ 不仅与本段输入的码元 $m_j$ 有关，而且还与前面的两个输入的信息码元 $m_{j-1}$ 和 $m_{j-2}$ 所编的子编码 $C_{j-1}$ 及 $C_{j-2}$ 有关。这种子编码之间的关系像一条环环相扣的链，构成了卷积编码，又称为连环码。

由式(7.5.1)可知，编码器输出的子编码的监督码元与 $(m+1) \times k_0$ 个信息码元有线性

关系(图 7.5.1 中的 $m=2$，$k_0=1$)，所以这种编码方式也是线性编码。$M$ 为编码存储，$N=m+1$ 称为编码的约束度，$N_A=n_0N=n_0(m+1)$ 称为约束长度。码率 $R=k_0/n_0$ 是衡量编码效率的参数。

## 7.5.2　编码和译码

### 1. 简单卷积编码器

简单卷积编码器如图 7.5.2 所示。它由两个移位寄存器 $R_1$ 和 $R_2$ 及一个模 2 加法器构成。

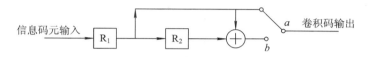

图 7.5.2　简单卷积编码器原理图

移位寄存器按信息码率的速度进行工作，当输入 1 位信息码元时，电子开关倒换一次，即前半拍接通 $a$ 端，后半拍接通 $b$ 端。因此，若输入信息为 $a_0a_1a_2a_3\cdots$，第一拍，从寄存器 $R_1$ 中移出的为 $a_0$，所以 $a$ 端输出的是 $a_0$；寄存器 $R_2$ 移出的是 0(初始值为 0)，所以 $b$ 端输出的为 $b_0=a_0\oplus0=a_0$。第二拍，从寄存器 $R_1$ 中移出 $a_1$，$R_2$ 移出 $a_0$，$b$ 端输出 $b_1=a_0\oplus a_1$。以此类推，则输出连环码为 $a_0b_0a_1b_1a_2b_2\cdots$，其中 $b_i(i=0,1,2,\cdots)$ 为监督码元。于是我们得到

$$\begin{cases} b_0=a_0 \\ b_1=a_0\oplus a_1 \\ \vdots \\ b_i=a_{i-1}\oplus a_i \end{cases}$$

### 2. 解码器

与图 7.5.2 所对应的解码器如图 7.5.3 所示。解码器的输入端是一个电子开关，它按节拍把信息码元与监督码元分别接到 $a'$ 端和 $b'$ 端，3 个移位寄存器 $R_1$、$R_2$ 和 $R_3$ 的节拍为码元序列节拍的一半。$R_1$、$R_2$ 在信息码元到达时移位，监督码元到达期间保持原状态。寄存器 $R_3$ 在监督码元到达时移位，在信息码元到达时保持原状态。$R_1$、$R_2$ 及加法器 1 构成与发送端一样的编码器，它从接收到的信息码元序列中计算出监督码序列。加法器 2 把上述计算出的监督码序列与接收到的监督序列相比较，如果两者相同，输出为"0"，否则，输出为"1"。显然，如果接收到的序列经计算后得出的监督码序列与监督码序列不同，那么一定出错。

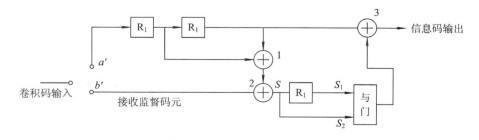

图 7.5.3　解码器原理图

设接收到的序列为 $a_0'$，$b_0'$，$a_1'$，$b_1'$，$a_2'$，$b_2'\cdots$，解码过程如下：

(1) 电子开关首先切换到 $a'$ 端，$R_1$ 移出 $a_0'$，，$R_2$ 移出 0，加法器 1 输出为 $a_0'$。然后电子开关倒向 $b'$ 端，加法器 2 输出为 $b_0(=a_0')'\oplus a_0'=0$，此时与门的输出为 0，移位寄存器 $R_2$ 输出也为 0，所以加法器 3 输出 0。

(2) 第二拍前半周期，开关切换到 $a'$ 端，$R_1$ 移出 $a_1'$，$R_2$ 移出 $a_0'$，加法器 1 输出为 $a_0'\oplus a_1'$。后半周期开关倒向 $b'$ 端，加法器 2 输入为 $b_1'$，所以 $S_1=b_1'\oplus(a_0'\oplus a_1')$。若计算的监督码序列 $a_0'\oplus a_1'$ 与接收到的监督码序列 $b_1'$ 相同，则 $S_1=0$，与门的输出为 0，$R_2$ 输出为 $a_0'$，所以解码器输出的信息码元为 $a_0'$。

(3) 依此类推，我们得到输出方程

$$\begin{cases} S_1 = (a_0' \oplus a_1') \oplus b_1' \\ S_2 = (a_1' \oplus a_2') \oplus b_2' \\ S_3 = (a_2' \oplus a_3') \oplus b_3' \\ \quad\quad\vdots \\ S_i = (a_{i-1}' \oplus a_i') \oplus b_i' \end{cases} \qquad (7.5.3)$$

(4) 差错分析。由式(7.5.3)的输出方程可知：$S_i$ 与 $S_{i+1}$ 都为 0 时，判定无错；$S_i$ 与 $S_{i+1}$ 都为 1 时，必定 $a_i'$ 出错，可以纠正一位；$S_i$ 与 $S_{i+1}$ 只有一个为 1 时，$a_{i-1}'$、$b_{i-1}'$、$b_i'$ 中有一个错。

# 本 章 小 结

为控制差错所采用的编码称为差错控制编码。差错控制编码一般是在信息序列中插入一定数量的新码元(即监督码元)而达到控制差错目的的。监督码不受信源和信宿端的控制，它仅是传输过程中为了减少传输错误而采用的一种信息处理技术。

差错控制编码的能力与差错控制编码的特性有关。编码的特性主要包括码字的汉明重量、码间距离和最小码距。

在数据通信中，利用差错控制编码进行系统传输的差错控制，其基本工作方式可分为四个类型，即自动请求重发方式、前向纠错方式、混合纠错方式和信息反馈方式。

奇偶校验编码只需在信息码后加 1 位校验位(或称为监督位)，使码组中的"1"的个数为奇数或偶数。

恒比码是指码字中所含"1"的个数相同的码。由于码长一定，则码字中的"1"和"0"的个数之比是恒定的，所以称该种编码方式为恒比码。码字中"1"的个数称为码重。

矩阵校验码也称行列监督码，或纵向冗余校验码(LRC)，其码元受行和列监督。行列监督码是二维的奇偶校验。

正反码是一种简单的能纠错的码，该种码的监督位与信息位相同，且监督码与信息码相同或相反，主要用于单位电码的前向自动纠错设备，能纠正 1 位错误，发现大部分 2 位以上的错误。

线性分组码是信道编码中最基本的一类编码，在线性分组码中，监督码仅与所在码组中的信息码元有关，且两者之间是通过预设的线性关系联系的。

在数据通信中，尤其是在计算机通信中，应用非常广泛的一种差错控制编码是循环冗余校验码(CRC)。CRC 编码实际上是一种线性分组码,具有很强的纠错能力。循环码是由信息码元和监督码元构成的。首先把信息序列分为等长为 $k$ 的若干个序列段,每信息段附加 $r$ 位长度的监督码元,从而构成长度为 $n=k+r$ 的循环码。

　　卷积码是一种非分组码,它的校验位不仅和本组码有关,而且还与前组及前若干组码有关,具有连环监督作用,因此卷积码也称为连环码。

# 习 题 与 思 考

7-1　在通信系统中,采用差错控制的目的是什么?

7-2　常用的差错控制方法有哪些?

7-3　什么是分组码? 其结构特点如何?

7-4　最小码距与其检错、纠错能力有何关系?

7-5　奇偶校验编码是如何构成的? 如何检错?

7-6　校验矩阵是如何构成的? 其检错、纠错能力如何?

7-7　线性码具有哪些重要作用?

7-8　什么是循环码? 循环码的生成多项式如何确定?

7-9　试写出下列信息序列的校验矩阵、反正码的编码。

$$11001101$$
$$00100011$$
$$10101100$$
$$11110000$$

7-10　已知信息为 1010001101,生成多项式为 $G(X)=X^5+X^4+X^2+1$,试求循环校验码。

# 第 8 章　数据链路传输控制规程

　　物联网中的通信是以数据通信为基础的，物联网中感知控制层的物联网终端、网络传输层的各种节点及综合应用层的各类应用，它们的通信均是以数据通信的方式进行的。因此，物联网中的各个终端、节点、应用均可抽象为"节点"，物联网的通信业可抽象为"网络通信"，只不过物联网所指的"网络通信"是一个更广泛的泛在通信，同时也可认为物联网中的"节点"是一个泛在的节点。

　　两个节点在网络中的通信是要由规则和约定来支撑的，这种规则和约定称为数据链路的传输控制。

　　数据链路传输控制规程是在物理层提供的通信线路连接和比特流传输功能的基础上，解决如何在相邻的两个节点之间的链路层上提供可靠和有效的通信，使其为网络层提供一条无差错的链路。

## 8.1　数据链路层的功能及传输控制规程的功能与分类

### 8.1.1　数据链路层的功能

　　数据链路层主要是为 ISO/OSI 七层模型中的网络层提供一条无差错的通信链路，因此数据链路层应具备如下功能：

　　（1）数据成帧功能：将网络层的数据划分为数据块，各块组成一个数据帧，数据帧的开头和结尾要有明确的标志。数据帧是数据链路层的基本单位。

　　（2）数据链路的建立、拆除和管理：在两个节点之间通信时建立数据传输的通信链路，在不通信时拆除所建立的通信链路，并对链路进行有效的管理。

　　（3）数据链路的检错和纠错：数据链路层应保证数据传输过程中不出现差错，若出现则给予发现和纠正；同时，还应提供流量控制，调整发送速率，使收发两端的发送能力与接收能力相匹配。

　　（4）异常处理能力：应规定当出现异常情况时，节点如何运行及处理异常情况，以免造成由于节点的死锁而引起整个网络的瘫痪。

　　（5）应具备标准的通信接口：由于节点的种类繁多、功能各异，因而要求节点与通信线路间要有统一的标准接口。

　　数据链路层协议是用来规范通信双方的约定，因此在设计该种协议时应制定数据表格式、信息格式、帧同步、寻址、流量控制、差错控制、透明传输、链路管理和异常状态处理与恢复等规范。

## 8.1.2　传输控制规程的主要功能与分类

### 1. 帧同步功能

帧同步的主要作用是能从接收的比特流中区分出帧的起始位置和终止位置。实现帧同步的方法主要有字节计数法、字符填充法、比特填充法和违法编码法等。

字节计数法采用一个特殊的字符表征一帧的开始，并以一个专门的字段表示帧内的字节数。接收端可通过对特殊字符的识别从比特流中辨别出帧的开始，并从专门的字段中获知该帧中随后的数据字节，从而确定出帧的终止位置。由于该方法采用字段计数方法来确定帧的边界，不会引起数据及其他信息的混淆，因而不必采用任何措施便可实现数据的透明传输。

字符填充法用一些特定的字符来界定一帧的起始与终止。为了不使数据信息位中出现的与特定字符相同的字符而被误判为帧的首尾定界符，可以在数据字符前填充一个转义控制字符（DLE）以示区别，从而实现透明传输。

比特填充法用一组特定的比特模式（如 01111110）来标志一帧的起始与终止。为了不使信息位中出现的与该模式相似的比特串而被判为帧的首尾标志，可以采用比特填充的方法。如采用特定模式 01111110，则对信息位中连续出现 5 个"1"的情况采用在发送时在该 5 个"1"的串后插入一个"0"的方法。在接收时，如出现 5 个"1"，后面的"0"则自动删除，以此来恢复原始的数据信息，从而实现透明传输。比特填充法易用硬件实现，性能优于字符填充法。

违法编码法是在物理层采用特定的比特编码来实现辨别帧的首尾的。例如，采用曼切斯特编码方法，将数据比特"1"编成"高-低"电平对，将数据比特"0"编成"低-高"电平对。"高-高"和"低-低"电平对在数据比特中是违法的编码。因此，可以采用这种违法编码序列来界定帧的起始与终止。局域网 IEEE 802 标准就采用了这种方法。违法编码法不需要任何填充技术，能实现数据透明传输，但仅适合于采用冗余编码的特殊编码情况。

目前使用比较普遍的帧同步方法是比特填充法和违法编码法。

### 2. 差错控制功能

数据在传输过程中，由于信道及设备的特性使得数据在传输时会发生错误，这些错误会降低通信的可靠性，因此必须对传输错误进行纠正，使差错尽可能地控制在较低程度。差错控制就是要能及时发现传输错误，并及时纠正，它是数据链路层的主要功能之一。

接收端可以通过对差错编码的检查判断帧在传输中是否出错，一旦发现，就可采用反馈重发的方法来纠正。这就要求接收端接收完一帧后向发送端反馈一个接收是否正确的信息，使发送端能以此做出是否需要重发的动作。当发送端收到接收端已正确接收的反馈信息后才能认为该帧已正确发送，否则需要重发，直到正确为止。

为了避免由于收不到反馈信息的情况，发送端往往采用计时器来限定接收端等待接收反馈信息的时间，即发送端发送一帧的同时，计时器也启动，若在限定的时间内收不到反馈信息，发送端则认为所发送的帧已出错或丢失，于是重发该帧。

由于同一帧可能出现被多次发送的重复发送的情况，这就可能引起接收端多次收到同一帧，并将其传递给网络层，从而引起网络层的错误。为此，可以采用对发送帧编号，赋予每一帧一个序号,从而使接收端能辨别是新收到的帧还是重发的帧,一旦接收到重发的帧,则丢弃该帧。数据链路层采用计时器和序号的方式以保证每帧都能被正确地传递给网络层。

**3. 流量控制**

流量控制是数据链路层的主要功能之一。许多高层协议中也具有流量控制功能。流量控制的目的是解决收发双方匹配的问题。

由于收发双方各自系统的工作速率和缓冲空间有差异,可能会出现发送端发送的数据过多,而接收端接收能力有限而无法全部接收的现象。此时,应对发送端的发送量(发送速率/速度)做某些限制,以免造成由于发送量过大以致接收端接收不了的现象。

**4. 链路管理**

链路管理功能主要是面向连接服务的。通信双方在进行通信前,必须首先确认对方已处于就绪状态,并交换一些必要的信息,如对帧序号进行初始化等,然后才能建立起连接。数据传输完毕后则需要释放连接。数据链路层的建立、维持和释放等就是链路管理的内容。

**5. 分类**

现有的数据链路控制总体上可分为面向字符(又称为面向字节)和面向比特两类。

# 8.2 面向字符的传输控制规程

## 8.2.1 IBM 的 BSC 规程简介

由 IBM 公司制定的二进制同步通信规程(Binary Synchronous Communication,BSC)是典型的面向字符的数据链路控制规程。BSC 支持多点共享线路和点到点结构的通用数据链路控制规程。控制节点通过轮询(或邀请发送)一个从属节点来启动数据传输。网络传输在指定的控制节点和从属节点之间进行,同时其他节点保持在一种被动监听方式下。一个选择(请求接收)由控制节点发往一个从属节点,从而使该节点接收后面的报文。

BSC 是一种半双工规程,通信可以在两个方向上交替进行。点到点的链路可以建立在交换或专用线上。在交换网上,每次传输任务完毕后都要将数据链路释放。

由于 BSC 是一种字符控制规程,所以它对代码敏感。它使用 ASCII 或 EBCDIC 等编码的字符进行链路控制,并采用特殊字符分隔各种信息段。通过一条 BSC 信息传送的每个字符都要在接收端译码,以判断是控制字还是信息数据。

## 8.2.2 控制字符

所有链路层协议都可由链路的建立、数据传输和链路拆除三部分组成。为了实现链路建立、链路拆除以及同步等各种功能,除了正常的数据块和报文外,还需要一些控制字符。BSC 协议用 ASCII 和 EBCDIC 字符集定义的传输控制字来实现相应的功能。这些控制字的含义如表 8.2.1 所示。

表 8.2.1　传输控制字及其含义

| 标　记 | 名　　称 | ASCII 码值 | EBCDIC 码值 |
|--------|----------|------------|-------------|
| SOH | 序始 | 01H | 01H |
| STX | 文始 | 02H | 02H |
| ETX | 文终 | 03H | 03H |
| EOT | 送毕 | 04H | 37H |
| ENQ | 询问 | 05H | 2DH |
| ACK | 确认 | 06H | 2EH |
| DLE | 转义 | 10H | 10H |
| NAK | 否认 | 15H | 3DH |
| SYN | 同步 | 16H | 32H |
| ETB | 块终 | 17H | 26H |

上述 10 个控制字的功能如下：

SOH(Start of Heading)：标题开始，用于表示信息报文标题的开始。标题是信息报文中正文之前的字符序列，它由表示路由、优先权、保密措施、报文编号以及有关字符组成。SOH 在正文中不允许出现。

STX(Start of Text)：正文开始，用于表示标题信息的结束和信息报文的正文开始。当正文被分隔成若干码组时，每组均以 STX 开始，但在标题中不允许出现 STX。

ETX(End of Text)：正文结束。ETX 由发送端发送，表示信息博文结束。当信息被分隔成若干组时，只有最后一个信息组的报文使用 ETX 结束，在 ETX 后是校验码 BCC。

EOT(End of Transmission)：传输结束，用于表示数据传输结束，EOT 可由发送端也可由接收端发出，并拆除链路。

ENQ(Enquiry)：询问，用于请求远方节点给出响应，响应可能包括节点的身份或状态。

ACK(Acknowledge)：确认，由接收端发出的作为对正确接收到报文的应答。

DLE(Data Link Escape)：数据链转义，用以修正紧跟其后的有限个字符的意义。在 BSC 中实现透明方式的数据传输，或者当 10 个传输控制字符不够用时提供新的转义传输控制字符。

NAK(Negative Acknowledge)：否认，由接收端发出的作为对未正确接收的报文的响应。

SYN(Synchronous)：同步字符。在同步协议中，用以实现节点之间的字符同步，或用于在无线数据传输时的时间填充，以保持收发两端的同步，但它不能插在转义序列和校验码与控制字符的中间，也不参加校验码的计算。

ETB(End of Transmission Block)：块终或组终，用以表示当报文分成多个数据块的结束。它仅由发送端发出，组校验码(BCC)紧跟在它后面，但当最后一个信息码组结束时必须用 ETX。

### 8.2.3 帧格式

BSC 协议的链路传输的帧分为数据帧和控制帧两类。控制帧又可分为正向控制帧和反向控制帧。

**1. 数据帧**

数据报文一般由报头和文本组成。文本是需传输的信息，报头是与文本传输及处理有关的辅助信息，报头有时也可不用。对于不超过长度限制的报文只用一个数据块发送，对较长的报文则要分为多个数据块发送，每个数据块作为一个传输单位。接收方对于每一个收到的数据块都要予以确认，发送端收到接收端的确认后才能发送下一个数据块。BSC 协议的数据帧可分为 4 种格式：

信息报文基本格式：信息报文一般由标题(报头)和正文组成。正文是要传输的有用的数据信息。标题包括发信地址、接收地址、信息报头名称、报文级别、编号、传送路径等。通常采用构成信息报文格式的控制字符 SOH、STX、ETB、ETX 作为结构字符来连接标题和正文，并且在 ETX 或 ETB 后附加校验码 BCC。BCC 是一个字节或两个字节的循环校验码(CRC)。信息报文的基本格式如图 8.2.1 所示。

| ⇦ | SYS | SYS | SOH | 报文头 | STX | 数据 | ETX | BCC |
|---|---|---|---|---|---|---|---|---|

图 8.2.1 信息报文基本格式

多块帧：一个较长的报文被分隔成了多个数据块，就构成了多块数据帧。在传输多块数据帧时，除最后一块外，每块都由一个 STX 字符开始，由一个组传输结束符 ETB 结束。最后一个块由 STX 开始，由 EXT 结束。在每一个 ETB 或 ETX 字符之后发送一个 BCC 域。通过这种方式，接收端可以对每一块单独进行差错检验，从而增加了检测的可靠性。如果任何一个数据块出错，整个帧将重新传送。在接收到 ETX 字符并校验了最后一个 BCC 域后，接收端对整个帧发送一个单独的应答消息。多块帧的基本格式如图 8.2.2 所示。

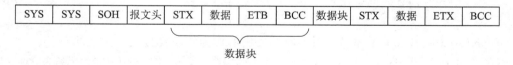

| SYS | SYS | SOH | 报文头 | STX | 数据 | ETB | BCC | 数据块 | STX | 数据 | ETX | BCC |
|---|---|---|---|---|---|---|---|---|---|---|---|---|
| | | | | 数据块 | | | | | | | | |

图 8.2.2 多块帧基本格式

多帧传输：有些信息过长，一个帧不能容纳时，可将该信息分为若干个帧，可将这若干个帧连续发送。为了使接收端知道帧的结束，而不是整个信息传送的结束，除了最后一帧外，其他帧中的文本结束符(EXT)都被组传输符(ETB)替代。接收端可分别对各帧进行应答。多帧传输的基本格式如图 8.2.3 所示。

| ⇦ | SYS | SYS | SOH | 报文头 | STX | 正文组1 | ETB | BCC |
|---|---|---|---|---|---|---|---|---|
| ⇦ | SYS | SYS | STX | 正文组2 | ETB | BCC | | |
| ⋮ | | | | | | | | |
| ⇦ | SYS | SYS | STX | 正文组n | ETX | BCC | | |

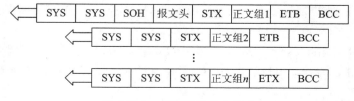

图 8.2.3 多帧传输基本格式

多报文头帧：在传输信息时，有时报文头很长，此时可仿照多帧格式将报头分成多组，此时每个报头的开始都用标题开始符（SOH），而每组报文的结尾仍用 ETB，其格式如图 8.2.4 所示。

图 8.2.4　多报文头帧格式

### 2. 控制帧

控制帧是一个节点向另一个节点发送的命令或获取消息的信息，主要用于通信双方间的呼叫应答，以确保报文信息正常、可靠地传送。控制帧包括正向控制帧和反向控制帧。正向控制帧是由主节点发送到从属节点的控制序列，与信息报文传送的方向一致，主要用于通信双方的呼叫建立，它包括标志信息、地址信息；反向控制帧是由从（从属）节点发送到主节点的控制序列，它的方向与信息报文的传送方向相反，主要用于对呼叫的应答，主要包括状态信息。一个控制帧包含控制字符（没有信息数据），它携带了特定的用于数据链的控制信息。控制帧格式如图 8.2.5 所示。

| SYN | SYN | 其他控制字符 | BCC |

图 8.2.5　控制帧格式

控制帧主要用来完成建立链路、传输中的流量维护和错误控制，以及终止连接三种服务。

在发送时，发送节点是知道它所要发送帧的确切顺序的，发送后等待接收端回送的确认。接收节点发送带有序号的 ACK 通知发送端已正确接收。对于一个半双工通信，使用 0 和 1 这两个序号就可作为应答 ACK 的序号，ACK0 表示双号帧接收无误，ACK1 表示单号帧接收无误。

BSC 采用的线路控制编码有 ACK0、ACK1、WACK、RVI、DISC 和 TTD。依赖于编码的协议在对线路控制解释方面可能建立双重含义。一个特定控制序列的含义不但取决于它是由主节点还是由从节点发出的，而且还取决于线路是处于控制方式还是报文方式。表 8.2.2 列出了 BSC 可能产生双重含义的一些情况。

表 8.2.2　BSC 控制序列的双重含义

| 控制序列 | 发送节点 | 线 路 方 式 | |
|---|---|---|---|
| | | 控制方式 | 报文或正文方式 |
| SYN SYN ENQ | 主 | 准备好接收了吗？ | 重复你上一次响应 |
| SYN SYN ACK0 | 从 | 我准备好了 | 已收到双号数据块 |
| SYN SYN ACK1 | 从 | （不用） | 已收到单号数据块 |
| SYN SYN NAK | 从 | 我还未准备好 | 重复上一次发送 |
| SYN SYN EOT | 主 | 将线路置为控制方式 | 结束正文方式 |
| SYN SYN EOT | 从 | 对轮询的否定确认 | |

多点操作，开始时由主节点传送下列控制帧：

SYN SYN EOT PAD SYN SYN ＜轮询或选择地址＞ENQ

该序列确保所有从节点处在控制方式，并且准备好接收来自主节点的轮询（邀请发出）或者选择（请求接收）。轮询和选择序列由1～7个定义节点的地址和节点内要求使用的设备的字符组成，后面紧跟 ENQ。用大写字母表示的地址标志一个轮询，用小写字母表示的地址标志一个选择帧。可将大写字母序列看成是节点内发送设备的地址，把小写字母序列看成是节点内的接收设备地址。

一个被轮询的从节点可能的回答如下：

报头数据（SYN SYN SOH）；正文数据（SYN SYN STX 正文）；透明正文数据（SYN SYN DLE STX 透明正文）；否定（当节点没有要发送的信息时）（SYN SYN EOT）；暂时正文推迟（当节点不能在2秒内发送它的起始块时）（SYN SYN STX ENQ）。

一个被选择的从节点可能回答的如下：

肯定，表明从节点准备好接收（SYN SYN ACK0）；否定，表明从节点不准备接收（SYN SYN NAK），还表明从节点暂时不准备接收（SYN SYN WACK）。

从 BSC 帧结构可以看出，数据块越大，则数据传输的效率越高。但如果线路质量不高，则需要重发的数据帧也越多，因此小数据块的效率反而要比大数据块要高。

BSC 与异步协议相比，数据信息对控制信息的比例要大，传送大量的数据只需要少量的起始、停止和错误检测字符，这是因为在异步通信中，起始、停止和检错的信息所占的比例是相同的。因此，BSC 的数据传输速率比异步通信的传输速率高，特别是在大容量数据通信的情况下。与面向比特的规程相比，面向字符的规程复杂且效率低，所以 BSC 在许多应用场合下逐渐被面向比特的高级数据链路控制（HDLC）规程所替代。

## 8.2.4 数据的透明性与同步

### 1. 数据的透明性

在 BSC 规程中的数据透明性是通过字节填充来实现的。首先通过数据链路转义符（DLE）定义透明文本区域，如在透明文本区域内的 DLE 字符前面再加一个 DLE，这样透明的 DLE 字符就不会被认为是转义符了。

为了定义透明区域，需在文本开始的 STX 字符前插入一个转义符 DLE，并且在文本区域结束符 EXT（或 ETB）前也插入一个转义符 DLE。第一个 DLE 字符的含义是告诉接收端文本中可能有控制字符，并要求忽略这些控制字符，最后一个 DLE 字符告诉接收端透明区域结束。

如果透明区域内还有一个作为文本的转义符 DLE，那么可以在每个 DLE 前再插入一个 DLE。

由于 BSC 协议与特定的字符编码集有关，故兼容性较差。为了满足数据透明性而采用字符填充的方法实现起来较麻烦，它依赖所采用的字符编码集。另外，由于 BSC 协议需要的缓冲存储空间较小，因此在面向终端的网络系统中仍然被广泛使用。

### 2. 同步

链路控制协议可分为同步协议与异步协议两类。异步协议以字符为独立的信息传输单位，在每个字符的起始处对字符内的各位进行同步，但字符与字符之间的间隔时间是固定的，因而称为异步协议。在异步协议中，由于每个要传输的字符都要添加起始位、校验位、停止位，所以添加的冗余比特较多，故传输效率较低，一般适合数据速率低的场合。

同步协议是以许多字符或许多二进制码元组成的数据块为传输单位的，该数据块称为数据帧，在帧的起始处同步，使帧维持固定的节奏。由于采用帧为传输单位，所以能更有效地使用信道，更便于实现差错控制、流量控制。

同步协议可分为面向字符及面向比特的同步协议。BSC 是典型的面向字符的同步协议，在 BSC 中，所有发送的数据均跟在至少 2 个 SYN 字符之后。SYN 是接口硬件能识别的用以实现同步的标识。

每次传输时，接收端都由识别 SYN 字符重新建立字符同步，字符同步一直维持到接收到一个线路换向字符或传输结束字符。

为了在传输期间维持同步，在 1 秒时间间隔处自动在报头数据和正文数据中插入同步空转字符，对于非透明数据，同步空转字符是 SYNSYN，对透明数据则是 DLESYN。同步空转字符不参与块的差错检验。

## 8.2.5　数据链路结构及建立

### 1. 数据链路结构

数据链路是指两个节点进行数据通信的过程，通常需要经过建立数据链路、传送信息和拆除数据链路这三个阶段。

节点是数据链路收发两端用来完成数据传输的终端装置，它可以是数据终端（DTE）、信息转换设备（DCE）及任何一种中间设备。在 BSC 协议中定义了两种类型的节点，即主节点和从节点。

主节点能对链路完全控制，主要功能是发送命令帧、数据帧、接收响应帧，并对整个链路进行管理。

从节点（或从属节点）接收主节点的命令帧、数据帧，向主节点发送响应帧，并配合主节点完成差错控制。

在一次通信中，呼叫建立数据链路的是主节点，被呼叫的为从节点，它们之间构成了固定的主从结构。

数据链路的结构可分为点对点、多点集中及多点非集中的三种结构。

点对点结构：在两点直通情况下，两个点处于同等地位，没有主、从区别。在数据通信时，发送节点直接通知接收节点接收即可。此时发端为主节点，接收端为从节点。

多点集中结构：在这种结构中，通常安排一个节点为管理者，执行探询、选择和异常处理等操作，另外的节点为从节点。若所有各节点中，只有一个主节点，其他各节点仅能与主节点通信，这种结构就叫多点集中结构。

多点非集中结构：只有一个主节点，但其他任意两个节点间可以通信的结构就称为多点非集中结构。

### 2. 数据链路的建立

在数据链路中，主节点负责保证完成信息传送的任务，从节点负责接收主节点发送的信息。一条数据链路上同时可以有多个从节点，在一次通信连接中，一个节点可以交替地变成主节点或从节点。

由于数据链路的结构不同，传输控制的方式也不同，因此必须采用不同的方法来建立数据链路。对上述三种不同结构，建立数据链路的方式有两种，第一种是争用（Contention）方式，适用于点对点结构；第二种是探询/选择方式，适用于设有主节点的多点分支的链路结构，它又分为集中控制和非集中控制两种。在集中控制方式中，由主节点控制所有的从节点，仅允许主节点与从节点之间进行数据传输，由主节点发送探询序列或选择序列，以控制从节点间发送或接收信息报文；在非集中控制方式中，允许主节点和从节点之间或从节点之间进行通信。当主节点向从节点发送探询序列之后，被探询的从节点才能成为主节点，此时，该主节点可以向控制节点或其他从节点发送选择序列，执行选择过程。

在没有控制节点的集中控制系统中，为防止争夺作主节点，探询过程是控制节点按一定顺序一个个地控制从节点变为主节点的过程。探询只能由控制节点执行，被探询的从节点收到了探询序列后就成为了主节点。

探询时，控制节点已做好了接收数据的准备，希望被控节点发送信息，向被控节点询问有无信息报文要发送，如有，此时被探询的从节点就变成了主节点，并发送信息报文。对于非集中控制方式，被探询的从节点还应向其他从节点或控制节点发送选择序列；如没有，则被探询的节点发出应答 EOT，表示"没有信息报文要发送给控制节点"。探询可分为轮流探询（Roll Polling）和传递探询（Hub Polling）两种类型。

轮流探询（简称轮询）是一种应用较广的方式。控制节点根据一张存储好的探询表来决定被控节点的探询次序。探询表由软件组成，各个被探询的节点和探询的优先次数可由软件设置，使系统有很大的灵活性。控制节点给某个被控节点发出探询后，如果该节点不变为主节点，则回答"否"（即没有信息要发送），控制节点按探询表的次序探询下一个。

传递探询是为了改善系统响应时间而采用的，它需要双向环形信道。由控制节点探询第一个被控节点是否要发送信息，如果该被控节点没有信息要发送，则由它把探询传递给第二个节点，如此下去。当所有被控节点都没有要发信息，由最后一个节点向控制节点返回一个无信息报文发送的应答，从而减少了反向应答的时间；如果被探询的节点有信息报文要发送，则就建立起被控与控制节点间的数据链路，开始向控制节点发送信息报文，当信息报文发送完毕，则由它向下一节点发出探询，如此下去。

选择是主节点用选择序列控制一个或多个从节点接收信息报文的过程。它只能由主节点执行。在执行选择时，可以给出一个节点地址或使用广播地址选择一个或多个从节点。

按实现的方法不同，选择又可分为选择保持或快速选择方式。在选择保持中，主节点首先发送一个选择序列（选择地址和 ENQ）给一个或几个节点，当被选择的节点回答 ACK 时，表明该节点可以接收信息，则建立数据链路，把信息报文发送给从节点；当被选择的节点回答 NAK 时，表明该节点不能接收信息，则数据链路不能建立。

在快速选择方式中，没有单独选择从节点建立链路的过程，此时，主节点将信息报文直接随着选择一起发送给从节点，无需等待对方回答。该方式节省时间，但差错恢复过程复杂。

争用就是争夺主节点，是建立数据链路的另一种方式。其基本思想是按照"先来先服务"的原则分配线路。当每个节点已准备好要发送信息或处于中性状态时，都可以发出选择信息，若被对方节点选中则变成从节点，而本节点即成为主节点，于是建立起数据链路，主节点可以向从节点发送信息报文。这种方式适用于两点直通式，优点是延迟小，但控制方式较复杂。

一般对于两点直通式链路结构采用争用方式建立数据链路，对于多点式链路结构则采用探询/选择方式建立数据链路。

# 8.3　面向比特的传输控制规程

## 8.3.1　HDLC 数据链路控制规程

HDLC(High Level Data Link Control，高级数据链路控制)是面向比特的数据链路控制规程。IBM 在 1975 年首先研发了面向比特的规程同步数据链路控制(Synchronous Data Link Control，SDLC)，1979 年 ISO 在 SDLC 的基础上提出了 HDLC 规程，后来 ITU – T 和 ANSI 开发了一系列基于 HDLC 的数据链路访问协议，例如 LAPB 协议、LAPD 协议、LAPM 协议、LAPX 协议、帧中继和 PPP 协议。目前，大部分局域网访问控制协议是从 HDLC 发展而来的，HDLC 规程是其他协议的基础。HDLC 的特点是可防止漏收或重发、传输可靠性高、传输控制功能与处理功能可分离以及灵活性高。目前，网络设计普遍使用 HDLC 协议。

**1. 面向比特型规程的基本特征**

面向比特型规程具有透明传输、可靠性高、传输效率高、可双向传输的基本特征。

面向比特型的数据链路控制规程用唯一的标识符 F(01111110)作为定界符，除 F 外的所有信息不受任何限制，具有良好的透明性。

在比特型的所有数据和控制帧中，都采用了循环冗余差错控制校验序列，并且将信息帧按顺序编号，从而防止了信息帧的漏收和重发。另外，比特型规程要扩充功能，仅需改变帧内控制字段的内容和规定即可，与面向字符型的规程采用的转义字符相比提高了传输的可靠性。

比特型规程在链路上传输信息采用的是连续发送方式，无需等待接收方的应答就可发送下一帧数据，与面向字符规程的等待应答传送方式相比，其效率较高。

面向字符型规程只适用于半双工通信，而且链路结构采用主/从结构，需要有一个主节点来控制整个数据链路。面向比特型规程可适应全双工通信，且扩展了字符型规程的数据链路结构，允许有两个主节点共同控制一条通信链路，能在两个方向上采用类似的方式组织数据的收发。

**2. HDLC 的节点类型和链路结构**

HDLC 定义了三种类型的节点，即主节点、从节点和复合节点。复合节点具有主、从节点两种功能，既可以发送命令，也可以进行响应。

链路结构是指链路上硬件设备的关系。设备可以按照主从方式或对等方式组织。主、从及复合节点具有如图 8.3.1 所示的平衡和非平衡两种链路结构。

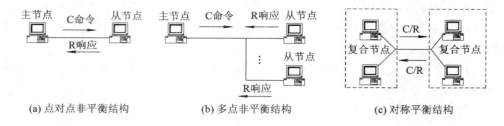

(a) 点对点非平衡结构　　　　(b) 多点非平衡结构　　　　(c) 对称平衡结构

图 8.3.1　HDLC 规程链路结构

主从链路结构是一个设备为主设备,令一个或几个为从设备所构成的结构方式,典型的例子是一台计算机控制一台或几台计算机终端。

平衡链路是指链路上每个物理节点是复合站点,即有两个逻辑站点,一个主节点,另一个是从节点。平衡链路结构中,链路的控制权可以在两个节点间交换。典型的例子是计算机——计算机关系中,两端的计算机都有主、从功能。

**3. HDLC 的操作方式**

HDLC 的操作方式是指在一次交互中涉及的两个设备之间的关系,它主要描述由哪个设备控制链路。HDLC 规程支持节点间的正常应答方式(Norma Responses Mode,NRM)、异步响应方式(Asynchronous Responses Mode,ARM)及异步平衡方式(Asynchronous Balanced Mode,ABM)三种不同的操作方式。通常主从链路结构进行的交互总是以正常应答方式进行的。

正常应答方式(NRM)是一个非平衡数据链路方式,有时也称为非平衡正常响应方式。该操作方式适用于面向终端的点对点或点对多点的链路。在这种操作方式下,传输过程由主节点启动,从节点只有收到主节点的某个命令帧后,才能做出响应,并向主节点传输信息。响应信息可由一个或多个帧组成,若信息由多个帧组成,则应指出哪一个帧是最后一帧。在 NRM 中,主节点负责整个链路,具有轮询、选择从节点及向从节点发送命令的权力,同时负责超时、重发及各类异常操作的控制。从节点是由主节点发送的 SNRM 命令来设置为正常应答方式的。

异步响应方式(ARM)也是一种非平衡数据链路操作方式。在这种操作方式中,与 NRM 不同的是 ARM 的传输过程是由从节点启动的,从节点主动发给主节点一个或一组数据或命令帧。一个从节点发给另一个从节点的信息也必须经过主节点中继后再转发给目的节点。该操作方式下,由从节点来控制超时和重发,由主节点发送 SRAM 命令来设置从节点为 ARM 操作方式。

异步平衡方式(ABM)是一种允许任何节点来启动传输的操作方式。为了提高链路传输效率,节点之间在两个方向上都需要有较高的信息传输质量。在此操作方式下,任何时候任何节点都能启动传输操作,每个节点既可以作为主节点又可以作为从节点,此时节点成为了复合节点。各节点都有相同的一组协议。任何节点都可以发送或接收命令,也可以应答,并且各节点对差错恢复过程都负有相同的责任,一般都是通过 SABM 命令来设置为该种操作模式的。操作方式与节点类型之间的关系可用表 8.3.1 来表述。

表 8.3.1　操作方式与节点类型之间的关系

| 方式 | 正常应答方式 | 异步响应方式 | 异步平衡方式 |
|---|---|---|---|
| 节点类型 | 主节点或从节点 | 主节点和从节点 | 复合节点 |
| 发起者 | 主节点 | 主节点或从节点 | 任何一个 |

## 8.3.2　HDLC 的帧结构

HDLC 在数据链路上的传输是以帧为单位进行的,信息数据报文及控制报文均按帧的要求来组成的。一个完整的 HDLC 的帧由标志字段(F)、地址字段(A)、控制字段(C)、信息字段(I)和帧校验字段(FCS)等组成,其结构如图 8.3.2 所示。

| 标志字段 | 地址字段 | 控制字段 | 信息字段 | 帧校验字段 | 标志字段 |
|---|---|---|---|---|---|
| F01111110 | A | C | 1～$N$位 | F01111110 | F01111110 |

图 8.3.2　HDLC 的帧结构

### 1. 标志字段(F)

标志字段以唯一的 01111110 的 8 个比特在帧的两端来定界,指明帧的起始和前一帧的终止。在用户网络接口的两侧,接收端不断地搜索标志序列,用于一个帧起始时刻的同步。当接收到一个帧之后,节点继续搜索这个序列,用于判断该帧的结束。通常,在不进行帧传送的时刻,信道仍处于激活状态,标志字段也可以作为帧与帧之间的时间填充序列。在这种状态下,发送方不断地发送标志字段,而接收方则检测每个收到的标志字段,一旦发现某个标志字段后面不再是一个标志字段,便可以认为一个新的帧已开始传送。

01111110 有可能出现在帧中间,可能被误认为标志(F),从而破坏帧的完整性。为了避免出现这种情况,通常采用"0"比特插入、删除的方法以实现数据的透明传输。当发现连续出现 5 个连续的"1"时,发送设备便在其后添加一个"0",然后继续发送后面的数据比特,这就保证了除标志帧外,所有的帧均不会出现多于 5 个连续"1"的情况。

在接收端,在检测到起始标志后,会检测 5 个连"1"之后的比特,若发现连续 5 个"1"后的第 6 个比特是"0",则将其删除以恢复原始的比特信息;若发现第 6 个比特是"1",则再检测下一个比特,即第 7 个比特。如果第 7 个比特是"0",就认为该组序列是标志字段;若第 7 个比特是 1,则表示该序列错误,接收端拒绝接收此帧。

采用"0 比特插入、删除"技术后,帧中的信息字段中可以传输任意比特。这种性质称为数据的透明性,该传输方式称为透明传输方式。

### 2. 地址字段(A)

地址字段通常为 8 比特,可寻址 256 个地址。当采用扩展格式时,第一个字节的最后一位是"0",表示后面紧跟的 8 比特也是地址的组成部分;如果第 2 个字节的最后一位也是"0",则表示后面紧跟的 8 比特也是地址部分。可以按照此方式扩展,当地址字段为一个字节时,这个字节的最后一位是"1",这时地址的实际长度是 7 比特,一个字节实际寻址 128 个地址,而每个 8 比特组的最低位是"1"还是"0",取决于它是否是最后一个地址字节。除最后一个字节外,其他 8 比特组组成了 7 比特的地址段。地址字段的构成如图 8.3.3 所示。

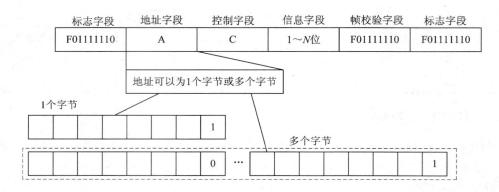

图 8.3.3　HDLC 的帧结构的地址字段

某一地址也可分配给多个节点，这种地址称为组地址。利用一个组地址，所传输的帧能被组内所有拥有该地址的节点接收，但当一个从节点或复合节点发送响应时，它仍应当做唯一的地址。不论是一个字节的地址、还是多个字节的地址，由 8 位地址"11111111"所表示的是整个节点，称为为广播地址，含有广播地址的帧将传送给链路上所有的节点。另外，还规定全"0"地址为无节点地址，该地址不分配给任何节点，仅用于测试。

对于命令帧来说，命令帧中地址字段所携带的地址是执行该命令的从节点或复合节点的地址，而响应帧中的地址是作为应答的从节点或复合节点的地址。

**3. 控制字段(C)**

控制字段用来标志帧的类型和功能，使对方节点执行特定的操作。根据帧类型的不同，相应的控制字段也不同。如果控制字段的第一个比特是"0"，则该帧就是一个信息帧（称为 I 帧）；如果第一个比特是"1"，第二个比特是"0"，则该帧就是一个监控帧（称为 S 帧）；如果第一个比特和第二个比特都是"1"，则该帧是一个无序号的帧（称为 U 帧）。所有这三种类型的帧中的控制字段都包含一个查询/结束(Poll/Final, P/F)位。

一个 I 帧在 P/F 位两侧具有两个 3 比特的流量和差错控制序列，称为 N(S) 和 N(R)。N(S) 描述了当前发送帧的序号，是一个帧自身的识别号码。N(R) 指明了在双向交流中期望返回帧的序号，N(R) 是应答字段。如果最近接收的一个帧是正确的，N(R) 字段中的值将是序列中下一帧的序号；如果最近接收的一帧有错误，N(R) 字段的值将是这个坏帧的序号，表明需要重传此帧。

在 S 帧中的控制字段包含一个 N(R) 值，没有 N(S) 值。S 帧的作用是在接收端没有数据发送时使用，返回的 N(R) 值是期望发送的下一个帧的序号。S 帧并不传送数据，因此并不需要 N(S) 值来标识发送帧的序号。S 帧中在 P/F 位之前的两位编码位用于表示 S 帧的功能，并与主节点配合实现流量和差错控制。

U 帧无 N(R) 和 N(S) 值，是一个无序号的帧。在 U 帧的 P/F 位之前有 2 比特编码位，在 U 帧的 P/F 位之后有 3 比特编码位，共 5 比特、32 种组合，用于表示 U 帧的类型和功能。当控制字段是一个字节时称为基本控制字段，当控制字段是两个以上字节时称为扩展控制字段。HDLC 控制字段的结构如图 8.3.4 所示。

P/F 位是具有双重功能的单个位，该位被置"1"时有效，当帧是主节点发往从节点的信息时，该位表示轮询；当帧是从从节点发往主节点的信息时，该位表示结束。

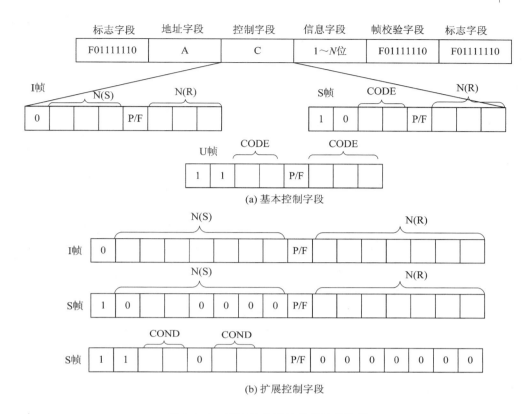

图 8.3.4　HDLC 的帧结构的控制字段

### 4. 信息字段

信息字段可以是任意二进制比特序列。比特序列的长度未作严格限定,其上限受链路差错特性或节点缓冲区容量的限制。一般规定最大信息长度不超过 256 个字节,但监控帧 S 中不可含有信息字段。

### 5. 帧校验序列字段(FCS)

帧校验序列字段可以采用 16 位 CRC 对两个标志字段之间整个帧的内容进行校验。FCS 的生成多项式由 CCITT V.41 建议规定,为 $X^{16}+X^{12}+X^5+1$ 或 CRC-32。

## 8.3.3　HDLC 帧类型和功能

HDLC 有信息帧(I 帧)、监控帧(S 帧)和无编号帧(U 帧)3 种不同类型,各类帧中的控制字段的格式及比特定义如表 8.3.2 所示。

表 8.3.2　控制字段的格式及比特定义

| 控制字段比特 | 1 | 2 | 3 | 4 | 5 | 6 | 7 | 8 |
|---|---|---|---|---|---|---|---|---|
| I 帧 | 0 | N(S) | | | P/F | N(R) | | |
| S 帧 | 1 | 0 | S1 | S2 | P/F | N(R) | | |
| U 帧 | 1 | 1 | M1 | M2 | P/F | M3 | M4 | M5 |

控制字段中的第 1 位或第 1、2 位表示传送帧的类型；第 5 位是 P/F 位，即轮询/终止位。当 P/F 位位于命令帧内时，起轮询作用，即当该位为"1"时，要求被轮询的从节点给出响应，此时，P/F 位称为轮询位（或 P 位）；当 P/F 位于响应帧时，称为终止位（或 F 位），即当 P/F=1 时，表示接收双方确认结束。P/F 具有如下具体功能：

(1) 轮询位 P 的功能。按照 NRM 方式，具有 P=1 的命令帧表示请求从节点响应。例如，主节点可以通过 P=1 的 I 帧或 S 帧来请求从节点传送 I 帧。从节点不能异步自动发送 I 帧，但在异步方式时，从节点可以异步传送 I 帧，主节点利用 P=1 的命令帧请求从节点尽快对该帧进行响应，并强制从节点做出应答。

(2) 终止位 F 的功能。在 NRM 方式下，从节点必须将最后一个响应帧的 F 位置 1，然后从节点停止发送，直到从节点又收到主节点发送来了 P 位置 1 的命令帧为止。在异步响应方式下，从节点仅在回送 P=1 的命令帧的应答帧时，将 F 位置 1，同时从节点不停止发送。这说明别的响应帧可跟在带 F 位置 1 的响应帧后进行传送。F 位置 1 的响应不表示从节点的传送结束。

P 位置 1 的命令帧和 F 位置 1 的响应帧总是成对出现的，即一个 P 位置 1 的命令帧，必然有一个 F 位置 1 响应帧与之对应，并且在一条链路上，在给定的时间内，只可能有一个带 P 位置 1 的命令帧是未完成的。利用 P/F 位的对称性和 N(R) 可较早地检测出 I 帧的顺序出错。

为了进行连续传送，需要对帧进行编号，控制字段中包括了帧的编号。

对于信息帧 I 帧来说，I 帧是以控制字段第 1 位为"0"来标志的。信息帧控制字段中的 N(S) 表示本节点当前发送的帧序号，发送方可以不必等待确认地连续发送多个帧。N(R) 表示本节点期望接收到对方节点的下一个帧的序号。N(S) 和 N(R) 均为 3 位二进制编码，可取值 0～7。

对于监控帧 S 帧来说，它以控制字段的第 1、2 位为"10"来标志的。S 帧不携带信息字段。S 帧的控制字段的第 3、4 位为 S 帧类型编码，共有 4 种不同组合，如表 8.3.3 所示。

**表 8.3.3 S 帧类型编码名称及功能**

| 控制字段中 S 帧各位编码 | | | | | | | | 功能 |
|---|---|---|---|---|---|---|---|---|
| 1 | 2 | 3 | 4 | 5 | 6 | 7 | 8 | |
| 1 | 0 | $S_1$ | $S_2$ | P/F | N(R) | | | |
| 1 | 0 | 0 | 0 | * | N(R) | | | RR 接收就绪 |
| 1 | 0 | 0 | 1 | * | N(R) | | | REJ 拒绝接收 |
| 1 | 0 | 1 | 0 | * | N(R) | | | RNR 接收就绪 |
| 1 | 0 | 1 | 1 | * | N(R) | | | SREJ 选择接收 |

"00"表示接收就绪（RR）。主节点可以使用 RR 型 S 帧来轮询从节点，即希望从节点传送编号为 N(R) 的 I 帧，若存在这样的帧，便进行传送。从节点也可以用 RR 型 S 帧来响应，表示从节点期望接收的下一帧的编号为 N(R)。如果一个节点原先用 RNR 表示处于忙的状态，则它可以用 RR 命令表示本节点现在已经可以接收数据。RR 型 S 帧可用于所有类型的链路。

"01"表示拒绝（REJ）。主节点或从节点发送，用以要求发送方对从编号为 N(R) 开始的帧及其以后所有的帧进行重发，同时说明 N(R) 以前的 I 帧已被正确接收。REJ 型 S 帧仅用于全双工。

"10"表示接收未就绪（RNR），它表示编号小于 N(R) 的 I 帧已被正确接收，但目前正处于忙状态，尚未准备好接收编号为 N(R) 的 I 帧，这可用来对链路流量进行控制。RNR 型 S 帧可用于所有类型的链路。

"11"表示选择拒绝（SREJ），它表示接收端检测出编号为 N(R) 帧出错，要求发送方发送编号为 N(R) 的单个 I 帧，并说明其他编号的 I 帧已经全部确认。SREJ 型 S 帧仅用于全双工通信。

可见，接收就绪 RR 帧和接收未就绪 RNR 帧有两个主要功能：第一，这两种类型的 S 帧均可用来表示从节点已或未准备好接收信息的状态；第二，确认编号小于 N(R) 的所有接收到的 I 帧。

拒绝 REJ 和选择 SREJ 帧，用于向对方节点指出序号为 N(R) 的帧发生了差错。REJ 帧对应 Go—back—N 的策略，用于请求重发 N(R) 起始的所有帧，而 N(R) 以前的帧已被确认，当收到一个 N(S) 等于 REJ 帧的 N(R) 的 I 帧后，REJ 状态即可清除。SREJ 帧对应选择重发策略，当收到一个 N(S) 等于 SREJ 帧的 N(R) 的 I 帧后，SREJ 状态即可清除。但任意一个节点在给定的时间内，只能建立一个 REJ（或 SREJ）异常状态，必须在前一个异常状态清除以后，才能发送 REJ（或 SREJ）帧。

对于无编号 U 帧，它用于链路的建立、拆除以及多种控制功能，这些控制功能用 5 个 $M_1 \sim M_5$ 位来定义，可定义 32 种附加的命令或应当功能。HDLC 无编号 U 帧的名称和功能如表 8.3.4 所示。

SNRM、SARM、SABM 方式设置命令：SNRM 将从节点设置为正常应答方式；SARM 将从节点设置为异步应答方式；SABM 将复合节点设置为异步平衡方式。

SNRME、SARME、SABME 扩充方式设置命令：扩充方式的控制字段为两个字节。SNRME 将从节点设置为扩充正常应答方式；SARME 将从节点设置为扩充异步应答方式；SABME 将复合节点设置为扩充异步平衡方式。

DISC 断开链路命令：用于终止已建立的各种操作方式。当一个主节点或复合节点要关断链路时，发送一个 DISC 命令，它所期待的应答是 UA。该命令的接收端进入断链方式，在此方式下仅能接受置方式命令。

UA 无编号确认：用于对方收到无编号命令后的确认响应。它是对一些置方式命令以及 SIM、DISC 和 RESET 命令的肯定确认。

DM：用于对置方式命令的否定应答。

SIM 置初始化方式命令：用于重新初始化链路。当收到 UA 应答后初始化操作完成。

RIM 请求初始化方式应答：RIM 由从节点发送，用于催促主节点发送 SIM 命令。当不能执行一个置方式命令所要求的功能时，从节点可以使用 RIM 响应。主节点随后发送一个 SIM 命令对链路进行初始化。

RD 请求断链应答：请求主节点将链路置于断开状态。当从节点要终止链路操作时，可发出 RD 响应，主节点随后应发送 DISC 命令。

XID 交换标志命令：用于请求一个节点的标志或特征。应答也是 XID。

UI 无编号信息帧：在初始化方式下，两个节点用无编号信息帧 UI 交换数据和命令。

FRMR 帧拒绝：接收端通知发送端收到一个错误帧。该错误帧接收端不能理解或违反协议规则。

UP 无编号轮询帧：用于探询一个节点或同时探询多个节点。

RSET 重置命令：在数据传送过程中，复合节点用它对链路上一个方向上的数据流重新进行初始化。

TEST 测试命令：用于对数据链路控制的基本测试。

表 8.3.4　无编号 U 帧的名称与功能

| 控制字段中 U 帧编码 | | | | | | | | 命　令 | 响　应 |
|---|---|---|---|---|---|---|---|---|---|
| 1 | 2 | 3 | 4 | 5 | 6 | 7 | 8 | | |
| 1 | 1 | $M_1$ | $M_2$ | P/F | $M_3$ | $M_4$ | $M_5$ | | |
| 1 | 1 | 0 | 0 | * | 0 | 0 | 0 | 无编号信息(UI) | 无编号信息(UI) |
| 1 | 1 | 0 | 0 | * | 0 | 0 | 1 | 置正常响应方式(SNRM) | |
| 1 | 1 | 0 | 0 | * | 0 | 1 | 0 | 断链(DISC) | 请求断链(RD) |
| 1 | 1 | 0 | 0 | * | 1 | 0 | 0 | 无编号轮询(UP) | |
| 1 | 1 | 0 | 0 | * | 1 | 1 | 0 | | 无编号确认(UA) |
| 1 | 1 | 0 | 0 | * | 1 | 1 | 1 | 测试(TEST) | 测试(TEST) |
| 1 | 1 | 0 | 1 | * | 0 | 0 | 0 | 置初始化(SIM) | 请求初始化(RIM) |
| 1 | 1 | 0 | 1 | * | 0 | 0 | 1 | 帧拒绝(FRMR) | 命令拒绝(FRMR) |
| 1 | 1 | 1 | 1 | * | 0 | 0 | 0 | 置异步响应方式(SARM) | 断链方式(DM) |
| 1 | 1 | 1 | 1 | * | 0 | 0 | 1 | 重置(RSET) | |
| 1 | 1 | 1 | 1 | * | 0 | 1 | 0 | 置扩展的异步方式(SARME) | |
| 1 | 1 | 1 | 1 | * | 0 | 1 | 1 | 置扩展的正常方式(SNRME) | |
| 1 | 1 | 1 | 1 | * | 1 | 0 | 0 | 置异步平衡方式(SABM) | |
| 1 | 1 | 1 | 1 | * | 1 | 0 | 1 | 交换标志(XID) | 交换标志(XID) |
| 1 | 1 | 1 | 1 | * | 1 | 1 | 0 | 置扩展的异步平衡(SABME) | |

## 8.3.4　HDLC 操作规程

HDLC 的数据传输分为三个阶段进行。第一个阶段是数据链路的建立，即由"置操作方式命令—UA 响应"的握手成功来建立数据链路；第二个阶段是数据信息的传送，即当数据链路建立后，两个节点能在半双工或全双工下传输数据；第三个阶段是数据链路的拆除，即当数据传输完成后，双方以"DISC—UA 响应"的成功握手来拆除链路，当链路成功拆除后，两个节点处于静止等待状态。

### 1. 数据链路的建立

主节点或复合节点可以通过置操作方式命令来请求数据链路的建立。这些命令有三个方面的作用，第一，通知对方请求数据链路的建立；第二，指出操作方式是 NRM、ABN 或 ARM；第三，指示使用的序号的位数是 3 比特或 7 比特。

如果另一方接受该请求，则向请求发起方返回一个无编号确认帧 UA；如果该请求被拒绝，则将发送一个断链模式的 DM 帧。数据链路的建立如图 8.3.5 所示。图中，A 为主节点，B 为从节点。A 通过设置 B 及 B 正常应答方式 NRM 来完成链路的建立。A 发送 SNRM 帧，B 收到后，通过对置方式命令的肯定确认 UA 并发往 A，以表示链路建立成功。

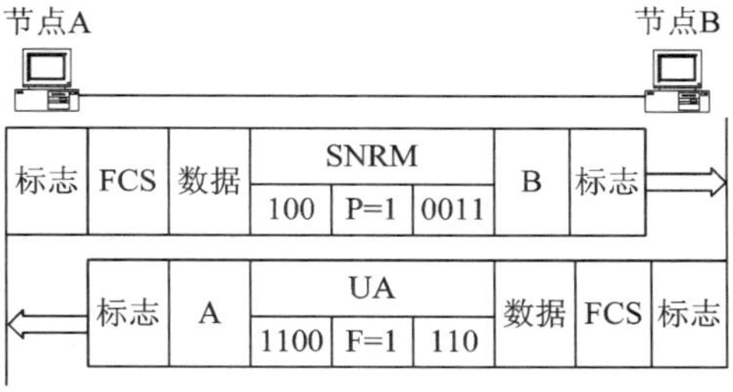

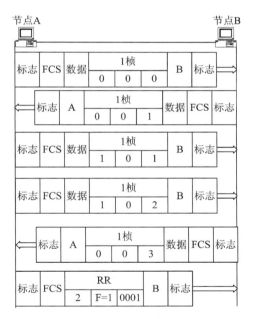

图 8.3.5　数据链路建立示意图

**2. 数据传送**

当数据链路建立后，双方便可以通过 I 帧开始发送数据帧，帧的序号从 0 开始。I 帧的 N(S)和 N(R)值是用于流量控制和差错控制的序号。HDLC 在发送 I 帧序列时会按序号对其编号，并将序号放在 N(S)中，这些编号以 8 或 128 为模，取决于使用的是 3 比特还是 7 比特的序号。N(R)是对接收到的 I 帧的确认，有了 N(R)，HDLC 就能指出希望接收的下一个 I 帧的序号。

S 帧也用于流量和差错控制。其中，接收就绪(RR)帧通过指出希望接收到的下一帧来确认接收到的最后一个 I 帧。在缺少有确认反馈的用户数据 I 帧时，就需要采用 RR 帧。接收未就绪(RNR)帧和 RR 帧一样都用于对 I 帧的确认，但它们还要求对等节点暂停 I 帧的传送。当发出 RNR 的节点再次准备就绪后，会发送一个 RR 帧。REJ 帧相当于回退 N 帧 ARQ，它指出最后一个接收到的 I 帧已经被拒绝，并要求重发以 N(R)序号为首的所有后续 I 帧。选择拒绝(SREJ)相当于选择重发 ARQ，用于对某个帧的重发请求。数据传送过程如图 8.3.6 所示。

数据链路建立后，A、B 两节点即可通信。A、B 均有数据发送，双方采用全双工方式进行信息交换。首先 A 发送一个序号为 0 的信息到 B，如果 B 能正确接收，则 B 也发送一个序号为 0 的信息帧 I 到 A，其中 N(R)=1，表示下一个要接收的信息序号为 1，同时也说明已正确接收到了 0 号帧。A 收到此信息后，则发送下一个要接收的序号为 1 的信息帧。当一个节点连续发送了若干帧而没有收到对方发来的信息帧时，N(R)只能简单地重复，例如 A 发给 B 的 I、1、1 和 I、2、1；此时若 B 回答一个 I、1、3，对 A 的 I、1、1 和 I、1、2 做出了应答，并指明期待的下一个帧是 3 号帧。A 收到此信息后，没有信息帧要发送时，用一个监控帧 RR、2、F 对 B 回答。图 8.3.6 中表示了肯定应答的积累效应，如 B 发送的 I、1、3 一次性应答了 A 的两个数据帧。

图 8.3.6　数据传送过程示意图

**3. 数据链路拆除**

任何一个节点都可以发起数据链路拆除操作。HDLC 通过发送一个断链 DISC 帧来宣布连接终止。对方必须用 UA 回答，表示接受拆除链路。数据链路的拆除过程如图 8.3.7 所示。A 通过一个 DISC 命令拆链，B 通过一盒 UA 帧来确认拆链成功。

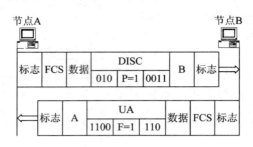

图 8.3.7　数据链路拆除示意图

# 本 章 小 结

两个节点在网络中的通信是由规则和约定来支撑的，这种规则和约定称为数据链路的传输控制。

数据链路传输控制规程是在物理层提供的通信线路连接和比特流传输功能的基础上，解决如何在相邻的两个节点之间的链路层上提供可靠和有效的通信，使其为网络层提供一条无差错的链路。

数据链路层主要是为按 ISO/OSI 七层模型中的网络层提供一条无差错的通信链路。因此数据链路层应具备数据成帧、数据链路的建立、拆除和管理、数据链路的检错和纠错、异常处理、应具备标准的通信接口等功能。

由于节点的种类繁多、功能各异，这就要求节点与通信线路间要有统一的标准接口。

数据链路层协议是用来规范通信双方的约定，因此在设计该种协议时应制定数据表明格式、信息格式、帧同步、寻址、流量控制、差错控制、透明传输、链路管理和异常状态处理与恢复等规范。

# 习 题 与 思 考

8-1　数据链路控制的主要功能有哪些？

8-2　在数据传输过程中，为何要采用"0 比特插入/删除"？试说明它的基本工作原理。

8-3 若 HDLC 帧数据段中出现比特序列 0100000111111110101111110，请问如何进行比特填充？填充后上述序列的输出变成怎样？

8-4　试说明 BSC 与 HDLC 两种控制规程的主要特点与异同。

8-5　简述 HDLC 帧中各控制字段的作用。

8-6　若数据传输系统由两个节点 A 和 B 组成。A 采用 HDLC 控制规程的异步平衡方式，发送 8 个数据帧到 B 节点，B 收到第 2 个数据帧校验出错，采用回退 N 帧的 ARQ。试述链路建立、数据传输以及链路拆除的全过程。

# 第2篇　短距离通信技术

　　在物联网的感知控制层中存在大量的物联网终端，这些终端用来感知"物"的信息，并将所感知到的信息通过短距离通信系统传送到网络传输层的汇聚设备，通过汇聚设备的处理与转换后进入网络传输层，为综合应用层提供"物"的信息；同时，感知控制层内的物联网终端还要接收综合应用层的各种控制命令，这些控制命令是通过网络传输层、汇聚设备及短距离通信系统到达物联网的感知控制终端的。从感知控制终端到汇聚设备之间的通信系统称为感知层通信系统。感知控制层通信系统可分为有线通信系统和无线通信系统两类。有线通信系统和无线通信系统主要是采用各种短距离有线及无线通信技术来完成感知控制终端与汇集设备之间的数据传输的。目前，常用的短距离有线通信技术为各种串行通信、总线通信等；常用的短距离无线通信有红外、蓝牙、无线局域网、超带宽无线通信、无线传感网络等。□

　　本篇主要介绍短距离有线通信和短距离无线通信技术。

# 第 9 章　短距离有线通信技术

## 9.1　数据终端间的通信及接口特性

物联网中的感知控制层通信系统可认为是一个点对点的数据通信系统，物联网感知控制终端（以下简称为物联网终端）和汇聚设备均可看成是对等通信的数据终端设备。数据终端间通信时需要通过数据通信设备对数据信息进行某种变换和处理后才能适合有线或无线信道的传输。数据终端间通信的系统结构如图 9.1.1 所示。

图 9.1.1　数据终端间通信的系统结构

图 9.1.1 中，数据终端设备（Data Terminal Equipment，DTE）是指物联网终端或物联网中的计算机设备，以及其他数据终端设备。数据通信设备（Data Communication Equipment，DCE）可以是调制解调器（Modem）、线路适配器、信号变换器等。对于不同的通信线路，为了使不同厂家的产品能够互连，DTE 与 DCE 在插接方式、引脚分配、电气性能及应答关系上均应符合统一的标准及规范。

国际电报电话咨询委员会（CCITT）、国际标准化组织（ISO）和美国电子工业协会（Electronic Industries Association，EIA）为各种数据通信系统制定了开放互联的系统标准。这些标准如表 9.1.1 所示，包括了机械特性（Mechanical Characteristics）、电气特性（Electrical Characteristics）、功能特性（Function Characteristic）、过程特性 Procedural Characteristic）四个方面。

（1）机械特性。机械特性涉及的是 DTE 和 DCE 的实际物理连接。典型的是，信号以及控制信息的交换电路被捆扎成一根电缆，该电缆的两端各有一个终接插头，该插头可以是"公"插头，也可以是"母"插头。位于电缆两端的 DCE 和 DCE 必须具有"性别"相反的插头，以实现物理上的连接。如一端为"公"插头，则另一端必须为"母"插头。

（2）电气特性。电气特性与电压电平及电压变换的时序相关。DTE 和 DCE 都必须使用相同的编码，相向的电压电平必须是不同的含义，而且还必须使用持续时间相同的信号元素等。这些特性决定了能够达到的数据传输速率和传输距离。

（3）功能特性。功能特性定义的各种功能由具有各种不同的交换电路来执行。这些功能分为数据电路、控制电路、时序电路以及电气接地等。

（4）过程特性。过程特性（定义了传输数据时发生的时间序列，它依据的是接口的功能特性。

DTE/DCE 间的接口类型较多，目前最通用的类型有：美国电子工业协会的 RS‒232C

接口；国际电报电话咨询委员会的 V 系列接口、X 系列接口；国际标准化组织的 ISO 2110、ISO 1177 等。

　　EIA RS-232C 接口标准是美国电子工业协会于 1969 年颁布的一个使用串行二进制方式的 DTE 与 DCE 间的接口标准。RS 是 Recommended Standard 的缩写，232 是标准的标记号码。由于该接口标准推出较早，并对各种特性都做了明确的规定，因此成为了一种非常通用的串行通信接口，目前几乎所有的计算机和数据通信都兼容该标准。

表 9.1.1　DTE 和 DCE 接口标准

| 分类 | 标准序号 | 兼容标准 | 说　明 |
|---|---|---|---|
| 机械特性 | ISO-2110 | EIA RS-232C<br>EIA RS-366A | 25 针 D 型连接器，用于音频 Modem、电路接口和自动呼叫设备 |
| | ISO-2593 | | 34 针，用于 CCITT V.35 的宽带 Modem |
| | ISO-4902 | EIA RS-449 | 37 针和 9 针的 D 连接器，用于音频和宽带 Modem |
| | ISO-4903 | | 15 针 D 型连接器，用于 CCITT X.20、X.21、X.22 所指定的 PDN 接口 |
| 电气特性 | V.10/X.27 | RS-423A | 新型非平衡式电气性能 |
| | V.10/X.26 | RS-422A | 新型平衡式电气性能 |
| | V.28 | RS-232C | 非平衡式电气性能 |
| 功能特性 | V.24 | RS-232C<br>RS-449 | 定义了用于通过电话网进行数据通信的 DTE/DCE 间接口的 43 种交换电路，以及用于 DTE/ACE（自动呼叫设备）接口的 12 种交换电路 |
| | X.24 | | 在 X.20、X.21 和 X.22 基础上发展而来的，用于 PDN 中的 DTE/DCE 间接口交换电路 |
| 过程特性 | V.24 | RS-232C<br>RS-449 | 利用公用电话网进行数据传输制定的规程 |
| | X.20 X.21 | | 利用公用数据网进行同步数据传输制定的规程 |
| | X.20bis<br>X.21bis | RS-232C<br>RS-449 | 公用数据网上进行同步传输的 DTE 与 V 系列同步 Modem 之间的接口规程 |

# 9.2　EIA RS-232C

　　EIA RS-232C 接口标准是一种非常广泛使用的标准，广泛应用在数据通信、自动化、仪器仪表等领域，也是物联网中常用的一种接口及通信方式。RS-232C 不但可以与诸如 Modem 等 DCE 配合来完成远程数据通信，而且还可以完成近距离本地通信。

## 9.2.1　特性功能

### 1. 机械性能

　　RS-232C 接口标准中定义了一个具有特定引脚排列顺序的 25 针插头和插座，其引脚排列如图 9.2.1 所示。

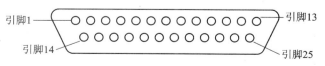

图 9.2.1　RS-232C 引脚结构

在图 9.2.1 中,上、下共两排引脚。第一排从左到右共 13 针,第二排从左到右共 12 针。各针的功能如表 9.2.1 所示。虽然 RS‑232C 定义了 25 个引脚,但实际应用于串行通信时仅需要 9 个电压信号,即两个收发数据信号 RXD 和 TXD、6 个控制信号和 1 个信号地。由于计算机除支持 EIA 电压接口外,还需支持 20 mA 电流接口,另需 4 个电流信号,因此采用了 25 针连接器作为 DTE 与 DCE 间通信电缆的连接器。由于大部分数据终端设备取消了电流环路接口,所以常采用 9 针连接器。9 针连接器的引脚分配如图 9.2.2 所示。

**表 9.2.1 RS‑232C 各针功能**

| 针号 | 功 能 | 针号 | 功 能 | 针号 | 功 能 |
|---|---|---|---|---|---|
| 1 | 保护地 | 10 | 保留备用 | 19 | 反向信道请求发送 |
| 2 | 发送数据 TxD | 11 | 选择发送频率 | 20 | DTE 就绪 DTR |
| 3 | 接收数据 RxD | 12 | 反向信道载波探测 | 21 | 信号质量检测 |
| 4 | 请求发送 RTS | 13 | 反向信道清除发送 | 22 | 振铃指示 RI |
| 5 | 清除发送 CTS | 14 | 反向信道发送数据 | 23 | 数据速率选择 |
| 6 | 准备就绪 DSR | 15 | 发送定时 | 24 | 外发送定时 |
| 7 | 信号地 GND | 16 | 反向信道接收数据 | 25 | 未定义 |
| 8 | 载波探测 DCD | 17 | 接收定时 | | |
| 9 | 保留备用 | 18 | 未定义 | | |

图 9.2.2 中,引脚 1 为载波探测 DCD;引脚 2 为接收数据 RxD;引脚 3 为发送数据 TxD;引脚 4 为 DTE 就绪 DTR;引脚 5 为信号地 GND;引脚 6 为准备就绪 DSR;引脚 7 为请求发送 RTS;引脚 8 为清除发送 CTS;引脚 9 为振铃指示 RI。

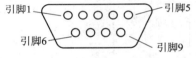

图 9.2.2 RS‑232C 9 引脚结构

**2. 电气特性**

数据终端设备(DTE)/数据通信设备(DCE)接口的电气标准特性主要规定了发送端驱动器与接收端接收器的电平关系、负载要求、信号速率及连接距离等。

在 TxD 和 RxD 上要求逻辑"1"(MARK)为 −3～−15 V,逻辑"0"(SPACE)为 +3～+15 V。

在 RTS、CTS、DTR 和 DCD 等控制线上要求信号有效电压为 +3～+15 V,信号无效电压为 −3～−15 V。

上述规定说明了 RS‑232C 标准对逻辑电平的定义。对于数据信息,逻辑"1"的电平应低于 −3 V,逻辑"0"的电平应高于 +3 V。对于控制信号,接通状态(ON),即信号有效的电平高于 +3 V;断开状态(OFF),即信号电平无效的电平应低于 −3 V。当传输电平的绝对值大于 3 V 时,电路就可以有效地检测,而介于 −3～+3 V 间的电压电平、低于 −15 V 或高于 +15 V 的电压电平都是无意义的。因此,实际工作时,应保证电压电平在 +5～−5 V 之间。

**3. 功能特性**

DTE/DCE 接口连线的功能特性主要是对各引脚的功能进行定义,并说明它们之间的相互关系。RS‑232C 接口标准规定了 21 条信号线和 25 芯连接,表 9.2.2 为 RS‑232C 与 V.24 接口电路的功能约定。

表 9.2.2　RS-232C 与 V.24 接口电路的功能约定

| DB25 引脚 | | RS-232C | V.24 | 接口电路名称 | 方　向 |
|---|---|---|---|---|---|
| 数据信号 | *2 | BA | 103 | 发送数据 TxD | DTE→DCE |
| | *3 | BB | 104 | 接收数据 RxD | DTE←DCE |
| | 14 | SBA | 118 | 反向信道发送数据 | DTE→DCE |
| 控制信号功能 | 16 | SBB | 119 | 反向信道接收数据 | DTE←DCE |
| | *4 | CA | 105 | 请求发送 RTS | DTE→DCE |
| | *5 | CB | 106 | 允许发送 CTS | DTE←DCE |
| | *6 | CC | 107 | 数据设备准备就绪 DSR | DTE←DCE |
| | | | 108.1 | 把数据终端设备接到线路 | DTE→DCE |
| | *20 | CD | 108.2 | 数据终端设备准备就绪 DTR | DTE→DCE |
| | *8 | CF | 109 | 数据载波检测 DCD | DTE←DCE |
| | 21 | CGCH | 110 | 信号质量检测 SQD | DTE←DCE |
| | *23 | CI | 111 | 数据信号速率选择(DTE) | DTE→DCE |
| | *23 | CI | 112 | 数据信号速率选择(DCE) | DTE←DCE |
| | | | 116 | 选择备用设备 | DTE→DCE |
| | | | 117 | 备用设备指示 | DTE←DCE |
| | 19 | SCA | 120 | 反向信道请求发送 | DTE→DCE |
| | 13 | SCB | 121 | 反向信道允许发送 | DTE←DCE |
| | 12 | SCF | 122 | 反向信道载波检测 | DTE←DCE |
| | | | 123 | 反向信道信号质量检测 | DTE←DCE |
| | | | 124 | 选择频率群 | DTE→DCE |
| | *22 | CE | 125 | 振铃指示 | DTE←DCE |
| | | | 126 | 选择发送频率 | DTE→DCE |
| | | | 127 | 选择接收频率 | DTE←DCE |
| | | | 129 | 请求接收 | DTE→DCE |
| | | | 130 | 反向信道发送单音频 | DTE→DCE |
| | | | 132 | 返回到非数据方式 | DTE→DCE |
| | | | 133 | 准备接收 | DTE→DCE |
| | | | 134 | 存在接收数据 | DTE←DCE |
| | | | 136 | 新信号 | DTE→DCE |
| | | | 140 | 环测/维护测试 | DTE→DCE |
| | | | 141 | 本地环测 | DTE→DCE |
| 定时信号功能 | 24 | DA | 113 | 发送信号单元定时(DTE)TxC | DTE→DCE |
| | 15 | DB | 114 | 发送信号单元定时(DCE)TxC | DTE←DCE |
| | 17 | DD | 115 | 接收信号码元定时(DCE)RxC | DTE←DCE |
| | | | 128 | 接收信号码元定时(DTE) | DTE→DCE |
| | | | 131 | 接收字符定时 | DTE←DCE |
| 接地 | *1 | AA | 101 | 保护地线 PG | |
| | *7 | AB | 102 | 信号地线 SG | |

注：*表示常用引脚。

　　组成接口的信号线按其功能可分为数据信号线、控制信号线、定时和接地 4 类。

数据信号线是用来传送数据的，RS-232C是串行传输的接口标准，接收、发送各用一条信号线。在RS-232C中，正向传输控制线共有9条，其中请求发送、允许发送、数据线路设备准备就绪、数据终端准备就绪、数据载波检测、呼叫指示是最基本的控制电路。定时用于同步通信方式，是传送数据信号定时信息的信号线路，有发送端控制和接收端控制两种。定时功能在异步通信时无效。另外RS-232C中还定义了两条保护地线和信号地线。

**4. 过程特性**

DTE/DCE接口的过程特性规定了各接口之间的相互关系、动作顺序以及维护测试操作等方面的内容。下面以发送数据为例来说明接口的工作过程。

当数据终端设备(DTE)有数据要发送时，置RS-232C中的CD线(数据终端准备就绪DTR)为高电平(ON状态)，通知本地数据通信设备(DCE)，如Modem等，表示数据终端已准备好。本地Modem如果也准备好，即说明DCE与DTE连接成功，此时Modem中的RS-232C中的CC(数据设备准备DSR)响应此信号，DTE和DCE可以开始控制信号的收发。

DTE置电路RS-232C中CA(请求发送RTS)为高电平，通知本地Modem请求发送数据。本地Modem检测到CA信号后，一方面立即控制Modem发送载波，另一方面通过延迟电路控制RS-232C中CB(允许发送CTS)的接通。电路RTS和CTS间的关系如图9.2.3所示。由于远端设备从载波到达至载波检出，直到接通RS-232C中CF(数据载波检测DCD)必须经过一定的时延$t_3$，如果此时将数据发送出去，数据是不能被远端正确接收的，所以本地的CTS变成ON之前的时间$t_1$必须大于$t_3$，时序如图9.2.4所示。当远端Modem检测到载波信号后，置DCD为ON，通知远端接收发送来的数据。

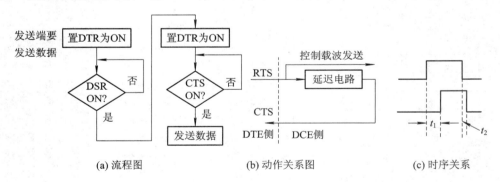

图9.2.3 RTS和CTS间的关系

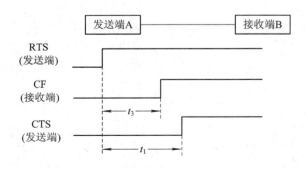

图9.2.4 DCD和CTS间的关系

DTE 检测到 CTS 位 ON 后，即可通过 RS–232C 中 BA(发送数据 TxD)发送数据，并用 RS–232C 中的 BB(数据接收 RxD)接收远端发来的数据。

DTE 发送完数据后，置 RTS 线为 OFF，通知本地 Modem 发送结束。本地 Modem 检测到 RTS 为 OFF 后，立即停止发送载波，并置 CTS 为 OFF，作为对 DTE 的应答。远端 Modem 检测不到载波后，置 DCD 和 CE(呼叫指示器)线为低电平，恢复初始状态。

本地 DTE 置 DTR 为 OFF，通知 Modem 拆线，Modem 收到 DTR 的 OFF 信号后拆线，并将 CC 变成 OFF 作为应答。整个发送过程结束。

**5. RS–232C 与 TTL 的转换**

RS–232C 是用正负电压来表示逻辑"0"和"1"的，与 TTL 以高低电平表示逻辑"1"和"0"不同。为了使数据终端设备的 TTL 部件能够与 RS–232C 接口连接，需在这两者之间进行转换，转换电路可采用集成电路芯片来完成。目前较为广泛使用的转换芯片有 MAX232、MC1488、SN75150、MC1489 和 SN75154 等，其中 MAX232 能实现 TTL 与 RS–232C 之间的双向转换。

## 9.2.2　RS–232C 的短距离通信技术

在短(近)距离通信时，不需要诸如 Modem 等数据通信设备，可直接用电缆来连接，此时仅用少量几根线即可。

一种常用的最简单的情况是不使用 RS–232C 中的任何控制线，只需要用发送线 TxD、接收线 RxD 和信号地线 SG 这 3 根线，便可实现全双工异步通信。连接方式如图 9.2.5 所示。在图 9.2.5 中，DTE1 中的 2 号线与 DTE2 中的 3 号线连接，DET1 中的 3 号线与 DTE2 中的 2 号线连接，DTE1 与 DTE2 中的 7 号线直接连接，DTE1 及 DTE2 中的 4 号线与 5 号线连接、6 号线与 20 号线连接。

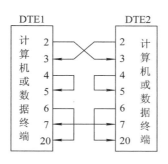

图 9.2.5　最简单连接方式

另一种较简单的情况是考虑它们之间的联络控制信号，连接方式如图 9.2.6 所示。这种情况下通信双方的握手信号关系如下：

(1) 一方的数据终端准备好(DTR)和对方的数据设备准备好(DSR)及振铃信号(RI)两个信号线互连。这时，若 DTR 有效，则对方的 RI 立即有效，产生呼叫并应答，同时又使对方的 DSR 有效。

(2) 一方的请求发送(RTS)端及允许发送(CTS)端自环，并与对方的数据载波检出(DCD)端互连，这时若请求发送(RTS)有效，则立即得到发送允许(CTS)有效，同时使对方的(DCD)有效,即检测到载波信号,表明数据通信信道已接通。

(3) 双方的发送数据(TxD)端和接收数据(RxD)端互连,即意味着双方都是数据终端,只要上述双方的握手信号一经建立即可进行全双工或半双工通信。

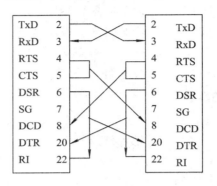

图 9.2.6 标准连接方式

EIA RS-232C 接口标准规定了最大传输距离为 15m,最高传输速率不高于 20 b/s。为了解决传输距离不够远及传输速率不够高的问题,EIA 在 RS-232C 的基础上制定了更高性能的串行通信标准。

# 9.3 RS 系列接口及各种串行接口性能比较

## 9.3.1 RS-422A、RS-423 及 RS-485

### 1. RS-422A

RS-422A 标准是一种以平衡方式传输的标准。平衡方式是指双端发送和双端接收,因此传输信号须采用两条线路,发送端和接收端分别采用平衡发送器和差动接收器。其结构如图 9.3.1 所示。

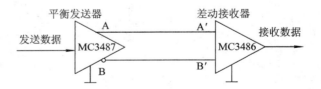

图 9.3.1 RS-422A 的系统结构图

RS-422A 标准的电气特性对逻辑电平的定义是根据两条线间的电压差来决定的。当 AA'的电平比 BB'的电平低-2 V 时,表示逻辑"1";当 AA'的电平比 BB'的电平高+2 V 时,表示逻辑"0"。这种方式与 RS-232C 采用单端接收器和单端发送器时仅采用一条信号线来传送信息,且由信号线与公共信号地线间的电平大小来决定逻辑"1"和"0"的方式是不同的。

RS-422A 电路是通过平衡发送器把逻辑电平转换为电位差来发送信息的，同时，通过差动接收器把电位差转换为逻辑电平，从而实现信息的收发。RS-422A 由于采用了双线传输，大大增加了抗共模干扰的能力，因此当传输距离限制在 15 m 内时，它的最大传输速率可达 10 Mb/s；当传输速率为 90 kb/s 时，其最大传输距离为 120 m。

RS-422A 接口标准规定了发送端只有 1 个发送器，而接收端可以有多个接收器，这就意味着它可以实现点对多点通信。RS-422A 接口标准允许驱动器输出为 +2～+6 V，接收器输入电平可以低到 +200 mV。

常用的 RS-422A 接口标准的芯片为 MC3487/MC3486、SN75174/SN75175 等，它们是平衡驱动/接收器集成电路。

### 2. RS-423A

RS-423A 接口标准是一种是非平衡方式传输的标准，即以单线来传输信号，规定信号的参考电平为地。该标准规定电路中只允许有 1 个单端发送器，但可以有多个接收器。因此，允许在发送器和接收器间有一个电位差。标准规定：逻辑"1"的电平必须超过 4 V，但不能超过 6 V；逻辑"0"的电平必须低于 -4 V，但不能低于 -6 V。RS-423A 接口标准由于采用了差动接收，提高了抗共模干扰能力，因此与 RS-232C 相比，传输距离较远，传输速率较快。当传输距离为 90 m 时，最大传输速率为 100 kb/s；当传输速率为 1 kb/s 时，传输距离可达 1200 m。

### 3. RS-485

RS-485 接口标准是一种平衡传输方式的串行通信接口标准，它与 RS-422A 兼容，并且扩展了 RS-422A 的功能。RS-422A 只允许电路中有一个发送器，而 RS-485 标准允许有多个发送器，因此，RS-485 是一个多发送器的标准，它允许一个发送器驱动多个可以是被动发送器、接收器或收发器组合单元的负载设备。RS-485 采用共线电路结构，即在一对平衡传输线的两端配置终端电阻，其发送器、接收器以及组合收发单元可以挂在平衡传输线上的任何位置，实现在数据传输中多个驱动器和接收器共用同一传输线的多路传输。

RS-485 接口标准的抗干扰能力强、传输速率高、传输距离远。采用双绞线，不用调制解调器等通信设备的情况下，当传输速率为 100 kb/s 时，传输距离可达 1200 m；当传输速率为 9600 b/s 时，传输距离可达 15 km。在传输距离为 15 m 时，它的最大传输速率可达 10 Mb/s。

RS-485 允许在平衡电缆上连接 32 个发送器/接收器，因此它的应用非常广泛，尤其在工业现场总线等方面，同时也是物联网终端常用的接口方式。RS-485 可用串行通信集成芯片实现，目前常用的芯片有 MAX485/MAX491 等。

## 9.3.2　各种串行接口性能比较

4 种通用串行通信接口标准的性能比较如表 9.3.1 所示。其中 EIA 是指美国电子工业协会制定的标准，TIA 为远程通信协会（Telecommunication Industry Association）制定的标准，后缀 RS 表示推荐标准。

表 9.3.1　4 种通用串行通信接口的标准的性能比较

| 性质指标及工作方式 | | EIA/TIA 232A 单端 | EIA/TIA 423A 单端 | EIA/TIA 422A 差分 | EIA/TIA 485 差分 |
|---|---|---|---|---|---|
| 一条线路上允许的驱动器和接收器的数目 | | 1 个驱动器 10 个接收器 | 1 个驱动器 10 个接收器 | 1 个驱动器 10 个接收器 | 32 个驱动器 32 个接收器 |
| 电缆最大长度/m | | 15 | 1219 | 1219 | 1219 |
| 最大传输速率/(kb/s) | | 20 | 100 | 10 000 | 10 000 |
| 驱动器输出电压最大值/V | | $\pm 25$ | $\pm 6$ | $0.25\sim+6$ | $-7\sim+12$ |
| 驱动器输出信息电平/V | 加载 | $\pm 5\sim\pm 15$ | $\pm 3.6$ | $\pm 2$ | $\pm 1.5$ |
| | 未加载 | $\pm 25$ | $\pm 6$ | $\pm 6$ | $\pm 6$ |
| 驱动器负载阻抗/kΩ | | $3\sim 7$ | $\geqslant 0.45$ | 0.1 | 0.054 |
| 驱动器输出电流最大值(高阻)/mA | 电源开 | — | — | — | $\pm 0.1$ |
| | 电源关 | $\pm 6.6$ | $\pm 0.1$ | $\pm 0.1$ | $\pm 0.1$ |
| 变换速率/(V/μs) | | 30(最大值) | 可控 | — | — |
| 接收器输入电压范围/V | | $\pm 15$ | $\pm 12$ | $-10\sim+10$ | $-7\sim+12$ |
| 接收器输入灵敏度/V | | $\pm 3$ | $\pm 0.2$ | $\pm 0.2$ | $\pm 0.2$ |
| 接收器输入阻抗/kΩ | | $3\sim 7$ | 4(最小值) | 4(最小值) | $\geqslant 12$ |

# 9.4　USB 串行总线及其应用

## 9.4.1　USB 串行总线的特点

通用串行总线(Universal Serial Bus，USB)是一种串行技术规范，其主要目的是简化计算机与外围设备的连接过程，目前已广泛应用于计算机、通信、自动化、仪器仪表等多个领域，同时也成为物联网中应用最广泛的串行通信技术之一。

USB 并不完全是一个串行接口，而是一种串行总线。目前，计算机设备均配置了多个 USB 接口，可以接入种类繁多的外设。USB 成为计算机及数据通信等电子、电气设备的通用接口。USB 具有以下特点：

### 1. 使用方便

USB 的方便性体现在可自动设置、连接便捷、无需外部电源、接口通用等方面。在自动设置方面，当将 USB 设备连接到计算机上时，操作系统会自动检测该设备，并为其加载适当的驱动程序。在第一次安装时，操作系统会提醒用户加载驱动程序，其后的安装，操作系统会自动完成，一般不需要重启。另外，USB 的安装不需要设置如端口地址、中断号码等参数，安装程序会自动检测。

在连接方面，USB 等外设可直接插入到计算机的 USB 接口上。不需要时，可直接将其拔下，USB 设备的插拔不会损坏计算机和 USB 外设。

USB 接口包含了一个 +5 V 的电源和地线，USB 外设可直接使用接入系统的电源和地，无需 USB 外设提供额外的电源，只有在所接入的系统提供的电源功率不足时，才需要给 USB 外设供电。

USB 的接口是通用的，在加入计算机时，系统会分配多个通信端口地址和一个中断号给 USB 使用，因此 USB 的接口的通用性非常强。

**2. 传输速率高**

USB 支撑三种信道速率，即 1.5 Mb/s 的低速、12 Mb/s 的全速，以及 480 Mb/s 以上的高速。目前计算机的 USB 接口均能支撑这三种速率。USB 的这三种速率可应用于表 9.4.1 所示的场合。

表 9.4.1　USB 的传输速率及其应用领域

| 性　　能 | 应用领域 | 说　　明 |
|---|---|---|
| 低速：10～100 kb/s | 鼠标、键盘等 | 价格低廉、使用方便、动态插拔，可连接多个外设 |
| 全速：500 kb/s～10 Mb/s | 广播、音频、麦克风 | 价格低廉、使用方便、动态插拔，可连接多个外设，保证带宽 |
| 高速：25～400 Mb/s | 影像、存储设备 | 价格低廉、使用方便、动态插拔，可连接多个外设，高带宽 |

**3. 功耗低、性能稳定**

当 USB 外设处于待机状态时，可自动启动省电模式来降低功耗；激活时，可自动恢复原来状态，因此 USB 外设的功耗较低。

USB 的驱动程序、硬件及电缆均尽量减少噪声干扰，以免产生差错，所有的设计均采用了差错处理机制，因此使用时 USB 设备较稳定。

**4. 操作系统的支持性与灵活性**

Windows 98 是第一个支持 USB 的操作系统，以后主流的操作系统如 Linux、NetBSD 和 FreeBSD 等也支持 USB。每个操作系统都支持与 USB 相关的下列三项底层功能：

（1）与新连接的设备沟通确认交换数据的方式。

（2）自动检测设备是否连接到系统或已删除。

（3）提供驱动程序与 USB 硬件以及应用程序的沟通机制。

USB 的控制、中断、批量和实时四种传输类型与低速、全速及高速三种传输速率可让外设灵活选择。不论是交换少量或大量的数据，还是有无时效的限制，都适合传输类型。

总之，USB 接口的优点使得它不但成为了计算机最常用的数据传输接口，而且成为了能适应于未来物联网需要的通用串行通信标准，可很好地实现短距离数据通信。

## 9.4.2 USB 总线体系结构

USB 系统主要包括 USB 主机、USB 设备和 USB 互连三部分。其中 USB 互连是指 USB 设备与 USB 主机连接并通信的方式，它是通过一定的拓扑结构来实现互连的。

### 1. USB 拓扑结构

USB 设备与 USB 主机通过 USB 总线相连。USB 的拓扑结构为星型结构，如图 9.4.1 所示。

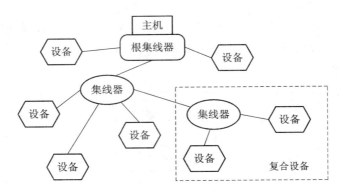

图 9.4.1 USB 的拓扑结构

集线器是 USB 拓扑连接的核心部件，与主机相连的集线器为根集线器，它可以与其他集线器相连，也可以与设备相连。一个集线器与多个设备相连可组成复合设备，例如一个鼠标和一个键盘可以组合在一个集线器内形成一个多功能的复合设备。

### 2. USB 总线

USB 总线由四个主要部分构成，即主机和设备部分、物理构成部分、逻辑构成部分和客户软件构成部分。

在整个 USB 系统中，只允许存在一个主机。主机的基本结构如图 9.4.2 所示。它由 USB 主控制器、USB 系统软件和 USB 客户软件构成。其中，USB 主控制器是指主机的 USB 接口，它可以是硬件与软件构成的实体。USB 主控制器的作用是将数据转换成在管道中传输的格式，而且能被操作系统理解。USB 主控制器的另一个作用负责管道上的通信。集线器被集成在主机系统中，用来提供一个或多个接入。集线器与主控制器共同作用来检测设备的接入和移除。USB 主机是 USB 中唯一用来协调控制所有 USB 访问的实体。当一个 USB 访问请求到来时，必须首先得到主机的允许，USB 设备才能获得对总线的访问权。

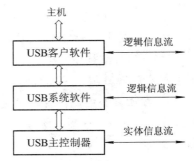

图 9.4.2 USB 主机的结构

USB 系统中主机主要进行 USB 设备的接入与移除检测，主机与 USB 设备间数据流的管理，搜索状态信息和活动信息统计，并为接入的 USB 设备提供电源。

USB 的系统软件是用来管理 USB 设备和主机之间信息交互的，它主要完成设备的枚举和配置、同步数据传输、电源管理以及设备和总线信息管理。

USB 设备包括集线器和功能部件。功能部件是指向系统提供特定功能的设备，如鼠标、键盘、扫描仪及打印机等。

物理 USB 设备主要由 USB 总线接口、USB 逻辑设备和功能模块组成，如图 9.4.3 所示。一个物理 USB 设备可以是一个功能设备，它可以从 USB 总线上收发数据信息和控制信息，以提供特定的功能。一个功能设备是由一个独立的外设来实现的，它通过一根电缆接入到集线器的端口上。功能设备在使用前必须由主机对其进行配置，配置包括分配 USB 带宽和为该设备选择特定的配置选项等操作。

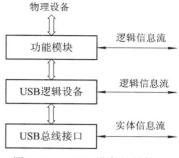

图 9.4.3 USB 设备的结构

### 3. USB 的机械及电气特性

USB 设备都有"上行"(Up - stream)和"下行"(Down - stream)连接。对于 USB 主机，连接的是下行。上行和下行连接在机械性能方面是不能互换的，所以要尽量避免集线器上发生环路连接。USB 连接器上都有四个触点，具有屏蔽外界干扰、保障坚固性和易于插拔的特性。对应的 USB 电缆具有四根导线，其中一对标准规格的双绞线作为信号线，分别标有 $D_+$ 和 $D_-$；另一对为规格的电源线，分别标有 Vbus 和 GND。

USB 信号线的特性阻抗为 90 Ω，使用一个差模输出驱动器向 USB 电缆传输数据信号，因此接收端可在不低于 200 mA 的范围内保证接收的准确性。

USB 通信接口支持两种信号速率：最高速率 12 Mb/s 和较低速率 1.5 Mb/s。较低速率的传输对线路的要求较低，而较高速率的传输对线路的要求较高。对于最高速率的连接，要求采用一对屏蔽双绞线电缆来产生，要求电缆的特性阻抗为 90Ω±15%，电缆长度不超过15 m。每个驱动器的阻抗必须位于 19～44 Ω 之间。数据信号上升沿和下降沿间的时间必须处于 4～20 ns 之间。低速率的连接可以利用一对非屏蔽双绞线电缆实现，最大长度为 3 m。

## 9.4.3 USB 系统在物联网中的应用

物联网最基本的应用之一是感知，感知就是要采集"物"的信息，所以 USB 系统在物联网中的基本应用是数据采集。以下介绍 USB 数据采集系统。

### 1. USB 近距离数据采集系统

USB 的传输距离一般在 15 m 以内，属于近距离传输，而不采用数据通信设备所构成数据采集系统为近距离数据采集系统。USB 近距离数据采集系统的硬件结构如图 9.4.4 所示。它由主机(计算机或信息处理系统)、USB 通信接口、微处理器、A/D 转换器等构成。

图 9.4.4 中，微处理器有两个作用，一是用来进行 USB 通信，二是进行数据采集的控制。A/D 将传感器采集的模拟量变为数字量，状态量输入接口将"物"的开关量转换为微处理器能识别的"0"、"1"电平，状态量输出接口将微处理器输出的"0"、"1"逻辑电平转为能驱动"物"的开关量。

目前，已有多家芯片厂商推出了具有 USB 通信接口的微处理器，可以减轻系统硬件设计的复杂度。

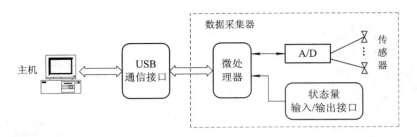

图 9.4.4　USB 近距离数据采集系统硬件组

**2. USB 远程数据采集系统**

　　USB 的通信距离限制了数据采集的范围,要想扩大数据采集的距离就须在 USB 近距离数据采集系统的基础上增加相关的接口来延长传输距离。目前在工业现场中广泛采用 RS-485 接口来传输数据,其传输距离可达 1 km 以上,并且可以跨接多台设备,但其缺点是传输速度慢、成本高、安装不便。为了获得传输距离、传输速率、成本及安装等方面的综合优势,可将图 9.4.4 中的数据采集器作为单独的模块与 USB/RS-485 转换器结合进行设计,其系统结构如图 9.4.5 所示。

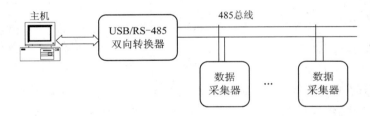

图 9.4.5　USB 远距离数据采集系统结构

　　RS-485 总线的长度可长达 1 km 以上,在该总线上可跨接 32 个数据采集器,数据采集器的通信接口为 RS-485。这些数据采集器采集的数据经 RS-485 总线到达 USB/RS-485 双向转换器后被转换成为 USB 信号进入到主机。

## 9.4.4　IEEE-1394 接口

　　与 USB 接口相似的另一个接口标准是 IEEE-1394,它比 USB 具有更快的传输速率、更为灵活方便,但其成本较高。

　　USB 和 IEEE-1394 的应用场合是有所区别的。USB 适合使用在键盘、鼠标、扫描仪、移动硬盘及打印机等中低速的设备上,而 IEEE-1394 则非常适合于视频或其他高速系统的连接,以及没有主机的场合。

　　对于许多外设来说,USB 和 IEEE-1394 都适用。在使用 USB 时,一台主机可以控制多台外设,控制信息的处理均由主机完成,因此这些外设的电路相对简单,因而成本也较低。

　　IEEE-1394 采用的是点对点的通信方式,外设间可以直接相互通信,并且还可以采用点对多点的通信方式。所以 IEEE-1394 比 USB 更灵活,但外设电路较复杂,成本也较高。

　　USB 1.x 的传输速率为 12 Mb/s,USB 2.0 的传输速率可达 480 Mb/s。IEEE-1394 的传输速率为 400 Mb/s,比 USB 1.1 快 30 倍以上,IEEE-1394.b 的传输速率可达 3.2 Gb/s

以上，比 USB 2.0 快 6 倍以上。

除了成本外，IEEE-1394 的灵活性、速度都比 USB 有优势。

# 9.5　CAN 总线

## 9.5.1　CAN 总线的特点

物联网的一个重要的应用领域是工业与自动化，在该领域中需要对大量的生产现场进行实时控制，因此现场总线的技术及应用是物联网通信技术、控制技术的重要组成部分。

目前，常用的现场总线主要有以下几种类型：基金会现场总线（Foundation Field bus，FF）、ProfiBus、CAN(Controller Area Network)、DeviceNet、HART 等。其中 CAN 现场总线，即控制器局域网，具有高性能、高可靠性以及独特的设计，被公认为是最有前途的现场总线之一。

CAN 现场总线是在 20 世纪 80 年代初由德国 BOSCH 公司为实现现代汽车内部测量与执行部件之间的数据通信而开发的一种串行数据通信协议。它是一种多主总线，具有很高的可靠性，支持分布式控制和实时控制。

CAN 总线已历经 30 多年的发展，应用日趋广泛。其国际标准（ISO11898）的制定，进一步推动了它的发展和应用。目前已有 Intel、Motorola、Philips、Siemens 等百余家国际大公司支持 CAN 总线协议。

目前，CAN 总线已被广泛地应用于汽车、火车、轮船、机器人、智能楼宇、机械制造、数控机床、各种机械设备、交通管理、传感器、自动化仪表等领域，同时也成为了物联网中广泛应用的感知控制层的通信总线。

CAN 总线属于总线式串行通信网络，由于采用了许多新技术以及独特的设计，与一般的通信总线相比，它具有突出的可靠性、实时性和灵活性。其特点可以概括如下：

（1）通信方式灵活。CAN 采用多主方式工作，网络上的任意节点均可在任意时刻主动地向其他节点发送信息，而不分主从，且不需站地址等结点信息。

（2）CAN 网络上的节点信息分成不同的优先级，以满足和协调各自不同的实时性要求。

（3）采用非破坏性总线仲裁技术，当多个节点同时发送信息时，按优先级顺序通信，大大节省总线冲突仲裁时间，避免网络瘫痪。

（4）CAN 通过报文滤波实现点对点、一点对多点及全局广播等几种方式传送数据，无需专门的"调度"。

（5）传输速率最高可以达到 1 Mb/s(40 m)，直接传输距离最远可以达到 10 km(传输速率在 5 kb/s 以下)。

（6）CAN 上的节点数主要取决于总线驱动电路，目前可达 110 个。报文标志符可达 2032 种（CAN2.0A），扩展标准（CAN2.0B）的报文标志符几乎不受限制。

（7）短帧，传输时间短，抗干扰能力强，检错效果好。其每帧字节数最多为 8 个，能够满足工业领域的一般要求，也能保证通信的实时性。

（8）CAN 每帧信息都有 CRC 校验及其他检错措施，保证了通信的可靠性。

（9）CAN 总线通信接口中集成了 CAN 协议的物理层和数据链路层功能，可完成数据通信的成帧处理，包括位填充、数据块编码、循环冗余检验、优先级判别等。

（10）通信介质可以为双绞线、同轴电缆或光纤，选择灵活。

（11）网络结点在错误严重的情况下可以自动关闭输出功能，使总线上其他节点的操作不受影响。

（12）已经实现了标准化、规范化（国际标准 ISO11898）。

## 9.5.2　CAN 总线网络层次与通信协议

### 1. CAN 总线网络层次

CAN 协议主要描述设备之间的信息传递方式。ISO 开放系统互连参考模型将网络协议分为 7 层，由上至下分别为应用层、表示层、会话层、传输层、网络层、数据链路层和物理层。根据 ISO/OSI 开放系统互连参考模型，为了满足现场设备间通信的实时性要求，在 CAN 规范中只是在物理层和数据链路层进行了定义，其层次结构如图 9.5.1 所示。

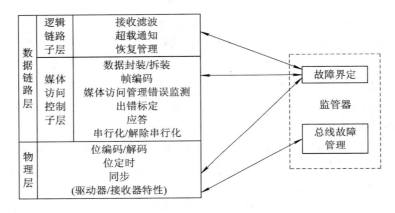

图 9.5.1　CAN 分层结构

在数据链路层，CAN 定义了逻辑链路子层（LLC）部分和完整的媒体访问控制子层（MAC）。逻辑链路子层（LLC）的作用范围包括：为远程数据请求以及数据传输提供服务，确定由实际使用的 LLC 子层接收哪一个报文，为恢复管理和过载通知提供手段。MAC 子层主要是传送规则，也就是控制帧结构、执行仲裁、错误检测、出错标定、故障界定。总线上什么时候开始发送新报文，以及什么时候开始接收报文，均在 MAC 子层里确定。位定时的一些普通功能也可以看做是 MAC 子层的一部分。MAC 子层的修改是受到限制的。

MAC 子层是 CAN 协议的核心。它把接收到的报文提供给 LLC 子层，并接收来自 LLC 子层的报文。

物理层的作用是在不同节点之间根据所有的电气属性进行位的实际传输。同一网络的物理层，对于所有的节点当然是相同的。在物理层，CAN 协议规范只定义了信号如何实际地传输，包括对位时间、位编码、同步的解释。CAN 规范没有定义物理层的驱动器/接收器特性，因而可以根据具体的应用对发送媒体和信号电平进行优化。

### 2. CAN 总线通信协议

CAN 的通信协议基于如下五条基本规则进行通信协调。

1）总线访问

CAN 是共享媒体的总线，对媒体的访问机制类似于以太网的媒体访问机制，即采用载波监听多路访问（Carrier Sense Multiple Access，CSMA）的方式。CAN 控制器只能在总线空闲时开始发送，并采用硬同步，所有 CAN 控制器同步都位于帧起始的前沿。为避免异步时钟因累计误差而错位，CAN 总线在硬同步后，还应满足在一定条件的跳变下进行重新同步。

CAN 总线是由两条导线构成的，总线上的状态（信号）由两条导线上的电压决定：当处于隐性状态（即隐性电平）时，两条导线上的电压为 0 V；当处于显性状态（即显性电平）时，两条导线上的电压不低于 2.5 V。

当总线空闲时呈隐性电平，此时任何一个节点都可以向总线发送一个显性电平作为一个帧的开始。

2）非破坏性的位仲裁方式

当总线空闲时呈隐性电平，此时任何一个节点都可以向总线发送一个显性电平作为一个帧的开始。如果有两个或两个以上的节点同时发送，就会产生总线冲突。CAN 总线解决总线冲突的方法比以太网的 CSMA/CD 方法有很大的改进。

3）编码/解码

帧起始域、仲裁域、控制域、数据域和 CRC 序列均使用位填充技术进行编码。在 CAN 总线中，每连续 5 个同状态的电平插入一位与它相补的电平，还原时每 5 个同状态的电平后的相补电平被删除，从而保证了数据的透明。

4）出错标注

当检测到位错误、填充错误、形式错误或应答错误时，检测出错条件的 CAN 控制器将发送一个出错标志。

5）超载标注

一些 CAN 控制器会发送一个或多个超载帧以延迟下一个数据帧或远程帧的发送。

**3. CAN 报文的帧类型**

CAN2.0A 协议规定了四种不同的帧格式：数据帧、远程帧、错误帧和超载帧。

1）数据帧

数据帧用来携带从发送器传输到接收器的数据。数据帧由 7 个不同的域组成，即帧起始标识位（SOF）、仲裁域（Arbitration Field）、控制域（Control Field）、数据域（Data Field）、CRC 检查域、ACK 应答域和帧结束。其中数据域的长度可以为 0。数据帧的结构如图 9.5.2 所示。

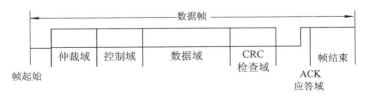

图 9.5.2　数据帧的结构

CAN2.0B 协议中存在着两种不同的帧格式，其主要区别在于标识符（Identifier）的长度。具有 11 位标识符的帧称为标准帧，而包括 29 位标识符的帧称为扩展帧。标准格式和扩展格式数据帧的结构如图 9.5.3 所示。

(a) 标准格式帧

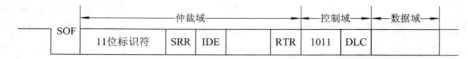

(b) 扩展格式帧

SOF：帧起始；IDE：标识符扩展位；RTR：远程传输请求；DLC：数据长度码；SRR：代用远程请求
图 9.5.3　标准格式帧与扩展格式帧

2）远程帧

总线上的某个节点想要接收一个特定节点的特定数据时可采用远程帧来实现，发送这种特定数据的特定节点收到这个远程帧后，就应尽力响应这个远地传送要求，所以对远程帧本身来说是没有数据域的。在远程帧中，除了 RTR 位被设置为 1，表示被动状态外，其余部分与数据帧完全相同。

3）错误帧

错误帧由两个不同的域组成。第一个域是标志错误，可为不同节点提供错误标志（Error Flag）；第二个域是错误界定符。在报文传输过程中，检测到任何一个节点出错，即于下一位开始发送错误帧，通知发送端停止发送。

4）超载帧

超载帧和错误帧一样由两个域组成：超载标志和超载界定符。当某接收器因内部原因要求缓发下一个数据帧或远程帧时，它向总线发出超载帧。另外，在间歇场（Intermission）检测到一"显性"位，也要发送超载帧。超载帧还可以引发另一次超载帧，但以两次为限。

5）帧间空间

不管是何种帧，均以帧间空间（Inter Frame Spacing）的场位分开。在错误帧和超载帧前面没有帧间空间，并且多个超载帧前面也不被帧间空间分隔。

帧间空间包括间歇场和总线空闲的场位。间歇场包括 3 个隐性位，在间歇场期间，所有的节点均不允许传送数据帧或者远程帧，仅标示一个超载条件。

**4. CAN 报文的帧格式**

以 CAN2.0B 协议为代表，下面简单介绍常用的 CAN 控制器寄存器中 CAN 数据帧的格式。

1）CAN2.0B 标准帧

CAN 标准帧信息为 11 个字节，包括信息和数据两部分，其中前 3 个字节为信息部分。具体内容如表 9.5.1 所示。

字节 1 为帧信息。第 7 位 FF 表示帧格式，在标准帧中，FF＝0。第 6 位 RTR 表示帧的类型，RTR＝0 表示数据帧，RTR＝1 表示远程帧。DLC（数据长度码，Data Length Code，DLC）表示在数据帧时实际的数据长度。字节 2、3 为报文识别码，11 位有效。字节 4 到字节 11 为数据帧的实际数据，远程帧时无效。

表 9.5.1　CAN2.0B 标准帧

| 位 | 7 | 6 | 5 | 4 | 3 | 2 | 1 | 0 |
|---|---|---|---|---|---|---|---|---|
| 字节 1 | FF | RTR | X | X | DLC(数据长度) | | | |
| 字节 2 | ID.10～ID.3(报文识别码) | | | | | | | |
| 字节 3 | ID.2～ID.0 | | | RTR | | | | |
| 字节 4 | 数据 1 | | | | | | | |
| 字节 5 | 数据 2 | | | | | | | |
| 字节 6 | 数据 3 | | | | | | | |
| 字节 7 | 数据 4 | | | | | | | |
| 字节 8 | 数据 5 | | | | | | | |
| 字节 9 | 数据 6 | | | | | | | |
| 字节 10 | 数据 7 | | | | | | | |
| 字节 11 | 数据 8 | | | | | | | |

2）CAN2.0B 扩展帧

CAN 扩展帧信息为 13 个字节，也包括信息和数据两部分，其中前 5 个字节为信息部分。具体内容如表 9.5.2 所示。

字节 1 为帧信息。第 7 位 FF 表示帧格式，在标准帧中，FF＝1。第 6 位 RTR 表示帧的类型，RTR＝0 表示为数据帧，RTR＝1 表示远程帧。DLC 表示在数据帧时实际的数据长度。字节 2 到字节 5 为报文识别码，29 位有效；字节 6 到字节 13 为数据帧的实际数据，远程帧时无效。需要注意的是，数据帧对于不同的 CAN 上层协议存在着不同的定义。

表 9.5.2　CAN2.0B 扩展帧

| 位 | 7 | 6 | 5 | 4 | 3 | 2 | 1 | 0 |
|---|---|---|---|---|---|---|---|---|
| 字节 1 | FF | RTR | X | X | DLC(数据长度) | | | |
| 字节 2 | ID.28～ID.21(报文识别码) | | | | | | | |
| 字节 3 | ID.20～ID.13 | | | | | | | |
| 字节 4 | ID.12～ID.5 | | | | | | | |
| 字节 5 | ID.4～ID.0 | | | | | X | X | X |
| 字节 6 | 数据 1 | | | | | | | |
| 字节 7 | 数据 2 | | | | | | | |
| 字节 8 | 数据 3 | | | | | | | |
| 字节 9 | 数据 4 | | | | | | | |
| 字节 10 | 数据 5 | | | | | | | |
| 字节 11 | 数据 6 | | | | | | | |
| 字节 12 | 数据 7 | | | | | | | |
| 字节 13 | 数据 8 | | | | | | | |

### 5. CAN 的位仲裁技术

CAN 总线采用"载波监测，多主掌控/冲突避免"（CSMA/CA）的通信技术。载波监测的意思是指在总线上的每个节点在发送信息报文前都必须监测到总线上有一段时间的空闲状态，一旦此空闲状态被监测到，那么每个节点都有均等的机会来发送报文。这被称为多主掌控。冲突避免是指在两个以上节点同时发送信息时，节点本身首先会检测到出现冲突，然后采取相应的措施来解决这一冲突情况。此时优先级高的报文先发送，低优先级的报文会暂停。在 CAN 总线协议中是通过一种非破坏性的仲裁方式来实现冲突检测的。这也就意味着当总线出现发送冲突时，通过仲裁后原发送信息不会受到影响。所有的仲裁判别都不会破坏优先级高的报文信息内容，也不会对其发送产生任何时延。

虽然这种仲裁方式有很多的优点，但是也存在一些不足。很明显，当所有的节点都随机地向总线上发送数据时，具有低优先级的节点总是比具有高优先级的节点具有较大的发送失败的概率。如果出现了这样的情况，会导致该节点一个数据都发不出去，或者发出的数据具有较大的延迟。对于工业领域的实时控制，当延时超过了预设值时，接收到的数据就已经失去了实际的意义。

### 6. CAN 的报文滤波技术

在 CAN 总线中，存在着多种传送和接收数据的方式，比如点对点、点对多点及全局广播等几种方式。这几种方式的选择和转换通过 CAN 总线中的报文滤波技术实现，不需特别的调度。

以通常使用的 PHILIPS SJA1000 为例，无论是何种工作模式下，都是 CAN 的某一地址存入的验收滤波器。在验收滤波器的帮助下，CAN 控制器能够允许 RXFIFO 只接收同识别码和验收滤波器中预设值相一致的信息。只有当接收信息中的识别位和验收滤波器预定义的值相等时，CAN 控制器才允许将已接收信息存入 RXFIFO 验收滤波器由验收代码寄存器（ACRn）和验收屏蔽寄存器（AMRn）定义。要接收的信息的位模式在验收代码寄存器中定义，相应的验收屏蔽寄存器允许定义某些位为"不影响"，即"任何值皆可"的方式。

### 7. CAN 的通信错误及处理

在 CAN 总线中存在五种错误类型，它们相互不排斥。这五种错误是：位错误、填充错误、CRC 错误、形式错误和应答错误。在 CAN 总线中，任何一个节点可能处于下列三种故障状态之一：错误激活状态（Error Active）、错误认可状态（Error Passive）和总线脱离状态（Bus Off）。

检测到出错条件的节点，应通过发送出错误标志进行标定。对于错误激活节点，该标志为活动错误标志；而对于错误认可节点，该标识为认可错误标志。

错误激活节点可以照常参与总线通信，并且当检测到错误时，送出一个活动错误标志。错误认可节点可参与总线通信，但是不允许送出活动错误标志。当它检测到错误时，只能送出认可错误标志，并且发送后仍为错误认可状态，直到下一次发送初始化。总线关闭状态不允许节点对总线有任何影响。

### 8. CAN 的较高层协议

CAN 协议是只定义了物理层和数据链路层的规范，这种设计和 CAN 规范定义时的历史条件有关，也可以使 CAN 能够更广泛地适应不同的应用条件。但这必然给用户应用带来一些不便，用户在应用 CAN 协议时，必须自行定义高层协议。为了将 CAN 协议的应用推向更深的层次，同时满足产品的兼容和互操作性，国际上通行的办法是发展基于 CAN 的高层应用协议，使其只用在应用层上，不同公司的产品才可能实现互操作，好的应用层协议更可以为用户带来系统性能的飞跃。

在 CAN 总线协议发展的这些年中，很多领域都制定了 CAN 在该领域应用时所采用的高层协议规范，比较有名的是 DeviceNet 和 CANopen。

# 本 章 小 结

国际电报电话咨询委员会(CCITT)、国际标准化组织(ISO)和美国电子工业协会(Electronic Industries Association，EIA)为各种数据通信系统提供了开放互连的系统标准，它包括了机械性能、电气特性、功能特性、过程特性四个方面。

RS-232C 接口标准是一种使用非常广泛的标准，多应用在数据通信、自动化、仪器仪表等领域，它同时也是物联网中常用的一种接口及通信方式。RS-232C 不但可以与诸如 Modem 等 DCE 配合来完成远程数据通信，而且还完成近距离本地通信。

一种常用的最简单的情况是不使用 RS-232C 中任何控制线，只需要用发送线 TxD、接收线 RxD 和信号地线 SG 这三根线，便可实现全双工异步通信。

RS-422A 接口标准是一种以平衡方式传输的标准。平衡方式是指双端发送和双端接收，因此传输信号须采用两条线路，发送端和接收端分别采用平衡发送器和差动接收器。

RS-423A 接口标准是一种以非平衡方式传输的标准，即以单线来传输信号，规定信号的参考电平为地。该标准规定电路中只允许有 1 个单端发送器，但可以有多个接收器。

RS-485 接口标准是一种平衡传输方式的串行通信接口标准，它与 RS-422A 兼容，并且扩展了 RS-422A 的功能。RS-422A 只允许电路中有一个发送器，而 RS-485 允许有多个发送器。RS-485 是一个多发送器的标准，它允许一个发送器驱动多个可以是被动发送器、接收器或收发器组合单元的负载设备。

USB 是一种串行技术规范，其主要目的是简化计算机与外围设备的连接过程，目前已广泛应用到了计算机、通信、自动化、仪器仪表等多个领域，也同时成为物联网中应用最广泛的串行通信技术之一。

CAN 现场总线即控制器局域网，因其具有高性能、高可靠性以及独特的设计而越来越受到关注，被公认为几种最有前途的现场总线之一。CAN 总线属于总线式串行通信网络，由于采用了许多新技术以及独特的设计，与一般的通信总线相比，它具有突出的可靠性、实时性和灵活性。

# 习 题 与 思 考

9-1　数据通信的接口中的机械特性、电气特性、功能特性和过程特性是如何定义的？

9-2　DTE 要发送数据，RS-232C 接口中的那些线(位)必须是有效的？

9-3　试画出 RS-232C 收发接口的标准连接及最简单连接方式。

9-4　简述 RS-485 总线的特点及典型应用场合。

9-5　简述 USB 的特点，试分析 USB 的拓扑结构。

9-6　USB 总线主要由哪几部分组成？

9-7　IEEE-1394 总线与 USB 总线相比具有哪些特点和优势？

9-8　简述 CAN 总线的特点。

9-9　CAN 总线的通信协议有哪些？

9-10　CAN 总线的帧有哪些格式？

9-11　试分析 CAN2.0B 标准帧的主要字段，并构建一个 CAN2.0B 标准数据帧。

# 第 10 章　短距离无线通信技术

在物联网中，经常需要和物理空间较小范围的感知层物联网终端进行灵活的接入，实现感知控制层与网络传输层的通信。这就需要采用一种非接触式的近距离无线通信来承载信息的传输，目前能完成这样功能的无线通信技术主要有蓝牙（Bluetooth Technology）、红外技术（Infrared）、超宽带无线技术（Ultra - Wideband，UWB）、WI - FI 技术（Wireless Fidelity，WI - FI）以及无线传感网络（Wireless Sensor Network）。这些近距离通信的技术广泛应用在智能电网的数据采集与抄表、智能交通与汽车、物流与追踪、智能家居、金融与服务、智慧农业、医疗健康、工业自动化与控制、环境监测等物联网所涉及的各个领域，并且成为了物联网的基础与核心技术之一。本章将从原理与应用两个方面来介绍蓝牙技术、红外通信技术、超宽带无线技术。

## 10.1　蓝　牙　技　术

### 10.1.1　蓝牙发展现状与技术特点

蓝牙是一个开放的通信技术，没有版权费，从提出到形成实用的标准经历了若干年时间，其标准在不断改进。从 1999 年 7 月推出了蓝牙的技术规范 1.0 版本到 2010 年，蓝牙共推出了 6 个实用版本标准，即 V1.1、V1.2、V2.0、V2.1、V3.0、V4.0。蓝牙在通信协议上采用的是 IEEE802.15.1 标准。

蓝牙标准最早期版本 V1.1 的传输速度约在 748～810 kb/s，由于是早期设计，易受到同频率产品所干扰，V1.2 在传输速度上没有改进，但加入了抗干扰跳频功能。

2004 年提出的 V2.0、V2.1 标准将传输速度提高到 1.8～2.1 Mb/s，可以工作在全双工模式下。它基本解决了语音通信和高质量图像传输的要求，目前市场上的大多数蓝牙产品均采用 V2.0 或 V2.1 版本的技术标准。

2009 年 4 月，蓝牙技术联盟颁布了 V3.0 标准。V3.0 的核心是 AMP（Generic Alternate MAC/PHY），这是一种全新的交替射频技术，允许蓝牙协议栈针对任一任务动态地选择正确射频。通过集成"IEEE802.11 PAL"（协议适应层），V3.0 的数据传输率提高到了大约 24 Mb/s（即可在需要的时候调用 IEEE 802.11WI - FI 用于实现高速数据传输），可用于录像机至高清电视、个人计算机至打印机之间的资料传输。V3.0 引入了增强电源控制（EPC）机制，再辅以 IEEE802.11.XX，实际空闲功耗明显降低，解决了蓝牙设备的待机耗电问题。

2010 年蓝牙技术联盟（Bluetooth SIG）正式发布了 V4.0 核心规范（Bluetooth Core Specification Version4.0）。V4.0 包括三个子规范，即传统蓝牙技术、高速蓝牙和新的蓝牙低功耗技术。V4.0 实际是将传统蓝牙、低功耗蓝牙和高速蓝牙技术合而为一，三个规格可以组合或者单独使用。V4.0 继承了蓝牙技术无线连接的所有固有优势，同时增加了低耗能蓝牙和高速蓝牙的特点，尤以低耗能技术为核心。

经过十多年的发展，蓝牙技术越来越成熟，速度越来越快，集成度也越来越高，初期需要大量的外围电路，现在基本都采用单芯片。蓝牙技术的功耗非常低，可以用钮扣电池供电，使得应用领域非常广泛。尤其是近两年发展起来的物联网，在物联网的感知控制层，大量的物联网终端的共享需要大量的短距离无线通信技术通过汇集设备与网络传输层交互，而蓝牙技术的特点使得物联网的短距离通信得以较好地实现，因此，蓝牙技术将在物联网中扮演着越来越重要的角色。

蓝牙技术具有功耗低、通信速率高、工作频段不受限制、可靠性高、通信距离短、可灵活组网、自动搜索、成本低廉和技术成熟、应用范围广等特点。

（1）功耗低。蓝牙技术具有功耗低的特点。蓝牙的链路管理器中有功耗管理功能，可以根据工作状况对功耗进行有效的管理。在不通信时，系统自动进入休眠模式，来降低功耗。典型的蓝牙通信峰值电流一般不超过 30 mA，低功耗蓝牙峰值电流不超过 15 mA。蓝牙的三种类型的功耗分别为：远距离蓝牙的发射功率为 100 mW（20 dBm），典型蓝牙的发射功率为 2.5 mW（4 dBm），低功耗蓝牙的发射功率为 1 mW（0 dBm）。

（2）通信速率高。作为一种短距离无线通信技术，蓝牙具有通信速率高的特点。低功耗的蓝牙，其空中的传输速率可达 1 Mb/s，实际有效数据传输速率可达 200 kb/s 以上；高速蓝牙在空中的传输速率可达 3 Mb/s，实际有效数据传输速率可达 2.1 Mb/s。可见，不论低功耗蓝牙还是高速蓝牙均可实现语音的实时通信，高速蓝牙还可实现视频传输。

（3）工作频段不受限制。蓝牙工作在 2.4 GHz 的 ISM 波段，而全球大多数国家的 ISM 频段范围是在 2.4～2.4835 GHz，该波段是一种无需许可的工业、科技、医学无线电波段，可以在此波段内可以免费使用无线电频段资源。

（4）可靠性高。蓝牙通信采用了扩频技术和多种安全模式，因而具有较高的通信可靠性。蓝牙采用跳频扩谱技术，可以降低受同频干扰的影响，还由于载波频率的不停跳变，使监听设备很难达到载波同步，故而无法侦听。另外，蓝牙还结合了多种纠错技术，提高了数据传输的可靠性。

蓝牙网络提供了三种安全模式：模式一，无加密；模式二，应用层加密；模式三，链路层加密。对于最高级别的模式三，它由四个要素组成，即 48bit 的设备地址 BD_ADDR、128 bit 的蓝牙链路密钥、8～128 bit 的不定长加密密钥、128 bit 的随机数 RAND。同时，蓝牙协议有一套完整的密钥生成机制，确保数据安全。

（5）通信距离短。蓝牙通信典型的通信距离为 10 m，但它是一种通信距离随功率而变的通信技术，有 100 mW、25 mW 和 1 mW 三个典型的发射功率。当发射功率为 100 mW 时，其传输距离为 100 m；当发射功率为 2.5 mW 时，其传输距离为 10 m；当发射功率为 1 mW 时，其传输距离为 10 cm。蓝牙通信非常适合不同应用场合的短距离无线通信，尤其适用于物联网的传感器的数据采集。

（6）可灵活组网、自动搜索。蓝牙系统支持两种通信模式，即点对点和点对多点的通信模式，形成了两种网络拓扑结构：微微网（Piconet）和散射网络（Scatternet）。在一个 Piconet 中，只有一个主单元（Master），最多支持 7 个从单元（Slave）与 Master 建立通信。Master 通过 4 个不同的跳频序列来识别每一个 Slave，并与之通信。若干个 Piconet 形成了一个散射网络，如果一个蓝牙设备单元在一个 Piconet 中是一个 Master，而在另一个

Piconet 中就可能是一个 Slave。几个 Piconet 可以连接在一起，依靠跳频顺序识别每个 Piconet。同一个 Piconet 的所有用户都与这个跳频顺序同步。其拓扑结构可以被描述为"多 Piconet"结构。在一个"多 Piconet"结构中，在带有 10 个全负载的独立的 Piconet 的情况下，全双工数据速率超过 6 Mb/s。

蓝牙还采用了 Plug&Play(即插即用)技术，任意一个蓝牙设备一旦寻找到另一个蓝牙设备，它们之间就可立即建立联系，无需用户进行任何设置，自动完成搜索、连接功能。

(7) 成本低廉和技术成熟。蓝牙技术经过十多年的发展，不论是从标准制定、芯片的设计与加工、产品的设计与应用等，都相当成熟。

现在的蓝牙模块都采用单芯片集成化，大多数芯片还包含了 MCU、Flash 和 Ram，基本上一个芯片就能完成所有的工作。

由于蓝牙设备的使用量大，目前，蓝牙芯片已经降到了 1 美元以下，而且功能比以前强大得多。它可同时传送语音与数据，实现语音与数据的共路传输。

(8) 应用范围广。蓝牙作为一种无线数据与语音通信的开放技术标准，以低成本、短距离的无线通信为特点，已广泛应用到了消费电子的各个层面，如移动电话、笔记本电脑、打印机、PDA、个人电脑、传真机、计算机附件(鼠标、键盘、游戏操作杆等)、空调、冰箱、电表等。

## 10.1.2　蓝牙系统的构成及工作原理

蓝牙通信系统主要由无线射频通信电路、基带与链路控制器、链路管理器、主机控制器和蓝牙音频 5 个部分构成。蓝牙采用了跳频的码分多址通信技术来实现数据和语音传输。

### 1. 蓝牙系统的构成

蓝牙系统可分为蓝牙通信系统模块与蓝牙应用模块两大部分。蓝牙应用模块主要由主机控制器接口、高层协议和应用程序等构成。蓝牙系统结构如图 10.1.1 所示。

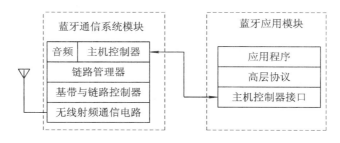

图 10.1.1　蓝牙系统结构图

1) 无线射频通信模块

无线射频通信模块以无线 LAN 的 IEEE802.11 技术为基础，使用 2.4 GHz 的 ISM 全球通自由波段。蓝牙天线属于微带天线，以天线电平为 0 dBm 的基础上建立空中接口，并遵从美国联邦通信委员会(FFC)有关 0 dBm 电平的 ISM 频段标准。该模块的发射功率可达 100 mW，系统最大跳频速率为 1600 跳/秒，在 2.402～2.480 GHz 之间采用了 79 个间隔为 1 MHz 的频点来实现。系统设计的通信距离为 10 m，如经过增大发射功率，其通信距离可达到 100 m。

2）基带与链路控制模块

基带与链路控制模块的作用是用于基带链路控制器的数字信号处理，并且由基带链路控制器处理基带协议和其他一些低层的常规协议。基带与链路控制模块的主要功能为：建立物理链路以及网络的连接（包括面向连接的同步链路 SCO、异步链路 ACL 以及微微网）、进行差错控制、在物理层提供验证加密，以保护链接中的个人信息不外露。

3）链路管理器

链路管理器的主要作用是设计链路的数据设置、鉴权、硬件配置等一些协议，并发现其他蓝牙设备的链路管理，然后通过链路管理协议 LMP 建立通信联系。链路管理提供了诸如发送/接收数据、设备号请求、链路地址查询、建立连接、鉴权、链路模式协商及建立等功能。

4）高层协议

蓝牙基带协议结合电路交换和分组交换机，适用于语音和数据传输。蓝牙软件构架规范要求从设备支持基本水平的互操作性。蓝牙设备需要支持一些基本互操作特性要求，对某些设备，涉及无线模块、空中协议以及应用层协议和对象交换格式。蓝牙设备必须能够彼此识别并装载与之相应的软件，以支持设备更高层次的性能。

5）主机控制器与主机控制器接口

主机控制器提供了与蓝牙应用模块的控制接口，包括数据总线、控制总线等。主机控制器接口是与蓝牙通信相结合的中间环节，两者相互配合，共同完成蓝牙通信与应用。

**2. 蓝牙通信原理**

蓝牙通信的工作频段在 $2.4 \sim 2.4835 \, \text{GHz}$ 的开放频段上，采用跳频（HF）技术，以实现抗干扰和抑制信号衰减。蓝牙的射频电路采用专用芯片来完成，以实现跳频和时分多址（TDMA）。

蓝牙通信协议的大部分内容可以用专用集成电路和软件来实现，因此从技术上保证了蓝牙设备的高性能和低成本。一般蓝牙芯片都支持 UART、RS-232、USB、SPI、$I^2C$ 中的两种以上接口，可方便地连接主处理器，由主处理器通过它们控制蓝牙芯片的软件（协议）模块实现所需要的功能。

在蓝牙的工作过程中，天线单元和链路控制器完成了前面的基本工作，包括物理信道、物理链接、数据分组和纠错；链路管理模块则完成了蓝牙网络的工作流程，包括信道控制、跳频选择、安全管理等。

蓝牙的通信由主设备发起，从设备参与，以组成网络。一般一个微微网中只有一个主设备，但一个主设备可以从属于多个微微网。两个微微网中间存在一个桥路节点，使得两个网络可以互访，互访时则组成了散射网。目前散射网的应用还非常少，一般的蓝牙网络都是微微网。

1）物理信道

蓝牙通信的工作频带为 $2.4 \sim 2.4835 \, \text{GHz}$，带宽为 $83.5 \, \text{MHz}$。欧美国家将 $83.5 \, \text{MHz}$ 分为 79 个跳频点，采用伪随机码序列进行跳频选择，跳频的伪随机码由主设备来决定。蓝牙的信道被划分成 $625 \, \mu s$ 的时间片（时隙），时隙由主设备单元确定，跳频的间隔与时隙相吻合，因此，最大跳频速率为 1600 跳/s（$1/625 \times 10^6$）。主从设备在不同的时隙里传输数据。在数据传输中，最大的数据分组可以允许占用 5 个时隙，此期间不改变通信频率，以提高数据通信效率。标准蓝牙通信的速率是 $1 \, \text{Mb/s}$，采用 FSK 调制，正频偏代表 1，负频偏代表 0，频偏范围在 140～175 kHz 之间。

一个蓝牙跳频序列长度为 $2^{27}-1$，即一个跳频序列周期长达近 24 小时。如果没有加入微微网的蓝牙设备，想通过截获某一段时间的通信信号还原跳频序列基本是不可能的，因此，蓝牙通信有着非常高的安全性。

2）蓝牙设备的地址

蓝牙设备地址 BD_ADDR(Bluetooth Device Address)由 48 bit 组成，分成 3 个部分：低 24 bit 为 LAP，中间 8 bit 为 UAP，高 16 bit 为 NAP。NAP 和 UAP 由 SIG 的蓝牙地址管理机构分配给蓝牙设备生产厂家，而 LAP 则由蓝牙设备厂家自己定义，除保留地址 0x9E8B00～0x9E8B3F 不可用外，其他地址都可以使用。

3）蓝牙物理链路

蓝牙提供了两种链接通信模式：同步定向链接(Synchronous Connection Oriented，SCO)和异步链接(Asynchronous Connection Less，ACL)。

SCO 链接是在主设备表与指定的从设备之间实现点到点的同步连接。SCO 链接方式采用保留时隙来传输分组，因此该方式可看做是在主从设备之间实现电路交换连接。

SCO 链接主要用于支持类似于如语音这类实时性要求较高的信息。从主设备方面看，它可以支持多达 3 路的从设备的 SCO 链接。对于从设备而言，针对同一主设备它可以支持多达 3 路的 SCO 链接。

在 SCO 链接不保留的时隙里，主设备可以与任何属于每个时隙基里的从设备进行分组交换。ACL 链接提供在主设备与所有在微微网中活动从设备的分组交换链接，异步和等时两种服务方式均可采用。在主-从之间，仅是单个 ACL 链接存在时，对大多数 ACL 分组来说，分组重传是为确保数据的完整性而设立的。

在从-主时隙里，当且仅当先前的主-从时隙已被编址，从单元允许返回一个 ACL 分组。如果在分组头的从单元地址解码失败，它就不允许被传输。

ACL 分组未编址作为广播分组的指定从设备且各从设备可读分组。如果在 ACL 链接上没有传输数据及没有轮询申请，那么在 ACL 链接上就不存在传输过程。

SCO 链接一般用于语音数据传输，数据不进行校验。大部分情况下，蓝牙采用 ACL 链接，包括链路的建立、协议握手、用户数据传输等。

4）蓝牙基带分组

蓝牙基带数据传输是通过分组的方式实现的。蓝牙的链路层根据不同阶段和不同的通信方式将信息进行分组，大部分的分组在一个时隙内完成，只有在有效的数据传输时，为了提高传输效率，才会出现一个分组占用多个时隙的情况。最大的分组可占用 5 个时隙，每个分组数据包括接入码、分组头、有效信息几部分。

接入码(Access Code)是分组信息的起始部分，由 4 bit 引导码、64 bit 同步字和 4 bit 尾码组成，包括信道接入码、设备接入码、查询接入码三种。在微微网中，不同接入码与分组类别组合决定一类操作。接入码的构成如表 10.1.1 所示。

CAC 信道接入码：用于标识一个微微网。主设备地址的低 24 bit 作为同步字。

DAC 设备接入码：仅用于呼叫或呼叫响应。从设备地址的低 24 bit 形成同步字。

GIAC 和 DIAC 接入码：用于查询与查询扫描。蓝牙协议预留地址的低 24 bit 形成同步字。

SIG 预留了 64 个 LAP 地址 0X9E8B00～0X9E8B3F 用于查询操作，其中 0X9E8B33 为 GIAC，其他的都是 DIAC。

### 表 10.1.1　接入码构成

| 接入码类型 | 含义 | 接入码长度/bit | 说明 |
|---|---|---|---|
| CAC | 信道标识码 | 72 | 用于标识一个微微网 |
| DAC | 设备标识码 | 68/72 | 只有在跳频同步(FHS)类型分组时才有尾码，接入码长度为 72 bit |
| GIAC | 通用查询标识码 | 68/72 | |
| DIAC | 专用查询标识码 | 68/72 | |

分组头信息由 18 bit 组成，包括 3bit 活动成员地址、4 bit 类别码(分组类别码的构成与含义如表 10.1.2 所示)、1 bit 流控制、1 bit 应答指示、1 bit 序列控制、8 bit 头校验码。分组头采用 1/3 比例前向纠错编码(3 重冗余编码)。实际分组头包含了 54 bit。同样，类型码根据采用的链接是 SCO 还是 ACL 具有不同的意义，它明确了该数据分组所执行的操作意义和传输该分组所占用的时隙。

### 表 10.1.2　分组类别码的构成与含义

| 类别码 | 时隙 | SCO | ACL | 前向纠错 | CRC校验 | 含　义 |
|---|---|---|---|---|---|---|
| 0000 | 1 | NULL | | 无 | 无 | 空分组，将 ARQN、FLOW 等链路信息传递给对方 |
| 0001 | 1 | POLL | | 无 | 无 | 查询分组，用于主设备验证从设备的时钟与信道 |
| 0010 | 1 | FHS | | 2/3 | 有 | 跳频同步分组，用来指示蓝牙设备地址与发送时钟，最大用户载荷为 18B |
| 0011 | 1 | DM1 | | 2/3 | 有 | 单时隙数据分组，纠错仅对 ACL 分组最大用户载荷为 17B |
| 0100 | 1 | — | DH1 | 无 | 有 | 单时隙数据分组，最大用户载荷为 27B |
| 0101 | 1 | HV1 | — | 1/3 | 无 | 单时隙高质量语音分组 |
| 0110 | 1 | HV2 | — | 2/3 | 无 | 2 时隙高质量语音分组 |
| 0111 | 1 | HV3 | — | 无 | 无 | 3 时隙高质量语音分组 |
| 1000 | 1 | DV | — | 2/3D | 有 | 单时隙数据语音混合分组，纠错与校验仅对数据部分最大用户载荷为 10B 语音＋10B 数据 |
| 1001 | 1 | — | AUX1 | 无 | 无 | |
| 1010 | 3 | — | DM3 | 2/3 | 有 | 3 时隙数据分组，最大用户载荷为 121B |
| 1011 | 3 | — | DH3 | 无 | 有 | 3 时隙数据分组，最大用户载荷为 183B |
| 1100 | 3 | — | — | | | |
| 1101 | 3 | — | — | | | |
| 1110 | 5 | — | DM5 | 2/3 | 有 | 5 时隙数据分组，最大用户载荷为 224B |
| 1111 | 5 | — | DH5 | 无 | 有 | 5 时隙数据分组，最大用户载荷为 339B |
| — | — | | ID | | | 1D 分组，无分组头，仅用于呼叫查询及响应 |

活动成员地址 AM_ADDR 为 3 bit。其中，00 为广播地址，001～111 为活动成员地址，也就是说在一个微微网中只能有 7 个活动成员存在。一个微微网可以有成百上千的成员同时存在，而非活动成员则处于休眠状态。当主设备要与该成员通信时，该成员有一个预分配的活动成员地址，主设备需要先使活动成员休眠，然后再唤醒该休眠成员进行通信。

流控制 FLOW 为 1 bit，用于当接收端的接收缓冲区满时请求发送方暂停 ACL 数据传输。流控制只对于 ACL 数据传输有效，对于 SCO 链接或 ACL 的非数据传输分组无效。

应答指示 ARQN 为 1 bit，用于自动请求重发，接收方向发送方应答上一分组数据是否正确接收，若上一分组数据正确接收，则返回 ACK，否则返回 NACK，要求发送方重发上一分组数据。

序列控制 SEQN 为 1 bit，用于防止分组重传，配合 ARQN 使用。重传时，保留原序号，传新的分组数据时，采用新的序号。当接收设备已经收到正确分组数据，而又接收到该同样的分组数据时，丢弃该分组数据，回应 ACK。

5）蓝牙基带纠错机制

蓝牙基带提供了三种纠错方式：第一种为 1/3 比例前向纠错，即 3 倍冗余方式，每个 bit 连续 3 次；第二种为 2/3 比例前向纠错，采用(15,10)海明码的冗余纠错方式，在 15 bit 传输信息中，包含 10 bit 有效数据，并可纠正 1 bit 错和检查 2 bit 错；第三种，对数据的自动请求重传，传输应答模式，也是一种前向纠错方式。一般有效数据域应采用 CRC 校验，当接收方接收正确时，给予正确应答，否则给予错误应答或不应答，发送端重传该数据。

6）蓝牙设备接入过程

在微微网中，蓝牙设备具有联机状态和待机状态 2 个主要工作状态。蓝牙设备默认的工作状态为待机状态。在这两个主要状态中间还有 7 个中间状态，它们是查询、查询扫描、查询响应、呼叫、呼叫扫描、主设备响应、从设备响应。

当一个蓝牙设备进入一个微微网前，微微网的主设备是不知道该设备已经进入微微网，因此就需要一个设备查询过程，查询是否有设备进入。

对于主设备，如果希望发现其他设备进入，就进入查询状态；而对于新进入的设备，则进入查询扫描状态。进入查询状态的主设备，按通用查询设备接入码（GIAC）或专用查询设备接入码（DIAC）产生的分组信息进行查询。在查询过程中，主设备只用了其中的 32 个频率，而没有使用全部的 79 个频率去查询，而且这些频率分成了 A、B 两组，每组序列有 16 个频点，即 16 个时隙（时间长度为 10 ms）。主设备对每组序列至少连续执行 256 次，然后切换另一组序列，这样一组查询序列切换至少 3 次，也就是说查询过程需要持续 10.24 s，以便更容易被查询设备捕捉到。对于被查询设备，它需进入查询扫描状态，去侦听查询信息，查询扫描每次在一个频点上进行侦听，查询扫描窗口大于 16 个时隙，即 10 ms，这样可保证如果主设备的一个查询跳频序列中正好有一个频点是查询扫描频点，从而捕捉到查询信息，并与时钟同步，然后由被查询的从设备进行查询响应。该响应是一个 FHS 分组，包含主设备地址、呼叫扫描间隔和呼叫扫描周期。主设备即可根据这个返回信息对它进行呼叫，召唤其入网。查询过程如图 10.1.2 所示。

当主设备发现了从设备后，并不会立即建立起微微网。要将该从设备加入微微网中，还需一个呼叫过程。呼叫过程与方法基本同查询过程类似，只是呼叫信息包含从设备的设备接入码（DAC），使用从设备的地址产生跳频序列，且呼叫状态也只使用 32 个频点而

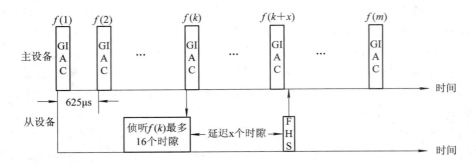

图 10.1.2 设备查询过程

不是全部的 79 个频点。主设备的呼叫按从设备的地址发送 ID 分组,该分组只有 68 bit,按 1 MHz 的通信速率计算,只需 68 $\mu$s。为了提高呼叫速度,呼叫过程将原来每秒 1600 跳改成了 3200 跳,这样被扫描设备只需要 16 个时隙就保证监测到 32 频点的某一个频点。从设备会间歇地进入呼叫扫描状态。间歇时间与查询时返回给主设备的 FHS 分组参数的扫描间隔 SR 和扫描周期 SP 有关。在此状态下,它在一个频率上侦听,根据 SR 值,该侦听频点每 1、128、256 个呼叫序列(即 10 ms、1.28 s、2.56 s)变换一次。呼叫扫描窗口也大于 16 个时隙。当从设备被呼叫成功时,它根据监测到的频点在一个时隙间隔后以自己的 ID 分组应答主设备。在下一个时隙,主设备发送 FHS 分组,将自己的地址和时钟通知给从设备,从设备按主设备地址产生的跳频序列进行同步,这样就完成了一个从设备加入微微网的基本过程。主从设备的呼叫应答过程如图 10.1.3 所示。

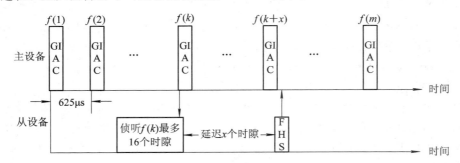

图 10.1.3 主从设备的呼叫应答过程

## 10.1.3 蓝牙协议体系

在蓝牙系统中,蓝牙协议体系是其核心的内容,它由不同的协议构成。蓝牙协议体系采用分层化的结构,分别完成数据流的过滤和传输、跳频和数据帧传输、链接的建立和释放、链路控制、数据拆装、业务质量(QoS)、协议的复用和分段重组等功能。

### 1. 蓝牙协议栈

蓝牙规范的核心部分是协议栈。协议栈允许设备定位、互相连接并彼此交换数据,从而在蓝牙设备之间实现互操作性的交互式应用。在设计协议栈(特别是高层协议)时的原则就是最大限度地重复使用现存的协议,而且尽管不同的协议栈对应不同的应用,其高层应用协议(协议栈的垂直层)也都使用公共的物理层和数据链路层。蓝牙技术的一个主要目的是使符合该规范的各种设备能够互通，这就要求本地设备和远端设备使用相同的协议。蓝牙协议体系结构如图 10.1.4 所示，明确地表述了数据经过无线传输时，所有协议之间的相互关系。

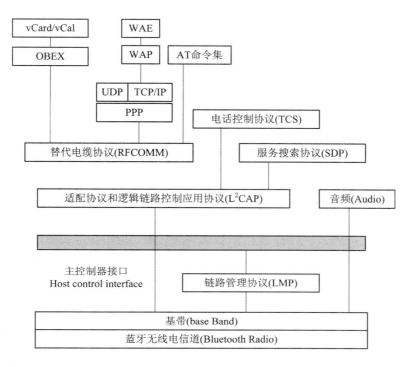

图 10.1.4　蓝牙协议体系结构

蓝牙协议体系可以分为四层，分别为核心协议层、替代电缆协议层、电话控制协议层和选用协议层，每一层还包含一些具体的协议，具体如下：

核心协议层：包含基带、链路管理协议（LMP）、适配协议和逻辑链路控制应用协议（L2CAP）、服务搜索协议（SDP）。

替代电缆协议层：包含串行电路仿真协议（RFCOMM）。

电话控制协议层：包含二元电话控制规范（TCS Binary）与 AT-命令（AT-Command）。

选用协议层：包含点到点协议（PPP）、用户数据报、传输控制协议、互联网协议（UDP、TCP/IP）、目标交换协议（OBEX）、无线应用协议（WAP）、无线应用环境（WAF）、vCard、vCal、红外移动通信（IrMC）。

除了上述协议层外，蓝牙规范还定义了主机控制器接口（HCI），它为基带控制器、链路控制器以及访问硬件状态和控制寄存器等提供命令接口。在图 10.1.4 中，HCI 层位于 $L^2CAP$ 之下，但是它也可以位于 $L^2CAP$ 之上。

在蓝牙协议栈中，不是所有的应用都必须使用全部协议，可以只采用部分纵向协议，利用特殊的服务来支持主要应用。协议还可以有其他的相互关系，在某些应用中这种关系是有变化的。例如，当需控制链路管理器时，可使用逻辑链路控制应用协议、二元电话控制规范或链路管理协议。

这些协议又可以分为蓝牙专有协议和非专有协议,这样区分的目的主要是在蓝牙专有协议的基础上,尽可能地采用和借鉴现有的各种高层协议(也就是非专有协议),使得现有的各种应用能移植到蓝牙上来,如 UDP/TCP/IP 等。蓝牙核心协议都是蓝牙无线技术的专有协议,是由蓝牙 SIG 开发出来的;而 RFCOMM 和 TCS Binary 协议也是是 SIG 开发的,但是它们分别在现存的 ETSIRTS 07.10 和 ITU Recomm-endation Q.931 协议的基础上制定的。核心协议以及蓝牙射频是绝大部分蓝牙设备都需要的协议。选用协议则主要是各种已经广泛使用的高层协议,仅在需要时使用。电缆替代协议、电话控制协议和选用协议在核心协议的基础上构成了面向应用的协议。

**2. 蓝牙核心协议**

蓝牙的核心协议由基带、链路管理、逻辑链路控制与适应协议和服务发现协议等四部分组成。从应用的角度看,射频、基带和 LMP 可以归为蓝牙的低层协议,它们对应用而言是十分透明的。

**3. 替代电缆协议和电话控制协议**

蓝牙通信的目标是替代电缆,支持串行通信及其相关应用是电缆替代使用模型的重要特征。为了便于蓝牙无线链路在串行通信中的使用,蓝牙协议栈定义了被称为替代电缆协议(RFCOMM)的串口仿真协议。RFCOMM 表示的是一个虚拟串口,其应用类似于标准的有线串口所能实现的应用。例如,同步、拨号上网及其他不需要做重大改动的应用。因此,RFCOMM 协议的内容就是使那些遗留的、基于串口的应用使用蓝牙传输方式。

RFCOMM 是基于欧洲电信联盟技术标准 ETSIRTS 07.10 规范的串口仿真协议。此标准还用于 GSM 通信设备,并定义了在一条串行链路上的多路复用串行通信。RFCOMM 协议在 $L^2CAP$ 协议的基础上提供了 RS-232C 串口仿真。这个"替代电缆"的协议在蓝牙基带协议上仿真了 RS-232C 控制和数据信号,为使用串行线传送机制的上层协议(如 OBEX)提供服务。RFCOMM 提供的串口功能使之成为协议栈的重要组成部分。

电话控制协议(TCS)包括二进制电话控制(TCS BIN)协议和一套电话控制命令(AT Commands)。其中,TCS BIN 定义了在蓝牙设备间建立语音和数据呼叫所需的呼叫控制信令;AT Commands 则是一套可在多使用模式下用于控制移动电话和调制解调器的命令,它由蓝牙 SIG 组在 ITU-TQ931 的基础上开发而成。

蓝牙无线通信的一个主要特点就是既能传输数据通信信号,又能传输语音信号。蓝牙电话控制协议(TCS)的设计支持电话功能,包括呼叫控制和分组管理,这些操作通常与语音呼叫有关,呼叫的参数就是使用 TCS 建立的;一旦呼叫建立成功,蓝牙音频信道就能运载呼叫的语音内容。TCS 同样可以用来建立数据呼叫,以拨号上网的应用模板为例,呼叫的内容在 $L^2CAP$ 上以标准数据包的形式运载。

TCS 协议与 ITUT Q931 规范一致。因为它们都使用的是二进制的编码,这些协议在规范里也被称为二元电话控制协议。二元电话控制协议是面向比特的协议,它定义了蓝牙设备间建立语音和数据呼叫的控制信令,还定义了处理蓝牙 TCS 设备群的移动管理进程。

**4. 可选协议**

可选协议主要包括 PPP(点对点协议)、UDP/TCP/IP、OBEX(对象交换协议)、vCard

(电子名片交换格式)、vCal(电子日历及日程交换格式)、WAP(无线应用协议)和 WAE(无线应用环境)协议。

### 10.1.4　蓝牙的物联网应用案例

智慧农业是物联网的重要应用领域。采用蓝牙技术对农业大棚内的环境参数进行实时采集、传输和处理是实现智慧农业的关键技术之一。以下以蓝牙技术在智慧农业中的应用为例来说明蓝牙应用系统的设计与实现。

**1. 目标与系统结构**

设计并实现一个农业大棚环境数据采集系统,将采集的环境数据通过蓝牙数据传输系统传输到近端的智慧农业汇集器中,再由汇集器将数据传送到远端的智慧农业信息平台中,以实现农业大棚的生产与管理的自动化。该系统总体结构如图 10.1.5 所示。采集的数据为:空气温湿度、土壤温湿度、$CO_2$ 浓度、土壤 PH 值和光照强度等农业环境参数。

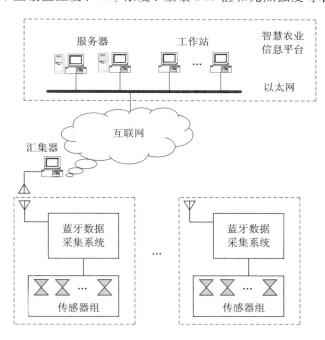

图 10.1.5　智慧农业信息系统

整个系统分为蓝牙数据采集系统和智慧农业信息平台两大部分。蓝牙数据采集系统将农业大棚内的空气温湿度、土壤温湿度、$CO_2$ 浓度、土壤 PH 值和光照强度等农业环境参数通过一个传感器组采集后,经无线信道传送给汇集器。汇集器与互联网相连接,并把所采集到的信息通过互联网发送到智慧农业信息平台,平台将处理后的信息通过互联网或移动通信等方式传送给农户或直接反馈到汇集器来控制相关的农业生产。

**2. 蓝牙数据采集系统的设计与实现**

蓝牙数据采集系统的硬件由传感器组模块、微处理器模块、蓝牙通信模块及液晶显示模块四部分组成,其硬件系统如图 10.1.6 所示。

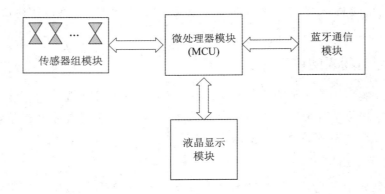

图 10.1.6　蓝牙数据采集系统硬件结构

1) 传感器组模块

传感器组模块主要由温湿度、$CO_2$ 浓度、酸碱度、光照强度等传感器及 A/D 转换电路组成。其功能是完成各种模拟量的采集，并把所采集的模拟量转换为数字量供微处理器数据处理和通信处理。该模块也可采用集成度较高的专用 A/D 转换模块及配置各种模拟量传感器来实现该功能。例如，可采用美国达拉斯(Dallas)公司生产的 DS18Bxx 系列模块来实现湿度等数据的采集功能。

2) 微处理器(MCU)模块

微处理器(MCU)模块是整个数据采集系统的核心，主要完成传感器组模块数据采集的控制、数据处理，完成对蓝牙模块的控制及通信处理，以及完成液晶显示器的显示控制与处理等功能。该模块可以采用低功耗的单片机及其外围电路来实现。

3) 蓝牙通信模块

蓝牙通信模块主要完成近距离无线通信功能，可采用专用的蓝牙芯片来完成无线通信功能。例如，C-06 蓝牙串口透明传输模块采用英国剑桥硅无线(CSR)公司的 BlueCore4-External 蓝牙芯片来实现无线传输功能。

4) 液晶显示模块

液晶显示模块用于显示当地采集的数据，主要是为了当地农户工作方便而设计的。该模块受微处理器的控制。当需要显示时，可操作微处理器上的显示按钮来激活液晶显示模块，并通过微处理器上的控制显示功能按钮来浏览所采集的实时数据和部分历史数据。

# 10.2　红外通信技术

红外线(Infrared)是一种波长范围在 750 nm～1 mm 之间的电磁波，它的频率高于微波而低于可见光，是一种人眼看不到的光线。任何物体，只要其温度高于绝对零度(−273℃)，就会向四周辐射红外线。物体温度越高，红外辐射的强度就越大。红外通信一般采用红外波段内的近红外线，即采用波长在 $0.75 \sim 25\ \mu m$ 之间的电磁波进行无线通信。

1993 年成立的红外数据协会(Infrared Data Association，IrDA)，为了保证不同厂商生产的红外产品能够获得最佳的通信效果，制定的红外通信协议将红外数据通信所采用的光波波长的范围限定在 850～900 nm 之间。红外通信具有以下特点：

（1）由于该通信方式是通过数据电脉冲和红外光脉冲之间的相互转化实现无线通信的，并且同时由于采用定向传输，这使得墙壁或其他不透明的物体对红外信号得以隔离，因此，红外通信具有极强的保密性。

（2）由于光是定性传播的，因此，避免了常规无线电波之间的相互干扰。

（3）由于它的波长较短，频率较高，因此其带宽较宽，可以承载高速数据的传输。

（4）红外通信设备结构简单、成本低、耗电少，能进行高速数据通信。

（5）由于红外线的数据传输基本上采用强度调制，红外接收器只需检测光信号的强度便可完成信号的解调，因此红外通信设备比无线电波通信设备便宜、简单得多。依靠低成本的红外发射器与接收器就能进行高速数据通信。

红外通信的上述特点更适合应用在短距离无线通信中，来进行点对点的直线数据传输。目前，红外通信已广泛应用在笔记本电脑、PDA、移动电话、数码相机、无线耳机、MP3、POS 机、打印机、遥控器等设备上，同时也成为了物联网中常用的短距离通信的手段之一。

## 10.2.1　红外通信的基本原理

红外通信与无线数据通信一样，不同的是传输介质由无线电波换为红外线。通信系统由发射器部分、信道部分和接收器部分组成。发射器部分包括红外发射器和编码控制器，接收部分包括红外探测器和解码控制器。由于红外通信系统一般采用双向通信方式，所以在红外通信系统中把红外发射器与红外探测器合为一个红外收发器。与之对应，编码控制器和解码控制器合为红外编/解码控制器，简称为红外控制器。信道部分是指红外通信中光线传输的方式。因此，红外通信系统即由红外收发器、红外控制器和信道组成，如图10.2.1 所示。

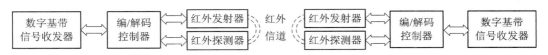

图 10.2.1　红外通信系统结构

基带数据信号首先由红外控制器按一定的方式进行编码，然后由控制器控制红外收发器产生编码红外脉冲。接收时，红外收发器检测红外信号并传输给控制器进行解码转换，最后输出数字基带信号。

由于红外通信系统是靠红外线来传输数据的，所以根据红外线的传输路径及红外收发器的位置可将红外通信方式分为四类，即窄视方式（Narrow Line of Sight，NLOS）、宽视方式（Wide LOS，WLOS）、散射方式（Diffuse）、跟踪方式（Tracked），如图 10.2.2 所示。以上四种方式中，相同的通信距离下发射光强由弱到强排列顺序为：散射方式、宽视方式、窄视方式或跟踪方式。根据接收红外信号方式的不同，红外通信还可以分为直射方式和反射方式，如图 10.2.3 所示。

红外通信根据通信速率的不同可分为：低速模式（Serial Infrared ，SIR），通信速率小于 115.2 kb/s；中速模式（Medium Speed Infrared，MIR），通信速率为 0.567～1.152 Mb/s；高速模式（Fast Speed Infrared，FIR），通信速率为 4 Mb/s；超高速模式（Very Fast Speed

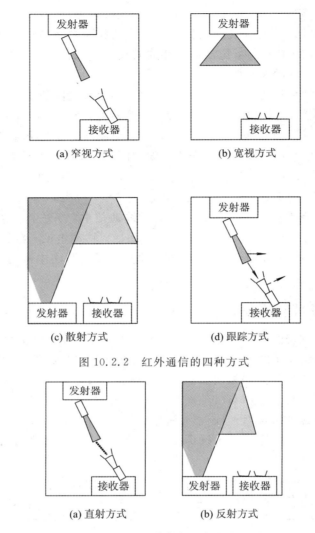

(a) 窄视方式　　　　　　(b) 宽视方式

(c) 散射方式　　　　　　(d) 跟踪方式

图 10.2.2　红外通信的四种方式

(a) 直射方式　　　　　　(b) 反射方式

图 10.2.3　直射与发射方式

Infrared，VFIR)，通信速率为 16 Mb/s。

红外收发器实现了红外脉冲信号的产生和探测，它需要满足规范要求和合适的通信光波长。红外发射管由不同比率的ⅢⅤ混合物制造而成，ⅢⅤ混合物由 Al、Ga、In 三种元素和 P、As 混合而成。采用这些混合物制造的红外发射管的发射波长为 800～1000 nm。红外探测器中一般带有 GaAs 或 InP 的带通滤波器，能够在一定程度上消除其他波长光线的影响，半球形滤波器比平面滤波器的接收能量提高 3 dB。

红外控制器完成对信号的数字编码和解码。根据红外数据传输速度的不同，可对红外通信协议进行不同的编码，编码方式依据红外通信协议的标准来确定。

## 10.2.2　红外通信标准与协议

红外通信作为一种成熟的通信技术，目前已经形成了标准和应用协议。红外数据委员会(IrDA)作为一个工业机构间的协作组织，于 1993 年由惠普（HP）、康柏（Compaq）、英特尔(Intel)等公司发起成立,旨在建立开放的红外通信标准。以下简要地介绍红外通信的相关标准与协议。

**1. 红外标准**

红外标准主要分为 IrDA Data 和 IrDA Control 两种类型。其中 IrDA Data 主要用于与其他设备交换数据;IrDA Control 则主要用于与人机接口设备(如键盘、鼠标器等)通信。

IrDA Data 的传输距离为 0.2~1 m,传输速度为 9600 b/s~16 Mb/s。IrDA Control 的传输距离为 8 m,传输速度为 75 kb/s。以下主要介绍 IrDA Data。

IrDA1.0 于 1994 年发表,简称为 SIR(Serial Infrared),是一种非同步、半双工红外通信方式。SIR 的实现基于 UART(Universal Asynchronous Receiver/Transmitter,通用异步接收/发送装置),是在计算机的 UART 上扩展红外线编/译码器和红外收发器而形成的。SIR 的传输速率取决于 UART,最高传输速率受到 UART 的限制,最高为 115.2 kb/s,发射接收角度为 30°。由于 SIR 基于 UART,因而具有较低的成本。

在 SIR 之后,IrDA 于 1996 年发布了 IrDA1.1,即 FIR(Fast Infrared)。FIR 不再基于 UART,而是直接连接计算机总线,它的性能也就不受制于 UART 的性能了。FIR 的数据传输速率最高为 4 Mb/s。FIR 仍然支持 SIR 的传输模式,与 SIR 向下兼容,当 FIR 设备与 SIR 设备通信时,使用 SIR 的速率和调制模式。只有通信双方都支持 FIR 的 4 Mb/s 速率时,才将通信速率设定为 4 Mb/s。

2001 年 IrDA 发布了最高通信速率为 16 Mb/s 的 VFIR(Very Fast Infrared)标准。VFIR 设备兼容 SIR 和 FIR 设备。

AIR(Advanced Infrared)是 IrDA 针对蓝牙技术的竞争发布的一个多点连接红外线规范,它的优点是其传输距离和发射接收角度的改进,即在 4 Mb/s 通信速率下其传输距离可以达到 4 m,在更低的速率下传输距离可以达到 8 m;AIR 规范的发射接收角度为 120°。更重要的是它支持多点连接,其他的 IrDA 规范都只支持点对点连接。

由于红外接口主要用于便携设备,这类设备通常对功耗要求很高,为了降低设备的功耗,IrDA 发布了低功耗的 IrDA1.2 和 IrDA1.3,这样缩短了传输距离,传输距离为 0.2~0.3 m。这两个标准分别是 SIR 和 FIR 的低功耗版本。IrDA 的各版本标准如表 10.2.1 所示。

**表 10.2.1　IrDA 各版本标准**

| 标准名称 | IrDA1.0 SIR | IrDA1.1 FIR | AIR | IrDA1.2 | IrDA1.3 | IrDA1.4 VFIR |
|---|---|---|---|---|---|---|
| 最高速率/(kb/s) | 115.2 | 4000 | $\frac{4000}{250}$ | 115.2 | 4000 | 16000 |
| 通信距离/m | 1 | 1 | $\frac{4}{8}$ | 0.2(与低功率连接) 0.3(与标准功率连接) | | 1 |
| 发送接收角度/(°) | ±15 | ±15 | ±120 | ±15 | ±15 | ±15 |
| 连接方式 | 点对点 | 点对点 | 点对多点 | 点对点 | 点对点 | 点对点 |
| 连接设备数/个 | 2 | 2 | 10 | 2 | 2 | 2 |

**2. IrDA 协议**

IrDA 发表了一系列的红外通信协议,这些协议在应用上可以分为两类,即强制性的低层协议和可选择的高层协议。

1）IrDA 协议结构

强制性的低层协议包括物理层连接协议（Infrared Physical Layer Link Specification，IrPHY）、链路层访问协议（Infrared Link Access Protocol，IrLAP）和链路管理层协议（Infrared Link Management Protocol，IrLMP）。在 IrLMP 层之上，针对特定的红外传输应用，IrDA 发布了多个高层协议，包括 Tiny TP（Tiny Transport Protocol）、IrOBEX（Infrared Object Exchange，红外目标交换协议）、IrCOMM（红外虚拟串行口协议）、IrLAN（红外局域网协议）、IrTran-P（Infrared Transfer Picture Protocol，红外图片传输协议）等。这些协议的层次结构如图 10.2.4。

| Application 应用程序层 | | | |
|---|---|---|---|
| 信息访问服务协议<br>(IAS) | 局域网访问协议<br>(IrLAN) | 对象交换通信协议<br>(IrOBEX) | 模拟串口层协议<br>(IrCOM) |
| | 微型红外传输协议 (Tiny TP) | | |
| 链路管理层协议 (IrLMP) | | | |
| 链路层访问协议 (IrLAP) | | | |
| 物理层连接协议 (IrPHY) | | | |

图 10.2.4　IrDA 协议的层次结构

2）IrDA 低层协议

IrDA 的低层协议包括 IrDA 协议结构的下三层。其中 IrPHY 主要由硬件实现，包括 SIR、FIR、VFIR 等。

IrPHY 提供了红外设备的连接规范，涵盖了红外收发器、数据比特的编码和解码、传输距离、传输视角（接收器和发射器之间红外传输方向上的角度偏差）、发光功率、抗噪声干扰等方面，以保证不同种类不同品牌设备之间的物理互连；实现了传输距离为 0～1 m、传输视角为 $0°\sim15°$ 的无错通信和在环境光及其他红外光干扰下的成功通信。发射器的发光强度和接收器的检测灵敏度规范保证在 0～1 m 内链路能正常工作，接收灵敏度还保证了最小强度的发射光在 1 m 处能被感知，而最大强度的发射光在 0 m 处也不会使光接收器过饱和。红外发射器、接收器均与标准异步通信收发器相连，最大接入速率达到 115.2 kb/s。信道误码率为 $10^{-9}$。IrDA1.0 版本 IrPHY 的帧结构如图 10.2.5 所示。

| 起始标志 | 地址字段 | 数据字段 | 校验 | 终止标志 |
|---|---|---|---|---|

图 10.2.5　IrPHY 的帧结构

起始标志与终止标志均为 011111100，地址字段为 8 位地址信息，数据段为 2048 字节的传输数据，校验字段采用 16 位的 CRC 校验。

IrLAP 是在广域网中广泛使用的高级数据链路控制协议（High level Data Link Control，HDLC）基础上开发的半双工面向连接服务的协议。IrDA 标准对 IrLAP 规则提出最基本的要求如下：

设备搜索：搜寻红外辐射空间存在的设备。

选择连接：选择合适的传送对象，协商双方均支持的最佳通信参数并进行连接。

数据交换：用协商好的参数进行可靠的数据交换。

断开连接：关闭链路并且返回到常规断开状态，等待新的连接。

由于红外链路建立协议是在自动协商好的参数基础上提供可靠的、无故障的数据交换，因此，在链路建立协议开发过程中需考虑以下几个环境因素的影响：

点对点连接：红外链路连接是一对一的，不能实现多对多连接。

半双工方式：红外光通信一次只能在一个方向上进行传输，但可以通过频繁改变链路方向来近似模拟全双工工作方式。

红外锥角限制：红外传输为了将周围设备引起的干扰降到最低限度，其半角应限制在15°范围以内。

红外节点隐蔽：当其他红外设备从当前发送方后面靠近现存的链路时，不能迅速侦测到链路的存在。

抗噪声干扰：链路建立协议必须克服荧光、其他红外设备、太阳光等因素的干扰。

无冲突检测：由于硬件设计不检测信号冲突，因此必须在软件设计中考虑冲突处理措施，以免丢失数据。IrLAP 基本的数据帧格式如图 10.2.6 所示。

| 起始标志<br>(01111110) | 地址<br>(8或6位) | 控制信息<br>(8或6位) | 数据<br>(长度可变) | CRC校验<br>(16或32位) | 终止标志<br>(01111110) |
|---|---|---|---|---|---|

图 10.2.6　IrLAP 基本的数据帧格式

IrLAP 定义了信息帧、监控帧、无序列帧三种类型的帧。其中信息帧用于信息传输；监控帧用于链路管理，如应答接收帧、传送站点状态、报告帧序列错误等；无序列帧用来建立和释放链路、报告过程错误、传送数据。

链路建立协议的工作过程的分为三个主要步骤：设备发现和地址冲突处理，链路建立，信息交换和链路关闭。

链路连接管理协议(IrLMP) 是 IrDA 设备的一部分，通过该设备上的软件可以发现另一个设备所能够提供的服务。这个协议支持多个程序，独立、并行地共享一个 IrLAP，并在主从设备间进行通信，其中包括探测、复用连接、控制连接。探测部分在每个设备中维护一个信息库，其中包含了当前设备所能提供的服务类型。服务作为对象进行处理，包含自己的属性，这些信息可用于其他设备进行查询。复用连接使得多个独立的程序可以通过一个单独的 IrLAP 连接交换数据。连接控制包含对连接的管理，其中包括对连接进行独占使用的管理。

IrLMP 在红外协议中处于承上启下的位置。连接管理包含连接管理信息访问服务(IAS)和连接管理复用(MUX)两个部分。这样在系统中就存在有四种服务，即 IrLAP 服务、MUX 服务、IAS 服务和 Transport 服务。其中和 IrLMP 直接有关的是前三种，IrLAP 服务是 IrLMP—MUX 层的服务提供者，负责发送 IrLMP 提交的任务和向 IrLMP 层提交收到的数据；MUX 服务是 IrLMP 层向上层协议提供服务的部分，负责和上层程序进行数据交换，达到复用单个 IrLAP 连接的目的，提供服务的位置称为 LSAP(Link Service

Access Points）；IAS 服务则向连接另一端的设备提供设备信息服务，使得其他设备可以了解本设备能够提供的服务。

IrLMP 根据 IrLAP 协议层建立的可靠连接和协商好的参数设置，提供了如下功能：

多路复用：允许在一个 IrLAP 链路上同时独立运行多个 IrLMP 服务连接。

高级搜索：在 IrLAP 搜索中解决地址冲突，处理具有相同 IrLAP 地址的多设备事件，并告知它们重新产生一个新的地址。

3）IrDA 高层协议

IrDA 高层协议包括 IrComm 和 IrNet。通过 IrComm，可以使计算机和配置红外的移动电话连接到 Internet 服务提供商或发送传真，而无需使用其他设备。通过 IrNet，可以在计算机与计算机或红外设备之间建立点对点的连接，也可以在计算机与网络访问点之间建立连接。

如果计算机带有内置红外设备或安装了红外收发器，则红外端口将作为本地端口显示在"添加打印机"对话框中。可以将打印机与该端口连接，然后通过该打印机打印，此时将使用 IrLPT 协议传输数据。

IrTran-P 图像传输协议适用于数码相机和其他数字图像捕获设备。通过 IrDA 将来自照相机或其他支持 IrTran-P 的设备的数字图像输入计算机。IrTran-P 服务作为受理服务执行，它从不初始化 IrTran-P 连接。

4）可选协议

（1）Tiny TP。它提供了两个功能：独立的流量控制的传输连接，分割和重组（Segmentation And Reassembly，SAR）。也就是说在链路管理协议层连接的基础上进行数据流控制以及分组与重新拼合数据。流传输协议层以链路管理协议层单元核为中心，进行数据连接、发送、断开和施加流控制等操作，其分组与重新拼合功能的基本思想是将较大的数据分成几块来进行传输，然后在另一方重新将其拼合起来。被分割和拼合的数据中一个完整的数据块称为服务数据单元，在 TP/LMP 连接建立时应明确该服务数据单元的最大尺寸。

（2）对象交换协议（IrOBEX）。OBEX 的全称为 Object Exchange（对象交换），即对象交换协议。它在此软件当中具有核心地位。对象交换协议（IrOBEX）的设计目的是使不同系统能交换大小和类型不同的数据。在嵌入式系统中最普遍的应用是任意选择一个数据对象，并将其发送到红外设备指定的任一地址，为了在接收方识别数据对象并顺利地进行数据处理，红外对象交换协议提供了相应的工具。

建立 IrOBEX 的目的就是尽可能完整地打包 IrDA 通信传输数据，这样可以大大简化通信应用的开发。IrOBEX 协议中包含了两种模式，即会话模式中的会话规则用来规范对象的交换，包括连接中可选的参数约定以及针对对象的"存"、"取"等一系列操作，它允许在不关闭连接的情况下终止传输，支持连接独立关断；而对象模式则提供了一个可扩展的目标和信息代表来描述对象，OBEX 协议构建在 IrDA 架构的上层，OBEX 协议通过简单地使用"PUT"和"GET"命令实现在不同设备、不同平台之间便捷、高效地交换信息。

## 10.2.3 红外接口器件

红外接口器件用于实现红外接口硬件部分，主要分为红外编/解码器和红外收发器两类。目前的大多数笔记本和掌上电脑都配有红外接口，但在台式计算机上使用红外接口大多都需要扩展红外线接口。在台式计算机上扩展红外接口的最简单方法是使用 USB 接口红外适配器。由于 Windows 2000/XP 操作系统已经全面支持红外协议，故通过红外适配器即可方便地与红外设备实现连接。

红外接口器件主要包括以下几类：

红外编/解码器：一般用于连接计算机系统的 UART，实现异步串行信号和红外调制信号之间的转换。这一类器件大多采用 SIR 标准，主要的产品有 HP 公司的 HSDL - 7001、微芯（Microchip）公司的 MCP2120、德州仪器（TI）公司的 TIR1000 等。

红外收发器：用于发送和接收红外线信号的器件，主要集成了红外发射二极管和红外接收二极管，主要的产品有安捷伦（Agilent Technologies）公司的 HSDL - 1001 和 HSDL - 3201 等。

红外协议处理器：包括红外编/解码器和红外协议软件的器件，如 Microchip 公司的 MCP 2150/2155，它的硬件接口和红外编/解码器件类似，但具备 IrDA 的协议控制。

红外桥器件：用于实现 IrDA 接口与其他接口的变换，如矽玛特（Sigmatel）公司的 USB - IrDA 桥控制芯片 STIr4200，还可实现 IrDA 与 USB 接口信号和协议的转换。

## 10.2.4　红外通信系统在智能电网中的应用

在智能电网中，红外通信的短距离通信的特点非常适合于远程抄表。以下以红外通信的自动抄表器的设计为例来介绍红外通信在智能电网中的应用。

**1. 系统结构**

智能电网中的自动抄表器主要由智能电表、红外抄表器、上位机和智能电网传输的用户数据等四个部分组成，其系统结构如图 10.2.7 所示。

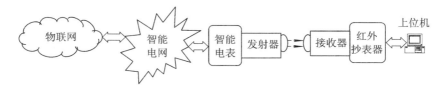

图 10.2.7　自动抄表器的结构

智能电表是三相多功能电表，它能实时从智能电网中采集数据，经计算和存储后，通过红外通信发射端口将数据发送至红外抄表器中。红外抄表器的 RS - 232C 通信接口和红外交数据接口连接，分别完成与上位机和智能电表的数据通信。上位机通过 RS - 232C 接口与红外抄表器进行数据交换。抄表器中的用户数据传输到上位机中进行存储和备份，上位机中的相关管理系统软件把处理后的数据反馈到抄表器中并通过屏幕显示。

抄表前，供电部门将抄表程序通过 RS - 232C 数据端口发送到抄表器中，抄表员在现场选择不同的用户电表进行非接触抄表。抄表完毕后，抄表员将抄表器的数据通过 RS - 232C 数据端口传递给计算机抄表数据库管理系统，以便进一步的数据处理。

**2. 红外收发器电路设计**

红外收发器包括红外接收器和红外发射器，是红外通信系统的主要构成部分，在设计时需重点考虑其电路的抗干扰设计。

1）红外发射器电路

红外发射器电路如图 10.2.8 所示。该电路由定时器电路、电平转换电路、光耦合电路及与单片机接口电路构成。

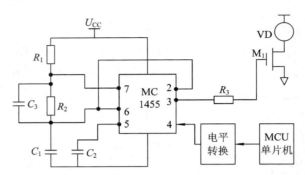

图 10.2.8　红外发射器电路

定时器电路采用美国安森美半导体（ON Semiconductor）公司的 MC1455 芯片完成定时功能。该芯片具有更低的功耗和更高的集成度。单片机 TxD 发出的信号经过电平转换送入 MC1455 的 4 脚，该信号决定了调制信号的频率。由于单片机输出的信号频率较低，带负载能力弱，因此需要加入载调制信号来增大信号的抗干扰能力。通常的做法是加入载波频率为 38 kHz 的调幅信号来驱动 TxD，然后再用已调制的信号对红外光进行光调制，以驱动红外发光管 VD 向外发射红外光。

$R_1$、$R_2$ 和 $C_1$ 为定时器脉宽调制控制器件，MC1455 的 3 脚输出低电平时，7 脚通过 $R_2$ 对 $C_3$ 和 $C_1$ 放电；当 3 脚输出高电平时，电源通过 $R_1$、$R_2$ 对 $C_1$ 和 $C_3$ 充电。定时器的振荡周期为一次完整的充放电过程，周期 $T$ 为

$$T = t_r + t_f$$

$$t_r = 0.69\left[\frac{R_1 C_1 C_3}{C_1 + C_3} + (R_1 + R_2)C_3\right]$$

$$t_f = 0.69\left[\frac{R_2 C_1 C_3}{C_1 + C_3} + R_2 C_1\right]$$

调制信号的占空比为

$$t_s = \frac{t_f}{t_r + t_f}$$

VD 为发光二极管，位于凸透镜的物体的焦点处，接收二极管位于凸透镜的像的焦点处。这样可使二极管的发射光平行射出，发射光遇到障碍物以后反射回来经凸透镜聚焦到红外接收二极管，而且是红外发光二极管与红外接收二极管处于同一平面。$M_1$ 为功率放大管，驱动发光二极管发射振荡的红外光脉冲。它的控制信号是 MC1455 的 3 脚。当发光二极管发射红外线去控制相应的受控装置时，其控制的距离与发射功率成正比。为了增加红外线的控制距离，红外发光二极管工作于脉冲状态，因为调制光的有效传送距离与脉冲的峰值电流成正比，因而只需尽量提高峰值电流就能增加红外光的发射距离。另外，通信过程中应避免太阳光和其他干扰光直射到接收器窗口上。为了增大通信距离，前置放大器 $M_1$ 的反馈电阻 $R_3$ 选小一点，使光最强时运算放大器处于线性工作区。

2）红外接收器电路

红外接收器电路如图 10.2.9 所示。该电路采用 PIN 型光电二极管把接收到的红外光脉冲信号变成电流脉冲信号，并依次通过限幅放大器、带通滤波器、前置放大器、检波器、积分器及整形电路，将红外 PIN 管送来的脉冲信号进行放大并送入限幅放大器，使其变为矩形脉冲，再通过滤波器进行频率选择，滤除干扰信号，由检波器滤除载频检出原始信号，最后经波形整形，送入单片机的 RxD 端口完成数据的传输。

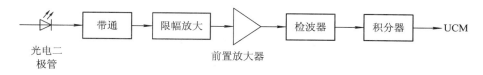

图 10.2.9　红外接收器电路框图

传统的红外接收电路采用集成模块来完成，这种模块包含限幅放大器、前置放大器、带通滤波器及 PIN 型光电二极管，如 TSOP18 模块、HS38 模块、VF0038 模块等。采用模块化设计的优点是设计简单、稳定性较高，而缺点是设计灵活性差，无法进行二次设计开发。红外接收器电路采用非模块化设计，可提高电路的灵活性。

PIN 型光电二极管接收光信号后直接进入带通滤波器，然后依次进入限幅放大器和前置放大器，这样可以避免周边环境光使前置放大器进入饱和区或者截止区，进而影响红外传输距离。滤波器可选用美国摩托罗拉（Motorola）公司的 MC14414 型带通滤波器，前置放大器和限幅放大器可选用 TI 公司的 TLC2262 系列芯片。检波电路可用简单的二极管来实现，积分电路可用集成运算放大器来实现。

上述实现的红外通信抄表系统的通信距离可达到 5 m，是物联网中一个低成本的短距离通信系统典型应用。

# 10.3　超宽带无线通信技术

在物联网中，感知控制层与网络传输层之间通信的另一种无线通信技术是目前广泛研究与应用的超宽带（Ultra Wideband，UWB）无线通信技术，它具有传输频带宽、传输速率高、成本低、功耗低、通信距离短等不同于常规无线通信的特点，广泛应用在各种末端接入，尤其是多媒体设备、传感网络、家庭与个人网络、智能交通、医疗卫生、信息探测与成像等领域，成为物联网中常用的短距离通信技术之一。

## 10.3.1　超宽带无线通信的概念及特点

### 1．超宽带无线通信的概念

UWB 是一种采用极窄的脉冲信号实现无线通信的技术，即脉冲无线电技术，它利用持续时间非常短（纳秒、亚纳秒级）的脉冲波形来代替传统传输系统的连续波形，从而实现无线通信。UWB 是由早期军用雷达技术发展起来的，随着 UWB 用于民用，该技术发生了巨大的变化。目前，UWB 已经不限于最初的冲激无线电技术，而是包括了任何可以使用超宽带频谱的通信形式。在 UWB 的发展演化过程中，它的定义经历了以下几个阶段：

1989 年前，UWB 信号主要是采用发射极短脉冲获得的。该技术广泛用于雷达领域并使用冲激（脉冲）无线电这个术语，属于无载波技术，在信号的带宽和频谱结构方面也没有明确的规定。

1989 年美国国防部高级研究计划署（DARPA）首次使用 UWB 术语，并规定当一个信号在 −20 dB 处的绝对带宽大于 1.5 GHz 或分数带宽大于 25％时，这个信号就是 UWB 信号。

2002 年美国联邦通信委员会（FCC）颁布了 UWB 的频谱规划，并规定只要一个信号在 −10 dB 处的绝对带宽大于 0.5 GHz 或分数带宽大于 20％，这个信号就是 UWB 信号。

超宽带信号使用绝对带宽（Absolute Bandwidth）和分数带宽（Fractional Bandwidth）两个指标来进行判定。

绝对带宽也称能量带宽，若某一波形的绝大部分能量都落入由 $f_H$ 和 $f_L$ 这两个频率作为上下限的频段范围内，则称 $f_H - f_L$ 为能量带宽，也就是信号功率谱最大值两侧某滚降点对应的上限频率 $f_H$ 与下限频率 $f_L$ 之差。FCC 规定将 $f_H$ 和 $f_L$ 定义在信号功率谱密度衰减为 −10 dB 的辐射点上，如图 10.3.1 所示。在实际应用中，$f_H$ 和 $f_L$ 不需要严格的定义，可有多种选择上下限频率的方法，常见的有 −3 dB、−20 dB 等不同的选择。

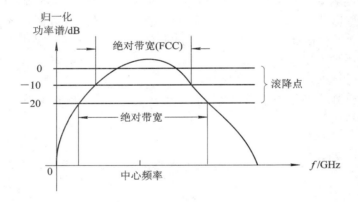

图 10.3.1　超宽带定义

分数带宽也称相对带宽，是指绝对带宽与中心频率之比。由于超宽带系统经常采用无正弦载波调制的窄脉冲信号承载信息，因此中心频率 $f_c$ 并非通常意义上的载波频率，而是上、下限频率的均值。分数带宽用数学公式可表示为

$$\frac{f_H - f_L}{f_c} = \frac{f_H - f_L}{\frac{1}{2}(f_H + f_L)}$$

从频域来看，UWB 与传统的窄带和宽带不同，它的频带更宽。通常窄带是指相对带宽小于 1％，宽带是指相对带宽在 1％～25％之间。相对带宽大于 25％，而且中心频率大于 500 MHz 的无线电技术，称为 UWB。

FCC 对 UWB 的定义是从信号带宽的角度来描述无线电信号的，没有指明具体的实现方式。目前常用的实现方式主要有脉冲无线电（Impulse Radio UWB，IR−UWB）和调制载波两种。IR−UWB 采用窄脉冲序列携带信息，直接通过天线传输，不需要对正弦载波进行

调制，因而实现简单，是 UWB 技术早期采用的方式。调制载波通常采用多带正交频分复用(Multiband Orthogonal Frequency Division Multiplexing UWB，MB‐OFDM‐UWB)实现。MB‐OFDM‐UWB 把整个有效带宽分为最小带宽不小于 500 MHz 的若干子带，采用 OFDM 技术实现，有利于实现低功率的高数据速率传输，适用于室内短距离高速率传输的应用场合。

UWB 不仅仅指的是 UWB 无线通信系统的底层传输技术，还应该是一个完整的系统体系。UWB 的系统规范是由 UWB 物理层(PHY)、UWB 媒体接入控制层(MAC)、UWB WiMedia 汇聚平台和各种应用构成的整体。

**2. 超宽带无线通信的特点**

UWB 技术可以实现低功耗、高速率的数据传输、UWB 设备不但可以实现通信，而且同时可以实现定位功能，在物联网中具有十分广阔的应用前景。超宽带无线通信系统的主要性能特点及技术优势表现在以下几个方面：

(1) 系统结构和硬件电路简单。IR‐UWB 实质上是一种占空比很低的无载波扩频技术。典型的 IR‐UWB 直接发射脉冲串，不再具有传统的中频和射频电路，这样 UWB 信号可以看成为基带信号。因此 UWB 系统的结构较简单，可以采用较简单的硬件电路来实现。

(2) 具有较好的隐蔽性及较高的处理增益。UWB 技术将信息符号映射为占空比很低的脉冲串，其功率谱密度很低，带宽很宽，有较好的信号隐蔽性。脉冲无线电中的处理增益主要取决于脉冲的占空比和发送每个比特所用脉冲数目，很容易就能实现比目前的扩频系统高得多的处理增益。

(3) 多径分辨能力强。由于 UWB 无线电发射的是持续时间很短且占空比很低的窄脉冲，多径信号在时间上是可分离的，因此可以采用高效能的 Rake 接收，充分利用发射信号的能量，实现在低功率下传输更远的距离。

(4) 传输速率高。从信号传播的角度考虑，UWB 无线通信由于能有效减小多径传播的影响，并且具有很宽的带宽，因而可以实现高速率的数据传输。

(5) 空间传输容量大。根据 Intel 公司的研究报告，IEEE802.11b 的空间容量，即每平方米每秒的传输速率为 $1(kb/s)/m^2$，蓝牙的空间容量为 $30\ (kb/s)/m^2$，IEEE802.11a 的空间容量为 $83\ (kb/s)/m^2$，而 UWB 无线通信的空间容量为 $1000\ (kb/s)/m^2$。可见，在空间容量方面，UWB 技术比现有无线通信系统具有更大的优势。

(6) 与其他系统具有良好的同频段共存性。共存性是指在相同的频带上，本通信系统不影响其他系统的正常工作，同时其他系统也不影响本系统的运行。UWB 脉冲的功率谱本身就很低，另外还可限制 UWB 信号的辐射能量，因此不会对其他系统产生影响。UWB 系统可以在已被其他系统占用的频带上正常工作，由 UWB 脉冲的时频特性和高处理增益很容易做到不被其他系统影响。这使得 UWB 无线通信系统可以在电磁环境复杂的环境中稳定、可靠地工作，同时对其他系统的影响又非常小，能很好地解决电磁兼容问题。

(7) 便于多功能一体化。由于 UWB 无线电直接发射窄脉冲，其脉冲宽度为纳秒级，甚至可以小于 1 ns，能够方便地实现定位功能，定位精度可以达到厘米级，成为未来无线定位的热门技术。采用 UWB 技术，可以实现通信和高精度定位功能的合一，同时 UWB 具有极强的穿透能力，可以在室内和地下环境下实现精确定位。

### 10.3.2 超宽带无线通信的频谱规范及相关标准

任何无线通信都要受到频谱的限制，对频谱的有效管理是实现正常无线通信的保障，因此超宽带无线通信的频谱需要给予管理，并符合一定的规范。目前，广泛采用的 UWB 信号频谱规范参考是 FCC 在 2002 年对 UWB 设备民用化所制定的规范。

FCC 准许 UWB 技术进入民用领域的条件是：在发送功率低于美国放射噪声规定值 $-1.3$ dBm/MHz(功率为 1 mW/MHz)的条件下，可将 $3.1\sim10.6$ GHz 的频带用于对地下和隔墙之物进行扫描的成像系统、汽车防撞雷达以及在家电终端和便携式终端间进行测距和无线数据通信。FCC 分别对探地雷达、墙内成像系统、穿墙成像系统、监视系统、医用图像系统、车辆雷达系统和手持通信设备等不同的应用做了不同的频谱规定，部分应用领域和相应的频段划如表 10.3.1 所示。

**表 10.3.1 FCC 规定的 UWB 应用领域频段**

| 应 用 领 域 | 频 段 |
|---|---|
| 探地雷达系统 | 960 MHz 以下，($3.1\sim10.6$ GHz) |
| 墙内成像系统 | 960 MHz 以下，($3.1\sim10.6$ GHz) |
| 穿墙成像系统 | 960 MHz 以下，($3.1\sim10.6$ GHz) |
| 医用系统 | $3.1\sim10.6$ GHz |
| 监视系统 | $1.99\sim10.6$ GHz |
| 车辆雷达系统 | 24.075 GHz 以上 |
| 手持设备 | $3.1\sim10.6$ GHz |

除了美国 FCC 制定了完整的商用 UWB 技术使用规范外，欧洲电信标准协会、日本、新加坡等国家以及国际电信联盟也逐步制定了 UWB 技术的相关规范。ITU 于 2005 年 10 月确定了各国家和地区 UWB 频谱分配的若干原则，2006 年 2 月，ITU 第一研究组批准给予 UWB 全球性监管标准的地位和一系列相关建议，具体规划由各国和各地区的相关组织自行确定。在这些频谱规范下，一些国际组织制定了 UWB 技术的应用标准，主要有 IEEE802.15.3a、IEEE802.15.4a 标准等。

### 10.3.3 超宽带无线通信的基本原理

依据 UWB 信号的基本特性，UWB 的传输技术可以分为脉冲传输和连续波传输两大类。脉冲传输是把信息调制在离散脉冲信号上发射，连续波传输是把信息调制在连续载波上发射。典型的脉冲超宽带无线通信系统和 IEEE802.15.4a 低速 WPAN 标准主要采用脉冲传输技术。脉冲超宽带无线通信系统利用持续时间为纳秒或亚纳秒级的冲激脉冲(或称为超短脉冲)携带信息，既可以用单个脉冲传递不同的信息，也可以使用多个脉冲传递相同的信息。以下分别介绍脉冲调制技术和多址技术及相应的 UWB 通信系统结构。

**1. 典型脉冲调制**

由于对功率的有效性有较高的要求，因此，脉冲 UWB 的调制方式一般采用 PPM（Pulse Position Modulation，脉冲位置调制）、PAM（Pulse Amplitude Modulation，脉冲幅度调制）、BPSK（Binary Phase Shift Keying，二进制相移键控调制）和 OOK（On Off Keying，开关键控）等方式。

PPM 是通过改变发射脉冲的时间间隔或发射脉冲相对于基准时间的位置来传递信息的；PAM 是通过改变脉冲幅度的大小来传递信息的。PAM 既可以改变脉冲幅度的极性，也可以仅改变脉冲幅度的绝对值大小；BPSK 只通过改变脉冲的正负极性来调制二进制信息，脉冲幅度的绝对值相同；OOK 仅通过两种脉冲幅度即脉冲的有和无来传递信息。在 PAM、BPSK 和 OOK 调制中，发射脉冲的时间间隔是固定不变的。

为了增加单个脉冲的抗干扰能力，以及满足系统支持多用户应用的需要，在脉冲超宽带无线通信系统中，往往采用多个脉冲传递相同的信息，该多脉冲调制与多址技术的基本思想是一致的。

采用多脉冲调制时，将传输信息的多个脉冲称为一组脉冲。多脉冲调制过程可以分两步：第一步是每组脉冲内部单个脉冲的调制；第二步是每组脉冲作为整体的调制。

在第一步中，每组脉冲内部的单个脉冲通常采用位置或极性调制；在第二步中，每组脉冲作为整体通常可以采用 PAM、PPM 或 BPSK 等调制。

一般把第一步称为扩频（Spread Spectrum，SS），而把第二步称为信息调制。因而在第一步中，通常把位置调制称为跳时扩频（Time Hopping Spread Spectrum，THSS），每组脉冲的每一个脉冲具有相同的幅度和极性，但各脉冲的时间位置不同；把极性调制称为直接序列扩频（Direct Sequence Spread Spectrum，DSSS），每组脉冲内部的每一个脉冲具有固定的时间间隔和相同的幅度，但每个脉冲的极性不同。

在第二步中，将需要传输的信息比特采用 PPM、PAM、BPSK 或 OOK 等调制技术进行调制。这样，第一步和第二步的不同组合就产生了 TH - PPM、DS - PPM、TH - PAM、DS - PAM、TH - BPSK 和 DS - BPSK 等脉冲调制技术。

多脉冲调制不仅可以降低单个脉冲的发射功率，而且还可以利用 SS 扩谱序列之间的正交性或准正交性来抑制多址干扰。此外，在多脉冲调制中，同一用户也可以利用不同 SS 扩谱序列之间的正交性，通过同时传输多路多脉冲调制的信号来提高系统的通信速率。

**2. 典型的 UWB 脉冲调制系统**

1）TH - PPM

TH - PPM 通信系统原理如图 10.3.2 所示。发送端的信号由 PN 码序列产生器和信息比特序列共同决定调制符号的跳时输出，经脉冲波形成器和发射天线后进入多径无线信道，接收端假设系统同步和理想信道估计，由模板信号发生器产生本地匹配波形与接收信号经乘法器进行脉冲相关解调和能量累加后，通过采样、判决比较恢复出解调数据。

考虑到 TH - PPM 是一个多用户或多址通信系统，其输出信号的数学表达式为

$$s_{\mathrm{TX}}^{(k)} = \sum_{n=-\infty}^{+\infty} \sum_{j=0}^{N_s-1} p(t - nT_s - jT_p - c_j^{(k)}T_c - \varepsilon d_n^{(k)}) \tag{10.3.1}$$

式中，$p(t)(0 \leqslant t \leqslant T_p)$ 为 UWB 脉冲波形，$T_p$ 为脉冲的宽度；$T_s$ 为信息码元的持续时间，

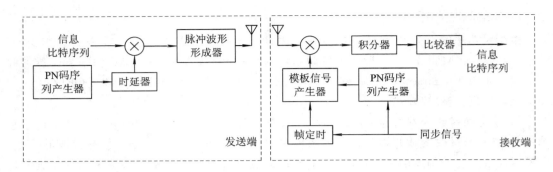

图 10.3.2 TH – PPM 通信系统原理图

它由 $N_s$ 帧组成，每一帧里包含一个脉冲，帧周期为 $T_f$（两个相邻的脉冲间隔），$N_s$ 为传输单个数据符号使用的脉冲数；$c_j^{(k)}T_c$ 是由于 TH 码引起的时移，$c_j^{(k)}$ 为用户 $k$ 专属的 TH 码序列的第 $j$ 个系数，$T_c$ 为码片时间（Chip Time）。每一个 TH 码都是一个由 $N_p$ 个相互独立且服从相同分布的随机变量构成的序列，其随机变量以概率 $1/N_h$ 取 $[0，N_h-1]$ 范围内的整数值，$N_h$ 也表示一个帧周期内最大可能的跳时位置数。在实际应用中，一般取 $N_p = N_s$。$\varepsilon d_n^{(k)}$ 代表数据调制引起的时延，$\varepsilon$ 为 PPM 偏移量，$d_n^{(k)}$ 为用户 $k$ 发送的数据符号。需要注意的是，经过调制后的每一个脉冲宽度都要限制在 $T_c$ 范围内，即 $\varepsilon \leqslant T_c - T_p$。TH – PPM 调制波形的示意图如图 10.3.3 所示。

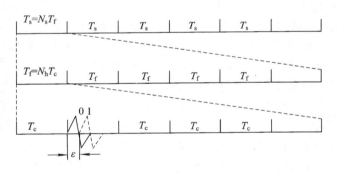

图 10.3.3 TH – PPM 调制波形的示意图

在实际的系统中，由于两个相邻的脉冲间隔 $T_f$ 远大于脉冲的宽度 $T_p$，所以可以利用不相关的时间间隔来传输不同用户的信号以实现多址通信。同时，由于 PPM 调制偏移 $\varepsilon \ll T_f$，可以认为脉冲是等间隔的，因此发射信号的功率谱对其他的通信系统易造成较强干扰。这时采用一定的跳时方式，相邻脉冲的间隔不再是等间隔的，可以平滑发射信号的功率谱，以减小 UWB 系统对其他通信系统的干扰。

TH – PPM 系统利用用户跳时码之间的正交性可以避免用户信号之间的相互干扰，同时还可以大大减弱辐射信号中的离散谱线。实际应用中，还可以根据信道状况改变 $N_s$ 达到调整数据传输速率和适应信道的目的。当信道状况良好时，可以减小 $N_s$，提高传输速率；当信道条件恶劣时，增加 $N_s$ 并降低传输速率可以提高传输可靠性。

2）DS – PAM

DS – PAM 是采用直接扩频的 PAM 的调制超宽带无线通信技术，是 PAM 与直接扩频技术的结合,其系统结构如图 10.3.4 所示。

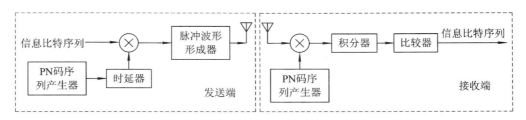

图 10.3.4　DS－PAM 通信系统原理图

单路 DS－PAM 信号的数学表达式为

$$s(t) = \sum_{j=-\infty}^{+\infty} a_j c_j p(t - jT_f) \qquad (10.3.2)$$

式中,$a_j$ 为经过 PAM 调制的二进制数据,$c_j$ 是伪随机 DS 码序列,$p(t)$ 为单个 UWB 脉冲,$T_f$ 为帧周期。

**3. 典型的 UWB 成形脉冲**

早期的超宽带系统采用高斯单周脉冲等无载波脉冲携带信息,称为无载波通信。这种系统不需要复杂的载波调制解调,可大大降低系统实现复杂度。FCC 对超宽带的新定义和频谱分配对超宽带信号成形技术提出了新的挑战,促进了超宽带信号成形技术的研究。目前,常见的 UWB 成形脉冲主要有高斯脉冲及其各阶导数脉冲、Hermite 正交脉冲以及扁长椭球波函数(PSWF)正交脉冲等。

## 10.3.4　UWB 典型信道模型

信道模型包括路径损耗模型和多径模型。UWB 的路径损耗模型可以用来进行系统链路预算的设计,研究 UWB 系统与其他无线电系统间的电磁兼容性,实现粗略估计 UWB 设备在物理层运行环境下的系统性能。

目前常用的 UWB 信道模型有 IEEE802.15.3a 路径损耗模型和包括了环境因素的 UWB 对数路径损耗模型。以下介绍 IEEE802.15.3a 和 IEEE802.15.4a 信道模型。

**1. IEEE802.15.3a 信道模型**

IEEE802.15.3a 信道模型是关于 WPAN 的标准,其路径损耗模型和多径模型分别采用修正的自由空间损耗模型和修正的 S－V 多径模型。以下仅介绍路径损耗模型。

路径损耗(Path Loss)是在发射器和接收器之间由传播环境引入的损耗量,也就是发送端的发送信号到达接收端时所产生的衰减,可定义为有效发射功率和平均接收功率之间的差值。

自由空间损耗模型是由 Friis 提出的,模型中预测的接收信号功率是收发两端之间距离 $d$ 的函数,Friis 公式表示为

$$P_r(d) = \frac{P_t G_t G_r c^2}{(4\pi d)^2 f^2 L} \qquad (10.3.3)$$

式中，$P_r$ 为接收功率，$G_r$ 为接收天线增益，$P_t$ 为发射功率，$G_t$ 为发射天线增益，$c$ 为光速，$f$ 为窄带信号的频率，$L$ 为损耗因子。

如果 UWB 发射机与接收机都采用全向天线，则接收信号的平均功率谱密度可以表示为

$$P_r(f) = \frac{P_t(f)G_t(f)G_r(f)c^2}{(4\pi d)^2 f^2 L} \tag{10.3.4}$$

式中，$P_t(f)$ 为平均发射功率谱密度，$G_t(f)$ 和 $G_r(f)$ 分别为发射天线和接收天线的频率响应。平均发射功率表示为

$$P_{ave}(f) = \int_{-\infty}^{+\infty} P_t(f)G_r(f) \, \mathrm{d}f \tag{10.3.5}$$

FCC 规定 UWB 发射信号的整个功率谱密度必须限制在 $-41.3$ dB/MHz 之下，若 UWB 发射信号的频率范围为 $f_c - \dfrac{W}{2} \sim f_c + \dfrac{W}{2}$（$W$ 为 UWB 信号的带宽），则对应的功率谱密度为 $P_{ave}/W$，接收天线端输出的信号平均功率为

$$P_{rave} = \int_{f_c - W/2}^{f_c + W/2} P_r(f) \, \mathrm{d}f = \frac{P_{ave} G_r^2 c^2}{W(4\pi d)^2 f_c^2} \left[ \frac{1}{1 - (W/2f_c)^2} \right] \tag{10.3.6}$$

因此，UWB 路径损耗模型与传统的窄带路径损耗模型的不同之处是增加了一个修正项。在 FCC 规定的 3.1～10.6 GHz 的 UWB 频带范围内，修正值在 1.5 dB 左右，这种差别还会随着信号相对带宽的减小而减小。在 10 m 的距离之内，UWB 信号的路径损耗与 Friis 公式近似，所以可以用窄带系统的自由空间路径损耗模型来估计 UWB 系统的路径损耗。

**2. IEEE802.15.4a 信道模型**

IEEE802.15.4a 工作组目的是开发出适用于无线传感器网络和类似设备的物理层协议，以支持 IEEE802.15.4 的 MAC 层协议，并达到高能量利用率的低速率数据传输和定位的目的。

IEEE802.15.4a 信道模型包括四种信道模型：2～10 GHz 的 UWB 信道模型、100～1000 MHz 的室内办公环境下的信道模型、2～6 GHz 的身体四周（Body Area）的信道模型和 1 MHz 载频的窄带信道模型。其中 2～10 GHz 的 UWB 信道模型又分为居住环境、室内办公环境、户外环境和工业环境四种环境。

**3. 路径损耗模型**

由于 UWB 信号占用频带太宽，因此路径损耗不仅是距离的函数，而且也是频率的函数。大量的测试表明，在任意距离 $d$ 处的路径损耗是随机的，且服从对数正态分布。为了简化路径损耗的计算，这里采用距离的指数方程来描述任意发射机到接收机的平均路径损耗。路径损耗模型表示为

$$PL(d) = PL_0 + 10\gamma \lg\left(\frac{d}{d_0}\right) + S_\sigma(d) \tag{10.3.7}$$

式中，参考距离 $d_0 = 1$ m，$PL_0$ 是参考点处的路径损耗，$\gamma$ 是路径衰减指数，和环境因素有关。$S_\sigma(d)$ 是由阴影效应引起的损耗，服从正态分布，单位为 dB，其大小与不同路径上的

信号混乱程度有关。阴影效应主要是由于信道散射的存在，使得传播空间上的信号变得混乱，$PL(d)$ 随着发射机到接收机的距离的增大，变化的幅度也越来越大。因此，路径损耗的大小与信道中传播的情况有关，传播路径越多，则类似自由空间传播的情况所占的比例越大，于是 $\gamma$ 变小，损耗减少；反之 $\gamma$ 增大，损耗增大。

UWB 的应用对应两个领域：一个是极短距离、极高数据率的传输系统，数据传输速率可高达数百兆位每秒，主要用来构建短距离的高速 WPAN、家庭无线多媒体网络以及替代高速短程有线连接，通信距离一般在 10 m 以内，对应的是 IEEE802.15.3a 标准；另一个是较长距离、较低功率和低数据率的传输系统，通常数据传输速率在 1 Mb/s 范围内，主要用于无线传感器网络和低速连接，并且关注 UWB 技术的高精度测距和定位功能、低功率辐射和低功耗及低成本的通信，对应的是 IEEE802.15.4a 标准。相应地，IEEE 802.15.3a 信道模型和 IEEE802.15.4a 信道模型分别是各自的工作组根据其工作环境建立的信道模型。根据各自信道模型的定义，确定信道的各个参数值以后，就能生成相应的信道模型，为 UWB 系统的研究和应用服务。

## 10.3.5　UWB 的应用

### 1. UWB 的应用领域

UWB 脉冲信号的发射功率十分低，仅仅相当于一些背景噪声，可以有效解决其他窄带信号系统的电磁兼容问题，为当今解决无线频谱资源分配问题提供了一个有效的方法，因此，UWB 技术被认为是下一代无线通信的关键技术之一，已逐渐成为无线通信领域研究和开发的一个热点。UWB 技术逐渐趋近成熟，其应用也将会越来越广泛。目前，UWB 的典型应用包括以下几个领域。

1）通信、雷达和定位领域

在通信领域，UWB 可以提供高速率的无线通信。在雷达方面，UWB 雷达具有 ns 级的高分辨力，是反隐身的主要技术之一。当前的隐身技术主要采用隐身涂料和隐身特殊结构，但这些都只能在一个不大的雷达信号频带内有效，而在 UWB 超宽的频带内，目标就会显现。UWB 雷达还具有很强的穿透能力，UWB 信号能穿透土地、混凝土、水体等介质，因此在军事上可用来探测地雷，在民用上可以用于查找地下金属管道、探测高速公路地基等。在定位方面，UWB 可以提供很高的定位精度，使用 UWB 脉冲可以辨别出隐藏的物体或墙体后运动着的物体，定位误差只有几厘米。由此可见，采用同一个 UWB 设备就可以同时实现通信、雷达和定位三种功能。

2）无线电子消费

UWB 技术可以满足高速无线连接的需求，尽管 UWB 的通信距离比较短，它不能像其他无线通信方式那样接入宽带网络，但是 UWB 本身具有很宽的带宽，在接入上一级网络的同时，还能作为下一级网络的网关，从而可以把整个家庭组成一个星形网络。随着消费电子的高速发展，音频和视频接收机、数字电视、DVD、MP3 播放器和数码相机等各种娱乐设备已进入千家万户，在不久的将来，采用 UWB 技术，仅需要小小的网关和收发器就可以组建一个真正的无线家庭。因此，UWB 将会在消费无线电子领域大有作为。

3）基于 Ad Hoc 的 UWB 网络

UWB 既可用于构建各种近距离无线高速的传输网络，又可支持无线传感器网络的部署。基于 Ad Hoc 的 UWB 网络通常由一组终端节点构成，这些终端节点可以是各种多媒体设备、传感器及个人设备等，它们的空中接口采用 UWB 技术。多个终端节点之间可以进行临时组网以交互信息，并可以通过多跳方式扩大网络的覆盖范围。从理论上讲，每一个节点都可以作为 UWB 网络与其他网络进行通信的转接节点，但是在实际的应用中，每个节点的具体功能还要取决于整个网络的拓扑结构。随着各种数字家电应用的成熟和无线传感器网络的逐步发展，在未来的家庭中，还可进一步构建基于安全和健康监测的家庭监控网，如室内煤气浓度的监测、室内空气质量监测、室内防盗监测、远程家电遥控以及用于远程医疗的家庭健康实时监控等。可见，未来智能无线数字家庭网络必然是由多种异构网络混合组成的，而由于 UWB 既支持近距离高速率传输，又支持远距离低速率传输，能够克服由于室内丰富的多径传播环境所造成的信号衰落，且同时具有定位功能，因此它能够支持家庭网络所涉及的各种业务。同时，利用 Ad Hoc 组网的灵活性可以很好地按需扩展未来家庭网络的多种功能，并解决多种异构网络的互联问题。

**2. UWB 的家庭健康监护系统**

UWB 的家庭健康监护系统是要实现医疗健康保健进入家庭，在家中实施健康监护、诊断和保健多位一体的一种新的医疗技术和模式。即将诸如血压仪、血糖仪、家用心电图等家用医疗设备通过 UWB 技术组合起来形成一个家庭监测医疗系统，在家中进行各项生命指标的监测[18]。

医疗监测仪器和监护基站之间采用 UWB 技术进行通信，监护基站可以建立在社区或社区医院，实时接收血压、心电图、体温等关键的生理数据。采用 UWB 技术的家庭健康监护系统结构如图 10.3.5 所示。

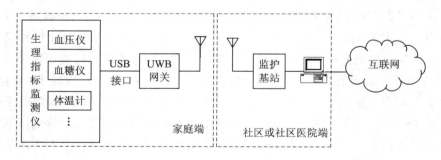

图 10.3.5　UWB 家庭健康监护系统结构图

生理指标监测仪可以使用各种形式的医疗监测仪器，实时采集人体生理指标数据，再利用 UWB 传输技术将采集到的数据发射到监护基站。监护基站布置在小区内接收数据，可以定位及跟踪人所处的位置，并将收集到的生理数据存入计算机或通过互联网传输到远程医疗中心，实现医疗保健与远程监护的目的。

由于同一个 UWB 设备可以实现通信和定位功能，因而使得这项技术在家庭医疗健康监护中的应用比其他无线传输技术具有更多的优势。

# 本 章 小 结

在物联网中，经常需要和物理空间较小范围的感知层物联网终端进行灵活的接入，实现感知控制层与网络传输层的通信。这就需要采用一种非接触式的近距离无线通信来承载信息的传输，目前能完成这样功能的无线通信技术主要有蓝牙、红外技术、超宽带无线技术、WI-FI 技术以及无线传感网络。本章从原理与应用两个方面来介绍蓝牙技术、红外通信技术、超宽带无线技术。

蓝牙技术具有功耗低、通信速率高、传输距离短、工作频段不受限制、可靠性高、通信距离短、可灵活组网、自动搜索、成本低廉和技术成熟、应用范围广等特点。

蓝牙通信系统主要由无线射频通信电路、基带与链路控制器、链路管理器、主机控制器和蓝牙音频 5 个部分构成。蓝牙采用跳频的码分多址通信技术来实现数据和语音传输。

红外线是一种波长范围在 750 nm～1 mm 之间的电磁波，它的频率高于微波而低于可见光，是一种人眼看不到的光线。任何物体，只要其温度高于绝对零度（-273℃），就会向四周辐射红外线。物体温度越高，红外辐射的强度就越大。红外通信一般采用红外波段内的近红外线，即采用波长在 $0.75\sim25\ \mu m$ 之间的电磁波进行无线通信。

红外通信由发射器部分、信道部分和接收器部分组成。发射器部分包括红外发射器和编码控制器，接收部分包括红外探测器和解码控制器。由于红外无线数据通信系统采用双向通信方式，所以一般在红外无线数据通信系统中把红外发射器与红外探测器合为一个红外收发器。与之对应，编码控制器和解码控制器合为红外编/解码控制器，亦简称为红外控制器。信道部分是指红外通信中光线传输的方式。

UWB 是一种采用极窄的脉冲信号实现无线通信的技术，即脉冲无线无线电技术，它利用持续时间非常短（纳秒、亚纳秒级）的脉冲波形来代替传统传输系统的连续波形，从而实现无线通信。

UWB 不仅仅指的是 UWB 无线通信系统的底层传输技术，而应该是一个完整的系统体系。UWB 的系统规范是由 UWB 物理层（PHY）、UWB 媒体接入控制层（MAC）、UWB WiMedia 汇聚平台和各种应用构成的整体。

UWB 的传输技术可以分为脉冲传输和连续波传输两大类。脉冲传输是把信息调制在离散脉冲信号上发射，而连续波传输是把信息调制在连续载波上发射。

# 习 题 与 思 考

10-1　短距离无线通信技术主要有哪些？这些技术与物联网的关系如何？

10-2　简述蓝牙技术的特点。

10-3　蓝牙的通信距离与发送功率有何关系？

10-4　蓝牙物理信道采用何种技术？该技术有何优点？

10-5　试述蓝牙设备的接入过程。

10-6　蓝牙协议体系可以分为哪几层？简述这些层的主要内容。

10-7 什么是红外线？IrDA 是如何规定红外通信波长的？

10-8 简述红外通信的特点。

10-9 红外线的传输路径有哪些方式？试绘图说明。

10-10 IrDA 的低层协议包括哪些？试述这些协议的简要功能。

10-11 试述红外链路建立协议的工作过程。

10-12 UWB 是如何定义的？

10-13 试简述 UWB 通信的特点。

10-14 FCC 是如何规定 UWB 的应用领域频段的？

10-15 试分别画出 TH-PPM 和 DS-PAM 超宽带无线通信系统原理图，并简要说明其工作原理。

10-16 UWB 典型信道模型有哪些？其应用场合如何？

10-17 试简述 UWB 的应用领域。

# 第3篇 无线传感器网络

　　无线传感器网络(Wireless Sensor Network, WSN)是物联网的一个重要的组成部分，是物联网的感知控制层中实现"物"的信息采集、"物"与"物"之间相互通信的重要技术手段。无线传感器网络是狭义上的物联网，它是物联网的雏形，是物质基础之一，同时也是泛在网的重要基础。本篇将介绍无线传感器网络的发展概况、基本结构、通信协议、定位技术以及应用。

# 第 11 章　概　　述

无线传感器网络是物联网感知控制层的重要组成部分之一，它是由部署在感知区域内的大量传感器节点间相互通信而形成的一个多跳自组织网络系统，可以广泛应用于军事和民用领域。

目前，无线传感器网络已逐渐成为当今信息领域新的研究和应用热点。随着物联网的提出及进一步发展，无线传感器网络被赋予了新的内涵，它不只是简单意义上的监测、监视，而且还具有了"感知"内涵，在物联网的框架内，它的发展和应用将会给人类的生活和生产等各个领域带来深远影响。

## 11.1　无线传感器网络的概念与特点

### 1. 无线传感器网络的概念

无线传感器网络就是部署在监测区域内大量的廉价微型传感器节点组成的，通过无线通信方式形成的一个多跳自组织网络的网络系统，其目的是协作感知、采集和处理网络覆盖区域中感知对象的信息，并发送给观察者。

传感器、感知对象和观察者是无线传感器网络的三个要素。传感器之间、传感器与观察者之间是以无线网络的通信方式进行通信的，通过无线网络在传感器与观察者之间建立通信路由。协作感知、采集和处理信息是传感器网络的基本功能。由于无线传感器网络中的部分或者全部节点是可移动的，因此无线传感器的拓扑结构也会随着节点的移动而发生改变。无线传感器网络节点之间以 Ad Hoc[①] 方式进行通信，每个节点既可以作为终端来实现感知功能，又可以作为路由器来执行动态搜索、定位和恢复连接的功能。

### 2. 无线传感器网络的体系结构

#### 1) 无线传感器节点结构

一个无线传感器节点一般由传感器模块、处理器模块、无线通信模块和电源模块四部分构成，如图 11.1.1 所示。传感器模块负责采集监测区域内的信息，并进行数据格式的转换，将原始的模拟信号转换成数字信号，不同的传感器采集不同的信息。处理器模块一般由嵌入式系统构成，用于处理存储传感器采集的信息数据并负责协同传感器节点各部分的工作，它具有控制电源工作模式的功能，可以实现节能。此外，处理器模块还负责处理由其他节点发来的数据。无线通信模块的基本功能是将处理器输出的数据通过无线信道与其他节点或基站通信。一般情况下，无线通信模块具有低功耗、短距离通信的特点。电源模

---

① Ad Hoc 源于拉丁语，引申为一种有特殊用途的网络。IEEE802.11 标准委员会采用了"Ad Hoc 网络"一词来描述这种特殊的自组织对等式多跳移动通信网络。

块用于为传感器节点提供能量，一般采用微型电池供电。

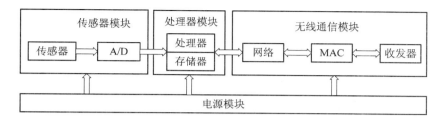

图 11.1.1　无线传感器节点结构

另外，在无线通信模块中，当发送数据时，数据经过网络层传到数据链路层（Data Link Layer），再由数据链路层传到物理层，如图 11.1.1 中的收发器所示，此时数据被转换成二进制信号以无线电波的形式传输出去。接收数据时，收发器将所接收到的无线信号经过解调后，将其向上发给 MAC 层再到网络层，最终到达处理器模块，由处理器做进一步处理。

2）无线传感器网络系统结构

无线传感器网络系统通常包含大量的传感器节点（Sensor Node）、汇聚节点（Sink Node）和管理节点。大量的传感器节点随机部署在监测区域（Sensor Field），通过自组织的方式构成网络。传感器节点采集的数据通过其他传感器节点以逐跳的方式在网络中传输，传输过程中数据可被多个节点处理，经过多跳路由后到达汇聚节点，最后通过互联网或者卫星到达数据处理中心。同样，数据处理中心也可以沿着相反的方向，通过管理节点对传感器网络进行管理，发布监测任务以及收集监测数据。无线传感器网络系统结构如图 11.1.2 所示。

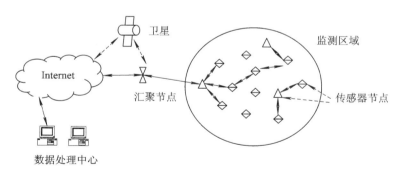

图 11.1.2　无线传感器网络系统结构

3）无线传感器网络协议体系结构

任何一个网络系统都有自己的网络协议，无线传感器网络也不例外。由于网络协议是由多个相互联系、相互依存的规程或软件构成的，因此这些协议构成了一个完整的体系。

无线传感器网络协议体系是对网络及其部件应完成功能的定义与描述。它由网络通信协议、传感器网络管理以及应用支撑技术组成，其结构如图 11.1.3 所示。

分层的网络通信协议结构类似于传统的 TCP/IP 协议体系结构，由物理层、数据链路层、网络层、传输层和应用层组成。物理层的功能包括信道选择、无线信号的监测、信号的发送与接收等。无线传感器网络采用的传输方式可以是无线、红外或者光波等。物理层的

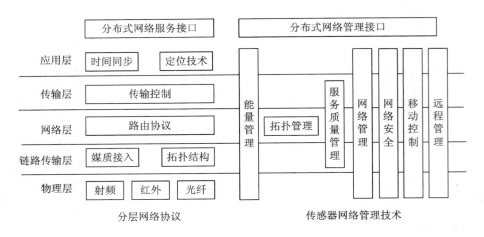

图 11.1.3　无线传感器网络协议体系结构

设计目标是以尽可能少的能量损耗获得较大的链路容量。数据链路层的主要任务是建立一条无差错的通信链路，该层一般包括媒体访问控制（MAC）子层与逻辑链路控制（LLC）子层，其中 MAC 子层规定了不同用户如何共享信道资源，LLC 子层负责向网络层提供统一的服务接口。网络层的主要功能是完成分组路由、网络互连等。传输层负责数据流的传输控制，提供可靠、高效的数据传输服务。

网络管理技术主要用于对传感器节点自身的管理以及用户对传感器网络的管理。网络管理模块是网络故障管理、计费管理、配置管理、性能管理的总和，此外还包括网络安全模块、移动控制模块、远程管理模块。传感器网络的应用支撑技术可为用户提供各种应用支撑，包括时间同步、节点定位，以及协调应用服务接口。

**3. 无线传感器网络的特点**

与常规无线网络相比，无线传感器网络在通信方式、动态组网以及多跳通信等方面有许多相似之处，但同时也存在很大的不同。无线传感器网络有以下几方面的特点：

（1）电源供给有限。无线传感器节点体积较小甚至微小，其携带电源也是体积较小的电池，因此也就决定了电池的能量较小，不能进行长期的工作，因此电源供给是非常有限的。另外，由于传感器节点数目庞大，成本要求低廉，分布区域广，而且部署区域环境复杂，有些区域甚至人员不能到达，因此传感器节点一般无法通过更换电池来延长工作寿命。如何在网络的使用过程中节省能源，使网络的生命周期最大化，是传感器网络面临的首要问题。

（2）通信能力有限。传感器网络的通信带宽较窄而且经常变化，通信半径只有几十米到几百米。无线传感器节点之间的通信断续较频繁，经常会导致通信失败。由于无线传感器网络通常部署在较复杂的区域，因此更易受到高山、建筑物、障碍物等地势地貌以及风雨雷电等自然环境的影响，节点可能会长时间工作在脱网的状态下，通信能力受到非常大的限制。所以，如何在有限通信能力的条件下完成感知信息的处理与传输，是传感器网络面临的又一难题。

（3）计算能力有限。无线传感器节点是一种以微型嵌入式系统构成的集信息采集、处理、通信为一体的设备，且要求其成本低、功耗小，这就决定了它的处理器应是低成本且存储器容量较小的计算机系统，因此它的计算能力有限。如何在有限的计算能力下提高信息处理能力是无线传感器的第三个难点。

（4）网络规模大、分布广。传感器网络中的节点分布密集、数量巨大，可能达到几百、几千万个，甚至更多。此外，传感器网络可以分布在很广泛的地理区域。这一特点使得网络的维护十分困难甚至不可维护，因此传感器网络的软、硬件必须具有高强壮性和容错性，以满足传感器网络的功能要求。

（5）自组织、动态性网络。在无线传感器网络应用中，节点通常部署在自然条件较差的地方。节点的位置不能预先精确设定，节点之间的相互邻居关系也无法预先知道，这就要求传感器节点具有自组织能力，能够自动进行配置和管理。同时，由于部分传感器节点能量耗尽或环境因素造成失效，以及经常有新的节点加入，或是网络中的传感器、感知对象和观察者这三要素都可能具有移动性，这就要求传感器网络必须具有很强的动态性，以适应网络拓扑结构的动态变化。

（6）以数据为中心的网络。无线传感器网络的主要任务是数据采集，应用者感兴趣的是传感器产生的数据，而不是传感器本身。因此，无线传感器网络是一种以数据为中心的网络。

（7）与应用相关的网络。无线传感器网络是用来感知并获取物理世界的信息量的。客观世界的物理量多种多样，不可穷尽。不同的传感器网络应用关心不同的物理量，因此对传感器的应用系统也有多种多样的要求。不同的应用背景对传感器网络的要求不同，其硬件平台、软件系统和网络协议必然会有很大差别，在开发传感器网络应用中，更关心传感器网络的差异。因此，针对每一个具体应用来研究传感器网络技术，是传感器网络设计不同于传统网络的显著特征。

# 11.2　无线传感器网络的关键技术与应用难点

## 11.2.1　无线传感器网络的关键技术

无线传感器网络（WSN）的关键技术主要有以下几个方面。

### 1. 通信协议

由于 WSN 节点携带的电源有一定的时间寿命，传感器节点本身的计算、存储和通信能力都十分有限，各个节点只能采集特定局部区域的信息，并将采集的信息送往汇聚节点，汇聚节点要对大量数据进行协同处理，这些特点都要求传感器节点所运行的网络通信协议不能太复杂。另外，WSN 拓扑结构具有的动态变化属性和使用环境不同，使得其节点的配置情况和随机形成的网络拓扑也不同。网络使用的通信协议应该适应应用环境的变化。

WSN 的通信协议内容涉及物理层、数据链路层、网络层和传输层，以及各个不同层之间的相互配合和标准接口，这就要求形成一个完整的网络的通信协议体系以满足能量受限、拓扑结构易变的特点。

### 2. WSN 的支撑技术

WSN 支撑技术的应用可使各行各业的用户能够在各种不同的环境中建立起面向应用

的信息服务。因此，WSN 的支撑技术可以极大地降低应用的复杂度。WSN 的支撑技术主要包括以下内容：

（1）网络拓扑控制技术及新型传感器的技术和理论。

（2）传感器节点定位技术，以数据为中心的时钟同步技术。

（3）传感器节点能量经济使用的控制技术及数据融合技术。

（4）各种典型场合最佳的数据传送路由算法及技术，及传输网络的多种异构网络的互联互通技术。

（5）节点和网络的最佳覆盖控制技术及无线传感器网络的微执行器技术。

（6）新型无线传感器节点电源及其控制技术，网络数据安全技术等。

**3. 自组织管理技术**

无线传感器网络的动态拓扑结构和应用环境的多变性要求无线传感器网络具有自组织的能力，在任何应用环境中能够自动组网、自行配置维护、自动启动运行。自组织管理技术使终端用户避免大量繁琐的配置及操作，可方便地管理、配置和使用无线传感器网络。

网络的自组织管理技术内容包括传感器节点管理、网络资源与任务管理、无线传感器网络中各个环节的数据管理、初始化和整个网络系统的运行维护管理等。

## 11.2.2 物联网中无线传感器网络应用的难点

无线传感器网络是物联网的重要组成部分。物联网中，除 WSN 外还有其他性能不同、通信方式不同的异构物联网终端（感知控制设备），这些大量的异构物联网终端与 WSN 共同构成了一个复杂的物联网系统。WSN 在与其他物联网终端协同应用会产生以下几个方面的应用难点：

（1）承载通信网的异构与互联。WSN 节点通过与汇聚节点与现有的各种信息网络的互联是 WSN 应用的难点之一。物联网中的网络传输层是以现有的各种承载通信网为基础的信息网络，各种承载通信网就其本质而言又是一个异构的通信网，这些异构网从传输媒质、传输速率、透明性能方面都是不同的。承载通信网上的信息网必须采用各种适配技术来满足承载网的传送要求，这就使得信息网的结构需要分层并采用各种协议的相互转换及适配，而 WSN 的加入又使得异构的复杂度增加，因此在互联时会产生较大的难度。如何以简便的方式实现互联是 WSN 应用与物联网的技术难点之一。

（2）异构终端间的通信与互联。在物联网中，往往需要进行终端之间的通信，常规的方式是通过网络传输层后在应用层进行通信交互。当异构终端相互通信时，通过网络传输层在应用层通信成为了必然的手段，即可称之为高层交互。当进行高层交互时，由于异构终端与网络传输层间的通信会产生各种延时、误码等传输错误，可能导致异构终端间的通信质量下降，极端情况下甚至导致通信无法进行，因此，如何解决 WSN 与各异构终端间的通信也是其在物联网中应用的关键问题之一。

（3）大结构数据融合与异构下的数据融合。很多应用场合中，需要大规模部署无线传感器节点，形成一个覆盖面很大的监控区域。在这样的网络系统中，传感器节点经过数据采集后，使用多跳路由将数据送往下一个传感器节点，大量的传感器节点进行数据传输，汇聚节点要对大量数据进行协同处理，这种数据处理具有大结构关联协同处理的特点。监测区域内密集的自治节点产生大量的传感数据，有效地对大量节点所获感知数据进行协同处理，在此基础上完成无线传感器网络的任务。

另外，WSN 节点还需要与异构终端进行数据融合，使整个监测区域的信息能通过不同的观测角度获得真实、可靠的相互印证，这也是物联网中 WSN 应用的难点之一。

# 本 章 小 结

无线传感器网络是由部署在监测区域内大量的廉价微型传感器节点组成的，通过无线通信方式形成的一个多跳自组织网络的网络系统，其目的是协作感知、采集和处理网络覆盖区域中感知对象的信息，并发送给观察者。

传感器、感知对象和观察者是无线传感器网络的三个要素。

一个无线传感器节点一般由传感器模块、处理器模块、无线通信模块和电源模块四部分构成。

无线传感器网络系统通常由大量的传感器节点、汇聚节点和管理节点。大量传感器节点随机部署在监测区域，通过自组织的方式构成网络。传感器节点采集的数据通过其他传感器节点以逐跳的方式在网络中传输，传输过程中数据可被多个节点处理，经过多跳路由后到达汇聚节点，最后通过互联网或者卫星到达数据处理中心。同样，数据处理中心也可以沿着相反的方向，通过管理节点对传感器网络进行管理，发布监测任务以及收集监测数据。

无线传感器网络协议体系是对网络及其部件应完成功能的定义与描述，它由网络通信协议、传感器网络管理以及应用支撑技术组成。

与常规无线网络相比，无线传感器网络在通信方式、动态组网以及多跳通信等方面有许多相似之处，但同时也存在很大的不同。无线传感器网络有电源供给有限、通信能力有限、计算能力有限、网络规模大、分布广、自组织、动态性网络、以数据为中心的网络及应用相关的网络的特点。

无线传感器网络的关键技术主要有通信协议、WSN 的支撑技术、自组织管理技术等。

无线传感器网络是物联网的重要组成部分。物联网中，除 WSN 外还有其他性能不同、通信方式不同的异构物联网终端，这些大量的异构物联网终端与 WSN 共同构成了一个复杂的物联网系统。

# 习 题 与 思 考

11-1　什么是无线传感器网络？无线传感器网络的三要素指的是什么？

11-2　一个无线传感器节点主要由哪些部分构成？各部分的功能是什么？

11-3　无线传感器网络系统结构是怎样的？请画图给予说明。

11-4　无线传感器网络协议体系主要由哪些层构成？简述各层的主要任务。

11-5　与常规无线网络相比，无线传感器网络有何特点？

11-6　无线传感器网络的关键技术有哪些？

11-7　物联网中无线传感器网络应用的难点是什么？

11-8　你是如何理解无线传感器网络的？

# 第12章 IEEE802.15.4 及 ZigBee 协议规范

ZigBee 是一种基于 IEEE802.15.4 标准的高层技术，该技术的物理层和 MAC (Medium Access Control，介质访问控制)层直接引用 IEEE802.15.4。ZigBee 协议规范的基础是 IEEE802.15.4，这两者之间有着非常密切的关系。以下详细介绍 IEEE802.15.4 和 ZigBee 协议规范。

## 12.1 IEEE802.15.4 标准

### 12.1.1 IEEE802.15.4 主要性能

IEEE802.15.4 标准是短距离无线通信的个域网(Wireless Personal Area Network，WPAN)标准。该标准规定了个域网(Personal Area Network，PAN)中设备间的无线通信协议和接口。IEEE802.15.4 标准采用了多址接入/冲突检测载波侦听(Carrier Sense Multiple Access with Collision Detection，CSMA/CA)的媒体接入或媒体访问控制方式，网络的拓扑结构可以是点对点或星形结构。

IEEE802.15.4 标准主要描述了物理层和 MAC 层标准，通信距离一般在数十米的范围之内。IEEE802.15.4 的物理层是 WSN 的通信基础，MAC 层实现对物理层的访问，完成信标的同步，支持个域网络关联和去关联，提供 MAC 层实体间的可靠连接，执行信道接入等任务。

IEEE802.15.4 标准也采用了满足 ISO/OSI 参考模型的分层结构，定义了单一的 MAC 层和多样的物理层。该标准具有以下主要性能：

(1) 频段、数据传输速率及信道个数。在 868 MHz 频段，传输为 20 kb/s，信道数为 1 个；在 915 MHz 频段，传输为 40 kb/s，信道数为 10 个；在 2.4 GHz 频段，传输为 250 kb/s，信道数为 16 个。

(2) 通信范围。

室内：通信距离为 10 m 时，传输速率为 250 kb/s。

室外：当通信距离为 30~75 m 时，传输速率为 40 kb/s；当通信距离为 300 m 时，传输速率为 20 kb/s。

(3) 拓扑结构及寻址方式。该标准支持点对点及星型网络拓扑结构；支持 65 536 个网络节点；支持 64 bit 的 IEEE 地址，8 bit 的网络地址。

(4) 应用领域。该标准可应用于传感器网络及现场控制等领域。

### 12.1.2　IEEE802.15.4 物理层

**1. 物理层的主要功能**

IEEE802.15.4 物理层定义了无线信道和 MAC 层之间的接口，提供了物理层数据服务和物理层管理服务。物理层主要具有以下功能：

(1) 激活和去激活无线收发器。

(2) 对当前信道进行能量检测。

(3) 发送链路质量指示。

(4) 载波侦听多址接入/冲突避免。

(5) 信道频率的选择。

(6) 数据的发送与接收。

(7) 媒质访问控制方式的空闲信道评估。

IEEE802.15.4 标准所定义的物理层的工作频段、传输速率及调制方式如表 12.1.1 所示。

**表 12.1.1　IEEE802.15.4 的工作频段、传输速率及调制方式**

| 频段/MHz | 扩 频 参 数 | | 数 据 传 输 | | |
|---|---|---|---|---|---|
| | 码片速率/(kc/s) | 调制方式 | 比特率/(kb/s) | 波特率/(kBaud/s) | 编码进制 |
| 868～868.6 | 300 | BPSK | 20 | 20 | 二进制 |
| 902～928 | 600 | BPSK | 40 | 40 | 二进制 |
| 2400～2483.3 | 2000 | Q-QPSK | 250 | 62.5 | 十六进制 |

IEEE802.15.4 标准采用了三个频段，每个频段包含若干个信道，各信道划分如下：

868 MHz 频段：$f_c = 868.3$ MHz，$k = 0$，1 个信道。

915 MHz 频段：$f_c = 906 + 2(k-1)$ MHz，$k = 1, 2, \cdots, 10$，10 个信道。

2.4 GHz 频段：$f_c = 2405 + 5(k-11)$ MHz，$k = 11, 12, \cdots, 26$，16 个信道。

**2. 物理服务规范**

IEEE802.15.4 标准定义了 2.4 GHz 和 868/915 MHz 两个物理层标准，均采用了 DSSS(Direct Sequence Spread Spectrum，直接序列扩频)技术及相同的数据包格式，但它们的工作频率、调制技术、扩频码片长度和传输速率却有所不同。物理层提供了 MAC 层和物理信道之间的接口，物理层的管理实体提供了用于调用物理层管理功能的管理服务接口。物理层的参考模型如图 12.1.1 所示。

在物理层的参考模型中，PLME(Physical Layer Management Entity)为管理实体；PD - SAP(Physical Data Service Access Point)为物理层数据服务接入点；

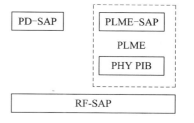

图 12.1.1　物理层参考模型

PIB(PAN Information Base)为物理层的个域网信息库。

物理层提供了物理层数据服务和物理层管理服务。物理层数据服务是由 PD-SAP(物理层数据服务接入点)提供的,物理层管理服务是由 PLME 中的 PD-SAP 提供的。

物理层数据服务在无线信道上收发数据,通过 PD-SAP 实现对等 MAC 层实体间的 MPDU(MAC Protocol Data Unit)传输。

物理层管理服务用于维护物理层相关数据组成的数据库,通过 PLME-SAP 在 MLME(MAC Layer Management Entity,MLME)和管理实体 PLME 之间的传输管理命令。

### 3. 物理层帧结构

IEEE802.15.4 物理层由 4 个字段组成,其帧结构如图 12.1.2 所示。第一个字段由 4 个字节组成前导码,前导码由 32 个"0"组成,用于收发器的通信同步。第二个字段为帧的起始分割字段,由 1 个字节组成,其固定为 0xA7,作为帧开始的标志。第三个字段为帧长度字段,由 1 个字节组成,字节的低 7 位表示帧的长度,其余 1 位保留,帧的长度表示帧的负载长度,一般不超过 127 个字节。第四个字段为数据字段,它的长度可变,主要用来承载 MAC 帧。

| 4字节 | 1字节 | 1字节 | | 可变长度 |
|---|---|---|---|---|
| 前导码 | SFD | 帧长7bit | 保留1bit | PSDU |
| 同步头 | | 物理帧头 | | PHY负载 |

图 12.1.2 物理层帧结构

帧起始分割符 SFD(Start-of-Frame Delimiter)的长度为 8 bit,表示同步结束后数据包开始传输。SFD 与前导码构成同步头。帧长度(7 bit)表示物理数据单元 PSDU(PHY Service Data Unit)的字节数。PSDU 域是可变长度的,它携带了 PHY 数据包的数据。

## 12.1.3 MAC 层

### 1. MAC 层的功能

IEEE802.15.4 MAC 层提供了 MAC 层数据服务和 MAC 层数据管理两种服务。这两种服务为网络层和物理层提供了一个接口。MAC 层数据服务提供了数据通信功能,MPDU 的接收和发送可通过物理层来进行。MAC 层数据管理服务提供了向高层访问的功能,通过 MLME 的 SAP 来访问高层。

IEEE802.15.4 主要完成联合、分离、确认帧传送、信道访问机制、帧确认、时隙管理和信令管理等功能。MAC 层在物理层进行访问时,主要完成以下功能:

(1) 使协调器的网络节点产生网络信标功能。

(2) 完成信标同步功能。

(3) 支持个域网关联和去关联功能。

(4) 支持节点安全规范功能。

(5) 执行信道接入的 CSMA-CA 机制。

(6) 处理和维护时隙(GTS)机制。

（7）提供等 MAC 实体间的可靠连接。

无线传感器网络的信标管理、信道接入机制、保证时隙（GTS）管理、帧确认、确认帧传输、节点接入和分离、信道接入控制、广播信息管理的功能均在 IEEE802.15.4 的 MAC 层完成。

**2. MAC 层的服务规范**

可通过 MAC 层的两个 SAP 分别访问 IEEE802.15.4 的 MAC 层提供的 MAC 层数据服务和 MAC 层管理服务。

对于 MAC 层数据服务，可通过 MCPS - SAP（MCPS 数据服务接入点）进行访问。网络设备支持 MCPS - DATA. Request 原语，用来请求从本地 SSCS（Service Specific Convergence Sub - layer，业务相关汇聚子层）实体向另外一个对等的 SSCS 实体传输数据。

对于 MAC 层管理服务，可通过 MLME 的 E - SAP（管理实体服务接入点）来访问。

IEEE802.15.4 的 MAC 层支持多种 LLC 标准。通过 SSCS 协议承载 IEEE802.2 类型的 LLC 标准，可同时允许其他 LLC 标准直接使用 IEEE802.15.4 的 MAC 层服务。

SSCS 与 PHY 层间的接口是由 PD - SAP 和 PLME - SAP 两个接入点的接口组成的。除了这些外部接口，MLME 和 MCPS 之间还存在一个内部接口，MLME 可以通过该接口访问 MAC 数据服务。

**3. MAC 层的帧结构**

IEEE802.15.4 的帧结构是以保证在有噪声的信道中可靠传输数据的基础上尽量降低网络的复杂度为原则而设计的。IEEE802.15.4 的 MAC 层定义了 4 种基本帧：

（1）信标帧：供协商者使用。

（2）数据帧：用来承载数据。

（3）响应帧：用来确认帧的可靠传输。

（4）命令帧：用来处理 MAC 层对等实体间的数据传输控制。

MAC 层被送到 PYH 层作为物理层数据帧的一部分。MAC 帧由以下三个基本部分构成：

（1）MHR：包含帧控制、序列号和地址信息。

（2）可变 MAC 负载：包括对应帧类型的信息。

（3）MFR：包括 FCS。

MAC 帧由帧头（MAC Header，MHR）、MAC 负载和帧尾（MAC Footer，MFR）构成。帧头由帧控制、帧序列号和地址信息组成。MAC 负载的长度可变，具体长度由帧的类型来确定。帧尾是帧头和负载数据的 16 位错误检测码序列。通用 MAC 帧的结构如图 12.1.3 所示。

| 2字节 | 1字节 | 2字节 | | 2字节 | | 可变 | 2字节 |
|---|---|---|---|---|---|---|---|
| 帧控制 | 帧序列号 | 目标PAN标识 | 目标地址 | 源PAN标识 | 源地址 | 帧负载 | FCS |
| | | 地址域 | | | | | |
| MHR | | | | | | MAC负载 | MFR |

图 12.1.3　通用 MAC 帧结构

帧控制域占用 2 字节长度,包含帧类型定义、寻址域以及其他控制标志等;帧序列号域长度为 1 字节,用来为每个帧提供唯一的序列标识;目标 PAN 标识域占 2 字节,内容是指定接收方的唯一 PAN 标识;目标地址域用来指定接收方的地址;源 PAN 标识域占用 2 字节,即数据发送端地址域,是发送帧的设备地址;帧负载域长度可变,不同的帧类型其内容也不相同;帧检验序列域有 16 位长,包含一个 16 位的 CRC 循环冗余校验部分。

1) 信标帧

信标帧由三部分构成。其中,MAC 负载部分是信标帧的有效信息,由超帧规范描述字段、同步时隙分配(GTS)字段、待转发数据目标地址字段和信标帧负载 4 个部分组成。信标帧的结构如图 12.1.4 所示。

| 2字节 | 1字节 | 4/10 | 2字节 | 变长 | 可变 | 可变 | 2字节 |
|---|---|---|---|---|---|---|---|
| 帧控制 | 帧序列号 | 寻址域 | 超帧规范描述 | GTS | 待转发数据目标地址 | 信标帧负载 | FCS |
| MHR | | | MAC负载 | | | | MFR |

图 12.1.4  信标帧结构

信标帧中超帧规范描述字段规定了这个超帧的持续时间,活跃部分持续时间以及竞争访问持续时间等信息。

同步时隙分配(GTS)字段将无竞争的时段划分为若干个 GTS,并把每个 GTS 分配给网络中的一个具体设备。

待转发数据目标地址列出了工作协同设备的设备地址。一个设备如果发现自己的地址出现在待转发数据目标地址字段里,即可确定协调器中存储了该设备的数据,于是就会向协调器发出请求发送数据的 MAC 命令帧。

2) 数据帧

数据帧用来传输上层发送到 MAC 层的数据,数据帧的负载字段包括了上层需要传送的数据。要传输的数据传送到 MAC 层时,成为 MAC 服务数据单元,在数据的起始和结尾部分分别附加了 MHR 头信息和 MFR 信息后,就构成了 MAC 帧。

MAC 帧被传送到物理层后,成为物理帧的负载 PSDU。在物理层中,PSDU 的首部增加了同步信息 SHR 和帧长度字段 PHR 字段后成为物理层帧。数据帧的结构如图 12.1.5 所示。

| 2字节 | 1字节 | 4/10 | 变长 | 2字节 |
|---|---|---|---|---|
| 帧控制 | 帧序列号 | 寻址域 | 数据负载 | FCS |
| MHR | | | MAC负载 | MFR |

图 12.1.5  数据帧结构

3) 确认帧

如果节点设备收到的目的地址为自己的数据帧,并且帧的控制信息字段的确认请求被置 1,那么此时节点设备需要回复一个确认帧。确认帧的序列号应与被确认帧的序列号相同,并且负载长度应为 0。确认帧紧接着被确认的帧发送,不需要采用 CSMA - CA 机制竞争信道。确认帧的结构如图 12.1.6 所示。

<table>
<tr><td>2字节</td><td>1字节</td><td>2字节</td></tr>
<tr><td>帧控制</td><td>帧序列号</td><td>FCS</td></tr>
<tr><td colspan="2">MHR</td><td>MFR</td></tr>
</table>

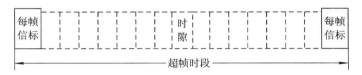

图 12.1.6　确认帧结构

**4. 超帧结构**

在低速率应用时，无线个域网允许使用超帧结构。超帧的格式由传感器网络的协调器定义，超帧被分为 16 个大小相等的时隙，由协调器发送，如图 12.1.7 所示。采用网络信标来分隔不同的超帧，信标帧在超帧的第一个时隙传输。

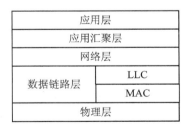

图 12.1.7　超帧结构

# 12.2　ZigBee 协议规范

ZigBee 是 IEEE802.15.4 协议的代名词。根据这个协议规定的技术是一种短距离、低功耗的无线通信技术。这一名称来源于蜜蜂的八字舞，由于蜜蜂(Bee)靠飞翔和“嗡嗡”(Zig)地抖动翅膀的“舞蹈”来与同伴传递花粉所在方位信息，也就是说蜜蜂依靠这样的方式构成了群体中的通信网络。ZigBee 的特点是近距离、低复杂度、低功耗、低数据速率、低成本，主要适用于自动控制和远程控制领域，可以嵌入各种设备。

ZigBee 协议栈体系结构由应用层、应用汇聚层、网络层、数据链路层和物理层组成，如图 12.2.1 所示。

<table>
<tr><td colspan="2">应用层</td></tr>
<tr><td colspan="2">应用汇聚层</td></tr>
<tr><td colspan="2">网络层</td></tr>
<tr><td rowspan="2">数据链路层</td><td>LLC</td></tr>
<tr><td>MAC</td></tr>
<tr><td colspan="2">物理层</td></tr>
</table>

图 12.2.1　ZigBee 协议栈体系结构

应用层定义了各种类型的应用业务，是协议栈的最上层用户。应用汇聚层负责把不同的应用映射到 ZigBee 网络层上，主要有安全与鉴权、多个业务数据流的汇聚、设备发现和业务发现。网络层的功能包括拓扑管理、MAC 管理、路由管理和安全管理。数据链路层提供了可靠的数据传输、数据包的分段与重组、数据包的顺序传输功能。物理层定义了无线通信的频段和各频段的信道分配。

### 12.2.1 数据链路层与物理层和 MAC 层

#### 1. 数据链路层

数据链路层可分为逻辑链路控制（Logic Link Control，LLC）子层和介质访问控制子层（MAC）。IEEE802.15.4 的 LLC 子层具有可靠的数据传输、数据包的分段与重组、数据包的顺序传输等功能。IEEE802.15.4 的 MAC 子层用于完成无线链路的建立、维护和拆除，确认帧的传送与接收，信道的接入控制以及帧校验、预留时隙和广播信息的管理。

#### 2. 物理层和 MAC 层

ZigBee 采用了 IEEE802.15.4 标准中的物理层和 MAC 层。ZigBee 的工作频段为三种，即欧洲的 868 MHz 频段、美国的 915 MHz 频段和全球通用的 2.4 GHz 频段。在 868 MHz 频段上，ZigBee 分配了 1 个带宽为 0.6 MHz 的信道；在 915 MHz 的频段上，分配了 10 个带宽为 2 MHz 的信道；在 2.4 GHz 的频段上，分配了 16 个带宽为 5 MHz 的信道。这三种工作频段均采用了 DSSS（直接序列扩频）技术，但它们的调制方式有所不同。868 MHz 和 915 MHz 频段采用的是 DPSK，2.4 GHz 则采用的是 Q-QPSK 调制方式。

DSSS 技术具有较好的抗干扰能力，同时在其他相同情况下传输距离要大于跳频技术。在发射功率为 0 dBm 的情况下，蓝牙网络的通信半径通常只有 10 m，而基于 IEEE802.15.4 的 ZigBee 在室内通常能达到 30～50 m 的通信距离；在室外，如果障碍物较少，通信距离甚至可以达到 100 m。同时调相技术的误码性能要优于调频和调幅技术。IEEE802.15.4 的数据传输速率不高，2.4 GHz 频段只有 250 kb/s，868 MHz 频段只有 20 kb/s，915 MHz 频段只有 40 kb/s。因此 ZigBee 及 IEEE802.15.4 为低速率的短距离无线通信技术。

ZigBee 可以支持星型、网型和复合型等多种网络拓扑结构，如图 12.2.2 所示。

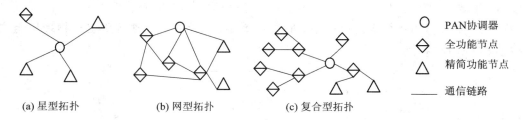

(a) 星型拓扑　　　(b) 网型拓扑　　　(c) 复合型拓扑

○ PAN协调器
◇ 全功能节点
△ 精简功能节点
—— 通信链路

图 12.2.2　ZigBee 支持的网络拓扑结构示例

物理层的上层是 MAC 层，其核心技术是信道接入技术和随机接入信道技术 CSMA/CA。ZigBee 及 IEEE802.15.4 网络中所有节点均工作在同一个信道上，当某个节点要向另一个节点传输数据时，如果网络内其他节点间正在通信，就有可能发生冲突。为此，MAC 层采用了 CSMA/CD 媒质访问控制技术，即当节点在发送数据之前，先监听信道，如果信道空闲，则可以发送数据，否则，就要进行随机的退避，延迟一段随机时间，然后再进行监听，这个退避的时间是指数增长的，但有一个最大值，即如果上一次退避之后再次监听信道忙，则退避时间要增倍，这样做的原因是如果多次监听信道都忙，有可能表明信道上的数据量较大，因此节点需等待更长的时间，以避免繁忙的监听。通过这种信道接入技术，所有节点竞争共享同一个信道。

在 MAC 层当中还规定了两种信道接入模式：一种是信标（Beacon）模式，另一种是非信标模式。

信标模式当中规定了"超帧"的格式，在超帧的开始发送信标帧，信标里面包含一些时序以及网络的信息，紧接着是竞争接入时期，在这段时间内各节点以竞争方式接入信道，再后面是非竞争接入时期，节点采用时分复用的方式接入信道，然后是非活跃时期，节点进入休眠状态，等待下一个超帧周期的开始又发送信标帧。

非信标模式则比较灵活，节点均以竞争方式接入信道，不需要周期性地发送信标帧。显然，在信标模式当中由于有了周期性的信标，整个网络的所有节点都能同步通信，但这种同步网络的规模不会很大。实际上，在 ZigBee 当中用得更多的可能是非信标模式。

ZigBee 的物理层和 MAC 层由 IEEE802.15.4 制定；高层的网络层、应用支持子层（Application Support Layar，ASP）、应用框架（Application Frame，AF）、Zigbee 设备对象（ZigBee Device Object，ZDO）和安全组件（SSP）均由 ZigBee Alliance 所制定，它是一个为能源管理应用、商业和消费应用创造无线解决方案、横跨全球的公司联盟。

## 12.2.2  网络层

### 1. 网络拓扑结构

ZigBee 网络层支持星型、树型和网型拓扑结构。若采用星型拓扑结构组网，整个网络有一个 ZigBee 协调器设备来进行整个网络的控制。ZigBee 协调器能够启动和维持网络正常工作，使网络内的终端设备实现通信。

若采用网型和树型拓扑结构组网，ZigBee 协调器则负责启动网络以及选择关键的网络参数。在树型网络中，路由器采用分级路由策略来传送数据和控制信息。网型网络中，设备之间使用完全对等的通信方式，ZigBee 路由器不发送通信信标。

### 2. 网络层及路由算法

ZigBee 网络层的功能为拓扑管理、MAC 管理、路由管理和安全管理。网络层的主要功能是路由管理。其中，路由算法是网络层的核心。

网络层主要支持树型路由和网型网路由两种路由算法。在树型路由算法中，整个网络可看做是以协调器为主干的一棵树，整个网络是在协调器的基础上建立的。树型路由采用了一种特殊的地址分配算法，使用深度、最大深度、最大子节点数和最大子路由器数四个参数来计算新节点的地址。这样，寻址时根据地址就能计算出路径，而路由只有"向子节点发送"或者"向父节点发送"两个方向。树型路由算法及实现机制不需要路由表，因此节省了存储资源，但存在灵活性不够、路由效率低的缺点。

ZigBee 网络的网型网路由是一种非常适合于低成本无线自组织网络的路由。当网络规模较大时，传感器节点需要维护一个路由表，这样就需耗费传感器节点的存储资源，但它能实现的路由效率高，且使用灵活。

另外，除了以上两种路由机制及路由算法外，ZigBee 网络还可以采用邻居表路由算法。邻居表路由实质上是一个特殊的路由表，数据传输不是通过多跳，而只需要一跳就可实现将数据向目的节点的传输发送。

### 3. 数据接口及网络层服务

ZigBee 即网络层的各个组成部分和彼此间的接口关系，如图 12.2.3 所示。图中

NLDE - SAP 为网络层数据实体的服务接入点，MLME - SAP 是网络层管理实体的服务接入点，MCPS - SAP 是媒体接入控制公共部分子层的服务接入点，MLME - SAP 是 MAC 层管理实体的服务接入点。

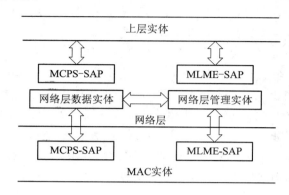

图 12.2.3　网络层的各个组成部分及接口关系

网络层通过两种服务接入点提供网络层数据服务和网络层管理服务：网络层数据服务通过网络层数据实体服务接入点接入，网络层管理服务通过网络层管理实体服务接入点接入。

网络层要为 IEEE802.15.4 的 MAC 层提供支持，确保 ZigBee 的 MAC 层正常工作，同时为应用层提供合适的服务接口。为了向应用层提供其接口，网络层提供了两个必需的功能服务实体，它们分别为数据服务实体和管理服务实体。网络层数据实体（NIDE）通过网络层数据实体服务接入点（NLDE - SAP）提供数据传输服务，网络层管理实体（NLME）通过网络层管理实体服务接入点（NLME - SAP）提供网络管理服务。

网络层数据实体提供以下服务：

（1）产生网络层协议数据单元（NPDU）。网络层数据实体通过增加一个适当的协议头从应用支持层协议数据单元中生成网络层的协议数据单元。

（2）指定传输拓扑路由。网络层数据实体能够发送一个网络层的协议数据单元到一个数据传输的目标终端设备，目标终端设备也可以是通信链路中的一个中间通信设备。

网络层管理实体提供如下服务：

（1）配置新的设备。为保证设备正常工作的需要，设备应具有足够的堆栈，以满足配置的需要。配置选项包括对一个 ZigBee 协调器和连接一个现有网络设备的初始化操作。

（2）加入或离开网络。网络层管理实体具有连接或者断开一个网络的能力，以及为建立一个 ZigBee 协调器或者 ZigBee 路由器，具有要求设备同网络断开的能力。

（3）ZigBee 协调器和 ZigBee 路由器具有为新加入网络的设备分配地址能力。

（4）具有发现、记录和汇报相关的一跳邻居设备信息的能力。

（5）具有发现和记录有效地传送信息的网络路由的能力。

（6）具有控制设备接收机接收状态的能力，即控制接收机的接收时间、接收时间的长短，以保证 MAC 层的同步或者正常接收等。

**4. 原语**

在分层的通信协议中，层与层之间通过服务访问接入点 SAP 访问，每一层都可以通过本层和下层的 SAP 调用下层为本层提供相应的服务，同时通过与上层的 SAP 为上层提供相应的服务。访问点 SAP 是通信协议中层与层之间的通信接口，并以通信原语的形式供上层调用。在调用下层服务时，只需要遵循统一的原语规范，而不必了解下层是处理原语的细节。这样，通过原语方式就可实现数据层与层之间的透明传输。层与层之间的原语分成请求原语、确认原语、指示原语和响应原语。

**5. 网络层管理服务**

网络层管理实体服务接入点为其上层和网络层管理实体之间传送管理命令并提供通信接口。网络层管理实体支持 NLME - SAP 接口原语，这些原语包括网络的发现、网络的形成、允许设备连路由器的初始化、设备同网络的连接等原语。

**6. 网络层帧格式**

ZigBee 网络层帧由帧报头和可变长有效载荷组成。网络层帧报头包含帧控制、地址和序列信息；网络层帧的可变长有效载荷包含帧类型所指定的信息。网络层帧结构如图 12.2.4 所示。

| 2字节 | 2字节 | 2字节 | 0/1字节 | 0/1字节 | 可变长有效载荷 |
|---|---|---|---|---|---|
| 帧控制 | 目的地址 | 源地址 | 广播半径 | 序列号 | 帧负载 |
| | 路由帧 | | | | |
| 网络层帧报头 | | | | | 网络负荷 |

图 12.2.4　网络层帧一般格式

帧控制域由 16 bit 组成，内容包括帧类型、地址、序列域以及其他的控制标记。

在网络层帧中，必须要有目的地址域，该域长度为两个字节，用来存放目标设备的网络地址或广播地址(0xFFFF)。

在网络层帧中，源地址域是必需的，长度为两个字节，其值是 16 位的源设备网络地址。

广播半径域在帧的目的地址为广播地址(0xFF17F)时才有效，长度为一个字节，用来设定传输半径。

在网络层帧中，序列号域是必备的，长度为一个字节，每次发送帧时序列号加 1。帧负载域的长度可变，包含了各种帧的具体信息。

## 12.2.3　应用规范

ZigBee 网络层的上一层是应用层，应用层包括应用支持子层(APS)和 ZigBee 设备对象(ZDO)等部分，主要规定了端点(Endpoint)、绑定(Binding)、服务发现和设备发现等一些和应用相关的功能。

绑定指的是根据两个设备所提供的服务和它们的需求而将两个设备关联起来。APS 子层的任务包括了维护绑定表和绑定设备间的消息传输。

**1. ZigBee 应用支持子层 ASP**

APS 是网络层和应用层之间的接口，通过该接口可以调用一系列被 ZDO 和用户自定义应用对象的服务。

**2. ZigBee 设备协定**

ZigBee 应用层规范描述了 ZigBee 设备的绑定、设备发现和服务发现在 ZDO 中的实现方式。ZigBee 设备协定（Device Profile）支持以下设备和服务发现：终端设备绑定请求过程、绑定和接触绑定过程以及网络管理通信功能。

**3. ZigBee 设备对象**

ZigBee 设备对象（ZDO）是一种通过调用网络和应用支持子层原语来实现 ZigBee 规范中规定的终端设备、路由器以及协调器的应用。其主要功能如下：

（1）对 APS 子层、网络层、安全服务模块（SP）以及除了应用层中端点 1～240 以外的 ZigBee 设备层进行初始化。

（2）集成终端应用的配置信息，实现设备服务发现、网络管理、网络安全、绑定管理和节点管理等功能。

# 本 章 小 结

ZigBee 是一种基于 IEEE802.15.4 标准的高层技术，该技术的物理层和 MAC 层直接引用 IEEE802.15.4。ZigBee 协议规范的基础是 IEEE802.15.4，这两者之间有着非常密切的关系。

IEEE802.15.4 标准是短距离无线通信的个域网（Wireless Personal Area Network，WPAN）标准。该标准规定了个域网（Personal Area Network，PAN）中设备间的无线通信协议和接口。IEEE802.15.4 标准采用了载波侦听多址接入/冲突检测（Carrier Sense Multiple Access with Collision Detection，CSMA/CA）的媒体接入或媒体访问控制方式，网络的拓扑结构可以是点对点或星型结构。

IEEE802.15.4 通信协议主要描述了物理层和 MAC 层标准，通信距离一般在数十米的范围之内。IEEE802.15.4 的物理层是实现 WSN 通信的基础，MAC 层的功能是处理所有对物理层的访问，并负责完成信标的同步，支持个域网络关联和去关联，提供 MAC 实体间的可靠连接，执行信道接入等任务。

IEEE802.15.4 标准也采用了满足 ISO/OSI 参考模型的分层结构，定义了单一的 MAC 层和多样的物理层。

ZigBee 是 IEEE802.15.4 协议的代名词，是一种短距离、低功耗的无线通信技术。其特点是近距离、低复杂度、低功耗、低数据速率、低成本，主要适用于自动控制和远程控制领域，可以嵌入各种设备。

ZigBee 协议栈体系结构由应用层、应用汇聚层、网络层、数据链路层和物理层组成。

# 习 题 与 思 考

12－1 ZigBee 与 IEEE802.15.4 有何关系？

12－2 IEEE802.15.4 标准主要有哪些特点？

12 – 3　IEEE802.15.4 标准的物理层及拓扑结构是如何定义的?

12 – 4　简述 IEEE802.15.4 标准物理层的主要功能。

12 – 5　试画出 IEEE802.15.4 标准的物理层参考模型,并简述模型中主要实体及服务接入点的作用。

12 – 6　试画出 IEEE802.15.4 的物理层帧结构图,并简要说明各字段的含义及作用。

12 – 7　试述 IEEE802.15.4MAC 层的主要功能。

12 – 8　IEEE802.15.4 中定义的信标帧有何作用?

12 – 9　ZigBee 一词有何意义?

12 – 10　试述 ZigBee 协议栈体系结构?

12 – 11　ZigBee 的频段是如何划分的? 它采用了何种扩频和调制方式?

12 – 12　ZigBee 支持哪几种拓扑结构?

12 – 13　简要说明 ZigBee 的 MAC 层采用的 CSMA/CD 的工作原理。

12 – 14　ZigBee 网络层主要支持哪两种路由算法? 这些算法有何特点?

12 – 15　试画出 ZigBee 网络层帧格式,并说明各字段的作用。

12 – 16　ZigBee 应用层有哪些主要功能?

# 第 13 章　无线传感器网络的路由协议

　　路由是将信息从源节点以某种路径通过网络传递到目的节点的行为,它是实现通信的基础保证。路由技术由路径选择和数据传递两个部分组成,路径选择算法在满足某些指标的前提下,选择一条从源节点到目的节点的最佳路径,是实现路由的基础。路由器是网络系统中选择路径的设备,它在大规模网络中起到了关键的作用。无线传感器网络(WSN)中,节点既可以承担信息采集的感知任务,同时又能承担路由器的功能。WSN 中的路由是与其节点相关的,WSN 中的各节点间构成了复杂网络拓扑,而每个节点携带的能量是有限的,各节点能量消耗的比例中,通信占有较大的比重。这就意味着要使整个网络获得较长的生命周期,应合理地应用各节点的中继功能。因此采用合理、科学的路由技术是整个WSN 通信的关键,而依据某种指标所制定的路由算法则是整个通信的核心。路由协议就是合理选择路由的策略及算法。

## 13.1　WSN 路由协议的特点和性能指标

### 13.1.1　WSN 路由协议的特点

　　对于一般的无线网络,WSN 路由协议主要用于提供较高的服务质量,均等、高效地利用网络带宽传送数据。因此,网络路由协议的主要任务是寻找一条高质量的、带宽利用率高的源节点到目的节点的通信路由,并且所寻找到的路由还应具有避免网络拥塞、均衡网络流量的性能。一般不考虑或极少考虑节点能量的消耗。

　　在 WSN 中,各节点的能量是有限的。节点的能量消耗完,一般无法补充,该节点随之死亡。因此,WSN 的路由需要考虑节点的能量消耗问题,使节点能量的消耗尽量要小。

　　另外,WSN 中的节点数量往往很大,各节点一般无法获得整个网络拓扑结构的信息,只能得到局部拓扑结构信息,因此,WSN 的路由协议应在有限的局部网络拓扑信息的基础上选择合适的数据传输路径。

　　还有,WSN 具有很强的应用相关性。由于不同应用所采用的路由协议可能差别很大,因此无法采用一个通用的路由协议来满足其应用相关性的要求。

　　此外,WSN 中的节点在通信时还需进行数据融合,以减少通信负荷,节省传输能量。与一般传统无线网络的路由协议相比,WSN 路由协议具有以下特点:

　　(1) 节点的能量消耗小且均衡。由于 WSN 中的节点能量有限,且一般无法补充。当WSN 中的某些节点由于能量的耗尽而死亡时,可能导致整个网络无法运行,以致死亡。因此,尽量减小节点能量的消耗,使整个 WSN 中所有节点尽可能均衡地消耗能量(也就是尽量减少某些节点的能量消耗过快,而其他节点的能量消耗过慢),从而延长整个网络的生存期,这是 WSN 路由协议设计的重要目标。

（2）网络拓扑信息、计算资源有限。WSN 为了节省通信时节点的能量，通常采用多跳的通信模式。另外，由于 WSN 的节点是低成本的，不具有较高的存储能力和计算能力，也无法存储太多包括拓扑结构在内的网络信息，节点所存储的拓扑信息是局部的。因此，节点无法进行太复杂的计算，得到全局优化路由。为此，如何实现简单有效的路由机制就成为 WSN 的基本问题。

（3）以数据为核心。WSN 中的节点采集的数据，将向汇聚节点传输。转发节点所转发的数据很可能是采集的同一个信息，因此会出现数据的冗余的现象，需要在转发节点进行数据融合，以降低数据的冗余率，减少转发的数据量，从而降低能耗。

另外，WSN 的网络规模较大，WSN 的节点一般采用随机部署的方式获取有关监测区域的感知数据。整个系统更关心的是感知数据，而不是具体哪个节点获取的信息，因而 WSN 信息的获得不依赖于节点的地址信息，而是局部区域内所感知的信息。所以 WSN 的通信协议是以数据为中心的。

（4）与应用密切相关。由于 WSN 应用目的不同、应用环境也不同，这就决定了 WSN 模式的不同，因此无法找到一个路由机制能适合所有的应用目的和应用环境，这是 WSN 应用相关性的一个体现。这就要求应用者应从实际出发，结合具体的应用需求，设计与之适应的特定路由机制。

## 13.1.2　WSN 路由协议的性能指标及分类

### 1. 性能指标

WSN 路由协议的设计目标是：延长网络生命周期，提高路由的容错能力，形成可靠的数据转发机制。评价一个 WSN 路由协议设计的性能指标一般包括 WSN 的生命周期、传输延迟、鲁棒性、可扩展性等。

（1）生命周期。WSN 的生命周期是指 WSN 从开始正常运行到某个或某些节点由于能量耗尽，使得网络性能下降到某一程度时所运行的时间。

（2）传输延时。传输延时指汇聚节点发出数据请求到接收返回数据的时间延迟。

（3）鲁棒性。一个系统的鲁棒性是指该系统在一定的参数摄动（变化）下，能维持系统性能稳定的能力。WSN 的路由算法应具备自适应性和容错性，在部分节点因为能源耗尽或受环境干扰而死亡或失效的情况下，整个 WSN 能正常运行。

（4）可扩展性。WSN 应该能够方便地进行规模扩展。节点的加入和退出都将导致网络规模的变动，优良的路由协议应该体现很好的扩展性，节点数量的变动不至于影响网络的性能和通信质量。

### 2. WSN 路由协议的分类

从具体应用的角度出发，根据不同应用对 WSN 各种特性的敏感度不同，可将路由协议分为四种类型：

（1）能量感知型。能量感知型路由协议从数据传输中的能量消耗出发，讨论最优能量消耗路径以及最长网络生存时间等问题。

（2）查询型。在诸如环境检测、战场评估等应用中，需要不断查询传感器节点采集的数据，查询节点（汇聚节点）发出查询命令，传感器节点向查询节点报告采集的数据。在这类应用中，通信流量主要是查询节点和传感器节点之间的命令和数据传输，同时传感器节点的采集信息在传输路径上通常要进行数据融合，以减少通信负荷，节省能量。

（3）地理位置型。在诸如目标跟踪类应用中，往往需要唤醒距离跟踪目标最近的传感器节点，以得到关于目标的精确位置等相关信息。在这类应用中，通常需要知道目的节点的精确或者大致地理位置。把节点的位置信息作为路由选择的依据，不仅能够完成节点路由功能，还可以降低系统专门维护路由协议的能耗。

（4）可靠型。WSN 的某些应用对通信的服务质量有较高要求，如可靠性和实时性等。在 WSN 中，链路的稳定性难以保证，通信信道质量比较低，拓扑变化比较频繁，要保证服务质量，需要设计相应的可靠的路由协议。

# 13.2　能量感知路由

## 13.2.1　能量路由

能量路由是根据节点的可用能量（Power Available，PA）或传输路径上的能量需求，选择数据的转发路径。节点可用能量就是节点当前的剩余能量。图 13.2.1 中的大写字母表示节点，字母右侧括号内的数字表示节点可用能量，双向线表示节点之间的通信链路，链路上的数字表示在该链路上发送数据所消耗的能量。源节点是具有数据采集功能的一般性节点，汇聚节点是数据传送到达的目标节点。从图 13.2.1 可以得到如表 13.2.1 所示的从源节点到汇聚节点的传输路径。

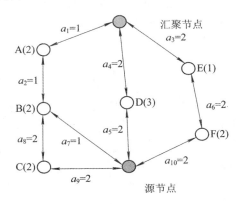

图 13.2.1　一个 WSN 能量路由算法示意图

表 13.2.1　传输路径、可用路径能量及传输所需能量

| 序号 | 传输经过节点 | 路径上节点可用能量总和 | 路径上发送数据所需能量总和 |
|---|---|---|---|
| 1 | 源—B—A—汇 | $PA(A) + PA(B) = 4$ | $a_7 + a_2 + a_1 = 3$ |
| 2 | 源—C—B—A—汇 | $PA(C) + PA(A) + PA(B) = 6$ | $a_9 + a_8 + a_2 + a_1 = 6$ |
| 3 | 源—D—汇 | $PA(D) = 3$ | $a_5 + a_4 = 4$ |
| 4 | 源—F—E—汇 | $PA(F) + PA(E) = 5$ | $a_{10} + a_6 + a_3 = 6$ |

注：源指源节点，汇指汇聚节点。

能量路由策略主要包括以下几点：

（1）最大可用能量（PA）路由。

路由策略：从源节点到汇聚节点的所有路径中选取节点可用能量 PA 之和最大的路径。

在图 13.2.1 中路径 2 的 PA 之和最大（PA＝6），但路径 2 包含了路径 1，因此该路径不是高效的路径，从而被排除。于是，只有选择路径 4（PA＝5）作为最大可用能量（PA）路由。

（2）最小能量消耗路由。

路由策略：从源节点到汇聚节点的所有路径中，选取节点耗能之和最小的路径。

在图 13.2.1 中，由于路径 1 所消耗的能量最小，仅为 3，所以选择路径 1 作为最小能量消耗路由。

（3）最少跳数路由。

路由策略：选取从源节点到汇聚节点间跳数最少的路径。

在图 13.2.1 中，由于路径 3 仅有 1 跳，所以选择路径 3 作为最少跳数路由。

（4）最大最小 PA 节点路由。

路由策略：每条路径上有多个节点，且节点的可用能量不同，从中选取每条路径中可用能量最小的节点来表示这条路径的可用能量，并且选择可用能量最大的路径为最大最小 PA 节点路由。

在图 13.2.1 中，路径 1 的最小 PA 节点为 PA＝2，路径 2 的最小 PA 节点为 PA＝2，路径 3 中最小 PA 节点为 PA＝3，路径 4 中最小 PA 节点为 PA（E）＝1。4 条路径中 PA 最大的为路径 3，所以选择路径 3 作为最大最小 PA 节点路由。最大最小 PA 节点路由策略就是选择路径可用能量最大的路径。

上述能量路由策略需要节点知道整个 WSN 的全局信息，但由于传感器网络存在资源约束，节点只能获取局部信息，因此上述能量路由策略只是理想情况下的路由策略。

## 13.2.2　能量多路径路由

传统网络的路由机制往往选择源节点到目的节点之间跳数最小的路径来传输数据。但在 WSN 中，如果多次使用同一条路径传输数据，就会造成该路径上的节点因能量消耗过快而过早死亡，从而造成整个网络的分割现象。WSN 可分割成互不相连的几个孤立部分，以缩短整个网络的生命周期。为此，可采用能量多路径路由机制来解决该问题。这种机制是在源节点和目的节点之间建立多条路径，根据路径上节点的通信能量消耗以及节点的剩余能量情况，给每条路径赋予一定的选择概率，使得数据传输均衡消耗整个网络的能量，从而延长整个网络的生命周期。

能量多路径路由协议由路径建立、数据传输和路由维护三个过程构成。其中，路径建立过程是该协议的重点内容。

在能量多路径机制中，每个节点需要知道到达目的节点的所有下一跳节点，并计算选择每个下一跳节点传输数据的概率。概率的选择是根据节点到目的节点的通信代价来计算的，可用 $\text{Cost}(N_i)$ 来表示节点 $i$ 到目的节点的通信代价。由于每个节点到达目的节点的路径很多，所以这个代价值是各个路径的加权平均值。能量多路径路由的主要算法描述如下：

（1）启动路径建立。目的节点向邻居节点广播路径建立消息，启动路径建立过程。路径建立消息中包含一个代价域，表示发出该消息的节点到目的节点路径上的能量信息，初始值设置为零。

（2）确定消息转发。当节点收到相邻节点发送的路径建立消息时，相对发送该消息的相邻节点只有当自己距源节点更近，而距离目标节点更远的情况下，才需要转发该消息，否则将丢弃该消息。

（3）计算信能量消耗。如果该节点决定转发路径建立消息，那么需要计算新的代价值来替换原来的代价值。当路径建立消息从节点 $N_i$ 发送到节点 $N_j$ 时，该路径的通信值为节点 $i$ 的代价值加上两个节点间通信能量消耗，即

$$C_{N_j, N_i} = \text{Cost}(N_i) + \text{Metric}(N_j, N_i) \qquad (13.2.1)$$

式中，$C_{N_j, N_i}$ 表示节点 $N_j$ 发送数据经节点 $N_i$ 路径到达目的节点的代价，$\text{Metric}(N_j, N_i)$ 表示节点 $N_j$ 到节点 $N_i$ 的通信能量消耗，可用下式计算：

$$\text{Metric}(N_j, N_i) = e_{ij}^{\alpha} R_i^{\beta} \qquad (13.2.2)$$

式中，$e_{ij}^{\alpha}$ 表示节点 $N_j$ 和节点 $N_i$ 直接通信的能量消耗，$R_i^{\beta}$ 表示节点 $N_i$ 剩余能量，$\alpha$、$\beta$ 为常数。这个度量综合考虑了节点的能量消耗以及节点的剩余能量。

（4）计算与添加本地路由表。节点要放弃能量消耗代价很大的路径。节点 $j$ 将节点 $i$ 加入到本地路由表 $\text{FT}_j$ 中的条件为

$$\text{FT}_j = \{i \mid C_{N_j, N_i} \leqslant \alpha(\min(C_{N_j, N_i}))\} \qquad (13.2.3)$$

式中，$\alpha$ 为大于 1 的系统参数。

（5）计算下一跳选择概率。节点对路由表中每个下一跳计算选择概率，节点选择概率与能量消耗成反比。节点 $N_j$ 采用下式计算选择节点 $N_i$ 的概率：

$$P_{N_j, N_i} = \frac{\dfrac{1}{C_{N_j, N_i}}}{\displaystyle\sum_{k \in \text{FT}_j} \dfrac{1}{C_{N_j, N_k}}} \qquad (13.2.4)$$

（6）计算能量代价及广播消息。节点根据路由表中每项的能量代价和下一跳节点选择概率计算本节点到目的节点的代价 $\text{Cost}(N_j)$，它被定义为经由路由表中节点到达目的节点的代价的平均值，即

$$\text{Cost}(N_j) = \sum_{k \in \text{FT}_j} P_{N_j, N_i} C_{N_j, N_k} \qquad (13.2.5)$$

节点 $N_j$ 将用 $\text{Cost}(N_j)$ 值替换消息中原有的代价值，然后向相邻节点广播该路由建立消息。

在数据传输过程，对于接收到的每个数据分组，节点根据概率从多个下一跳节点中选择一个节点，并将数据分组转发给该节点。

在路由维护过程中，可通过周期性地从目的节点到源节点实施洪泛查询来维持所有路径的活动。

# 13.3    查 询 路 由

## 13.3.1    定向扩散路由

定向扩散(Directed Diffusion,DD)路由是一种查询机制的路由。汇聚节点以兴趣消息(Interest Information)向 WSN 发布查询任务。兴趣消息的传送采用洪泛方式传播到整个区域或部分区域内的所有传感器节点处。

兴趣消息表示查询任务,并发送网络用户对监测区域内感兴趣的信息,例如监测区域内的环境信息。在兴趣消息的传播过程中,协议逐跳地在每个传感器节点上建立反向的从源节点到汇聚节点的数据传输梯度(Gradient)。传感器节点将采集到的数据沿着梯度方向传送给汇聚节点。

定向扩散路由机制可以分为兴趣扩散、梯度建立以及路径加强三个阶段,如图 13.3.1 所示。

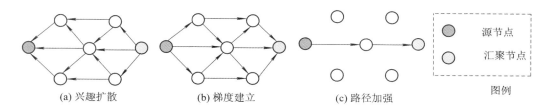

图 13.3.1    定向扩散路由机制

### 1. 兴趣扩散阶段

在兴趣扩散阶段,汇聚节点周期性地向相邻节点广播兴趣消息。兴趣消息中含有任务类型、目标区域、数据发送速率、时间戳等参数。每个节点在本地保存一个兴趣列表,对于每个兴趣,列表中都有一表项,用来记录发送该兴趣消息的邻居节点、数据发送速率和时间戳等与任务相关的信息,以建立该节点向汇聚节点传递数据的梯度关系。每个兴趣可能对应多个相邻节点,每个相邻节点对应一个梯度信息。通过定义不同的梯度相关参数,可以满足不同的应用需求。每个表项还有一个字段,用来表示该表项的有效时间值,若超过这个时间值,节点将删除这个表项。

当节点收到相邻节点的兴趣消息时,首先检查兴趣列表中是否存有参数类型与刚收到的兴趣消息相同的表项,且该表项对应的发送节点是该相邻节点,如果有对应的表项,就更新表项的有效时间值;如果只是参数类型相同,但不包含发送该兴趣消息的相邻节点,就在相应表项中添加这个相邻节点;对于任何其他情况,都需要建立一个新表项来记录这个新的兴趣消息。如果收到的兴趣消息和节点与刚刚转发的兴趣消息和节点一样,为避免消息循环则丢弃该信息,否则,转发刚收到的兴趣消息。

### 2. 梯度建立阶段

当传感器节点采集到与兴趣匹配的数据时,会把数据发送到梯度上的相邻节点,并按照梯度上的数据传输速率设定传感器模块传输数据的速率。由于可能从多个相邻节点收到兴趣消息，节点向多个相邻节点发送数据，汇聚节点可能收到经过多个路径的相同数据。

中间节点收到其他节点转发的数据后，首先查询兴趣列表的表项，如果没有匹配的兴趣表项就丢弃数据；如果存在相应的兴趣表项，则检查这个兴趣对应的数据缓冲池（Data Cache）。数据缓冲池用来保存最近转发的数据。如果在数据缓冲池中有与接收到的数据匹配的副本，就说明已经转发这个数据。为避免出现传输回环，应丢弃这个数据；否则，检查该兴趣表项中相邻节点的信息，如果设置的相邻节点的数据传输速率大于等于接收的数据传输速率，则全部转发接收的数据；如果设置的相邻节点的数据传输速率小于接收的数据传输速率，则按照比例转发。对于转发的数据，数据缓冲池保留一个副本，并记录转发时间。

### 3. 路径加强阶段

定向扩散路由机制以正向加强机制来优化路径，并根据网络拓扑的变化修改数据转发的梯度关系。兴趣扩散阶段是为了建立源节点到汇聚节点的数据传输路径，数据源节点以较低的速率采集和发送数据，这个阶段建立的梯度称为探测梯度（Probe Gradient）。汇聚节点在收到从源节点发来的数据后，启动建立源节点的加强路径，后续数据将沿着加强路径以较高的数据传输速率进行传输。加强后的梯度称为数据梯度（Data Gradient）。

如果用传输延迟作为路由加强的标准，则汇聚节点首先选择发送来最新数据的相邻节点作为加强路径的下一跳节点，并向该相邻节点发送路径加强消息。路径加强消息中包含新设定的较高的发送数据传输速率值。相邻节点收到该消息后，经过分析确定该消息描述的是一个已有的兴趣消息，仅是为了增加数据传输速率，于是断定这是一条路径加强消息，从而更新相应兴趣表项得到相邻节点的数据传输速率。同时，按照同样的规则选择加强路径下一跳的相邻节点。

路由加强的标准不是唯一的。可以选择在一定时间内发送数据最多的节点作为路径加强的下一跳节点，也可以选择数据传输最稳定的节点作为路径加强的下一跳节点。加强路径上的节点如果发现下一跳节点的传输数据速率明显减小，或者收到来自其他节点的新位置估计，推断加强路径的下一跳节点可能失效，就需要使用上述的路径加强机制重新确定下一跳节点。

为了适应节点死亡而引起的网络拓扑变化等情况，定向扩散路由周期性地进行兴趣扩散、数据传播和路径加强三个阶段的操作。但是，定向扩散路由在路由建立时需要一个兴趣扩散的洪泛传播，能量和时间开销都比较大，尤其是当底层 MAC 协议采用休眠机制时可能造成兴趣建立的不一致。

## 13.3.2　谣传路由

在数据传输量较少或者已知事件区域的情况下，如果采用定向扩散路由，则需采用查询消息的洪泛传播和路径增强机制，WSN 才能确定一条优化的数据传输路径。因此，在这种情况下，路由效率不高，而需采用其他高效率的路由机制。谣传路由（Rumor Routing）较适合于这类数据量传输较小的情况。谣传路由机制采用了查询消息的单播随机转发方式，避免了洪泛方式建立转发路径带来的开销过大问题。

谣传路由机制的基本思想是：事件区域中的传感器节点产生代理（Agent）消息，代理消息沿随机路径向外扩散传播，同时汇聚节点发送的查询消息也沿随机路径在 WSN 中传播。当代理消息和查询消息的传输路径交叉在一起时，就会形成一条汇聚节点到事件区域的完整路径。谣传路由机制的原理如图 13.3.2 所示。

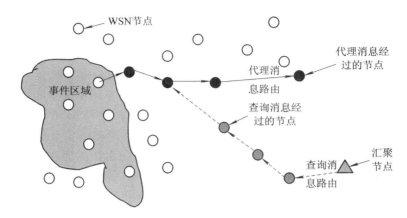

图 13.3.2　谣传路由机制原理图

谣传路由的建立经过以下几个过程：

（1）相邻节点列表与事件列表的维护。每个传感器节点维护一个相邻 WSN 节点列表和一个事件列表。事件列表的每个表项都记录事件相关的信息，主要包括事件名称、事件区域的跳数、事件区域的下一跳相邻节点等信息。当传感器节点在本地监测到一个事件发生时，在事件列表中增加一个表项，用来设置事件名称、跳数（此时跳数为零）等，同时根据一定的概率产生一个代理消息。

（2）代理消息的传输。代理消息中包含了与生命期等事件相关的分组信息，将携带的事件信息通告给传输中经过的每个传感器节点。对于收到代理消息的节点，首先检查事件列表中是否有与该事件相关的表项，如果列表中存在相关表项，就比较代理消息和表项中的跳数值，如果该节点中列表的跳数值小，就更新表项中的跳数值，否则更新代理消息中的跳数值。如果事件列表中没有该事件相关的表项，就增加一个表项来记录代理消息携带的事件信息。然后，节点将代理消息中的生命值减 1，在网络中随机选择相邻节点并转发代理消息，直到其生命值减少为零。通过代理消息在其有限生命期的传输过程，形成一段到达事件区域的路径。

（3）查询消息的转发。WSN 的任何节点都可能生成一个对特定事件的查询消息。如果节点的事件列表中保存有该事件的相关表项，说明该节点在到达事件区域的路径上，它沿着这条路径转发查询消息，否则，节点随机选择相邻节点转发查询消息。查询消息经过的节点按照同样方式转发，并记录查询消息中的相关信息，形成查询消息的路径。查询消息也具有一定的生命期，以解决环路问题。

（4）谣传路由的形成。如果查询消息和代理消息的路径交叉，交叉节点就会沿查询消息的反向路径将事件信息传送到咨询节点，并形成谣传路由。如果查询节点在一段时间内没有收到事件消息，就认为查询消息没有到达事件区域，可以选择重传、放弃或者洪泛查询消息的方法。由于洪泛查询机制的代价过高，一般作为最后的选择。

与定向扩散路由相比，谣传路由可以有效地减少路由建立的开销。但是，由于谣传路由采用随机方式生成路径，所以数据传输路径不是最优路径，并且可能存在路由回环问题。

# 13.4 地理位置路由

在 WSN 中，节点通常需要获取自身的位置信息，这样它采集的数据才有意义。地理位置路由假设节点知道自己的地理位置信息，以及目的节点或者目的区域的地理位置。WSN 利用这些地理位置信息作为路由选择的依据，节点按照一定策略转发数据到目的节点。地理位置的精确度和代价相关，在不同的应用中会选择不同精确度的位置信息来实现数据的路由转发。

GEAR(Geographical and Energy Aware Routing)路由是根据事件区域的地理位置信息，建立汇聚节点到事件区域的优化路径的。该机制可避免洪泛传播方式带来较大的路由建立的开销，降低节点的能量消耗。

GEAR 路由假设已知事件区域的位置信息，每个节点知道自己的位置信息和剩余能量信息，并通过一个简单的 Hello 消息交换机制知道所有相邻节点的位置信息和剩余能量信息。在 GEAR 路由中，节点间的通信链路是对称的。

GEAR 路由中，查询消息传播分为两个阶段。第一阶段，汇聚节点发出查询命令，并根据事件区域的地理位置将查询命令传送到区域内距汇聚节点最近的节点；第二阶段，该节点将查询命令传输到区域内的其他所有节点，监测数据沿查询消息的反向路径向汇聚节点传送。

**1. 查询消息传送到事件区域**

GEAR 路由用实际代价(Learned Cost)和估计代价(Estimate Cost)两种代价值表示路径代价。当路径未建立时，中间节点使用估计代价来决定下一跳节点。估计代价定义为归一化的节点到事件区域的通信所消耗的能量和节点的剩余能量之和。节点到事件区域的距离用节点到事件区域几何中心的距离来表示。由于所有节点均知道自己的位置和事件区域的位置，因而所有节点都能够计算出自己到事件区域几何中心的距离。节点计算自身到事件区域估计代价值为

$$c(N, R) = \alpha d(N, R) + (1-\alpha)e(N) \tag{13.4.1}$$

式中，$c(N, R)$ 为节点 $N$ 到事件区域 $R$ 的估计代价，$d(N, R)$ 为节点 $N$ 到事件区域 $R$ 的距离，$e(N)$ 为节点 $N$ 的剩余能量，$\alpha$ 为比例参数。$d(N, R)$ 和 $e(N)$ 均为归一化后的值。

查询信息到达事件区域后，事件区域内的节点沿查询路径的反方向传输监测数据，该数据携带每跳节点到事件区域的实际能量消耗值。对于数据传输所经过的各节点，节点首先记录携带的能量代价，然后对所记录的能量代价进行更新(即消息中的能量代价＋本节点发送该数据到下一跳节点的能量消耗)，将更新后的能量消耗值连同其他数据转发出去。节点下一次转发查询消息时，用刚才记录的与事件区域通信消耗的实际能量代价代替式(13.4.1)中的 $d(N, R)$，计算其到汇聚节点的实际代价值。节点用调整后的实际代价选择到达事件区域的优化路径。

以汇聚节点开始的路径建立过程一般采用贪婪算法。节点在相邻节点中选择到事件区域路由代价最小的节点作为下一跳节点，并将自己的路由代价设为下一跳节点的路由代价加上与该节点一跳通信的代价。如果节点的所有相邻节点到事件区域的路由代价都比自己的大，则陷入了路由空洞(Routing Void)，如图 13.4.1 所示，

图 13.4.1 中，S 为汇聚节点，T 为目的节点，$M_7$、$M_8$、$M_9$ 为死亡（失效）节点。节点 $M_3$ 是 S 的相邻节点中到目的节点的路由代价最小的节点，但节点 $M_3$ 的所有相邻节点到目的节点 T 的路由代价都比 $M_3$ 到 T 的路由代价要大，并且 $M_7$、$M_8$、$M_9$ 为死亡（失效）节点，这就造成了路由空洞。

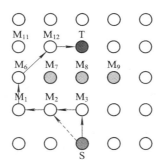

图 13.4.1　路由空洞情况示意

解决的方法为：$M_3$ 选取路由代价最小的邻居节点 $M_2$ 作为下一跳节点，并将自己的代价值设置为 $M_2$ 节点的路由代价加上 $M_3$ 节点到 $M_2$ 节点的下一跳的路由代价。同时，节点 $M_3$ 将这个新的代价值通知汇聚节点 S，S 再转发查询命令给节点 T 时，选择节点 $M_2$ 作为下一跳节点，而不选择节点 $M_3$。

**2. 查询消息在事件区域内传播**

当查询命令传送到事件区域后，可以洪泛方式传播到事件区域内的所有节点。但当 WSN 节点密度较大时，洪泛方式的能量开销比较大，这时可以采用迭代地理转发机制，如图 13.4.2 所示。事件区域内首先收到查询命令的节点，将事件区域分为若干子区域，并向所有子区域的中心位置转发查询命令，在每个子区域中，靠近区域中心的节点（如图 13.4.2 中的 $N_i$）接收查询命令，并将自己所在的子区域再划分为若干个子区域后向各个子区域中心转发查询命令。该消息传播过程是一个迭代过程，当节点发现自己是某个子区域内唯一的节点或某个子区域没有节点存在时，停止向这个子区域发送查询命令。当所有子区域转发过程全部结束时，整个迭代过程终止。

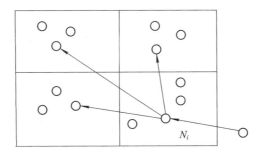

图 13.4.2　区域内的迭代地理转发示意图

当事件区域节点数较多时，迭代地理转发的消息转发次数少，而节点较少时使用洪泛策略的路由效率高。GEAR 路由可以使用如下方法在两种机制中作选择：当查询命令到达区域内的第一个节点时，如果该节点的相邻节点数量大于一个预设的阈值，则使用迭代地理转发机制，否则使用洪泛机制。

GEAR 路由通过携带机制获取实际路由代价，进行数据传输的路径优化，从而形成能量高效的数据传输路径。GEAR 路由中假设节点的地理位置固定或变化不频繁，因而适用于节点移动性不强的应用环境。

# 13.5  可靠路由协议

在某些 WSN 应用中对数据传输的可靠性要求较高，因此 WSN 路由中的一个重要方面是研究可靠的路由协议。由于 WSN 节点的能量有限、工作环境严酷，使得 WSN 经常面临着节点死亡的问题。为此，人们提出了可靠路由协议应主要从两方面考虑：一是利用节点的冗余性提供多条路径以保证通信的可靠性；二是建立传输可靠性的评估机制，从而保证每跳传输的可靠性。另外，某些 WSN 的应用需要节点间通信具有一定的实时性。以下介绍相关的协议。

## 13.5.1  不相交的多路径路由机制

不相交多路径是指从源节点到目的节点之间任意两条路径都没有相交的节点。其建立过程如图 13.5.1 所示。汇聚节点首先通过主路径增强消息来建立主路径，然后发送次优路径增强消息给次优点节点 A，节点 A 再选择自己的最优节点 B，将次优路径增强信息传递下去。如果 B 在主路径上，则 B 发回否定增强消息给 A，A 向次优节点传递次优路径增强信息；如果 B 不在主路径上，则 B 继续传递次优路径增强信息，直到构造出一条次优路径。按照同样的方式，可继续构造下一条次优路径。

在不相交多路径中，备用路径可能比主路径长得多，为此引入了缠绕多路径（Braid Multipath）的概念。缠绕多路径可以克服主路径上单个节点死亡（失效）问题。理想的缠绕多路径是由一组缠绕路径形成的。一条缠绕路径对应于主路径上的一个节点，在网络不包括这些节点时，形成了从源节点到目的节点的优化备用路径。缠绕路径可作为主路径的一条备用路径，而主路径上的每个节点都有一条对应的缠绕路径，这些缠绕路径构成了从源节点到目的节点的缠绕多路径。

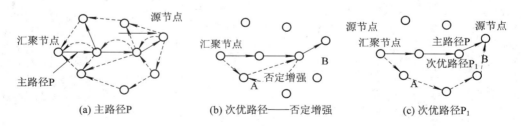

(a) 主路径P     (b) 次优路径——否定增强     (c) 次优路径P₁

图 13.5.1  不相交多路径的建立示例

在理想缠绕多路径中，节点需要知道全局网络拓扑。对于局部缠绕多路径，具有如下生成算法：

（1）建立主路径。

（2）发送备用路径增强消息。在建立主路径后，主路径上的每个节点（除了源端和靠近源端的节点以外)都要发送备用路径增强消息给自己的次优节点(记为 A),次优节点 A 再寻找其最优节点(记为 B),传播该备用路径增强消息。

(3) 否定增强,并继续构造。如果 B 在主路径上,则 B 发回否定增强消息给 A,A 向次优节点传递次优路径增强信息;如果 B 不在主路径上,则 B 继续传递次优路径增强信息,直到构造出一条次优路径。按照同样的方式,继续构造下一条次优路径。

备用路径之间具有不同的优先级。当主路径失效时,次优路径将被激活成为新的主路径。

## 13.5.2　ReInForM 路由

ReInForM(Reliable Information Forwarding Multiple Path)路由是从数据源节点开始考虑的,即考虑可靠性需求、信道质量以及 WSN 节点到汇聚节点的跳数,来决定需要的传输路径数目,以及下一跳节点数目和相应的节点,从而实现满足可靠要求的数据传输。

ReInForM 路由机制的基本思路是:首先,源节点根据传输的可靠性要求计算需要的传输路径数目;其次,在相邻节点中选择若干节点作为下一跳转发节点,并给每个节点按照一定比例分配路径数目;然后,源节点将分配的路径数目作为数据报头中的一个字段发送给邻居节点。邻居节点在接收到源节点的数据后,将自己作为数据的源节点并重复上述数据源节点的选路过程。以下介绍其实现过程。

### 1. 主路径的建立

根据路由策略,选择路由算法,建立源节点到目的节点的主路径。

在 ReInForM 路由中,定义了一个可靠性参数 $r_s$,$0 \leqslant r_s < 1$。该参数表示系统要求的源节点发送数据分组到汇聚节点的成功概率。每个节点都知道自己到邻居节点的信道质量,用信道差错率 $e_s$ 表示,$0 \leqslant e_s < 1$,并假设每个节点到其所有相邻节点的信道质量都相同。

传感器节点通过如下机制知道自己到汇聚节点的跳数 $h_s$:汇聚节点周期性地广播路由更新消息,其中包括一个到汇聚节点跳数的域,节点收到路由更新消息后,将消息中的到汇聚节点跳数加 1,并广播这个消息。这样,每个节点都能知道自己到达汇聚节点的跳数以及其相邻节点到达汇聚节点的跳数。

源节点根据参数 $r_s$、$e_s$ 和 $h_s$ 就可决定需要多少条传输路径才能保证数据分组可靠地到达汇聚节点。

由于 $e_s$ 为一条传输链路的错误率,对于源节点,经过 $h_s$ 跳后数据分组到达汇聚节点的概率为 $(1-e_s)^{h_s}$,经过 $P$ 条路径后数据分组不能到达汇聚节点的概率为 $[1-(1-e_s)^{h_s}]^P = 1-r_s$,于是

$$P(r_s, e_s, h_s) = \frac{\lg(1-r_s)}{\lg(1-(1-e_s)^{h_s})} \tag{13.5.1}$$

如果需要的成功传输的路径数 $P$ 大于源节点的相邻节点数目,则需要某些相邻节点发送多份数据拷贝来满足可靠性要求。

### 2. 下一跳节点的选择和路径分配

当源节点计算出需要的转发路径数后,就需在相邻节点中选择下一跳的节点,并对其

分配相应的转发路径。根据源节点到汇聚节点的跳数，可将相邻节点分为三类：与自己到达汇聚节点跳数相同的节点；比自己到达汇聚节点跳数少一个的节点；以及比自己到达汇聚节点跳数多一个的节点，分别用 $H^0$、$H^-$、$H^+$ 表示。源节点首先在 $H^-$ 中选择一个作为默认的下一跳节点，默认的下一跳节点转发数据分组的概率为 1。

由于源节点到默认下一跳节点的数据分组发送成功率为 $1-e_s$，这条路程相当于 $1-e_s$ 条成功转发路径。如果 $1-e_s$ 大于或等于按照式(13.5.1)计算得到的路径数，则表明源节点只需要默认下一跳节点转发数据分组就能够满足可靠性要求；否则，还需要额外的转发节点，需要的额外路径数为

$$P(r_s, e_s, h_s) = \frac{\text{lb}(1-r_s)}{\text{lb}(1-(1-e_s)^{h_s})} - (1-e_s) \qquad (13.5.2)$$

额外路径应优先从 $H^-$ 中选取。只有当按照式(13.5.2)计算的 $P$ 大于 $H^-$ 时，需要从 $H^0$ 中选取节点。只有当 $P$ 大于 $(H^-+H^-)$ 时，才需要从 $H^+$ 中选取。被选中的节点都要为源节点创建足够的路径数，以确保所有选中节点能够提供路径总数为 $P$。我们可用 $P_{H^-}$、$P_{H^0}$ 和 $P_{H^+}$ 分别表示从 $H^0$、$H^-$ 和 $H^+$ 所选择的节点作为下一跳为源节点创建的路径数目。设 $H^0$、$H^-$ 和 $H^+$ 中所选择的节点数目分别为 $N_{H^-}$、$N_{H^0}$ 和 $N_{H^+}$，于是有

$$N_H - P_{H^-} + N_{H^0} P_{H^0} + N_{H^+} P_{H^+} = P \qquad (13.5.3)$$

$P_{H^-}$、$P_{H^0}$ 和 $P_{H^+}$ 按照如下比例进行分配：

$$P_{H^-} = \frac{P_{H^0}}{1-e_s} = \frac{P_{H^+}}{(1-e_s)^2} \qquad (13.5.4)$$

需要说明的是，选择 $H^0$ 和 $H^+$ 的节点作为下一跳节点，而不是重复选择 $H^-$ 中的节点，是为了保持 WSN 的负载平衡。

例如，$H^-$ 中的节点数为 6，$H^0$ 中的节点数为 3，源节点需要的额外路径数 $P=6$。假设信道差错率 $e_s=0.5$，则 $H^-$ 中的一个节点作为默认的下一跳节点，剩余 5 个节点和 $H^0$ 中的一个节点作为额外路径的下一跳节点。由式(13.5.4)可算出 $P_{H^-}=12/11$，$P_{H^0}=6/11$。

所得到的路径数将作为数据分组头部的一个参数发给下一跳节点。如果下一跳节点收到的路径数大于 1，则总是转发数据；如果收到的路径数小于 1，则按照路径数相同的概率转发数据。

### 3. 相邻节点的路径重新计算

源节点 $s$ 在发送的数据分组头部加上 $P_H$、$e_s$ 和 $h_s$ 这三个参数。相邻节点 $i$ 在收到分组后，按照与路径数相同的概率决定是否转发分组。如果确定转发该分组，则节点 $i$ 将自己作为源节点，并按照式(13.5.2)，用本节点的 $r_i$、$e_i$ 和 $h_i$ 重新计算所需的路径数。这里的 $r_i$ 是节点 $i$ 为了保证 $s$ 指定的可靠性而重新计算出的可靠性值，按照下式计算：

$$r_i = 1 - (1-(1-e_i)^{h_i-1})^{P_H} \qquad (13.5.5)$$

式中，$(1-e_i)^{h_i-1}$ 表示从节点 $i$ 成功传送数据分组到汇聚节点的概率，$(1-(1-e_i)^{h_i-1})^{P_H}$ 表示从所有的 $P$ 条路径都不能成功传送数据分组到汇聚节点的概率。

节点 $i$ 采用与源节点同样的方法选择自己的下一跳。这个过程持续下去，一直到达汇聚节点为止。由于每一步传输都满足了源节点的可靠性要求，所以整个传输过程保证了数据传输的可靠性。

### 13.5.3　SPEED 协议

SPEED 协议为一个实时路由协议,可在一定程度上保证端到端的传输速率、网络拥塞控制以及负载平衡。为实现实时性目标,SPEED 协议首先交换节点的传输延迟,以得到网络负载情况;然后节点利用局部地理信息和传输速率信息进行路由决策,同时又通过相邻节点的反馈机制以保证网络传输速率不低于一个全局定义的阈值。另外,节点还通过反向压力路由变更机制避开延迟太大的链路和路由空洞。SPEED 协议主要由以下几部分组成:

第一部分为延迟估计机制,该机制用来估计 WSN 的负载情况,并判断 WSN 是否发生拥塞。

第二部分为 SNGF 算法(Stateless Non-deterministic Geographic Forwarding,SNGF),用来选择满足传输速率要求的下一跳节点。

第三部分为邻居反馈机制(Neighborhood Feedback Loop,NFL),是当 SNGF 路由算法中找不到满足传输速率要求的下一跳节点时采取的补偿机制。

第四部分为反向压力路由变更机制,用来避免拥塞和路由空洞。SPEED 协议中各部分之间的关系如图 13.5.2 所示。

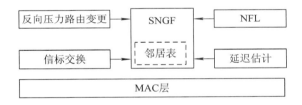

图 13.5.2　SPEED 协议框架及组成部分间的关系

**1. 延迟估计机制**

在 SPEED 协议中,节点记录了其到达相邻节点的通信延迟,用来表示 WSN 局部的通信负载。通信延迟主要是指在忽略传输延迟的情况下的发送延迟。在带宽有限的条件下,如果用专门分组监测节点间的通信延迟,则开销比较大。SPEED 协议采用数据包捎带的方法得到节点之间的延迟估计机制,其算法如下:

发送节点给数据分组加上时间戳,接收节点计算从收到数据分组到发出 ACK 的时间间隔,并将其作为一个字段加入 ACK 报文,发送节点收到 ACK 后,从收发时间差中减去接收节点的处理时间,得到一跳的通信延迟。在更新记录的延迟值时,综合考虑新计算的延迟值和原来记录的延迟值,更新的延迟值是二者的指数加权平均。节点将计算出的通信延迟通告相邻节点。假设节点 A 计算出到节点 B 的通信延迟,并将这个通信延迟通告其相邻节点 C,则节点 C 可以不必计算到节点 B 的通信延迟,而使用节点 A 发送来的通信延迟直接与节点 B 通信。

**2. SNGF 算法**

节点将相邻节点分为两类:比自己距离目标区域近的节点和比自己距离目标区域远的节点,前者称为候选转发节点集合(Forwarding Candidate Set,FCS)。节点计算到其 FCS 集合中的每个节点的传输速率。传输速率定义为节点间的距离除以节点间的通信延迟。

如果节点的 FCS 集合为空，意味着分组走到了路由空洞中。这时节点将丢弃分组，并使用反向压力信标(Backpressure Beacon)消息告诉上一跳节点，以避免分组再次走到这个路由空洞中。

根据传输速率是否满足预定的传输速率阈值，FCS 集合中的节点又分为两类：大于速率阈值的和小于速率阈值的相邻节点。如果在 FCS 集合中，节点的传输速率大于阈值，则在这些节点中按一定概率分布选择下一跳节点。节点的传输速率越大，被选中的概率就越大。若 FCS 集合中所有节点的传输速率都小于阈值，则采用 NFL 算法，计算一个转发概率，并按照该概率转发分组。如果决定转发分组，FCS 内的节点就按照一定的概率分布选择下一跳节点。

### 3. 邻居反馈机制

为了保证节点间的数据传输满足一定的传输速率要求，引入 NFL 机制。在 NFL 机制中，数据丢失和低于传输速率阈值的传送都视为传输差错。

MAC 层收集差错信息，并把到相邻节点的传输差错率通告给转发比例控制器(Relay Ratio Controller)，转发比例控制器根据这些差错率计算出转发概率，供 SNGF 路由算法做出选路决定。满足传输速率阈值的数据按照 SNGF 算法决定的路由传输出去，而不满足传输速率阈值的数据传输由邻居 NFL 计算转发概率。该转发概率表示网络能够满足传输速率要求的程度，因此节点按照这个概率进行数据转发。

节点查看 FCS 集合中的节点时，如果存在节点的传输差错率为零，则表明存在满足传输速率要求的节点，因而设转发概率为 1。如果 FCS 集合中所有节点的传输差错率都大于零，则按照下式计算转发概率：

$$u = 1 - K \frac{\sum_{i=1}^{N_{FCS}} e_i}{N_{FCS}} \tag{13.5.6}$$

式中，$e_i$ 表示到 FCS 集合中节点 $i$ 的传输差错率，$N_{FCS}$ 表示 FCS 集合中节点个数，$K$ 表示比例常数，$u$ 表示转发概率。

### 4. 反向压力路由变更机制

当 WSN 中某个区域发生事件时，数据量会突然增大。事件区域附近节点的传输负载会增大，不再能够满足传输速率要求。产生拥塞的节点用反向压力信标消息向上一跳节点报告拥塞，并用反向压力信标消息表明拥塞后的传输延迟。上一跳节点按照上述机制重新选择下一跳节点。如果节点的 FCS 集合中所有邻居节点都报告了拥塞，节点将计算出这些邻居节点的传输延迟平均值作为自己的延迟，并用反向压力信标消息继续向上一跳节点报告拥塞。

由于 SNGF 路由是一个贪婪算法，因而会遇到路由空洞问题。协议同样使用反向压力信标消息来解决这个问题。如图 13.5.3 所示，节点 2 发现自己没有下游节点能将分组传送到目的节点 5，这时节点 2 向上游节点发送一份延迟时间为无穷大的反向压力信标消息，以表明遇到路由空洞。节点 1 将其到达节点 2 的延迟时间设为无穷，并使用节点 3 来传递分组。如果所有的下游节点都遇到路由空洞，则节点 1 继续向上游节点发送反向压力信标消息。

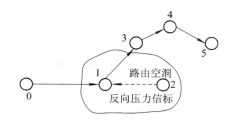

图 13.5.3　反向压力信标避免路由空洞示例

# 本 章 小 结

　　路由是将信息从源节点以某种路径通过网络传递到目的节点的行为,它是实现通信的基础保证。路由技术由路径选择和数据传递两个功能组成。路径选择算法是实现路由的基础,即在满足某些指标的前提下,选择一条从源节点到目的节点的最佳路径。

　　与一般传统无线网络的路由协议相比,WSN 路由协议具有节点能量消耗小且均衡、网络拓扑信息有限、计算资源有限、以数据为核心的特点。

　　评价一个 WSN 路由协议设计的性能指标一般包括 WSN 的生命周期、传输延迟、路径容错性、可扩展性等。

　　从具体应用的角度出发,根据不同应用对 WSN 各种特性的敏感度不同,可将路由协议分为能量感知型、查询型、地理位置型和可靠型四种类型。

　　能量路由根据节点的可用能量或传输路径上的能量需求,选择数据的转发路径。

　　能量多路径路由机制是指在源节点和目的节点之间建立多条路径,根据路径上节点的通信能量消耗以及节点的剩余能量情况,给每条路径赋予一定的选择概率,使得数据传输均衡消耗整个网络的能量,延长整个网络的生命周期。

　　定向扩散是一种查询机制的路由。汇聚节点以兴趣消息向 WSN 发布查询任务。兴趣消息的传送采用洪泛方式,传播给整个区域或部分区域内的所有传感器节点。

　　谣传路由机制的基本思想是:事件区域中的传感器节点产生代理消息,代理消息沿随机路径向外扩散传播,同时汇聚节点发送的查询消息也沿随机路径在 WSN 中传播。当代理消息和查询消息的传输路径交叉在一起时,就会形成一条由汇聚节点到事件区域的完整路径。

　　GEAR 路由机制是根据事件区域的地理位置信息,建立由汇聚节点到事件区域的优化路径的。该机制可避免洪泛传播方式带来的较大的路由建立开销,降低节点的能量消耗。

　　由于 WSN 节点的能量有限、工作环境严酷,使得 WSN 经常面临着节点死亡的问题。可靠路由协议应主要从两方面考虑:一是利用节点的冗余性提供多条路径,以保证通信的可靠性;二是建立对传输可靠性的评估机制,从而保证每跳传输的可靠性。

　　不相交多路径是指从源节点到目的节点之间的任意两条路径都没有相交的节点。

　　ReInForM 路由是从数据源节点开始考虑的,即考虑可靠性需求、信道质量以及 WSN 节点到汇聚节点的跳数,来决定需要的传输路径数目,以及下一跳节点数目和相应的节点,从而实现满足可靠要求的数据传输。

SPEED 协议为一个实时路由协议，可在一定程度上保证端到端的传输速率、网络拥塞控制以及负载平衡。

# 习 题 与 思 考

13-1 WSN 路由协议具有哪些特点和性能指标？

13-2 WSN 路由协议是如何分类的？它们的基本思想是什么？

13-3 试计算图 13.5.4 中的最大可用能量（PA）路由、最小能量消耗路由、最少跳数路由和最大最小 PA 节点路由。

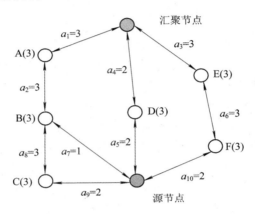

图 13.5.4

13-4 试说明能量多路径路由算法的原理，并写出其算法。

13-5 画图说明定向扩散路由算法的基本原理。

13-6 试给出谣传路由的建立的算法。

13-7 试给出 GEAR 路由算法，并以图 13.4.1 为例说明算法的工作过程。

13-8 试给出不相交的多路径路由机制的算法，并以图 13.5.1 为例说明算法的工作过程。

13-9 试给出 ReInForM 路由机制的算法。

13-10 SPEED 协议有何特点？该协议由哪些部分组成？

# 第 14 章　WSN 的 MAC 协议

在 WSN 中，介质访问控制（MAC）协议决定了无线信道的应用方式，并在 WSN 各节点间合理地分配有限的无线频谱资源，以完成 WSN 最基本的通信功能，它是 WSN 的底层基础。MAC 协议处于 WSN 协议的底层，对 WSN 性能有较大影响，是保证其有效通信的关键技术之一。

由于 WSN 节点的能量、存储、计算和通信带宽等资源是有限的，因此单个节点的功能较弱，而 WSN 需要通过大量的单个节点协同工作，以实现强大的功能。多个节点的协同工作，就需要它们之间交换信息，因此需要 MAC 协议协调节点之间的无线信道占用和通信路由的选择。WSN 的 MAC 协议是按照下述原则来设计实现的：

（1）节能原则。WSN 的节点一般是由干电池、纽扣电池等提供能量的，而且电池能量通常难以补充。为了长时间保证 WSN 的有效工作，MAC 协议在满足应用要求的前提下，应尽量节省节点的能量。

（2）扩展性原则。由于 WSN 节点数目、分布密度等在 WSN 生命周期内不断变化，节点位置也可能移动，还有新节点加入网络的问题，所以 WSN 的拓扑结构是动态变化的。MAC 协议应具有可扩展性，以适应这种动态变化的拓扑结构。

（3）效率原则。效率原则是指网络效率，主要包括网络的公平性、实时性、网络吞吐量以及带宽利用率等效率指标。MAC 协议应尽可能提高网络的效率。

MAC 协议大体上可分为三种类型：① 按照控制方式来分，可分为分布式控制方式和集中控制方式；② 按照信道共享来分，可分为独享信道方式和共享信道方式；③ 按照信道访问方式来分，可分为固定信道访问方式和随机信道访问方式。

## 14.1　基于竞争的 MAC 协议

基于竞争的 MAC 协议是采用按需分配信道方式的协议。其基本思想是当节点需要发送数据分组时，通过竞争方式使用无线信道，如果发送的数据产生了碰撞，就按照某种策略重发数据分组，直到数据分组发送成功或放弃发送。典型的基于竞争的 MAC 协议是载波侦听多路访问（Carrier Sense Multiple Access，CSMA）协议。无线局域网 IEEE802.11 MAC 协议的分布式协调（Distributed Coordination Function，DCF）工作模式，采用带冲突避免的载波侦听多路访问（CSMA with Collision Avoidance，CSMA/CA）协议，可以作为基于竞争的 MAC 协议的代表。WSN 的基于竞争的 MAC 协议主要建立在 IEEE802.11 MAC 协议的基础上，为此，下面首先介绍 IEEE802.11 MAC 协议。

### 14.1.1　IEEE802.11 MAC 协议

IEEE802.11 MAC 协议包括分布式协调（DCF）和点协调（Point Coordination Function，PCF)两种访问控制方式，其中 DCF 是 IEEE802.11 协议的基本访问控制方式。由于在无线信道中难以检测到信号的碰撞，因而只能采用随机退避的方式来减少数据碰撞的概率。在 DCF 工作方式下，节点在侦听到无线信道忙之后，采用 CSMA/CA 机制和随机退避时间技术，以实现无线信道的共享。另外，所有定向通信都采用立即主动发送 ACK 确认帧的机制，如果没有收到 ACK 帧，则发送方会重新发送数据分组。

PCF 工作方式是基于优先级的无竞争访问，是可选的控制方式。它通过访问接入点(AP)协调节点的数据收发，通过轮询方式查询当前哪些节点有数据发送的请求，并在必要时给予数据发送权。

在 DCF 工作方式下，载波侦听机制通过物理载波侦听和虚拟载波侦听来确定无线信道的状态。物理载波侦听由物理层提供，而虚拟载波侦听由 MAC 层提供。如图 14.1.1 所示，节点 A 欲向节点 B 发送数据，节点 C 在 A 的无线通信范围内，节点 D 在 B 的无线通信范围内，但不在 A 的无线通信范围内。节点 A 首先向 B 发送一个请求帧(Request - to - Send，RTS)，节点 B 返回一个清除帧(Clear - to - Send，CTS)给予应答。在这两个帧中都有一个字段表示这次数据交换需要的时间长度，称为网络分配矢量(Network Allocation Vector，NAV)，其他帧的 MAC 头也会携带这一信息。节点 C 和 D 在侦听到这个信息后，就不再发送任何数据，直到这次数据交换完成为止。NAV 可看做一个计数器，以均匀速率递减计数到零。当计数器为零时，虚拟载波侦听指示信道为空闲状态，否则，指示信道为忙状态。

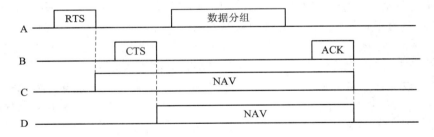

图 14.1.1　CSMA/CA 虚拟载波侦听示意图

IEEE802.11 MAC 协议规定了三种基本帧间间隔(Inter - frame Spacing，IFS)，用来提供访问无线信道的优先级。三种帧间的间隔分别如下：

SIFS(Short IFS)：最短帧间间隔。使用 SIFS 的帧的优先级最高，用于需要立即响应的服务，如 ACK 帧、CTS 帧和控制帧等。

PIFS(PCF IFS)：PCF 方式下节点使用的帧间间隔，用于获得在无竞争访问周期启动时访问信道的优先权。

DIFS(DCF IFS)：DCF 方式下节点使用的帧间间隔，用于发送数据帧和管理帧。

上述各帧间间隔满足关系：DIFS ＞ PIFS ＞ SIFS。

根据 CSMA/CA 协议，当一个节点要传输一个数据分组时，它首先侦听信道状态。如果信道空闲，而且经过一个帧间间隔时间 DIFS 后信道仍然空闲，则节点立即开始发送数据分组。如果信道忙，则节点一直侦听信道直到信道的空闲时间超过 DIFS。当信道最终空闲时，节点进一步使用二进制退避算法(Binary Back - off Algorithm)，进入退避状态来避免发生碰撞，如图 14.1.2 所示。随机退避时间按下列公式计算：

$$退避时间 = Random() \times aSlottime \qquad (14.1.1)$$

式中，Random() 是在竞争窗口 $[0，CW]$ 内均匀分布的伪随机整数；CW 是整数随机数，其值处于标准规定的 $aCW_{min}$ 和 $aCW_{max}$ 之间；aSlottime 是一个时隙时间，包括发射启动时间、媒体传播时延、检测信道的响应时间等。

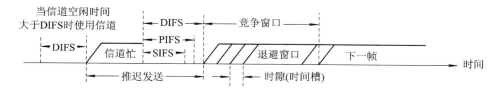

图 14.1.2　CSMA/CA 访问机制时序图

　　节点在进入退避状态时，启动一个退避计时器，当计时达到退避时间后结束退避状态。在退避状态下，只有当检测到信道空闲时才进行计时。如果信道忙，则退避计时器中止计时，直到检测到信道空闲时间大于 DIFS 后才继续计时。当多个节点推迟且进入随机退避时，利用随机函数选择最小退避时间的节点作为竞争优胜者，如图 14.1.3 所示。

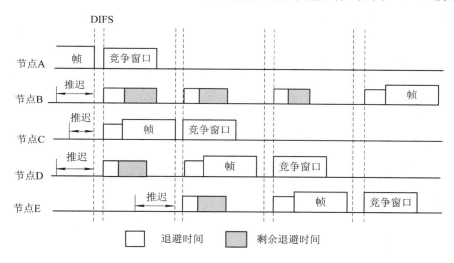

图 14.1.3　IEEE802.11 MAC 协议的退避机制

　　IEEE802.11 MAC 协议中通过主动确认机制和预留机制来提高性能，如图 14.1.4 所示。在主动确认机制中，当目标节点收到一个发给它的有效数据帧时，必须向源节点发送一个应答帧（ACK），确认数据已被正确接收。为了保证目标节点在发送 ACK 过程中不与其他节点发生冲突，目标节点使用 SIFS 帧作为间隔。主动确认机制只能用于有明确目标地址的帧，不能用于组播报文和广播报文传输。

　　为了减少节点间使用共享信道的碰撞概率，预留机制要求源节点和目标节点在发送数据帧之前交换简短的控制帧，即发送请求帧 RTS 和清除帧 CTS。从 RTS（或 CTS）帧开始到 ACK 帧结束的这段时间，信道将一直被这个数据交换过程占用。RTS 帧和 CTS 帧中包含有关这段时间长度的信息。每个节点维护一个定时器，记录网络分配向量 NAV，指示信道被占用的剩余时间。一旦收到 RTS 帧或 CTS 帧，所有节点都必须更新它们的 NAV 值。只有在 NAV 减至零时，节点才可能发送信息。通过此种方式，RTS 帧和 CTS 帧为节点的数据传输预留了无线信道。

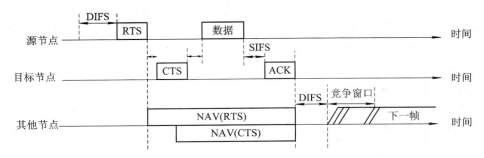

图 14.1.4　IEEE802.11 MAC 协议的应答域预留机制

## 14.1.2　S-MAC 协议

　　S-MAC(Sensor MAC)协议是在 IEEE802.11 MAC 协议的基础上，针对 WSN 的节省能量需求而提出的无线传感器网络 MAC 协议。S-MAC 协议假设在通常情况下，WSN 的数据传输量较少，而节点能协作完成共同的任务，网络内部能够进行数据的处理和融合以减少数据通信量，网络能够容忍一定程度的通信延迟。它的主要设计目标是提供良好的扩展性，减少节点能量的消耗。

　　针对碰撞重传、串音、空闲侦听和控制消息等可能造成 WSN 消耗更多能量等因素，S-MAC 协议采用了周期性侦听/睡眠的低占空比工作方式，控制节点尽可能处于睡眠状态以便能降低节点能量的消耗；相邻节点通过协商的一致性睡眠调度机制形成虚拟簇，减少节点的空闲侦听时间；通过流量自适应的侦听机制，减少信息在网络中的传输延迟；通过带内信令，减少重传和避免监听不必要的数据；通过消息分割和突发传递机制，减少控制消息的开销和消息的传递延迟。以下介绍 S-MAC 协议所采用的主要机制。

### 1.　周期性侦听和睡眠

　　为了减少能量消耗，节点要尽量处于低功耗的睡眠状态。每个节点独立地调度其他的工作状态，周期性地转入睡眠状态，在苏醒后侦听信道状态，判断是否要发送或接收数据。为了便于相互通信，相邻节点之间应该尽量维持睡眠/侦听调度周期的同步。

　　每个节点用 SYNC 消息通告自己的调度信息，同时维护一个调度表，以保存所有相邻节点的调度信息。当节点启动工作时，首先在一固定的时长内进行侦听，如果在这段侦听时间内收到其他节点的调度信息，则将它的调度周期设置为与邻居节点相同的周期，并在等待一段随机时间后广播它的调度信息。当节点收到多个邻居节点的不同调度信息时，可以选择第一个收到的调度信息，并记录收到的所有调度信息。如果节点在这段侦听时间内没有收到其他节点的调度信息，则产生自己的调度周期并广播。在节点产生和通告自己的调度后，如果收到邻居的不同调度，可分两种情况进行处理：如果节点没有收到过与自己调度相同的其他邻居的通告，则采纳邻居的调度而丢弃自己生成的调度；如果节点已经收到过与自己调度相同的其他邻居的通告，则在调度表中记录该调度信息，以便能够与非同步的相邻节点进行通信。

　　这样，具有相同调度的节点形成一个虚拟簇，边界节点记录两个或多个调度。在部署区域较广的 WSN 中，能够形成众多不同的虚拟簇，从而使得 S - MAC 具有良好的扩展性。为了适应新节点的加入，每个节点都要定期广播自己的调度，使新节点可以与已经存在的相邻节点保持同步。如果一个节点同时收到两种不同的调度，如图 14.1.5 中处于两个不同调度区域重合部分的节点，那么这个节点可以选择先收到的调度，并记录另一个调度信息。

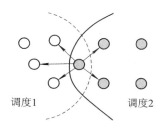

图 14.1.5　S - MAC 虚拟簇形成示意图

**2. 流量自适应侦听机制**

WSN 一般采用多跳方式进行通信，但节点的周期性睡眠会导致通信延迟的累加。S - MAC 协议采用了流量自适应侦听机制，以减少通信延迟的累加效应。其基本思想是：在一次通信过程中，节点的邻居节点在通信结束后不马上进入睡眠状态，而是保持侦听一段时间。如果节点在这段时间内接到 RTS 分组，则立即接收数据，无须等到下一次调度侦听周期，从而减少了数据分组的传输延迟。如果在这段时间内没有接到 RTS 分组，则转入睡眠状态直到下一次调度侦听周期。

**3. 串音避免**

为了减少碰撞和避免串音，S - MAC 协议采用了与 IEEE802.11 MAC 协议类似的虚拟和物理载波侦听机制，以及 RTS/CTS 的通告机制。两者的区别在于当邻居节点处于通信时，S - MAC 协议的节点进入睡眠状态。

每个节点在传输数据时，都要经历 RTS/CTS/数据传输/ACK 确认的通信过程（除广播外）。在传输的每个分组中，都有一个域值表示剩余通信过程需要持续的时间长度。源和目的节点的邻居节点在侦听期间侦听到分组时，记录这个时间长度值，同时进入睡眠状态。通信过程记录的剩余时间会随着时间不断减少。当剩余时间减至零时，若节点仍处于侦听周期，就会被唤醒，否则，节点处于睡眠状态直到下一个调度的侦听周期。每个节点在发送数据时，都要先进行载波侦听。只有虚拟或物理载波侦听表示无线信道空闲时，才可以竞争获得通信。

**4. 消息传递**

因为 WSN 内部数据处理需要完整的消息，所以 S - MAC 协议利用 RTS/CTS 机制，一次预约发送整个长信息的时间；又因为 WSN 无线信道误码率较高，S - MAC 协议将一个长信息分割成几个短信息在预约的时间内突发传送。为了能让邻居节点及时获取通信过程的剩余时间，每个分组都带有剩余时间域。为了可靠传输以及通告邻居节点正在进行的通信过程，目的节点对每个短消息都要发送一个应答消息。如果发送节点没有收到应答消息，则立刻重传该短消息。

S－MAC 协议的消息传递机制与 IEEE802.11 MAC 协议的不同之处在于，S－MAC 协议的 RTS/CTS 控制消息和数据携带的时间信息是整个长信息传输的剩余时间，其他节点只要接收到一个信息就能知道整个长信息的剩余时间，然后进入睡眠状态直到信息发送完毕。IEEE802.11MAC 协议考虑网络的公平性，RTS/CTS 只预约了下一个发送短信息的时间，其他节点在每个短信息发送完成后不必醒来即可进入侦听状态。只要发送方没有收到某个短信息的应答，连接就会断开，其他节点便可以开始竞争信道。S－MAC 与 IEEE802.11MAC 传输分组的对比如图 14.1.6 所示。

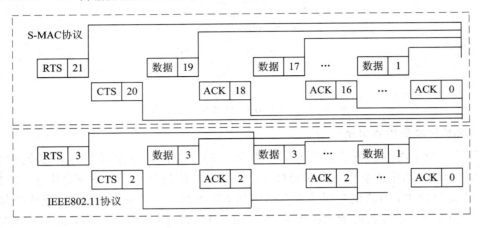

图 14.1.6　S－MAC 与 IEEE802.11 传输分组的对比

### 14.1.3　T－MAC 协议

#### 1. 基本原理

T－MAC(Timeout MAC)协议是在 S－MAC 协议的基础上提出的。S－MAC 协议采用周期性侦听/睡眠工作方式来减少空闲侦听，从而降低能量消耗。T－MAC 周期长度是固定不变的，节点的侦听时间也是固定的。如图 14.1.7(a)所示，向上的箭头表示发送消息，向下的箭头表示接收消息，上面部分的信息流表示节点一直处于侦听方式下的消息收

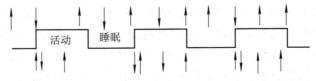

(a) S-MAC协议基本机制示意图

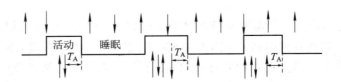

(b) T-MAC协议基本机制示意图

图 14.1.7　S－MAC 与 T－MAC 协议基本机制对比

发序列，下面部分的信息流表示不采用 S - MAC 协议时的消息收发序列。S - MAC 协议的周期长度受限于延迟要求和缓存大小，活动时间主要依赖于传输信息的速率。这样就存在一个问题，即延迟要求和缓存大小通常是固定的，而信息传输速率通常是变化的。如果要保证可靠及时的信息传输，节点的活动时间必须适应最高通信负载。当负载动态较小时，节点处于空闲侦听的时间相对增加。

针对这个问题，T - MAC 协议在保持周期长度不变的基础上，根据通信流量的变化动态地调整活动时间，用突发方式发送信息，以减少空闲侦听时间。如图 14.1.7(b)所示，T - MAC 协议相对 S - MAC 协议减少了处于活动状态的时间。

在 T - MAC 协议中，发送数据时仍采用 RTS/CTS/DATA/ACK 的通信过程，节点周期性地唤醒并进行侦听，如果在一个给定时间 $T_A$ 内没有发生下面任何一个激活事件，则活动结束。

在每个活动期间的开始，T - MAC 协议按照突发方式发送所有数据。$T_A$ 决定了每个周期内最小的空闲侦听时间。$T_A$ 的取值对于 T - MAC 协议性能至关重要，其取值约束为

$$T_A > C + R + T \tag{14.1.2}$$

式中，$C$ 为竞争信道时间，$R$ 为发送 RTS 分组的时间，$T$ 为 RTS 分组结束到发出 CTS 分组开始的时间，它们之间的关系如图 14.1.8 所示。

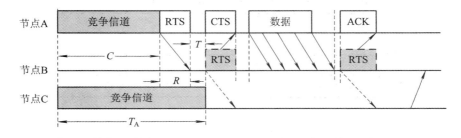

图 14.1.8　T - MAC 协议数据传输时序图及 $T_A$、$C$、$R$ 及 $T$ 间关系

**2. 早睡问题**

通常，在 WSN 中存在多个节点向一个或少数几个汇聚节点传输数据的单向通信方式。如图 14.1.9 所示，假设数据传输方向是 A→B→C→D。如果节点 A 通过竞争首先获得发送数据到节点 B 的机会，则节点 A 发送 RTS 消息给节点 B，B 用 CTS 消息应答。节点 C 收到节点 B 发出的 CTS 消息后而转入睡眠状态，在 B 接收完数据后，C 醒来，以便接收节点 B 发送给它的数据。D 可能不知道 A 和 B 的通信存在，在 A→B 的通信结束后已经处于睡眠状态，这样，节点 C 只有等到下一个周期才能传输数据到节点 D。这种通信延迟称为早睡问题（Early - Sleep Problem）。

T - MAC 协议提出两种方法来解决早睡问题。第一种方法称为未来请求发送（Future Request-to-Send，FRTS）。如图 14.1.10(a)所示，当节点 C 收到 B 发送给 A 的 CTS 分组后，立刻向下一跳的接收者 D 发出 FRTS 分组。FRTS 分组包含 D 接收数据前需要等待的时间长度，D 要在睡眠相应长度时间后醒来接收数据。由于节点 C 发送的 FRTS 分组可能干扰节点 A 发送的数据，所以节点 A 需要推迟发送数据的时间。A 通过在接收到 CTS 分组后发送一个与 FRTS 分组长度相向的 DS(Data - Send)分组实现对信道的占用。DS 分组

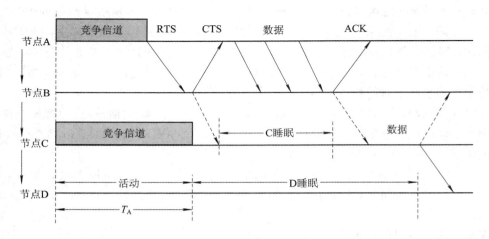

图 14.1.9　T-MAC 协议的数据传输与早睡问题

不包含有用信息。A 在 DS 分组之后开始发送正常的数据信息。FRTS 方法可以提高吞吐率，但 DS 分组和 FRTS 分组带来了额外的通信开销。

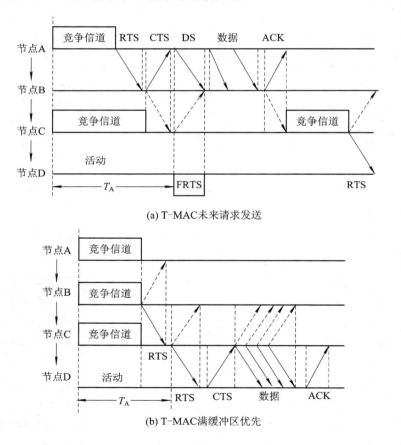

(a) T-MAC未来请求发送

(b) T-MAC满缓冲区优先

图 14.1.10　解决早睡问题的两种方法

另一种方法称为满缓冲区优先(Full Buffer Priority)。当节点的缓冲区接近满时，对收到的 RTS 不作应答，而是立即向目标接收者发送 RTS 消息，并传输数据给目的节点，如图 14.1.10(b)所示。节点 B 向节点 C 发送 RTS 分组，节点 C 因其缓冲区快满而不发送 CTS，只是向节点 D 发送 RTS，将它的数据发送给节点 D。这个方法的优点是减少了早睡问题发生的可能性，并起到一定的网络流量的控制作用，带来的问题是增加了冲突的可能性。

　　T‐MAC 协议根据当前的网络通信情况，通过提前结束活动周期来减少空闲侦听，但带来了早睡问题。

# 14.2　基于时分复用的 MAC 协议

　　时分复用(Time Division Multiple Access，TDMA)是实现信道分配的一种机制。在 WSN 中采用 TDMA 机制，就可以为每个节点分配独立的用于数据发送或接收的时隙，于是节点可以在其他时隙内转入睡眠状态，以达到节省能量的目的。TDMA 机制没有竞争机制所产生的碰撞问题，数据传输时不需要过多的控制信息，节点在空闲时隙内能及时进入睡眠状态。

　　TDMA 机制需要节点之间要有比较严格的时间同步，这样才能实现节点状态的自动转化，以及节点之间的协同工作。TDMA 机制在网络扩展性方面存在着不足，很难调整时间帧的长度和时槽的分配。对于节点的移动、失效等动态拓扑结构适应性较差，对于节点发送数据量的变化也不敏感。研究者利用 TDMA 机制的优点，针对该机制的不足，结合具体的应用，提出了多个基于 TDMA 的 WSN MAC 协议。下面介绍几种典型的协议。

## 14.2.1　基于分簇网络的 MAC 协议

　　分簇网络是指网络中的节点按照某种方式固定或自动地被划分为若干个簇，在每个簇内，由一个簇头来控制所有节点的活动。在基于分簇网络的 TDMA 协议中，簇头负责为簇内所有 WSN 节点分配时隙，收集和处理簇内节点发来的数据，并将数据发送给汇聚节点。分簇 WSN 的结构如图 14.2.1 所示。

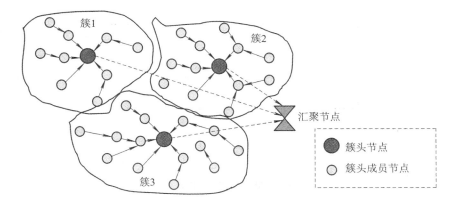

图 14.2.1　分簇 WSN 结构示意图

在基于分簇网络的 MAC 协议中，节点状态分为感应(Sensing)、转发(Relaying)、感应并转发(Sensing and Relaying)和非活动(Inactive)四种状态。节点在感应状态时，采集数据并向其相邻节点发送所采集的数据；在转发状态时，接收其他节点发送的数据并发送给下一个节点；在感应并转发状态时，节点需要完成上述两项的功能；节点没有数据需要接收和发送时，自动进入非活动状态。

为了适应簇内节点的动态变化、及时发现新的节点、能量相对高的节点转发数据等目的，协议将时间帧分为周期性的四个阶段。

第一阶段，数据传输阶段。簇内节点在各自分配的时隙内发送采集数据给簇头。

第二阶段，刷新阶段。簇内节点向簇头报告其当前状态。

第三阶段，刷新引起的重组阶段。紧接着刷新阶段之后，簇头根据簇内节点的当前状态，重新给簇内节点分配时隙。

第四阶段，事件触发的重组阶段。节点能量小于特定值、网络拓扑发生变化等事件发生时，簇头就要重新分配时隙。通常在多个数据传输阶段后会有这样的事件发生。

可见，簇头在分簇网络中具有非常重要的作用，因此要求簇头具有较强的计算能力和较多的能量。

## 14.2.2 DEANA 协议

分布式能量感知节点活动(Distributed Energy Aware Node Activation，DEANA)协议将时间帧分为周期性的调度访问阶段和随机访问阶段。调度访问阶段由多个连续的数据传输时隙组成，在某个时隙分配给特定节点用来发送数据。除相应的接收节点外，其他节点在此时隙内处于睡眠状态，随机访问阶段由多个连续的信令交换时隙组成，用于处理节点的添加、删除以及时间同步等。

为了进一步节省能量，在调度访问阶段，每个时隙又细分为控制时隙和数据传输时隙。控制时隙相对数据传输时隙，其长度较短。如果节点在其分配的时隙内有数据需要发送，则在控制时隙发出控制消息，指出接收数据的节点，然后在数据传输时隙发送数据。在控制时隙内，所有节点都处于接收状态。如果发现自己不是数据的接收者，节点就进入睡眠状态。只有数据的接收者才能在整个时隙内保持在接收状态。这样就可以有效减少节点接收不必要的数据。DEANA 协议的时间帧分配如图 14.2.2 所示。

图 14.2.2 DEANA 协议的时间帧分配

与传统的 TDMA 协议相比，DEANA 协议在数据传输时隙前加入了一个控制时隙，使节点在得知不需要接收数据时进入睡眠状态，从而能够部分解决串音问题，但是该协议对节点的时间同步精度要求较高。

## 14.2.3 TRAMA 协议

流量自适应介质访问(Traffic Adaptive Meduim Access，TRAMA)协议将时间划分为连续时隙，根据局部两跳内的邻居节点信息，采用分布式选举机制来确定每个时隙的无冲突发送者，与此同时，通过避免把时隙分配给无流量的节点，使得非发送和接收节点处于睡眠状态以达到节省能量的目的。TRAMA 协议包括邻居协议（Neighbor Protocol，NP）、调度交换协议（Schedule Exchange Protocol，SEP）和自适应时隙选择算法（Adaptive Election Algorithm，AEA）。

在 TRAMA 协议中，为了适应节点失效或节点增加等引起的网络拓扑结构变化，将时间划分为交替的随机访问周期和调度访问周期。随机访问周期和调度访问周期的时隙个数根据具体应用情况而定。随机访问周期主要用于网络维护，如新节点加入、已知节点失效等引起的网络拓扑变化要在随机访问周期内完成。

**1. NP 协议**

NP 协议在随机访问周期内执行，节点通过 NP 协议以竞争方式使用无线信道。协议要求节点周期性通告自己的节点编号 ID，是否有数据需要发送以及能够直接通信的邻居节点的相关信息，并实现节点之间的时间同步。节点间通过 NP 协议获得一致的两跳内拓扑结构和节点流量信息，为此协议要求所有节点在随机访问周期内都处于激活状态，同时要求通告信息要广播多次。

在 TRAMA 协议中每个节点有唯一的节点编号 ID。节点根据编号独立计算其两跳内所有节点在每个时隙上的优先级，节点 $u$ 在编号为 $t$ 的时隙内的优先级计算公式为

$$priority(u, t) = hash(u \oplus t) \tag{14.2.1}$$

由于节点间获取的邻居节点信息是一致的，每个节点独立计算在每个时隙上各个节点的优先级也是一致的，因此，节点能够确定每个时隙上优先级最高的节点，从而知道自己在哪些时隙上优先级最高。节点优先级最高的时隙称为节点的赢时隙。

**2. SEP 协议**

调度交换协议（SEP）用来建立和维护发送者和接收者的调度信息。在调度访问周期内，节点周期性向邻居广播它的调度信息，如在赢时隙发送数据的接收者，或者放弃该赢时隙等调度信息。

调度信息的产生过程如下：节点根据上层应用分组的速率，首先计算它的调度间隔 $T_{interval}$（$T_{interval}$ 代表一次调度对应的时隙个数），然后，节点计算在 $[t, t+T_{interval}]$ 内它具有最高优先级的时隙；最后，节点在赢时隙内发送数据并通过调度消息告诉相应的接收者。如果节点没有足够多的数据需要发送，应及时通告放弃赢时隙，以便其他节点利用。在节点的每个调度间隔内，最后一个赢时隙预留给节点广播它的下一个调度间隔的调度信息。

由于节点间保持了一致的两跳邻居拓扑结构，因而可以将邻居节点按照节点 ID 的升序或降序排列，并采用位图（Bitmap）指定接收者。位图中的每一位代表一个邻居节点，需要该节点接收信息则将该节点的对应位置置 1，这样可以方便地实现单播、广播和组播。节点将放弃的赢时隙位图置为全 0。最后一个非 0 时隙称为变更时隙（Changeover Slot）。节点通过调度分组广播其调度信息。调度分组的格式如图 14.2.3 所示，其中，SourceAddr 是发送调度分组的节点编号；Timeout 是从当前时隙开始本次调度有效的时隙个数；Width 是邻居个数，也就是邻居位图的字节长度；NumSlot 是赢时隙的个数。

节点采用携带技术在发送数据分组中携带节点调度摘要，以减少调度分组在广播过程中丢失分组所造成的影响。调度摘要包括 Timeout、NumSlot 以及接下来的一个赢时隙的

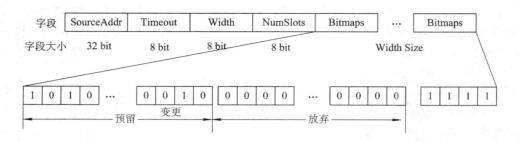

图 14.2.3  TRAMA 协议中调度分组格式

位图。该赢时隙既可以解决调度分组丢失问题，也可以实现调度变更。如发送给节点 2、3，现只想发送给 3，则可以在最近一个数据分组中修改赢时隙的位图（变更部分中的 0010 表示 3）。

出于多种原因，节点可能改变自己的调度，如调度分组宣布放弃的赢时隙可能不再放弃等。在一个节点的变更时隙，其所有的邻居节点都要处于接收状态，来同步它们关于节点的调度信息。为了防止调度信息的不一致和发送调度分组时产生的冲突，节点只能在当前调度时隙内的最后一个赢时隙广播下一个调度间隔的调度信息。

### 3. AEA 算法

节点有发送、接收和睡眠三种状态。在调度访问周期内的给定时隙，当节点有数据需要发送，并且在竞争信道中处于最高的优先级时，它处于发送状态，当节点是当前发送节点指定的接收者时，它处于接收状态；其他情况下，节点处于睡眠状态。每个节点在调度周期的每个时隙上运行 AEA 算法。该算法根据当前两跳邻居节点内节点的优先级和一跳邻居的调度信息，决定节点在当前时隙的活动策略为发送、接收还是睡眠。以下引入 AEA 算法的相关术语。

N1(u)：u 的直接邻居集合。

N2(u)：u 的两跳邻居集合。

CS(u)：u 的竞争节点集合，包括 u、N1(u) 和 N2(u) 中的节点。

tx(u)：绝对胜者（Absolute Winner）集合，是 CS(u) 中优先级最高的节点。

atx(u)：相对胜者（Alternative Winner）集合，是 u 和其直接邻居中优先级最高的节点。

PTX(u)：可能发送节点集合（Possible Transmitter set），是 u 及其直接邻居中满足以下公式的优先级最高的节点，但不包括 atx(u) 节点。在 (5.4.6) 中，y 是 u 的一个直接邻居，其优先级大于 u 的所有两跳邻居节点的优先级。

$$prio(y) > prio(u) \quad \forall x, y \in N1(N1(y)) \ and \ x \notin N1(y) \qquad (14.2.2)$$

NEED(u)：需要竞争节点（Need Contender Set），u 和 PTX(u) 中需要额外时隙的节点。

ntx(u)：需要发送者（Need Transmitter），NEED(u) 中优先级最高的节点。

在 TRAMA 协议中，节点间通过 NP 协议获得一致的两跳内的拓扑信息，通过 SEP 协议建立和维护发送者和接收者的调度信息，通过 AEA 算法决定节点在当前时隙的活动策略。TRAMA 协议通过分布式协商保证节点无冲突地发送数据，无数据收发的节点处于睡眠状态；同时，避免把时隙分配给没有信息发送的节点，在节点节省能量的同时，保证了网络的较高数据传输速率。但是，该协议要求节点有较大的存储空间来保存拓扑信息和邻居调度信息，需要计算两跳内邻居的所有节点的优先级，并且运行 AEA 算法。TRAMA 协议适用于周期性数据收集或监测 WSN 方面的应用。

AEA 算法的伪代码描述如下：

1：计算 tx(u)，atx(u) 和 ntx(u)

2：**if** (u－tx(u)) **then** //u 是绝对胜者

3：　**if**（u 在调度分组中通告在时隙内发送数据）**then**

4：　　**let** u. state＝TX（发送状态）

5：　　**let** u. receive＝u. reported. rxId

6：　　发送数据，更新通告的调度信息

7：　**else if**（u 在调度分组中放弃该时隙）**then**

8：　　**call** HandleNeedTransmissions

9：　**endif**

10：**else if**（tx(u)∈N1(u)）then u 的一跳邻居是绝对胜者

11：　**if**（tx(u) 在调度分组中放弃该时隙）**then**

12：　　**call** HandleNeedTransmissions

13：　　**else if**（tx(u) 在调度分组中通告接收者为 u）**then**

14：　　　**let** u. mode＝RX（接收状态）

15：　　**else**

16：　　　**let** u. mode＝SL（睡眠状态）

17：　　　更新 tx(u) 的调度信息

18：　**endif**

19：**else** //u 的两跳邻居是绝对胜者

20：　**if**（atx(u) 与 tx(u) 不是两跳内的邻居，而且 atx(u)∈PTX(u)）**then**

21：　　**call** HandleNeedTransmissions

22：　**else if**（atx(u) 在调度分组中通过接收者为 u）**then**

23：　　**let**. u. mode＝RX（接收状态）

24：　**else**

25：　　**let**. u. mode＝SL（睡眠状态）

26：　　更新 atx(u) 的调度信息

27：　**endif**

28：**else**

29：　**call** HandleNeedTransmissions

30：**endif**

31：**procedure** HandNeedTransmissions

32：**if**（ntx(u)－u）**then**

33：　**let** u. state＝TX（发送状态）

34： **let** u. receiver＝u. reported. rxId

35： 发送数据，更新通告的调度信息

36：**else if** (ntx(u)在调度中分组通告接收者为 u) **then**

37： **let** u. mode＝RX

38：**else**

39： **let** u. mode＝SL

40：更新 ntx(u)的调度信息

41：**endif**

# 本 章 小 结

在 WSN 中，MAC 协议决定了无线信道的应用方式，以在 WSN 各节点间合理地分配有限的无线频谱资源，以完成 WSN 最基本的通信功能，它是 WSN 的底层基础。MAC 协议处于 WSN 协议的底层部分，对 WSN 性能有较大影响，是保证其有效通信的关键技术之一。

WSN 的 MAC 协议是按照节能原则、扩展性原则和效率原则来设计实现的。

基于竞争的随机访问 MAC 协议是采用按需分配信道方式的协议。其基本思想是：当节点需要发送数据分组时，通过竞争方式使用无线信道，如果发送的数据产生了碰撞，就按照某种策略重发数据分组，直到数据分组发送成功或放弃发送。典型的基于竞争的随机访问 MAC 协议是 CSMA。无线局域网 IEEE802.11 MAC 协议的 DCF 工作模式采用 CSMA/CA 协议。

S-MAC 协议是在 IEEE802.11 MAC 协议的基础上，针对 WSN 的节省能量需求而提出的无线传感器网络 MAC 协议。节点能协作完成共同的任务，网络内部能够进行数据的处理和融合以减少数据通信量，网络能够容忍一定程度的通信延迟。它的主要设计目标是提供良好的扩展性，减少节点能量的消耗。

T-MAC 协议是在 S-MAC 协议的基础上提出的。S-MAC 协议通过采用周期性侦听/睡眠工作方式以减少空闲侦听，从而降低能量消耗。T-MAC 协议的周期长度是固定不变的，节点的侦听时间也是固定的。

时分复用是实现信道分配的一种机制。在 WSN 中采用 TDMA 机制，就可以为每个节点分配独立的用于数据发送或接收的时隙，于是节点可以在其他时隙内转入睡眠状态，以达到节省能量的目的。TDMA 机制没有竞争机制所产生的碰撞问题，数据传输时不需要过多的控制信息，节点在空闲时隙内能及时进入睡眠状态。

# 习 题 与 思 考

14-1 WSN 的 MAC 协议对于 WSN 有何作用？设计 WSN 的 MAC 协议的原则是什么？

14-2 大体上，MAC 协议是如何分类的？

14-3 简述在 DCF 方式下节点确定信道的工作过程。

14 - 4　简述 IEEE802.11 MAC 协议中的退避机制。

14 - 5　S - MAC 协议有何特点？主要采用了哪些机制？简述这些机制。

14 - 6　T - MAC 协议有何特点？该协议是如何解决早睡问题的？

14 - 7　什么是 TDMA？在 WSN 中采用 TDMA 机制的主要作用是什么？

14 - 8　试述基于分簇网络的 MAC 协议的工作过程。

14 - 9　DEANA 协议有何特点？它解决了哪些主要问题？

14 - 10　TRAMA 协议的时隙划分有何特点？该协议包含了哪些主要内容？

14 - 11　在 TRAMA 协议的 SEP 协议中，调度信息是如何产生的？

14 - 12　试述 AEA 算法的基本原理。

# 第 15 章 WSN 的拓扑控制

对于像 WSN 这样的自组织网络，由于它的节点携带的电源有限，计算能力也有限，要想使其具有良好的数据感知能力和良好的通信能力，除了要有一个好的 MAC 协议的支持外，还必须依靠好的网络拓扑结构来维持。良好的拓扑结构能够提高路由协议和 MAC 协议的效率，为数据融合、时间同步等很多方面提供良好的基础，有利于延长整个网络的生命周期。WSN 的拓扑控制与优化具有以下几个作用：

（1）可以延长 WSN 的生命周期。WSN 的节点一般采用电池供电，节省能量是网络设计主要考虑的问题之一。WSN 在通信时，往往采用多跳的方式，这就可能造成有些节点过度通信而缩短其生命周期，导致整个网络的"孤岛化"，从而使整个网络失效（或死亡），降低了网络的生命周期。因此，合理的网络拓扑控制可以在保证网络连通性和覆盖度的情况下，有效地分配网络中相关节点的通信负荷，正确使用网络的能力，从而延长整个网络的生存时间。

（2）可有效减弱节点间通信干扰，提高通信效率。WSN 的节点通常以较大的密度来部署，节点间依靠竞争无线信道来相互通信。如果节点通信功率增大，势必将增大其他节点的侦听范围，从而引起过多节点的竞争等待时间，引发通信的延迟；另外，由于侦听，会使节点浪费较多的能力。因此，合理选择节点的发射功率，适当控制网络的连通度，可以有效减少节点间的通信干扰，提高网络的吞吐能力。

（3）为路由协议的实施提供基础数据。在 WSN 中，只有激活的节点才能进行数据转发通信。有效地进行拓扑控制，可以得到相邻节点的信息，路由协议可以依据这些信息合理选择路由，保证通信的顺利进行。

（4）可以更好地进行数据融合及有利于提高网络的鲁棒性。WSN 中的数据融合指节点将采集的数据发送给某个（或某些）核心节点，由其进行数据融合。采用拓扑控制可以有效地组合核心节点与非核心节点的配置，更好地完成数据融合。

由于 WSN 节点较脆弱，网络中的节点随时都有可能受到损伤而失效，从而造成整个网络的动荡，严重时可以使整个网络失效。因此，采用网络拓扑可以提高网络的鲁棒性，从而有效地提高网络的正常运行率。

WSN 的拓扑控制主要研究的是在满足网络覆盖度和连通性的前提下，如何通过功率控制和骨干网节点选择，剔除节点之间不必要的通信链路，以形成一个数据转发的优化网络结构。

## 15.1 功 率 控 制

在 WSN 中的节点，通过设置或动态调整发射功率，可以在保证网络拓扑结构的连通性基础上，使得 WSN 中的节点能量消耗最小，从而延长整个网络的生命周期。一般情况下，WSN 节点分布在二维或三维空间中，找到一个最优的精确控制策略非常困难，因此往往采用近似的解来实现网络的功率控制。

### 15.1.1　基于节点度的算法

"度"是图论中的一个概念，是指图中的某个顶点与其相连接的边的个数。WSN 可以抽象为一个图，WSN 中的节点是所抽象的图的一个顶点。因此，一个节点的度数是指所有距离该节点一跳的邻居节点的数目。

基于节点度的算法的核心思想是给定节点度的上限和下限需求，动态调整节点的发射功率，使得节点的度数落在上限和下限之间。基于节点度的算法利用局部信息来调整相邻节点间的连通性，从而保证整个网络的连通性，同时保证节点间的链路具有一定的冗余性和可扩展性。

以下介绍本地平均算法（Local Mean Algorithm，LMA）和本地邻居平均算法（Local Mean neighbors Algorithm，LMN）两种周期性动态调整节点发射功率的算法。

#### 1. 本地平均算法

本地平均算法的步骤如下：

（1）开始时所有节点均具有相同的发射功率 TransPower0，每个节点定期广播一个包含自己 ID 的 LifeMsg。

（2）如果节点接收到 LifeMsg 消息，则发送一个 LifeAckMsg 应答消息。该消息中包含应答的 LifeMsg 消息中的节点 ID。

（3）每个节点在下一次发送 LifeMsg 时，首先检查已经收到的 LifeAckMsg 消息，利用这些消息统计出自己的邻居数 NodeResp。

（4）如果 NodeResp 小于邻居数下限 NodeMinThresh，那么节点在这次发射时将增大发射功率，但发射功率不能超过初始发射功率的 $B_{max}$ 倍，其发射功率为

$$TransPower = \{min[B_{max}, A_{inc} \times (ModeMinThresh - NodeResp)]\}$$
$$\times TransPower0 \tag{15.1.1}$$

同样，如果 NodeResp 大于邻居节点的上限 NodeMaxThresh，则需要减小发射功率为

$$TransPower = \{min[B_{min}, A_{dec} \times (1 - (ModeMaxThresh - NodeResp))]\}$$
$$\times TransPower0 \tag{15.1.2}$$

在上两式中，$B_{max}$、$B_{min}$、$A_{dec}$、$A_{inc}$ 为四个可调参数，它们会影响功率调节的精度和范围。

#### 2. 本地邻居平均算法

本地邻居平均算法（LMN）与本地平均算法（LMA）类似，唯一的区别是在邻居数 NodeResp 的计算方法上。在 LMN 算法中，每个节点发送 LifeAckMsg 消息时，将自己的邻居数放入消息，发送 LifeMsg 消息的节点在收集完所有的 LifeAckMsg 消息后，将所有邻居的邻居数求平均值后作为自己的邻居数。

这两种算法通过计算机仿真后，其结果为：两种算法的收敛性和网络的连通性是可以保证的，它们通过少量的局部信息达到了一定程度的优化效果。这两种算法对无线传感器节点的要求不高，不需要严格的时钟同步。

## 15.1.2　基于邻近图的算法

### 1. 邻近图

图可用 $G=(V, E)$ 来表示。式中，$V$ 表示图中顶点的集合，$E$ 表示图中边的集合。$E$ 中的元素边可表示为 $l=(u, v)$，其中 $u, v \in V$。

由图 $G=(V, E)$ 导出的邻近图 $G=(V, E)$ 是指，对于任意一个顶点 $v \in V$，给定其邻居判别条件 $q$，$E$ 中满足 $q$ 的边 $l \in E$。典型的邻近图模型有 RNG(Relative Neighbor Graph)、GG(Gabriel Graph)、YG(Yao Graph)以及 MST(Minimum Spanning Tree)等。

基于邻近图的功率控制算法如下：

所有节点都采用最大功率发射时形成的拓扑图为 $G$，按照一定的规则 $q$ 求出该图的邻近图 $G'$，$G'$ 中的每个节点以自己所邻接的最远通信节点来确定发射功率。

这是一种解决功率分配问题的近似解法。考虑到 WSN 中两个节点形成的边是有向的，为了避免形成单向边，一般在运用邻近图的算法形成网络拓扑之后，还需要对节点之间的边给予增删，以使最后得到的网络拓扑是双向连通的。

邻近图算法的作用是让节点能确定自己的邻居集合，调整适当的发射功率，从而在建立一个连通图的同时，节省节点的能量。

### 2. DRNG 和 DLSS 算法

DRNG (Directed Relative Neighbor Graph) 和 DLSS (Directed Local Spanning Subgraph)算法是基于邻近图的两种算法。它们最早是针对节点发射功率不一致问题而采用的解决方法。这两种算法是以经典邻近图 RNG、LMST 等理论为基础，全面考虑网络的连通性和双向连通性而提出的。以下先介绍一些基本定义。

（1）有向边：边 $(u, v)$ 和边 $(v, u)$ 是不同的，它们的方向不同。

（2）节点间的距离及通信半径：用 $d(u, v)$ 表示节点 $u$、$v$ 之间的距离，用 $r_u$ 表示 $u$ 的通信半径。

（3）可达邻居集合及可达邻居子图：可达邻居集合 $N_u^R$ 表示节点 $u$ 以最大通信半径可以到达的节点的集合。由节点 $u$ 和 $N_u^R$ 以及这些节点之间的边构成可达邻居子图 $G_u^R$。

（4）权重函数 $w(u, v)$：节点 $u$ 和 $v$ 构成的权重函数 $w(u, v)$ 满足以下关系：

$$w(u_1, v_1) > w(u_1, v_1) \Rightarrow d(u_1, v_1) > d(u_2, v_2)$$

或者

$$d(u_1, v_1) = d(u_2, v_2) \& \max\{\mathrm{id}(u_1), \mathrm{id}(v_1)\} > \max\{\mathrm{id}(u_2), \mathrm{id}(v_2)\}$$

或者

$$d(u_1, v_1) = d(u_2, v_2) \& \max\{\mathrm{id}(u_1), \mathrm{id}(v_1)\} = \max\{\mathrm{id}(u_2), \mathrm{id}(v_2)\}$$
$$\& \min\{\mathrm{id}(u_1). \mathrm{id}(v_1)\} > \min\{\mathrm{id}(u_2), \mathrm{id}(v_2)\} \quad (15.1.3)$$

在上述两种算法的执行过程中，节点都需要知道一些必要的信息，因此在拓扑形成之前要有一个信息获得阶段。在该阶段中，每个节点以自己的最大发射功率广播 HELLO 消息，该消息中至少应包括自己的 ID 和自己所在的位置。获得信息阶段完成后，每个节点通过接收的 HELLO 消息确定自己可达的邻居集合 $N_u^R$。

在图 15.1.1 中，假设 $u$、$v$ 满足条件 $d(u,v) \leqslant r_u$，且不存在另一个节点 $p$ 同时满足 $w(u,p) < w(u,v)$，$w(p,v) < w(u,v)$ 和 $d(p,v) \leqslant r_p$ 时，节点 $v$ 将被选择为节点 $u$ 的邻居节点。因此，DRNG 算法为节点 $u$ 确定了邻居集合。

上述算法意味着当节点 $p$ 与 $u$ 的通信半径一定时，如果 $v$ 到 $p$ 和 $u$ 的距离均小于它们各自的通信半径，且在三角形 $\triangle vpu$ 中，$uv$ 边的权最小，则 $v$ 一定是 $u$ 的邻居。

图 15.1.1　DRNG 算法

在 DLSS 算法中，假设已知节点 $u$ 以及它的可达邻居子图 $G_u^R$，将 $p$ 到所有可达邻居节点的边以权重 $w(u,v)$ 为标准按升序排列，依次取出这些边，直到 $u$ 与所有可达邻居节点直接相连或通过其他节点相连，最后与 $u$ 直接相连的节点构成 $u$ 的邻居节点集合。从图论来看，DLSS 算法等价于在 $G_u^R$ 基础上进行本地最小生成树的计算。

当节点 $u$ 确定了自己的邻居集合后，将调整发送功率，使其通信半径达到最远的邻居节点。更进一步，可通过对所形成的拓扑进行边的增删，使网络达到双向连通。

DRNG 和 DLSS 算法着重考虑网络的连通性，充分利用邻近图的理论，考虑到传感器网络的特点，它们是同类算法中的典型算法，以原始网络拓扑双向连通为前提，保证优化后的拓扑也是双向连通的。

## 15.2　层次型拓扑结构控制

在 WSN 中，传感器节点的无线通信模块在空闲状态时的能耗与在收发状态时相当，所以只有使节点通信模块休眠才能大幅度地降低无线通信模块的能量开销。考虑依据一定机制选择某些节点作为骨干节点，激活通信模块，并使非骨干节点的通信模块休眠。由骨干节点建立一个连通网络来负责数据的路由转发，这样既能保证原有覆盖范围内的数据通信，也能在很大程度上节省节点的能量。在这种拓扑管理机制下，可将网络中的节点划分为骨干和非骨干节点两类。骨干节点对周围的非骨干节点进行管理。这类将整个网络划分为相连的区域的算法，一般又称为分簇算法。骨干节点是簇头节点，非骨干节点为簇内节点。由于簇头节点需要协调簇内节点的工作，负责数据的融合与转发，能量消耗相对较大，所以分簇算法通常周期性地选择簇头节点，以均衡网络中节点的能量消耗。

层次型的拓扑结构具有较多优点：簇头节点负责数据融合，减少了数据通信量；分簇模式的拓扑结构有利于分布式算法的应用，适合大规模部署的网络；由于大部分节点在相当长的时间内使通信模块休眠，所以可显著延长整个网络的生命周期。

### 15.2.1　LEACH 算法

LEACH(Low Energy Adaptive Clustering Hierarchy)算法是一种自适应分簇拓扑控

制算法，它的执行过程是周期性的，每轮循环分为簇的建立阶段和稳定的数据通信阶段。LEACH 算法中的工作循环如图 15.2.1 所示。在簇的建立阶段，相邻节点动态地形成簇，随机产生簇头。在数据通信阶段，簇内节点将数据发送给簇头，簇头进行数据融合并把结果发送给汇聚节点。由于簇头需要完成数据融合、汇聚节点通信等任务，所以能耗较大。LEACH 算法可以保证各节点以等概率的方式承担簇头，使得网络中的节点相对均衡地消耗能量。

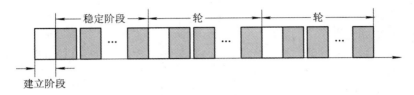

图 15.2.1　LEACH 算法中的工作循环

**1. 簇头选举方法**

LEACH 算法选举簇头的过程如下：

节点产生一个 0～1 之间的随机数，若这个随机数小于阈值 $T(n)$，则发布自己是簇头的公告消息。在每轮循环中，如果节点已经当选过簇头，则将 $T(n)$ 设置为 0，这样该节点不会再次当选为簇头。对于未当选过簇头的节点，将以 $T(n)$ 的概率当选；随着当选过簇头的节点的数量的增多，剩余节点当选簇头的阈值 $T(n)$ 也随之增大，节点产生小于 $T(n)$ 的随机数的概率随之增大，所以节点当选为簇头的概率也增大，当只剩余一个节点未当选时，$T(n)=1$，表示这个节点一定当选。$T(n)$ 可表示为

$$T(n) = \begin{cases} \dfrac{P}{1 - P \times \left[ r \bmod \left( \dfrac{1}{P} \right) \right]}, & n \in G \\ 0, & \text{其他} \end{cases} \tag{15.2.1}$$

式中，$P$ 是簇头在所有节点中占的百分比，$r$ 是当选轮数，$r \bmod \left( \dfrac{1}{P} \right)$ 表示这一轮循环中当选过簇头的节点个数，$G$ 是这轮循环中未当选过簇头的节点的集合。

节点当选簇头后，发布通告消息告知其他节点自己是新簇头。非簇头节点根据自己与簇头之间的距离来选择加入哪个簇，并告知该簇头。当簇头接收到所有的加入信息后，就产生一个 TDMA 定时消息，通知该簇内所有节点。为了避免附近簇的信号干扰，簇头可以决定本簇中所有节点所用的 CDMA 编码。这个用于当前阶段的 CDMA 编码连同 TDMA 定时一同发送。当簇内节点收到此消息后，就会在各自的时隙内发送数据。经过一段时间的数据传输，簇头收齐簇内节点发送的数据后，运行数据融合算法来处理数据，并将结果直接发送给汇聚节点。

如图 15.2.2 所示，经过一轮选举过程，可以看到整个网络覆盖区域被划分成 5 个簇，图中黑色节点代表簇头。可以明显地看出经 LEACH 算法选举出的簇头的分布并不均匀，这是需要改进的一个方面。

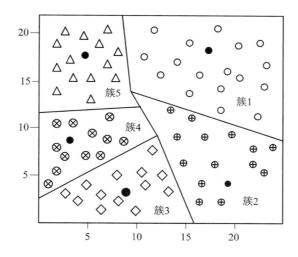

图 15.2.2　LEACH 算法中的簇的划分

**2. LEACH 改进算法**

WSN 是由大量节点组成的大规模传感器网络，离汇聚节点很远的簇头能量消耗很快，这样将影响网络的覆盖范围和生命周期。另外，LEACH 提出的簇头选举机制没有考虑节点的具体地理位置，不能保证簇头均匀地分布在整个网络中。尽管 LEACH 算法存在一些问题，但是它仍然是一种经典分簇算法用来作为分簇算法的基础。

HEED(Hybrid Energy–Efficient Distributed Clustering)算法针对 LEACH 算法簇头分布不均匀的问题进行了改进，它以簇内平均可达能量(Average Minimum Reachability Power，AMRP)作为衡量簇内通信成本的标准。节点以不同的初始概率发送竞争消息，节点的初始化概率 $CH_{prob}$ 为

$$CH_{prob} = \max\left(C_{prob} + \frac{E_{resident}}{E_{max}},\ p_{min}\right) \qquad (15.2.2)$$

式中，$CH_{prob}$ 和 $p_{min}$ 是整个网络统一的参量，它们影响算法的收敛速度，通常取 $p_{min} = 10^{-4}$，$C_{prob} = 5\%$，$\frac{E_{resident}}{E_{max}}$ 表示节点剩余能量与初始化能量的百分比。簇头竞选成功后，其他节点根据在竞争阶段搜集的信息选择加入的簇。

HEED 算法在簇头选择标准以及簇头竞争机制上与 LEACH 算法不同，成簇速度有一定的改进，特别是考虑到成簇后簇内的通信开销，把节点剩余能量作为一个参量引入算法，使得选出的簇头更适合数据转发任务，形成的网络拓扑更趋合理，全网能量消耗更为均匀。

## 15.2.2　GAF 算法

GAF(Geographical Adaptive Fidelity)算法是用地理位置为依据来进行分簇的算法。它将监测区域划分为虚拟单元格，将节点按照位置信息划归相应的单元格。在每个单元格中定期选举出一个簇头节点，若簇头节点保持激活状态，其他节点则进入睡眠状态。

GAF 算法中，节点的状态标记为三种状态：睡眠、发现和激活。传感器网络的初始状态是：所有的节点都处于发现状态。处于发现状态下的节点之间交换 Discover 消息，获取

同一个虚拟单元格内其他节点的信息。Discover 消息包括以下几个部分的信息：节点自身的 ID、所在虚拟单元格的 ID、节点状态、节点激活时间的估值等。

节点状态的转换如图 15.2.3 所示。只要是节点处于发现状态，都会对应一个发现状态计时器。如果节点处于发现状态的时间超过设定值 $T_d$，该节点就广播发送 Discover 消息，并转换到激活状态。在没有超过发现状态计时器的设定值 $T_d$ 之前，如果收到了另外的节点已经成为簇头节点的消息后，发现状态计时器将关闭，无线通信发射模块也关闭，节点进入睡眠状态。

当节点进入激活状态后，激活状态计时器启动计

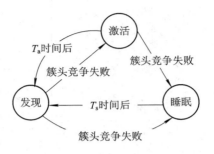

图 15.2.3  结点状态转换图

时，设置一个 $T_a$，若激活状态的持续时间超过 $T_a$，则转入发现状态。当节点处于睡眠状态后，启动一个睡眠状态计时器，设置一个时间参数 $T_s$，一旦睡眠状态持续时间超过 $T_s$，节点就转入发现状态。处于激活状态的节点在 $T_a$ 超时之前，定时向外广播消息通告自己处于活动状态，以使其他节点中处于发现状态的节点不要进入激活状态。

GAF 算法在执行中分为两个阶段：虚拟单元格的划分和虚拟单元格中簇头的选择。在虚拟单元格的划分阶段，依据 WSN 节点的位置信息和通信覆盖范围，将节点的部署区域划分为若干个虚拟单元格，划分中要保证相邻虚拟单元格中的所有节点都能够相互及直接通信。对于 WSN 中的一个成员节点，已知整个监测区域的位置信息和自身的位置信息，就可以根据这些信息通过计算来确定自己处于哪一个虚拟单元格中。假设所有的节点通信半径是 $R$，虚拟单元格是边长为 $r$ 的正方形区域，要使相邻的两个虚拟单元格内任意两个节点之间能够直接通信，必须满足以下关系：

$$R \geqslant \sqrt{r^2 + (2r)^2}, \quad r \leqslant \frac{R}{\sqrt{5}} \tag{15.2.3}$$

每个虚拟单元格产生一个保持激活状态的节点。如图 15.2.4 所示，图中有三个虚拟单元格，每个单元格内分布有若干个 WSN 节点。在虚拟单元格中的簇头选择阶段，刚开始的时候，所有的节点都处于发现状态，通过彼此发送包含自身的 ID、位置信息的消息，同一虚拟单元格中的所有节点都彼此知道对方的信息，然后依照上述算法顺序地进行激活、睡眠和发现状态运行。

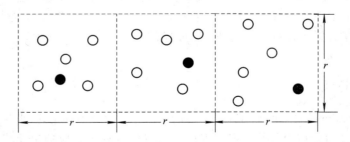

图 15.2.4  虚拟单元格的划分（黑色节点表示处于激活态）

在 GAF 算法的执行过程中，簇头的能量消耗越大，在本轮簇头竞争中继续成为簇头节点的概率就越低。通过仿真实验证明：GAF 算法可以延长网络的生命周期，节点密度越

大，即虚拟单元格中的平均节点数越大，延长网络生命周期的效果越显著。

# 15.3  启 发 机 制

WSN 通常是面向应用的事件驱动的网络，骨干节点在没有感知到事件时不必一直保持在激活状态。在 WSN 的拓扑控制算法中，除传统的功率控制和层次型拓扑控制两个方面之外，也提出了启发式的唤醒和休眠机制。该机制能够使节点在没有事件发全时将通信模块设置为睡眠状态，而在有事件发生时及时自动醒来并唤醒相邻节点，形成数据转发的拓扑结构。这种机制的引入，使得无线通信模块大部分时间都处于睡眠状态，只有传感器模块处于工作状态。由于无线通信模块消耗的能量远大于传感器模块，所以这种机制进一步节省了能量开销。该机制重点在于解决节点在睡眠状态和激活状态之间的转换问题，并不能独立作为一种拓扑结构控制机制，因而需要与其他拓扑控制算法结合使用。

## 15.3.1  STEM 算法

STEM(Sparse Topology and Energy Management)算法是较早提出的节点唤醒算法。在 STEM 算法中，节点需要采用一种简单而迅速的唤醒方式，保证网络通信的畅通和较小的时延。STEM 算法有 STEM – B(STEM – Beacon)和 STEM – T (STEM – Tone)两种不同的机制。

### 1. STEM – B 算法

当一个节点要给另一个节点发送数据时，它作为主动节点先发送一串 beacon 包。目标节点在收到 beacon 包后，发送应答信号并自动进入数据接收状态。主动节点接收到应答信号后，进入数据发送阶段。为了避免唤醒信号和数据通信的冲突，STEM – B 算法采用了侦听信道与数据传输信道两个分离信道。

如图 15.3.1 所示的是节点 A 在一段时间内通信能量的消耗过程。节点 A 使用 $f_1$ 和 $f_2$ 两个信道，$f_1$ 信道为侦听信道，$f_2$ 为数据传输信道。节点 A 在侦听信道周期性的侦听，在 $t_1$ 到 $t_5$ 时间内，A 分别与 B 和 C 通信。在 $t_1$ 时刻，节点 A 需要和相邻节点 B 通信。于是，A 节点首先在 $f_1$ 信道上发送一串 beacon 数据包，直到 $t_2$ 时刻收到来自节点 B 的响应为止；然后，节点 A 在 $t_2 \sim t_3$ 时段内通过 $f_2$ 信道发送数据给节点 B，当完成通信后，暂时关闭 $f_2$

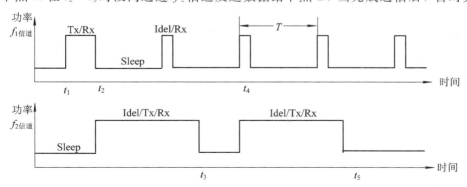

图 15.3.1  STEM – B 算法示意图

信道。

在 $t_4$ 时刻，节点 A 在 $f_1$ 信道上侦听到节点 C 发送的 beacon 数据包，于是在 $t_4 \sim t_5$ 时段内通过 $f_2$ 信道接收节点 C 发送的数据，在 $t_5$ 之后，节点 A 关闭 $f_2$ 信道，并继续保持在 $f_1$ 信道上的周期性侦听，这样便可以节省大量的能量。

**2. STEM－T 算法**

在 STEM－T 算法中，节点周期性地进行侦听，探测相邻节点是否有数据要发送。当一个节点想与某个相邻节点进行通信时，首先发送一连串的唤醒数据包，发送唤醒数据包的时间长度必须大于侦听的时间间隔，以确保相邻节点能够收到唤醒包，然后节点直接发送数据包，所有邻居节点都能够接收到唤醒包并进入接收状态。如果在一定时间内没有收到发送给自己的数据包，就自动进入睡眠状态。

STEM－T 算法与 STEM－B 算法相比省略了请求应答过程，但增加了节点唤醒次数。

STEM 算法使节点在整个生命周期中多数时间内处于睡眠状态，适用于类似环境监测或者突发事件监测等应用，这类应用均由事件触发，不要求节点时刻保持在激活状态。目前 STEM 算法可以与很多分簇类型的拓扑算法结合使用，如 GAF 算法等。值得注意的是，在 STEM 算法中，节点的睡眠周期、部署密度以及网络的传输延迟之间有着密切的关系，针对具体的应用要求应进行调整。

## 15.3.2　ASCENT 算法

ASENT（Adaptive Self-Configuring Sensor Networks Topologies）算法属于节点唤醒机制算法，它着重于均衡网络中骨干节点的数量，以保证数据通信路由的畅通。当节点接收数据时后，发现丢包严重，就向数据源方向的相邻节点发出求助消息，节点探测到周围的通信节点丢包率很高或者收到相邻节点发出的帮助请求时将被唤醒，并主动成为激活节点，以帮助相邻节点转发数据包。

ASCENT 算法包括触发、建立和稳定三个阶段。如图 15.3.2 所示，在触发阶段，汇聚节点与数据源节点不能正常通信，此时，汇聚节点向它的相邻节点发出求助信息。

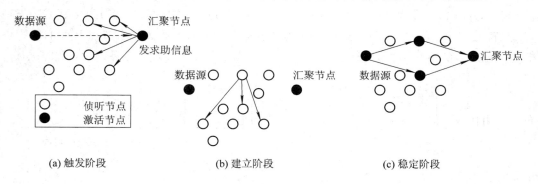

图 15.3.2　ASCENT 算法的三个阶段

在建立阶段，节点收到相邻节点的求助消息，通过一定的算法决定自己是否为激活节点，如果成为激活节点，则向相邻节点发送通告消息，同时这个消息也是相邻节点判断自己是否成为激活节点的因素之一。

在稳定阶段，当数据源节点和汇聚节点间的通信恢复正常时，网络中激活节点的个数保持稳定。稳定阶段保持一定时间后，由于个别节点的能量耗尽或外界干扰等因素，网络中会出现通信不畅问题，又需要进入触发阶段。

在 ASCENT 算法中，节点处于四种状态：① 睡眠状态，节点关闭通信模块，能量消耗最小；② 侦听状态，节点只对信息进行侦听，不进行数据包的转发；③ 测试状态，这是一个暂态，参与数据包的转发，并且进行一定的运算，判断自己是否需要变为激活状态；④ 激活状态，节点负责数据包的转发，能量消耗最大。这四种状态之间的转换关系如图 15.3.3 所示，其中 NT 表示节点的邻居数上限，LT 表示丢包上限，$T_s$ 表示睡眠态定时器，$T_p$ 表示侦听态定时器，$T_t$ 表示测试态定时器，neighbors 代表邻居数，loss 代表丢包率，help 代表求助消息。状态间转换关系如下：

（1）睡眠状态与侦听状态：处于睡眠态的节点设置定时器 $T_s$，当定时器超时后，节点由睡眠状态进入侦听状态；处于侦听态的节点设置定时器 $T_p$，当定时器超时后，节点由侦听态进入睡眠状态。

（2）侦听状态与测试状态：处于侦听状态的节点侦听信道，如果发现当邻居数小于邻居上限，并且信道的平均丢包率大于丢包上限，则节点进入测试状态；或者当平均丢包率小于丢包上限，但接收到来自邻居节点的求助消息时，节点也进入测试状态。处于测试状态的节点在定时器 $T_t$ 超时前发现邻居数超过邻居数上限，或者平均丢包率比该节点进入测试前还大时，说明该节点不适合成为激活节点，它将进入测试状态。

（3）测试状态与激活状态：处于测试状态的节点如果在定时器 $T_t$ 超时前一直没有满足转移到侦听状态的条件，则在定时器超时后进入激活状态、负责数据转发。

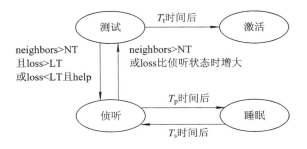

图 15.3.3　ASCENT 状态转换图

通过 ASCENT 算法，节点能够根据网络情况动态地改变自身状态，从而动态地改变网络拓扑结构，并且节点只根据本地信息进行计算，不依赖于无线通信模型、节点的地理分布和路由协议，但 ASCENT 算法有待于完善的地方还很多。

# 本 章 小 结

WSN 的拓扑控制与优化具有以下作用：

（1）可以延长 WSN 的生命周期。

（2）可有效减弱节点间通信干扰，提高通信效率。

（3）为路由协议的实施提供基础数据。

（4）可以更好地进行数据融合及有利于提高网络的鲁棒性。

在 WSN 中的节点，通过设置或动态调整发射功率，可以在保证网络拓扑结构连通性的基础上，使得 WSN 中的节点能量消耗最小，从而延长整个网络的生命周期。

考虑依据一定机制选择某些节点作为骨干节点，激活通信模块，并使非骨干节点的通信模块休眠。由骨干节点建立一个连通网络来负责数据的路由转发，这样既能保证在原有休眠覆盖范围内的数据通信，又能在很大程度上节省节点的能量。

层次型的拓扑结构具有较多优点。例如，簇头节点负责数据融合，减少数据通信量；分簇模式的拓扑结构有利于分布式算法的应用，适合大规模部署的网络；由于大部分节点在相当长的时间内使通信模块休眠，所以可显著延长整个网络的生命周期。

启发式机制能够使节点在没有事件发全时将通信模块设置为睡眠状态，而在有事件发生时及时自动醒来并唤醒相邻节点，形成数据转发的拓扑结构。这种机制的引入，使得无线通信模块大部分时间都处于睡眠状态，只有传感器模块处于工作状态。由于无线通信模块消耗的能量远大于传感器模块，所以这种机制进一步节省了能量开销。该机制重点在于解决节点在睡眠状态和激活状态之间的转换问题，并不能独立作为一种拓扑结构控制机制，因此需要与其他拓扑控制算法结合使用。

# 习 题 与 思 考

15-1 试述 WSN 的拓扑控制与优化的作用。

15-2 在 WSN 中为什么要进行功率控制？

15-3 试描述功率控制机制中的 LMA 和 LMN 算法。

15-4 试写出基于邻近图的功率控制算法。

15-5 试述层次型拓扑结构控制的基本思想。

15-6 试写出 LEACH 算法中簇头选举的算法。

15-7 HEED 算法是如何改进 LEACH 算法的？改进的目标是什么？

15-8 GAF 算法中，节点的状态是如何标记的？其状态如何转换？

15-9 拓扑结构控制中启发机制的目的是什么？

15-10 试写出 STEM 算法。

15-11 ASCENT 算法包括哪三个阶段？节点有哪几个状态？节点的状态是如何转换的？

# 第16章　WSN 的节点定位

WSN 的节点定位在 WSN 的应用中具有非常重要的作用。首先，定位可以确定节点确切的地理位置，为感知提供更为全面的信息，尤其是对于环境监测、突发事件的监控、目标的跟踪等方面；其次，节点的定位对于 WSN 的有效运行也具有非常重要的作用，对于提高路由控制、网络管理、网络的覆盖质量等方面都有非常大的帮助。

WSN 的节点在一般情况下是以随机部署的方式来执行各种感知任务的，部署后的各节点以自组织的模式相互协同地工作。由于 WSN 的节点是随机部署的，因此各个节点在部署前无法知道自身的确切位置，只有在部署后通过定位计算，节点才能依据相关的参考位置信息得到自己的确切位置。

在无线传感器网络中，由于 WSN 节点具有携带能量有限、计算能力有限、通信距离有限、部署环境严酷以及节点数目较多等特点，因此对节点定位算法和定位技术提出了很高的要求。定位算法应满足以下要求：

（1）自组织性要求。在通常的应用中，WSN 的节点是随机部署的，因此不能采用如 GPS 等全局性的基础设施来实现定位，只能通过自组织的方式获取定位信息。

（2）鲁棒性要求。由于传感器节点的计算能力及存储容量有限、部署环境严酷、通信距离有限，这意味着节点存在可靠性较弱、测量距离误差较大等缺点。这就要求定位算法具有较强的鲁棒性，不会由于节点的脆弱导致网络整体定位的失败。

（3）分布式计算要求。由于定位计算需要与其他节点交互信息、相互协同，加之各个节点的计算能力及存储能力有限等因素，这就需要采用分布式计算，使得整个网络能完成较复杂的定位计算。

（4）能量高效要求。由于 WSN 节点的能量有限，因此在执行定位计算时不能消耗较多的能量，以使其他任务能在定位计算完成后继续进行。

## 16.1　节点定位的概念及基本原理

### 16.1.1　定位的几个相关概念

在 WSN 中，根据节点是否已知自身的位置，可以把节点分为信标节点（Beacon Node）和未知节点（Unknown Node）。一般情况下，信标节点在 WSN 节点中所占的比例很小，可以通过诸如 GPS 等定位设备获得自身的精确位置。信标节点是未知节点定位的参考点。未知节点可以通过信标节点的位置信息来确定自身位置。如图 16.1.1 所示，M 代表信标节点，S 代表未知节点。S 节点通过与邻居节点 M 的位置信息及节点间的通信，并采用一定的定位算法计算出自身的位置。

（1）邻居节点（Neighbor Nodes）：传感器节点通信半径内所有的其他节点称为该节点

的邻居节点。

（2）跳数（Hop Count）：两个节点之间间隔的跳段总数称为两个节点间的跳数。

（3）跳段距离（Hop Distance）：两个节点之间间隔的各跳段距离之和称为两节点间的跳段距离。

（4）基础设施（Infrastructure）：用于 WSN 节点定位的固定或移动设备，如卫星、基站、GPS 等。

（5）到达时间（Time of Arrival，TOA）：信号从一个节点传播到另一节点所需要的时间称为信号的到达时间。

（6）到达时间差（Time Difference of Arrival，TDOA）：两种不同传播速度的信号从一个节点传播到另一个节点所需要的时间之差称为信号的到达时间差。

（7）接收信号强度指示（Received Signal Strength Indicator，RSSI）：节点接收到无线信号的强度大小称为接收信号的强度指示。

（8）到达角度（Angle of Arrival，AOA）：节点接收到的信号相对于节点自身轴线的角度称为信号相对接收节点的到达角度。

（9）视线（Line of Sight，LOS）：两个节点间没有障碍物间隔，双方能"看见"，并能够直接通信称为两个节点间在视线内。

（10）非视线关系（No LOS，NLOS）：两个节点之间存在障碍物，双方"看不见"。

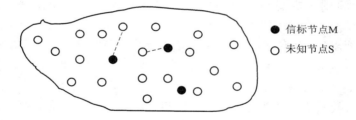

● 信标节点M
○ 未知节点S

图 16.1.1　信标节点与未知节点

## 16.1.2　节点定位的基本原理

### 1. 三边测量法

如图 16.1.2 所示，已知节点 A、B、C 三个节点的坐标已知分别为$(x_a, y_a)$、$(x_b, y_b)$和$(x_c, y_c)$，它们与未知节点 D 的距离分别 $d_a$、$d_b$ 和 $d_c$，则 D 的坐标$(x, y)$可由下式确定。

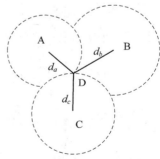

$$\begin{cases} \sqrt{(x-x_a)^2+(y-y_a)^2}=d_a \\ \sqrt{(x-x_b)^2+(y-y_b)^2}=d_b \\ \sqrt{(x-x_c)^2+(y-y_c)^2}=d_c \end{cases} \quad (16.1.1)$$

图 16.1.2　三边测量法示意图

则 D 点的坐标$(x, y)$为

$$\begin{bmatrix} x \\ y \end{bmatrix} = \begin{bmatrix} 2(x_a-x_c) & 2(x_a-x_c) \\ 2(x_b-x_c) & 2(x_b-x_c) \end{bmatrix}^{-1} \begin{bmatrix} x_a^2-x_c^2+y_a^2-y_c^2+d_c^2-d_a^2 \\ x_a^2-x_c^2+y_b^2-y_c^2+d_c^2-d_b^2 \end{bmatrix} \quad (16.1.2)$$

**2. 三角测量法(Triangulation)**

如图 16.1.3 所示，已知 A、B、C 三个节点的坐标分别为$(x_a，y_a)$、$(x_b，y_b)$和 $(x_c，y_c)$，节点 D 相对于 A、B、C 的角度分别为 $\angle ADB$、$\angle ADC$、$\angle BDC$。节点 D 的坐标为$(x，y)$，对于节点 A、C 和角$\angle ADC$，如果弧 AC 在$\triangle ABC$内，则能够唯一确定一个圆。设圆心为 $O_1(x_1，y_1)$，半径为 $r_1$，于是 $\alpha = \angle AO_1C = (2\pi - 2\angle ADC)$，并有

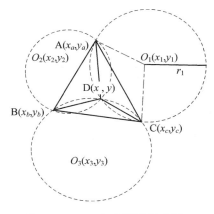

$$\begin{cases} \sqrt{(x_1-x_a)^2 + (y_1-y_a)^2} = r_1 \\ \sqrt{(x_1-x_c)^2 + (y_1-y_c)^2} = r_1 \\ (x_a-x_c)^2 + (y_a-y_c)^2 = 2r_1^2 - 2r_1^2\cos\alpha \end{cases}$$

$$(16.1.3)$$

由式(16.1.2)可确定圆心 $O_1$ 点的坐标$(x_1，y_1)$和半径 $r_1$。同理，可分别确定相应的圆心 $O_2$、$r_2$ 及 $O_3$、$r_3$，最后

图 16.1.3　三角法测量示意图

利用三边测量法，由 $O_1(x_1，y_1)$、$O_2(x_2，y_2)$和 $O_3(x_3，y_3)$确定 D 点坐标$(x，y)$。该方法是利用角度和已知节点的坐标将问题转化为求三边法中的距离 $d$，即半径 $r$ 来求出未知节点坐标的。

**3. 极大似然估计法**

极大似然估计法(Maximum Likelihood Estimation)如图 16.1.4 所示。已知 1、2、3 等 $n$ 个节点的坐标分别为$(x_1，y_1)$，$(x_2，y_2)$，$(x_3，y_3)$，…，$(x_n，y_n)$，它们到节点 D 的距离分别为 $d_1$，$d_2$，$d_3$，…，$d_n$，假设节点 D 的坐标为$(x，y)$。

节点 D 与节点 1、2、3、…、$n$ 之间有如下关系：

$$\begin{cases} (x_1-x)^2 + (y_1-y)^2 = d_1^2 \\ (x_2-x)^2 + (y_2-y)^2 = d_2^2 \\ \vdots \\ (x_n-x)^2 + (y_n-y)^2 = d_n^2 \end{cases}$$

$$(16.1.4)$$

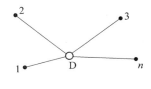

图 16.1.4　极大似然估计示意图

用最后一个方程去减第一个，直到最后第二个方程，有

$$\begin{cases} x_1^2 - x_n^2 - 2(x_1-x_n)x + y_1^2 - y_n^2 - 2(y_1-y_n)y = d_1^2 - d_n^2 \\ x_2^2 - x_n^2 - 2(x_2-x_n)x + y_2^2 - y_n^2 - 2(y_2-y_n)y = d_2^2 - d_n^2 \\ \vdots \\ x_{n-1}^2 - x_n^2 - 2(x_{n-1}-x_n)x + y_{n-1}^2 - y_n^2 - 2(y_{n-1}-y_n)y = d_{n-1}^2 - d_n^2 \end{cases}$$

$$(16.1.5)$$

将式(16.1.5)表示为线性方程：

$$\boldsymbol{Ax} = \boldsymbol{b} \qquad\qquad (16.1.6)$$

式中 $\boldsymbol{A} = \begin{bmatrix} 2(x_1-x_n) & 2(y_1-y_n) \\ 2(x_2-x_n) & 2(y_2-y_n) \\ \vdots & \vdots \\ 2(x_{n-1}-x_n) & 2(y_{n-1}-y_n) \end{bmatrix}$，$\boldsymbol{b} = \begin{bmatrix} x_1^2 - x_n^2 + y_1^2 - y_n^2 + d_n^2 - d_1^2 \\ x_2^2 - x_n^2 + y_2^2 - y_n^2 + d_n^2 - d_2^2 \\ \vdots \\ x_{n-1}^2 - x_n^2 + y_{n-1}^2 - y_n^2 + d_n^2 - d_{n-1}^2 \end{bmatrix}$

$$X = \begin{bmatrix} x \\ y \end{bmatrix}$$

对式(16.1.6)用最小均方差进行估计，即求解 $f = (AX - b)^{\mathrm{T}}(AX - b)$ 的极小值。令 $Y = AX - b$，则

$$\frac{\mathrm{d}f}{\mathrm{d}X} = \frac{\mathrm{d}Y^{\mathrm{T}}}{\mathrm{d}X}\frac{\mathrm{d}f}{\mathrm{d}Y} = \frac{\mathrm{d}(X^{\mathrm{T}}A^{\mathrm{T}} - b^{\mathrm{T}})}{\mathrm{d}X}\frac{\mathrm{d}(Y^{\mathrm{T}}Y)}{\mathrm{d}Y} = A^{\mathrm{T}} \cdot 2Y = 2A^{\mathrm{T}}(AX - b)$$

令上式等于零，即

$$A^{\mathrm{T}}AX = A^{\mathrm{T}}b$$
$$X = (A^{\mathrm{T}}A)^{-1}A^{\mathrm{T}}b \tag{16.1.7}$$

于是，通过求解线性矩阵的最小二乘方程，可得到 D 节点的坐标。

### 16.1.3　定位算法的分类

WSN 的定位算法非常多样，通常可分为如下几类：

(1) 基于距离的定位算法和距离无关的定位算法。根据定位过程中是否测量实际节点间的距离，把定位算法分为基于距离的(Range Based)定位算法和距离无关的(Range Free)定位算法。前者需要测量相邻节点间的绝对距离或方位，并利用节点间的实际距离来计算出未知节点的位置；后者无需测量节点间的绝对距离或方位，而是利用节点间的估计距离计算出节点位置。

(2) 递增式的定位算法和并发式的定位算法。根据节点定位的先后次序不同，把定位算法分为递增式的(Incremental)定位算法和并发式的(Concurrent)定位算法。递增式的定位算法通话从信标节点开始，信标节点附近的节点首先开始定位，依次向外延伸，各节点依次进行定位。这类算法的主要缺点是定位过程中累积和传播了大量的测量误差。并发式的定位算法中所有的节点同时进行定位计算。

(3) 基于信标的定位算法和无信标的定位法。根据定位过程中是否使用信标节点，把定位算法分为基于信标节点的(Beacon Based)定位算法和无信标节点的(Beacon Free)定位算法。前者在定位过程中，以信标节点作为定位的参考点，各节点定位后产生整体绝对坐标系；后者只关心节点间的相对位置，在定位过程中无需信标节点，各节点先以自身作为参考点，将邻近的节点包含到自己定义的坐标系中，相邻的坐标系依次转换合并，最后产生整体相对坐标系。

# 16.2　距　离　定　位

基于距离的定位机制是通过测量相邻节点间的实际距离或方位来定位的。定位过程可分为测距阶段、定位阶段和修正阶段。

在测距阶段，未知节点先测量到邻居节点的距离或角度，然后计算到邻近信标节点的距离或方位。在计算到邻近信标节点的距离时，可以计算未知节点到信标节点的直线距离，也可以用两者间的跳段距离作为直线距离的近似。

在定位阶段，未知节点在计算出到达三个或三个以上信标节点的距离或角度后，利用三边测量法、三角测量法或极大似然估计法计算未知节点的坐标。

在修正阶段，需对求得的节点的坐标进行修正，以提高定位精度，减少误差。

定位距离时，测量节点间的距离或方位主要有到达时间（TOA）、到达时间差（TDOA）、接收信号强度指示（RSSI）和到达角度（AOA）等定位方法。

## 16.2.1　TOA 定位

在利用到达时间 TOA 的定位机制中，已知信号的传播速度，可根据信号的传播时间计算节点间的距离，然后利用已有算法计算出节点的位置。该方法计算量小、算法简单且定位精度高。一般采用如图 16.2.1 所示的声音收发装置来完成测距和定位。

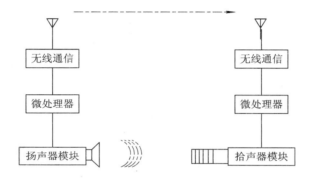

图 16.2.1　音频收发定位装置

假设两个节点的时间同步，发送端的扬声器发送声音信号的同时，无线通信模块发送同步消息通知接收节点的声音信号发送的时间，接收节点的拾音器模块在接收到声音信号后，根据声波信号的传播时间和速度计算发送节点和接收节点之间的距离。节点在计算出相邻的多个信标节点的距离后，可以利用三边测量算法或极大似然估计算法计算出自身的位置。与无线射频信号相比，声波频率低，速度慢，对硬件的要求低，但声波的缺点是传播速度容易受到大气条件的影响。

## 16.2.2　TDOA 定位

到达时间差（TDOA）定位是采用两种信号到达的时间差以及两个不同的传播速率来计算距离的。以下介绍一种典型的基于 TDOA 的 AHLoS（Ad Hoc Localization System）算法。TDOA 定位算法的原理如图 16.2.2 所示。

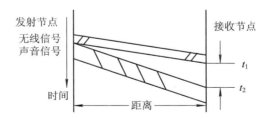

图 16.2.2　TDOA 定位算法原理图

图 16.2.2 中，发射节点同时接收节点发送的无线信号和声音信号，这两个信号到达接收节点的时间分别为 $t_1$ 和 $t_2$，无线信号和声音信号的传播速度分别为 $v_1$ 和 $v_2$，那么发射与

接收节点间的距离 $s$ 为

$$s = \frac{t_2 - t_1}{v_1 - v_2} v_1 v_2 \qquad (16.2.1)$$

AHLoS 算法是一种基于 TDOA 定位算法的迭代算法。在该算法的起始阶段，信标节点对外广播自身的位置信息，使定位节点能测量与其相邻的信标节点之间的距离，并可知道信标节点的位置信息。当信标节点的数量为 3 个或 3 个以上时，就可使用最大似然估计法计算节点的位置信息。

如果带定位节点的位置信息已经计算出来，该节点就转化为信标节点，开始向外广播自身位置信息。因此 WSN 中信标节点的数量随着定位算法的进程在逐渐增多。

根据 WSN 中待定位节点周围的信标节点的分布情况不同，AHLoS 算法定义了以下三种不同的子算法：

（1）原子多边算法。当未定位节点相邻的信标数为 3 个或 3 个以上时，使用最大似然估计法，这里也叫原子多边算法。这里所讲的信标数是指传感器网络部署完毕后初始的情况下还没有执行定位算法之前，因为要执行定位算法，一部分未定位节点就可能转化成了信标节点。

（2）迭代多边算法。当待定位节点相邻的信标节点数小于 3 个时，与之相邻的信标节点通过广播自身的位置信息并被待定位节点获知，经过对这些信息运算处理后，确定了自身的位置，也成为信标节点。当未知节点的相邻信标节点的数量达到 3 个或 3 个以上时，使用最大似然估计法进行未知节点的定位计算。

（3）协作多边算法。WSN 中传感器节点的部署在很多应用场合中是随机的，而且信标节点的数量也很少，这种情况下如果要使用信标的信息来对未知节点进行定位，就无法使用原子多边算法或迭代多边算法。协作多边算法是这样一种算法：经过多次迭代定位以后，待定位节点的邻居数量仍然不足 3 个，此时要依托多跳的局部信息（即通过其他节点的协助）来计算自身的位置。图 16.2.3 是协作多边算法的示例。

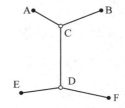

图 16.2.3 协作多边算法示例

在图 16.2.3 中，节点 C 为待定位节点，其信标节点仅有相邻节点 A、E 两个，数量还是不足三个，此时需要通过计算到达信标节点的多跳距离获得 E 和 F 的位置信息，再利用原子多边算法完成定位计算。该算法主要应用于传感器网络中信标密度较高、网络规模不太大的情况。

## 16.2.3 AOA 定位

AOA 定位技术称为到达角交汇定位技术。该技术在两个以上的位置点设置方向性天线或天线阵列，获得节点发射的无线电波角度信息，通过阵列天线或多个接收机联合确定相邻节点发送信号的方向，从而构成一个从接收机到发射机的方位线，两个方位线的交点即为待定位节点的位置。如图 16.2.4 所示，待定位节点在获得与参考点 A 和 B 所构成的角度后，通过交汇法可确定自身的位置。

另外 AOA 信息还可以与其他一些信息一起形成定位精度更高的混合定位算法，但 AOA 定位法所采用的系统较为复杂。

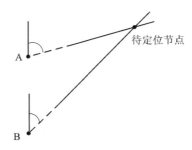

图 16.2.4    两方为线相交确定待定位节点示意图

基于 AOA 的 APS(Ad Hoc Positioning System)算法是利用两个能测量方向信息和距离信息的接收器的相互之间的几何关系来确定未知节点坐标的定位的。其原理如图 16.2.5 所示,图中的两个接收器间的距离为 $L$,节点 A 在这两个接收器连线的中点上,以此中点做该连线的中垂线,该中垂线为计算两个相邻节点间的方位角的基准线。当测出节点 B 到接收器 1 的距离为 $x_1$,到接收器 2 的距离为 $x_2$ 后,根据几何关系可以容易地确定节点 A、B 之间的方向角 $\theta$。

在图 16.2.6 中,A、B 和 C 三个节点是已知其自身位置信息的信标节点,节点 D 是待定位节点。如果已知节点 D 与 A、B 和 C 三个节点之间的方向角,从图中的几何关系中就可以得出∠ADB、∠ADC 和∠BDC,并应用三角测量法确定节点 D 的坐标。

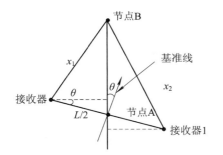

图 16.2.5    由几何关系确定节点间方向

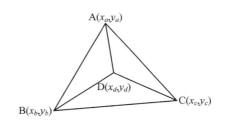

图 16.2.6    三角测量原理图

一般情况下,待定位节点的相邻节点不都是信标,因此,待定位节点就不能与信标节点通信获取两者之间的方向角。基于 AOA 的 APS 算法采用了方位转发的方法解决待定位节点的定位。

## 16.2.4    RSSI 定位

基于接收信号强度指示的 RSSI 定位算法是一种利用接收信号强度指示测距的定位算法。该算法通过测量发送功率与接收功率来计算传播损耗,并利用理论和经验模型将传播损耗转化为发送器与接收器的距离。该方法易于实现,无需在节点上安装辅助定位设备。当遇到非均匀传播环境、有障碍物造成多径反射或信号传播模型过于不精确时,RSSI 测距精度和可靠性降低,一般将 RSSI 和其他测量方法综合起来实现定位。比较著名的 RSSI 定位系统有微软研发的 RADAR 系统。

RADAR 系统定位的基本原理是:在建筑物内(监测区域)部署数个基站,对建筑物的需监测区域进行覆盖，基站一旦部署完毕，一般情况不再进行位置移动，而被监测的建筑物内部区域中可以随机地部署位置可移动的传感器节点，即具有移动性的客户端。通过测量移动终端处的信号强度值，并与预先建立的信号强度区域中各参考点的分布经验数据值进行对比匹配，根据信号传播模型和信号传输损耗确定移动终端与基站之间的距离，在此基础上应用三边测量法计算节点位置。

RADAR 系统工作的示意图如图 16.2.7 所示。建筑物内的被监测区域部署了三台基站，对指定区域进行了覆盖；移动终端的位置是随机移动的，它们与基站之间随时可进行通畅的无线通信。

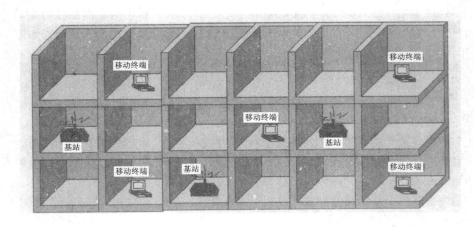

图 16.2.7　RADAR 系统工作示意图

RADAR 系统可采用信号强度经验数据表匹配算法和信号传播模型算法来计算移动终端位置。

### 1. 信号强度经验数据表匹配算法

在建筑物内的监测区域内，当基站部署后，选取若干个信号强度经验数据测试点来测试信号的强度，以测得的数据进行定位。

每个基站记录移动终端放置在这些测试点时所能接收到的信号强度为 $S_s$。这样就建立了一个测试点信号强度经验数据库 $(x, y, S_{s1}, S_{s2}, S_{s3})$。在实际定位过程中，实际测量到的信号强度数据为 $(x, y, S_{s1}', S_{s2}', S_{s3}')$。将实测数据和经验数据进行处理，可构造 $\sqrt{(S_{s1}' - S_{s1})^2 + (S_{s2}' - S_{s2})^2 + (S_{s3}' - S_{s3})^2}$，此时的均方差的物理意义是待定位节点与基站的欧氏距离。经比较，该均方差序列中最小值对应的节点的坐标就是该待定位节点的坐标。

为提高数据处理的精度，采用对同一个监测点采集的多个信号强度数据取平均值的方法，也可以选取均方差序列中几个最小的均方差值对应的几个点，使用它们的质心作为待定位节点的位置。

根据信号强度经验数据表匹配的算法有较高的计算精度，但前提条件是要首先建立监测区域中各测试点的信号强度经验数据值数据库，当基站重新部署时，该数据库要重新建立。

### 2. 信号传播模型算法

由于建筑物内部的墙壁内含有钢筋等金属媒质，会对无线信号产生较大衰减及反射干扰,所以无线信号在室内的传播远比室外空旷空间的传播复杂。在 WSN 的传输中,当数据从汇聚节点向远程监控中心的传送过程中,经过室内障碍物或墙壁后,信号功率将衰减相当大的一部分。

　　RADAR 系统充分地考虑了这种衰减,建立了信号衰减和传播距离之间的关系。如考虑了室内的障碍物结构对无线信号的传播产生反射、折射、散射和透过衰减等综合性因素后,国外学者提出了一种墙壁衰减系数模型,也称为 WAF(Wall Attenuation Factor)模型。

　　该模型根据三个基站实际测量所得到信号强度数据,经过理论分析、经验及仿真得到的一个公式,可计算出待定位节点与三个基站之间的距离,然后利用三边测量法计算出待定位节点的位置。计算基站接收到待定位节点发送的无线信号强度为

$$P(d)[\text{dBm}] = P(d_0)[\text{dBm}] - 10n \log\left(\frac{d}{d_0}\right) - \begin{cases} n_\text{w} \times \text{WAF}, & n_\text{w} < C \\ C \times \text{WAF}, & n_\text{w} \geq C \end{cases} \quad (16.2.2)$$

式中,$P(d_0)$ 表示基站接收到参考点 $d_0$ 处发送信号的强度(假设各点发送信号强度均相同),$n$ 为路径长度和路径损耗之间的比例因子,$d$ 为待定位节点与基站间的距离,$d_0$ 为参考节点到基站的距离;$n_\text{w}$ 为待定位节点与基站间相隔的墙壁数目,$C$ 为无线信号穿过墙壁数目的阈值,WAF 为无线信号穿过墙壁时的衰耗因子(它取决于建筑物的具体结构和墙壁的建筑材料),[dBm] 为信号的功率单位。

　　当采用式(16.2.2)计算出基站接收到待定位节点发送的无线信号强度后,与基站接收到参考点 $d_0$ 处的发送信号的强度比较,就可以解出待定位节点和基站之间的距离,在此基础之上解出位置坐标信息。无线信号穿过墙壁传输时的衰耗系数可以采用经验值。

　　基于信号传播模型的算法与根据信号强度经验数据表匹配的算法相比其成本低,无需先建立一个监测区域中各测试点的信号强度经验数据值数据库,而且在建筑物内的基站重新部署后,也无需重新建立该数据库;但基于信号传播模型的算法的定位精度不如根据信号强度经验数据表匹配的算法的定位精度。

# 16.3　距离无关的定位算法

　　距离无关的定位技术无需测量节点间的绝对距离或方位,降低了对节点硬件的要求,但定位的误差也随之有所增加。目前提出了两类主要的距离无关的定位方法:一类方法是先对未知节点和信标节点间的距离进行估计,然后利用三边测量法或极大似然估计法进行定位;另一类方法是通过邻居节点和信标节点确定包含未知节点的区域,然后把这个区域的质心作为未知节点的坐标。距离无关的定位方法精度低,但能满足大多数应用的要求,其主要算法有质心算法、DV-Hop 算法等。

## 16.3.1　质心算法

　　质心是指多边形的几何中心,多边形顶点坐标的平均值就是质心节点的坐标。如图 16.3.1 所示,多边形 ABCDE 的顶点坐标分别为 A($x_1$,$y_1$)、B($x_2$,$y_2$)、

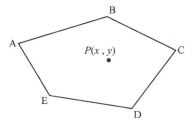

图 16.3.1　多边形中的质心示意图

$C(x_3，y_3)$、$D(x_4，y_4)$、$E(x_5，y_5)$，其质心坐标为

$$P(x，y) = \left( \frac{x_1 + x_2 + x_3 + x_4 + x_5}{5}, \frac{y_1 + y_2 + y_3 + y_4 + y_5}{5} \right) \tag{16.3.1}$$

质心定位算法首先确定包含未知节点的区域，计算这个区域的质心，将其作为未知节点的位置。

在质心算法中，信标节点周期性地向邻近节点广播信标分组，信标分组中包含信标节点的标识号和位置信息。当未知节点接收到来自不同信标节点的信标分组数量超过某一门限 $k$ 或接收一定时间后，就将其自身位置确定为这些信标节点所组成的多边形的质心，即

$$(x，y) = \left( \frac{x_{i1} + x_{i2} + \cdots + x_{ik}}{k}, \frac{y_{i1} + y_{i2} + \cdots + y_{ik}}{k} \right) \tag{16.3.2}$$

式中，$(x_{i1}，y_{i1})$，$(x_{i2}，y_{i2})$，…，$(x_{ik}，y_{ik})$ 为未知节点能够接收到其分组的信标节点坐标。

质心算法完全依赖于网络连通性，无需信标节点和未知节点之间的协调，因此比较简单，容易实现。但质心算法假设节点都拥有理想的球形无线信号传播模型，而实际上无线信号的传播模型并非如此，因此存在着较大的误差。

质心算法为一种估计算法，估计的精确度与信标节点的密度以及分布有很大关系，密度越大，分布越均匀，定位精度越高。

## 16.3.2　DV - Hop 算法

在距离向量-跳段（Distance Vector - Hop，DV - Hop）算法中，未知节点首先计算与信标节点的最小跳数，然后估算平均每跳的距离，利用最小跳数乘以平均每跳距离，得到未知节点与信标节点之间的估计距离，再利用三边测量法或极大似然估计法计算未知节点的坐标。

DV - Hop 算法的定位过程有以下三个阶段：

第一阶段，计算未知节点与每个信标节点之间的最小跳数。定位算法开始，WSN 中的每个信标节点都向其邻居节点广播发送消息分组，包含自身的位置信息以及跳数，此时的初始跳数值设置为 0。接收到信标节点消息分组的节点将自己的跳数由初始的 0 加 1 后，连同含有信标节点的位置信息一起再转发给邻居节点。这个过程覆盖整个网络，最后所有的节点都获得了每一个信标节点的位置信息和最小跳数参数。在以中继方式传递信标节点的位置信息和确定各节点到所有信标节点的最小跳数的过程中，如果某节点重复收到另一个信标节点的消息分组或该节点到另一个信标节点的最小跳数大于已经收到最小跳数值，则此时发生了信标节点的信息冗余，因此将其舍去。

第二阶段，计算每个信标节点与其他信标节点的实际跳段距离。当第一阶段结束后，WSN 中每个信标节点都记录了到其他信标节点的位置信息和它们之间距离的跳数。利用这些信息就可以估算出平均每跳距离，并向整个网络广播该消息分组。第 $i$ 个信标节点平均每一跳的距离 $c_i$ 为

$$c_i = \frac{\sum \sqrt{(x_i - x_j)^2 + (y_i - y_j)^2}}{\sum h_{ij}} \tag{16.3.3}$$

其中，$h_{ij}$ 为第 $i$ 个节点到第 $j$ 个节点间的跳数，$(x_i，y_i)$ 为第 $i$ 个信标节点的坐标，$(x_j，y_j)$ 为第 $j$ 个信标节点的坐标。

现以图 16.3.2 为例说明每跳平均距离的计算。节点 A、B、C 为信标节点，它们均有明确的坐标信息。节点 A 与 B 的距离为 60 m，节点 A 到 C 的距离为 120 m，节点 B 到 C 的距离为 90 m。节点 A 到 B 的跳数为 2 跳，节点 A 到 C 的跳数为 6 跳。应用式（16.3.3）可得到：节点 A 的每跳平均距离为 $\dfrac{60+120}{2+6}=$

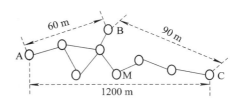

图 16.3.2　DV - Hop 算法示意图

$22.5(\mathrm{m})$，节点 B 的每跳平均距离为 $\dfrac{60+90}{2+5}=21.4(\mathrm{m})$，节点 C 的每跳平均距离为 $\dfrac{120+90}{5+6}=19.1(\mathrm{m})$。

一个信标节点在计算完与其他各信标节点每跳的平均距离后，在对邻居节点广播的消息分组中，包含了各信标节点的最新信息。这样，其他的节点可以得到信标节点的最新位置信息，一般是周围的相邻节点先得到该消息。在网络中，位置信息以广播的方式发射，网络中的节点在收到位置信息时就与原来收到的位置信息进行比较，如果新收到的位置信息比原来的位置信息更新，就抛弃原来的位置信息，将新收到的位置信息储存起来，这样就可以保证节点只储存 1 条最新的位置信息。

第三阶段，完成未知节点的位置估计。未知节点利用第二个阶段获取的网络中每一个信标节点与其他信标节点的实际跳段距离的数据，使用三边测量法和最大似然估计法来估算未知节点的位置信息。

从图 16.3.2 可知，经过第一、二阶段的计算，已知网络中各信标节点之间的实际距离和跳数，未知节点 M 从信标节点 B 上获得每跳平均距离为 21.4 m，则节点 M 与 A、B、C 三个信标节点之间的距离分别为 $l_1=3\times21.4=64.2$ m，$l_2=2\times21.4=42.8$ m，$l_3=3\times21.4=64.2$ m，最后使用三边测量法可计算出 M 点的坐标。

DV - Hop 算法的优点是比较简单，无需进行节点之间的距离测量，可以避免测量时带来的误差，传感器节点不需要其他的附加硬件支持，是无线传感器网络节点定位的一个较经济可行的方案。但是这种算法仍存在一些需要改进的地方：在获得平均每跳的计算过程中，节点之间通信量较大，而且没有考虑网络中存在不良节点的影响，易造成平均定位误差较大。

### 16.3.3　其他距离无关的定位算法

#### 1．DV - Distance 算法

DV - Distance 算法类似于 DV - Hop 算法，它们之间的区别在于：DV - Hop 算法通过节点的平均每跳距离和跳数算出节点间的距离；而 DV - Distance 算法是通过节点的射频通信来测量出节点间的距离的，它利用了 RSSI 定位来测量节点间的距离，然后再应用三角测量法计算出节点的位置。

与 DV - Hop 算法相比较，DV - Distance 算法对传感器节点的功能要求比较低，不要求节点要能够储存网络中各个节点的位置信息，同时还较大幅度地减少了节点间的通信量，从而也降低了节点工作能耗。不足之处在于，因为 DV - Distance 算法直接测量节点间

的距离,这样对距离的敏感性要求较高,尤其对测距的误差很敏感,因此算法的误差较大。

**2. 改进的 DV - Hop 算法**

　　DV - Hop 算法在实现的过程中,由于要获得信标节点的最新位置信息和跳数信息,所以节点间的通信量很大,另外由于没有考虑到网络中存在无法定位的节点而导致算法会与实际的情况有较大的误差。为此,人们对该算法进行了改进,提出了改进的 DV - Hop 算法。经过改进的 DV - Hop 算法不但排除了 WSN 中的不良节点,而且利用了多个信标节点的冗余信息,从而降低了定位误差和传感器节点的能耗。

# 本 章 小 结

　　定位可以确定 WSN 节点确切的地理位置,为感知提供更为全面的信息,尤其是对于环境监测、突发事件的监控、目标的跟踪等方面。节点的定位对于 WSN 的有效运行也具有非常重要的作用,对于提高路由控制、网络管理、网络的覆盖质量等方面都有非常大的帮助。

　　定位算法应满足自组织性要求、鲁棒性要求、分布式计算要求和能量高效要求。

　　节点定位的基本原理主要有三边测量法、三角测量法和极大似然估计法。

　　定位算法通常可分为以下几种:

　　(1) 基于距离的定位算法和距离无关的定位算法。

　　(2) 递增式的定位算法和并发式的定位算法。

　　(3) 基于信标的定位算法和无信标的定位算法。

　　基于距离的定位机制是通过测量相邻节点间的实际距离或方位来定位的。定位过程可分为测距阶段、定位阶段和修正阶段。

　　距离无关的定位技术无需测量节点间的绝对距离或方位,降低了对节点硬件的要求,但定位的误差也随之有所增加。目前提出了两类主要的距离无关的定位方法:一类方法是先对未知节点和信标节点间的距离进行估计,然后利用三边测量法或极大似然估计法进行定位;另一类方法是通过邻居节点和信标节点确定包含未知节点的区域,然后把这个区域的质心作为未知节点的坐标。尽管距离无关的定位方法精度低,但能满足大多数应用的要求。

# 习 题 与 思 考

　　16 - 1　WSN 的节点定位在 WSN 的应用中具哪些重要的作用?

　　16 - 2　定位算法应满足怎么样的要求?

　　16 - 3　试构建一 WSN,应用三边测量法、三角测量法和极大似然估计法对其所构建的 WSN 中的未知节点进行定位。

　　16 - 4　WSN 的定位算法通常可分为哪几类?各类的特点如何?

　　16 - 5　试由图 16.2.2 推导出收发节点间的距离公式。

　　16 - 6　试述基于接收信号强度指示的 RSSI 定位算法的原理,并写出简要算法。

　　16 - 7　试述质心算法的基本原理。如何提高该算法的精确度?

　　16 - 8　试写出 DV - Hop 定位算法,并以图 16.3.2 验证算法的有效性。

# 第4篇　通信网及其交换技术

　　在物联网中，互联网是信息的主要载体，互联网实际上是指海量的网络设备通过通信网相互连接起来的信息网络。这些信息的传输、交换、融合、处理以及分布式存储均需要通过通信网的传送来完成，因此可以说通信网是互联网的基础，同时也必然是物联网的基础。

　　本篇主要介绍通信网的基本结构、电话网与SDH传输网、数字程控交换技术、综合业务数字网、信令系统、数据通信网与数据通信交换技术、IP通信技术等。

# 第 17 章　通信网概念及其发展

## 17.1　通信网的基本概念

### 17.1.1　通信网概述

通信网是由一定数量的终端设备和交换设备、传输链路相互有机地组合在一起能协同工作的系统，它可以实现两个或多个终端设备之间的通信。通信网是一个相互依存、相互制约的许多要素组成的用以完成规定功能的有机整体。

简单地说，通信网是由一系列通信设备、信道和规章规程组成的有机整体，使得与之相连的用户终端设备可以进行有意义的信息交流。也就是说，通信网能够在多个用户间相互传送信息网络，我们常见的电话网、互联网等均是通信网。

**1. 通信网的构成要素**

终端设备、交换设备、传输设备及规章与规程构成了通信网的基本要素。

1）终端设备

终端设备是通信网中的源点和终点，也就是通信系统中的信源和信宿。它除了对应于通信系统的信源和信宿外，还包含了一部分变换和反变换系统。终端设备主要包括以下两个功能：

（1）信息的变换与反变换功能。发送端将发送的信息转换为适合于信道传输的信号，接收端则接收信道中的信号，并通过反变换还原成发送端发送的信息。

（2）能产生和识别通信网内所需要的信令信号或规则，完成一系列控制动作以使终端间或节点间能相互联系和相互应答。

常用的终端设备有音频通信终端、图形图像通信终端、视频通信终端、数据终端、多媒体通信终端等。

2）交换设备

交换设备是实现一个终端设备和另一个或多个终端设备之间的接续，或提供非连接传输链路的设备和系统，是构成通信网节点的主要设备。交换设备以节点的形式与传输链路一起构成了各种拓扑结构的通信网。不同的业务网对交换设备性能的要求也不同。对于电话网，要求交换产生的时延要非常小。通信网中常用的交换技术有电路交换、报文交换和分组交换。

3）传输设备

传输设备是实现将信号从一个地点传送到另一个地点的设备，它构成了通信网中的传输链路。传输设备由传输线路和各种收发设备组成，如光纤(光缆)、光端机等。

4）规章与规程

仅仅将终端设备、交换设备和传输设备连接起来还不能很好地完成信息的传递和交换。就如计算机仅有硬件无法正常使用一样，通信网也需要相应的软件使其正常的运转，这些"软件"就是通信网中的规章与规程，包括通信网的拓扑结构、通信网内信令、协议和接口、通信网的技术体制和标准等；另外，还有通信网的组织与管理等。上述这些规章与规程是实现通信网运营的重要支撑条件。

**2. 通信网的基本拓扑结构**

通信网的基本拓扑结构有网型、星型、复合型、总线型、环型、线型和树型结构。

1）网型网

网型网如图 17.1.1(a)所示，网内任何 2 个节点之间均有直达线路相连。如果有 $N$ 个节点，则网中需要有 $\frac{N(N-1)}{2}$ 条传输链路。因此，当节点数增加时，传输链路的数量将迅速增大。这种网络结构的优点是稳定性好，但冗余度较大，线路利用率不高，经济性较差，适用于节点间信息量较大而节点数较少的情况。

图 17.1.1(b)给出的是网孔型网，它是网型网的一种，也就是不完全网型网，或称为格型网。在这种网络中，大部分节点相互之间有线路直接连接，小部分节点可能与其他节点之间没有线路直接相连。通常信息量较少节点之间不需要直达线路。网孔型网与网型网相比，可适当节省一些线路，经济性有所改善，但可靠性会有所降低。

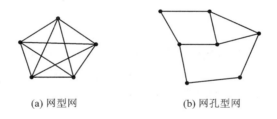

(a) 网型网　　　　　　　　　(b) 网孔型网

图 17.1.1　网型网与网孔型网

2）星型网

如图 17.1.2 所示，星型网也称为辐射网。在网内，一个节点作为辐射点，其他节点与辐射节点通过线路连接。具有 $N$ 个节点的星型网至少需要 $N-1$ 条传输链路。星型网的辐射节点是转接交换中心，其余 $N-1$ 个节点间的相互通信都要经过转接交换中心的交换设备，因此该交换设备的交换能力和可靠性会影响网内的所有节点。

与网型网相比，星型网的传输链路少，线路利用率高，因此，当交换设备的费用低于相关传输链路的费用时，星型网的经济性较好。但是当交换设备的转接能力不足或设备发生故障时，网络的接续质量和网络的可靠性会受到影响，严重时会造成全网瘫痪。

3）复合型网

复合型网是由网型网和星型网复合而成的，如图 17.1.3 所示。根据网中信息业务量的需要，以星型网为基础，在信息业务量较大的转接交换中心区间采用网型网结构，可以使整个网络有较好的经济性和可靠性。复合型网具有网型网和星型网的优点，是通信网中普遍采用的一种网络结构，但在网络设计时应以交换设备和传输链路的总费用最小为原则。

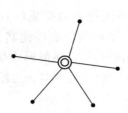

图 17.1.2　星型网

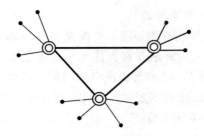

图 17.1.3　复合型网

4) 环型网

环型网如图 17.1.4 所示，其特点是结构简单，易于实现，而且可采用自愈环对网络进行自动保护，因此可靠性比较高，在计算机通信网中应用较多。另外，还有一种叫做线型网的网络结构，如图 17.1.5 所示，它与环型网的区别在于其网络结构是开环的，首、尾不相连。线型网常用于同步数字体系(SDH)传输网中。

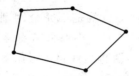

图 17.1.4　环型网

图 17.1.5　线型网

5) 总线型网

总线型网是指所有节点都连接在一条公共传输链路(或总线)上，如图 17.1.6 所示。由于多个节点共享一条链路，因此，某一时刻只能有一个节点发送信息。这种网络结构需要的传输链路少，增减节点比较方便，但可靠性较差，网络范围也受到限制，但该结构在计算机通信网中应用较多。

6) 树型网

树型网可以看成是星型节点网拓扑结构的扩展，如图 17.1.7 所示。在树型网中，节点是按层次连接的，信息交换主要在上、下节点之间进行。树型结构主要用于接入网或用户线路网中。另外，主从网同步方式中的时钟分配网也采用树型结构。

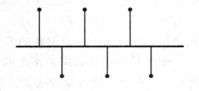

图 17.1.6　总线型网

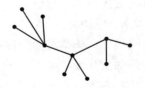

图 17.1.7　树型网

**3. 分级网与无级网**

网络拓扑结构对网络的路由组织有较大的影响，根据结构与路由的不同可将通信网分为分级网和无级网两种形式。

1）分级网

在分级网中，网络节点间存在等级划分，设置端局和各汇接中心，每一个汇接中心负责一定区域的通信流量，网络的拓扑结构一般为逐级辐射的星型网或复合网。

分级网中的路由也要划分等级，路由选择有严格的规则。它是为了尽量集中业务量，提高全网传输系统利用率所采用的结构。例如在电话网中，交换中心分为初级、二级等若干等级，电路也分为基干电路、低呼损直达电路、高效直达电路等。如图 17.1.8 所示，A 处的初级交换中心到 B 处的收端路由选择顺序为 1、2、3、4、5、6。首先应选择直达路由 1，其次是 B 处上一级初级交换中心转接的迂回路由 2，最后是基干路由 6。

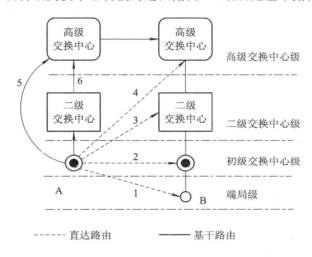

图 17.1.8　分级电话网

基本选路原则是通信转接次数应最少。该方式的优点是组网简单，缺点是无法依据业务量调整路由选择，适应网络故障能力差，不便于带宽共享。

2）无级网

无级网打破了交换中心分上下级的网络组织原则，各交换中心完全平等，任何两个交换中心间均可组织收发通信。在无级网中，路由没有明确的等级划分，路由选择顺序没有严格的限制，其路由选择方式可采用静态或动态路由方式来选择通信链路。

## 17.1.2　通信网的分层结构

### 1. OSI 模型与分层的作用

随着通信技术的发展与需求的多样化，现代通信网正处于革新与发展之中，网络类型及提供的业务种类也不断增加和发展，形成了复杂的通信网络体系。

为了更好地描述现代通信网，需引入网络的分层结构。从通信网纵向分层的观点来看，可根据不同的功能将网络分解成多个功能层，上下层之间的关系为客户/服务者的关系。通信网的纵向分层结构是网络演进的焦点，而开放系统互联（OSI）七层参考模型是人们普遍认可的分层方式。OSI 七层参考模型的体系结构如图 17.1.9 所示。

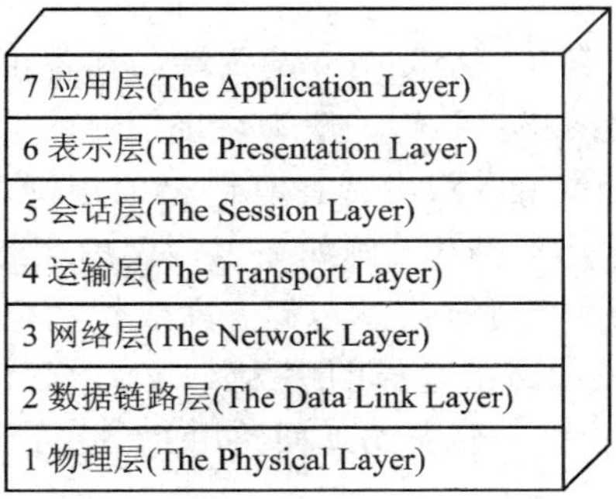

图 17.1.9 OSI 参考模型

1) 物理层

物理层的任务是透明地传送信息比特流,在物理层上所传输的数据是以比特为单位的。传送信息所应用的物理媒质,如双绞线、同轴电缆、光纤、无线电波等并不在物理层内,而是在其下面,因此可认为这些传输媒质为分层参考模型的第 0 层。物理层还需要确定接口方式,如电缆的插头引脚,以及如何连接等。

2) 数据链路层

数据链路层的任务是在两个相邻节点间的链路上,实现以帧为单位的无差错的数据传输。每一帧包括数据和必要的控制信息。在传送信息时,若接收节点检测到所接收的数据中有差错,就通知发送节点重发该帧,直到正确为止。在帧的控制信息中,包括了同步、地址、差错控制以及流量控制等信息,这样数据链路层就把一条可能出差错的实际链路转换为了一个让网络看来无差错的链路。

3) 网络层

在网络层中,数据传送的单位是分组或包,该分组或包是由运输层下达到网络层的。网络层的任务就是要选择合适的路由,使发送节点的数据分组能够正确无误地按照地址找到目标节点,并交付给目标节点的运输层。

4) 运输层

在运输层,信息的传送单位是报文,当报文较长时,先将其分割为若干个分组,然后下达给网络层进行传输。运输层的任务是根据下面通信网的特性,以最佳的方式利用网络资源,并以可靠经济的方式为发送节点和接收节点建立一条运输连接,来透明地传送报文。运输层为上一层进行通信的两个进程间提供了一个可靠的端到端的服务,使得运输层以上各层不必关心信息是如何传送的。

5) 会话层

会话层不参与具体的数据传输,但却对数据传输给予了管理,它在两个相互通信的进程之间进行组织、协调和建立。

6) 表示层

表示层主要解决了用户信息的语法表示,它将欲交换的数据从适合于某一用户的抽象语法变换为适合于 OSI 内部使用的语法。

7) 应用层

应用层对应用进程进行了抽象,它只保留应用进程中与进程间交互有关的那些部分。

经过抽象后的应用进程就成为了 OSI 应用层中的应用实体。OSI 的应用层并不是把各种应用进行了标准化，应用层所标准化的是一些应用进程经常使用的功能，以及实现这些功能所应用的协议。

OSI 七层模型对网络进行了较为细致复杂的划分，但目前按照七层结构建立的通信网是不存在的。实际构建网络时可灵活应用层次划分的原则。

网络的分层使网络的规范化和实施无关，但网络设计和构建时各层的功能相对独立，而单独设计、构建和运行每一层要比将整个网络作为一个单个实体要简单得多。当网络中的各层需要演进时，只要保持上下两层的接口功能不变，就不会影响整个网络的运行，因此保持各层之间接口的相对稳定，对整个网络的分布演进具有非常重要的作用。

**2. 通信网的分层结构**

按照功能的划分，可以从垂直结构上将通信网分为应用层、业务层和传送层。应用层表示信息的各种应用，业务层表示传送各种信息业务的业务网，传送层表示支持业务网的传送手段和基础设施。另外还需要支撑网来支持三个层的运行，它提供了保障通信网有效运行的各种控制和管理能力。传统的通信支撑网包括信令网、同步网和通信管理网。

实际上物联网是泛在网的初级阶段，它的应用部分也是通信业务网的一部分，需要传送层来支撑感知层的信息采集与控制，以及应用层的专业应用。通信网的分层结构如图 17.1.10 所示。

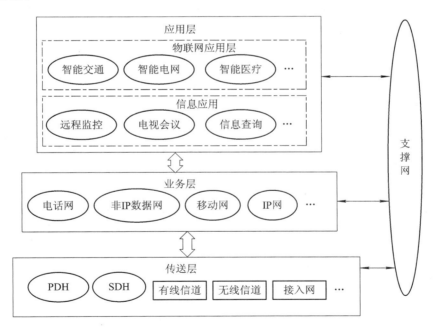

图 17.1.10　垂直观点的通信网结构

另外，还可以从水平观点来划分通信网结构，即基于通信网实际的物理连接，可分为核心网、接入网和用户驻地网，或广域网、城域网和局域网等。

### 17.1.3 通信网的分类及通信网的质量要求

#### 1. 通信网的分类

通信网从传统的角度主要有以下几种分类方法：

（1）根据业务种类可以分为电话网、电报网、传真网、广播电视网、数据网等。

（2）根据所传输信号的形式可以分为数字网和模拟网。

（3）根据组网方式可以分为固定通信网和移动通信网。

（4）根据服务范围可以分为本地网、长途网和国际网。

（5）根据运营方式可以分为公用通信网和专用通信网。

随着技术的进步，各种业务也在不断融合，将这些网络综合应用，就构成了目前正在发展的物联网。

#### 2. 通信网的质量要求

为了使通信网能快速、有效、可靠地传送信息，充分发挥网络的效能，对通信网提出了三项基本要求。

1）接通的任意性与快速性

接通的任意性与快速性是指通信网内的一个终端用户应能快速地接通网内的任一其他终端用户。这是对通信网的最基本要求。

影响接通的任意性与快速性的主要因素有通信网的拓扑结构、通信网的网络资源和通信网的可靠性。

2）信号传输的透明性与传输质量的一致性

信号传输的透明性是指在规定业务范围内的信息都可以在网内传输，对用户不加任何限制。传输质量的一致性是指网内任何两个终端用户通信时，应具有相同或相近的传输质量，而与用户终端之间的距离无关。通信网的传输质量直接影响通信的效果，不符合传输质量要求的通信网有时是没有意义的，因此要制定传输质量标准进行合理分配，使网中的各部分均满足传输质量指标的要求。

3）网络的可靠性与经济合理性

所谓可靠，是指概率的意义上的可靠，即使平均故障间隔时间达到一定的要求。可靠性必须与经济合理性结合起来。提高可靠性往往会增加投资，但造价太高又不易实现，因此应根据实际需要在可靠性与经济性之间进行折中和平衡。

除此之外，人们还会对通信网提出一些其他要求，而且对于不同业务的通信网来说，上述各项要求的具体内容和含义将有所区别。

# 17.2 通信技术的发展趋势

在现在的信息化社会，由于人们对信息服务的要求在不断提高，因而通信技术日益成为日常生活的必需品。通信网不但在容量和规模上逐步扩大，而且在功能上也在不断发展。目前，通信技术的发展趋势可概括为"六化"：数字化、综合化、融合化、宽带化、智能化和个人化。

### 1. 数字化

数字化是通信技术发展的基础，没有数字化也就没有其他"五化"。数字通信具有抗干扰能力强、失真不累积、易于加密、适于集成、利于传输和交换的综合，以及可兼容数字电话、电报、数字和图像等多种信息的传输等优点。与传统的模拟通信相比，数字通信更加通用和灵活，也为实现通信网的计算机管理创造了条件。可以说，数字化是现代通信技术的基础和基本特征。

### 2. 综合化

综合化即通信业务的综合化，是现代通信发展的另一个显著特点。随着社会的发展和人们对通信业务种类需求的不断增加，单一的业务已不能满足用户的需求。就目前而言，传真、电子邮件、交互式可视图文，以及数据通信的其他各种增值业务等都在迅速发展，如果每出现一种业务就建立一个专用的通信网，必然会使得投资大而效益低，并且各个独立网的资源不能共享。另外，多个网并存也不便于统一管理。如果把各种通信业务，包括电话业务和非电话业务等以数字方式统一综合到一个网络中进行传输、交换和处理，就可以克服上述弊端，达到一网多用的目的。

实际上物联网的发展为通信业务的进一步综合指明了方向，使得各种信息从深度、广度上都得到了最大程度的综合应用，进一步推动了通信业务综合化的发展。

### 3. 融合化

融合化即网络融合化，它将成为网络技术发展的主流。从更广义的角度看，网络技术的融合以及市场发展的需要和宏观管制环境的变化将导致"三网融合"。"三网"指的是电信网、计算机网和广播电视网。目前，"三网融合"主要是指高层业务应用的融合，表现为技术上趋向一致，网络层上实现互连互通，业务层上互相渗透和交叉，应用层上趋向采用统一的通信协议，行业管制和政策方面也逐渐倾向统一。至于各种业务的基础网本身由于历史原因以及竞争的需要将会长期共存、竞争和发展，而业务层的融合则不会受限于基础网传送结构的限制。从长远看，"三网融合"的最终结果是产生下一代网，它不是现有"三网"的简单延伸和叠加，而应是其各自优势的有机融合。

从技术层面上看，融合将体现在语音技术与数据技术的融合、电路交换与分组交换的融合、传输与交换的融合、电与光的融合。"三网融合"不仅使语音、数据和图像这三大基本业务的界限逐渐消失，也使网络层和业务层的界限在网络边缘处变得模糊。网络边缘的各种业务层和网络层正走向功能乃至物理上的融合，整个网络正向下一代的融合网络演进，最终导致传统的电信网、计算机网和有线电视网在技术、业务、市场、终端、网络乃至行业管制和政策方面的融合。

物联网的发展，将进一步推动各种网络的融合。覆盖广大的感知控制层，要求有各种各样的接入网能接入到 Internet 中，而 Internet 则是目前看来能实现多种业务相融合的最佳技术手段。海量的感知控制节点、多样性的异构终端、多样性的信息服务需求，将使得现有的各种传送网、接入网和业务网彻底融合，并向泛在网演进。

### 4. 宽带化

宽带化即通信网络的宽带化，它是电信网络发展的基本特征和必然趋势。为用户提供高速、全方位的信息服务，是网络发展的重要目标。近年来，几乎在网络的所有层面（如接入层、边缘层、核心交换层)都在开发高速技术,高速选路和交换、高速光传输、宽带接入技术都取得了重大进展。超高速路由交换、高速互联网、超高速光传输、高速无线数据通信以及宽带移动通信等新技术已成为新一代信息网络的关键技术。

### 5. 智能化

智能化即网络管理智能化,就是将传统电话网中交换机的功能予以分解,让交换机只完成基本的呼叫处理,而把各类业务处理,包括各种新业务的提供、修改以及管理等交给具有业务控制功能的计算机系统来完成。采用开放式结构和标准接口结构的灵活性、智能的分布性、对象的个体性、入口的综合性和网络资源利用的有效性等手段,可以解决信息网络在性能、安全、可管理性、可扩展性等方面面临的诸多问题,对通信网络的发展具有重要影响。

### 6. 个人化

个人化即通信服务个人化,指的是任何人在任何时间、任何地点与任何人进行任何业务的通信。个人通信能为属于某个人的终端提供广泛的移动性,把通信服务从终端推向个人。也就是说,通信是在人与人之间进行的,每个人都有唯一的个人通信号码,通过这个号码就可以进行所需的通信。

随着通信网络体系结构的演变和宽带技术的发展,传统网络将向下一代网络(Next Generation Network,NGN)演进,其典型特征是:多业务(语音与数据、固定与移动、点到点与广播会聚等)、宽带化(端到端透明性)、分组化、开放性(控制功能与承载能力分离)、用户接入与业务提供分离、移动性、兼容性(与现有网互通)、安全性和可靠性(包括 QoS 保证)等。

## 本 章 小 结

通信网是由一系列通信设备、信道和规章规程组成的有机整体,使得与之相连的用户终端设备可以进行有意义的信息交流。

终端设备、交换设备、传输设备及协议构成了通信网的基本要素。

通信网的基本拓扑结构有网型、星型节点、复合型、总线型、环型、线型和树型结构。

网络拓扑结构的不同会对网络的路由组织有较大的影响,根据结构与路由的不同可将通信网分为分级网和无级网两种形式。

网络的分层使网络的规范化和实施无关,但使得网络设计和构建时各层的功能相对独立,单独设计、构建和运行每一层比将整个网络作为一个单个实体要简单地多。网络中的各层当需要演进时,只要保持上下两层的接口功能不变,就不会影响整个网络的运行。因此保持各层次间接口的相对稳定,对整个网络的分布演进具有非常重要的作用。

从垂直结构上,按照功能可以将通信网分为应用层、业务层和传送层。应用层表示信息的各种应用,业务层表示传送各种信息业务的业务网,传送层表示支持业务网的传送手段和基础设施。另外还需要支撑网来支持三个层的运行,它提供了保障通信网有效运行的各种控制和管理能力,传统的通信支撑网包括信令网、同步网和通信管理网。

目前,通信技术的发展趋势可概括为"六化":数字化、综合化、融合化、宽带化、智能化和个人化。

随着通信网络体系结构的演变和宽带技术的发展，传统网络将向下一代网络演进，其典型特征是：多业务、宽带化、分组化、开放性、用户接入与业务提供分离、移动性、兼容性、安全性和可靠性等。

# 习 题 与 思 考

17-1　通信网由哪些基本要素构成？对通信网有何质量要求？

17-2　按照垂直的角度可将现代通信网分为几层？各层的作用以及它们之间的关系是怎样的？

17-3　简述 OSI 参考模型的层次结构及各层的功能。

17-4　实现"三网融合"的技术基础是什么？

17-5　现代通信技术具有怎样的发展趋势？

# 第 18 章　电话网与 SDH 传输网

电话通信是人们进行远距离语音信息交互的最早、最广泛应用的通信方式，电话网经过长期的发展，目前已形成了广泛使用的固定电话网和移动电话网。

数字通信所采用的常规传输系统是 PCM 通信系统，该系统的发展经历了 PDH 和 SDH 阶段。目前广泛应用于骨干传输系统的是 SDH。以下介绍固定电话网的组成结构、SDH 基本技术及网络构成。

## 18.1　电话网的组成结构

电话网采用等级制网结构。等级制网结构就是把全网的交换局划分成若干个等级，最高等级的交换局间直接互连，形成网型网；而低等级的交换局与管辖它的高等级的交换局相连，形成多级汇接辐射网，即星型网。因此具有等级制网结构的电话网一般是复合型网。

等级制网结构的级数选择与很多因素有关，但主要与以下因素有关：

① 与全网的服务质量，例如接通率、接续时延、传输质量、可靠性等有关。

② 与全网的经济性，即网的总费用有关。此外，还应考虑国家幅员大小、各地区的地理状况、政治和经济条件以及地区之间的联系程度等因素。

我国电话网采用五级制，由一、二、三、四组长途交换中心及五级交换中心（端局）组成。电话网五级制结构的示意图如图 18.1.1 所示。

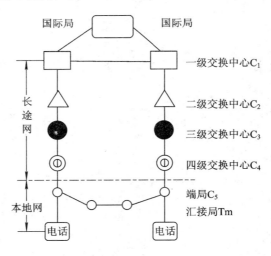

图 18.1.1　电话网五级制结构示意图

# 18.2　PDH 数字传输系统

　　传输系统是信息传输的通道，它由传输媒介和通信信号的发送、接收设备构成。电话通信传输系统中常用的传输媒质有对称电缆、同轴电缆、光纤及无线电波等。

　　按照有无复用及复用的方式，传输系统可分为无复用的实线传输系统、频分复用载波传输系统（FDM）和时分数字传输系统（TDM）。由于频分复用载波传输系统目前基本不在我国长途通信中应用，因此本节仅介绍时分复用传输系统。时分复用传输系统可以分为准同步数字系列（Plesynchronous Digital Hierarchy，PDH）和同步数字系列（Synchronous Digital Hierarchy，SDH）。

## 18.2.1　时分复用技术与同步

### 1. 时分复用技术

　　时分复用指的是各路信号在同一信道上占用不同时间间隙（称为时隙）进行的通信。具体地说，时分复用就是把时间分成一些均匀的时隙，将各路信号的传输时间分配在不同的时隙，以达到互相分开、互不干扰的目的。

　　如图 18.2.1 所示，3 个用户分别用 $C_1$、$C_2$ 和 $C_3$ 表示，各用户的接通由快速电子旋转开关（或称分配器）$S_1$ 和 $S_2$ 周期性地旋转来完成。为了使收、发两端用户能在时间上一一对应，即收、发两端的 $C_1$、$C_2$ 和 $C_3$ 能准确地对应接通，一定要在发送端加入起始标志码，在接收端设有标志码识别和调整装置。当相应位置发生错误时，该装置应有自动调整能力使其调整到正确的位置。在时分复用系统中，用"帧同步"来表示标志码的识别和调整功能。

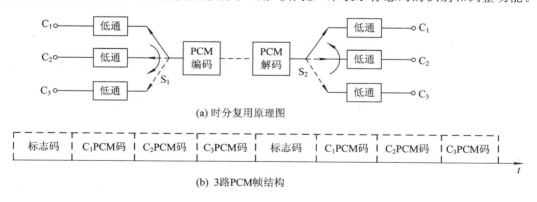

(a) 时分复用原理图

| 标志码 | $C_1$PCM码 | $C_2$PCM码 | $C_3$PCM码 | 标志码 | $C_1$PCM码 | $C_2$PCM码 | $C_3$PCM码 |

(b) 3路PCM帧结构

图 18.2.1　时分复用原理及帧结构原理图

　　为了保证正常通信，时分复用系统中收、发两端必须严格保持同步。同步是指时钟频率同步和帧中的时隙同步。

　　（1）时钟频率的同步：使接收端的时钟频率与发送端的时钟频率相同，这相当于图18.2.1 中两端旋转开关的旋转速度相同。

　　（2）帧中时隙的同步：在接收端要识别判断发送端来的标志时隙位置是否与发送端的相对应，若不对应则需进行调整使其对应，这相当于图 18.2.1 中旋转开关的起始点位置相同。

## 2. 同步

时分复用通信中的同步技术包括位同步(时钟同步)和帧同步两个方面。同步对时分多路复用具有非常重要的作用,它是确保时分复用通信的基础。

1) 位同步

位同步是最基本的同步,是实现帧同步的前提。位同步的基本含义是收、发端的时钟频率必须同频、同相,这样接收端才能正确接收和判决发送端送来的每一个码元。为了达到收、发两端同频、同相,在设计传输码型时,一般要考虑传输的码型中应含有发送端的时钟频率成分。这样,接收端从接收到的 PCM 码中提取发送端时钟频率来控制接收端时钟,就可以做到位同步。

2) 帧同步

帧同步是为了保证收、发两端各对应的话路在时间上保持一致,这样在位同步的前提下,接收端就能正确接收发送端送来的每一个话路信号。

为了建立收、发两端的帧同步,需要在每一帧(或几帧)中的固定位置插入具体特定码型的帧同步码,接收端只要能正确识别出这些帧同步码,就能正确识别出每一帧的首尾,从而正确区分出发送端送来的各路信号。

### 3. PCM30/32 路系统的时隙分配和帧结构

在数字通信系统中,包括加入的定时、同步等各种信号都是严格按照时间关系进行发送和接收的,这种严格的时间关系就称为帧结构。

现以 PCM30/32 路系统为例来说明时分多路复用的帧结构,该 PCM 信号称为 PCM 一次群信号。

时分多路复用方式是用时隙来分配信号的,一路信号分配一个时隙,称为路时隙,帧同步码和其他业务信令码也各分配一个路时隙。PCM30/32 路系统指的是整个系统共分为 32 个路时隙,其中,30 个路时隙用来传送 30 路语音信号,一个路时隙用来传送帧同步码,另一个路时隙用来传送业务信令码。业务信令指的是通信网中用于接续的建立和控制以及网络管理的信息。

帧结构的构成由时隙的分配来决定,ITU - T 建议 G. 732 规定的 PCM30/32 路系统的帧结构如图 18.2.2 所示。

每个路时隙有 8 比特,编号为 1~8;每帧的路时隙数为 32,编号为 0~31,分别用 $TS_0$、$TS_1$、…、$TS_{31}$ 表示;路时隙 $TS_1$~$TS_{15}$ 分别传输第 1~15 路语音 PCM 码,路时隙 $TS_{17}$~$TS_{31}$ 分别传输第 16~30 路语音 PCM 码。$TS_0$ 的 8 比特用作帧同步,$TS_{16}$ 用来传送信令码。

每个话路要求的信令码都是 4 比特,1 个 $TS_{16}$ 只能用来传送 2 个话路的信令码,30 个话路就需要 15 $TS_{16}$。为此,又提出了复帧的概念,每复帧包含 16 个子帧($F_0$~$F_{16}$),每复帧的时间是 2 ms,每个子帧(时间为 125 $\mu s$)又分成 32 个路时隙($TS_0$~$TS_{31}$),每个路时隙的时间为 3.9 $\mu s$。每个路时隙由 8 个位时隙组成,共安排 8 比特的 PCM 数字信号,每个位时隙的时间为 0.488 $\mu s$。

$F_0$、$F_2$、$F_4$、…偶数子帧的 $TS_0$ 路时隙用来传送帧同步码,其码型为{x0011011},第 1 个比特"x"是国际备用比特或传送循环冗余校验码(CRC 码),可用于监视误码,暂为"1"。

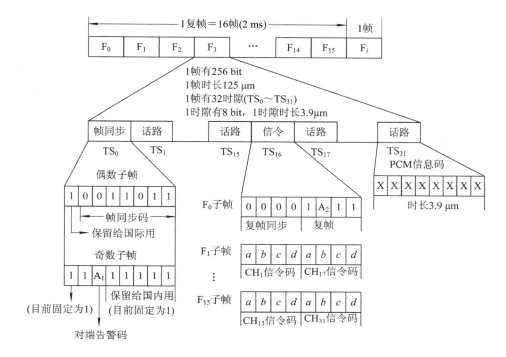

图 18.2.2　PCM30/32 路系统帧结构

$F_1$、$F_3$、$F_5$、…奇数子帧的 $TS_0$ 路时隙码型为{$x1A_1SSSSS$}。第 2 比特固定发"1"，用来区别是奇数子帧还是偶数子帧；第 3 个比特是对端告警码，$A_1 = 0$ 时表示帧同步，$A_1 = 1$ 时表示帧失步。S 是备用比特，用来传送业务码，暂发"1"。$F_0$ 子帧的 $TS_{16}$ 路时隙前 4 个比特是复帧同步码，码型为 0000，第 6 个比特 $A_2$ 是复帧失步对端警告码。$F_1 \sim F_{15}$ 子帧的 $TS_{16}$ 路时隙用来传送 30 个话路的信令码。$F_1$ 子帧的 $TS_{16}$ 路时隙前 4 比特用来传送第 1 路语音信号的信令码，后 4 比特传送第 15 路语言信号的信令码。同样，$F_2$ 子帧的 $TS_{16}$ 路时隙的前 4 比特用来传送第 15 路语音信号的信令码，后 4 比特传送第 31 路语音信号的信令码，这样 1 个复帧中各个话路分别轮流传送信令码 1 次。

依据图 18.2.2 的帧结构，并根据抽样定理，每个子帧的频率应为 8000 帧/s，帧周期为 125 $\mu$s，则 PCM30/32 路系统的总的码元速率为

$$R_b = 8000(帧 / s) \times 32(时隙 / 帧) \times 8(bit/ 时隙)$$
$$= 2048 \text{ kb/s} = 2.048 \text{ Mb/s}$$

## 18.2.2　数字复接技术

### 1. 数字复接的概念

在时分数字通信系统中，为了扩大传输容量和提高传输效率，常常需要将若干个低速数字信号合并成一个高速数字信号流，以便在高速宽带信道中传输。数字复接技术是把两个或两个以上的分支数字信号按时分复用方式汇接成单一的复合数字信号，即数字复接技术是解决 PCM 信号由低次群到高次群的合成技术，是将 PCM 数字信号由低次群逐级合成为高次群以适于在高速线路中传输的技术。

数字复接系统由数字复接器和数字分接器组成,如图 18.2.3 所示。数字复接器是把两个或两个以上的低次群支路按时分复用的方式合并成一个高次群数字信号的设备。它由定时、码速调整和数字复接单元组成,完成数码流的合路。

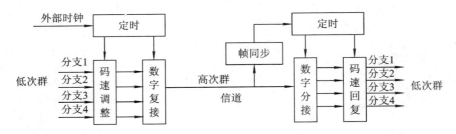

图 18.2.3 数字复接系统原理图

数字分接器是将一个合路的高次群数字信号分解成原来的低次群数字信号。它由帧同步、定时、数字分接和码速恢复等单元组成,在接收端把收到的高次群合路数码流分离到各分支路。

数字复接器的定时单元为设备提供统一的基准时钟频率,使数字分接器和数字复接器保持同步。码速调整单元的作用是把不同时钟频率的各输入支路信号调整成与数字复接单元定时信号完全同步的数字信号,以便由数字复接单元把支路信号合成一个复接的高次群信号流。在复接时还需要插入接收端用来构成帧同步定位的帧同步信号,以便接收端检测帧定位信号,从而使数字分接单元的帧定位信号与之保持同步关系。

数字分接器中定时单元的作用是从接收信号中提取时钟,并分送给各个支路恢复电路,以便从复接信号流中正确地将各支路信号分开。

ITU-T 推荐了两类数字速率系列和复接等级,如表 18.2.1 所示。北美等国和日本采用的是 24 路系统,即 1.544 Mb/s 作为一次群(或基群)的数字速率系列;欧洲等国和中国采用的是 30 路系统,即 2.048 Mb/s 作为为一次群(或基群)的数字速率系列。

表 18.2.1 ITU-T 推荐的两类数字速率系列和复接等级

| 国家和地区 | 一次群(基群) | 二次群 | 三次群 | 四次群 |
|---|---|---|---|---|
| 北美 | 24 路<br>1.544 Mb/s | 96 路(24×4)<br>6.312 Mb/s | 672 路(96×7)<br>44.736 Mb/s | 4032 路(672×6)<br>274.176 Mb/s |
| 日本 | 24 路<br>1.544 Mb/s | 96 路(24×4)<br>6.312 Mb/s | 480 路(96×5)<br>32.064 Mb/s | 1440 路(480×3)<br>97.728 Mb/s |
| 欧洲/中国 | 30 路<br>2.048 Mb/s | 120 路(30×4)<br>8.448 Mb/s | 480 路(120×4)<br>34.368 Mb/s | 1920 路(480×4)<br>139.264 Mb/s |

**2. 数字复接的方法**

数字复接的方法主要有按位复接、按字复接和按帧复接三种形式。

1) 按位复接

按位复接又称为比特复接,即复接时每个支路按照复接支路的顺序,每次只取一个支路的一位码进行复接。图 18.2.4(a)为 4 个 PCM30/32 路基群的 $CH_1$ 活路的 $TS_1$ 路时隙,图 18.2.4(b)为按位复接二次群中各支路数字码的排列情况。复接后的二次群中,第 1 位码表示第 1 支路第一位码，第 2 位码表示第 2 支路第一位码，第 3 位码表示第 3 支路第一位码，第 4 位码表示第 4 支路第一位码。4 个支路第一位码排过之后，再循环取以后各位，如此循环下去就实现了数字复接。复接后高次群每位码的间隔是复接前各支路的 1/4，即高次群速率提高到复接前各支路的 4 倍。按位复接所要求的电路存储量小，方法简单易行，设备也简单，准同步数字体系 PDH 大多采用按位复接方式。但这种方式破坏了 1B（一个字）的完整性，不利于以字节为单位的信号的处理和交换。

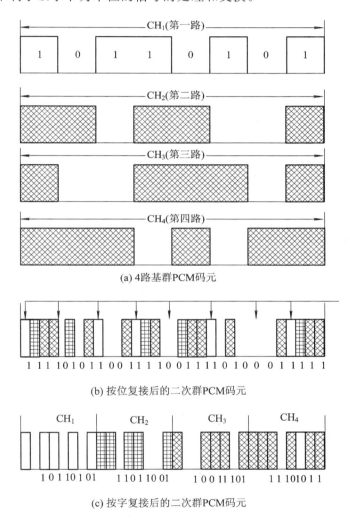

(a) 4 路基群 PCM 码元

(b) 按位复接后的二次群 PCM 码元

(c) 按字复接后的二次群 PCM 码元

图 18.2.4　按位及按字复接原理图

2）按字复接

按字复接是指每次复接各低次群支路的一个码字（字节）形成高次群，如图 18.2.4(c) 所示。对 PCM30/32 路系统，每个支路都要设置缓冲存储器，事先将接收到的每一支路的 8 位信息码储存起来，等到传送时刻到来时一次高速（速率是原来各支路的 4 倍）将 8 位码取出复接出去，4 个支路轮流复接。按字复接保证了一个码字的完整性，有利于以字节为单位的信号的处理和交换，但要求有较大的存储容量。同步数字体系 SDH 大多采用按字复接方式。

3）按帧复接

按帧复接是指每次复接 1 个支路的 1 帧的 256 比特。这种方法的优点是复接时不会破坏原来的帧结构，有利于交换，但要求更大的存储容量。

**3. 数字复接的同步**

数字复接需要解决同步和复接两个问题。数字复接的同步是指被复接的几个低次群的码元速率相同。如果几个低次群数字信号是由各自的时钟控制产生的，即使它们的标称码速率相同，如 PCM30/32 路基群的码速率都是 2.048 Mb/s，但它们的瞬时码速率也可能是不同的，因为各个支路的晶体振荡器的振荡频率不可能完全相同。ITU－T 规定 PCM30/32 路系统的瞬时码速率在 2048 kb/s±100 b/s 之间，即允许有±100 b/s 的误差。如果低次群的码速率不同，复接时就会产生重叠或错位，这样复接后合成的数字信号流在接收端是无法分接恢复成原来的低次群信号的，因此，码速率不同的低次群信号是不能直接复接的。为此，在各低次群复接之前，必须使各低次群码速率互相同步，同时使复接后的码速率符合高次群帧结构的要求。因此将几个低次群复接成高次群时，必须采取适当的措施调整各低次群系统的码速率以使其同步，这种同步是系统与系统之间的同步，也称为系统同步。

## 18.2.3　同步复接与异步复接

**1. 同步复接**

同步复接是用一个高稳定的主时钟来控制复接的几个低次群，使它们的码速率统一在主时钟的频率上，这样就能达到系统同步的目的。但为了满足在接收端分解的需要，还需插入一定数量的帧同步码。为了使数字复接器、数字分接器正常工作，还需加入对等告警码以及邻站监测和勤务联系等业务码。以上各种插入的码元统称为附加码，由于需要插入这些附加码，就会使码速率高于原信息码的码速率，因此需要进行码速变换。

为了使分接端能正确进行分接，在合路数字码流中必须按一定要求插入帧同步定位信号。在 1 帧内通常包含以下几种信号：

帧定位信号（帧同步信号）：用于接收端分接定位检测，以便正确分接。

信息信号：通信传输的主要内容。

信令信号：用于接续的建立和控制以及与网络管理有关的信号。

业务联系信号：用于对端局工作状态指示以及保证设备正常工作等的控制和指示。

另外，在复接之前还要进行移相，移相和码速变换都是通过缓存寄存器来完成的。

ITU－T 规定以 2.048 Mb/s 为一次群的 PCM，二次群的码速率是 8.448 Mb/s，而不是 $4 \times 2.048$ Mb/s＝8.192 Mb/s。考虑到 4 个 PCM 一次群在复接时插入了帧同步码、对等告警码等附加码，因此，在码速变换时要为插入的附加码留出空位，从而使每个基群的码速率由 2.048 Mb/s 提高到 2.112 Mb/s，这样二次群的码速率就变为 $4 \times 2.112$ Mb/s＝8.448 Mb/s。

**2. 异步复接**

异步复接指的是各低次群使用各自的时钟，使得各低次群的时钟速率不一定相等，因此先要进行码速调整，使各低次群同步后再复接。

码速调整技术可分为正码速调整、正/负码速调整和正/零/负码速调整。目前，应用较为普遍的是正码速调整。

采用正码速调整的复接过程是每一个参与复接的数码流都要先经过一个单独的码速调整装置，把非同步的数码流调整为同步数码流，然后进行复接。在接收端先进行同步分接，得到同步分接数码流，然后再经过码速恢复装置将其恢复为原来的支路码流。

实现正码速调整的一种方法是采用脉冲插入同步技术，该技术目前广泛用于数字复接设备中。脉冲插入同步法的基本方法是人为地在各支路信号中插入一些脉冲，通过控制插入脉冲的多少来使各个支路信号的瞬时码速率达到一致。

以上所介绍的数字复接系列是准同步数字体系（Plesynchronous Digital Hierarchy，PDH）。之所以被称为准同步，是因为低次群到高次群的速率不是按整数倍关系合成的，而是用脉冲插入的方法进行码速调，使高次群合成速率由复接的低次群速率之和与适当的插入比特构成。

# 18.3　SDH 数字传输系统

## 18.3.1　SDH 的基本概念及其特点

### 1. PDH 的不足

随着通信业务多样化、宽带化、分组化等的需求凸显，传统的点对点传输方式的 PDH 日益显露出其固有的、难以克服的缺点。这些缺点主要表现在以下几个方面：

（1）数字标准规范不统一。PDH 只有地区性的电接口规范，北美和日本的基群码速率是 1.544 Mb/s，而欧洲及中国的基群码速率是 2.048 Mb/s。由于没有统一的世界性标准且三者基群码速率之间又互不兼容，因而难以实现国际互通。

（2）缺乏统一的光接口标准规范。虽然 G.703 规范了电接口标准，但由于各厂家均采用自行开发的线路码型，缺少统一的光接口标准规范，因而使得同一数字等级上光接口的信号速率不一致，致使不同厂家的设备无法相互兼容，给组网、管理和网络互通带来了很大的困难。

（3）复用结构复杂。现有的 PDH 只有码速率为 1.544 Mb/s 和 2.048 Mb/s 的基群信号采用同步复用，其余高速等级信号均采用准同步中的异步复用技术，需通过码速调整来达到速率的匹配和容纳时钟频率的偏差，这种复用结构不仅增加了设备的复杂性、体积、功耗和成本，而且还缺乏灵活性，难以实现低速和高速信号间的直接通信。

（4）点对点传输。PDH 是在点对点的传输基础上建立起来的，缺乏灵活性，数字信道设备的利用率较低，无法提供最佳的路由选择，也难以实现良好的自愈功能，无法较好地支持不断出现的各种新业务。

（5）缺乏灵活的网络管理能力。PDH 的复用信号结构中没有安排很多用于网络运行、管理、维护和指配的比特，只是通过线路编码来安排一些插入比特用于监控。PDH 的网络运行和管理主要靠人工的数字信号交叉连接，这种仅依靠手工方式实现的数字信号连接等功能难以满足用户对网络动态组网和新业务接入的要求，而且由于各厂家自行开发网管接口设备,因而难以支持新一代网络所提出的统一网络管理的目标要求。

## 2. SDH 的基本概念及其特点

由于 PDH 存在着固有的不足,因而需要一种全新的体制来适应通信业务多样性、宽带化及分组化的发展。于是美国贝尔实验室的研究人员提出了同步光网络(Synchronous Optical Network,SONET)的概念和相应的标准。其基本思想是采用一整套分级的标准数字传送结构组成同步网络,可在光纤上传送经适配处理的电信业务。1986 年,该体系成为美国数字体系的新标准。与此同时,欧洲和日本等国也提出了自己的意见。1988 年,国际电报电话咨询委员会(International Telephone and Telegraph Consultative Committee,CCITT)经过充分地讨论协商,接受了 SONET 的建议,并进行了适当的修改,重新命名为同步数字体系(SDH),使之成为不仅适用于光纤、也适用于微波和卫星传输的技术体制。1988 年到 1995 年,CCITT 共通过了 16 项有关 SDH 的决议,从而给出了 SDH 的基本框架。

SDH 是一系列可进行同步信息传输、复用、分插和交叉连接的标准化数字信号的结构等级,具有以下特点:

(1)统一的接口标准规范。SDH 具有全世界统一的网络节点接口,对各网络单元的光接口有严格的规范要求,包括数字速率等级、帧结构、复接方法、线路接口、监控管理等,从而使得不同厂家的任何网络单元在光路上得以互通,实现了兼容。

(2)新型的复用映射方式。SDH 采用同步复用方式和灵活的复用映射结构,使低阶信号和高阶信号的复用/解复用一次到位,大大简化了设备的处理过程,省去了大量的有关电路单元、跳线电缆和电接口数量,从而简化了运营和维护,改善了网络的业务透明性。

(3)良好的兼容性及强大的管理功能。SDH 可以兼容现有 PDH 的 1.544 Mb/s 和 2.048 Mb/s 两种码速率,实现数字传输体制上的世界性标准;同时还可开展诸如 ATM 等各种新的数字业务,因此,SDH 具有完全的前向兼容性和后向兼容性。

SDH 帧结构中安排了丰富的比特开销,使得网络的运行、管理、维护和指配能力大大增强;通过软件方式可实现对各网络单元的分布式管理,同时也便于新功能和新特性的及时开发与升级,使网络管理便捷,并使设备向智能化发展。

(4)指针调整技术。虽然在理想情况下,网络中各网元都由统一的高精度基准时钟定时,但实际网络中各网元可能属于不同的运营者,在一定范围内能够同步工作,如果超出这一范围,则可能出现定时偏差。SDH 采用了指针调整技术,使来自于不同业务提供者的信息净负荷可以在不同的同步之间进行传送,即实现准同步环境下的良好工作,并有能力承受一定的定时基准丢失。

(5)虚容器。SDH 引入了虚容器的概念,虚容器(Virtual Container,VC)是一种支持通道层连接的信息结构,当将各种业务信号经处理装入 VC 后,系统只需处理各种 VC 即可达到目的,而不管具体的信息结构如何。因此,VC 具有很好的信息透明性,同时也减少了管理实体的数量。

(6)动态组网与自愈能力。SDH 网络中采用分插复用器(ADM)、数字交叉连接(DXC)等设备对各种端口速率进行可控的连接配置,通过对网络资源进行自动化的调度和管理,既提高了资源利用率,又大大增强了组网能力和自愈能力,同时也降低了网络的维护管理费用。目前,随着技术的不断发展、进步,SDH 已与光波分复用(WDM)技术、

ATM 技术等融合，使 SDH 网络成为了目前信息高速公路中主要的物理传送平台。

### 18.3.2　SDH 的节点接口、速率和帧结构

#### 1. SDH 的网络节点接口

SDH 的网络节点接口（Network Node Interface，NNI）是指 SDH 传输网络之间的接口，它在传输网络中的位置如图 18.3.1 所示。

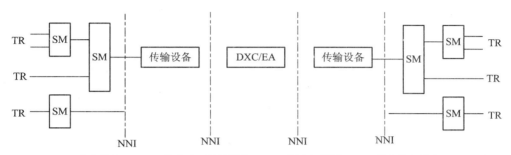

TR：支路信号；DXC：数字交叉连接设备；SM：同步复用器；EA：外部接入设备

图 18.3.1　NNI 在 SDH 传输网络中的位置

在图 18.3.1 中，SDH 传输网络定义了两种基本设备，即传输设备和网络节点。传输设备可以是光缆传输系统，也可以是微波传输系统或卫星传输系统。简单的网络节点只有复用功能，复杂的网络节点应包括复用、交叉连接和交换等多种功能。

#### 2. 接口标准速率

SDH 是以 SONET 为基础的一种新的技术体制，二者的实质内容和主要规范区别不大，但在一些技术细节规定上却有所不同，主要反映在速率等级、复用映射结构、比特开销字节的定义、指针中比特的定义、净负荷类型等方面。

速率等级方面，SONET 定义了 9 种传输速率，即 51.804 Mb/s、155.520 Mb/s、466.560 Mb/s、622.080 Mb/s、933.120 Mb/s、1244.160 Mb/s、1866.240 Mb/s、2488.320 Mb/s 和 9953.280 Mb/s。

SDH 采用一系列套标准化的信息结构等级，称为同步传送模式 STM－$N$（$N=1,4,16,64,\cdots$），其中最基本的模式信号是 STM－1，其传输速率为 155.520 Mb/s。更高等级的 STM－$N$ 信号是将 $N$ 个 STM－1 按同步复用，经字节间插入后得到的。目前，应用较多的是如表 18.3.1 所示的 ITU－T 规范的四种 SDH 传输速率。

表 18.3.1　ITU－T 规定的 SDH 传输速率

| SDH 等级 | 速率/（Mb/s） |
| --- | --- |
| STM－1 | 155.520 |
| STM－4 | 622.080 |
| STM－16 | 2488.320 |
| STM－64 | 9953.280 |

### 3. 帧结构

SDH 技术中采用的帧结构与 PDH 及其他信息报文的帧结构不同，它是一个块状帧结构，并以字节为基础。SDH 的帧结构由纵向 9 行和横向 270 × N 列字节组成，每个字节为 8 bit。传输时由左到右、由上到下顺序排列成串行数码流依次传输，传输 1 帧的时间为 125 $\mu$s，每秒共传 8000 帧。因此 STM-1 的传输速率为 $8 \times 9 \times 270 \times 8000 = 155.520(\text{Mb/s})$，其帧结构如图 18.3.2 所示。

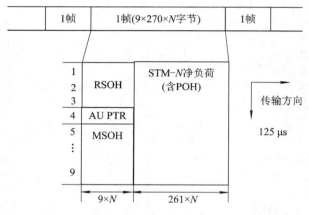

图 18.3.2　SDH 帧结构

更高阶同步传送模式由内基本模式 STM-1 的 N 倍组成，即 STM-N。N 的取值只能为 1、4、16、64、…，所对应的传输速率分别为 155.520 Mb/s、622.080 Mb/s、2448.320 Mb/s、9953.280 Mb/s、…，彼此关系正好是 4 倍。整个帧结构可分为段开销、管理单元指针和信息净负荷及其他 3 个基本区域。

1）段开销（SOH）

在 SDH 帧结构中，段开销（SOH）指的是为保证通信正常、灵活、有效地进行所必须附加的字节，主要用于网络的运行、管理、维护和指配。段开销（SOH）又分为再生段开销（RSOH）和复用段开销（MSOH），如图 18.3.3 所示。

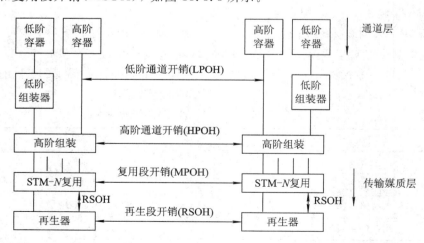

图 18.3.3　SDH 的 SOH 功能组织结构

RSOH 负责管理再生段，可位于再生器接入部分，也可位于在终端设备接入部分。它位于帧结构中 1～9×N 列的 1～3 行。

MSOH 负责管理由若干个再生段组成的复用段，它将透明地通过每个再生段，在管理单元组进行组合或分解的地方才能接入或终结。它位于帧结构中 1～9×N 列的 5～9 行。对于 STM-1，由于 N=1，所以每帧用于 SOH 的比特数为 8 bit×9/行×N×(3+5)行＝576×N bit＝576 bit。由于 1 帧的时长为 125 $\mu$s，即每秒传输 8000 帧，因此，STM-1 每秒用于 SOH 的比特数为 576 bit×8000/s＝4.068 Mb/s。

2）管理单元指针（AU-PRT）

管理单元指针（AU-PRT）是一组特定的编码，主要用来指示净负荷区域内的信息首字节在 STM-N 帧内的准确位置，以便接收时能正确分离净负荷。AU-PRT 位于帧结构中第 4 行的 1～9×N 列，对于 STM-1，AU-PRT 的比特数为 9×N×8 bit＝72×N bit＝72 bit。采用指针处理技术，可消除 SDH 系统中由于采用滑动缓存器所引起的延时和性能损伤。

3）信息净负荷及其他

信息净负荷指的是 SDH 帧结构中用于承载各种业务信息的部分。另外，在该区域中还存放了少量可用于通道性能监视、管理和控制的通道开销（POH）字节。POH 包含低阶通道开销（LPOH）和高阶通道开销（HPOH）。POH 通常与信息一起在网络中传送。信息净负荷区域在 STM-N 帧结构中的位置是在 1～9 行的 1～261×N 列中，对于 STM-1，信息净负荷区域的比特数为 8 bit×261×9＝18 792 bit。

### 18.3.3　SDH 的基本复用映射结构

#### 1. SDH 的基本复用映射结构

SDH 的基本复用映射结构由容器（C）、虚容器（VC）、管理单元（AU）、支路单元（TU）等一系列基本复用映射单元组成，如图 18.3.4 所示。复用映射单元实际上是一种信息结构，不同的复用映射单元在复用过程中所起的作用是不相同的。

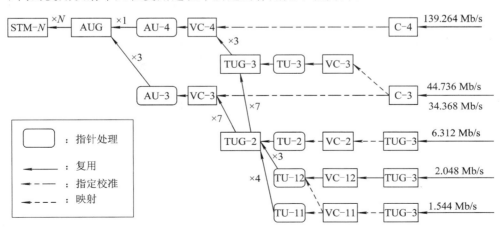

图 18.3.4　SDH 基本复用映射结构

1) 容器

容器(C)是一种用来装载各种不同速率业务信号的信息结构,主要完成 PDH 信号和虚容器(VC)之间的诸如码速率调整等适配功能。针对不同的码速率,ITU - T 定义了 C - 11、C - 12、C - 2、C - 3 和 C - 4 这五种标准容器,可表示为 $C-n(n=11,12,2,3,4)$,其中 C - 4 为高阶容器,其余为低阶容器。我国目前仅应用了 C - 12、C - 3 和 C - 4 容器,它们分别对应一种标称的输入速率,即 2.048 Mb/s、34.368 Mb/s 和 139.264 Mb/s。

2) 虚容器

虚容器(VC) 是用来支持 SDH 通道层连接的信息结构,它是 SDH 通道的信息终端,是由安排在重复周期为 125 $\mu$s 或 500 $\mu$s 的块状帧结构中的信息净负荷和 POH 组成的。VC 分为能容纳高阶容器的高阶 VC 和低阶 VC 两类,图 18.3.4 中的 VC - 4 和 AU - 3 右侧的 VC - 3 为高阶 VC,VC - 11、VC - 12、VC - 2 和 TU - 3 右侧的 VC - 3 为低阶 VC。VC 信号仅在 PDH/SDH 网络边界处才可进行分接,然后在 SDH 网络中始终保持完整不变,独立地在通道的任意一点进行分出、插入或交叉连接。

3) 支路单元

支路单元(TU)是一种提供低阶通道层和高阶通道层之间适配功能的信息结构,它由一个低阶 VC 和一个指示该低阶 VC 在相应高阶 VC 中的起始字节位置的指针(TU - PTR)组成。低阶 VC 可在高阶 VC 中浮动,并且由一个或多个在高阶 VC 净负荷中占据确定位置的 TU 组成一个支路单元组 TUG。实现时可把一些不同大小的 TU 组合成一个 TUG,从而增加传送网络的灵活性。

4) 管理单元

管理单元(AU)是提供高阶通道层和复用段之间适配功能的信息结构,它由一个高阶 VC 和一个指示该高阶 VC 在 STM - N 中的起始字节位置的管理单元指针(AU - PTR)组成。高阶 VC 在 STM - N 中是浮动的,但 AU - PTR 指针在 SDH - N 结构中的位置是固定的。

5) 管理单元组

管理单元组(AUG)是由一个或多个在 STM - N 净负荷中占据确定位置的管理单元组成的。一个 AUG 由 1 个 AU - 4 或 3 个 AU - 3 按字节间插组合而成。

6) 同步传送模式

同步传送模式(STM - N),在 N 个 AUG 的基础上加上用来运行、维护和管理的段开销就形成了 STM - N 信号。对于不同的 N,信息速率等级不同。基本模式 STM - 1 的信号速率是 155.520 Mb/s,更高阶的 STM - N 由 N 个 STM - 1 信号以同步复用方式构成。

**2. SDH 复用原理**

由于各种支路业务信号具有一定的频率差,因此这些支路信号要进行 SDH 复用必须要通过映射、定位和复用环节。

1) 映射

映射是一种在 SDH 网络边界处把支路信号适配装入相应虚容器的过程。例如,将各种速率的 PDH 信号先分别经过码速调整装入相应的标准容器,然后再加进低阶或高阶通道开销,以形成标准的虚容器。在 SDH 技术中有异步、比特同步和字节同步三种映射方法与浮动 VC 和锁定 TU 两种模式。

2）定位

定位是一种当支路单元或管理单元适配到支持层的帧结构时，帧偏移信息随之转移的过程。定位是采用 TU-PTR 和 AU-PTR 功能来实现的。指针（Pointer，PTR）是一种指示符，其值定义为虚容器相对于支持它的传送实体的帧参考点的帧偏移，即在发生相对帧相位差使 VC 帧起点浮动时，指针值也随之调整，从而始终保证指针值准确指示 VC 帧的起点。

在 SDH 中指针的作用是：当网络处于同步工作状态时，指针用来进行同步信号间的相位校准；当网络失去同步时，指针用了进行频率和相位校准；当网络处于异步工作状态时，指针用来进行频率跟踪校准。另外，指针还可以用来容纳网络中的频率抖动和漂移。

3）复用

复用是一种将多个低阶通道层的信号适配进高阶通道或把多个高阶通道层信号适配进复用层的过程，其方法是采用字节间插的方式将 TU 组织进高阶 VC 或将 AU 组织进 STM-N。经过 TU-PTR 和 AU-PTR 处理后的各 VC 支路已实现了相位同步。

SDH 的复用过程如下：

首先，各种速率等级的数据流进入相应的容器（C），完成包括速率调整在内的适配，然后进入虚容器（VC），加入通道开销（POH）。VC 在 SDH 网中传输时可以作为一个独立的实体在通道中的任意位置取出或插入，以便进行同步复用和交叉连接处理。由 VC 出来的码流按照图 18.3.4 中规定的路线进入管理单元（AU）或支路单元（TU）。在 AU 和 TU 中须进行速率调整，因此，低一级码流在高一级码流中的起始点是浮动的。为了准确地确定起始点的位置，AU 和 TU 设置了指针 AU-PTR 和 TU-PTR，从而可以在相应的帧内进行灵活地动态地定位。最后，在 N 个管理单元组 AUG 的基础上再附加比特开销 SOH 便形成了 STM-N 的帧结构。定位校准就是利用指针调整技术来取代传统的 $125\ \mu s$ 缓存器，实现支路频差的校正和相位的对准。

从复用映射结构可以看出，从一个有效负荷到 STM-N 复用路线并不是唯一的，但对于某一国家或地区来说，必须使复用路线唯一化。我国采用的复用映射主要包括 3 种进入方式，即 C-12、C-3 和 C-4，保证每一种速率的信号只有唯一的一条复用路线可以到达 STM-N 帧。

另外，复用过程存在如下关系：TUG-2=3×TUG-1，TUG-3=7×TUC-2，TUC-3=1×TUG-3，STM-1=VC-4=3×TUG-3，STM-N=N×STM-1。

# 本 章 小 结

时分复用指的是各路信号在同一信道上占用不同时间间隙（称为时隙）进行的通信。具体地说，把时间分成一些均匀的时隙，将各路信号的传输时间分配在不同的时隙，以达到互相分开、互不干扰的目的。

为了保证正常通信，时分复用系统中收、发两端必须严格保持同步，同步是指时钟频率同步和帧中的时隙同步。

PCM30/32 路系统指的是整个系统共分为 32 个路时隙，其中，30 个路时隙用来传送 30 路语音信号，一个路时隙用来传送帧同步码，另一个路时隙用来传送业务信令码。业务信令指的是通信网中用于接续的建立和控制以及网络管理的信息。

数字复接器是把两个或两个以上的低次群支路按时分复用的方式合并成一个高次群数字信号的设备。它由定时、码速调整和数字复接单元组成，完成数码流的合路。

数字复接的方法主要有按位复接、按字复接和按帧复接三种形式。

准同步数字体系（PDH）的低次群到高次群的速率不是按整数倍关系合成的，而是用脉冲插入的方法进行码速调，使高次群合成速率是由复接的低次群速率之和再加上适当的插入比特构成的。

SDH 是一系列可进行同步信息传输、复用、分插和交叉连接的标准化数字信号的结构等级，具有以下特点：

（1）统一的接口标准规范。

（2）新型的复用映射方式。

（3）良好的兼容性及强大的管理功能。

（4）指针调整技术。

（5）虚容器。

（6）动态组网与自愈能力。

目前，随着技术的不断发展、进步，SDH 已与光波分复用（WDM）技术、ATM 技术等融合，使 SDH 网络成为目前信息高速公路中主要的物理传送平台。

# 习 题 与 思 考

18-1　试述时分复用的基本原理，并画图说明。

18-2　在时分复用中为什么要求收发两端同步？同步的方式有哪几种？

18-3　PCM30/32 路系统的时隙是如何分配的？简述其帧结构。

18-4　为什么要进行数字复接？试述数字复接的基本原理。

18-5　数字复接有几种方法？这些方法有何特点？

18-6　什么是同步复接和异步复接？

18-7　在数字复接中，为什么要进行码率调整？

18-8　什么是 PDH？它有何缺点？

18-9　SDH 的基本思想是什么？它有何特点？

18-10　SDH 中段开销有何作用？

18-11　试解释容器和虚容器的概念。

18-12　简述 SDH 的复用原理。

# 第 19 章　程控交换与 ISDN

## 19.1　数字程控交换技术

交换设备是通信网的重要组成部分，交换技术的发展与通信网的发展密切相关，交换技术应与业务和传输系统相适应。电话交换技术经历了机电制交换技术、纵横制交换技术和程控交换技术。目前，在电话网中广泛采用数字程控电话交换技术，成为了电话通信网中的核心节点，具有非常重要的作用。

### 19.1.1　程控交换的基本概念

#### 1. 程控交换的基本结构

程控交换机由话路部分和控制部分构成，其基本结构如图 19.1.1 所示。话路部分由交换网络、用户电路、出入中继等构成；控制部分主要由计算机系统构成。

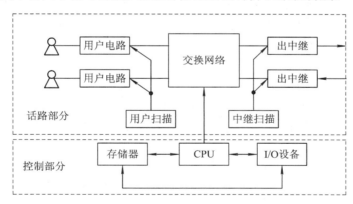

图 19.1.1　程控交换机结构框图

交换网可以是各种接线路（如纵横接线器、编码接线器、笛簧接线器等），也可以是电子开关矩阵；它可以是空分的，也可以是时分的。交换网络由 CPU 控制接续。

出入中继电路是和其他电话交换机进行接口的电路。它用以传输交换机之间的各种通信信号，同时也用来监视局间通话话路的状态。

用户电路是每个用户话机独用设备，只为一个用户服务，它包括用户状态的监视以及与用户直接有关的功能等。

#### 2. 程控交换的特点

程控交换技术相对于原来的机电制、纵横制交换技术具有技术上和经济上的优势，主要表现如下：

（1）可为用户提供除基本通话外的服务，如缩位拨号、叫醒服务、呼叫转移、三方通话等服务。

（2）操作维护方便，可靠性高。程控交换机可以通过故障诊断程序对故障检测和定位，在发生故障时能及时迅速处理。

（3）具有较高的灵活性。对于交换机外部条件的变化，新业务的增加比较方便，往往只要改变软件就能满足不同外部条件（如市话局、长话局、汇接局或国际局等的不同需求）的需要，对于将来新业务的发展也带来了方便。

（4）便于向综合业务数字网方向发展。在发展过程中，程控交换机是非常重要的节点设备。

（5）可采用公共信道信号系统。采用该系统后，可以提高呼叫接续的速度，提供更多服务，改善通信质量。

（6）有利于采用最新的电子技术，使整机的技术水平不断提高和发展。

另外，程控交换机还具有体积小、重量轻、耗电少、线路费用少、维护方便、节约人力资源的经济优势。

### 3. 程控交换技术提供的服务

程控交换可提供一般服务和对小交换机服务两类业务。一般服务是指对单个用户话机所提供的服务，小交换机的服务是指局用交换机对区域服务的小交换机所提供的服务。

一般服务主要包含以下基本内容：

市内、长途、国际长途接续与计费、话务员服务，信息查询服务、特服电话、公用电话、捣乱用户查询、缺席用户服务、呼叫禁止、用户观察、缩位拨号、呼叫转移、呼叫等待、遇忙转移、无应答转移、叫醒服务、遇忙回叫、免打扰、热线服务、限制呼叫、防止插入、会议电话、及时呼叫计费通知等。

小交换机服务主要包含以下内容：

小交换机号的连选（即呼入、呼出中继可选择几条线中的任意一个，这些线可用同一个号码）、夜间服务、直接拨入分机、查询保持呼叫、呼叫转移、多方电话会议。对于集中式小交换机，与一般服务内容相同外，还可提供直接拨出、同组中分机间拨号、保留呼叫、分机连选、截取呼叫、呼叫限制等。

另外，程控交换还可提供规定服务等级、话务自动控制、话务自动统计、自动故障诊断、用户号码变更、计费清单打印及处理、自动测试、迂回路由寻找、遥测遥控无人局等管理和维护服务。

## 19.1.2　数字交换网络的基本结构和工作原理

数字交换网络是整个交换系统的核心，被交换的语音信号是 PCM 数字信号。在数字交换中，用户的语音信号经过抽样、量化和编码后组成 PCM 帧进入到数字交换网络中。对于一个语音电话通信来说，通信的信号分为发送语音信号和接收语音信号两部分，发送的语音信号需到达目标接收端，而接收的语音信号是由目标接收端所发出的，因此电话语音信号的交换是一个四线制的 PCM 信号交换，即时隙交换。其基本原理如图 19.1.2 所示。

在图 19.1.2 中，PCM 的发送/接收支路通过数字交换网络的时隙交换进行交换，A 端的发送时隙为 $T_{s1}$，而到 B 端接收的已换成 $T_{s3}$；相反方向，B 端信号从 $T_{s3}$ 发出，经过交换网络的交换后，在 A 端，收到的 B 信号被换成 $T_{s1}$。

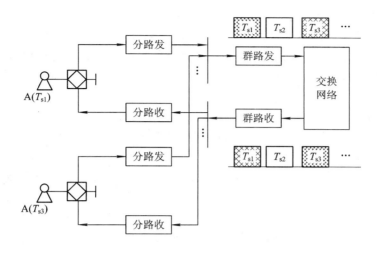

图 19.1.2　数字时隙交换原理图

**1. 时间 T 接线器**

时隙交换所采用的器件是 T 接线器，T 接线器的结构如图 19.1.3 所示，其功能是完成一条 PCM 复用线上各时隙之间信息的交换。图 19.1.3(a)为输出控制方式的 T 接线器，图 19.1.3(b)为输入控制方式的 T 接线器，它们均由语音存储器(SM)可控制存储器(CM)构成。

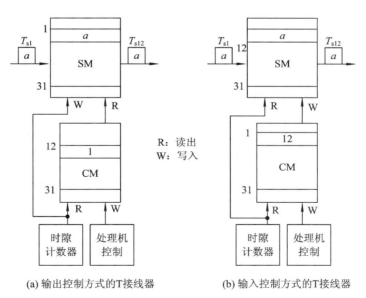

(a) 输出控制方式的T接线器　　　(b) 输入控制方式的T接线器

图 19.1.3　T 接线器结构图

语音存储器(SM)用来暂时存储 1 帧的语音编码信息，又称缓冲存储器，其存储容量取决于 PCM 复用一帧的时隙数。当一帧有 32 个时隙时，SM 有 32 个存储单元；当 1 帧有 512 个时隙时，SM 有 512 个存储单元。由于 SM 中存放的是 8 bit 语音编码信息，故 SM 的字长为 8 bit。

控制存储器(CM)用于对 SM 进行读/写控制，即用来寄存语音时隙地址，是 SM 存储单元的地址，又称地址存储器或时址(时隙地址)存储器，因此，CM 的存储容量大小与 SM 相同。CM 的字长取决于 SM 的容量，也就是地址的多少，即 T 接线器 PCM 复用 1 帧的时隙总数。若时隙总数为 32，则 CM 的字长应为 5 bit，此时 SM 的地址只有 $2^5=32$ 个；若时隙总数为 512，则 CM 的字长应为 9 bit。

输出控制方式又称"顺序写入，控制读出"。SM 的写入由时隙计数器控制，按时隙计数顺序进行，PCM 入线上各时隙信号按时隙顺序依次写入对应的 SM 的存储单元，SM 的单元号与输入时隙号相对应。例如，$T_{s1}$ 时隙中的信息被写入 SM 的 1 号单元。

SM 的读出要受到 CM 的控制，由 CM 提供地址。当时隙计数器计数到规定的输出时隙时，读取 CM 内容，根据 CM 给出的 SM 地址读出 SM 内的数字信息，并送至出线相应时隙，因此 CM 的单元号与输出时隙号相对应。例如，图 19.1.3(a)中 T 接线器的输入线和输出线都为包含 32 个时隙的 PCM 复用线，即 SM 和 CM 的存储单元数均为 32。假设用户 A 占用时隙 1($T_{s1}$)，用户 B 占用时隙 12($T_{s12}$)，若 A、B 两个用户要互相通话，则在 A 通话时应将 $T_{s1}$ 上的语音编码信息 $a$ 交换到 $T_{s12}$ 中。此时，当时隙计数器计数到 1 时，就将信息 $a$ 写入 SM 的 1 号单元内，该信息 $a$ 的读出受 CM 控制，必须在第 12 个时隙到来时读出，因此，由处理机在 CM 的 12 号单元中写入"1"，这个"1"就是 SM 的读出地址。当第 12 个时隙到来时，从 CM 的 12 号单元中读出输出地址"1"，从 CM 的 1 号单元中读取信息 $a$，将 $a$ 放到输出线上，从而完成将 $T_{s1}$ 中的语音编码信息 $a$ 交换到 $T_{s12}$ 中。

输入控制方式又称"控制写入，顺序读出"。其工作原理与输出控制方式相似，不同之处在于由 CM 来控制 SM 的写入，由时隙计数器来控制 SM 的读出。采用该方式时，SM 的单元号与输出时隙号相对应，而 CM 的单元号与输入时隙号相对应。又例如，要把用户 A 的 $T_{s1}$ 语音编码信息 $a$ 交换到用户 B 的 $T_{s12}$ 上，采用输入控制方式，则由处理机在 CM 的 1 号单元中写入"12"，这个"12"就是 SM 的写入地址，将信息 $a$ 写入 SM 地址为 12 号的单元内；该信息 $a$ 的读出受时隙计数器控制，当第 12 个时隙到来时，读出 SM 第 12 号单元中的编码信息 $a$，则完成了交换。

顺序写入和顺序读出中的"顺序"是指按照 SM 的地址顺序。由时隙计数器来控制 SM 的写入或读出，而控制写入和控制读出中的"控制"是指按 CM 中已规定的内容，即 SM 的地址来写入或读出 SM。CM 中的内容都是由处理机控制写入和清除，并按时隙计数器的顺序依次读出。

为输入时隙选定一个输出时隙后，在整个通话期间保持不变，对每一帧都重复以上的读/写过程，即 PCM 信号在 T 接线器中需每帧交换 1 次。若 A、B 两个用户的通话时长为 2 分钟，则上述时隙交换的次数达 96 万次。

T 接线器中的存储器一般采用高速的 RAM，所交换的时隙数高达 512、11024，甚至 4096 个。

**2. 空分 S 接线器**

空分接线器简称 S 接线器，S 接线器主要由电子交叉点矩阵和控制存储器(CM)组成，如图 19.1.4 所示。若有 M 条复用线，就有 M 个 CM，每个 CM 控制它所连接的交叉点矩阵的开关。CM 存储单元的数量取决于 PCM 复用线的时隙数。S 接线器中的 CM 对交叉点矩阵的控制有输出控制和输入控制两种方式。

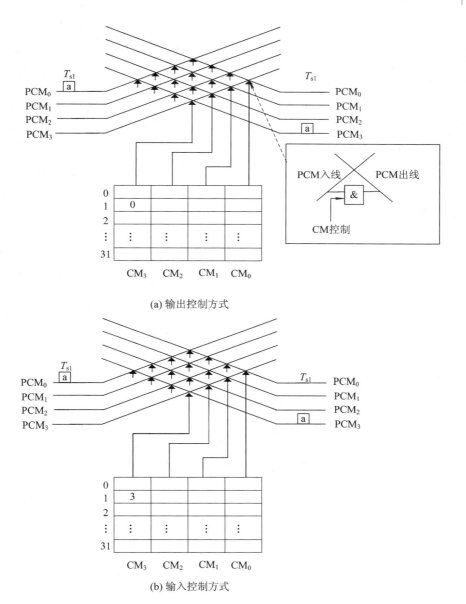

(a) 输出控制方式

(b) 输入控制方式

图 19.1.4　空分 S 接线器结构图

　　输出控制方式的 S 接线器，如图 19.1.4(a)所示。4 条 PCM 复用线，每条 PCM 复用线包含 32 个时隙。对应每 1 条输出 PCM 复用线有 1 个 CM 来控制，共有 4 个 CM，由这些 CM 决定输入 PCM 复用线上各时隙中的信号经过哪一个交叉点交换到哪一条输出 PCM 复用线的相应时隙中去。如果将输入 $PCM_0$ 复用线的 $T_{s1}$ 中语音编码信息 $a$ 交换到输出 $PCM_3$ 复用线，则在 $T_{s1}$ 时隙时，处理机在 $CM_3$ 的第 1 号单元中写入 0，也就是 CM 的单元号与时隙号相对应，CM 的单元中写入的内容是输入 PCM 复用线的线路号。在此之后在每帧的 $T_{s1}$ 时间内，$CM_3$ 控制交叉点"03"(输入 $PCM_0$ 复用线与输出 $PCM_3$ 复用线的交叉点)闭合，将输入 $PCM_0$ 复用线上 $T_{s1}$ 中信息 $a$ 传输至输出 $PCM_3$ 复用线上 $T_{s1}$ 中去，实现线路交换。

　　输入控制方式的 S 接线器如图 19.1.4(b)所示，对应每 1 条输入 PCM 复用线有 1 个

CM。如果要将输入 PCM$_0$ 复用线上 $T_{s1}$ 中信息 $a$ 交换到输出 PCM$_3$ 复用线,则在 $T_{s1}$ 时隙时,处理机在 CM$_0$ 的第 1 号单元中写入 3,即 CM 的单元号与时隙号相对应,CM 的单元中写入的内容是输出 PCM 复用线的线路号。在此之后在每帧的 $T_{s1}$ 时间内,CM$_0$ 控制交叉点"03"闭合,将信息 $a$ 由输入 PCM$_0$ 复用线交换到 PCM$_3$ 复用线,实现线路交换。

S 接线器最主要的特点是不能进行时隙交换,由于它没有数字信息寄存的元器件,输入的时隙语音编码立即通过有关门电路输出,因此,语音编码的时隙号不能改变。S 接线器只能完成同一时隙上的不同线路之间的信号交换,而不能完成时隙交换,所以 S 接线器不能在数字交换网络中单独使用。S 接线器的作用是增加交换网络的线路数,以扩大交换网络的容量。

### 3. TST 数字交换网络

TST 数字交换网络是一个三级交换网络,两边为 T 接线器,中间一级为 S 接线器,如图 19.1.5 所示。若 PCM$_0$ 复用线上 $T_{s2}$ 的用户 A 与 PCM$_7$ 复用线上 $T_{s31}$ 的用户 B 进行通话,假设 A 的语音信号为 $a$,B 的语音信号为 $b$。由于电话交换为四线通话方式,因此,数字交换应建立 A→B 和 A←B 两条通话路由。

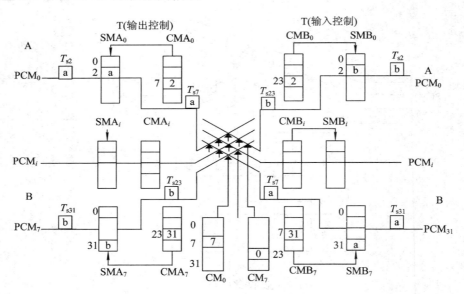

图 19.1.5 TST 数字交换网络原理图

在 A→B 方向,PCM$_0$ 的 $T_{s2}$ 到输入级 T 接线器,在 $T_{s2}$ 到来时,该时隙的语音信息。被写入 SMA$_0$ 的第 2 号单元。由处理机寻找到 1 个空闲的内部时隙 $T_{s7}$,则在输入级 T 接线器的 CMA$_0$ 中第 7 号单元中写入 SMA$_0$ 的地址"2";中间级 S 接线器的 CM$_0$ 中第 7 号单元中写入输出 PCM$_7$ 复用线的线号 7;在输出级 T 接线器的 CMB$_7$ 中第 7 号单元中写入 SMB$_7$ 的地址"31",这样就可以在 $T_{s7}$ 时刻读出输入级 T 接线器的 SMA$_0$ 中第 2 号单元的语音信号 $a$,S 接线器在 CM$_0$ 的控制下闭合交叉点"07",将信息 $a$ 送至输出级 T 接线器上,输出级 T 接线器再把语音信号 $a$ 送至 SMB$_7$ 地址为"31"的存储单元,于是在 $T_{s31}$ 时隙到来时读出信号 $a$,并其送到 PCM$_7$ 的 $T_{s31}$ 时隙,此过程每帧完成 1 次,从而实现 A→B 方向的通话。在 A←B 方向,语音信号 $b$ 是由 PCM$_7$ 的 $T_{s31}$ 时隙送来的,顺序写入到输入级 T 接线器的

$SMA_7$ 的第 31 号单元中；由处理机寻找到 1 个空闲的内部时隙 $T_{s23}$，则在 $CMA_7$ 中第 23 号单元中写入 $SMB_7$ 的地址"31"，用于控制 $T_{s23}$ 时隙到来时读出 $SMB_7$ 中第 31 号单元的语音信号 $b$。在 S 接线器 $CM_7$ 中第 23 号单元中写入"0"，用于控制在 $T_{s23}$ 时隙到来时闭合交叉点"70"，并将信息 $b$ 送至输出级 T 接线器。在输出级 T 接线器的 $CMB_0$ 中第 23 号单元中写入 $SMB_0$ 的地址"2"，输出级 T 接线器将信号 $b$ 写入 $SMB_0$ 第 2 号单元，在下一帧 $T_{s2}$ 时隙到来时顺序读出 $b$ 并送至 $PCM_0$ 的 $T_{s2}$，这样就完成 A←B 方向的通话。

在整个通话过程中，这些控制存储器中的值不变，通话完毕拆线时，只需将这些控制存储器中的值清零即可。

数字交换系统中的话路部分采用 4 线制，来、去话都是单向传输、单向交换，当 A→B 的路由确定以后，A←B 的路由也随即需要建立。这个反向路由的建立虽然可以自由确定，但处理机就需两次寻找通道。最常用的是采用"反相法"，反相法就是正、反向路由相差半帧时隙，即 A→B 方向的内部时隙选定时隙号为 $i$，则 B→A 方向所用的内部时隙号为 $i+n/2$，其中 $n$ 为连接到交叉点矩阵的复用线上的复用度，即 TST 交换网络中内部链路上一帧时长内的时隙总数。如果交换网络的内部时隙总数为 32，当 A→B 方向选用的内部时隙为 7 时，B→A 方向的内部时隙号就采用 7+32/2=23。采用反相法可以减少空闲时隙选择的工作量，使得查找空闲时隙的运算量减少了一倍。

TST 数字交换网络也可以采用输入级 T 接线器为输入控制方式，输出级 T 接线器采用输出控制方式，中间 S 级采用输入控制方式或输出控制方式。

### 19.1.3　数字程控交换机的组成

数字程控交换机由硬件部分和软件部分组成。

#### 1. 数字程控交换机的硬件组成

数字程控交换机的硬件部分通常可划分为话路部分和控制部分。话路部分由数字交换网络、信令设备以及各种接口设备组成，接口设备主要包括用户电路、用户集线器、数字中继、模拟中继、信令设备等。控制部分由处理机和存储器、外部设备和远端接口等部件组成。数字程控交换机的硬件组成如图 19.1.6 所示。

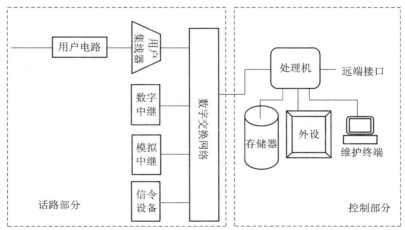

图 19.1.6　数字程控交换机的硬件组成

## 1) 数字交换网络

数字交换网络是数字交换系统的核心,其功能是实现任意用户之间的语音交换,也就是要在两个用户之间建立一条语音通路。

## 2) 用户电路

用户电路是程控数字交换机系统连接模拟用户线的接口电路,每个用户有一套用户电路。由于数字交换网络只能以数字信号的方式进行交换,不能采用直流信号或交流信号,因此用户电路必须向用户线馈电,提供振铃信息,对用户线进行摘/挂机监视及测试等动作。一般用户线大多是 2 线制线路,传输的是模拟信号,为此用户电路还要具有模/数转换及数/模转换、2/4 线变换的功能。用户电路功能结构如图 19.1.7 所示。

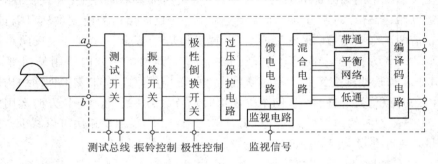

图 19.1.7 用户电路功能结构

用户电路的基本功能可归纳为 BORSCHT。

(1) 馈电(Battery feed,B):连接在交换机上的所有电话机,交换机均要对其馈电。在数字交换机中由用户电路馈电。数字交换机的馈电电压在我国规定为 $-48 \sim -60$ V,通话时馈电电流为 $20 \sim 50$ mA。

(2) 过压保护(Over-voltage protection,O):用户线是外线,有可能受到雷电袭击,也可能和高压线碰撞,如果这些高电压从用户线进入交换机,则会毁坏交换机内的板件。为了防止外来高压,交换机一般采用二级保护措施。第一级保护是在总配线架上安装碳素避雷器和放电管,但从这一级输出的电压仍可能达到上百伏,对交换机中的器件仍会造成致命的损伤。第二级保护措施,就是保护二次进入的高压。

(3) 振铃(Ringing control,R):向用户振铃的铃流电压一般较高,我国规定的标准是以 90 V±15 V、25 Hz 交流为铃流信号,这样高的电压是不允许从用户电路中通过的,因此铃流电压一般通过继电器 K 向用户话机提供。振铃控制电路如图 19.1.8 所示。振铃由继电器控制,控制驱动信号由处理机按振铃节奏发出,使其形成 1 s 续、4 s 断的断续周期

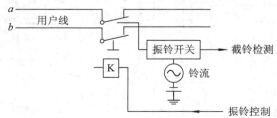

图 19.1.8 振铃控制电路原理图

将铃流送往用户。被叫用户摘机后,振铃开关送出截铃信号,停止振铃。

(4) 监视(Supervision,S):对用户线的监视是通过监视用户线上直流环路电流的通/断来实现的,用户挂机空闲时直流环路断开,馈电电流为 0,用户摘机后直流环路接通,馈电电流在 20 mA 以上。通过监视用户线回路的通/断状态不仅能检测用户话机的摘/挂机状态,还可以检测号盘话机发出的拨号脉冲、投币话机的输入信号以及用户通话时的话路状态。监视电路的原理如图 19.1.9 所示,通过检测电阻 $R$ 上的直流电压,可检测在 $a$、$b$ 线上是否形成直流回路。

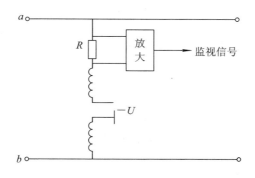

图 19.1.9　监视电路原理图

(5) 编译码与滤波(Coding &Filter,C):编译码器的功能是完成模拟信号和数字信号之间的转换。数字交换机只能对数字信号进行交换处理,而语音信号是模拟信号,因此,需要用编码器将模拟语音信号转换成数字语音信号,然后将其送到数字交换网络进行交换,最后通过译码器把从数字网络来的数字语音信号转换成模拟语音信号送给用户。为了避免在 A/D 转换中由于信号采样而产生混叠失真以及 50 Hz 电源的干扰,并为 0.3～4 kHz 语音信号抽样、量化和编码,需要采用 4 kHz 的带通滤波器;而在接收端,从译码器输出的脉冲幅度调制(PAM)信号要通过一个低通滤波器,以恢复原来的模拟语音信号。目前常采用单路编/译码器(即对每个用户实行编译码),然后合并成 PCM 的相应时隙的数字串。一般采用集成电路实现这一功能,同样也可用集成电路实现编码前和译码后的滤波以及信号放大等功能。

(6) 混合电路(Hybrid circuit,H):用来完成 2/4 线变换功能。用户话机的模拟信号是 2 线双向的,但数字交换网络的 PCM 数字信号是 4 线单向的,因此,在编码以前和译码以后一定要进行 2/4 线变换。目前,已广泛采用集成电路。

(7) 测试(Test,T):主要用于及时发现用户线和用户电路的各种故障,如混线、断线、电路元器件的损坏等。

除上述 7 项基本功能外,用户电路还具有极性倒换、衰减控制、收费脉冲发送和投币话机硬币集中控制等功能。

3) 用户集线器

用户集线器的主要功能是负责话务量的集中。由于每个用户的话务量不高,而交换机用户容量很大,因此通过用户集线器可以将一组用户集中起来,并通过较少的几条线路与交换网络连接。集中比一般为 2∶1～8∶1。实际上用户集线器就是一个简单的数字交换网络,可采用 T 接线器构成用户集线器。用户电路和用户集线器统称为数字程控交换机的数字用户级。

4）模拟中继

模拟中继器是数字交换系统为适配模拟通信系统的终端而设置的接口，用来连接模拟中继线。模拟终端和用户电路都与模拟线路相连接，二者的功能有很多相同之处。如图19.1.10 所示，模拟终端比用户电路少了振铃控制和对用户馈电的功能，而增加了一个忙闲指示功能，同时把对用户线状态监视变为对线路信号的监视功能。还有一个不同之处是用户电路接至用户集线器，用户话务量经集中后才进入选组级，而模拟终端的每线话务负荷已经较重，故无需进行集中收敛，复用后即可进入选组级。

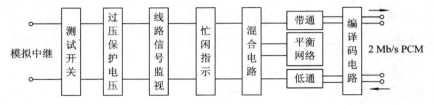

图 19.1.10　模拟中继功能结构

5）数字中继

数字中继是数字交换系统与数字中继线之间的接口，可适配一次群或高次群的数字中继线。数字终端具有码型变换、时钟提取、帧同步与复帧同步、帧定位、信令插入和提取、告警检测等功能，其系统结构如图 19.1.11 所示。

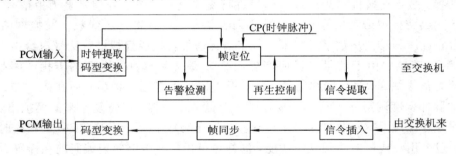

图 19.1.11　数字中继系统结构

6）信令设备

当采用随路信令（CAS）时应具有多频接收器和多频发送器，用来接收或发送数字多频信号，数字多频信号是通过交换网络在相应的话路中传送的。信令设备还应包括双音多频（DTMF）接收器和信号音发生器。双音多频（DTMF）接收器用来接收用户使用按键话机拨号时发来的 DTMF 信号。信号音发生器用来产生数字化的信号音，经交换网络发送到所需的话路上去。若采用共路信令（CCS），则应具有专门的共路信令终端设备，完成 No.7 信令的硬件功能。

7）处理机系统

数字程控交换机的处理机系统主要由处理机、存储器和外设构成，是数字程控交换机的控制系统，主要完成交换控制和管理功能，是整个交换机的核心。处理器系统对数字程控交换机的控制方式有集中式、分散式和分布式三种控制方式。

（1）集中式控制：用一台处理机对整个系统的运行工作进行直接控制，并执行交换系统的全部功能,如图 19.1.12 所示。集中控制的优点是处理机对系统的状态有全面的了解,处理机能有效地使用各部分资源,同时各功能间的接口主要是软件程序间的接口,通过改变软件即可方便地改变功能;缺点是软件量大,设计复杂,需要采用处理能力强的高速处理机,同时系统较易瘫痪。为了提高系统的可靠性,一般采用冗余备份的双机系统,双机系统可采用同步双工工作、主/备用方式工作或话务分担方式工作等。

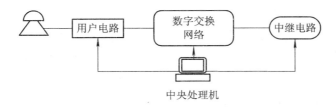

图 19.1.12　集中式控制结构

(2)分散式控制:在系统给定的状态下,每台处理机只能到达一部分资源和只能执行一部分功能。分散控制方式有单级系统、多级处理机系统。单级多机系统可分为容量分担、功能分担两种方式。单级多机系统和三级多机系统的结构如图 19.1.13 所示。

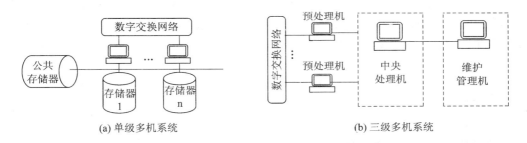

(a) 单级多机系统　　　　　　　　　　(b) 三级多机系统

图 19.1.13　分散式控制系统结构

容量分担是每台处理机只分担一部分容量的呼叫处理任务,该方式的优点是处理机的数量可以随容量的增加而逐步增加,缺点是每台处理机应具有同样的功能。

功能分担是指每台处理机只承担一部分功能,即只运行部分软件,其优点是分工明确,缺点是当容量较小时也须配置全部处理器。大型程控交换机常将容量分担和功能分担结合使用。应注意的是,为了提高可靠性,每台处理机均有其备用,按主/备方式工作,当然也可采用 N+1 的备用方式。

如图 19.1.13(b)所示的是一个三级多机系统,即一个多级控制方式的系统。在交换处理中,有一些工作是执行频繁而简单的任务,如用户电路的扫描等;另一些工作处理较复杂但执行次数要少一些,如数字接收与数字分析;而故障诊断等维护测试执行的次数更少,但处理更复杂。采用多级系统可以根据任务的性质来配置处理机,使其负荷与复杂度相平衡。

(3)分布式控制:分布控制方式也是一种分散控制方式。在分布控制方式中不设中央处理机,把控制功能分布在系统的各个部分,如图 19.1.14 所示。这种控制方式的分散度更高,可视为一级结构的功能与容量分担。

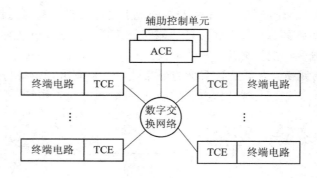

图 19.1.14 分布式控制方式

**2. 数字程控交换机的软件组成**

数字程控交换机的软件由运行软件系统和支援软件系统组成。运行软件系统包括操作系统、数据库系统以及应用软件；支援软件系统包括软件开发、生产工具与环境系统，以及软件维护工具与环境系统。

1）操作系统

操作系统对系统中所有软、硬件资源进行管理，也为其他软件部分提供支持。与实时操作系统相比，程控交换机的功能相对较少，它主要完成内存管理、程序调度、程序间通信、处理机间通信、时间服务和出错处理等。

2）数据库系统

数据库系统是对软件中的大量数据进行集中管理，以实现各部分软件对数据的共享访问，并提供数据保护功能。

3）应用软件

应用软件通常包括呼叫处理程序、管理程序和维护程序三部分。其中呼叫处理程序主要用来完成交换机的呼叫处理功能，普通的呼叫处理过程从一方用户摘机开始，接收用户拨号、经过对拨号信息分析后接通双方，一直到双方用户全部挂机为止。管理程序的主要工作有三个方面，一是协助实现交换机软硬件系统的更新，二是进行计费管理，三是监督交换机的工作情况，确保交换机的服务质量。维护程序实现交换机故障检测、诊断和恢复功能，保障交换机工作的可靠性。

4）支援软件

支援软件又称脱机软件，它是软件系统中的服务程序，多用于开发和生成交换局的软件和数据以及开通时的测试等。支援软件包括软件开发支援系统、应用工程支援系统、软件加工支援系统和交换局管理支援系统等，它是在交换系统设计、安装和调试程序过程中为了提高效率而应用的。

## 19.1.4 呼叫处理过程

**1. 呼叫处理的一般过程**

在呼叫开始前，用户处于空闲状态，交换机进行扫描，监视用户线的状态，用户摘机后便开始了呼叫处理。呼叫处理的一般过程如下：

第一步，呼出接续。交换机通过周期性地定时扫描，对用户线路状态进行监测，从主叫用户摘机到用户听到拨号音，交换机要完成检测主叫摘机呼出、查明主叫类别、选择空闲收号器、发送拨号音、分配存储区等主要任务。

第二步，收号。主叫接收到拨号音后，开始拨号，交换机收号器开始收号，当接收到被叫号码的第一位数字时，停送拨号音，并对已收到的号码进行按位存储，同时进行"已收位"和"应收位"的对比计算。

第三步，号码分析。处理机在接收完全部被叫号码后将进行内部分析处理，分析处理的主要内容有：根据被叫号码首位确定呼叫类型，如本局呼叫、出局呼叫、长途或特服呼叫等；检查主叫用户的身份，查找权限；检测被叫忙闲状态，若空闲，则予以占用，同时示忙以避免其他用户的呼叫和呼入。

第四步，选路。在主叫与被叫之间选择一条空闲通路，该通路包括中继线和交换网络路由，同时通过驱动命令使硬件动作，但这个动作需待发码结束或本局呼叫时被叫应答以后执行，为此应将所选定的通路识别码暂存在内存中。

第五步，向被叫振铃。交换机在测到被叫为空闲后找到一个空闲振铃器；回铃音器，然后向被叫用户振铃，向主叫用户回送回铃音，同时监视主、被叫用户的状态变化。

第六步，应答监视。被叫听到振铃后摘机应答，此时交换机要进行应答识别（识别主叫身份）、切断铃流及回铃音、启动计费系统开始计费、通话接续（为主、被叫连通通话路由）、监测挂机信号及特殊情况（如根据需要进行必要的特殊处理，若需进行三方通话，用户会拍叉簧或按一下话机上的特殊按键，使用户回路产生短暂的中断，交换机监视到此变化后会做相应的处理）等操作。

第七步，话毕释放。主、被叫任何一方话毕挂机，线路的状态都会发生变化，交换机检测到其变化后即送出拆线信息，释放通话通路，并停止计费，同时向释放端发送忙音。

**2. 状态转移图**

从上述呼叫处理的一般过程可以看到，整个呼叫处理过程就是处理机监视、识别、分析、执行、再监视、再分析、再执行等环节的循环，因此一个呼叫处理过程是一个非常复杂的计算过程。为了把复杂的执行交换动作计算过程用程序表现出来以便于理解，可以把一次接续分解若干阶段，每个阶段用一个稳定状态来表示。各个稳定状态间由要执行的各种处理连接，这样便形成了完成一次本局接续时的状态迁移图。图 19.1.15 为一个局内接续过程的状态转移图，可将稳定状态按接续过程分为空闲、等待收号、收号、振铃、通话和忙音六个稳定状态。

例如，用户摘机，从"空闲"状态转移到"等待收号"状态。它们之间由主叫摘机识别、收号器接续、拨号音接续等各种处理来连接。又如"振铃"状态到"通话"状态间可由被叫摘机检测、振铃停、回铃音停、路由驱动等处理来连接。

在一个稳定状态下，如果没有输入信号，即如果没有处理要求，则处理机是不会处理的。如在空闲状态时，只有当处理机检测到摘机信号以后，才开始处理，并进行状态迁移。

同样输入信号，在不同状态时会进行不同的处理，并会转移至不同的新状态。如同样检测到摘机信号，在空闲状态下，则认为是主叫摘机呼叫，要找寻空闲收号器和送拨号音，转向"等待收号"状态；如在振铃状态，则认为是被叫摘机应答，要进行通话接续处理，并转向"通话"状态。

在同一状态下，不同的输入信号其处理也不同，如在"振铃"状态下，收到主叫挂机信

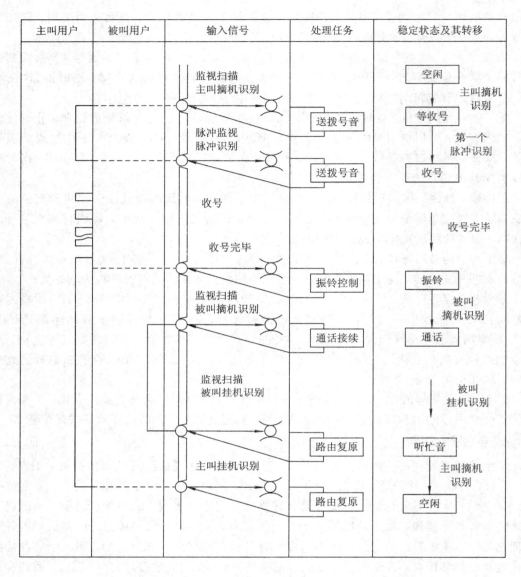

图 19.1.15  局内接续过程状态转移图

号,则要做中途挂机处理;收到被叫摘机信号,则要做通话接续处理。前者转向"空闲"状态,后者转向"通话"状态。

在间一状态下,输入同样信导,也可能因不同情况得出不同结果。如在空闲状态下,主叫用户摘机,将进行收号器接续处理。如果遇到无空闲收号器,或无空闲路由(收号路由或送拨号音路由),则就要进行"送忙音"处理,转向"听忙音"状态。如能找到,则就要转向"等待收号"状态。

因此,一个状态迁移图能反映交换系统呼叫处理中各种可能的状态、各种处理要求、各种可能结果以及转移的新状态等一系列复杂过程。

**3. 状态转移与呼叫处理程序间的关系**

状态转移与呼叫处理程序之间的关系如图 19.1.16 所示。由一个稳定状态转移到另一个稳定状态的原因可能是用户线或中继线上信号的到来，也可能是事件的推移，这些均称为任务的启动原因。对启动原因的识别处理就是监视处理，相应的程序称为输入程序。输入程序由各种扫描程序组成，可对用户线、中继线等进行监视，以便确定摘机、挂机、应答、拨号和数字间隔等。

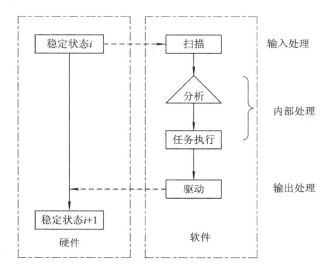

图 19.1.16　状态转移与呼叫处理程序的关系

1）输入处理程序

输入处理程序由各种扫描程序所组成，监视用户线和中继线的变化以获取输入数据。具体程序主要有：识别主叫的用户线监视扫描程序、识别应答和挂机的中继器监视程序、接收拨号脉冲的脉冲识别程序、计数程序和存储程序等。

2）内部处理程序

内部处理程序包括任务分析程序和任务执行程序，使输入处理所获得的数据通过相应的分析程序以完成状态迁移。具体程序包括去话分析（分析主叫类别以确定应执行的任务）、数字分析（根据第一位号码分析接续性质和应收位数，有时称为预译处理）、来话分析（当本局来话时，根据被叫用户号码分析被叫类别和忙闲以确定下一个处理是送振铃音还是送忙音）、状态分析（分析在什么状态下出现了何种变化因素，应转入到何种新的状态）。

3）输出处理程序

输出处理程序是指根据内部处理的结果使话路系统的接线器和中继器完成相应的动作，或向其他局发送信号等所需的程序，如话路系统执行程序和多频脉冲发送程序等。

## 19.2　信令系统及 No.7 信令

信令是通信系统中的控制指令，它可以控制终端、交换系统以及传输系统的协同工作，在指定的终端之间建立临时的通路，并维持网络的正常运行。信令系统是通信网的重要组成部分，是通信网的神经系统。

### 19.2.1　信令系统

**1. 信令的概念**

当进行电话通信时，主叫必须通过交换系统发出操作命令为主叫和被叫间建立一条专用的通信链路。如图 19.2.1 所示为两个用户通过两个端局进行电话接续的基本信令流程。

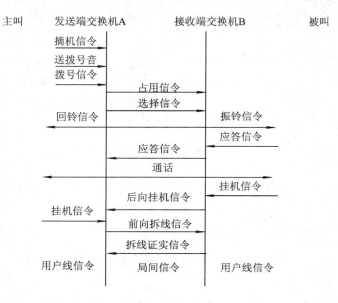

图 19.2.1　电话接续基本信令流程

在主、被叫分属两个交换局的情况下，当主叫摘机后，发送端交换机 A 收到主叫用户摘机信号后，向主叫发送拨号音，主叫听到拨号音后，开始拨号，将被叫号码发送到发送端交换机 A。

发送端交换机 A 根据被叫号码选择到终端被叫交换机 B，选择一条 A 到 B 的空闲中继线，并向被叫终端交换机 B 发送占用信令，然后将选择信令，即终端交换机 B 相关的被叫号码发送给 B。

终端交换机 B 根据被叫号码接通被叫用户后，向被叫用户送振铃信令，向主叫用户送回铃音。

被叫用户摘机应答，将应答信令发送给终端交换机 B，并由 B 转发给发送端交换机 A。

双方开始通话。话终时，若被叫用户先挂机，则被叫用户向终端交换机 B 发送挂机信令，并由 B 交换机将该信令转发给发送端交换机 A；若是主叫先挂机，则 A 向 B 发送正向拆线信令，B 拆线后，向 A 回送拆线证实信令，A 也拆线，A、B 复原。

通过以上局间接续分析，可认为信令就是除了通话时的用户信息（包括语音或非语音信息）外的各种控制命令。

**2. 信令的分类**

信令可分为随路、共路、线路、路由、管理、用户线和局间信令等。

1）随路与共路信令

按信令传送信道与用户信息传送信道的关系不同，信令分为随路信令和共路信令，如

图 19.2.2 所示。随路信令信令信道与用户信息信道合在一起或具有固定的一一对应关系的信令方式，该信令适合模拟通信系统。共路信令是指信息信道和信令信道分开，它具有传输速度快、容量大的特点。

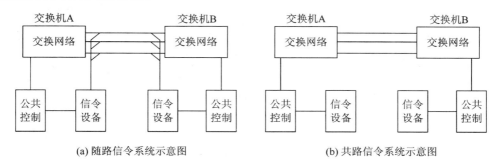

(a) 随路信令系统示意图　　　　　　　　　　(b) 共路信令系统示意图

图 19.2.2　随路与共路信令系统示意

2）线路信令

线路信令用来监视终端设备的忙闲，如摘机、挂机等信令。

3）路由信令

路由信令用来选择接续方向。如电话通信中主叫所拨的被叫号码是具有选择功能的信令。

4）管理信令

管理信令用于管理线路拥塞、计费及故障告警等信息。

5）用户线信令

用户线信令是通信终端盒网络节点之间的信令，也称为用户—网络接口信令。网络节点既可以是交换系统，也可以是各种网管中心、服务中心、计费中心和数据中心等。

6）局间信令

局间信令是网络节点间的信令，在局间中继线上传送，也称为网络接口信令。局间信令除应满足呼叫处理和通信接续外，还应提供各种网管中心、服务中心、计费中心、数据库等之间与呼叫无关的信令传递。

在我国通信网中使用的随路信令系统为中国 1 号和共路信令系统。No. 7 信令均为局间信令系统。随路信令的局间信令又可分为具有监视功能的线路信令和具有选择、操作功能的记发器信令，如中国 1 号信令就使用了数字型线路信令和多频互控（MFC）记发器信令。

## 19. 2. 2　信令方式

信令的传送要遵守一定的规则和约定，信令应包括信令的结构、信令在多段路由上传送的方式及控制方式等。

### 1. 信令的结构形式

信令的结构形式分为未编码和已编码两种。未编码的信令可按脉冲幅度不同、脉冲持续时间不同、脉冲在时间上的位置、脉冲频率的不同来区分。未编码信令的特点是信息量少、传输速度慢及设备复杂。

已编码信令主要分为模拟型线路、数字型线路和信令单元三种类型。

1) 模拟已编码信令

模拟已编码信令主要指多频信令。其中，六中取二是一种典型的多频信令，即由六个频率中每次取出两个频率同时发送，表示一种信令，共可表示 15 种。它的特点是编码较多、传送速度快、可靠性高、有一定的自检能力。中国 1 号记发器信令为六中取二的多频编码，如表 19.2.1 所示。

**表 19.2.1　MFC 信令编码**

| 编码 | 1380 Hz $f_0$ | 1500 Hz $f_1$ | 1620 Hz $f_2$ | 1740 Hz $f_4$ | 1860 Hz $f_7$ | 1980 Hz $f_{11}$ |
|---|---|---|---|---|---|---|
| 1 | * | * | | | | |
| 2 | * | | * | | | |
| 3 | | * | * | | | |
| 4 | * | | | * | | |
| 5 | | * | | * | | |
| 6 | | | * | * | | |
| 7 | * | | | | * | |
| 8 | | * | | | * | |
| 9 | | | * | | * | |
| 10 | | | | * | * | |
| 11 | * | | | | | * |
| 12 | | * | | | | * |
| 13 | | | * | | | * |
| 14 | | | | * | | * |
| 15 | | | | | * | * |

2) 数字型线路信令

数字型线路信令采用 4 位二进制编码表示线路状态的信令。当局间传输采用 PCM 时，在随路信令系统中采用数字型线路信令。例如，中国 1 号信令的数字型信令是基于 PCM30/32 路帧结构中的复帧的 16 个子帧中的第 16 时隙构成的，具体构成见图 18.2.2。

3) 信令单元

No.7 信令是采用二进制编码组成的若干个字节（每字节 8 bit）构成的信令单元来表示各种信令的。该信令方式具有传送容量大、传送速度快、可靠性高的特点。

**2. 传送方式**

信令在多段路由上有端到端、逐段转发和混合三种传送方式。

1) 端到端传送方式

如图 19.2.3 所示，在电话通信中，发送端局收号器收到用户发送的全部号码后，由发送端局的发号器发送转接局所需要的长途区号，并将其接续到第一个转接局，第一个转接局根据收到的区号再将其接续到第二个转接局，再由发送端局的发号器向第二个转接局发送区号，找到接收端局后，接续到端局，此时由发送端局向接收端局发送用户号码，建立起收发端的接续。图中的 ABC 为长途区号、XXXX 为被叫的电话号码。该方式具有速度快、拨号后等待时间短的优点，但信令在多段路由上的类型必须相同。

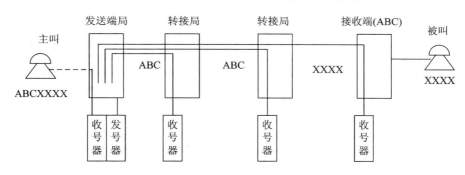

图 19.2.3　端到端方式示意图

2）逐段转接

如图 19.2.4 所示，信令逐段进行接收和转发，全部被叫号码由每一转接局全部接收，并逐段转发。逐段转发方式具有对线路要求低的特点，信令在多段路由上的类型可以不同，但缺点是信令传送速度慢、接续时间长。

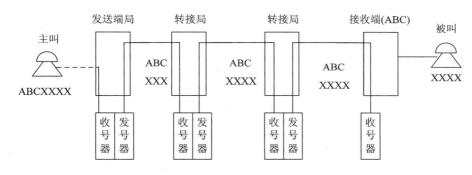

图 19.2.4　逐段转发示意图

3）混合方式

在实际电话通信中，通常将前两种方式混合起来使用。如中国 1 号记发器信令可根据线路质量，在不良电路中采用逐段转发方式，在优质电路中采用端到端方式。No.7 信令通常采用逐段转发方式，但也可采用端到端方式。

**3. 控制方式**

控制方式是指信令发送过程的方法，主要有非互控方式、半互控方式和全互控方式三种。

1）非互控方式

非互控方式也称为脉冲方式，即发送端不断地将需要发送的连续或脉冲信令发送给接收端，而不管接收端是否收到，如图 19.2.5 所示。该方式设备简单、可靠性差。

2）半互控方式

发送端向接收端每发送一个或一组信令，必须等待收到接收端回送的接收正常的证实信令后，才能接着发下一个信令，这种信令控制方式为半互控方式，如图 19.2.6 所示。由发端向收端的信令叫前向信令，由收端发给发送端的信令叫后向信令。半互控方式就是前向信令受后向信令控制。

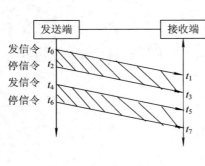
图 19.2.5 非互控方式

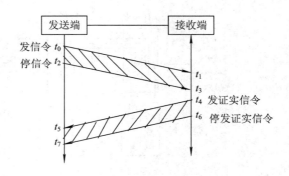
图 19.2.6 半互控方式

3）全互控方式

全互控方式是指发送端发送前向信令且不能自动中断，要等待收到接收端的证实信令后才停止发送该前向信令；接收端连续发证实信令也不能自动中断，必须在发送端停发后才能停发证实信令。由于前、后向信令均是连续的，所以全互控方式也称为连续互控，如图 19.2.7 所示。该方式具有抗干扰强、可靠性高的特点，但其设备较复杂，传输速度慢。中国 1 号信令的记发器采用全互控方式。

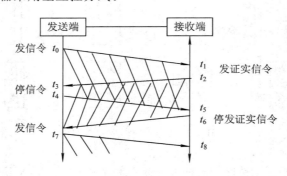
图 19.2.7 全互控方式

### 19.2.3 No.7 信令系统

No.7 信令系统是 ITU‑T 于 20 世纪 80 年代初为数字电话网设计的一种局间公共信道信令方式。随着多年来的不断研究和完善，No.7 信令系统已成为最适合面向连接的数字交换和传输网络的国际标准化公共信道信令系统。该信令系统主要应用在数字电话网、基于电路交换方式的数据网、N‑ISDN 和 B‑ISDN、智能网、移动通信网的呼叫连接控制、网络维护管理和处理机之间事务处理信息的传送和管理等方面。

**1. No.7 信令系统的特点**

No.7 信令系统是以 PCM 传送和电路交换技术为基础而发展起来的信令系统，信令采用分组化方式在 64 kb/s 的信道中传送，最适合于数字通信网络应用。与随路信令系统相比，No.7 信令系统采用分组方式传送信令消息，与信息交换网在逻辑上相互独立，自己组成专用的信令传送网。通常在两个信令终端之间，采用一条与业务传送信道分离的双向 64 kb/s 数据链路传送信令消息，可被多达 4095 条话路所共享。其主要特点如下：

（1）信令系统更加灵活。该信令中，一群话路以时分方式共享一条公共信道信令链路，两个交换局之间的信令通过一条与语音通道分开的信令链路传送。信令系统的发展和改变不受业务系统约束，可随时改变或增删信令内容。

（2）信令在信令链路上以信号单元方式传送，传送速度快，缩短了呼叫建立时间，提高了网络设备的使用效率和服务质量。

（3）采用不等长信令单元编码方式，信令编码容量大，便于增加新的网络管理和维护信号，可满足新业务发展的需要。

（4）信令以统一格式的信号单元传送，简化了不同交换系统的信令接口方式的复杂度。

（5）信令消息的传送和交换与话路完全分离，可在通话期间可以随意处理信令，便于支持复杂的交互式业务。

（6）众多条话路共用一条 64 kb/s 数据链路，节省了信令设备总投资。

**2. No.7 信令的功能与结构**

No.7 信令系统采用分组方式的消息单元来传送信令，因此，No.7 信令消息的交互和传送可看做是分组数据通信。通信过程中，为了满足异构设备间的正常通信，国际标准化组织（ISO）制定了开放系统互连参考模型，No.7 信令系统参照 OSI 七层模型的方式，采用 4 级结构。

No.7 信令的基本结构由消息传递部分（MTP）和用户部分（UP）组成，如图 19.2.8 所示。用户部分可以是电话用户部分（TUP）、数据用户部分（DUP）、ISDN 用户部分（ISUP）等。

图 19.2.8　No.7 信令基本功能结构

MTP 作为一个公共消息传送系统，其功能是在对应的两个用户部分之间可靠地传递信令消息。按照具体功能的不同，它又分为三级，并和用户部分一同构成 No.7 信令基本四级结构。UP 是信令功能的实体，如图 19.2.9 所示。

图 19.2.9　No.7 信令系统的四级结构

4 级结构中各级的主要功能如下：

（1）信令数据链路功能级。该级定义了 No.7 信令网上使用的信令链路的物理、电气特性以及短路的接入方法等，相当于 OSI 参考模型的物理层。

（2）信令链路功能级。该级负责确保在一条信令链路直连的两点之间可靠地交换信号单元。它包含差错控制、流量控制、顺序控制、信元定界等功能，与 OSI 参考模型的数据链路层相当。

（3）信令网功能级。该级在信令链路功能级的基础上，为信令网上任意两点之间提供可靠的信令传送能力，而不管它们是否直接相连。该级的主要功能包括信令路由、转发、网络故障时的路由倒换、拥塞控制等。

（4）用户部分功能级。该级由不同的用户部分组成，每个用户部分定义了与某一类用户业务相关的信令功能和过程。

### 3. 信令单元格式

在 No.7 信令系统中，所有信令消息都是以可变长度的信令单元形式在信令网中传送和交换的。No.7 信令协议定义了三种信令单元类型，即消息信号单元（Message Signal Units，MSU）、链路状态信号单元（Link Satus Signal Units，LSSU）和填充信号单元（Fill-In Signal Units，FISU），格式如图 19.2.10 所示。

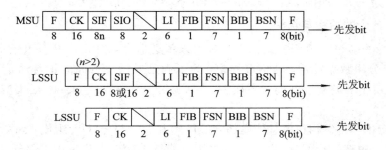

图 19.2.10　No.7 信令单元格式

信令单元格式内各内容的含义如下：

（1）标志码（F）：也称分界符。在数字信令链路上，规定用 8 比特固定码型"01111110"来标识一个信令单元 SU 的开头和结尾。标志码的处理与 HDLC 中的"插 0"与"去 0"一致。

（2）FSN/FIB 和 BSN/DIB：FSN 占 7 比特，表示正在发送的前向信令单元的序号；FIB 占 1 比特，为前向指示比特，当其翻转（0→1 或 1→0）时表示正在开始重发。BSN 为后向顺序号，占 7 比特，表示已正确接收对端发来的信令单元的序号，BIB 为后向指示比特，占 1 比特，当其翻转时表示要求对端重发。这 4 个字段的作用是：对接收到的 SU 确认（正确或错误）；保证发送的 SU 在接收端按顺序接收；控制流量。

（3）长度指示码（N）：长度为 6 比特，用来表示 LI 与 CK 之间字段的 8 比特字节数。由于不同类型的信令单元有不同的长度，LI 也可看做是信令单元类型指示码，当 LI=0 时为 FISU 信令单元类型，LI=1 或 2 时为 LSSU 信令单元类型，LI=3～63 时为 MSU 信令单元类型。

（4）校验码（CK）：长度为 16 比特，采用 CRC 校验。

（5）业务类型指示码（SIO）：长度为 8 比特，主要用来指明 MSU 的类型。如图 19.2.11 所示，SIO 分为两部分，低 4 位为业务指示码 SI，高 4 位为子业务字段 SSF。

图 19.2.11　SIO 格式

业务类型指示码的编码和含义如表 19.2.2 所示。

**表 19.2.2　业务类型指示码的编码和含义**

| DCBA | 含　　义 |
|------|---------|
| 0000 | 信令网管理消息 |
| 0001 | 信令网测试和维护消息 |
| 0011 | 信令连接控制部分（SCCP） |
| 0100 | 电话用户部分（TUP） |
| 0101 | ISDN 用户部分（ISUP） |
| 0110 | 数据用户部分（DUP）（与呼叫和电路有关的消息） |
| 0111 | 数据用户部分（DUP）（性能登记和撤销消息） |
| DC | 含　　义 |
| 00 | 国际网 |
| 01 | 国内 24 比特地址码 |
| 10 | 国内网 |
| 11 | 国内 14 比特地址码 |

注：AB 比特为备用码；CD 比特为网络指示码，用来区分国际/国内消息。

# 19.3　综合业务数字网

## 19.3.1　综合业务数字网的演化及其概念与特点

### 1. 综合业务数字网的演化及其概念

早期的通信系统大多是以电话通信为主的模拟系统，语音信息和数据信息以模拟信号的方式进行传输和交换。PCM 通信系统和数字程控交换技术的出现使得传输和交换进入了数字传输的时代，传输和交换的数字化使整个通信网均工作在数字的环境中。

传输和交换的数字化可紧密结合用来传输单一的电话业务，这样便形成了综合数字网（Integrated Digital Network，IDN）。在 IDN 中，由于终端设备所发送和接收的信号依然是模拟信号，所以该网不能承载多种综合业务。也就是说，对不同的通信业务需要建立不同的专用 IDN，如为电话通信所建设的 IDN 就叫做电话 IDN。

为了能使多种业务在一个网上综合传输，实现真正意义上的业务综合化，在 IDN 的基础上发展出了现在的综合业务数字网（Integrated Service Digital Network，ISDN），可以说 ISDN 是从 IDN 发展而来的。在 ISDN 中，数字交换设备和数字传输不仅能提供电话业务，还能提供多种非话业务，各种通信业务综合在同一个网中。

从上述分析可以看出，ISDN 是以电话 IDN 为基础发展起来的，它为用户提供了端对端的数字连接，用来提供包括语音和非语音业务在内的多种业务。用户能够通过一组标准多用途的用户—网络接口接到 ISDN 中，以实现各种通信业务的综合传输和交换。CCITT 对 ISDN 有如下定义：

（1）ISDN 是以 IDN 为基础发展而成的通信网。

（2）提供端到端的数字连接，即发送端用户终端送出的已经是数字信号，接收端用户终端输入的也是数字信号。

（3）支持包括语音、数据、文字、图像在内的各种综合业务，能够在同一个网络上支持广泛的语音和非语音应用；任何形式的原始信号，只要能转变成数字信号，都可以利用 ISDN 来进行传送和交换，实现用户之间的通信。

（4）为用户提供一组标准的多用途用户—网络接口，并定义接口标准。

（5）既可以支持电路交换也可以支持分组交换，还可以以专线形式支持非交换服务。

### 2. ISDN 的特点

ISDN 不是一个新建的网络，而是在电话 IDN 的基础上改进而成的。ISDN 的传输线路仍然采用电话 IDN 的线路，其交换机是在电话 IDN 的程控数字交换机上增加了几个功能块；另外，更新了用户—网络接口。ISDN 具有以下特点：

（1）通信业务的综合化。通过一条用户线就可以提供电话、传真、图形图像及数据通信等多种业务。在 ISDN 中，基本用户网络接口可提供两路 64 kb/s 信道和一路 16 kb/s 的控制信道，简称为 2B＋D（两路语音信道＋一路数据信道）。如果要传输更高速率的信息，可利用 2.048 Mb/s 或 1.544 Mb/s 的一次群接口以及传输速率达 10 Gb/s 的高速宽带接口。

（2）通信质量和可靠性高。在 ISDN 中，由于终端已全面数字化，噪声、串音、信号衰减等对距离和链路数的增加影响非常小，信道容量大，误码率低，使得通信质量大大提高，而且数字信号的处理易于集成化、便于故障检测，所以可靠性大为提高。

（3）使用方便。在 ISDN 中，信息信道和控制信道是分开的，信号能在终端与网络间自由传送，为提供各种新的业务的物质基础；而且 ISDN 使用了国际统一的插座，可以接入多种终端，只要有 ISDN 插座，就可进行通信，为用户提供了极大的便利。

（4）通信网中的功能分散化。在 ISDN 中，为了确保网络运行的可靠性及未来的发展扩充，将整个通信网划分为若干层次，使网络功能分散，每个层次只完成相应的功能，以便于网络的更新、发展和维护。

（5）整体费用低廉。在 ISDN 中，由于将不同通信业务纳入到了一个统一的数字网中，从而达到了网络的最优化，提高了网络设备的利用率，而且随着电子技术的发展，使得网络设备的投资大大降低，因此，整体费用低廉。

## 19.3.2　ISDN 网络功能体系结构

网络功能是指经过用户—网络接口承载业务的网络能力，它是由电信网内各单元所提供的功能来实现的。ISDN 网络功能体系结构如图 19.3.1 所示。

### 1. 本地连接功能

本地连接功能对应于本地交换机或其他类似设备的功能。

### 2. 电路交换功能

电路交换功能提供 64 kb/s 和大于 64 kb/s 的电路交换功能。在 ISDN 中，电路交换功能的基准传输速率是 64 kb/s，根据用户需要也可提供 $2\times64$ kb/s、384 kb/s 的中速电路交换功能，甚至更高的 PCM 一次群的电路交换功能。我国 ISDN 主要提供 64 kb/s 的电路

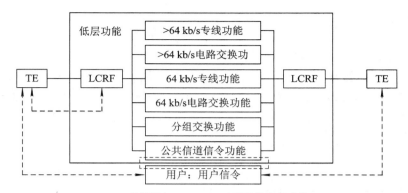

TE：终端设备；LCRF：本地连接有关功能

图 19.3.1　ISDN 网络功能体系结构

交换功能。ISDN 不能提供低于 64 kb/s 速率的电路交换功能，如果用户速率低于 64 kb/s，则要依 CCITT 的 I.460 建议先将其适配到 64 kb/s，然后再接入 ISDN 进行交换。

**3. 分组交换功能**

ISDN 分组交换功能的实现方法有如下两种：

（1）由 ISDN 本身提供分组交换功能。在 ISDN 交换机中加入分组处理功能模块，可使其进行分组交换。这种方法目前很少采用。

（2）由分组交换公用数据网提供 ISDN 的分组交换功能。通过 ISDN 和分组交换公用数据网的网间互联，可由分组交换数据网提供 ISDN 分组交换功能。目前，ISDN 的分组交换功能大多采用这种方法。

**4. 专线功能**

专线功能是指不利用网的交换功能，在终端间建立永久或半永久连接的功能。

**5. 公共信道信令功能**

ISDN 的全部信令都采用公共信道信令方式，从工作范围来分，ISDN 具有以下三种不同的信令：

（1）用户—网络信令：用户终端设备和网络之间的控制信号，可利用用户—网络接口处的 D 信道来传送。

（2）网络内部信令：ISDN 交换机之间的控制信号，可利用 No.7 信令系统来传送。

（3）用户—用户信令：用户终端设备之间的控制信号，可利用用户—网络接口处的 D 信道和网内的 No.7 信令系统透明地穿过网络，在用户之间传送。

## 19.3.3　ISDN 用户—网络接口

**1. ISDN 用户—网络接口功能**

ISDN 用户—网络接口的作用是用户终端与 ISDN 网络之间或网络与用户之间能够相互交换信息。该接口的主要功能如下：

（1）具有利用同一接口提供多种业务的能力。

（2）具有多终端配置功能。

（3）具有终端的移动性。

（4）在主叫用户和被叫用户终端之间进行兼容性检查。

**2. ISDN 用户—网络接口参考配置**

ISDN 的参考配置是指 ISDN 内部各组成部分之间连接关系的系统模型。CCITT 的 I.411 建议中采用功能群和参考点的概念规定了 ISDN 用户—网络接口的参考配置的 ISDN 用户系统标准结构，如图 19.3.2 所示，它是 ISDN 用户—网络接口的根据。

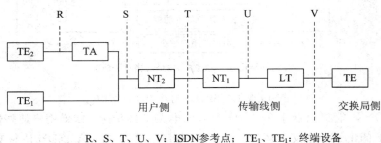

R、S、T、U、V：ISDN参考点；　TE₁、TE₁：终端设备
TA：终端适配器；　　　　　　　NT₁、NT₂：网络终端；
LT：线路终端；　　　　　　　　TE：交换终端

图 19.3.2　ISDN 用户—网络接口参考配置

功能群指的是用户接入 ISDN 所需的一组功能，这些功能可以由一个或多个物理设备来完成。参考点指的是不同功能群的分界点。

1）一类终端设备 $TE_1$

一类终端设备 $TE_1$ 是指用于 ISDN 中的语音、数据或其他业务的输入或输出。$TE_1$ 是符合 ISDN 接口，标准 S 参考点上的标准终端设备，也称为 ISDN 终端，如数字电话机等终端。

2）二类终端设备 $TE_2$

二类终端设备 $TE_2$ 是指不符合 ISDN 接口标准的终端设备，也称为非 ISDN 终端，如 X.21 或 X.25 数据集终端、模拟电话机等。$TE_2$ 需要经过终端适配器 TA 的转换才能接入 ISDN 的标准接口 S 参考点。

3）终端适配器 TA

终端适配器 TA 用来完成适配功能，包括速率适配和协议转换功能，使 $TE_2$ 能接入 ISDN 的标准接口具有用户—网络接口处第一层的功能以及高层功能。

4）网络终端 $NT_1$

网络终端 $NT_1$ 是用来完成用户—网络接口功能的主要部件，其主要功能是将用户终端设备连接至用户线，为用户信息和信令信息提供透明的传输通道。更重要的是用户通过 $NT_1$ 得到综合业务的数字接续能力，从而享用网络的交换和信号传递功能。$NT_1$ 是应用最为广泛的网络终端，用来完成用户—网络接口处网络侧第一层的功能，负责与用户线的物理连接，实现线路传输、维护、性能监控以及定时、馈电、接口等功能。

5）网络终端 $NT_2$

网络终端 $NT_2$ 用来完成用户—网络接口处的交换和集中功能的第一至三层全部功能，物理上可以是 ISDN 用户交换机 PBX、集线器或局域网（LAN）。PBX 和 LAN 可以将一定数量的终端设备连接成局部地区的专用网络，提供本地交换功能，并经过 T 参考点和 NT₁将局部网络与 ISDN 连接。集中器不能进行本地交换，其作用是将一群本地终端的通信业务量集中起来再和 ISDN 相连，以提高用户—网络接口上信道的利用率。

6）线路终端 LT

线路终端 LT 是用户环路和交换局端的接口设备，用来实现交换设备和线路传输端之间的接口功能。

7）交换终端 ET

交换终端 ET 是交换局端的交换终端。

图 19.3.2 中的 R、S、T、U 和 V 均为参考点，ITU – T 规定 T 为用户与网络的分界点。某些情况可以不用 PBX 等装置，即没有 NT₂，此时 S 和 T 参考点合并成一个点，称为 S/T 点。

## 19.3.4　ISDN 的信道类型与接口结构

### 1. 信道类型

信道是为业务提供具有标准传输速率的传输通道，它表示接口信息的传送能力。信道根据速率、信息性质以及容量进行的分类称为信道类型。CCITT 建议，在用户—网络接口侧向用户提供的信道包括以下几种：

（1）B 信道：传输速率为 64 kb/s，它用来传送用户信息。B 信道上可以建立三种类型的连接，即电路交换连接、分组交换连接、半固定连接。

（2）D 信道：传输速率为 16 kb/s 或 64 kb/s。它具有两个作用，一是可以传送公共信道信令，而这些信令用来控制同一接口的 B 信道上的呼叫；二是当没有信令信息要传送时，D 信道可用来传送分组数据或低速的数据信息。

（3）H 信道：用来传送高速的用户信息，如高速传真、图像、高速数据、高质量音响和分组交换信息等。H 信道是混合信道，具有三种标准速率：$H_0$ 信道的速率为 384 kb/s，$H_{11}$ 信道的速率为 1536 kb/s，$H_{12}$ 信道的速率为 1920 kb/s。

### 2. 接口结构

ISDN 的用户—网络接口包括基本接口结构和基群速率接口结构两种。

（1）基本接口（BRI）：也称为基本速率接口，是把现有电话网的普通用户线作为 ISDN用户线而规定的接口，它是 ISDN 最常用、最基本的用户—网络接口，是为满足大部分单个用户的需要而设计的。BRI 由两条传输速率为 64 kb/s 的 B 信道和一条传输速率为 16 kb/s 的 D 信道构成，即 2B＋D。2 个 B 信道和 1 个 D 信道时分复用在一对用户线上。可见，用户可以利用的最高信息传输速率为 $2×64＋16＝144$（kb/s），再加上帧定位、同步以及其他控制比特，BRI 的速率可达到 192 kb/s。

（2）基群速率接口（PRI）：也称为一次群速率接口，主要面向设有 PBX 或具有如高速信道等业务量很大的用户，其传输速率与 PCM 的基群相同。由于国际上有两种 PCM 基群速率，即 1.544 Mb/s 和 2.048 Mb/s，因此 ISDN 用户—网络接口的 PRI 也有两种速率。

采用 1.544 Mb/s 时，接口的信道结构为 23B＋D，其中 B 信道的速率为 64 kb/s。考虑到基群所要控制的信道数量大，因此，规定 PRI 中 D 信道的速率为 64 kb/s，这样 23B＋D

的速率为 $23\times64+64=1536(\text{kb/s})$，再加上一些控制比特，其物理速率为 $1.544$ Mb/s。

采用 $2.048$ Mb/s 时，接口的信道结构为 30B+D，30 个 B 信道的速率为 $30\times64$ kb/s＝$1920$ kb/s，再加上 D 信道和一些控制比特，30B+D 的 PRI 的物理速率为 $2.048$ Mb/s。

PRI 还支持 H 信道，例如，可以采用 $mH0+\text{D}$、$H_{11}+\text{D}$ 或 $H_{12}+\text{D}$ 等结构，还可以采用既有 B 信道又有 H 信道的结构，即 $nB+mH_0+\text{D}$。

# 本 章 小 结

交换设备是通信网的重要组成部分，交换技术的发展与通信网的发展密切相关，交换技术应与业务和传输系统相适应。电话交换技术经历了机电制交换技术、纵横制交换技术和程控交换技术。目前，在电话网中数字程控电话交换技术被广泛采用，已成为电话通信网中的核心节点，具有非常重要的作用。

程控交换机由话路部分和控制部分构成。话路部分由交换网络、用户电路、出入中继等构成；控制部分主要由计算机系统构成。

数字交换网络是整个交换系统的核心，被交换的语音信号是 PCM 数字信号。在数字交换中，用户的语音信号经过抽样、量化和编码后组成 PCM 帧进入到数字交换网络中。对于语音电话通信来说，通信的信号分为发送语音信号和接收语音信号两部分。发送的语音信号需到达目标接收端，而接收的语音信号是由目标接收端所发出的，因此电话语音信号的交换是一个四线制的 PCM 信号交换，即时隙交换。

时隙交换所采用的是器件是 T 接线器，其功能是完成一条 PCM 复用线上各时隙之间信息的交换。

空分接线器简称 S 接线器，主要由电子交叉点矩阵和控制存储器组成。S 接线器最主要的特点是不能进行时隙交换，不能在数字交换网络中单独使用。S 接线器的作用是增加交换网络的线路数，以扩大交换网络的容量。

TST 数字交换网络是一个三级交换网络，两边为 T 接线器，中间一级为 S 接线器。

数字程控交换机的硬件结构通常可划分为话路部分和控制部分。话路部分由数字交换网络、信令设备以及各种接口设备组成，接口设备主要包括用户电路、用户集线器、数字中继、模拟中继、信令设备等。控制部分由处理机和存储器、外部设备和远端接口等部件组成。

程控交换机的软件由运行软件系统和支援软件系统组成。运行软件系统包括了操作系统、数据库系统以及应用软件；支援软件系统包括了软件开发、生产工具与环境系统，以及软件维护工具与环境系统。

ISDN 是以电话 IDN 为基础发展起来的，它为用户提供了端对端的数字连接，用来提供包括语音和非语音业务在内的多种业务。用户能够通过一组标准多用途的用户—网络接口接到 ISDN 中，在 ISDN 中实现各种通信业务的综合传输和交换。

# 习 题 与 思 考

19-1 试述程控交换机的构成，并简述程控交换机的特点。

19-2 试以图 19.1.2 为例说明时隙交换的原理。

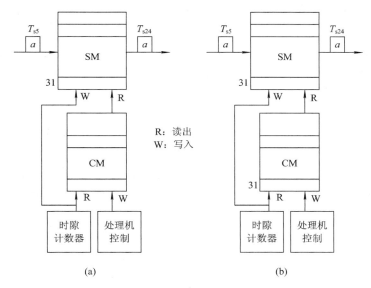

图 19.3　时间接线器结构图

19 - 3　如图 19.3 所示，若时隙 5 与时隙 24 进行交换，试分别参照该图写出两种控制方式的时隙交换过程中的 SM 和 CM 数据。

19 - 4　试简要说明 S 接线器的工作原理。

19 - 5　试分析 TST 接线器的工作原理，并说明 TST 接线器的作用。

19 - 6　试逐个解释"BORSCHT"的功能。

19 - 7　在程控交换机中，模拟中继和数字中继有何作用和功能？

19 - 8　数字程控交换机的软件系统由哪些软件组成？其功能如何？

19 - 9　简述呼叫处理的一般过程。

19 - 10　CCITT 对 ISDN 是如何定义的？

19 - 11　ISDN 有何特点？

19 - 12　试画出 ISDN 用户—网络接口参考配置，并简要说明各参考点及各终端的功能。

19 - 13　在窄带 ISDN 中，用户—网络接口侧向用户提供的信道有哪些？速率如何？

19 - 14　什么是信令？信令在通信网中有何作用？

19 - 15　简述电话接续基本信令流程。

19 - 16　试解释随路与共路信令。

19 - 17　信令传送的方式有哪几种？各有何特点？

19 - 18　控制方式有哪几种？各有何特点？

19 - 19　简述 No.7 信令系统的特点。

19 - 20　试画图说明 No.7 信令单元格式，并说明各字段的含义。

# 第20章　数据通信网与数据通信交换技术

数据通信网是由数据终端、传输、交换和处理设备等组成的系统，用来完成数据的传输、交换、处理以及网内资源（如通信线路、硬件和软件等）的共享等功能。

数据通信网是计算机通信网的通信子网，而建立在计算机通信网基础上的 Internet 则是物联网的承载网，因此，数据通信网是物联网的重要组成部分，是物联网网络传输层的基础。

## 20.1　数据通信网与计算机通信网

### 1. 数据通信网的概念

数据通信网是由分布在不同地点的数据终端设备、数据交换设备及通信线路等组成的通信网，它们之间通过网络协议实现网中各设备的数据通信。图20.1.1为数据通信网的一般结构，图中的节点是能完成数据传输和交换功能的设备。通过这些节点，与之相连的计算机或数据终端之间可进行数据通信。

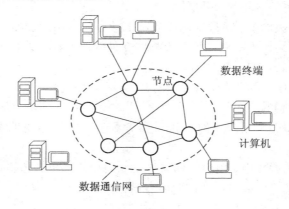

图 20.1.1　数据通信网结构

### 2. 计算机通信网

将分布在不同地理位置的、具备独立功能的多台计算机、终端及其附属设备通过数据通信互连起来，可实现硬件与软件资源共享的计算机系统称为计算机通信网，它是计算机技术与通信技术相结合的产物。

对于计算机通信网，目前尚未有一个明确的定义，但通常可以认为计算机通信网是用通信线路和网络连接设备将分布在不同地点的多台独立式计算机系统相互连接，按照网络协议进行数据通信，实现资源共享，为用户提供各种应用服务的信息系统。

计算机通信网可分为不同形式，通常按网络规模和作用范围可将计算机通信网分为局域网(Local Area Network,LAN)、城域网(Metropolitan Area Network,MAN)和广域网(Wide Area Network,WAN)。

计算机通信网由通信子网和资源子网构成,其基本结构如图20.1.2所示。通信子网的主要功能是完成数据的传输、交换及通信控制,实际上也就是数据通信网。资源子网的主要任务是提供所需要共享的硬件、软件和数据等资源,并进行数据的处理。在使用计算机通信时,用户将整个网络看做是由若干个功能不同的计算机系统的集合,计算机通信网中的各个计算机子系统是相对独立的,它们形成一个松散结合的大系统。

图20.1.2中的用户子网又称为资源子网,由许多设备诸如个人计算机、服务器、大型计算机、工作站和智能终端等组成,它们是网络中信息传输的信源或信宿。用户子网通过通信子网实现用户的主机互连,从而达到资源共享的目的。

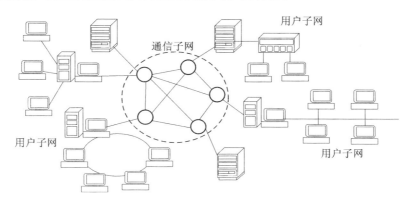

图 20.1.2　计算机通信网的一般结构

# 20.2　数　据　交　换

与电话网的数据交换相同,数据通信也需要通过交换才能实现数据通信的目的。采用数据交换技术可以节约传输信道,减少数据终端的接口电路,从而降低数据通信的整体成本。以下介绍数据交换、报文交换、分组交换及帧方式交换的基本原理。

## 20.2.1　数据交换方式

数据交换是通过交换网来实现的,可以通过公用电话网和公用网进行数据交换。

### 1. 公用电话网的数据交换

公用电话网(Public Switched Telephone Network,PSTN)是目前最普及的通信网络,为了充分利用 PSTN 的通信资源,可利用该通信网络进行数据传输。利用 PSTN 进行数据传输和交换,具有投资少、实现简易和使用方便的优点,它是数据通信常用的方法之一。

PSTN 的数据通信存在着传输速率低(目前最高速率仅为 56 kb/s)、误码率高(误比特率一般在 $10^{-3} \sim 10^{-5}$ 之间)、接通率受限等缺点。针对上述缺点,推出了适合数据通信业务的公用数据网。

### 2. 公用数据网的数据交换

公用数据网(Public Data Network,PDN)的数据交换有电路交换和存储—转发交换两种方式。

电路交换方式是指两台数据终端在相互通信之前,需预先建立起一条物理链路,在通信中独享该链路进行数据信息传输,通信结束后再拆除这条物理链路。电路交换方式分为空分交换方式和时分交换方式,其交换原理和技术与电话交换相似。

存储—转发交换方式分为报文交换方式、分组交换方式及帧方式。

## 20.2.2 报文交换

报文交换为存储—转发交换方式中一种。当用户的报文到达交换机时,先将报文存储在交换机的存储器中,当发送电路空闲时,再将该报文发向接收端的交换机或数据终端。

报文交换是以报文为单位接收、存储和转发信息的。为了准确地实现转发报文,报文应包括报头或标题、正文和报尾三个部分。报头或标题主要有报文的源地址、报文的目标地址和其他辅助控制信息等。报文是数据信息部分;报尾表示报文的结束标志,若报文长度有规定,则可省去该标志。

### 1. 报文交换原理

报文交换原理如图 20.2.1 所示。交换机中的通信控制器探询各条输入用户线路,若某条用户线路有报文输入,则向中央处理机发出中断请求,并逐字把报文送入内存储器。一旦接收到报文结束标志,则表示该份报文已全部接收完毕,中央处理机对报文进行处理,如分析报头、判别和确定路由、输出排队表等,然后将报文转存到外部大容量存储器,等待一条空闲的输出线路。一旦线路空闲,就再把报文从外存报文交换机存储调入内存储器,由通信控制器将报文从线路发送出去。在报文交换中,由于报文是经过存储的,因此通信不是交互式或实时的。

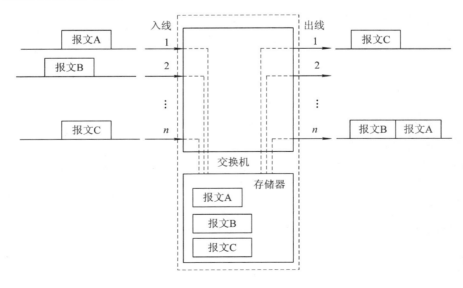

图 20.2.1 报文交换原理

对于报文交换，来自交换机不同输入线路的报文可在同一条输出线路，它们需要在交换机内部要排队等待发送，发送方式一般本着先进先出的原则。在局间中继线上，不同用户的报文占用同一条线路（或通信链路）进行传输，在传输时采用统计时分复用技术将不同用户的报文复用在一起。

不过，对不同类型的信息可以设置不同的优先等级，优先级高的报文可缩短排队等待时间。采用优先等级方式也可以在一定程度上支持交互式通信，在通信高峰时也可把优先级低的报文送入外存储器排队，以减少由于繁忙引起的阻塞。

报文交换机主要由通信控制器、中央处理机和外存储器等组成，如图 20.2.2 所示。

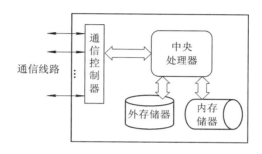

图 20.2.2　报文交换机原理

**2. 报文交换的优缺点**

报文交换主要有以下优点：

（1）不同类型的数据终端设备间可相互进行通信。因为报文交换机具有存储和处理能力，可对输入/输出电路上的速率、编码格式进行变换。

（2）报文交换无电路接续过程，来自不同用户的报文可以在同一条线路上以报文为单位实现统计时分多路复用，线路可以以它的最高传输能力工作，大大提高了线路利用率。

（3）用户不需要叫通对方就可以发送报文，无接续不成功的无呼损发生。

（4）可实现同文报通信的多点传输，即同一报文可以由交换机转发到不同的收信地点。

报文交换主要有以下缺点：

（1）信息的传输时延大，而且时延的变化也大。

（2）要求报文交换机有高速处理能力，且缓冲存储器容量大，从而导致了交换设备的成本、费用较高。因此，报文交换不利于实时通信，它较适用于公众电报和电子信箱业务。

## 20.2.3　分组交换

电路交换具有接续时间长、线路利用率低且不利于不同类型终端相互通信的缺点，而报文交换又具有传输时延太长、不满足许多数据通信系统实时性要求的缺陷。分组交换技术既能提高接续速度，线路利用率高，又能减小传输时间，并且不同类型的终端能相互通信，它将电路交换与报文交换的优点结合在了一起，成为了数据交换中一种重要的交换方式。

### 1. 分组交换原理

分组交换依然采用"存储—转发"的方式，与以报文为单位的交换方式不同，而是把报文分割成了若干个比较短、规格化了的"分组"进行交换和传输，这些分组又称为"包"，所以分组交换也可称为包交换。

分组交换是以分组为单位进行存储—转发的，当用户的分组到达交换机时，先将分组存储在交换机的存储器中，当所需要的输出电路有空闲时，再将该分组发向接收交换机或用户终端。

分组是由分组头和其后的用户数据部分组成的。分组头包含接收地址和控制信息，其长度为 3～10 B(Byte)，数据部分长度一般是固定的，平均为 128 B，最大不超过 256 B。

一般，"分组"经交换机或网络的时间很短，通常一个交换机的平均时延为数毫秒或更短，所以，它能满足绝大多数数据通信用户对信息传输的实时性要求。分组交换的工作原理如图 20.2.3 所示。

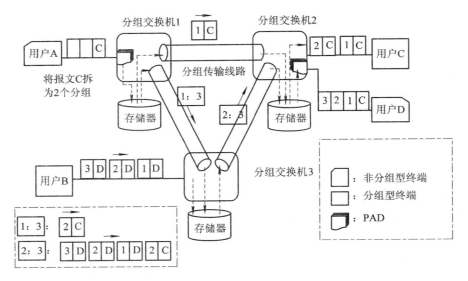

图 20.2.3  分组交换工作原理

假设分组交换网有 3 个交换中心，交换中心的分组交换机编号分别为 1、2、3；有 4 个数据用户终端，分别为 A、B、C、D，其中 B 和 C 为分组型终端，A 和 D 为一般终端；分组型终端以分组的形式发送和接收信息，而一般型非分组型终端发送和接收的不是分组，而是报文。所以，一般型非分组型终端发送的报文要由分组装/拆设备 PAD 将其拆成若干个分组，以分组的形式在网中传输和交换，若接收终端为一般型非分组型终端，则由 PAD 将若干个分组重新组装成报文再送给一般型非分组型终端。

在图 20.2.3 中，有两个通信过程，分别是非分组型终端 A 和分组型终端 C 之间的通信，以及分组型终端 B 和非分组型终端 D 之间的通信。

非分组型终端 A 发出带有接收终端 C 地址的报文，分组交换机 1 将此报文拆成两个分组，存入存储器并选择路由，决定将分组 1 C 直接传送给分组交换机 2，将分组 2 C 先传给分组交换机 3，再由交换机 3 传送给分组交换机 2，路由选择后，等到相应路由有空闲，分组交换机 1 便将两个分组从存储器中取出送往相应的路由。其他相应的交换机也进行同样的操作，最后由分组交换机 2 将这两个分组送给接收终端 C。由于 C 是分组型终端，因此在交换机 2 中不必经过 PAD，直接将分组送给终端 C。

另一个通信过程是：分组型终端 B 发送的数据是分组，在交换机 3 中不必经过 PAD，1D、2D、3D 这三个分组经过相同的路由传输，由于接收终端为一般非分组型终端，所以在交换机 2 内 PAD 将三个分组组装成报文送给一般终端 C。

需要指出的是：来自不同终端的不同分组可以去往分组交换机的同一出线，这就需要分组在交换机中排队等待，一般本着先进先出的原则（也可采用优先制），等到交换机相应的输出线路有空闲时，交换机对分组进行处理并将其送出；一般终端需经分组装/拆设备 PAD 才能接入分组交换网；分组交换最基本的思想就是实现通信资源的共享，采用的是统计时分复用技术（Statistical Time Division Multiplexing，STDM）。可将一条链路分成许多逻辑的子信道，统计时分复用是根据用户实际需要动态地分配线路逻辑子信道资源的方法。即当用户有数据要传输时才给它分配资源，当用户暂停发送数据时，不给它分配线路资源，此时的线路的传输资源可用于为其他用户传输更多的数据，如图 20.2.4 所示。

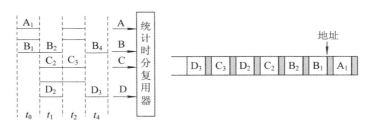

图 20.2.4　统计时分复用原理

**2. 分组交换的特点**

分组交换的优点如下：

（1）传输质量高。分组交换机具有差错控制、流量控制等功能，可实现逐段链路的差错控制，而且对于分组型终端，在接收端也可以同样进行差错控制。所以，分组传输中差错率大大降低，误码率小于 $10^{-10}$。

（2）可靠性高。由于分组交换机至少与另外两个交换机相连接，当网中发生故障时，分组仍能自动选择一条避开故障地点的迂回路由传输，不会造成通信中断。

（3）可为不同种类的终端相互通信提供方便。分组交换网进行存储—转发交换，并以 X.25 协议的规程向用户提供统一的接口，从而能够实现不同速率、码型和传输控制规程终端间的互通。

（4）能满足通信实时性要求。分组交换的传输时延较小，而且变化范围不大，能够较好地满足实时性要求。

（5）可实现分组多路通信。由于每个分组都含有控制信息，因此分组型终端尽管和分组交换机只有一条用户线相连，但也可以同时和多个用户终端进行通信。

另外，由于采用了规范化了的分组，这样可简化交换处理，不要求交换机具有很大的存储容量，降低了网内设备的费用。此外，由于采用了统计时分复用技术，因此大大提高了通信电路的利用率，降低了通信电路的使用费用。

分组交换的缺点如下：

（1）对较长报文的传输效率比较低。由于传输分组时需要交换机有一定的开销，所附加的控制信息较多，因此，当报文较长时，所增加的附加信息也较多，而且这些信息在交换时将增加较多的处理负荷，所以对长报文的传输效率较低。

（2）要求交换机有较高的处理能力。分组交换机需要对各种类型的分组进行分析处理，为分组在网中的传输提供路由，并在必要时自动进行路由调整，为用户提供速率、代码和规程的变换，为网络的维护管理提供必要的信息等，因而要求交换机具有较高的处理能力。因此，大型分组交换网的投资较大。

## 20.2.4 分组传输方式

由于每个分组均具有地址信息和控制信息，所以分组可以在数据通信网内独立地传输，并且在数据通信网内可以以分组为单位进行流量控制、路由选择和差错控制等方式进行有效的通信。

分组在分组交换网中的传输方式有数据报方式和虚电路两种方式。

### 1. 数据报方式

数据报方式类似于报文交换方式。该方式将每个分组单独作为一个报文对待，分组交换机为每一个数据分组独立地寻找路由。不论是分组型数据终端发送的不同分组，还是非分组型数据终端分拆后的不同分组，同一终端所发送的不同分组可以沿着不同的路径到达目标终点。在网络的目标终点，分组的顺序可能不同于发送端，需要重新排序。

分组型数据终端有排序功能，而非分组型数据终端没有排序功能。如果接收终端是分组型终端，排序可以由终点交换机完成，也可以由分组型数据终端自己完成；但若接收端是非分组型数据终端，则排序功能必须由终点交换机完成，并将若干分组组装成报文再送该终端。如图 20.2.4 中所示，非分组数据终端 A 和分组型数据终端 C 之间的通信采用的就是数据报方式。

数据报方式具有以下特点：

（1）用户之间的通信不需要经历呼叫建立和呼叫清除阶段，对于数据量小的通信，传输效率比较高。

（2）与虚电路方式比，数据报的传输时延较大，且时延不均衡。这是因为不同的分组可以沿不同的路径传输，而不同传输路径的延迟有着较大的差别。

（3）同一终端送出的若干分组到达终端的顺序可能不同于发送端，需重新排序。

（4）对网络拥塞或故障的适应能力放强，一旦某个经由的节点出现故障或网络的一部分形成拥塞，数据分组可以另外选择传输路径。

### 2. 虚电路方式

虚电路方式是两个用户终端设备在开始互相传输数据之前必须通过网络建立一条逻辑上的连接，称之为虚电路。一旦这种连接建立以后，用户发送的以分组为单位数据将通过该路径按顺序通过网络传送到达终点。当通信完成之后用户发出拆链请求，网络清除连接。虚电路传输方式的原理如图 20.2.5 所示。

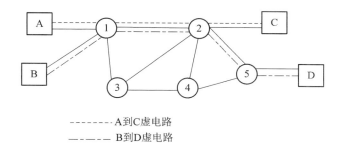

图 20.2.5　虚电路方式原理

　　假设终端 A 有数据要送往终端 C，终端 A 首先要送出一个"呼叫请求"分组到节点 1，要求建立到终端 C 的连接。节点 1 进行路由选择后决定将该"呼叫请求"分组发送到节点 2，节点 2 又将该"呼叫请求"分组发送到终端 C。如果终端 C 同意接受这一连接，则发回一个"呼叫接受"分组到节点 2，这个"呼叫接受"分组再由节点 2 送往节点 1；最后由节点 1 送回给终端 A。至此，终端 A 和终端 C 之间的逻辑连接，即虚电路就建立起来了。此后，所有终端 A 送给终端 C 的分组，或终端 C 送给终端 A 的分组都沿已建立的虚电路传送，不必再进行路由选择。

　　同样，假设终端 B 和终端 D 也要进行通信，同样需要预先建立一条虚电路，其路径为终端 B→节点 1→节点 2→节点 5→终端 D。由此可见，终端 A 和终端 B 送出的分组都要经过节点 1 到节点 2 的路由传送，即共享此路由，并且还可与其他终端共享。那么，不同终端的分组是如何区分的呢？

　　为了区分 1 条线路上不同终端的分组，要对分组进行编号（即分组头中的逻辑信道号），不同终端送出的分组其逻辑信道号不同，这相当于把线路分成了许多子信道一样，每个子信适用相应的逻辑信道号表示。多段逻辑信道链接起来就构成一条端到端的虚电路。

　　虚电路有两种方式：永久虚电路（Premanent Virtual Circuit，PVC）和交换虚电路（Switched Virtual Circuit，SVC）。SVC 指的是在 2 个终端用户之间通过虚呼叫建立电路连接，网络在建好的虚电路上提供数据信息的传送服务，终端用户通过呼叫拆除操作终止虚电路。PVC 指的是在 2 个终端用户之间建立固定的虚电路连接，并在其上提供数据信息的传送服务。虚电路方式具有以下特点：

　　（1）一次通信具有呼叫建立、数据传输和呼叫清除 3 个阶段，对于数据量较大的通信传输效率高。

　　（2）终端之间的路由在数据传送前已建立，不必像数据报那样节点要为每个分组作路由选择，但分组还是要在每个节点上存储、排队等待输出。

　　（3）数据分组按已建立的路径顺序通过网络，在网络终点不需要对分组重新排序，分组传输时延较小，而且不容易产生数据分组的丢失。

　　（4）虚电路方式的缺点是当网络中由于线路或设备故障可能使虚电路中断时，需要重新呼叫建立新的连接，但现在许多采用虚电路方式的网络已能提供重连接的功能，当网络出现故障时将由网络自动选择并建立新的虚电路，不需要用户重新呼叫，并且不丢失用户数据。

### 20.2.5　帧方式交换

帧方式交换是一种快速分组交换，是分组交换的升级技术。帧方式是在开放系统互连（OSI）参考模型的第二层，即数据链路层上以简化的方式传送和交换数据单元的一种方式。由于在数据链路层的数据单元一般称做帧，所以这种交换称为帧方式交换。帧方式交换的重要特点之一是简化了分组交换网中分组交换机的功能，从而降低了传输时延，节省了开销，提高了信息传输效率。帧方式交换有帧交换和帧中继两种类型。

分组交换机具有差错检测和纠错、流量控制、分组级逻辑信道复用等功能；而帧中继交换机只进行差错检测，但不纠错，检测出错误时帧便将其丢掉，而且省去了流量控制、分组级的逻辑信道复用等功能，纠错、流量控制等功能由终端去完成。

帧交换和帧中继的区别在于帧交换保留了差错控制和流量控制功能，但不支持分组级的复用。

# 20.3　数　据　通　信　网

通常认为数据通信网是以传输数据为主的。数据通信网可以进行数据信息的交换、传输和处理。数据交换的方式一般采用存储—转发方式的分组交换。

数据通信网是一个由分布在不同地点的数据终端设备、数据交换设备和数据传输链路所构成的网络，在网络协议的支持下，实现数据终端间的数据传输和交换。数据终端设备是数据通信网中信息传输的信源和信宿，主要功能是向通信网中的传输链路传送数据和接收数据，并具有一定的数据处理和数据传输控制功能。数据终端设备可以是计算机，也可以是一般数据终端。

数据交换设备是数据交换网的核心，其基本功能是对接入交换节点的数据传输链路进行汇集、转接接续和分配。

数字数据网（Digital Data Network，DDN）中不采用交换设备，而是采用数字交叉连接设备（Digital Cross Connection，DXC）作为数据传输链路的转接设备；在广播式数据网中也没有交换设备，而采用多址访问技术来共享传输媒体。

数据传输链路是数据信号传输的通道，其中包括数据终端到交换机路段链路的接入网和交换机之间的传输链路。传输链路上数据信号的传输方式有基带传输、频带传输和数字数据传输等。

### 20.3.1　数据通信网的分类

数据通信网可按照拓扑结构、传输技术、传输距离等来分类。

**1. 按拓扑结构分类**

按照数据通信的拓扑结构，数据通信网可分为网型网、格型网、星型网、树型网、环型网、线型网、总线型网等。在数据通信中，骨干网一般采用网型网或格型网，本地网中可采用星型网。

**2. 按传输技术分类**

按照传输技术，数据通信网可分为交换网和广播网。

交换网由交换节点和通信链路构成，用户数据终端之间的通信要经过交换设备。根据所采用的交换方式的不同，交换网又可以分为电路交换网、分组交换网、帧中继网，另外还有采用数字交叉连接设备的 DDN。

在广播网中，每个数据站的收发信机共享同一传输媒质，按不同的媒体访问控制方式，广播网具有不同的类型。在广播网中，任一数据终端或节点所发送的信号可被其他数据终端或节点接收，无中间交换节点。绝大多数局域网都属于广播网。

**3. 按传输距离分类**

按照传输距离，数据通信网可分为局域网、城域网和广域网。

局域网的传输距离一般在几千米以内，传输速率在 10 Mb/s 以上，数据传输采用共享介质的访问方式，协议标准采用 IEEE802 协议标准。城域网的传输距离一般在 50～100 km 之内，传输速率比局域网高，目前以光纤为传输媒质，能提供 45～150 Mb/s 的高速率的业务，可进行数据、语音、图像等综合业务，通常覆盖整个城区和城郊。广域网（或称为核心网）的传输距离通常为几十千米到几千千米，有时也称为远程网，Internet 就是广域网的典型代表。

## 20.3.2　分组交换网

分组交换网主要由分组交换机、用户终端、远程集中器（Remote Concentrate Unit，RCU）、网络管理中心、传输线路等构成，其基本结构如图 20.3.1 所示。

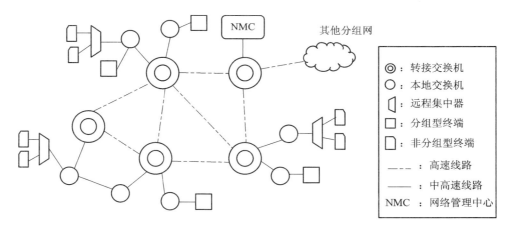

图 20.3.1　分组交换网结构图

**1. 分组交换机**

分组交换机是分组交换网的核心部分，根据在分组交换机网中的位置和作用可分为转接交换机和本地交换机两种。转接交换机具有容量大、线路端口数多、有路由选择功能等特点，主要用于交换机之间的互连。本地交换机的容量较小，只有局部交换功能，不具备路由选择功能。本地交换机可以接至数据终端，也可以接至转接交换机，但只可以与一个转接交换机相连，与网内其他数据终端互通时必须经过相应的转接交换机。分组交换机的主要功能如下：

（1）提供网络交换虚电路和永久虚电路两项基本业务，实现分组在虚电路上的传送，完成信息交换。

（2）实现 X.25、X.75 协议的各项功能。

（3）如果交换机需直接连接非分组型终端，或经电话网连接终端，则交换机还应有 X.3、X.28、X.29、X.32 等协议的功能。

（4）在转接交换机中应有路由选择功能，以便在网中选择一条最佳路由。

（5）能进行流量控制，防止网络阻塞，使不同速率的终端能互相通信。

（6）能完成局部的维护、运行管理、故障报告与诊断、计费及一些网络的统计等功能。

**2. 用户终端**

用户终端有分组型终端和非分组型终端两种。如计算机或智能终端等分组型终端发送和接收的均是规格化的分组，可以按照 X.25 协议等直接与分组交换网相连；而如字符型终端非分组型终端的用户数据不是分组数据，该终端不能直接接入分组交换网，而要通过分组装/拆设备才能接入到分组交换网中。

**3. 远程集中器**

远程集中器可以将离分组交换机较远地区的低速数据终端的数据集中起来，通过一条中、高速电路送往分组交换机，以提高电路利用率。远程集中器包含了分组装/拆设备的功能，可使非分组型终端接入分组交换网。远程集中器的功能介于分组交换机和分组装/拆设备之间，也可认为是装/拆功能与容量的扩大。

**4. 网络管理中心**

网络管理中心有以下主要功能：

（1）收集全网的信息。收集的信息主要有交换机或线路的故障信息，检测规程差错、网络拥塞、通信异常等网络状况信息，通信时长与通信量多少的计费信息，以及呼叫建立时间、交换机交换量、分组延迟等统计信息。

（2）路由选择与拥塞控制。根据收集到的各种信息，协同各交换机确定该时刻的某一交换机连接到相关交换机的最佳路由。

（3）网络配置的管理及用户管理。网络管理中心针对网内交换机、设备与线路等容量情况、用户所选用补充业务情况及用户名与其对照号码等，向其所连接的交换机发出命令，修改用户参数表，对分组交换机的应用软件进行管理。

（4）用户运行状态的监视与故障检测。网络管理中心通过显示各交换机和中继线的工作状态、负荷、业务量等，掌握全网运行状态并检测故障。

**5. 传输线路**

传输线路是构成分组交换网的主要组成部分之一，包括交换机之间的中继传输线路和用户线路。

交换机之间的中继传输线路主要有两种传输方式：一种是频带传输，另一种是数字数据传输。

用户线路有三种传输方式：基带传输、数字数据传输及频带传输。

分组交换网通常采用两级结构。根据业务流量、流向和地区情况可设立一级交换中心和二级交换中心。

一级交换中心可采用转接交换机，一般设在大、中城市，它们之间相互连接构成的网络通常称为骨干网。骨干网的业务量较大，且各个方向都有业务，所以骨干网采用网型网或不完全网型网的分布式结构。另外，通过某一级交换中心还可以与其他分组交换网以 X.25 协议互连。

二级交换中心可采用本地交换机，一般设在中、小城市。由于中、小城市之间的业务量较小，而它们与大城市之间的业务量一般较多，所以从一级交换中心到二级交换中心之间一般采用星型结构，必要时也可采用不完全网型结构。

### 20.3.3　分组交换网的路由选择

分组交换网的路由选择就是分组能够在多条路径中选择一条最佳的路径从源点到达目标点。最佳路径的选择由路由选择算法来确定。所谓路由选择算法，是指交换机收到一个分组后，决定下一个转发的中继节点是哪一个、通过哪一条输出链路传送的策略。一个好的路由选择算法一般应满足以下要求：

(1) 在最短时间内使分组到达目的地。

(2) 算法简单，易于实现，以减少额外开销，而且算法应对所有用户都是平等的。

(3) 使网中各节点的工作量均衡，而且算法应能适应通信量和网络拓扑等的变化。

路由选择算法分为非自适应型和自适应型路由选择算法两大类。非自适应型路由选择算法所依据的参数是根据统计资料得来的，在较长时间内不变；而自适应型路由选择算法所依据的这些参数值将根据当前通信网内各有关因素的变化，随时做出相应的修改。以下介绍几种常用的路由选择算法。

#### 1. 扩散式路由算法

扩散式路由算法又称泛射算法，属于非自适应路由选择算法的一种。网内每一节点收到下一个分组后就将它同时通过各条输出链路发往各相邻节点，只有在到达目的节点时，该分组才被移出网外传输给用户终端。为了防止一个分组在网内重复循回，规定一个分组只能出入同一个节点一次。这样，不论哪一个节点或链路发生故障，除非目的节点有故障外，总有可能通过网内某一路由到达目的节点。

扩散式路由选择算法的优点是简单、可靠性高。由于该路由选择与网络拓扑结构无关，即使网络严重故障或损坏，但只要有一条通路存在，分组就能到达终点。但是这种方法的缺点是分组的无效传输量很大，网络的额外开销也大，网络中业务量的增加还会导致排队时延的加大。扩散式路由选择算法适合用于整个网内信息流量较少而又易受破坏的专用网。

#### 2. 静态路由表法

静态路由表法为查表路由法。查表路由法在每个节点中均采用路由表，它指明从该节点到网络中的任何终点应当选择的路径。路由表的计算可以由网络控制中心(NCC)集中完成，然后装入到各个节点，也可由节点自己计算完成路由表。常用的算法有最短路径算法和最小时延算法等。

采用最短路径算法确定路由表时，主要依赖于网络的拓扑结构。由于网络拓扑结构的变化并不频繁，所以这种路由表的修改也不是很频繁的，因而该路由表法称为静态路由表法，属于非自适应路由选择算法。以下以图 20.3.2 为例介绍静态路由算法。

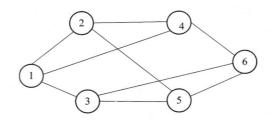

图 20.3.2 静态路由表法网络结构

根据最短路径的原则,以转接段数最少为最短路径。由网络控制中心计算得到的全网总的路由表如表 20.3.1 所示。表中列出了由 6 个节点中的任何一个作为源节点发送分组到任何一个终点节点时所经过的中继节点(或称为后续节点)。

**表 20.3.1 最短路径路由表**

| 中 继 | | 终点节点 | | | | | |
|---|---|---|---|---|---|---|---|
| | | 1 | 2 | 3 | 4 | 5 | 6 |
| 源节点 | 1 | — | 2 | 3 | 4 | 3 | 3 |
| | 2 | 1 | — | 1 | 4/6 | 5/4 | 4 |
| | 3 | 1 | 1 | — | 6/1 | 5 | 6 |
| | 4 | 1 | 2 | 1 | — | 6 | 6 |
| | 5 | 3/2 | 2 | 3 | 6/2 | — | 6 |
| | 6 | 4/3 | 5/4 | 3 | 4 | 5 | — |

表 20.3.1 所示的路由表存储在网络控制中心的存储器中,网络控制中心要负责为每个节点交换机装入各节点的路由表,以供路由选择时使用。当网络结构发生变化或网络故障时,网络控制中心自动地重新生成路由表,以反映新网络的结构。

**3. 动态路由表法**

动态路由表法也属于查表路由法,这种方法确定路由的准则是最小时延算法。一般交换机中的路由表由交换机计算产生。最小时延算法是由网络相邻关系结构、中继线容量速率和分组队列长度来确定路由算法的。其中网络结构和中继线速率通常是较少变化的,而分组的队列长度却是一个经常变化的因素,这将导致时延的变化,所以交换机的路由表要随时做调整。这种随着网络的数据流或其他因素的变化而自动修改路由表的方法称为动态路由表法,即自适应型路由选择算法。依然以图 20.3.2 为例来说明动态路由算法。

假设节点间的中继线速率分别为:1→2 为 9600 b/s;1→3 为 9600 b/s;1→4 为 56 000 b/s;2→4 为 9600 b/s;2→5 为 56 000 b/s;3→5 为 9600 b/s;3→6 为 56 000 b/s;4→6 为 9600 b/s;5→5 为 9600 b/s。

图 20.3.3 所示为网络结构各条中继线上排队等待输出的分组数,并在每个节点的旁边列出了交换机计算出的有关线路的输出时延表。这里假定每个分组的长度为 1000 bit,时延可以简单地等于等待传输的数据比特除以线路速率再乘上一个因数,该因数表示了因线路误码而引起线路重发的概率。

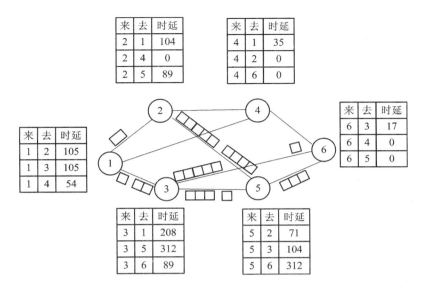

图 20.3.3　动态路由交换机时延

在每个节点都计算出了它与相邻节点之间的时延估计值之后，它就与所有相邻节点之间交换各自时延表的副本，以便得知相邻节点的时延表。图 20.3.4 表示了图 20.3.2 中节点 3 与相邻节点交换时延表的副本之后的结果。这样节点 3 就知道了通过相邻节点到达其他节点的时延情况，便可根据本节点和相邻节点的信息计算它的路由表。假定在不考虑线路排队时间情况下，节点接收一个分组然后输出的处理时间为 25 ms。

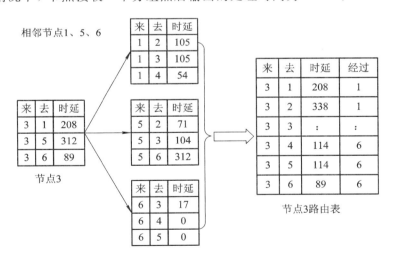

图 20.3.4　动态路由表示例

如虑节点 3 到节点 1 的路径，节点 1 是节点 3 的相邻节点，节点 3 通过其他节点均不能到达节点 1，所以节点 3 直接到节点 1 是唯一路径，故时延为 208 ms。

节点 3 到节点 2 没有直达路径，它可以通过节点 1 或 5 到达。如果节点 3 通过节点 1 到达节点 2，总的通路时延为 208＋105＋25＝338 ms。如果经过节点 5 到达节点 2，总的时延为 312＋71＋25＝408 ms，按时延最小原则应当选择经过节点 1 为中继节点。其他节点的算法依此类推，最后形成了节点 3 的路由表。

自适应路由表的更新工作也可以由网络控制中心完成。网络控制中心实时收集网络中的所有节点和线路信息流量的信息，并计算出全网和各节点的路由表，然后将路由表的变化部分周期性地发往网络中的每一个节点。

在上述所介绍的三种路由算法中，扩散式路由算法可确保网络连通的可靠性，但是总的时延将因传输量的倍增和非最佳路径的选择而增加；静态路由表法使用最短距离原则确定路由表，在正常工作条件下能保证良好的时延性能，但是它对网络中传输量变化和网络设施方面出现问题时的应变能力差；动态路由表法是按最小时延原则选择路由的，具有自适应能强的特点，能提供良好的时延性能，而且对网络工作条件的变化具有灵活性，但是这要使交换机或网络控制中心在信息的存储能力、处理能力和网络的传输能力方面付出一定的代价。

### 20.3.4　数据报与虚电路方式的路由选择

#### 1. 数据报方式的路由选择

数据报方式中，由于每个分组可以在数据通信网内独立传输，所以交换节点要对每个数据分组进行路由选择。具体方法是节点收到数据分组时，根据分组头中的目的地址，查找节点内的路由表为分组选择路由，然后按照所选的路由将分组发送出去。

#### 2. 虚电路方式的路由选择

在虚电路方式中，分组传送的路由是在虚电路建立时确定的，即虚电路方式是对一次虚呼叫确定路由，路由选择是在节点接收到呼叫请求分组之后执行的。一旦虚电路建立好，数据分组将沿着呼叫请求分组建立的虚电路路径到达目的地。

在网络中存在一个端到端的虚电路路由表，该表分散在各节点中，指明了虚电所经过的各节点端口号和逻辑信道号（Logic Channel Number，LCN）之间的连接关系，其路由选择过程如图 20.3.5 所示。图中表示一般终端 1、2 和 3 通过 PAD 与终端之间建立虚电路的情况。

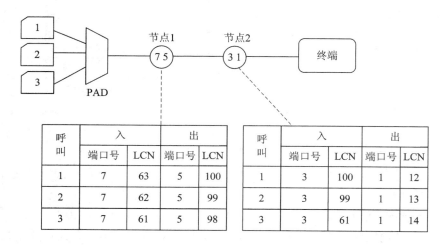

图 20.3.5　虚电路路由选择原理图

假设途中经过两个分组交换节点，节点内的路由表中呼叫 1、2、3 分别表示终端 1、2、3 的虚呼叫。当各条虚电路建好以后，各终端的数据分组到交换节点时，节点根据分组头所携带的虚电路号码的标志(LCN)查路由表，便可决定将该分组转发到哪一条输出链路、下一个节点是哪一个，直至到达目的节点。

需要说明的是：两节点间同一条线两端的端口号可以不同，但是与同一条虚电路对应的 LCN 须相同，即入与出的 LCN 必须相同；虚电路路由表的内容随着虚呼叫的建立而产生，随着虚呼叫的清除而消失，是随虚呼叫而动态变化的。

## 20.3.5　分组交换流量控制

### 1. 分组流量控制的概念

分组流量控制是指限制进入分组网的分组数量。将单位时间内(每秒)由数据源输入到网络的分组数量称为负荷。将单位时间(每秒)内发送到网络终点的分组数量，即单位时间内流出网络的分组数量称为吞吐量。

分组网中，当网络输入负荷较小时，各节点中分组的队列都很短，节点有较多的缓冲器接收新到达的分组，节点中的分组输出较快。但由于网络吞吐量随着输入负荷的增大而线性增长，当网络负荷增大到一定程度时，节点中的分组队列加长，有的缓冲存储器已占满，此时节点开始丢弃还在继续到达的分组，这就导致分组的重新传输增多。

另外，由于分组队列加长，时延加大，又导致各节点间对接收分组的证实返回变晚，也使一些本来已正确接收的分组由于满足超时条件而不得不重新发送，导致网络阻塞，吞吐量下降，严重时使数据停止流动，造成死锁。

网络阻塞将会导致网络吞吐量的急剧下降和网络时延的迅速增加，严重影响网络的性能，而一旦发生死锁，网络将完全不能工作。所以，为避免这些现象的发生，必须要进行流量控制。

因此，流量控制的目的是保证网络内数据流量的平滑均匀，提高网络的吞吐能力和可靠性，减小分组平均时延，防止阻塞和死锁。

为了保证分组的正常通信，节点之间、数据终端设备和节点之间、源用户终端设备到终点用户终端设备之间等均要进行流量控制。在分组通信网中有以下四种流量控制类型：

(1) 段级控制：分组通信中相邻两节点之间的流量控制，使之维持一个均匀的流量，避免局部地区的阻塞。

(2) "网—端"级控制：端系统与分组通信网中源节点之间的流量控制，以控制进网的总通信量，防止网络发生阻塞。

(3) "源—目的"级控制：分组通信网中源节点与目的节点之间的流量控制，防止目的节点由于缺少缓冲存储器而产生的阻塞。

(4) "端—端"级控制：两个互相通信的端系统之间的流量控制，防止终端由于缺缓冲器而出现阻塞。

### 2. 流量控制的方式

流量的控制主要有证实法、预约法、许可证法和窗口等。证实法是发送方发送分组之后等待收方证实分组响应，然后再发送新的分组。接收方可以通过暂缓发送证实分组来控制发送方发送分组的速度，从而达到控制数据流量的目的。证实法一般用于点到点的流量控制，也可以用于端到端的流量控制。

预约法是由发送端对接收端发出分配缓冲存储区的要求后，根据接收端所允许发送的分组数量发送分组。这种方式的优点是可以避免出现抛弃分组。预约法适用于数据报方式，也可用在源计算机和终点计算机之间的流量控制。在源计算机向终点计算机发送数据之前，由终点计算机说明自己缓冲存储区容量大小，然后源计算机再决定向终点计算机发送多少数据。

许可证法是为了避免网络出现阻塞，在网络内设置一定数量的"许可证"，每个"许可证"可携带一个分组。当许可证载有分组时称"满载"，满载的许可证到终点时卸下分组变为"空载"。许可证在网内游动，分组在节点处得到"空许可证"之后才可在网内流动。采用许可证方式时，分组需要在节点等待得到许可证后才能发送，这可能产生额外的等待时延。但是，当网络负载不大时，分组很容易得到许可证。

窗口方式是根据逻辑信道上能够连续接收的分组数来确定接收方缓冲存储器的容量，并把这一容量作为"窗口"对发送分组和接收分组进行控制的。因为窗口方式包括重发规程，所以在公用分组网中得到广泛应用。以下主要介绍窗口流量控制的原理。

### 3. 窗口流量控制法

窗口流量控制法根据接收方缓冲存储器容量，用能够连续接收分组数目来控制收发方之间的通信量，这个分组数目就称为窗口尺寸 W。换言之，窗口流量控制就是允许发送端发送的未被确认的分组数目不能超过窗口尺寸 W。窗口尺寸是窗口流量控制法的关键，如果窗口尺寸过小，通过流量会限制过度，会降低分组网效率；而窗口尺寸过大就会失去防止阻塞的控制作用。

在窗口流量控制中，发送端都要对每一数据分组都编一个发送顺序号，记作 P(S)。其初始数据分组顺序号为零，如采用模 8 运算，则顺序号在 0~7 之间循环。在接收端，在正确接收到分组并可继续接收分组的情况下，向对方发送 RR 分组表示"允许对方发送"，说明接收端已准备接收。在 RR 分组中，没有分组发送顺序号 P(S)，只有接收顺序编号 P(R)，表示接收方已正确接收了 P(R)－1 为止的所有数据分组。发送方用收到接收方发来的 P(R)值更新其窗口的下限值，当发送方发送了规定的分组数后，如果未收到接收方发来的"允许发送"分组而不能更新窗口的下限，那么发送方便停止发送，直至收到"允许发送"分组而更新窗口的下限，如果接收方由于故障等原因暂时无法接收，则可以发送 RNR 分组以示接收方无能力接收。以下用图 20.3.6 来说明窗口流量控制法的原理。

设窗口尺寸 W＝3，表示可连续发送 3 个分组。图 20.3.6 中 a 表示在发完 P(S)＝2 号分组后，由于窗口已满，必须停止发送，当发送方收到收方发来的 P(R)＝l 时，表示对方已正确收到 P(S)＝0 的分组。此时根据收到的 P(R)＝1，更新窗口下限为 1，因此允许发送 P(S)＝3 号分组，发完后必须再次等待，因为这时窗口又满，如图中 b 所示。当收到 P(R)＝4 时，表示对方已正确收到 P(S)＝3 以前的所有分组，因此允许发送 P(5)＝4、5、6 等。可以看到，当接收方发送 P(R)时，指明它本身已准备接收对方将发送的那些顺序编号为 P(R)，P(R)+1，…，P(R)+W-1 的分组，而发方对应的顺序编号为 P(S)，P(S)+1，…，P(S)+W-1。上述是按模 8 运算的。

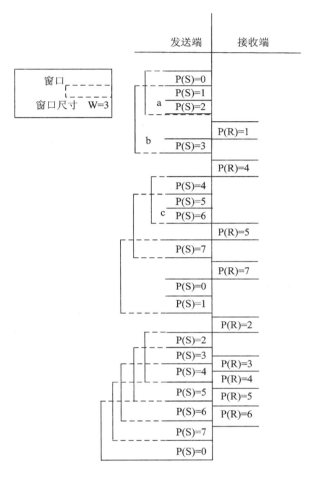

图 20.3.6　窗口流量控制原理

以上所述原理，对于发送端，只有落在发送窗口范围内的分组才允许发送，可用滑动窗口形象地表示，如图 20.3.7 所示。

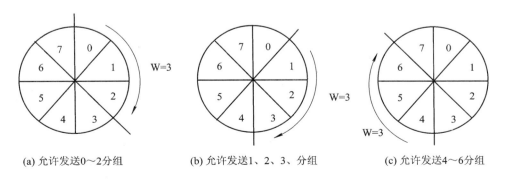

图 20.3.7　滑动窗口

# 20.4 帧 中 继 网

## 20.4.1 帧中继的基本概念与特点

### 1. 帧中继的概念

帧中继(Frame Relay，FR)技术是分组交换拓新，它是在 OSI 第二层上的一种传送和交换数据单元的技术，以帧为单位进行存储—转发。帧中继交换机仅完成 OSI 物理层和链路层的核心功能，将流量控制、纠错控制等交给数据终端来完成，大大简化了节点处理机间的协议，缩短了传输时延，提高了传输效率。

帧中继技术是在分组交换技术成熟的基础上发展起来的，是在传输的数字与光纤转化条件下诞生的。帧中继的发展必须有以下两个基本条件：

(1) 光纤化的传输线路。由于光纤具有通信容量大、传输速率高、误码率低的特点，使得数据传输的质量大大提高，避免了非光纤传输线路误码率高、数据重传率高的缺点，即使偶尔出现误码也可由数据终端进行处理和纠正，从而提高了传输效率，为高效率的数据传输和交换奠定了良好的基础。

(2) 用户终端的智能化。计算机的广泛应用，使得数据终端的智能化得到了长足的进步，数据终端的处理能力大大增强，从而可以把分组交换网中由交换机完成的一些功能诸如流量控制、纠错等交给数据终端去完成。这样可以大大减小分组交换机的工作负荷，使得分组交换机有了更多的计算能力用于交换处理，从而增加了节点的吞吐量，减少了时延。

正是基于上述两个重要的基本条件，使得分组的数据包的容量可以变大，交换效率得到提高。

### 2. 帧中继的主要特点

帧中继技术主要具有以下特点：

(1) 以帧为交换单元。帧中继技术主要用于传递数据业务，它使用一组规程将数据以帧的形式有效地进行传送。以帧为交换单元的信息长度远比分组长度要长，预约的最大帧长度至少要达到 1600 字节/帧。

(2) 帧中继交换机取消了 X.25 协议的第三层功能，只采用物理层和链路层的两级结构，在链路层也仅保留了核心子集部分。

(3) 帧中继节点不进行错误重传，降低了时延，提高了吞吐量。帧中继节点在链路层采用统计时分复用技术透明地传输帧，可进行错误检测，但不提供发现错误后的重传操作，所检测出的错误帧便将其丢弃，省去了帧编号、流量控制、应答和监视等机制。这样减少了交换机的开销，提高了网络吞吐量，降低了通信时延。一般帧中继用户的接入速率为 64 kb/s～2 Mb/s，帧中继网的局间中继传输速率一般为 2 Mb/s、34 Mb/s，现在已达到 155 Mb/s。

(4) 网络资源利用率高。帧中继传送数据信息所使用的传输链路是逻辑连接，而不是物理连接，在一个物理连接上可以复用多个逻辑连接。帧中继采用统计时分复用，动态按需分配带宽，向用户提供共享的网络资源，每一条线路和网络端口都可由多个终端按信息流共享，大大提高了网络资源利用率。

（5）采用带宽预留机制，避免了突发业务量对网络产生的拥塞。帧中继提供一套合理的带宽管理和防止拥塞的机制，可使用户有效地利用预先约定的带宽，并且还允许用户的突发数据占用未预定的带宽，以提高整个网络资源的利用率。

（6）与分组交换一样，帧中继采用面向连接的虚电路交换技术，可以提供交换虚电路业务和永久虚电路业务。交换虚电路是指在两个帧中继终端用户之间通过虚呼叫建立电路连接，网络在建好的虚电路上提供数据信息的传送服务，终端用户通过呼叫清除操作终止虚电路。永久虚电路是指在帧中继终端用户之间建立固定的虚电路连接，并在其上提供数据传送业务，它是端点和业务类别内网络管理定义的帧中继逻辑链路。

因此，帧中继具有传输效率高、时延小、灵活可靠性高、经济性好、技术成熟的特点。

### 20.4.2　帧中继网络结构和协议及应用

#### 1．帧中继网络结构

帧中继网络（Frame Relay Network，FRN）是以可变长帧为基础的数据传输网络。在通信过程中，用户数据终端设备把特定格式的帧送到 FRN，网络根据收到的帧中地址信息寻找合适的路由，并把帧送到目的地。

帧中继网络结构如图 20.4.1 所示，其中的 FR 接口既是逻辑结构，也是物理结构。物理结构规定了物理媒体运行的速率和有用信道的数量。从逻辑上讲，FR 接口包括物理层协议规范和核心的 LAPD（Link Access Protocol Channel D）数据链路层协议。

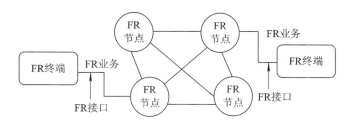

图 20.4.1　帧中继网络结构

FR 节点具有以下三个主要功能：

（1）在第 2 层上的虚电路多路复用。

（2）链路层故障检测。

（3）将帧从一个中继节点转发到另一个中继节点，该功能称为核心功能，由 IAPD 规程的子集来提供。当由于节点阻塞或帧不可靠等原因而没有通知相应的信息源时，可能会造成帧丢失。FR 节点仅完成这些核心功能，可大大改进协议处理的总开销。因此，FBN 具有较高的吞吐量和较低的延时。

#### 2．帧中继协议

由于帧中继节点交换机取消了 X.25 协议的第三层功能，并简化了第二层功能，仅完成物理层和链路层核心层的功能，因此节点仅有两层功能。帧中继的协议栈结构如图20.4.2 所示。智能化的数据终端设备将数据发送到链路层，封装于 LAPD 核心层的帧结构中，完成以帧为单位的信息传送。

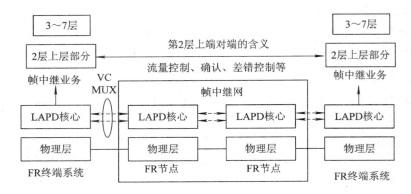

图 20.4.2　帧中继协议栈结构

帧中继协议中的 LAPD 核心层帧格式如图 20.4.3 所示。

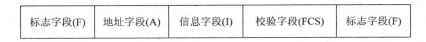

图 20.4.3　帧中继的帧格式

一个帧中有以下 4 个字段：

标志字段(F)：长度为 1 个字节(8 bit)，格式为 01111110，用于帧定界。所有的帧以标志字段开头和结束，一帧的结束标志也可作为下一帧的起始标志。为了保证数据的透明传输，其他字段中不允许出现 01111110 字段。帧中继中 LAPD 核心协议也采用 0 比特填充的方法，即当发送端除了 F 字段之外，每发送 5 个连续的 1 比特之后就要插入一个 0 比特，而接收端对 2 个 F 字段之间的数据信息进行相反的处理，即收到连续 5 个"1"之后，将随后而来的一个 0 比特删掉。

地址字段(A)：用于区分同一通路上多个数据链路连接，以便实现帧的复用/分路。地址字段的长度一般为 2 个字节，根据需要也可扩展到 3 或 4 字节。

信息字段(I)：用户数据，可以是任意长度的比特序列，但必须是整数个字节。帧中继信息字节的最大长度一般为 262 字节，网络应能支持协商的信息字段的最大字节数至少是1600 字节。

帧校验字段(FCS)：用于校验帧差错，长度为 2 字节。

### 3. 帧中继业务

帧中继业务是在用户—网络接口(UNI)之间提供用户信息流的双向传送，并保持原顺序不变的一种承载业务。用户信息流以帧为单位在网络内传送，UNI 之间以虚电路进行连接，采用统计复用方式承载用户信息。

帧中继提供了永久虚电路(PVC)业务和交换虚电路(SVC)业务两种业务。目前，已建成的帧中继网大多只提供 PVC 业务。

### 4．帧中继的典型应用

（1）局域网互联。局域网远程互联时，采用帧中继可取得较好的经济效果，与租用专线相比，用户可以节省大量的费用。互联时，只需网桥或路由器作为接入设备即可。由于帧中继可在一条物理连接上能提供多个逻辑连接，用户的接入费用也相应减少，并且减少了用户接入所需的端口数，可进一步降低设备费。同时，帧中继特别适于突发业务的需求，可提供良好的接入服务。

（2）虚拟专用网。帧中继可以为大用户提供虚拟专用网（Virtual Private Network，VPN）业务。VPN 就是利用帧中继网上的部分网络资源构成一个相对独立的逻辑分区，并在分区内设置相对独立的网络管理机构。接入这个分区的用户共享分区内的网络资源，它们之间的交互作用相对独立于整个帧中继。

（3）计算机通信网的交换方式。帧中继是分组交换的升级技术，与分组交换一样可作为计算机通信网的交换技术，为计算机之间提供数据的传输和交换。

另外，中继传输作为分组交换网节点之间的中继传输线，可以大大提高分组交换网络的传输效率。

# 20.5　数字数据网（DDN）

### 1．DDN 的基本概念

DDN 指的是利用数字信道传输数据信号的数据传输网，它利用光纤、数字微波和卫星等数字传输信道和交叉复用设备组成数字数据传输网，可以为用户提供速率为 $N \times 64$ kb/s（或小于2 Mb/s）～2 Mb/s 的半永久性交叉连接的数字数据传输信道，以满足各种用户的需求。

半永久性交叉连接指的是所提供的信道属于非交换型信道，即用户数据信息是根据事先约定的协议在固定通道频带和预先约定速率的情况下顺序连续传输。传输速率、到达地点和路由选择是可改变的，改变时由网管人员或在网络允许的情况下由用户自己对传输速率、传输数据的目的地和传输路由进行修改。由于这种修改不是经常性的，因此该连接称为半永久性交叉连接或本固定交叉连接。DDN 一般不包括交换功能。

### 2．DDN 的组成结构

DDN 主要由本地传输系统、复用及数字交叉连接系统、局间传输和同步定时系统以及网络管理系统构成，其结构如图 20.5.1 所示。

本地传输系统指的是从用户端至本地局之间的数字传输系统，也就是用户环路传输系统。在用户环路的一端是数据业务单元（DSU），另一端是位于本地局内信道单元（OCU）。DUS 可以是调制解调器或基带传输设备，也可以是时分复用、语音和数字复用等设备，其主要功能是业务的接入和输出。

复用及数字交叉连接系统是实现低速数码流合成高速数码流、高速数码流分拆为低速数码流的设备。在数字数据传输系统中，数据信道的时分复用器是分级实现的。第一级先把来自多条不同低速率的用户数码流经 OCU 和 COM 统一转换成 64 kb/s 的通用 $DS_0$ 信

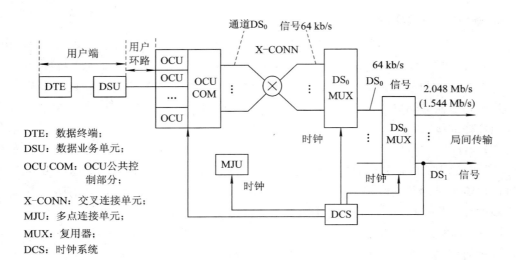

图 20.5.1　DDN 组成结构

号，经交叉连接按 X.50 协议复合成 64 kb/s 的 0 次群数码流 $DS_0$（称为子速率复用）；第二级是将 $D_0MUX$ 输出的 64 kb/s 的数码流 $DS_0$ 信号按 32 路 PCM 系统的帧格式复用，并且局间的传输还可以用其他高次群复用传输。

　　局间传输和同步定时系统是数字分复用传输的重要系统。局间传输包括从本地局至市内中心局之间的市内传输，以及不同城市中心局和中心局之间的长途传输。

　　网络管理系统即网络管理中心（NMC），它可以方便地进行网络结构和业务的配置，实时地监视网络运行情况，进行网络信息、网络节点告警、线路利用情况等的采集、统计和处理。

**3．DDN 的基本业务**

　　DDN 的基本业务就是提供多种速率的数字数据专线服务，以替代在模拟专线网或电话网上开放的数据业务，它广泛应用于银行、证券、气象、文化教育等专线业务的行业，适用于局域网（LAN）与广域网（WAN）的互联、不同类型网络的互联以及会议电视等图像业务的传输，同时，可为分组交换网用户提供接入分组交换网的数据传输通道。

　　此外，DDN 还可以提供语音、数据轮询、帧中继、VPN、G3 传真、电视会议等服务，同时 DDN 还可提供多点专线业务。

# 20.6　ATM 通信网

　　ATM 通信网是实现高速、宽带传输多种通信业务的数据通信网的一种重要网络。在目前的通信网中普遍采用电路交换和分组交换技术，电路交换时延小，非常适合于如语音通信等对实时性要求较高的通信业务；分组交换则非常适合于数据通信。从业务处理能力来分析，ATM 具有两种交换技术的功能，既可以承载语音等实时性要求高的业务，又可以承载数据和其他多媒体宽带业务。因此，ATM 具有非常强的业务综合处理能力，被 ITU － T 认为是实现综合数字宽带业务的理想网络。

### 20.6.1　ATM 的基本原理

#### 1. ATM 传送模式

异步传输模式(Asychronous Transfer Mode，ATM)技术是以分组传送模式为基础并融合了电路传送模式高速化的优点发展而成的一种高速分组传送模式，它将语音、数据和图像等所有的数字信息分割为长度固定的数据块，并在各数据块前增加信元头以形成完整的信元。ATM 采用统计时分复用的方式，将来自不同信息源的信元汇集在一起，在一个缓冲器内排队，然后按照先进先出(FIFO)的原则将队列中的信元从第一个字节开始顺序逐个输出到线路，从而在线路上形成首尾相接的信元流。在每个信元的信头中含有虚通路标识/虚信道标识符(VPI/VPI)作为地址标志，网络根据信头中的地址标志来选择信元的输出端口转移信元。

ATM 采用统计复用，使得任何业务都能按实际需要来占用资源，对某个业务而言，传送速率会随信息到达的速率而变化，因此，网络资源得到最大限度的利用。此外，ATM 网络可以适用于任何业务，不论传输速率高低、突发性大小、质量和实时性要求如何，网络都按同样的模式进行处理，真正做到了完全的业务综合。

#### 2. ATM 信元

ATM 信元由 53 字节(8 位)的固定长度数据块组成，如图 20.6.1 所示。前 5 字节是信头，标示了信元发送目的地的逻辑地址、优先等级等控制信息；后 48 字节是与用户数据相关的信息段，用来承载来自不同用户、不同业务的信息。

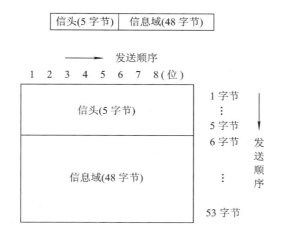

图 20.6.1　ATM 信元结构

信元从第 1 个字节开始顺序向下发送，在同一字节中从第 8 位开始发送。信元内所有的信息段都以首先发送的位为最高位。

ATM 信元有两种类型：一种是用于 ATM 网和用户终端之间接口(UNI)的信元；另一种是用于 ATM 网络内部交换机之间接口(NNI)的信元。这两种信元的区别是信头的差别，如图 20.6.2 所示。

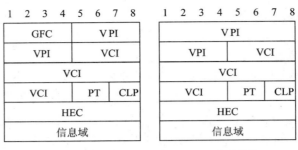

UNI信元节构　　　　　NNI信元节构

图 20.6.2　UNI 和 NNI 信元

信元中各字段的含义如下：

GFC：一般流量控制，4 位，用于 UNI 中，NNI 中没有 GFC。

VPI：虚通路标识，UNI 为 8 位，NNI 为 12 位。

VCI：虚信道标识，16 位。

PT：净信息载荷类型，3 位，可以指示 8 种净信息载荷类型，其中 4 种为用户数据信息类型，3 种为网络管理信息，余下 1 种目前尚未定义。

CLP：信元丢失优先级，当传送网络发生拥塞时，首先丢弃 CLP＝1 的信元。

HEC：信头差错控制码，它是一个多项式，用来检验信头的错误。

**3．ATM 网络结构**

ATM 是以光纤线路为传输媒质的，因此具有传输质量高、传输容量的特点。在 ATM 网中，信息被分割为固定长度的信元，由 ATM 交换机对信元进行处理，将交换和传输综合在一起用来通信。ATM 是一种面向连接的通信方式，在网络中设置两个层次的虚连接，即虚通路（Virtual Path，VP）和虚信道（Virtual Channel，VC）。当虚连接通过呼叫建立后，信元沿着确定的虚连接进行传送。ATM 网络由 ATM 复用设备、ATM 传输信道和 ATM 交换机组成，如图 20.6.3 所示。

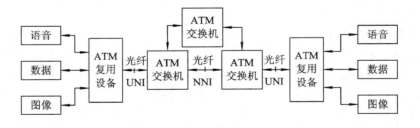

图 20.6.3　ATM 网络结构

收发端 ATM 复用设备是将用户终端（语音、数据、图像终端）接入到 ATM 网中，将用户端产生的各类信息（电话、数据、图像等各类业务）变换成 ATM 信元的形式，并以统计时分复用的方式按用户终端的实际需要动态地分配带宽，从而提高线路的利用率。ATM 复用设备和 ATM 交换机之间的接口称为公用用户—网络接口（Public UNI）。

ATM 传输信道采用光纤信道，信元的传输方式有三种：基于 SDH 的传输方式、基于 PDH 的传输方式和基于信元的传输方式。ATM 交换机之间的接口称为专用用户—网络接口(Private UNI)。

通过 ATM 集线器(Hub)、ATM 路由器(Router)和 ATM 网桥(Bridge)等可实现各种网络(如电话网、DDN、以太网、FDDI、FRN 等)与公用 ATM 网的互联。公用 ATM 网内各公用 ATM 交换机之间的传输线路均采用光纤，传输速率为 155 Mb/s、622 Mb/s，甚至可达 2.4 Gb/s。公用 UNI 一般也使用光纤作为传输媒体。对于专用 UNI，在距离较近时，可以使用无屏蔽双绞线或屏蔽双绞线；当距离较远时，可以使用同轴电缆或光纤连接。

## 20.6.2　ATM 协议参考模型

ATM 技术是 B-ISDN 的核心技术，B-ISDN 的协议参考模型如图 20.6.4 所示。B-ISDN 的协议参考模型包括三个平面：用户平面、控制平面和管理平面。用户平面采用分层结构，主要用于用户信息传送、流量控制和恢复操作；控制平面也采用分层结构，主要用于信令信息，负责建立网络连接和管理连接以及连接的释放；管理平面用于维护网络和执行操作，包括层管理和面管理。其中层管理采用分层结构，负责各层中的实体，并执行操作维护管理(OAM)功能；面管理不分层，负责所有平面的协调。

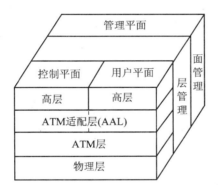

图 20.6.4　ATM 与 B-ISDN 协议参考模型

协议参考模型分层结构包括四层，从下到上分别为物理层、ATM 层、ATM 适配层(ATM Adaptation Layer，AAL)和高层。

### 1. 物理层

物理层利用通信线路的比特流传送功能实现传送 ATM 信元，这种传送的比特流是不可靠的，通过物理层传送的 ATM 信元可能丢失，其信息域部分也可能发生错误。但是在顺序传送多个 AIM 信元时，传送过程中不会发生顺序的颠倒。

物理层分为两部分，即物理媒体子层和传输会聚子层。物理媒体子层负责发送和接收连续的比特流，传输会聚子层实现信元定界、信元信头差错控制、空信元的插入和删除以及根据物理媒体类型实现由信元组成帧或完成其逆过程。

### 2. ATM 层

ATM 层用物理层提供的信元传送功能，向外部提供传送 ATM 业务数据单元的功能。ATM 业务数据单元（ATM – SDU）是任意 48 字节长的数据段，它在 ATM 层中成为 ATM 信元的信息部分。

ATM 层具有以下四种主要功能：

（1）信元复用和解复用：在源端点负责对来自各个虚连接的信元进行复用，在目的端点对接收的信元流进行解复用。

（2）VPI/VCI 处理：负责在每个 ATM 节点对信头进行标记/识别，ATM 虚连接是通过 VPI 和 VCI 来识别的。

（3）信头处理：在信源终端产生信头，在目的端点翻译信头。

（4）一般流量控制：在源端点负责产生 ATM 信头中的一般流量控制域，在接收点则依靠它来实现流量控制。

ATM 层的主要工作是产生和处理 ATM 信元的信头部分，ATM 信头的主要部分是 VPI 和 VCI，而 ATM 交换设备和交叉连接设备都是依据 VPI 或 VCI 来进行虚连接的。

### 3. AAL 和高层

由于 ATM 层提供的只是针对信元的一种基本的数据传送能力，而 AAL 在此基础上提供更适合于各种不同电信业务要求的通信能力。如果一种电信业务需求不能在 ATM 层得到满足，那么它可以使用 AAL 的功能。AAL 增强了 ATM 提供的业务，以适应高层应用的需要。

AAL 的功能是将高层信息适配成 ATM 信元，它是为 ATM 网络适应不同类型业务的特殊需要而设定的。ATM 网络要满足宽带业务的需求，使业务种类与信息传递方式、通信速率与通信网设备无关，就要通过 AAL 层完成适配功能，将不同特性的业务转化为相同格式的信元。

AAL 可分为两个子层，即分段与重组子层和会聚子层。分段与重组子层可划分成为拆装子层，其主要功能是将高层信息进行分割，以装入 ATM 信元的信息域，或者反之。会聚子层的主要功能是在 AAL 业务接入点（AAL – SAP）对高层提供 AAL 服务，其具体功能与业务类型有关。分段与重组子层和会聚子层的组合不同，得到的业务适配功能也不同。

目前各种不同的用户业务按其所需的通信能力不同大致可分为四种类型，如表 20.6.1 所示。为了适配四类不同的业务，定义了五种不同的 AAL 层规程，分别记为 AAL1、AAL2、AAL3、AAL4 和 AAL5，用来提供不同的通信能力。

AAL1 用于适配 A 类业务，它的功能包括用户信息分段与重组、丢失和误插信元的处理、信元到达时间的处理以及在接收端恢复源时钟频率。

AAL2 与 AAL1 的区别仅在于它是供传送变速率数据使用的，因此用于适配 B 类业务。

AAL3 和 AAL4 统称为 AAL3/4，具有可变长度用户数据的分段与重组和误码处理等功能，用于适配 C 类、D 类业务。

AAL5 主要用于适配 C 类、D 类业务和 ATM 信令，类似于简化的 AAL3/4。

表 20.6.1　ATM 业务类型

| 业务特点 | A 类 | B 类 | C 类 | D 类 |
|---|---|---|---|---|
| 信源与终端的定时关系 | 需要 | 需要 | 不需要 | 不需要 |
| 比特率 | 恒定 | 可变 | 可变 | 可变 |
| 连接方式 | 面向连接 | 面向连接 | 面向连接 | 无连接 |
| 典型业务 | ATM 网传输 64 kb/s 语音和定比特率图像业务 | 采用可变比特率的图像和音频业务 | 面向连接的数据传送和信令传送 | 无连接的数据传送业务 |

## 20.6.3　ATM 交换技术

### 1. 虚路径(VP)与虚信道(VC)

ATM 是面向连接的，ATM 的连接与电路交换的连接不同，电路交换中的一个连接是收发双方在一个固定的时隙内进行通信。当该连接没有信息发送时也不释放该时隙，其他的连接无法占用该时隙。

ATM 是采用虚连接的方式进行通信的。在连接建立时，ATM 向网络提出流量描述和服务质量要求，而网络只对连接进行资源预分配，只有当真正发送信元时，连接才占用资源，网络的资源是由各连接统计复用的。

ATM 的传输路径可分割成若干个逻辑子信道，为便于应用和管理，逻辑子信道可划分为 VP 和 VC 两个等级。ATM 中传输路径与 VP 和 VC 之间的关系如图 20.6.5 所示。

图 20.6.5　ATM 中传输路径与 VP 及 VC 的关系

由图 20.6.5 可见，一个物理传输通道(传输路径)中可以包含一定数量的 VP，VP 的数量由信头中的 VPI 值决定，由于 VPI 由 8 个比特或 12 个比特组成，因此 VPI 的数量应为 $2^8 \sim 2^{12}$，即在 256～4096 之间。在 1 条 VP 中可以包含一定数量的 VC，VC 的数量由信头中的 VCI 值决定，由于 VCI 由 2 个字节组成，因此其最大值为 $2^{16} = 65\,536$。一个 VP 可以由多个 VC 组成。

### 2. 虚通路连接与虚信道连接

一条通信线路上具有相同 VPI 的信元所占用的子通路称为一个 VP 链路(VP Link)。多个 VP 链路可以通过 VP 交叉连接设备或 VP 交换设备串联起来，多个串联的 VP 链路构成一个 VP 连接(VPC)。如电话通信中的电话交换机连接多段通信线路。

一个 VP 连接中传送的具有相同 VCI 的信元所占有的子信道称为一个 VC 链路（VC Link）。多个 VC 链路可以通过 VC 交叉连接设备或 VC 交换设备串联起来，多个串联的 VC 链路构成一个 VC 连接（VCC）。

需要注意的是，在组成一个 VPC 的各个 VP 链路上，ATM 信元的 VPI 不必相同。同样，在组成一个 VCC 的各个 VC 链路上，信元的 VCI 也不必相同。

VP 交叉连接设备和 VC 交叉连接设备都称为 ATM 交叉连接设备，它们的区别仅在于处理 ATM 信元的是 VPI 还是 VCI。

图 20.6.6 为一个 VP 和 VC 交换连接的示意图。VP 交换是指 VPI 的值在经过交换节点时，该交换节点根据 VP 的目的地将输入信元的 VPI 值改为接收端的新 VPI 值并将其输出。VC 交换是指 VCI 的值在经过 ATM 交换后，VPI 和 VCI 的值都发生了改变。理论上，VC 交换点终止 VC 链路和 VP 链路，VCI 与 VPI 将被同时改写，VC/VP 由此达到传送目的。

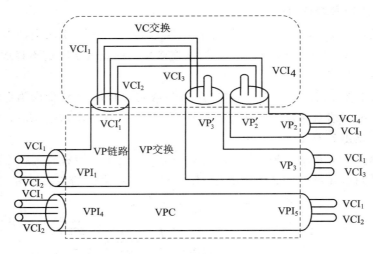

图 20.6.6　VC 与 VP 交换连接

### 3. ATM 交换结构的基本功能

ATM 交换结构（Switching Fabric，SF）是实现 ATM 交换的关键技术之一，是 ATM 交换系统中必不可少的重要组成部分。ATM-SF 应能实现任意出线与入线之间的信元交换，即任一入线的任意逻辑信道的信元要能够能交换任一出线上的任意逻辑信道。因此，ATM-SF 具有信头变换、路由选择和排队三项基本功能。

信头变换主要是指 VPI/VCI 值的变换，即入线 VPI/VCI 变换为出线 VPI/VCI。VPI/VCI 的变换体现了信元交换的重要概念，意味着入线上某逻辑信道中的信息要传送到出线上的另一逻辑信道中去。为了实现信头变换，应建立翻译表。

路由选择即选路，表示任一入线的信息可被交换到任一出线，具有空间交换的特征。只有在信头变换加上选路功能，才能实现 ATM-SF 的交换功能。也就是说，在翻译表中从入线的 VPI/VCI 上应能查到出线号码以及新的 VPI/VCI，而这些是在连接建立阶段写入的。

由于 ATM 采用的是统计复用的异步时分交换,在连接建立后的传送信息阶段经常会发生在同一时刻有多个信元争夺公用资源的情况,例如争夺出线或交换结构中的内部链路,因此,ATM-SF 需具备排队功能,以免在发生资源争抢时丢失信元。

另外,ATM-SF 通常还具有组播功能和优先级控制功能,以适应宽带业务的多样性。

### 4. ATM 交换原理

ATM 交换的原理如图 20.6.7 所示。交换机有的入线有 $N$ 条,分别为 $I_1,I_2,\cdots,I_N$,出线有 $n$ 条,分别为 $O_1,O_2,\cdots,O_n$。每条入线和出线上传送的都是 ATM 信元,每个信元的信头中的值表明该信元所在的逻辑信道。不同的入线(或出线)上可以采用相同的逻辑信道值,ATM 交换的基本任务就是将任一入线上的任一逻辑信道中的信元交换到所需的任一出线上的任一逻辑信道上。

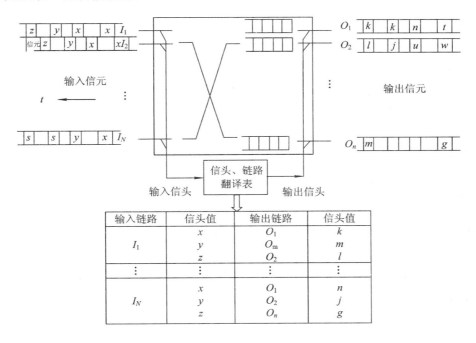

图 20.6.7 ATM 交换原理示意图

例如,入线 $I_1$ 的逻辑信道 $x$ 被交换到出线 $O_1$ 的逻辑情道 $k$ 上,入线 $I_1$ 的逻辑信道 $y$ 被交换到出线 $O_1$ 的逻辑信道 $m$ 上等。这里的交换包含了两个功能:一个功能是空间交换,即将信元从一个输入端口改送到另一个编号不同的输出端口上,这个功能又叫做路由选择;另一个功能是逻辑信道的交换,即将信元从一个 VPI/VCI 转换为另一个 VPI/VCI,该交换是通过信头、链路翻译表来完成的。如 $I_1$ 的信头 $x$ 被翻译成 $O_1$ 上的 $k$ 值。

由于在 ATM 逻辑信道上信元是随机出现的,因此会存在竞争(或称为碰撞、冲突)。即在某一时刻,可能会发生两条或多条入线上的信元都要求转到同一输出线上。例如,$I_1$ 的逻辑信道 $x$ 和 $I_N$ 的逻辑信道 $x$ 都要求交换到 $O_1$,前者使用 $O_1$ 的逻辑信道 $k$,后者使用 $O_1$ 的逻辑信道 $n$。虽然它们占用不同的 $O_1$ 逻辑信道,但如果这两个信元同时到达 $O_1$,则在 $O_1$ 上的当前时刻只能满足其中一个信元的要求,另一个信元必须被丢弃。为了避免因碰撞引起的信元丢失，交换节点中必须提供一系列缓冲区，以供信元排队使用。

# 本 章 小 结

数据通信网是计算机通信网的通信子网，其功能是数据的传输、交换和处理。以计算机通信网为基础的 Internet 则是物联网的承载网，因此，数据通信网是物联网的重要组成部分，是物联网的网络传输层的基础。

数据通信网是由分布在不同地点的数据终端设备、数据交换设备及通信线路等组成的通信网，它们之间通过网络协议实现网中各设备的数据通信。

数据交换是通过交换网来实现的，可以通过公用电话交换网和公用数据交换网进行数据交换。

公用数据网数据交换有电路交换和存储—转发交换两种方式。

电路交换方式是指两台数据终端在相互通信之前需预先建立起一条物理链路，在通信中独享该链路进行数据信息传输，通信结束后再拆除这条物理链路。

存储—转发交换方式又分为报文交换方式、分组交换方式及帧方式。

帧中继技术是分组交换的拓新，它是在 OSI 第二层上的一种传送和交换数据单元的技术，以帧为单位进行存储—转发，简化了节点处理机间的协议，缩短了传输时延，提高了传输效率。

DDN 指的是利用数字信道传输数据信号的数据传输网，它利用光纤、数字微波及卫星等数字传输信道和交叉复用设备组成数字数据传输网，可以为用户提供速率为 $N \times 64$ kb/s（或小于 2 Mb/s）～2 Mb/s 的半永久性交叉连接的数字数据传输信道，以满足多种需求。

ATM 通信网是实现高速、宽带传输多种通信业务的数据通信网的一种重要网络。ATM 具有电路和分组交换技术两种功能，既可以承载语音等实时性要求高的业务，又可以承载数据和其他多媒体宽带业务。因此，ATM 具有非常强的业务综合处理能力，被 ITU - T 认为是实现综合业务数字宽带业务的理想网络。

# 习 题 与 思 考

20 - 1　试述报文交换的基本原理，并画图说明。

20 - 2　试述报文交换的优缺点。

20 - 3　试述分组交换的基本原理，并画图说明。

20 - 4　试述统计时分复用的基本原理。分组交换机为什么采用统计时分复用？

20 - 5　分组交换网中的传输方式有哪两种？简述其工作原理。

20 - 6　分组交换网主要由哪些设备组成？分组交换机提供了哪些功能？

20 - 7　分组交换网的路由选择一般应满足哪些要求？

20 - 8　试以本书 20.3.3 小节中的图表为例，构造静态路由表及动态路由表。

20 - 9　比较数据报和虚电路方式的路由选择有什么不同。

20 - 10　在分组通信网中，流量控制有哪些类型？各自的作用如何？

20-11　流量控制的主要方式有哪些？有何特点？

20-12　试画图说明窗口流量控制法的基本思路。

20-13　帧中继的主要特点有哪些？

20-14　试述帧中继协议中 LAPD 核心层的帧格式中各字段的作用。

20-15　帧中继有哪些典型应用？

20-16　DDN 由哪些部分组成？

20-17　ATM 有何优点？其信元由哪几部分组成？

20-18　什么是虚路径(VP)与虚信道(VC)？

20-19　什么是信头变换？如何实现信头变换？

20-20　ATM 是如何实现交换的？试画图说明 ATM 的交换原理。

# 第21章　IP通信及IP通信网

　　IP通信是一种基于 Internet 协议（Internet Protocol，IP）发展起来的通信技术，而 Internet 则是将各地、各种计算机以 TCP/IP 协议连接起来进行数据通信的网络。Internet 是 IP 通信的基础，在 Internet 上可以开展各种数据、语音及图像等方面的多媒体业务。简而言之，IP 通信网就是以 Internet 为承载网络的"综合业务网"，可以狭义地认为 IP 通信就是 Internet。

　　Internet 的特点是开放性好，对用户和开发者限制较小，网络对用户是透明的，用户不需要了解网络底层的物理结构；Internet 的接入方式非常灵活，任何计算机只要遵守 TCP/IP 协议均可接入。

　　基于 Internet 的 IP 通信网已广泛地渗透到社会生活的各个方面，改变了原有的通信形态，成为了信息社会的基础。物联网是感知与 Internet 结合的产物，因此 IP 通信也必然是物联网的基础。

## 21.1　TCP/IP 协议

### 21.1.1　TCP/IP 模型及各层功能

　　开放系统互联（OSI）参考模型是一个分层模型，分层模型包括各层功能和各层协议描述两方面的内容。每一层提供特定的功能，层与层之间相对独立，当需要改变某一层的功能时，不会影响其他层。采用分层技术，可以简化系统的设计和实现，提高系统的可靠性和灵活性，因此 TCP/IP 也采用分层体系结构。TCP/IP 模型与 OSI 参考模型的对应关系如图 21.1.1 所示。

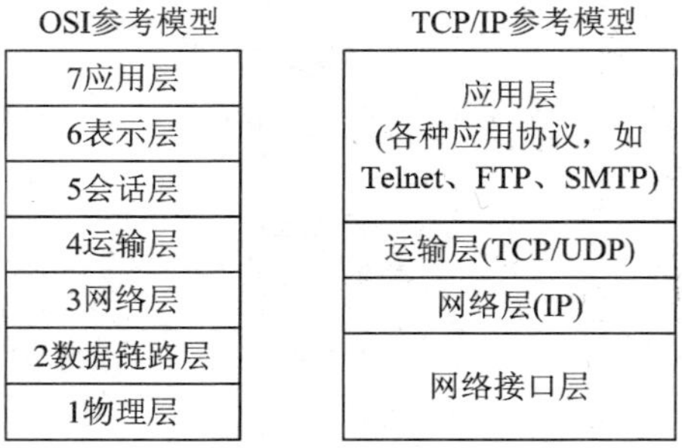

| OSI参考模型 | TCP/IP参考模型 |
|---|---|
| 7应用层 | 应用层<br>(各种应用协议，如<br>Telnet、FTP、SMTP) |
| 6表示层 | |
| 5会话层 | |
| 4运输层 | 运输层(TCP/UDP) |
| 3网络层 | 网络层(IP) |
| 2数据链路层 | 网络接口层 |
| 1物理层 | |

图 21.1.1　OSI 与 TCP/IP 模型的对应关系

　　TCP/IP 仅有四层，网络接口层对应 OSI 参考模型的物理层和数据链路层；网络层对应 OSI 参考模型的网络层；运输层对应 OSI 参考模型的运输层；应用层对应 OSI 参考模型的 5、6、7 层。应注意的是，TCP/IP 模型并不包括物理层，网络接口层下面是物理网络。

### 1．网络接口层

在网络接口层中，数据传送单位是物理帧，网络接口层的主要功能包括：

（1）发送端接收来自网络层的 IP 数据报，将其封装成物理帧并且通过特定的网络进行传输。

（2）接收端从网络上接收物理帧，将数据帧的 IP 数据报取出上交给网络层。网络接口层没有规定具体的协议。

### 2．网络层

网络层的作用是提供主机间的数据传送功能，其数据传送单位是 IP 数据报。网络层的核心协议是 IP 协议，它非常简单，提供的是不可靠、无连接的 IP 数据报传送服务。网络层的辅助协议可协助 IP 协议更好地完成数据报传送，主要包括：

（1）地址转换协议（ARP）：用于将 IP 地址转换成物理地址。网络中的每一台主机都应有一个物理地址，物理地址也叫硬件地址，即 MAC 地址，它被固化在计算机的网卡上。

（2）逆向地址转换协议（RARP）：与 ARP 的功能相反，用于将物理地址转换成 IP 地址。

（3）Internet 控制报文协议（ICMP）：用于报告差错和传送控制信息，其控制功能包括差错控制、拥塞控制和路由控制等。

### 3．运输层

TCP/IP 运输层的作用是提供应用程序间端到端的通信服务，以确保源主机传送的数据正确到达目地的主机。运输层提供了如下两个协议：

（1）传输控制协议（TCP）：提供可靠性高的面向连接的数据传送服务，主要用于一次传送数据量大的报文，如文件传送等。

（2）用户数据报协议（UDP）：提供高效率的、无连接的服务，用于一次传送数据量较小的报文，如数据查询等。运输层的数据传送单位是 TCP 报文或 UDP 报文。

### 4．应用层

TCP/IP 应用层的作用是为用户提供访问 Internet 的高层应用服务，如文件传送、远程登录、电子邮件、WWW 服务等。为了便于传输与接收数据信息，应用层要对数据进行格式化。

应用层的协议就是一组应用高层协议，即一组应用程序，主要有文件传送协议 FTP、远程终端协议 Telnet、简单邮件传输协议 SMTP、超文本传送协议 HTTP 等。

## 21.1.2　IP 及辅助协议

### 1．IP 协议的特点及 IP 地址

目前 Internet 广泛采用的 IP 协议是 IPv4，为了解决 IPv4 的地址资源紧缺问题，最近 IPv6 逐渐推广应用。本节将主要介绍 IPv4 的相关内容。

IP 是网络层的核心协议，IP 协议的主要特点为：仅提供不可靠、无连接的数据报传送服务；IP 协议是点对点的，所以要提供路由选择功能；IP 地址的长度为 32 bit。

IP 地址是指 Internet 为每一上网的主机分配一个唯一的标识符。IP 地址是分等级的，其结构如图 21.1.2 所示。

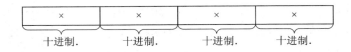

图 21.1.2　IP 地址的结构

IP 地址的长度为 32 bit，现在由 Internet 名字与号码指派公司 ICANN 分配。IP 地址由两部分构成：网络地址（也称为网络号），用于标示连接 Internet 的网络；主机地址（也称为主机号），用于标示特定网络中的主机。

IP 地址分为两个等级的优点是：IP 地址管理机构在分配 IP 地址时只分配网络号，而剩下的主机号则由该网络号的单位（或机构）自行分配，这样就方便了 IP 地址的管理；另外，路由器仅根据目的主机所连接的网络号来转发分组，而不用考虑目的主机号，这样就可以使路由表中的项目数大幅度减少，从而减小了路由表所占的存储空间。

IP 地址用点分十进制表示。点分十进制是 32 bit 长的 IP 地址，以 ×.×.×.× 格式表示，× 为 8 bit 其值为 0～255，共 $2^8 = 256$。IP 地址的表示如图 21.1.3 所示。

| × | × | × | × |
|---|---|---|---|
| 十进制. | 十进制. | 十进制. | 十进制. |

图 21.1.3　IP 地址的表示

例如，某 IP 地址的二进制值为 10011000 01010001 10000001 00000011，则其十进制为 $(2^7 + 2^4 + 2^3 = 152).(2^6 + 2^4 + 1 = 81).(2^7 + 1 = 129).(2^1 + 1 = 3)$，即 152.81.129.3 用点分十进制表示的方法可以提高 IP 地址的可读性，而且可以很容易地识别 IP 地址的类别。

根据网络地址和主机地址各占多少位，IP 地址分为 A～E 类，如图 21.1.4 所示。

```
0 1 2 3 4        7 8         16        24          31
┌─┬────────────┬──────────────────────────────────┐
│0│ 网络地址(7 bit) │          主机地址(24 bit)          │
└─┴────────────┴──────────────────────────────────┘
```
(a) A 类地址

```
0 1 2 3 4        7 8         16        24          31
┌──┬───────────┬──────────────────────────────────┐
│10│ 网络地址(14 bit) │          主机地址(16 bit)          │
└──┴───────────┴──────────────────────────────────┘
```
(b) B 类地址

```
0 1 2 3 4        7 8         16        24          31
┌───┬──────────────────────────┬───────────────────┐
│110│     网络地址(21 bit)      │    主机地址(8 bit)    │
└───┴──────────────────────────┴───────────────────┘
```
(c) C 类地址

```
0 1 2 3 4        7 8         16        24          31
┌────┬─────────────────────────────────────────────┐
│1110│           多目的地广播(28 bit)                 │
└────┴─────────────────────────────────────────────┘
```
(d) D 类地址

```
0 1 2 3 4        7 8         16        24          31
┌─────┬────────────────────────────────────────────┐
│11110│       保留用于实验和将来使用(27 bit)           │
└─────┴────────────────────────────────────────────┘
```
(e) E 类地址

图 21.1.4　IP 地址类别

IP 地址格式中，前几位用于标识地址是哪一类。A 类地址的第一位为 0；B 类地址的前两位为 10；C 类地址的前三位为 110；D 类地址的前四位为 1110；E 类地址的前五位为

11110。由于 IP 地址的长度限定为 32 bit，类的标识符占用位数越多，则可使用的地址空间就越小。

Internet 的 5 类地址中，A、B、C 三类为主类地址，D、E 为次主类地址。目前 Internet 中一般采用 A、B、C 类地址。表 21.1.1 为各类特性的汇总。

**表 21.1.1　IP 地址类型的特点**

| 类别 | 类别<br>比特 | 网络地<br>址空间 | 主机地<br>址空间 | 起始地址 | 标志的<br>网络数量 | 每网络<br>主机数 | 应用场合 |
|---|---|---|---|---|---|---|---|
| A | 0 | 7 | 24 | 1～126 | 126($2^7-2$) | 16777214($2^{24}-2$) | 大型网 |
| B | 10 | 14 | 16 | 128～191 | 16384($2^{14}$) | 65534($2^{16}-2$) | 中型网 |
| C | 110 | 21 | 8 | 192～223 | 2097152($2^{21}$) | 254($2^8-2$) | 小型网 |

需要注意以下事项：

（1）起始地址是指前 8 位表示的地址范围。

（2）A 类地址标识的网络个数为 $2^7-2$，减 2 的原因是 IP 地址中的全 0 表示"这个"（this），网络号字段为全 0 的 IP 地址是个保留地址，意思是"本网络"；网络号字段为 127（即 01111111）保留作为本地软件环回测试本主机用（后面三个字节的二进制数字可为任意，但不能全部是 0 或 1）。

（3）每网主机数 $2^n-2$，减 2 的原因是全 0 的主机号字段表示该 IP 地址是本主机所连接到的"单个网络"地址（如主机的 IP 地址为 118.17.34.6，该主机所在网络的 ID 地址就是 118.0.0.0）；而全 1 表示"所有的"（all），因此全 1 的主机号字段表示该网络上的所有主机。

（4）实际上 IP 地址是标示一个主机（或路由器）和一条链路的接口。当一个主机同时连接到两个网络上时，该主机必须同时具有两个相应的 IP 地址，其网络号必须是不同的。这种主机称为多接口主机，也就是实际中的路由器。由于一个路由器至少应当连接两个网络，这样它才能将 IP 数据报从一个网络转发到另一个网络，因此一个路由器应至少有两个不同的 IP 地址。

（5）D 类地址不标识网络，起始地址为 224～239，用于特殊用途；E 类地址的起始地址为 240～255，该类地址暂时保留，用于进行某些实验及将来扩展之用。

两级结构的 IP 地址存在一些缺点：一是 IP 地址空间的利用率有时很低，如 A 类和 B 类地址每个网络可标识的主机很多，如果这个网络中同时接入网络的主机没那么多，显然主机地址资源空闲浪费；二是两级的 IP 地址不够灵活，为了解决这个问题，Internet 采用子网地址，于是 IP 地址结构由两级发展到三级。

**2．子网地址和子网掩码**

为了便于管理，一个单位的网络一般划分为若干子网，子网按物理位置划分，为了标示子网和解决两级 IP 地址的缺点而采用了子网地址技术。

子网地址技术是指在 IP 地址中，对于主机地址空间采用不同的方法进行细分，通常另将主机地址的一部分分配给子网作为子网地址。采用子网地址技术后，IP 地址结构变为三级，如图 21.1.5 所示。

| 网络地址 | 子网地址 | 主机地址 |
|---|---|---|

图 21.1.5　三级 IP 地址的结构

子网掩码是一个网络或一个子网的重要属性，其作用有两个：一个是表示子网和主机地址位数；二是将某台主机的 IP 地址和子网掩码相与，可确定此主机所在的子网地址。子网掩码的长度也为 32 bit，与 IP 地址一样用点分十进制表示。

已知一个 IP 网络的子网掩码，将其点分十进制转换为 32 位的二进制，其中"1"代表网络地址和子网地址字段，"0"代表主机地址字段。

例如，某网络 IP 地址为 168.5.0.0，子网掩码为 255.255.248.0。由于该 IP 地址的起始地址在 128～191 间，所以为 B 类地址。B 类地址网络地址空间为 14 位，再加 2 位标识位，共 16 位。后 16 位为子网地址和主机地址字段。子网掩码对应的二进制为 11111111 11111111 11111000 00000000，子网地址占 5 位，主机地址占 11 位。此网络最多能容纳的主机数为 $(2^5-2) \times (2^{11}-2) = 61\,380$。

又例如，某主机 IP 地址为 165.18.86.10，子网掩码为 255.255.224.0。此主机 IP 地址所对应的二进制地址为 10100101 00010010 01010110 0001010，子网掩码 255.255.224.0 的二进制为 11111111 11111111 11100000 00000000，将主机的 IP 地址与子网掩码相与，可得此主机所在的子网地址为 10100101 00010010 01000000 00000000，即 165.18.64.0。

在 Internet 中，为了简化路由器的路由选择算法，不划分子网时也要使用子网掩码。此时采用默认的子网掩码是：1 bit 的位置对应 IP 地址的网络号字段；0 bit 的位置对应 IP 地址的主机号字段。

另外，在一个划分子网的网络中可同时使用几个不同的子网掩码，称为可变长子网掩码。

划分子网在一定程度上缓解了 Internet 在发展中遇到的地址资源紧缺的困难，但 Internet 用户数急剧增长，使得整个 IPv4 的地址空间最终将全部耗尽。为了提高 IP 地址资源的利用率，研究出无分类编址方法，它的正式名字是无分类域间路由选择（Classless Inter-Domain Routing，CIDR）。

### 3. 无分类编址（无分类域间路由选择）

无分类编址（CIDR）的主要特点是：IP 地址不再划分 A 类、B 类和 C 类地址，也不再划分子网，因而可以更加有效地分配 IPv4 的地址空间；CIDR 使用各种长度的"网络前缀"来代替分类地址中的网络号和子网号；IP 地址采用无分类的两级编址。

CIDR 一般可表示为

IP 地址∷＝{＜网络前缀＞，＜主机号＞}

CIDR 也可以使用"斜线记法"，具体为：在 IP 地址后面加上一个斜线"/"，然后写上网络前缀所占的比特数。

例如，CIDR 地址为 196.28.65.30/22，二进制地址为 11000100 00011100 01000001 00011110，表示网络前缀为 22 bit，为 11000100 00011100 0100，主机号为 10 bit，为 01 00011110。需要注意的是，上例 CIDR 的斜线记法指的是单个的 IP 地址。

CIDR 将网络前缀都相同的连续的 IP 地址组成 CIDR 地址块。一个 CIDR 地址块是由起始地址和地址块中的地址数来决定的。

CIDR 虽然不再使用子网,但仍然使用"掩码"这一名词。掩码表示为:网络前缀所占的比特数均为 1,主机号所占的比特数均为 0。例如,对于/22 地址块,它的掩码是 22 个连续的 1,接着有 10 个 0,斜线记法中的数字就是掩码中 1 的个数。

例如,76.0.0.0/12 地址块的掩码,其掩码的二进制形式可为 11111111 11110000 00000000 00000000,点分十进制的形式为 255.240.0.0。

**4. IP 数据报格式**

IP 数据报的格式如图 21.1.6 所示,由报头和数据两部分组成,其中报头由 20 个字节长度的固定长度字段及可变长度的可选字段组成。

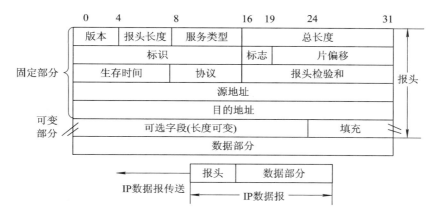

图 21.1.6　IP 数据报格式

IP 数据报头的各部分含义如下:

版本:占 4 bit,数码 IP 协议的版本,目前的 IP 协议版本号为 4,即 IPv4。

报头长度:占 4 bit,以 32 bit(4 B)为单位,指示 IP 数据报报头的长度。如果报头只有固定长度的字段,则首部最短为 20 B;报头长度字段占用 4 bit,报头的最大长度为 15×4＝60 B。因此,报头的长度在 20~60 B。

服务类型:占 8 bit,用来表示用户所要求的服务类型,具体包括优先级、可靠性、吞吐量和时延等。

总长度:占 16 bit,以字节为单位,指示数据报的长度,数据报的最大长度为 65 535 B。

标识、标志和片偏移字段:共占 32 bit,用来控制分片和重组。

生存时间:占 8 bit,记为 TTL,用来控制数据报在网络中的寿命,其单位为 s。

协议:占 8 bit,用来指出此数据报携带的数据使用何种协议,以使目的主机的网络层决定将数据部分上交给到哪个处理。

报头检验和:占 16 bit,仅用于对数据报的头部进行差错检验。

源地址和目的地址:各占 4 B,即发送主机和接收主机的 IP 地址。

可选字段:用来支持排错、测量以及安全等措施。

填充:IP 数据报报头长度为 32 bit 的整倍数,假如不是,则由 0 填充补齐。

**5. IP 数据报的传送**

在发送端，源主机在网络层将运输层送下来的报文组装成 IP 数据报，在这期间还要对数据报进行路由选择，得到下一个路由器的 IP 地址，即 IP 数据报报头的目的地址，然后将 IP 数据报送到网络接口层。

在网络接口层对 IP 数据报进行封装，将数据报作为物理网络帧的数据部分，并在数据部分前面加上帧头，形成可以在物理网络中传输的帧，如图 21.1.7 所示。

图 21.1.7 IP 数据报封装示意图

每个物理层的网络都规定了物理帧的大小，物理层网络不同，对帧的大小要求也不同，物理帧的最大长度称为最大传输单元(MTU)。一个物理网络的 MTU 由硬件决定，通常情况下是保持不变的；而 IP 数据报的大小由软件决定，在一定范围内可以任意选择。可通过选择适当的 IP 数据报大小来适应 Internet 中不同物理层网络的 MTU。另外，在网络接口层由网络接口软件调用地址解析协议(Address Resolution Protocol，ARP)得到下一个路由器的硬件地址(将 IP 地址转换为物理地址)，再送到物理网络上传输。

源主机所发送的已封装成物理帧的 IP 数据报，在到达目的主机前，可能要经过多个相互连接的不同种类的物理层网络，这些连接由路由器来完成，为此路由器对 IP 数据报要进行以下处理：

(1) 路由选择，即每个路由器都要根据路由选择协议对 IP 数据报进行路由选择。

(2) 传输延迟控制。为避免由于路由器路由选择错误，致使数据报进入死循环的路由，IP 协议对数据报传输延迟要进行特别的控制。为此，每当产生一个新的数据报，其报头中"生存时间"字段均设置为本数据报的最大生存时间，单位为秒(s)。随着时间的增加，路由器从该字段减去消耗的时间。一旦 TTL 小于 0，便将该数据报从网中删除，并向源主机发送出错信息。

(3) 分片。IP 数据报要通过许多不同种类的物理层网络传输，而不同的物理网层络中MTU 大小的限制不同。为了选定最佳的 IP 数据报大小，以实现所有物理层网络的数据报封装，IP 协议提供了分片机制，在 MTU 较小的网络上，将数据报分成若干片进行传输。

当所传数据报到达目的主机时，首先在网络接口层识别出物理帧，然后去掉帧头，抽出 IP 数据报后送给网络层。在网络层需对数据报目的 IP 地址和本主机的 IP 地址进行比较。如果相匹配，那么 IP 软件接收该数据报并将其交给本地操作系统，由高级协议的软件进行处理；如果不匹配，则 IP 要将数据报头中的生存时间减去一定的值，当结果大于 0时，需为其进行路由选择，否则丢弃该数据报。如果 IP 数据报在传输过程中进行了分片，则目的主机须进行重组。

**6. Internet 控制报文协议**

由于 IP 协议提供不可靠、无连接的数据报传送服务，因此在实际传送过程中可能会出现差错，为此需要建立差错检测与控制机制，用来报告传送错误和提供控制功能，以保证

Internet 的正常工作。控制功能主要有差错控制、拥塞控制和路由控制等。

　　Internet 控制报文协议（Internet Control Message Protocol，ICMP）指的是 TCP/IP 用来解决差错报告与控制的协议，它是 IP 协议正常工作的辅助协议。当 IP 数据报在传输过程中产生差错或故障时，ICMP 允许路由器和主机发送差错报文或控制报文给其他路由器或主机。

　　ICMP 作为 IP 报文，也与 IP 数据报文一样由一定的格式构成。ICMP 报文由报头和数据两部分构成。当作为 IP 数据报的数据部分发送时，应加上数据报的首部，组成 IP 数据报后发送出去，ICP 不是 IP 的高层协议，仅是网络层中的协议，其封装格式如图 21.1.8 所示。

图 21.1.8　ICMP 数据报封装

　　ICMP 报文的格式如图 21.1.9 所示，它由报头和数据区两大部分构成。报头由类型字段、代码字段及校验和字段构成。

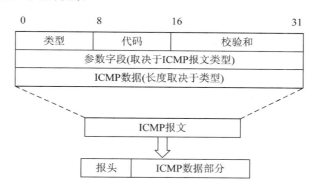

图 21.1.9　ICMP 报文格式

　　各字段的含义如下：

　　类型：占 8 bit，表示 ICMP 报文类型，类型字段不同的数值所表示的 ICMP 报文类型如表 21.1.2 所示。

　　代码：占 8 bit，用于进一步区分某种类型中的几种不同情况。

　　校验和：占 16 bit，用于对整个 ICMP 报文的差错进行校验。

　　参数字段：占 32 bit，这部分内容与 ICMP 的类型有关，可以没有，也可不用。

　　数据字段：ICMP 报文数据区含有出错 IP 数据报报头及其前 64 bit 数据，这些信息将由 ICMP 提供给发送主机，以确定出错数据报。

　　ICMP 报文的类型为两种：ICMP 差错报告报文和 ICMP 询问报文。ICMP 差错报告报文主要有目的不能到达、源站抑制、数据报超时、数据参数问题、重定向（改变路由）等类型；ICMP 询问报文有回送请求和回送应答报文、时间戳请求和时间戳应答报文、掩码地址请求和掩码地址应答报文、路由器询问和路由器通告报文等。

**表 21.1.2　ICMP 报文类型**

| 类型数值 | ICMP 报文类型 | 类型数值 | ICMP 报文类型 |
|---|---|---|---|
| 0 | 回送应答 | 12 | 数据参数问题 |
| 3 | 目的不能到达 | 13 | 时间戳请求 |
| 4 | 源站抑制 | 14 | 时间戳应答 |
| 5 | 重定向(改变路由) | 15 | 信息请求 |
| 8 | 回送请求 | 16 | 信息应答 |
| 9 | 路由器通告 | 17 | 掩码地址请求 |
| 10 | 路由器询问 | 18 | 掩码地址应答 |
| 11 | 数据报超时 | | |

**7. ARP 与 RARP**

在 Internet 中，每一个物理层网络中的主机都具有自己的物理地址，并且这些主机不能直接识别 IP 地址，IP 地址也不能直接用来通信。在实际链路上传送数据帧时，须使用物理地址。在 Internet 中要求提供实现物理地址与 IP 地址转换的协议，为此 TCP/IP 提供了地址转换协议(ARP)和逆向地址转换协议(Reverse Address Resolution Protocol, RARP)。

地址转换协议(ARP)的作用是将 IP 地址转换为物理地址。为此，在每台使用 ARP 的主机中，都保留了一个专用的高速缓存，存放着 ARP 转换表。表中登记有最近获得的 IP 地址和物理地址的对应关系。当某台主机要发送 IP 数据报时，查找 ARP 表得到目的主机 IP 地址对应的物理地址，然后由物理层网络的驱动程序通过网络将已封装成物理帧的 IP 数据报传送给该物理层网络地址所对应的目的主机。

ARP 表中的表项是通过发送和接收 ARP 报文而获得的。首先 ARP 将带有源主机的物理地址和目的主机 IP 地址的报文向网络广播，当目的主机收到该报文后，由物理网络的驱动程序检查帧类型并交付给 ARP。若 ARP 识别出自己的 IP 地址，则根据发送者的物理地址向发送者发出应答报文，说明自己的物理地址。源主机将所收到的目的主机 IP 地址和物理地址登记到 ARP 转换表中。此后在发送报文时，通过查 ARP 转换表，可以实现地址转换。

逆向地址转换协议(RARP)的作用是将物理地址转换为 IP 地址，并使知道自己硬件地址的主机能够获取其 IP 地址。RARP 协议目前已很少使用。

## 21.1.3　TCP 和 UDP 协议

TCP/IP 协议模型的运输层定义了两个并列 TCP、UDP 协议，它们均与一个"协议端口"的概念有关。

**1. 协议端口**

协议端口简称端口，它是 TCP/IP 模型运输层与应用层之间的逻辑接口，即运输层服务访问点(Transport Service Access Point，TSAP)。

当某台主机同时运行几个 TCP/IP 协议的应用进程时，需将到达特定主机上的若干应用进程相互分开。因此，TCP/IP 提出协议端口的概念，同时对端口进行编址用于标示应用进程。也就是让应用层的各种应用进程都能将其数据通过端口向下交付给运输层，以及让运输层知道应当将其报文段中的数据向上通过端口交付给应用层相应的进程。

TCP 和 UDP 协议规定，端口用一个 16 bit 的端口号进行标志。每个端口拥有一个端口号，表 21.1.3 为一些常用的端口号。

**表 21.1.3　常用端口号**

| 应用进程 | FTP | Telnet | SMTP | DNS | TFTP | HTTP | SNMP | SNMP(trap) |
|---|---|---|---|---|---|---|---|---|
| 端口号 | 21 | 23 | 25 | 53 | 69 | 80 | 161 | 162 |

可见，在 Internet 中，从一个主机向另一个主机发送信息时，需要三种不同的地址：第一个是硬件地址，用来标示网络上的一个唯一主机；第二个是 IP 地址，用来指定主机所连的网络；第三个是端口地址，用来唯一标示产生数据消息的特定应用协议或应用进程。

**2. 用户数据报协议 UDP**

由于 UDP 提供了协议端口以及不可靠的无连接的数据传输，因此 UDP 适用于高效率、低延迟的网络环境，可满足用户的高效数据传输需求。在不需要 TCP 全部服务的时候，可以用 UDP 代替 TCP。在 Internet 中 UDP 协议主要有简单传输协议(TFTF)、网络文件系统(NFS)和简单网络管理协议(SNMP)等。

UDP 报文由 UDP 报头和 UDP 数据组成，其中 UDP 报头由 4 个 16 bit 字段组成，其格式如图 21.1.10 所示。

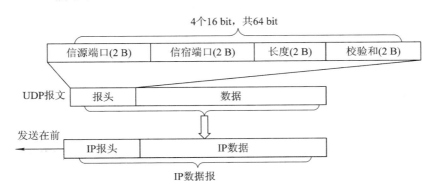

图 21.1.10　UDP 报文格式

各字段的含义如下：

信源端口：用于标示信源端应用进程的地址，即对信源端协议端口编址。

信宿端口字：用于标示信宿端应用进程的地址，即对信宿端协议端口编址。

长度：以字节(8 bit)为单位表示整个 UDP 报文长度，包括报头和数据，最小值为 8 字节，即仅为报头长。

校验和：此为任选字段，其值为"0"时表示不进行校验和计算，全为"1"时表示校验和为"0"，UDP校验和字段对整个包括报头和数据的报文进行差错校验。

数据：该字段包含由应用协议产生的真正的用户数据。

### 3. 传输控制协议 ICP

TCP协议是Internet中最重要的协议之一，它提供了协议端口来保证进程通信的正常运行，提供了面向连接的全双工数据传输，保证了通信的可靠性。TCP的数据通信需要经历连接建立、数据传送和连接释放三个阶段。TCP提供高可靠的按序传送数据的服务，提供了确认与超时重传机制、流量控制、拥塞控制等服务。TCP报文由报文字段和数据字段构成，其格式如图21.1.11所示。

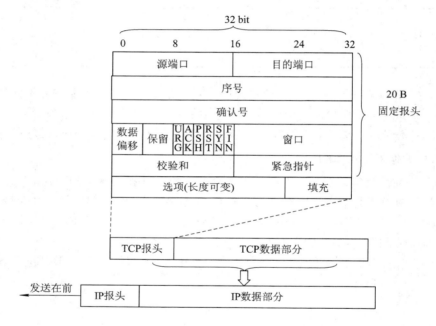

图 21.1.11  TCP 报文格式

各字段的含义如下：

源端口：占2 B，用于标示信源端应用进程的地址。

目的端口：占2 B，用于标示目的端应用进程地址。

序号：占4 B，TCP连接中传送数据流中的每一个字节都编号，序号字段值指的是本报文段所发送数据部分的第一个字节的序号。

确认号：占4 B，用来标示期望收到对方的下一个报文段的数据部分第一个字节的序号。

数据偏移：占4 bit，它指出TCP报文段的数据起始处距离TCP报文段的起始处有多少个字节，即指示报头的长度，以4 B为单位进行指示。

保留：占6 bit，保留为今后使用，但目前应置为0。

6个比特集：说明报文段性质的控制比特。

    ● 紧急比特（URG）：当 URG＝1 时，表明紧急指针字段有效。它告诉系统此报文段中有紧急数据，应尽快传送，它表示有相当于高优先级的数据要发送。

    ● 确认比特（ACK）：只有当 ACK＝1 时确认号字段才有效，当 ACK＝0 时确认号无效。

    ● 推送比特（PSH）：接收端 TCP 收到推送比特置 1 的报文段，就尽快地交付给接收应用进程，而不再等到整个缓存都填满了后再向上交付。

    ● 复位比特（RST）：当 RST＝1 时，表明 TCP 连接中出现严重差错。例如，由于主机崩溃或其他原因，必须释放连接，然后重新建立运输连接。

    ● 同步比特（SYN）：当 SYN＝1 时，表示连接请求或连接接收报文。

    ● 终止比特（FIN）：用来释放一个连接，当 FIN＝l 时，表明此报文段的发送端数据已发送完毕，并要求释放运输连接。

    窗口：占 2 B，用来控制对方发送的数据量，单位为 Byte。TCP 连接的一端根据设置的缓存空间大小确定自己的接收窗口大小，然后通知对方以确定对方的发送窗口上限。

    校验和：占 2 B，用来对整个包括报头和数据部分的 TCP 报文段进行差错检验。

    紧急指针：占 2 B，用来指出在本报文段中紧急数据的最后一个字节的序号。

    选项：长度可变，TCP 只规定了一种选项，即最大报文段长度（MSS），MSS 告诉对方 TCP“我的缓存所能接收的报文段的数据字段的最大长度是 MSS 个字节”。

**4. TCP 通信的三个阶段**

    TCP 协议数据通信时需经历连接建立、数据传送和连接释放三个阶段。

1）建立阶段

    TCP 通信时，连接建立的过程如图 21.1.12 所示。主机 A 的 TCP 向主机 B 发出连接请求报文段，其报头中的同步比特 SYN＝l，序号 SEQ＝$x$，向主机 B 表明传送数据时的数据部分第一个字节的序号是 $x+1$。

图 21.1.12　TCP 通信连接建立过程

    主机 B 的 TCP 收到连接请求报文段后，若同意建立连接，则发回连接接收报文段。在连接接收报文段中 SYN、ACK 均应置为 l，其确认号应为 $x+1$。同时主机 B 也为自己选择序号 SEQ＝$y$，向主机 A 表明传送数据时数据第一个字节的序号是 $y+1$。

    主机 A 收到此连接接收报文段后，再向主机 B 返回确认报文段，ACK＝1，确认号应为 $y+1$，而自己的序号 SEQ＝$x+1$。同时主机 A 的 TCP 通知上层应用进程，运输连接已经建立。

主机 B 的 TCP 收到主机 A 的确认后报文段，也通知其上层应用进程，运输连接已经建立。

当主机 A 向主机 B 发送第一个数据报文段时，其序号仍为 SEQ＝$x+1$，这是因为前一个确认报文段并不消耗序号。

从以上过程可见，TCP 运输连接的建立采用三次握手，原因是防止已失效的连接请求报文又传送到接收端而产生错误。

2）数据传输

在数据传输过程中可能出现两种情况，即正常传输和非正常传输。正常传输时，发送端主机所发送的数据能被接收端主机正确接收；而非正常传输则是发送端数据不能被接收端主机正确接收，即出现数据差错或丢失的情况。

假设每次传输时，报文中的数据长度为 100 字节（Byte），假设此时 $x=100$，$y=200$，则正常传输的过程如图 21.1.13 所示。

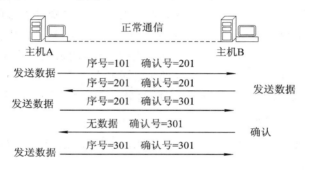

图 21.1.13 TCP 正常通信过程

数据丢失与重发的过程如图 21.1.14 所示。假设主机 A 向主机 B 发送一个 TCP 报文段，数据部分的长度编号为 501～600 字节，则此报文段如图 21.1.14 中所示的那样丢失。

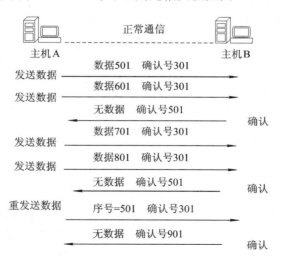

图 21.1.14 TCP 数据丢失与重发

在发送端，各报文段是连续发送的。在发送过程中，一边发送一边等待确认信息，因此发送端主机 A 在收到数据 501 的确认号前，接着发送了数据初始序号为 601 的 TCP 报文段。

在接收端主机 B 收到数据初始序号为 601 的 TCP 报文段之前，收到的是数据初始序号为 401 的 TCP 报文段，此时主机 B 发现接收的报文段不是按序排列的，于是便将此报文段暂存于接收缓存器内。若此时主机 B 暂时无数据发送，则向主机 A 返回一个报文段进行确认，通知主机 A 发送序号为 501 的报文，并且表示主机 B 无数据要发送。

主机 A 在收到数据 501 的确认号前，又连续发送数据初始序号为 701、801 的几个 TCP 报文段。主机 B 都先将它们暂时存于接收缓存器内。

主机 A 收到 ACK501 或超时定时器时间一到，就重发数据初始序号为 501 的 TCP 报文段。主机 B 收到数据初始序号为 501 的 TCP 报文段与数据初始序号为 601、701、801 的几个 TCP 报文段排好序后一起上交给应用层，同时向主机 A 返回一个报文段进行确认，其确认号为 901，通知主机 A 准备接收它的数据初始序号为 901 的 TCP 报文段，即对数据初始序号为 501、601、701、801 的 TCP 报文段一并确认。

3）连接释放

为保证连接释放时不丢失数据，TCP 连接释放采用文雅释放方式。释放过程是：一方发出连接释放请求后并不立即撤除连接，而要等待对方确认；对方收到释放请求后，发送确认报文并撤除连接；发起方收到确认后，最后撤除连接。

除正常连接释放外，还存在着非正常连接释放的情况。导致非正常连接释放的原因很多，如应用进程希望中断连接、硬件故障等。通信的任意一方都能够请求非正常连接释放。发起请求的一方通过设置 TCP 报文段报头中的 RST 位发送"重新建立"给对方来完成释放。

TCP 协议在通信时需注意以下事项：

（1）TCP 连接能提供全双工通信，通信的每一方不必专门发送确认报文，而是在传输数据时就可传输确认信息。

（2）发送端是一个个报文段连续发送，一边发送一边等待确认信息。

（3）若某报文段超时定时器时间一到还未收到确认信息，则重发此报文段。

（4）若某报文段丢失，则接收端一般采取的方法是，先将次序不对的报文段暂存到接收缓存器内，待所缺序号的报文段收齐后再一起上交给应用层，并发送确认信息对丢失的报文段及以后的报文段一并确认。

（5）接收端若收到有差错的报文段，则将其丢弃，不发送否认信息，应该发送准备接收此报文段的确认信息。

（6）接收端若收到重复的报文段，则将其丢弃，并发送确认信息。

**5. TCP 流量与拥塞控制**

1）TCP 的流量控制

TCP 协议中，数据的流量控制是由接收端实施的。接收端依据接收缓冲区的大小等因素来决定接收多少数据，发送端根据接收端的决定来调整传输速率。

接收端用"滑动窗口"的方法实现控制流量。在 TCP 报文段的报头中窗口字段写入的数值就是当前设置的发送窗口数值的上限。TCP 采用大小可变的滑动窗口进行流量控制，窗口大小是以字节为单位的。在通信的过程中，接收端可根据自己的资源情况，随时动态

地调整发送方的发送窗口上限值，从而增加传输的效率和灵活度。滑动窗口的原理如图
21.1.15 所示。

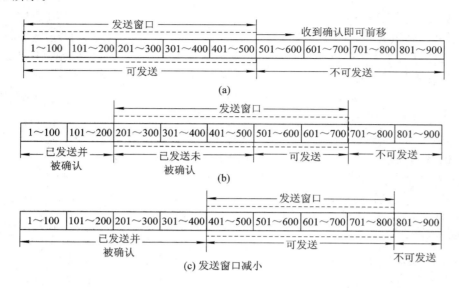

图 21.1.15　滑动窗口流量控制原理

在图 21.1.15 中，假设每次传输 TCP 报文段中的数据字段为 100 字节，初始发送窗口
的数据部分为 500 字节。若发送端发送 900 字节长度的数据，则可划分为 9 个报文段，每
报文段长度为 100 字节。

当发送完 5 个报文段后，对应于图 21.1.15(a) 中的数据 1～100、101～200、201～
300、301～400、401～500，若没有收到接收端的确认，则停止发送。

当收到了接收端对前两个 TCP 报文段确认，并且此时窗口大小不变时，发送窗口可前
移两个 TCF 报文段，即又可以发送两个报文段，对应于图 21.1.15(b) 中的数据 501～600、
601～700；接着又收到了发送方对两个 TCP 报文段(数据 201～300、301～400)的确认，但
接收端通知发送端则必须把窗口减小到 400 字节。现在发送端最多可发送 400 字节的数
据，即与图 21.1.15(b) 相比，发送窗口只能前移 1 个 TCP 报文段，又可发送 701～800 数
据的 TCP 报文段。

2）TCP 的拥塞控制

当大量数据进入网络或路由器时，将导致网络或路由器超载从而产生严重延迟，这种
现象称为拥塞。若一旦发生拥塞，路由器将丢弃数据报，导致重传，而大量重传又进一步
加剧拥塞，这种恶性循环将导致整个网络无法工作，即产生"拥塞崩溃"现象。

TCP 提供的有效拥塞控制措施是采用滑动窗口技术，通过限制发送端向网络输入报
文的速率，以达到控制拥塞的目的。

流量控制是在考虑接收端的接收能力的前提下，对发送端发送数据的速率进行控制，
从而提高通信效率。流量控制是点对点的控制。

拥塞控制既要考虑接收端的接收能力，又要考虑网络不发生拥塞，以控制发送端发送
数据的速率来提高网络的通信效率和网络的可靠性，它是与整个网络有关的控制。

TCP 是通过控制发送窗口的大小来进行拥塞控制的。设置发送窗口的大小时，既要考虑到接收端的接收能力，又要使网络不要发生拥塞，所以发送端的发送窗口应按以下方式确定：

$$发送窗口＝\min[通知窗口，拥塞窗口]$$

通知窗口就是接收窗口，接收端根据其接收能力来确定窗口值，是接收端的流量控制。接收端将通知窗口的值放在 TCP 报文段的报头中，传送给发送端。

拥塞窗口是发送端根据网络拥塞情况得出的窗口值，可对来自发送端的流量进行控制。拥塞窗口同接收窗口一样，也是动态变化的。

建立连接时，拥塞窗口初始化为该连接支持的最大 TCP 报文段 MSS 的数值，每当发出去的 TCP 报文段都能及时得到应答时，将拥塞窗口的大小增加至多一个 MSS 的数值，直至最终达到接收窗口的大小或出现超时。这种方法称为"慢启动"。一旦发现拥塞，TCP 将减小拥塞窗口。

TCP 发现拥塞的途径有两条：一条是来自 ICMP 的源抑制报文，另一条是通过报文丢失现象。TCP 采取成倍递减拥塞窗口的策略，以迅速抑制拥塞；一旦发现 TCP 报文段丢失，则立即将拥塞窗口大小减半。对于保留在发送窗口中的 TCP 报文段，根据规定的算法，按指数级后退并重传至定时器。

拥塞结束后，TCP 又采取"慢启动"窗口恢复策略，以避免迅速增加窗口大小造成的振荡。

另外，TCP 还附加一条限制：当拥塞窗口增加到原窗口大小的一半时，进入"拥塞避免"状态，以减缓增大窗口的速率。在拥塞避免状态下，TCP 在收到窗口中所有 TCP 报文段的确认后才将拥塞窗口加"1"。

# 21.2 IPv6 简介

## 21.2.1 IPv4 存在的问题及 IPv6 的特点

### 1. IPv4 存在的问题

当前 IPv4 主要面临的问题是地址即将耗尽。IPv4 地址紧缺的主要原因在于 IPv4 地址空间的浪费和过度的路由负担。IPv4 存在的问题具体表现在以下几个方面：

（1）IPv4 的地址空间太小。IPv4 的地址长度为 32 位，理论上最多可以支持 $2^{32}$ 台终端设备的互连，但实际互连的终端要比理论上少。随着接入 Internet 用户的爆炸式增长，会导致 IPv4 的地址资源严重不足。

（2）IPv4 分类的地址导致其利用率降低。由于 A、B、C 等地址类别的划分，浪费了大量的地址。

（3）IPv4 地址分配不均。由于历史的原因，美国一些大学和公司占用了大量的 IP 地址，造成了大量的 IP 地址浪费，而在互联网快速发展的国家却得不到足够的 IP 地址，由此导致互联网地址即将耗尽。到目前为止，A 类和 B 类地址已经用完，只有 C 类地址还有余量。

（4）IPv4 数据报的报头不够灵活。IPv4 所规定的报头选项是固定不变的，限制了它的使用。

为了解决 IPv4 存在的问题，推出了 IPv6，它从根本上消除了 IPv4 网络存在的地址枯竭和路由表急剧膨胀两大危机。

IPv6 继承了 IPv4 的优点，并根据 IPv4 多年来运行的经验进行了大幅度的修改和功能扩充，比 IPv4 处理性能更加强大、高效。与互联网发展过程中涌现的其他技术相比，IPv6 可以说是引起争议最少的一个。人们已形成共识，认为 IPv6 取代 IPv4 是必然的发展趋势，其主要原因是 IPv6 无限的地址空间。

**2. IPv6 的特点**

IPv6 与 IPv4 相比具有以下较为显著的特点：

（1）极大的地址空间。IP 地址由原来的 32 位扩充到 128 位，使地址空间扩大了 $2^{96}$ 倍，彻底解决了地址不足的问题。

（2）分层的地址结构。IPv6 支持分层地址结构，更易于寻址，而且扩展支持组播和任意播地址，使得数据报可以发送给任何一个或一组节点。

（3）支持即插即用。大容量的地址空间能够真正实现无状态地址自动配置，使 IPv6 终端能够快速连接到网络上，无须人工配置，实现了真正的自动配置。

（4）灵活的数据报报头格式。IPv6 数据报报头（首部）格式较 IPv4 有了很大的简化，有效地减少了路由器或交换机对报头的处理开销，同时加强了对扩展报头和选项部分的支持，并定义了许多可选的扩展字段，可以提供比 IPv4 更多的功能，既使转发更为有效，又对将来网络加载新的应用提供了充分的支持。

（5）支持资源的预分配。IPv6 支持实时视像等功能，保证了一定的带宽和时延的要求。

（6）认证与私密性。IPv6 保证了网络层端到端通信的完整性和私密性。

（7）方便移动主机的接入。IPv6 在移动网络方面有很多改进，具备强大的自动配置能力，简化了移动主机的系统管理。

## 21.2.2　IPv6 数据报格式

IPv6 数据报的格式如图 21.2.1 所示。

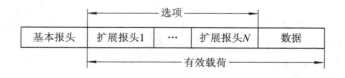

图 21.2.1　IPv6 数据报格式

由图 21.2.1 可以看出，IPv6 数据报包括报头（首部）和数据两部分。报头由基本报头和扩展报头两部分组成，扩展报头是选项。扩展报头和数据称为有效载荷。IPv6 基本报头的结构比 IPv4 简单，其中删除了 IPv4 报头中许多不常用的字段，或将其放在可选性报头中。IPv6 数据报报头的具体格式如图 21.2.2 所示。

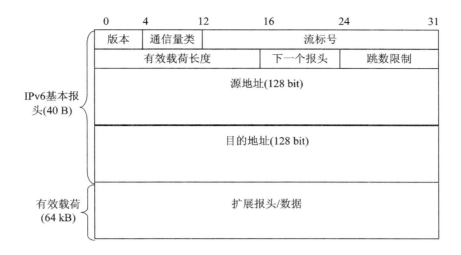

图 21.2.2　IPv6 报头的具体各式

**1. IPv6 基本报头**

IPv6 基本报头的长度共 40 B(Byte)，各字段的具体作用如下：

（1）版本：占 4 bit，指明协议的版本，对于 IPv6，该字段为 6。

（2）通信量类：占 8 bit，用于区分 IPv6 数据报不同的类型或优先级。

（3）流量号：占 20 bit，IPv6 支持资源分配机制。"流"是互联网上从特定源点到特定终点的一系列数据报，"流"所经过的路径上的路由器都保证指明的服务质量。所有属于同一个"流"的数据报都具有同样的流号。

（4）有效负荷长度：占 16 bit，用于指明 IPv6 数据报除基本报头外的字节数，最大值为 64 kB。

（5）下一个报头：占 8 bit，无扩张报头时，此字段同 IPv4 报头中的协议字段；有扩展时，此字段指出后面第一个扩展报头的类型。

（6）跳数：占 8 bit，用来防止数据报在网络中无限期存在。

（7）源地址：占 128 bit，为数据报发送端的 IP 地址。

（8）目的地址：占 128 bit，为数据报接收端的 IP 地址。

**2. IPv6 扩展报头**

IPv6 定义了 6 种扩展报头：逐跳选项、路由选择、分片、鉴别、封装安全有效载荷和目的站选项。

为了提高路由器的处理效率，IPv6 规定，数据报途中经过的路由器，除对逐跳选项扩展报头外，其他扩展报头都不进行处理，将扩展报头留给源节点和目的节点处理。

## 21.2.3　IPv6 地址体系结构

**1. IPv6 地址体系结构**

IPv6 地址体系结构如图 21.2.3 所示。

图 21.2.3　IPv6 地址体系结构

IPv6 将 128 bit 地址空间分为了类型前缀和其他两部分。

（1）类型前缀。该部分为长度可变的。它定义了地址的目的、如单播、多播地址，还是保留地址、未指派地址等。单播是指点对点通信；多播是指一点对多点的通信；任播是 IPv6 新增加的类型，任播的目的站是一组计算机，但数据报在交付时只交付给其中的一个，通常是距离最近的一个。

（2）第二部分是地址的其余部分，长度是可变的。

**2. 地址的表示方法**

1）冒号十六进制记法

冒号十六进制记法是 IPv6 地址的基本表示方法，每个 16 bit 的值用十六进制表示，各个值之间用冒号分割。

如某个 IPv6 的地址表示为

58F3：AB62：FH89：CG7F：0000：1279：000D：DCBAE

2）其他简单记法

（1）零省略。上例中，0000 的前 3 个 0 可省略，缩写为 0；000D 的前 3 个 0 可省略，缩写为 E，则上例可简写为

58F3：AB62：FH89：CG7F：0：1279：D：DCBAE

（2）零压缩。一连串连续的零可以用一对冒号所取代。例如，

C406：0：0：0：0：0：B25D

可以写成

C40 6：：B25D

（3）冒号十六进制值结合点分十进制的后缀。例如：

0：0：0：0：0：0：136.22.15. 8

需要注意的是，冒号所分隔的是 16 bit 的值，而点分十进制的值是 8 bit 的值。再使用零压缩即可得出：

136.22.15.8

（4）斜线表示法。IPv6 地址可以仿照 CIDR 的斜线记法。

例如，68bit 的前额（不是类型前缀）56DB8235000000009 可记为

56DB：8235：0000：0000：9000：0000：0000：0000/68

或

56DB：8235：：9000：0：0：0：0/68

或

56DB：8235：0：0：9000：：/68

# 21.3　路由器与 IP 通信的路由选择协议

## 21.3.1　路由器

IP 通信网是基于 TCP/IP 协议将世界范围内各种局域网、城域网和广域网等众多以计算机为数据终端的网络互联在一起的数据通信网，互联设备主要采用的是路由器。

**1. 路由器的作用**

路由器用于在网络层实现网络互联，以及网络层、链路层和物理层的协议转换。路由器在网络中的作用如图 21.3.1 所示。

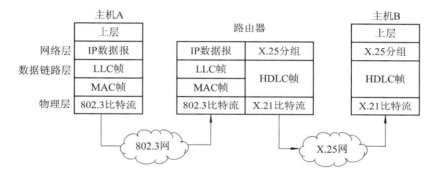

图 21.3.1　路由器在网络中的作用

在图 21.3.1 中，主机 A 是 IEEE802.3 网上的节点，其网络层协议采用 IP 协议，链路层的 LLC 子层采用 IEEE802.2 标准，MAC 子层和物理层采用 IEEE802.3 标准。主机 B 为分组交换网 X.25 网上的节点，其网络层协议采用 X.25 分组级协议，链路层采用 HDLC 协议，物理层采用 X.21 协议。IEEE802.3 网和 X.25 网之间通过路由器相连。

主机 A 的上层送下来的数据单元在网络层组装成 IP 数据报，在链路层的 LLC 子层将 IP 数据报加上 LLC 的报头组成 LLC 帧，再送往 MAC 子层，将 LLC 帧加上 MAC 的报头和报尾组成 MAC 帧，然后送往物理层以 IEEE802.3 比特流的信号传输，并到达路由器。路由器的左侧（即对应于路由器的输入端口）的物理层收到比特流，在链路层的 MAC 子层识别出 MAC 帧，利用 MAC 帧的报头和报尾完成相应的控制功能后，去掉 MAC 帧的报头和报尾后还原为 LLC 帧送给 LLC 子层，再在 LLC 子层去掉 LLC 报头还原为 IP 数据报送给网络层。在网络层去掉 IP 数据报报头后将数据部分送到路由器的右侧（对应于路由器的输出端口）的网络层，加上 X.25 分组报头构成 X.25 分组，X.25 分组下发到链路层加上 HDLC 上的报头和报尾组成 HDLC 帧，然后送到物理层以 X.21 比特流的信号传输到 X.25 网，并到达主机 B。由此可见，路由器的作用是实施了网络层、链路层和物理层的协议转换。

**2. 路由器的基本构成**

路由器是一种具有多个输入、多个输出端口的专用计算机，其任务是对传输的分组进行路由选择并转发分组。其基本结构如图 21.3.2 所示。

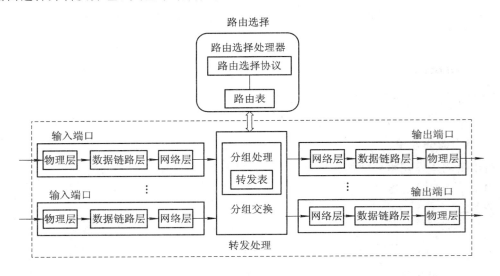

图 21.3.2　路由器的基本结构

路由器的基本结构可分为路由选择和转发处理两大部分。"转发"是路由器根据转发表将用户的分组从合适的端口转发出去。"路由选择"是按照某种路由选择算法，根据网络拓扑、流量等的变化情况动态地改变所选择的路由。路由表是根据路由选择算法计算出的，转发表是从路由表得出的。

（1）路由选择部分：主要由路由选择处理器构成，其功能是根据所采取的路由选择协议建立路由表，同时经常或定期地和相邻路由器交换路由信息而不断地更新和维护路由表。

（2）转发处理部分：主要由输入端口、输出端口和分组交换三部分构成。一个路由器的输入端口和输出端口集成在路由器的线路接口卡上。

输入端口和输出端口的功能逻辑上均包括了物理层、数据链路层和网络层的三层功能。输入端口将物理层收到的比特流经过物理层、数据链路层和网络层的处理后，送到网络层的队列中排队等待交换处理。

输出端口对分组交换传送过来的分组先进行缓存处理，然后经过数据链路层的处理，再交给物理层处理后发送到外部线路。

分组交换的作用是将分组从一个输入端口转移到某个合适的输出端口。

**3. 路由器的接口与功能**

路由器接口是将路由器连接到网络，可分为两类接口：第一类为局域网接口，主要包括以太网、令牌环、令牌总线、FDDI 等网络接口；第二类为广域网接口，主要包括 E1/T1、E3/T3、通用串行接口（可转换成 X.21、V.35、RS-232、RS-449 等）、ATM 接口、POS接口等网络接口。

路由器具有一些基本功能：选择最佳传输路由；转换 IP、TCP、UDP、ICMP 等互联网协议；控制流量和指示差错；分段和重新组装；提供网络管理和系统支持机制等。

路由器可用于同构、异构局域网之间的互联，也可用于局域网与广域网之间的互联，以及广域网和城域网之间的互联。

### 21.3.2　IP 通信的路由选择协议

#### 1. 路由选择算法及分类

路由选择算法即路由选择的方法或策略。若按照其能否随网络的拓扑结构或通信量自适应地进行调整变化进行分类，路由选择算法可分为静态路由选择算法和动态路由选择算法。

静态路由选择算法是一种非自适应路由选择算法，这是一种不测量、不利用网络状态信息，仅按照某种固定规律进行决策的简单的路由选择算法。静态路由选择算法的特点是简单和开销较小，但不能适应网络状态的变化。静态路内选择算法主要包括扩散法和固定路内表法等。

动态路内选择算法即自适应式路内选择算法，是依靠当前网络的状态信息进行决策，从而使路由选择结果在一定程度上适应网络拓扑与网络通信量的变化。动态路由选择算法的特点是能较好地适应网络状态的变化，但实现起来较为复杂，开销也比较大。动态路由选择算法主要包括分布式路由选择算法和集中式路由选择算法等。

分布式路由选择算法是每一节点通过定期地与相邻节点交换路由选择的状态信息来修改各自的路内表，使整个网络的路内选择经常处于一种动态变化的状况。

集中式路由选择算法是网络中设置一个节点，专门收集各节点定期发送的状态信息，然后由该节点根据网络状态信息动态地计算出每个节点的路由表，再将新的路由表发送给各个节点。

由于 IP 通信网的规模较大，为了路由选择的方便和简化，一般将整个网络划分为许多较小的区域，这种较小区域所组成的系统称为自治系统（AS）。每个自治系统内部采用的路内选择协议可以不同，自治系统根据自身的情况有权决定采用哪种路由选择协议。IP 路由选择协议具有自适应动态路由选择、分布式路由选择和自治路由选择等特点。IP 通信网路由选择协议可划分为如下两大类：

内部网关协议（IGP）：在一个自治系统内部使用的路由选择协议，具体协议有 RIP 和 OSPF 等。

外部网关协议（EGP）：使用不同的内部网关协议之间的两个自治系统采用该路由选择协议。目前使用最多的是 BGP－4。下面分别介绍几种常用的内部网关协议、外部网关协议。

#### 2. 内部网关协议

路由信息协议（RIP）是一种分布式的基于距离向量的路由选择协议，要求网络中的每一个路由器都要维护从自己到其他每一个目的网络的最短距离记录。RIP 协议中，"距离"也称为"跳数"，其定义为：从一个路由器到直接连接的网络的距离为 1；从一个路由器到非直接连接的网络的距离为所经过的路由器数加 1，即每经过一个路由器，跳数就加 1。

RIP 的"最短距离"指的是选择具有最少路由器的路由。RIP 允许一条路径最多只能包含 15 个路由器。"距离"的最大值为 16 时即相当于不可到达。

RIP 协议路由表中的主要信息是到某个网络的最短距离及应经过的下一跳路由器的地址。路由器在刚开始启动工作时,路由器仅知道到直接连接的网络的距离,此距离定义为 1。以后,每个路由器只和相邻路由器交换并更新路由信息,交换的信息是当前路由器所知道的全部信息,也就是包含本自治系统中所有网络的最短距离,以及沿此最短路径到每个网络应经过的下一跳路由器自己的路由表。路由表更新的原则是找出到达某个网络的最短距离。

网络中所有的路由器经过路由表的若干次更新后,最终都会知道到达本自治系统中任何一个网络的最短距离和哪一个路由器是下一跳路由器。另外,为了适应网络拓扑等情况的变化,路由器应按固定的时间间隔交换路由信息,以及时修改更新路由表。路由器之间采用 RIP 报文交换并更新路由信息。

开放最短路径优先协议 OSPF 是一种分布式的链路状态协议,其中的"链路状态"概念用来说明本路由器都和哪些路由器相邻;"度量"的概念用来表示该链路距离、时延、费用等参数。

OSPF 协议使用洪泛法向本自治系统中的所有路由器发送信息,即每个路由器向所有其他相邻路由器发送信息。所发送的信息就是与本路由器相邻的所有路由器的链路状态。只有当链路状态发生变化时,路由器才用洪泛法向所有路由器发送此信息。各路由器之间频繁地交换链路状态信息,所有的路由器最终都能建立一个链路状态数据库,它与全网的拓扑结构图相对应。每一个路由器使用链路状态数据库中的数据可构造出自己的路由表。OSPF 协议还规定每隔一段时间要刷新一次数据库中的链路状态,以确保状态数据库的同步,即确保每个路由器所具有的全网拓扑结构图都是一样的。

OSPF 协议支持三种网络的连接,即两个路由器之间的点对点连接、具有广播功能的局域网、无广播功能的广域网。

**3. 外部网关协议**

边界网关协议(BGP)是不同自治系统的路由器之间交换路由信息的协议,它是一种路径向量路由选择协议。BGF 协议的路由度量值可以是一个任意单位的数,它指明了某一个特定路径中供参考的程度;其参考的程度可以基于任何数字准则,如最终系统计数、数据链路的类型及其他一些因素。

由于 IP 网络规模庞大,自治系统之间的路由选择非常复杂,要寻找最佳路由不容易实现,而且,自治系统之间的路由选择还要考虑一些与政治、经济和安全有关的策略。所以 BGP 与内部网关协议 RIP 和 OSPF 不同,它只能是力求寻找一条能够到达目的网络且比较好的路由,而并非要寻找一条最佳路由。

# 本 章 小 结

IP 通信网就是以 Internet 为承载网络的"综合业务网",可以狭义地认为 IP 通信就是 Internet。

TCP/IP 协议是 Internet 的核心。Internet 上的每个参与通信的数据终端是计算机，它们之间可以最大限度地共享各种硬件资源和信息资源。Internet 的特点是开放性好，对用户和开发者限制较小，网络对用户是透明的，用户不需要了解网络底层的物理结构；Internet 的接入方式非常灵活，任何计算机只要遵守 TCP/IP 协议均可接入。

TCP/IP 仅有四层，网络接口层对应 OSI 参考模型的物理层和数据链路层；网络层对应 OSI 参考模型的网络层；运输层对应 OSI 参考模型的运输层；应用层对应 OSI 参考模型的 5、6、7 层。应注意的是，TCP/IP 模型并不包括物理层，网络接口层下面是物理网络。

IP 是网络层的核心协议，IP 协议的主要特点为：仅提供不可靠、无连接的数据报传送服务；IP 协议是点对点的，所以要提供路由选择功能；IP 地址的长度为 32 bit，IP 地址分为五类，即分为 A～E 类。

TCP/IP 协议模型的运输层定义了两个并列 TCP、UDP 协议。UDP 提供了不可靠的无连接的数据传输，适于高效率、低延迟的网络环境，可为用户提供高效的数据传输。在不需要 TCP 全部服务的时候，可以用 UDP 代替 TCP。

TCP 协议是 Internet 中最重要的协议之一，它提供了协议端口来保证进程通信的正常运行，提供了面向连接的全双工数据传输，保证了通信的可靠性。TCP 的数据通信需要经历连接建立、数据传送和连接释放三个阶段。

IPv6 与 IPv4 相比具有极大的地址空间、分层的地址结构、支持即插即用、灵活的数据报报头格式、支持资源的预分配、认证与私密性、方便移动主机的接入等特点。

# 习 题 与 思 考

21-1　Internet 的特点有哪些？

21-2　试画图说明 TCP/IP 模型与 OSI 参考模型的对应关系。

21-3　简述 TCP/IP 模型各层的主要功能及协议。

21-4　某 IP 地址为 10001011 01010110 00001101 001000011，将其用点分十进制表示，并说明是哪一类 IP 地址。

21-5　某网络的 IP 地址为 181.27.0.0，子网掩码 255.255.240.0，试求子网地址、主机地址各占多少位？若子网和主机的全为 0 及全为 1 的地址均不采用，则此网络最多能容纳的主机总数为多少？

21-6　某主机的 IP 地址为 90.28.20.8，子网掩码为 255.248.0.0，试求此主机所在的子网地址。

21-7　150.56.85.0/22 表示的 CIDR 地址块共有多少个地址？此地址块的最小地址和最大地址分别是什么？

21-8　试求 150.56.85.0/22 地址块的掩码，并将其表示成点分十进制形式。

21-9　简述用户数据报协议（UDP）和传输控制协议（TCP）的特点。

21-10　简述 TCP 是如何进行拥塞控制的。

21-11　路由器是由哪些部分组成的？路由器的基本功能有哪些？路由器的用途有哪些？

21－12　Internet 的路由选择协议可分为哪几类?

21－13　RIP 协议的优缺点有哪些?

21－14　IPv6 与 IPv4 相比具有哪些优势?

# 第5篇　无线移动通信技术

　　无线通信是采用电磁波作为信息承载工具的一种通信方式。由于电磁波可以在自由空间中传播，无需各种有线媒质传输的限制，所以无线通信方式是一种非常便捷的通信方式，可以实现任何时间、任何地点、与任何人进行通信。随着无线通信技术的发展，通信的业务也呈现出多种方式，使得人们之间的通信彻底实现了自由的互联和互通。在这中间，无线通信发挥了自由通信的作用。同样，在物联网中，无线通信不但承担了感知层的短距离通信的任务，同时还发挥了接入和传送的重要作用。本篇将介绍无线移动通信技术，主要包括GSM移动通信、CDMA通信技术以及3G移动通信技术。

# 第 22 章　传播特性及多址技术

## 22.1　无线电波传播的方式及其特点

### 22.1.1　无线电波的边界效应

无线电波是一种能在自由空间传播的电磁波。无线电波是以能量的形式在空间中传播的，其传播速度与空间中的媒质有关，当在不同媒质的分界面传播时，电磁波会产生以下边界效应：

（1）反射。当无线电波碰到的障碍物的几何尺寸大于其波长时，会发生反射。反射可能发生在地球表面，也可能发生在建筑物墙壁或其他大的障碍物表面。多个障碍物的多重反射会形成多条传播路径，造成多径衰落。

（2）折射。当无线电波穿过一种媒质进入另一种媒质时，传播速度不同会造成路径偏转，即发生折射。

（3）绕射。当无线电波在传播过程中被障碍物的尖利边缘阻挡时会发生绕射（物理中也称为衍射）。无线电波的波长越长，绕射能力越强，但是当障碍物的尺寸远大于电波波长时，绕射就会变弱。

（4）散射。无线电波在传播过程中遇到尺寸小于其波长的障碍物且障碍物的数目又很多时，将会发生散射。散射波产生于粗糙表面、小物体或其他不规则物体，在实际环境中，雨点、树叶、微尘、街道路标、路灯杆等都会引起散射。散射会造成能量的散射，形成电波的损耗。

另外，由于能量的扩散与媒质的吸收，传输距离越远，信号强度越小。

### 22.1.2　无线电波传播的方式

无线电波传播的方式是指无线电波从发射点到接收点的传播路径，主要有地波传播、天波传播、空间波传播、对流层传播、外层空间传播等方式。

#### 1. 地波传播方式

地波传播是指电磁波沿地球表面到达接收点的传播方式。电波在地球表面上传播，地面上有高低不平的山坡和房屋等障碍物，根据波的衍射特性，只有当波长大于或相当于障碍物的尺寸时，波才能明显地绕过障碍物。地面上的障碍物一般不太大，长波、中波和中短波均能绕过，而短波和微波由于波长过短，在地面上不能绕射，只能按直线传播。

地波的传播比较稳定，不受昼夜变化的影响，而且能够沿着弯曲的地球表面达到地平线以外的地方。但地球是个良导体，地球表面会因地波的传播引起感应电流，地波在传播过程中有能量损失，而且频率越高，损失的能量就越多，因此中波和中短波的传播距离不长，一般在几百千米范围内，可用于进行无线电广播。长波沿地面传播的距离要远很多，但发射长波的设备庞大、造价高，因此长波很少用于无线电广播，多用于超远程无线电通信和导航等。

**2. 天波传播方式**

天波传播就是自发射天线发出的电磁波进入高空被不均匀的电离层反射后到达接收端的传播方式，无线电波信号一般要经多次反射后才能到达接收端。

电离层对于不同波长的电磁波表现出不同的特性，实验证明，波长短于 10 m 的微波能穿过电离层，波长超过 3000 km 的长波几乎会被电离层全部吸收。对于中波、中短波、短波，波长越短，电离层对它吸收越少而反射越多。因此，短波最适宜以天波的形式传播，它可以被电离层反射到几千千米以外。但是，电离层是不稳定的，白天受阳光照射时电离程度高，夜晚电离程度低，因此电离层在夜间对中波和中短波的吸收减弱，这时中波和中短波也能以天波的形式传播。

**3. 空间波传播方式**

当发射天线和接收天线架设得较高时，在视距范围内，电磁波既可以直接从发射天线传播到接收天线，也可以经地面反射到达接收天线，因此，接收天线处的场强是直射波和反射波的合成场强，直射波不受地面影响，而反射波则要受到反射点地质、地形的影响。

空间波在大气的底层传播，传播的距离受地球曲率的影响，收、发天线之间的最大距离被限制在视距范围内，若将天线架设在高大建筑物或山顶上，则可以有效地延伸空间波的传播距离，同时还可以利用微波中继站来实现更远距离的通信。空间波在传播过程中除了受地形地物影响外，还受低空大气层（即对流层）的影响。

**4. 对流层传播方式**

距离地面大约 10 km 以内的大气层称为对流层。由于对流层中大气温度、压力和湿度的变化使得大气介电常数随高度而改变，当电波通过这些不均匀的大气层时就会经过反射、折射和散射到达接收天线。对流层传播较之电离层传播的应用更为广泛，超短波和微波均可采用对流层传播方式实现远距离传播。

**5. 外层空间传播方式**

外层空间传播是指电磁波在对流层、电离层以外的外层空间进行传播的一种方式，主要用于卫星或以星际为对象的通信中，以及用于空间飞行器的搜索、定位、跟踪等。由于电磁波传播的距离很远，且主要是在大气以外的宇宙空间内进行，而宇宙空间又近似于真空状态，因此电波在其中传播时，传输性能比较稳定。在外层空间传播的电磁波又称直达波，沿直线传播。

## 22.1.3 无线电波传播的特点

根据无线电波的波长可将其分为长波、中波、短波、超短波和微波，它们具有以下传播特点：

（1）长波。长波的波长很长，地面的起伏和其他参数的变化对长波传播的影响可以忽略。在通信距离小于 300 km 时，到达接收点的电波基本上是地波。长波穿入电离层的深度很浅，受电离层变化的影响很小，电离层对长波的吸收也很小，因此长波的传播比较稳定。

虽然长波通信在接收端的场强非常稳定，但存在着对其他无线电台干扰严重以及受雷电影响比较严重的两个缺点。

（2）中波。中波能以地波或天波的形式传播。中波由于频率较长波高，故需要在比较深入的电离层处才能发生反射。

（3）短波。与长、中波一样，短波可以靠地波和天波传播。由于短波频率较高，地面吸收效强，用地面波传播时衰减很快。一般情况下，短波的地波传播距离只有几十千米，不适用于远距离通信和广播。与地波相反，天波在电离层中的损耗却随着频率的增高而减小，因此可利用电离层对天波的一次或多次反射进行远距离无线通信。

（4）超短波和微波。超短波和微波的频率很高，地波衰减很大，电波穿入电离层很深，甚至不能反射回来，因此超短波和微波一般不采用地波和天波的传播方式，而只能采用空间波、外层空间等传播方式。超短波和微波由于频带很宽，因此应用很广泛。超短波广泛用于电视、调频广播、雷达等方面。利用微波通信时，可以同时传送几千路电话或几套电视节目而互不干扰。

超短波和微波在传播特点上有一些差别，但基本上是相同的，主要是可在低空大气层进行视距传播，因此，为了增大通信距离，通常需要把天线架高。

# 22.2　无线电波的传播损耗及效应

## 22.2.1　路径衰耗与慢衰落

无线电波在传播过程中，无线信号存在路径衰耗、慢衰落和快衰落三种衰耗。

### 1. 路径衰耗

路径衰耗是指电磁波直线传播的损耗，包括在自由空间中传播时与距离的幂次方成反比的固有衰耗以及散射和吸收等导致的衰耗等。

### 2. 慢衰落

无线电波在传播路径上遇到起伏的地形、建筑物和高大的树木等障碍物时，会在障碍物的后面形成电波的阴影。接收机在移动过程中通过不同的障碍物和阴影区时，接收天线接收到的信号强度会发生变化，造成信号衰落，这种衰落称为阴影衰落，由阴影引起的衰落是缓慢的，因此又称为慢衰落。慢衰落反映了百米波长量级内接收电平的均值变化而产生的损耗，一般服从对数正态分布。慢衰落的衰落速率与工作频率无关，只与周围地形、地物的分布、高度和物体的移动速度有关。

### 3. 快衰落

快衰落主要是由多径传播而产生的衰落。由于移动体周围有许多散射、反射和折射体，它们引起信号的多径传输，使到达的信号之间相互叠加，其合成信号幅度表现为快速的起伏变化。快衰落反映了十米级波长量级接收电平的均值变化而产生的损耗，其变化率比慢衰落快，因此称为快衰落。

快衰落的幅度一般服从瑞利分布，由于快衰落表示的是接收信号的短期变化，因此又称为短期衰落。快衰落可进一步划分为时间选择性衰落、频率选择性衰落和空间选择性衰落三类。

（1）时间选择性衰落：快速移动在频域上产生多普勒效应而引起频率扩散，在不同的时间衰落特性也不一样，因此在相应的时域上其波形产生了时间选择性衰落。克服时间选择性衰落最有效的方法是采用信道交织编码技术，即将由于时间选择性衰落带来的大突发性差错信道改造成为近似于独立的加性高斯白噪声（Additive White Gaussian Noise，AWGN）信道。

（2）频率选择性衰落：不同的频率衰落特性不一样，从而引起延时扩散，它是信道在时域的延时扩散而引起的频域上的选择性衰落。克服频率选择性衰落最有效的方法有自适应均衡、OFDM 及 CDMA 系统中的 RAKE 接收等技术。

（3）空间选择性衰落：不同地点、不同传输路径的衰落特性也不同，它是由开放型的时变信道使天线的波束产生扩散而引起的空间上的选择性衰落。克服空间选择性衰落最有效的方法是空间分集和其他空域处理方法。

## 22.2.2　传输效应

电磁波在无线信道上传播时，对接收端而言，无线信号将产生以下几种效应：

（1）阴影效应。在移动通信中，移动台运动过程中，由于大型建筑物和其他物体对无线电波传播路径的阻挡而在传播接收区域上形成半盲区，从而形成电磁场阴影。这种随移动台位置的不断变化而引起的接收端场强的起伏变化称为阴影效应，阴影效应是产生慢衰落的主要原因。

（2）多径效应。多径效应是指由多条路径传播引起的干涉延时效应。由于各条传播路径会随时间发生变化，因此参与干涉的各分量场之间的相互关系也会随时间而变化，从而引起合成波场强随机变化的现象，最终造成总的接收场强的衰落。因此多径效应是衰落的重要成因，对于数字通信、雷达最佳检测等都有着十分严重的影响。

（3）远近效应。在移动通信中，由于接收用户的随机移动性，移动用户与基站间的距离也是在随机变化。若各用户发射功率相同，那么到达基站的信号强弱不同，离基站近时信号强，离基站远时信号弱。通信系统的非线性则进一步加重，出现强者更强、弱者更弱和以强压弱的现象，通常称这类现象为远近效应。由于 CDMA 是一个自干扰系统，所有用户使用同一频率，因此远近效应更加突出。

（4）多普勒效应。无线电波收、发终端之间存在沿它们二者径向的相对运动时，会产生接收端收到的信号频率相对于发送端发生变化的现象，这种现象称为多普勒效应。由多普勒效应产生的附加频率变化量称为多普勒频移，如图 22.2.1 所示。

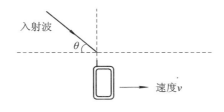

入射波

$\theta$

速度 $v$

图 22.2.1　多普勒效应示意图

多普勒效应引起的多普勒频移可表示为

$$f_d = \frac{v}{\lambda} \cos\theta \qquad (22.2.1)$$

式中，$f_d$ 为多普勒频移，$v$ 为移动台（接收端）的移动速度，$\lambda$ 为电波的波长，$\theta$ 为入射波的夹角。

# 22.3　传播路径损耗模型

无线电波在传播过程中会产生能量损耗，在确定无线通信系统的实际通信距离、覆盖范围和无线电干扰影响范围时，传播损耗是非常重要的参数。该参数对于无线通信系统的设计、保证无线电通信的质量等具有非常重要的作用。

理论上，在自由空间，无线电波直线传播的损耗大小与传播距离的幂次方和电波的频率有关。在实际应用中，还要考虑在传播路径上存在的各种影响，如电离层、山川湖波、地面建筑、植被以及地球曲面的影响等。在研究电波传播特性时，一般用数学模型来描述。以下介绍几种传播路径损耗模型。

## 22.3.1　自由空间传播模型

电磁波在真空中的传播称为自由空间传播，此时的传输媒质为各向同性均匀的真空，此时产生的传输衰耗是由能量扩散所引起的。通常可以把大气看成为近似真空的均匀介质，可以等效为自由空间传播，它只与波长和距离有关。

假设电磁波在发射端以球面波辐射，则接收点处的功率 $P_r$ 满足 Friis 自由空间传播公式，即

$$P_r = \frac{P_t G_t G_r}{\left(\frac{4\pi d}{\lambda}\right)^2} \qquad (22.3.1)$$

式中，$P_t$ 为发射端的发射功率，$G_t$、$G_r$ 分别为发射天线和接收天线的增益；$\lambda$ 为无线电波的波长；$d$ 为收发端之间的距离。若用分贝（dB）表示，则传播损耗为有效发射功率与接收功率之间的差值，即

$$L = 10 \lg \frac{P_t}{P_r} = -10 \lg \frac{G_t G_r}{\left(\frac{4\pi d}{\lambda}\right)^2} \ (\text{dB})$$

当 $G_t G_r = 1$ 时，即天线具有单位增益时，则有

$$L = -20 \lg \frac{\lambda}{4\pi d} \ (\text{dB})$$

由于 $\lambda = \frac{c}{f}$，$c$ 为光速（$c = 3 \times 10^8$ m/s），则上式可改写为

$$L = -20 \lg \frac{c}{4\pi f d} = 32.44 + 20 \lg f + 20 \lg d \ (\text{dB}) \qquad (22.3.2)$$

由式（22.3.2）可见，距离增加，则传输损耗增大；频率越高，则损耗越大。

实际中，由于移动通信系统分布于很不规则的地区，电磁波的传播环境非常复杂，在估算传播路径损耗时，必须对不同的频段采用不同的电波传播模型，室内和室外电波传播环境也有很大的不同，因此选用的模型也有很大的差异。

室外传播模型主要考虑各种地形、植被、建筑物分布等的影响,主要有 Longley‑Rice 模型、Okumura 模型、Hata 模型等。室内无线信道模型具有不同的特征,会受到天线安装位置、建筑物的布局和材料、建筑物内门窗开关状态等因素的影响。通常,室内信道分为视距(LOS)和阻挡(OBS)两种模型,常用的室内模型有对数距离路径损耗模型、衰减因子模型等。

## 22.3.2　室外传播模型

### 1. Longley‑Rice 模型

Longley‑Rice 模型为预测不同种类地形中点对点无线通信信号的模型,适用频率范围为 400 MHz~100 GHz。可用软件来实现该模型,用来计算电波传播通过不规则地形、频率在 20 MHz~10 GHz 之间的传输损耗。对于给定的传播路径,软件以传输频率、路径长度、垂直极性或水平极性、天线高度、表面绕射、地球有效半径、地面导电性和气候作为参数,同时也需要天线水平线距离、水平倾斜角、倾斜交叉水平距离、地形不规则性和其他特定参数。

Longley‑Rice 模型有两种方式:一种是点到点预测方式,若可以获取详细的地形、地貌数据,就能很容易地确定特定路径参数;另一种是区域预测方式,若不能获取地形、地貌数据,则用 Longley‑Rice 方法估计特定路径参数。此外,该模型还有很多改进修正方法。

### 2. Okumura(奥村)模型

Okumura(奥村)模型是一个统计模型,可广泛应用在区域无线信号的预测方面,适用的频率范围为 150~1920 MHz,适用距离为 1~100 km,要求的天线高度为 30~1000 m,则传播路径损耗的中值 $L_{50}$ 为

$$L_{50} = L_F + A_{mu}(f, d) - G(h_{te}) - G(h_{re}) - G_{AREA} \qquad (22.3.3)$$

式中,$L_F$ 为自由空间的传播损耗,$A_{mu}$ 为相对于自由空间的衰耗,$G_{AREA}$ 为环境增益,$G(h_{te})$ 和 $G(h_{re})$ 分别表示基站天线和移动台天线的高度增益因子,表示为

$$G(h_{te}) = 20 \lg \frac{h_{te}}{200} (30 \text{ m} < h_{te} < 1000 \text{ m}) \qquad (22.3.4)$$

$$G(h_{re}) = \begin{cases} 10 \lg\left(\dfrac{h_{re}}{3}\right) & (h_{re} \leqslant 3 \text{ m}) \\ 20 \lg\left(\dfrac{h_{re}}{3}\right) & (3 \text{ m} < h_{re} < 10 \text{ m}) \end{cases} \qquad (22.3.5)$$

该模型完全建立在测试数据基础上,在进行场强预测时需要查对各种图表,并且在很多情况下需要通过外推曲线来获得测试范围以外的值,因而不适用于地形变化太剧烈的地区。

### 3. Hata 模型

将 Okumura 模型中用曲线表示的数据归纳为公式就得到了 Hata 模型,该模型以市区传输损耗为标准,其他地区在此基础上进行修正,适用的频率范围为 150~1920 MHz。传播路径损耗的中值 $L_{50}$ 为

$$L_{50} = 69.55 + 26.16 \lg f_c - 13.82 \lg h_{te} - \alpha(h_{re}) + (44.9 - 6.55 \lg h_{te}) \lg d$$

$$(22.3.6)$$

式中，$f_c$为信号的载波频率，$d$ 为以 km 为单位的收发天线间的距离，$\alpha(h_{re})$ 为移动台天线的校正因子。

### 22.3.3　室内传播模型

#### 1. 对数距离路径损耗模型

在对数距离路径损耗模型中，传播路径损耗的公式为

$$L(d) = L(d_0) + 10n\lg\left(\frac{d}{d_0}\right) + X_\sigma \qquad (22.3.7)$$

式中，$d_0$为参考点，$L(d_0)$为参考点处的自由路径损耗，$n$为平均路径损耗指数，该指数与周围环境和建筑物类型有关，$X_\sigma$为正态分布的随机变量。

#### 2. 衰减因子模型

衰减因子模型灵活性强且精度高，理论预测值与实际测量值的标准偏差为 4 dB，其传播路径损耗公式为

$$L(d) = L(d_0) + 10n_{SF}\lg\left(\frac{d}{d_0}\right) + FAF \qquad (22.3.8)$$

式中，$n_{SF}$表示同一层的路径损耗因子，FAF 为不同层的路径损耗附加值。

## 22.4　无线通信中的多址技术

在无线通信时，收发双方一般采用一个信道进行通信，这个信道可以是两个不同的频段，也可以是一个频段。若采用双工通信方式，则采用两个不同频段为收发双向传输信道；若采用单工通信方式，则可采用一个频段进行收发双向通信。

由于无线频谱资源是有限的且需要通信的用户非常多，当所有用户都单独使用一个信道通信时，无线频谱资源将不能满足要求，因此，需要采用多个用户共享一个或多个无线频谱资源。多个用户共享无线频谱资源的方式就是无线通信的多址通信方式，也称为多址技术。

多址问题可以认为是一个滤波问题。许多用户可以同时使用同一频谱，然后采用不同的滤波和处理技术，使不同用户的无线信号互不干扰地被分别接收和解调。

多址技术的数学基础是信号的正交分割原理，即在发送端对信号进行适当的设计，使无线通信系统中各用户的信号有所差别，而接收端则具有信号识别能力，能从混合信号中选择出自己所需的信号。

一个无线电信号可以用若干个参量来表示，最基本的是信号的频率、信号出现的时间和信号所处的空间，信号之间的差别可集中反映在信号参量上。在无线通信中，信号的分割和识别可利用信号的任一种参量来实现。考虑到实际存在的噪声和其他因素的影响，最有效的分割和识别方法是设法利用某些信号所具有的正交性来实现多址连接。

目前，在无线通信中应用的多址技术有频分多址（FDMA）、时分多址（TDMA）、码分多址（CDMA）、空分多址（SDMA）以及它们的混合应用方式等。这几种多址方式在频率、时间、空间和码空间的分布如图 22.4.1 所示。

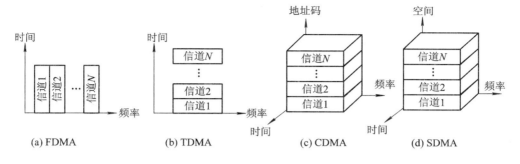

图 22.4.1　四种多址方式空间分布图

## 22.4.1　频分多址与时分多址技术

频分多址与时分多址是常用的多路通信技术，在有线通信中的早期应用非常广泛。包括 PDH 和 SDH 在内的 PCM 通信是典型的时分多址技术。

**1. 频分多址（FDMA）**

FDMA 是以传输信号载波频率的不同来区分信道建立多址接入的方式。FDMA 将通信系统的总频段划分为若干个等间隔的频道分配给不同的用户使用，这些频道互不重叠。FDMA 以频率来区分信道，因此频道就是信道。模拟信号和数字信号都可以采用 FDMA 方式传输，早期的模拟蜂窝移动通信采用的就是这种多址方式，现代数字移动通信一般不单独采用这种方式，更多的是将其与其他多址方式结合在一起使用。

**2. 时分多址（TDMA）**

TDMA 是以传输信号存在的时间不同来区分信道建立多址接入的方式。TDMA 是在一个带宽的无线载波上将时间分割成周期性的帧，每帧再分割成若干个时隙，每个时隙就是一个通信信道，根据一定的时隙分配原则使各个用户在每帧内指定的时隙发送信号，在满足定时和同步的条件下，接收端可以分别在各时隙中接收各用户发送的信号而互不干扰。

## 22.4.2　码分多址技术

码分多址（CDMA）是以传输信号的码型不同来区分信道建立多址接入的方式。其原理是基于扩频技术的，即将需传送的具有一定信号带宽信息数据用一个带宽远大于信号带宽的高速伪随机码进行调制，使原数据信号的带宽被扩展，再经载波调制并发送出去。接收端使用完全相同的伪随机码与接收的带宽信号做相关处理，把宽带信号换成原信息数据的窄带信号，即解扩，以实现信息通信。CDMA 是利用地址码的正交性来实现多址通信的，但通常可根据扩频的不同实现方法将 CDMA 分为直接扩频、跳频、跳时及混合扩频等技术。

**1. 直接扩频（DS - CDMA）**

直接扩频技术也称为直接序列码分多址（DS - CDMA）技术，是一种应用非常广泛的扩频技术。它在第二代移动通信（2G）中已经得到了成功应用，而且还是第三代移动通信（3G）的核心技术，在 IMT - 2000 的众多标准中，大部分都采用了 DS - CDMA。此外，在军事通信和卫星通信中，DS‐CDMA 也得到了广泛的应用。

实际上，DS‐CDMA 是依据香农定理的理论发展起来的，即在信号平均功率受限的白噪声信道中，系统信息传输速率的极限 $C(b/s)$ 与信道带宽 $B(Hz)$、信噪比 $S/N$ 间存在如下关系：

$$C = B \lg\left(1 + \frac{S}{N}\right) \tag{22.4.1}$$

式 (22.4.1) 表明：在所需最高传输速率 $C$ 不变的情况下，通过码调制来展宽带宽 $B$ 可以在信噪比很低的情况下实现可靠通信。

基于上述理论，DS‐CDMA 通过将携带信息的窄带信号与高速地址码信号相乘而获得宽带扩频信号。接收端需要用与发送端同步的相同地址码信号去解扩，从而实现扩频通信。

**2. 跳频码分多址 (FH‐CDMA)**

FH‐CDMA 在军事抗干扰通信中是一种常见的通信方式。其基本原理是优选一组正交的地址/扩频跳频码，为每个用户分配一个唯一的跳频码，并用该跳频码控制信号载频在一组分布较宽的跳频集中进行跳变。

实际上，可以简单地将 FH‐CDMA 看做是一种由跳频码控制的多进制频移键控 (MF‐SK)。

**3. 跳时码分多址 (TH‐CDMA)**

TH‐CDMA 主要用在军事通信领域。与 FH‐CDMA 不同，它用一组正交跳时码控制各个用户的通信信号在一帧时间内的不同位置进行伪随机跳变，因此，TH‐CDMA 可以看做是一种由伪随机码控制的多进制脉位调制 (MPPM)。

**4. 混合码分多址 (HCDMA)**

HCDMA 是指 CDMA 之间或 CDMA 与其他多址方式之间混合使用的多址方式，以达到克服单一多址方式使用的弱点，从而获得优势互补的效果。组合的具体方式多种多样。

CDMA 各个方式之间的常用组合形式有跳频与跳时相结合的 FH/TH‐CDMA、跳频与直接序列相结合的 FH/DS‐CDMA、跳时与直接序列相结合的 TH/DS‐CDMA。CDMA 与其他多址方式的组合形式有 FDMA 与 DS‐CDMA 相结合的 FD/DS‐CDMA、TDMA 与 DS‐CDMA 相结合的 TD/DS‐CDMA 以及 TDMA 与 FH‐CDMA 相结合的 TD/FH‐CDMA 等。

## 22.4.3　空分多址技术及随机接入多址技术

**1. 空分多址 (SDMA)**

SDMA 技术的原理是利用用户的地理位置不同，在与用户通信的过程中采用天线的波束成形技术，使不同的波束方向对准不同的用户，达到多用户共享频率资源、时间资源和码资源的目的。一般来说，SDMA 通常都不是独立的，而是与其他多址方式结合使用的，也就是说对于处于同一波束内的不同用户，需要对 FDMA、TDMA 或 CDMA 等多址方式加以区分。

**2. 随机接入多址**

采用无线通信进行数据的传输和交换时，大多采用采用随机接入多址技术，以适应数据业务的非实时性、分组性和突发性的业务特点。在随机接入多址方式中，每个用户可以随意发送信息，如果发生碰撞，则采用相应的退避算法重发，直至发送成功。

随机接入多址方式有纯 ALOHA（P-ALOHA）、时隙 ALOHA（S-ALOHA）、预约 ALOHA（R-ALOHA）方式等。

1）P-ALOHA

P-ALOHA 方式又称为"经典 ALOHA"方式，是一种完全随机的多址方式，不需要定时和同步，用户根据其需要向公用信道发送信息，若发生信息碰撞，则退避随机时间后再重新发送。P-ALOHA 的信道利用率不是很高，其最大信道利用率为 18.4%，并且会出现不稳定的现象，因此需要进一步改进和提高。

2）S-ALOHA

S-ALOHA 是一种同步的随机多址方式，将时间分成许多等间隔的时隙，将各站点对应一个时隙，所发送的信息放在各自的时隙里。时隙的定时由系统时钟来决定，各站点的发送控制设备必须与该时钟同步。由于 S-ALOHA 方式不是随机发送信息，因此减小了相互之间的碰撞，提高了信道的利用率，使信道的最大利用率提高到了 36.8%。因为该方式需要全网定时和同步，所以增加了系统的复杂性。

3）R-ALOHA

R-ALOHA 是在 S-ALOHA 的基础上考虑到系统内各站点业务量不均匀现象而提出的，其目的是为了解决长、短报文的兼容问题。R-ALOHA 的基本原理是对于发送数据量较大的站点，在它提出预约申请后，将用较长的分组在预约的对隙中进行发送。对于短报文，则仍然使用非预约的 S-ALOHA 方式进行传输。这样既解决了长报文时的延迟问题，又保留了 S-ALOHA 传输短报文时信道利用率高的优点。

# 22.5 无线抗衰落及抗干扰技术

## 22.5.1 分集技术

分集技术是充分利用多径信号的能量来改善传输性能的技术。其基本思想是利用多条具有近似相等的平均信号强度和相互独立衰落特性的路径传输相同的信号，在接收端对这些信号进行处理，以降低多径衰落引起的接收电平的起伏波动影响，从而提高传输的可靠性。

分集技术分为两部分内容，即分离技术和接收合并技术。通过分离与合并来提高接收端的信噪比，从而获得分集增益。

为了在接收端得到相互独立的路径，可以通过空域、时域和频域等方法来实现，具体的实现方法有以下几种：

（1）空间分集：也称天线分集，是移动通信中应用较多的分集形式。其原理是采用多副接收天线来接收信号，然后进行合并。为了保证接收信号的衰落特性不相关，要求天线之间的距离足够大，在理想情况下，接收天线之间的距离只要波长的一半即可。

（2）时间分集：将同一信号在不同时间区间多次重发，只要各次发送时间间隔足够大，就可以得到多条衰落特性独立的分集支路。时间分集利用位于不同时间区间的信号经过衰落信道后在统计上的互不相关特性，来实现抗时间选择性衰落的功能。

（3）频率分集：采用两个或两个以上具有一定频率间隔的微波频率同时发送和接收同一信号，然后进行合成或选择。频率分集利用位于不同频段的信号经衰落信道后在统计上的不相关特性，来实现抗频率选择性衰落的功能。

（4）极化分集：在移动环境下，两副在同一地点、极化方向相互正交的天线发出的信号呈现不相关的衰落特性，利用这一特点，在发射端和接收端各安装两副天线，即水平极化天线和垂直极化天线，这样就可以得到两路衰落特性不相关的信号。

（5）角度分集：由于地形、地貌、接收环境的不同，使得到达接收端的不同路径的信号可能来自不同的方向，这样在接收端可以采用方向性天线，分别指向不同的到达方向，而每个方向性天线接收到的多径信号是不相关的。

任何一种分集方式，接收端都必须对接收到的互不相关的多条相互独立的衰落信号进行合并，通过合并技术得到抵消了衰落的信号，从而获得分集增益。

## 22.5.2 多用户检测技术

CDMA 系统中，由于分配给各用户的扩频码非严格正交，因此会引起用户之间的相互干扰，称为多址干扰（Multiple Access Interfence，MAI）；同时，由于移动用户的动态变化也会使远近效应问题变得突出，从而严重降低系统性能。传统的检测技术不能很好地解决上述问题，需要寻找多用户通信时性能更好的检测方法。

多用户检测（Multiple User Detection，MUD）技术是一种以信息论中最佳联合检测理论为基础的抗多址干扰技术，其概念是由 K. Schneider 于 1979 年提出来的。1986 年 S. Verdu 给出了基于最大似然序列估计（Maximum Likelihood Sequence Estimation，MLSE）的最佳多用户检测算法。

CDMA 系统中 MUD 的定义如下：联合考虑同时占用某个信道的所有用户或某些用户，消除或减弱其他用户对任一用户的影响，并同时检测出所有这些用户或某些用户的信息的一种信号检测方法。MUD 有时又称为联合检测（Joint Detection）。MUD 在传统检测技术的基础上，充分利用造成 MAI 的所有用户信息对多用户进行联合检测，以有效地消除 MAI 和远近效应问题。典型的多用户检测原理如图 22.5.1 所示。

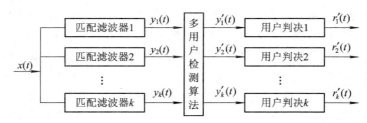

图 22.5.1　多用户检测原理

## 22.5.3 多载波传输技术

### 1. 多载波传输

多载波传输技术是将数据流分解成若干个子比特流，这样，每个子数据流比原先数据流的传输速率低很多，用不同的子载波来调制这样的子数据流，从而构成了多个低速率信号并行发送的传输系统，即多载波传输系统。传统多载波技术采用频分复用方式，将高速数据流利用多个独立的载波传输，这样可以降低每个载波上的信息传送量。一般不同载波信号间保留一定的频率间隔来防止干扰，这样就降低了全部的频谱利用率，如图 22.5.2 所示。

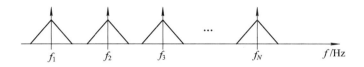

图 22.5.2　频分多路复用调制

**2. 频分正交复用**

频分正交复用(Orthogonal Frequency Division Multiplexing，OFDM)技术是一种特殊的多载波传输技术，适合在多径传播和多普勒频移的无线移动信道中传输高速数据。

OFDM 技术能有效对抗多径效应，消除 ISI 对抗频率选择性衰落，且信道利用率高，已被欧洲数字音频广播(DAB)系统、欧洲数字视频广播(DVB)系统、IEEE802.11 无线局域网等采用。

OFDM 技术的主要思想是在频域内将给定信道分成许多正交子信道，在每个子信道采用一个子载波进行调制，且各子载波并行传输，如图 22.5.3 所示。

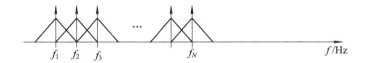

图 22.5.3　OFDM 频谱

在 OFDM 发送端，先将串行输入的数据流变换成多路并行信号，每一路子信号用一个子载波调制，最后将所调制的多路调制信号叠加起来发送出去。接收的步骤基本上是发送的逆过程。

在 OFDM 的实现中，一般不采用直接实现方式，而采用傅里叶变换的方式来实现，原理框图如图 22.5.4 所示。

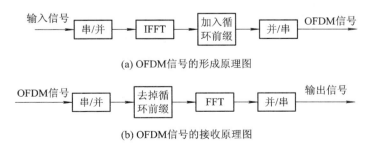

图 22.5.4　OFDM 系统原理框图

图 22.5.4(a)中，数字序列信号以串行的形式输入到"串/并"转换器，将原来的一路速率为 $R(b/s)$ 的高速数码流变换为 $M$ 路的低速数码流，变换后的各路低速数码流的速率变

为 $R/M(\mathrm{b/s})$。将这 $M$ 路的数字码流送入反傅里叶变换器 IFFT，得到 $N$ 个时域离散信号，然后加入 $L$ bit 的循环前缀(Cyclic Prefix, CP)，CP 一般选择 $N$ 个时域信号的后 $L$ 位(如 $N$ 个时域离散信号为 $\{d_0, d_1, d_2, d_3, d_4, d_5\}$，若 $L=2$，则循环前缀为 $\{d_4, d_5\}$)，加入循环前缀后的信号长度变成了 $N+L$，即成为 $\{d_4, d_5, d_0, d_1, d_2, d_3, d_4, d_5\}$。加入 CP 的目的是使 OFDM 信号码元更具有循环性，便于消除码间干扰，最后经过并/串转换器，再经过适当的滤波和调制后发送出去。接收端对 OFDM 信号的接收是发送端的逆过程。由 FFT/IFFT 实现的 OFDM 系统较简单，因此在实际中常采用该方式。

# 本 章 小 结

　　无线电波是一种能在自由空间传播的电磁波，根据无线电波的波长可将其分为长波、中波、短波、超短波和微波。无线电波是以能量的形式在空间中传播的，其传播速度与空间中的媒质有关，当在不同媒质的分界面传播时，电磁波会产生反射、折射、绕射和散射边界效应。由于能量的扩散与媒质的吸收，传输距离越远，信号强度越小。

　　无线电波的传播方式是指无线电波从发射点到接收点的传播路径，主要有地波传播、天波传播、空间波传播、对流层传播、外层空间传播等方式。

　　无线电波在传播过程中的无线信号存在路径衰耗、慢衰落和快衰落三种衰耗。

　　电磁波在无线信道上传播时，对接收端而言，无线信号将产生阴影、多径、远近和多普勒效应。

　　目前，在无线通信中应用的多址技术有频分多址(FDMA)、时分多址(TDMA)、码分多址(CDMA)、空分多址(SDMA)以及它们的混合应用方式等。

# 习 题 与 思 考

　　22-1　什么是无线电波？当在不同媒质的分界面传播时，电磁波会产生哪些边界效应？

　　22-2　无线电波的传播方式主要有哪些？

　　22-3　试述长波、中波、短波、超短波和微波的传播特点。

　　22-4　无线电波在传播过程中，无线信号存在哪些衰耗？

　　22-5　电磁波在传播时，对接收端而言，无线信号将产生几种效应？

　　22-6　什么是码分多址？直接序列扩频技术的理论依据是什么？

　　22-7　随机接入多址技术主要有哪些技术？试述其基本原理。

　　22-8　分集技术主要有哪些？其基本思想是什么？

　　22-9　试画图说明多用户检测原理。

　　22-10　试画图说明非直接方式实现 OFDM 的方法。

# 第23章 移动通信总体结构及相关概念

## 23.1 移动通信的概念和发展过程

### 23.1.1 移动通信的概念及其特点

移动通信就是在运动中实现的通信,即通信双方或至少一方是在移动中进行信息交换的过程或方式,如车辆、船舶、飞机、人等移动体与固定点之间,或者移动体之间的通信。移动通信不受时间和空间的限制,可以灵活、快速、可靠地实现信息互通,是目前实现理想通信的重要手段之一,也是信息交换的重要物质基础。移动通信具有以下特点:

(1)电波传播条件恶劣。移动台依靠无线电波传播进行通信,移动通信的质量取决于电波传播条件。电波传播损耗除了与收发天线之间的距离有关外,还与传播途径中的地形地物紧密相关。例如,由于移动体来往于地面建筑群和各种障碍物之中,根据电波传播的特性会发生反射、折射、绕射等各种情况,从而使电波传播的路径不同,而接收端接收到的信号则是这些信号的多径传播效应。移动体处于不同的位置,不同方向接收到的合成波信号强度就会有起伏。

(2)环境噪声、干扰和多普勒频移影响严重。移动通信,特别是地面移动通信的电波在地面传播时会受到许多噪声的影响和干扰,这些噪声大多是人为因素造成的,比如汽车点火、电机启动、开关闭合和断开产生的电火花、各种发动机的噪声等都能成为无线电通信的干扰源。移动通信本身发射的电磁波也会相互干扰,不同小区内的频率复用会形成同频干扰、邻道干扰、多路干扰和互调干扰等。另外,雷达等其他能发射高频电磁波的设备、装置都会对移动通信信号造成干扰。

当移动台运动到一定速度时,设备接收到的载波频率将会随运动速度的变换而产生明显的频移,即多普勒频移。多普勒频移是无线电波在移动接收中必须考虑的特殊问题,移动速度越快,多普勒频移越严重。

(3)频率资源有限。每个移动用户在通信时都要占用一定的频率资源,无线通信中频率的使用必须遵守国际和国内的频率分配规定,而无线电频率资源有限,分配给移动通信的频带比较窄,随着移动通信用户数量和业务量的急剧增加,现有规定的移动通信频段非常拥挤,如何在有限的频段内满足更多用户的通信需求是移动通信必须解决的一个重要问题。因此,在开发新的频段外,还应采用必要的技术手段来扩大移动通信的信道容量,提高频率的利用率,如多信道共用、频率复用、小区或微小区制、窄带调制等技术。

(4)组网技术复杂。移动通信的特殊性就在于移动,为了实现移动通信,必须解决几个关键问题:由于移动台在整个通信区域内可以自由移动,因此移动交换中心必须随时确定移动台的位置,这样在需要建立呼叫时,才能快速地确定哪些基站可以与之建立联系,并可为其进行信道分配；在小区制组网中，移动台从一个小区移动到附近另一个小区时，要进行越区切换；移动台除了能在本地交换局管辖区内进行通信外，还要能在外地移动交换局管辖区内正常通信，即具有所谓的漫游功能；很多移动通信业务都要进入市话网，如移动终端和固定电话通话，但移动通信进入市话网时并不是从用户终端直接进入的，而是经过移动通信网的专门线路进入市话网，因此，移动通信不仅要在本网内联通，还要和固定通信网联通。这些都使得移动通信的组网比固定的有线网通信要复杂得多。

## 23.1.2 移动通信的发展过程

近十几年以来，移动通信的发展极为迅速，已广泛应用于国民经济的各个领域和人们的日常生活中。移动通信的发展大致经历了以下几个发展阶段。

### 1. 第一代模拟蜂窝移动通信系统

20世纪80年代发展起来的模拟蜂窝移动电话系统，称为第一代移动通信系统，是一种以微处理器和移动通信相结合的产物。它采用了频率复用、多信道共用技术，能全自动地接入公共电话网，并采用了小区制，是一个大容量蜂窝式移动通信系统，在美国、日本和瑞典等国家先后投入使用。其主要技术特点是模拟调频、频分多址，主要业务是电话。

### 2. 第二代数字蜂窝移动通信系统

第二代数字蜂窝移动通信系统以数字信号传输、时分多址（TDMA）、码分多址（CDMA）为主要技术，频谱效率得到了提高，系统容量得到增大，具有易于实现数字保密、通信设备的小型化和智能化及标准化等特点。第二代数字蜂窝移动通信系统制定了更加完善的呼叫处理和网络管理功能，克服了第一代移动通信系统的不足之处，可与窄带综合业务数字网相兼容，除了传送语音外，还可传送数据业务，如传真和分组的数据业务等。

北美、欧洲和日本自20世纪80年代中期起相继开发第二代全数字蜂窝移动通信系统。各国根据自己的技术条件和特点确定了各自的开发目标和任务，制定了各自不同的标准，主要有欧洲的全球移动通信系统（Global System for Mobile Communication，GSM）、北美的D-AMPS、日本的个人数字蜂窝系统（JDC）。

美国的高通（Qualcomm）公司提出了一种采用码分多址（CDMA）方式的数字蜂窝系统的技术方案。1992年Qualcomm公司向CTIA提出了码分多址的数字蜂窝通信系统的建议和标准。该建议于1993年被CTIA和TIA批准为中期标准IS-95。1996年，CDMA系统在美国投入运营。这四种移动通信技术的参数如表23.1.1所示。

**表 23.1.1 四种数字移动通信技术参数**

| 参 数 | 欧洲 GSM | 美 国 | | 日本 JDC |
|---|---|---|---|---|
| | | D-AMPS | CDMA | |
| 工作频段/kHz | 890~915<br>935~960<br>1710~1785<br>1805~1880 | 824~849<br>869~894<br>1900 | 824~849<br>869~894 | 810~826<br>940~956<br>1429~1453<br>1477~1501 |
| 射频间隔/kHz | 200 | 30 | 1250 | 50 |

| 参数 | 欧洲 GSM | 美国 | | 日本 JDC |
|---|---|---|---|---|
| | | D - AMPS | CDMA | |
| 接入方式 | TDMA/FDMA | TDMA/FDMA | CDMA/FDMA | TDMA/FDMA |
| 与模拟系统的兼容性 | 无 | 有 | 有 | 有 |
| 每频道业务信道数 | 8/16 | 3/6 | 61 | 3/6 |

**3. 第三代数字蜂窝移动通信系统**

为了满足更多更高速率的业务以及更高频谱效率的要求，同时减少目前存在的各大网络之间的不兼容性，一个世界性的标准——未来公用陆地移动电话系统(Future Public Land Mobile Telephone System，FPLMTS)应运而生。1995 年，该系统更名为国际移动通信 2000(IMT - 2000)。IMT - 200 支持的网络被称为第三代数字蜂窝移动通信系统，简称 3G。

第三代移动通信系统 IMT - 2000 为多功能、多业务和多用途的数字移动通信系统，是在全球范围内覆盖和使用的。它根据特定的环境提供 144 kb/s～2 Mb/s 的个人通信业务，支持全球无缝漫游并提供宽带多媒体业务。目前常用的标准有欧洲提出的 WCDM、北美提出的 CDMA - 2000 及中国提出的 TD - SCDMA。

**4. 第四代数字蜂窝移动通信系统**

第四代数字蜂窝移动通信系统(4G)标准比第三代标准具有更多的功能，它可以在不同的固定、无线平台和跨越不同频带的网络中提供无线服务，可以在任何地方宽带接入互联网(包括卫星通信)，还可以提供除信息通信之外的定位定时、数据采集、远程控制等综合功能，是多功能集成的宽带移动通信系统或多媒体移动通信系统。第四代数字蜂窝移动通信系统应该比第三代数字蜂窝移动通信系统更接近个人通信。

# 23.2　移动通信的组网技术

移动通信网主要完成移动用户之间、移动用户与固定用户之间的信息交换。移动通信组网有多种方式，根据业务种类的不同，可分为移动的电话网、数据网、计算机通信网、专用调度网、无线寻呼网、电报和传真网等。在移动通信系统中，除了一些特殊要求的专用移动通信网不需要进入市话网外，一般的移动通信业务均可向社会公众提供服务。移动通信网与公共交换电话网联系密切，并经专门的线路进入公共交换电话网，因此又称为公用移动电话网。

移动通信组网涉及的技术较多，如区域划分、组网制式、工作方式、信道分配、信道选择、信令格式及控制与交换等。

## 23.2.1　移动通信网的体制

目前，移动通信的频率主要集中在 UFH 频段。根据无线电波的视距传播特性，一个基站发射的电磁波只能在有限的区域内被移动台所接收，这个能为移动用户提供服务的范围称为无线覆盖区或无线小区(Cell)。一个大的服务区可以划分为若干个无线小区，同时许多个无线小区彼此相邻接可以组成一个大的服务区，用专门的线路和设备将这些大的服务区相连接，就构成了移动通信网。

一般来说，移动通信网的服务区域覆盖方式可分为两类：一类是小容量的大区制；另一类是大容量的小区制，即蜂窝系统。

**1. 大区制**

大区制是指一个基站覆盖整个服务区，并由基站（BS）负责移动台（MS）的控制和联络。在大区制中，服务区范围的半径通常为 $20\sim50$ km。为了覆盖这个服务区，BS 发射机的功率要大，通常为 $100\sim200$ W；BS 天线要架得很高，通常在几十米以上，以保证大区中的 MS 能正常接收 BS 发出的信号。MS 的发射功率较小，通常在一个大区中需要在不同地点设立若干个接收机，用于接收附近 MS 发射的信号，再将信号传输至基站，其基本结构如图 23.2.1 所示。

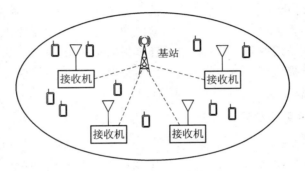

图 23.2.1　大区制结构图

大区制的特点是只有一个天线，且架设高、功率大、覆盖半径大，一般用于集群通信中。该方式设备较简单、投资少、见效快，但频率利用率低、扩容困难、不能漫游。

**2. 小区制**

小区制就是将整个服务区划分成若干个小区，在每个小区中分别设置一个 BS，负责小区中的移动通信的联络控制，如图 23.2.2 所示。各 BS 统一连接到各移动交换中心（MSC），由 MSC 统一控制各 BS 协调工作，并与有线通信网相连接，使移动用户进入有线网，保证 MS 在整个服务区内，无论在哪个小区都能正常进行通信。

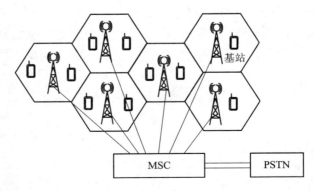

图 23.2.2　小区制结构图

随着用户数的不断增加，无线小区还可以继续划小为微小区（Microcell）和微微小区

(Picrocell)，以不断适应用户数增长的需要。在实际中，用小区分裂(Cell Splitting)、小区扇形化(Sectoring)和覆盖区域逼近(Coveage Zone Approaches)等技术来增大蜂窝系统容量。小区分裂是将拥塞的小区分成更小的小区，每个小区都有自己的基站并相应地降低天线高度和减小发射机功率。由于小区分裂提高了信道复用次数，因而使系统容量有了明显提高。小区扇形化依靠基站方向性天线来减少同信道干扰，提高系统容量。通常一个小区划分为 3 个 120°的扇区或 6 个 60°的扇区。

采用小区制不仅可提高频率的利用率，而且由于基站功率减小，也可使相互间的干扰减少。此外，无线小区的范围还可根据实际用户数的多少灵活确定，具有组网的灵活性。采用小区制最大的优点是有效地解决了信道数量有限和用户数增大之间的矛盾。小区制具有以下四个特点：

（1）BS 仅提供信道，其交换、控制都集中在一个移动电话交换局(Mobile Telephone Switching Office，MTSO)，或称为移动电话交换中心，其作用相当于市话交换局，而大区制的信道交换、控制等功能都集中在 BS 完成。

（2）具有"过区切换功能"，简称"过区"功能，即一个 MS 从一个小区进入另一个小区时，要从原 BS 的信道切换到新 BS 的信道上，且不能影响正常通话。

（3）具有漫游功能，即一个 MS 从本管理区进入到另一个管理区时，其电话号码不能变，仍然像在原管理区一样能够被呼叫到。

（4）具有频率复用的特点，频率复用是指一个频率可以在不同的小区重复使用。由于同频信道可以重复使用，复用的信道越多，用户数也就越多，因此，小区制可以提供比大区制更大的通信容量。

## 23.2.2　移动通信网的覆盖方式

### 1. 带状服务覆盖区

列车的无线电话、长途汽车的无线电话，以及沿海内河航行的船舶无线电话系统等都属于带状服务覆盖区。为了克服同信道干扰，常采用双频组频率配置和三频组频率配置，如图 23.2.3 所示。这种服务区域的无线小区是按横向排列覆盖整个服务区，因此在服务区域比较狭窄时，带状服务覆盖区的基站可以使用定向天线，这样整个系统由许多细长的无线小区相连而成，因此也称"链状网"。

(a) 双频组频率配置　　　　　　　　　(b) 三频组频率配置

图 23.2.3　带状服务覆盖区频率配置

### 2. 面状服务覆盖区

面状服务覆盖区的形状取决于电波传播条件和天线的方向性。如果服务区的地形、地物相同，且基站采用全向天线，它的覆盖面积大体是一个圆。为了不留空隙地覆盖整个服务区，一个个圆形的无线小区之间会有重叠。每个小区实际上的有效覆盖区是一个圆的内接多边形。根据重叠情况不同，这些多边形有正三角形、正方形或正六边形，如图 23.2.4 所示。

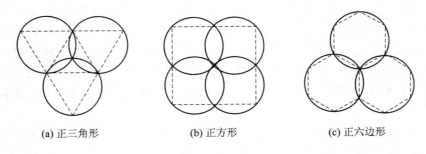

| (a) 正三角形 | (b) 正方形 | (c) 正六边形 |

图 23.2.4 面状服务覆盖区的形状

在这三种小区结构中，正六边形小区的中心间隔和覆盖面积都是最大的，而重叠区域宽度和重叠区域的面积又最小。对于同样大小的服务区域，采用正六边形构成的小区所需的小区数最少，频率组数最少，各基站间的同信道干扰最小。由于小区采用了正六边形结构，形成蜂窝状分布，故小区制亦称蜂窝制。

在移动通信系统中，对基站进行选址和分配信道组的设计过程称为频率规划（Frequency Planning）。

由于地形地物等因素的影响，不可避免地会出现电场覆盖不到的地区，通常把这种地区称为盲区或死角。为了消除这种盲区，常在适当的地方建立直放站，以连接盲区移动台与基站之间的通信。直放站的主要功能是把基站部分信道引过来，以接收和转发来自基站和移动台的信号。

当采用正六边形来模拟覆盖范围时，基站发射机可安置在小区的中心，称为中心激励方式；或者安置在六个小区顶点之中的三个点上，称为顶点激励方式。通常中心激励方式采用全向天线，顶点激励方式采用扇形天线。

### 23.2.3 蜂窝网无线区群的组成

蜂窝移动电话网中，通常先由若干个邻接的无线小区组成一个无线区群，再由若干无线区群组成一个服务区。为了实现频率复用，而又不产生同信道干扰，则要求每个区群中的无线小区不得使用相同频率。只有在不同区群中的无线小区，并保证同频无线小区之间的距离足够大时，才能进行频率复用。无线区群的组成应该满足两个基本条件：① 若干个无线区群彼此之间可以互相邻接，并且无空隙地带组成蜂窝或服务区域；② 邻接之后的区群应保证同频无线区之间的距离相同。

根据上述条件，区群内的无线小区数是有限的，并且无线小区数 $N$ 应满足

$$N = i^2 + ij + j^2 \qquad (23.2.1)$$

式中，$i$、$j$ 均为正整数，其中可以一个为零，但不能同时为零。

为了找到某一特定小区相距的同频相邻小区，必须按以下步骤进行：① 沿着任何一条六边形链移动 $i$ 个小区；② 逆时针旋转 $60°$ 后，再移动 $j$ 个小区。

# 本 章 小 结

移动通信就是在运动中实现的通信，即通信双方或至少有一方是在移动中进行信息交

换的过程或方式。移动通信不受时间和空间的限制，可以灵活、快速、可靠地实现信息互通，是目前实现理想通信的重要手段之一，也是信息交换的至要物质基础。移动通信具有电波传播条件恶劣、环境噪声、干扰和多普勒频移影响严重、频率资源有限和组网技术复杂特点。

移动通信网主要完成移动用户之间、移动用户与固定用户之间的信息交换。移动通信组网有多种方式，根据业务种类的不同，可分为移动的电话网、数据网、计算机通信网、专用调度网、无线寻呼网、电报和传真网等。

移动通信网的服务区域覆盖方式可分为两类：一类是小容量的大区制；另一类是大容量的小区制，即蜂窝系统。

## 习 题 与 思 考

23-1　什么是移动通信？移动通信具有哪些特点？

23-2　移动通信的发展大致经历了哪几个发展阶段？

23-3　什么是移动通信的大区制和小区制？各有何特点和不同？

23-4　试述带状服务覆盖区和面状服务覆盖区的概念。

23-5　无线区群的组成应满足哪两个基本条件？

# 第 24 章　GSM 数字蜂窝移动通信系统

## 24.1　GSM 数字蜂窝移动通信系统结构及其接口

### 24.1.1　系统结构及其组成

GSM 数字蜂窝通信系统主要由移动台、基站子系统和网络子系统等部分组成，如图 24.1.1 所示。

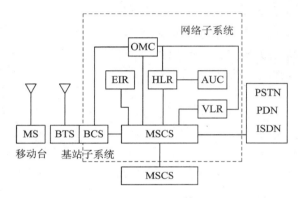

图 24.1.1　GSM 组成结构

**1. 移动台（MS）**

MS 是移动通信系统的用户终端设备，包括收发信机、天线、电源、频率合成器、数字逻辑单元等，可自动扫描基站载频、响应寻呼、自动更换频率和自动调整发射功率。建立呼叫时，MS 可以与最近的基站 BS 之间建立一个无线信道，并通过移动交换中心（MSC）的接续与被叫用户通话。MS 可分为车载、便携和手持三种，不同类型移动台的功率不同。表 24.1.1 为两种常用移动台的等级。

表 24.1.1　两种常用移动台的等级

| GSM900 系统的移动台功率等级 | | DCS1800 系统的移动台功率等级 | |
|---|---|---|---|
| 功率等级 | 移动台最大功率/W | 功率等级 | 移动台最大功率/W |
| 1 | 20 | 1 | 1 |
| 2 | 8 | 2 | 0.25 |
| 3 | 5 | | |
| 4 | 2 | | |
| 5 | 0.8 | | |

GSM 移动台由两部分组成：一部分是与无线电接口有关的硬件和软件部分；另一部分是用户特有的数据部分，即用户识别模块（SIM），它是一张符合 ISO 标准的"智慧"卡，它包含所有与用户有关的储存在用户无线接口中的信息，其中也包括鉴权和加密信息。使用 GSM 标准的移动台时都需要插入 SIM 卡，只有当处理异常的紧急呼叫时，可以在不用 SIM 的情况下操作移动台。SIM 卡的应用使移动台并非固定地绑定在一个用户上，GSM 系统是通过 SIM 卡来识别移动电话用户的。

**2. 基站子系统（BSS）**

BSS 在 GSM 系统中与蜂窝覆盖关系最直接相关。它通过无线接口直接与移动台相接，负责信息的发送、收接和无线资源管理，同时与网络子系统（NSS）中的移动交换中心（MSC）相连，实现移动用户之间或移动用户与固定网络用户之间的接续通信，传送系统信号和用户信息等。

基站子系统由基站收发信机（Base Transceiver Station，BTS）和基站控制器（Base Station Controller，BSC）两部分功能实体构成。实际上，一个基站控制器根据话务量的多少大约可以控制数十个 BTS，BTS 可以直接与 BSC 相连接，也可以通过基站接口设备（Base Interface Equipment，DIE），采用远端控制的连接方式与 BSC 相连接。需要说明的是，基站子系统还应包括码变换器（TC）和相应的子复用设备（SM）。码变换器在更多的情况下是设置在 BSC 和 MSC 之间，该方式在组网的灵活性和减少传输设备配置数量方面具有许多优点。图 24.1.2 为本地和远端配置 BTS 的典型 BSS 组成方式。

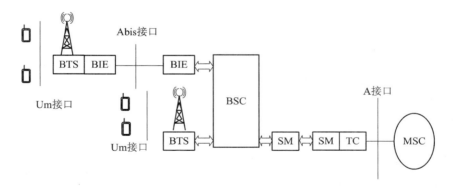

图 24.1.2　一种典型的 BSS 组成结构

移动台到网络的接口是基站收发信机（BTS），为基站子系统的无线部分。由基站控制器（BSC）控制。服务于某个小区的无线收发设备，完成 BSC 与无线信道之间的转换，实现 BTS 与移动 MS 之间通过空中接口的无线传输及相关的控制功能。

BTS 主要分为基带单元、载频单元、控制单元三大部分。基带单元主要用于必要的语音和数据速率匹配以及信道编码等。

载频单元主要用于调制/解调与发射/接收机之间的耦合等。

控制单元用于 BTS 的操作与维护。

另外，若 BSC 与 BTS 不设在同一处，则需采用 Abis 接口，同时传输单元必须增加，以实现 BSC 与 BTS 之间的远端连接。如果 BSC 与 BTS 设置在同一处，则只需采用 BS 接口，而不需要传输单元。

在朝向基站控制器(BSC)侧，BTS 区分与移动台有关的语音和控制信令，并通过各自信道传给 BSC。在朝向 MS 侧，BTS 将信令和语音合在一个载波上。BTS 位置通常在小区中心，BTS 的发射功率决定小区的大小。一个典型的 BTS 通常具有 1～24 个收发信机(TBX)，每个 TBX 代表一个单独的 RF 信道。基站的各种配置与应用有关，基站可设置成扇形或全向。一个 BTS 可控制一个扇区或多个扇区。

一个基站控制器(BSC)监视和控制几个基站，是基站的控制部分。BSC 的主要任务是实现频率管理以及 BTS 的控制和交换功能。BSC 承担各种接口及无线资源和无线参数管理的任务。BSC 通过 BTS 和 MS 的远程命令对无线电接口进行管理，主要有无线信道的安排和释放、切换的安排。BSC 向下连接一系列 BTS，向上连接移动交换中心(MSC)。BSC 主要由下列部分构成：

(1) 朝向与 MSC 相接的 A 接口或与码变换器相接的 Ater 接口的数字中继控制部分。

(2) 朝向与 BTS 相接的从 Abis 接口或 BS 接口的 BTS 控制部分。

(3) 公共处理部分，包括与操作维护中心相接的接口控制。

(4) 交换部分。

**3. 网络子系统(NSS)**

NSS 由一系列功能实体构成，整个 GSM 系统内部，即 NSS 的各功能实体之间和 NSS 与 NSS 之间都通过信令系统 No.7 和 GSM 规范的 7 号信令网路互相通信。

NSS 中的移动交换中心(MSC)是网络的核心，它提供交换功能和接口功能。接口功能包括面向基站子系统(BSS)功能实体，面向原籍位置寄存器(HLR)、鉴权中心(AUC)、移动设备识别寄存器(EIR)、操作维护中心(OMC)功能实体，以及面向固定公用电话网(PSTN)、ISDN、分组交换公用数据网(PSPDN)、电路交换公用数据网(CSPDN)的接口功能。通过这些接口将移动用户与移动用户、移动用户与固定网用户互相连接起来。

1) 移动交换中心(MSC)

MSC 可从原籍位置寄存器(HLA)、访问位置寄存器(VLR)和鉴权中心(AUC)这三种数据库获取处理用户位置登记和呼叫请求所需的全部数据。同时 MSC 也根据其最新获取的信息请求更新数据库的部分数据。作为网络的核心，MSC 还支持位置登记、越区切换和自动漫游等其他网络功能。

对于容量比较大的移动通信网，一个网络子系统可包括若干个 MSC、HLR 和 VLR。为了建立固定网络用户与 GSM 移动用户之间的呼叫，此呼叫首先被接入到关口移动业务交换中心(称为 GMSC)。关口交换机负责获取位置信息，且把呼叫转接到可向该移动用户提供即时服务的 MSC(称为被访 MSC(VMSC))。GMSC 是具有与固定网络和其他 NSS 实体互通的接口。

2) 原籍位置寄存器(HLR)

HLR 是 GSM 系统的中央数据库，存储着 HLR 控制的所有移动用户的相关数据。一个 HLR 能够控制若干个移动交换区域以及整个移动通信网，所有移动用户重要的静态数据都存储在 HLR 中，这包括移动用户识别号码、访问能力、用户类别和补充业务等数据。

HLR 还为 MSC 存储移动用户实际漫游所在的 MSC 区域的有关动态信息数据。这样，任何入局呼叫都可以即刻按选择的路径接续到被叫的用户。

HLR 所存储的用户信息分为两类：一类是永久性的信息，例如用户类别、业务限制、电信业务、承载业务、补充业务、用户的国际移动用户识别码（IMSI）以及用户的保密参数等；另一类是有关用户当前位置的临时性信息，例如移动用户漫游号（MSRN）等，用于建立至移动台的呼叫路由。

3）访问位置寄存器（VLR）

VLR 是为其控制区域内的移动用户提供服务的。存储着进入其控制区域内已登记的移动用户相关信息，是已登记的移动用户提供建立呼叫接续的必要条件。VLR 从该移动用户的原籍位置寄存器（HLR）处获取并存储必要的数据。一旦移动用户离开该 VLR 的控制区域，则重新在另一个 VLR 处登记，原 VLR 将取消临时记录的该移动用户数据。因此 VLR 可看做是一个动态用户数据库。

通常每一个移动交换区有一个 VLR。VLR 中的永久性数据与 HLR 中的相同，临时性数据则略有不同。这些临时性数据包括当前已激活的特性、临时用户识别号（TMSI）和移动台在网络中准确位置（位置区域识别号）。当漫游用户进入某个 MSC 区域时，必须向该 MSC 相关的 VLR 登记，并分配一个移动用户漫游号（MSRN），在 VLR 中建立该用户的有关信息，其中包括临时移动用户识别码（TMSI）、移动用户漫游号（MSRN）、所在位置区的标志以及向用户提供的服务等参数，这些信息是从相应的 HLR 中传递过来的。MSC 在处理入网、出网呼叫时需要查询 VLR 中的有关信息。一个 VLR 可以负责一个或若干个 MSC 区域。

4）鉴权中心（AUC）

GSM 系统采取了特别的安全措施，例如用户鉴权，可对无线接口上的语音、数据和信号信息进行保密等。AUC 存储着签权信息和加密钥，具有认证移动用户身份以及产生相应认证参数的功能，用来防止无权用户接入系统和保证通过无线接口的移动用户通信安全。AUC 对任何试图入网的用户进行身份认证，只有合法用户才能接入网中并得到服务。它给每一个在相关 HLR 登记的移动用户安排了一个识别字，该识别字用来产生用于鉴别移动用户身份的数据以及产生用于对移动台与网络之间无线信道加密的另一个密钥。AUC 可用来存储鉴权和加密算法。AUC 只与 HLR 通信，它属于 HLR 的一个功能单元部分，专用于 GSM 系统的安全性管理。

5）设备识别寄存（EIR）

EIR 是存储有关移动台设备参数的数据库，可实现对移动设备的识别、监视功能，以防被非法移动台使用。

EIR 存储着移动设备的国际移动设备识别码（IMEI），通过核查白色清单、黑色清单或灰色清单这三种表格，在表格中分别列出了准许使用的、出现故障需监视的、失窃不准使用的移动设备的 IMEI 识别码，使得运营部门对于不管是失窃还是由于技术故障或误操作而危及网络正常运行的 MS 设备，都能采取及时的防范措施，以确保网络内所使用的移动设备的唯一性和安全性。

6）操作维护中（OMC）

OMC 是网络操作维护人员对全网进行监控和操作的功能实体，用来接入 MSC 和 BSC，处理来自网络的错误报告，控制 BSC 和 BTS 的业务负载。OMC 通过 BSC 对 BTS 进行设置并允许操作者检查系统的相连部分。

在实际蜂窝网络中，根据网络规模、所在地域以及其他因素，上述实体可有各种配置方式。通常将 MSC 和 VLR 设置在一起，而将 HLR、EIR 和 AC 一同设置于另一个物理实体中。

## 24.1.2　GSM 网络接口

GSM 的网络接口分为三类，即主要接口、网络子系统内部接口及与其他公用电信网的接口。这三类接口都有相应的接口协议，使得整个 GSM 系统能够协调工作、互联互通。

### 1. 主要接口

GSM 系统的主要接口有 A 接口、Abis 接口和 Um 接口。这三种主要接口的定义和标准能保证不同供应商生产的移动台、基站子系统和网络子系统设备能在同一个 GSM 数字移动通信网运行和使用。GSM 主要接口的相互关系如图 24.1.3 所示。

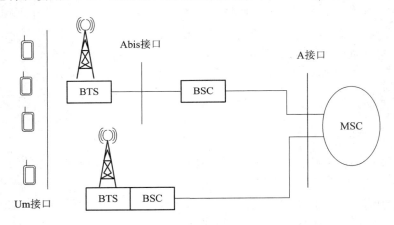

图 24.1.3　GSM 主要接口间的关系

1）A 接口

A 接口定义为网络子系统与基站子系统之间的通信接口，其结构如图 24.1.4 所示。该接口是移动业务交换中心（MSC）与基站控制器（BSC）之间的互联接口，其物理链接通过采用标准的 2.048 Mb/s 的 PCM 数字传输链路来实现。此接口传输的信息主要为移动台管理、基站管理、移动性管理和接续管理等信息。

A 接口在 GSM 标准中已有较完善的定义。所有 MSC 供应商均支持该接口。A 接口采用 No.7 信令的低三层传输改进的 ISDN 呼叫控制信令，该接口所携带的信息从属于 BSS 管理、呼叫处理和移动性管理。SCCP 和 MTP 层提供数据传输。SCCP 分为两类，即面向无连接的 0 类和面向连接的 2 类。

0 类用于 BSC 的信息；2 类用于特殊移动站的连接或逻辑连接。如果 BSSMAP 同时进行无线信道的安排和控制 BSS 之间的切换，则应具有控制基站和管理 BSS 和 MSC 之间的物理连接的功能。

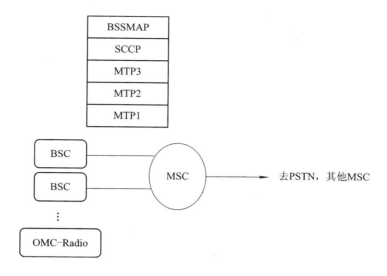

图 24.1.4　A 接口协议栈

2) Abis 接口

Abis 接口定义为基站子系统的两个功能实体基站控制器(BSC)和基站收发信机(BTS)之间的通信接口,如图 24.1.5 所示。该接口用于两个不在同一地点的 BSC 与 BSC 之间的远端互连。物理链接通过采用标准的 2.0048 Mb/s 或 64 kb/s 的 PCM 数字传输链路来实现。若两个 BSC 在同一地点,则两者之间的距离应小于 10 m。A 接口支持所有向用户提供的服务,并支持对 BTS 无线设备的控制和无线频率的分配。

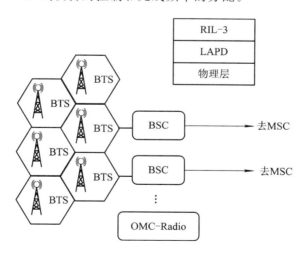

图 24.1.5　Abis 接口协议栈

3) 空中接口(Um 接口)

Um 接口定义为移动台与基站收发信机(BTS)之间的通信接口,如图 24.1.6 所示,用于移动台与 GSM 系统固定部分之间的互通。其物理链接是通过无线链路实现的。此接口传递的信息有无线资源管理、移动性管理和接续管理等。

Um 接口使用 RF 信令作为第一层,ISDN 协议的改进型作为第二层和第三层。BST 和

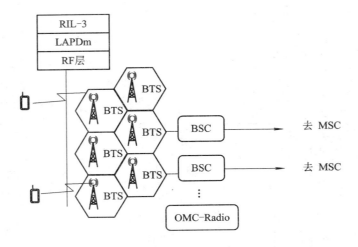

图 24.1.6　Um 接口协议栈

移动台供应向必须严格遵守该接口协议。Um 接口中每个 RF 信道分成 8 个时隙，即 8 个用户共同使用一个射频 RF 信道。

　　由于有效无线频段先分成单一 RF 信道，每个信道再进一步分为时隙，GSM 所采用的方案称为频分双工-时分多址（FDD - TDMA）接入。频分双工（FDD）表明用于上行和下行通信时有两个不同的 RF 信道。

　　**2. 网络子系统内部接口**

　　网络子系统由 MSC、VLR、HLR 等功能实体组成，因此 GSM 技术规范定义了不同的接口以保证各功能实体之间的接口标准化。这些接口间的关系如图 24.1.7 所示。

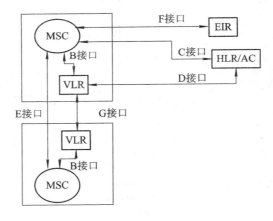

图 24.1.7　网络子系统内部接口关系

　　1）D 接口

　　D 接口定义为原籍位置寄存器（HLR）与访问位置寄存器（VLR）之间的接口，用于交换有关的移动台位置和用户管理信息，为移动用户提供的主要服务是保证移动台在整个服务区内能建立和接收呼叫。VLR 通知 HLR 有关由该 HLR 管理的移动台位置，并提供该用户漫游的信息。数据交换可以用于移动用户要求的特殊服务，也可以用于已经完成的描述中，还可以用于描述参数被管理者修改等情况。

GSM 系统一般把 VLR 集成在移动交换中心，HLR 与 AUC 集成在同一个物理实体内。D 接口的物理链接是通过 MSC 与 HLR 之间标准 2.048 Mb/s 的 PCM 数字传输链路实现的。

2）B 接口

B 接口定义为 VLR 与 MSC 之间的内部接口，用于 MSC 向 VLR 询问有关移动台的当前位置信息或者通知 VLR 有关移动台的位置更新信息等。

一旦 MSC 需要当前本区域移动台的相关数据，它就询问 VLR。当用户激活一个特殊的补充业务或修改与该业务有关的数据时，MSC 通过 VLR 通知原籍位置寄存器（HLR）存储这些修改的数据，如果需要，就更新 VLR。由于 MSC 与 VLR 相互联系非常紧密，因此有些制造商将 VLR 的功能集成在 MSC 中。

3）C 接口

C 接口定义为 HLR 与 MSC 之间的接口。用于传递路由选择和管理信息。如果采用 HLR 作为计费中心，呼叫结束后建立用户或接收此呼叫的移动台所在的 MSC 应把计费信息传送给该移动用户当前归属的 HLR，一旦要建立一个移动用户的呼叫，入口移动业务交换中心（CMSC）应向被叫用户所属的原籍位置寄存器（HLR）询问被叫移动台的漫游号码。C 接口的物理链接方式与 D 接口的相同。

4）E 接口

E 接口定义为控制相邻区域的不同 MSC 之间的接口。当移动台在一个呼叫进行过程中，从一个 MSC 控制的区域移动到相邻的一个 MSC 控制的区域时，为不中断通信需完成越区信道切换，此接口用于切换过程中交换有关切换信息以启动和完成切换。E 接口的物理链接方式是通过 MSC 之间标准 2.048 Mb/s 的 PCM 数字传输链路实现的。

5）F 接口

F 接口定义为 MSC 与移动设备识别寄存器（EIR）之间的接口，用于交换相关的国际移动设备识别码管理信息。F 接口的物理链接方式是通过 MSC 与 EIR 之间标准 2.048 Mb/s 的 PCM 数据传输链路实现的。

6）G 接口

G 接口定义为访问位置寄存器（VLR）之间的接口。当采用临时移动用户识别码（TMSI）时，此接口用于向分配 TMSI 的访问位置寄存器（VLRR）询问此移动用户的国际移动用户识别码（IMSI）的信息。G 接口的物理链接方式与 E 接口的相同。

**3. GSM 系统与其他公用电信网的接口**

其他公用电信网主要是指公用电话网（PSTN）、综合业务数字网（ISDN）、分组交换公用数据网（PSPDN）和电路交换公用数据网（CSPDN）。

GSM 系统是建立在 ISDN 接入的基础上的。为了充分利用 ISDN 业务的优点，GSM 系统通过 MSC 与这些公用电信网互联，其接口必须满足有关接口和信令标准及各个国家电信运营部门制定的与这些电信网有关的接口和信令标准。

根据我国现有公用电信网的发展现状和综合业务数字网的发展前景，GSM 系统与 PSTN 和 ISDN 的互联方式采用 No.7 信令系统接口，其物理链接方式是通过 MSC 与 PSTN 和 ISDN 或 ISDN 交换机之间标准 2.048 Mb/s 的 PCM 数据传输链路实现的。

如果具备 ISDN 交换机，HLR 与 ISDN 网之间可建立直接的信令接口，使 ISDN 交换机可以通过移动用户的 ISDN 号码直接向 HLR 询问移动台的位置信息，以建立至移动台当前所登记的 MSC 之间的呼叫路由。

GSM 系统主要接口所采用的协议分层示意图如图 24.1.8 所示。

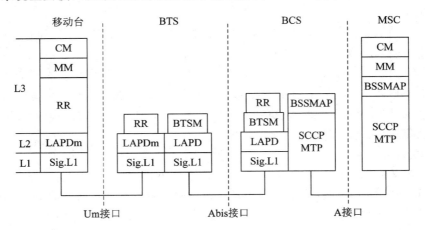

图 24.1.8　主要接口分层协议示意图

协议是各功能实体之间共同的"语言"，通过各个接口互相传递有关信息，为实现 GSM 系统的通信和管理功能建立有效的信息传送通道。不同的接口可采用不同形式的物理链路，完成各自特定的功能，传递各自特定的消息，这些都由相应的信令协议来实现。GSM 系统各接口采用的分层协议结构，符合 OSI 参考核型。分层的目的是允许隔离各组信令协议功能，按连续的独立层描述协议，每层协议在明确的服务接入点对上层协议提供其特定的通信服务。

图 24.1.8 中相关协议的含义如下：

CM：接续管理。

MM：移动性管理。

RR：无线资源管理。

L1～L3：信号层 1～3。

LAPDm：ISDN 的 Dm 数据链协议。

BTSM：BTS 的管理部分。

SCCP：信令链路控制部分。

MTP：信息传递部分。

BSSMAP：基站子系统移动应用部分。

## 24.1.3　GSM 移动通信的信道结构

信道是通信网中传递信息的通道。对于移动通信网，为了传递信息和其他控制信号，将需要很多信道，主要有无线信道和有线信道。在移动通信系统中，无线信道通常有两种：业务信道和控制信道(Control Channel，CC)。在以语音业务为主的系统中，业务信道就是语音信道(Voice Channel，VC)。

**1. 语音信道**

VC 主要用于传递语音信号，其占用和空闲受 MSC 控制和管理。在 MSC 中保存有一张所有信道及其状态的表格，状态包括空、忙、阻塞等。当一个语音信道空闲时，基站语音信道单元发射机关闭；而当一个语音信道被占用时，发射机打开；当一个语音信道空闲但存在干扰电平并超过一定的值时，该语音信道不可使用，应暂时阻塞。这些动作全部根据 MSC 或 BSC 命令完成。通常每个无线小区分配几十个语音信道。

在语音信道中，平时除传递语音外，还传递一些其他信息，如检测音（Supervisory Audio Tone，SAT）、数据和信号音（Signaling Tone，ST）等。

1）检测音

在 AMPS 和 TACS 模拟蜂窝系统中，检测音（SAT）是指在语音传输期间连续发送的带外单频信号音。MSC 通过对 SAT 的检测，可以了解语音信道的传输质量。当语音信道单元发射机启动后，就会不断在带外发出 5970 Hz、6000 Hz 或 6030 Hz 的检测音。SAT 由 BS 的语音信道单元发出，经移动台 MS 返回。

2）数据

在特定情况下，在语音信道上还可传送数据，如在越区切换时，通话将暂时中断（模拟蜂窝系统中一般要求限定在 800 ms 之内），可利用这段时间在语音信道中以数据形式传递必要的指令或交换数据。

3）信号音

信号音为线路信号，它是由移动台发出的单向信号。例如在 BS 寻呼 MS 过程中，如果 BS 收到 MS 发来的 ST，就表示振铃成功。在切换过程中，原 BS 收到 MS 发来的 ST 信号，则表示 MS 切换被认可。ST 是带内信号，一般在 0~300 Hz 之间。

**2. 控制信道**

一般控制信道的下行信道用于寻呼（Page），上行信道用于接入（Access）。在每一个无线小区内，通常只有一个控制信道。所以一个中心激励的基站，配备一套控制信道单元，而通常一个覆盖三个扇区的小区顶点激励的基站应配备三套控制信道单元。

1）寻呼

当移动用户为被呼时，将在控制信道的下行信道发出呼叫移动台信号，所以将该信道称为寻呼信道（Page Channel，PC）。

2）接入

当移动用户为主呼时，将在控制信道的上行信道发出主呼信号，所以将该信道称为接入信道（Access Channel，AC）。

在控制信道中，不仅可传递寻呼和接入信号，还可传送大量的其他数据，如系统的常用报文、指定通话信道、重试等信号。

## 24.1.4　频率资源管理与频率有效利用

**1. 频率资源管理**

在 ITU 制定的无线电规则中，包括了各种无线电系统的定义、国际频率分配表和使用频率的原则、频率的分配和登记、抗干扰的措施、移动业务的工作条件以及无线电业务的分类等。国际频率分配表按照大区域和业务种类给定。全球划分为三个大区域：第一个区域是欧洲、非洲和部分亚洲地区；第二个区域是南、北美洲(包括夏威夷)；第三个区域是亚洲和大洋洲。业务类型划分为固定业务、移动业务(分陆、海、空)、广播业务、卫星业务和遇险呼叫等。

各国以国际频率分配表为基础，根据本国的情况制定了国家频率分配表和无线电规划。我国统一管理频率的机构是国家无线电管理委员会，移动通信组网必须遵守国家有关规定，并接受当地无线电管理委员会的具体管理。我国无线电管理委员会分配给蜂窝移动通信系统的频率如表 24.1.2 所示。

**表 24.1.2　蜂窝移动通信系统的频率**

| 系统及使用单位 | 上行频率/MHz | 下行频率/MHz |
|---|---|---|
| 联通 CDMA | 825～835 | 870～880 |
| 移动 GSM 室内系统 | 885～890 | 930～935 |
| 移动 GSM900 | 890～909 | 935～854 |
| 联通 GSM900 | 909～915 | 954～960 |
| 移动 DCS1800 | 1710～1720 | 1805～1815 |
| 联通 DCS1800 | 1745～1755 | 1840～1850 |

蜂窝移动通信系统 900 MHz 频段的收发频差为 45 MHz，1800 MHz 频段的收发频差为 95 MHz。此外，对于 450 MHz 专网，收发频差为 10 MHz；对于 150 MHz 专网，收发频差为 5.7 MHz。

联通 GSM 的带宽为 6 MHz，收发频差为 45 MHz，信道间隔 200 kHz，即 200 kHz 为一个频点，共 30 个频点。除去工作频点首尾各一个保护频点，共 28 个频点。对于不同的数字蜂窝系统，信道间隔不同。如 GSM 的信道间隔为 200 kHz，每个信道有 8 个时隙；D‑AMPS 的信道间隔为 30 kHz，每个信道有 3 个时隙。此外，规定基站对移动台的下行链路为高频率发射、低频率接收，而移动台对基站的上行链路为低频率发射、高频率接收。

**2. 频率有效利用**

频率有效利用就是从时间、空间和频率域这三个方面采用多种技术，提高频率的利用率。实际上蜂窝移动通信技术就是利用时间和空间域的频率有效利用技术来实现多用户无线通信的。

频率域的频率有效利用有两种方法：信道窄带化和宽带多址技术。

信道窄带化的方法从基带方面考虑可采用频带压缩技术，如低速率语音编码等；从射频调制频带方面考虑可采用各种窄带调制技术，如窄带和超窄带调频、插入导频振幅压扩单边带调制以及各种窄带数字调制技术。应用窄带化技术减小信道间隔后，可在有限的频段内安排更多的信道，从而提高频率的利用率。

宽带多址技术有频分多址(FDMA)、时分多址(TDMA)、码分多址(CDMA)以及它们

的组合等。频率有效利用的评价准则是频率利用率。它定义为

$$\eta = \frac{通信业务量}{使用频谱空间的大小}$$

式中，$\eta$ 为频率利用率。"频谱空间"是指由频宽、时间、实际物理空间构成的三维空间，及使用频率空间的大小＝$W$（使用的频带宽带）×$S$（占用物理空间的大小）×$t$（使用时间）。若通信的业务量以话务量 $A$ 表示，则

$$\eta = \frac{A}{WSt}$$

为了提高频率利用率，应压缩信道间隔，减少电波辐射空间的大小，使信道经常处于使用状态。

### 24.1.5　多址接入的容量

移动通信系统是一个多信道同时工作的系统，具有广播信道多和面积覆盖大的特点。在电波覆盖区内，如何建立用户之间的无线信道的连接，属于多址接入方式的问题。多址接入技术主要解决众多用户如何高效共享给定频谱资源的问题。

多址方式有频分多址（FDMA）、时分多址（TDMA）、码分多址（CDMA）和空分多址（SDMA）。常用的多址接入方式主要有频分多址（FDMA）、时分多址（TDMA）和码分多址（CDMA）。

#### 1. 蜂窝系统容量

通信质量的优劣可用载波-干扰比（简称载干比）$C/I$ 来度量。模拟系统接收端射频的 $C/I$ 与基带信噪比 $S/N$ 密切相关，而 $S/N$ 决定着语音质量。在数字系统中，$C/I$ 是与基带 $E_b/I_0$ 密切相关的，且有

$$\frac{C}{I} = \frac{E_b}{I_0} \times \frac{R_b}{B_c} = \frac{E_b/I_0}{B_c/R_b} \tag{24.1.1}$$

式中，$E_b$ 是每比特的能量，$I_0$ 是每赫兹的干扰功率，$R_b$ 是每秒钟的比特率，$B_c$ 是以赫兹为单位的射频信道的带宽。对于 FDMA 与 TDMA，$R_b > B_c$，且 $E_b/I_0 > 1$；对于 CDMA，$R_b \gg B_c$，并且存在多地址码间干扰时，将会产生 $C/I < 1$，此时若以分贝为单位，则出现负值。

一个无线电系统的容量定义为一定频段内所能提供的信道数或用户的最大数目，或系统输入话务总量（Erlang）。系统容量与信道的载频间隔、每载频的时隙数、频率资源和频率复用方式、基站设置方式等有关。目前通常用无线容量 $m$ 来表示系统容量，对于移动通信业务区，无线容量 $m$ 是衡量无线系统频谱效率的参数，这一参数取决于所需的载干比 $C/I$ 和信道带宽 $B$。蜂窝系统容量定义为

$$m = \frac{B_t}{B_c N} \tag{24.1.2}$$

式中，$m$ 为无线容量，单位为信道/小区；$B_t$ 为分配给系统的总的频谱；$N$ 为频率重用的小区数。

#### 2. FDMA 和 TDMA 的系统容量

同信道干扰是蜂窝系统容量的制约因素。因为 FDMA 的信道和 TDMA 中的时隙只能指配给一个呼叫，在此期间是不允许其他呼叫共享该信道或该时隙的。同信道干扰来自于

距离 $D_a = qR$ 的同频小区。假设在 6 个同信道干扰源的最恶劣的环境中，路径损耗按 4 次方规律考虑，可得到以每小区信道数为单位的蜂窝系统容量 $m$，对于 FDMA 和 TDMA，其蜂窝系统容量可表示为

$$m = \frac{B_t/B_c}{K} = \frac{M}{\sqrt{\frac{2}{3} \times \left(\frac{C}{I}\right)_a}} \tag{24.1.3}$$

式中，$B_t$ 为发送或接收的系统总带宽；$B_c$ 为信道带宽或等效信道带宽；$M = \dfrac{B_t}{B_c}$，为总信道数或总等效信道数；$K$ 为区群所含的小区数目；$\left(\dfrac{C}{I}\right)_a$ 为每个信道（每信道或每时隙）所需的最小载干比。可见，决定 $m$ 的重要参数是 $B_c$ 和 $\left(\dfrac{C}{I}\right)_a$。

### 3. CDMA 系统容量

CDMA 的系统容量是受干扰限制的，决定 CDMA 蜂窝系统容量的主要参数是处理增益、$E_b/N_0$、语音负载周期、频率再用效率，以及基站天线扇区数。

若不考虑蜂窝系统的特点，只考虑一般扩频通信系统，则接收信号的载干比为

$$\frac{C}{I} = \frac{R_b E_b}{N_0 W} = \frac{E_b/N_0}{W/R_b} \tag{24.1.4}$$

式中，$E_b$ 为信息的比特能量；$R_b$ 为信息的比特速率；$N_0$ 为干扰的功率谱密度；$W$ 为总频段宽度（即 CDMA 信号所占的频谱宽度）；$\dfrac{E_b}{N_0}$ 为信噪比，其取值决定于系统对误比特率或语音质量的要求，并与系统的调制方式和编码方案有关；$\dfrac{W}{R_b}$ 为系统的处理增益。

若 $m$ 个用户共用一个无线信道，显然每一用户的信号都受到其他 $m-1$ 个用户信号的干扰。假设到达一个接收机的信号强度和各干扰强度都相等，则载干比为

$$\frac{C}{I} = \frac{1}{m-1} = \frac{E_b/N_0}{W/R_b}$$

则

$$m = 1 + \frac{W/R_b}{E_b/N_0} \tag{24.1.5}$$

如果将背景热噪声 $\eta$ 考虑进去，则能够接入此系统的用户数为

$$m = 1 + \frac{W/R_b}{E_b/N_0} - \frac{\eta}{c} \tag{24.1.6}$$

式(24.1.6)仅为理论公式，在实际应用时须对其进行修正，修正后为

$$m = \left[1 + \left(\frac{W/R_b}{E_b/N_0}\right)\frac{1}{d}\right]GF \tag{24.1.7}$$

式中，$d$ 为语音通信在整个通话期内所占时间的比例，即激活期的占空比；$G$ 为扇区分区系数；$F$ 为信道复用效率。

CDAM 的系统容量比其他 FDMA 和 TDMA 的系统容量高，一般认为 CDMA 的系统容量比 FDMA 高 8～10 倍。

# 24.2　GSM 移动通信的交换技术及业务

数字蜂窝移动通信的交换技术包括叫建立、消息传输和释放这三个过程。由于通信网中移动用户是移动的，因此在呼叫建立过程中应首先确定用户所在位置，并且在每次通话过程中，系统还需一直跟踪每个移动用户位置的变化。另外数字蜂窝移动通信网为了扩大系统的通信容量，采用小区制组网技术和频率复用技术，因此在跟踪用户移动的过程中，必然会从一个无线小区越过多个无线小区，要发生多次越区信道切换问题，以及不同网络间切换或不同系统间切换的问题。这些技术问题也称为用户移动性管理和网络移动性管理问题。数字蜂窝移动通信的 MSC 除具备公网交换设备外还要增加用户移动性管理设备（如用户位置登记）和越区切换及网络移动性管理（如网内位置区划分、用户位置更新、用户定位、越区切换和漫游切换等）。以下主要介绍呼叫建立过程和越区切换。

## 24.2.1　通信呼叫建立过程

### 1. 移动台作为主叫的呼叫建立

移动台首先搜索专用控制信道，当控制信道空闲时，即可通过此信道发出包括其自身的识别号码、被呼用户号码等的呼叫信号。基站收到这些信号后转送至 MSC，经识别后即为移动台指配一个基站，此时的空闲信道分配给移动用户使用，这些信息由基站转发给移动台。同时，MSC 对基站的有线线路进行导通试验，如果试验良好，即可进行其他交换处理。若被呼用户为本移动局内的用户，则直接进行交换处理；若为固定网的用户，则接入固定网。

### 2. 移动台作为被叫的呼叫建立

MSC 收到呼信号之后，经识别并确认被呼用户此时空闲，则在该 MSC 控制区的所有基站中，通过专用控制信道一起发出呼叫，包括被呼移动台的识别号码和信道指配代号等信号。有时可能移动台暂时未收到这个呼叫信号，因此当没有收到移动台的应答时，基站应在一段时间内多次重复发送此呼叫信号。空闲的移动台是锁定在专用控制信道上的，当收到此呼叫信号后即可判别是否呼叫本机，若判定为呼叫本机，则发出应答信号，并转入所指配的语音信道。MSC 收到某一基站转来的应答信号之后即停止发送呼叫信号，接通线路，开始计费。若多次呼叫仍不应答，则通知主呼用户此次呼叫失败，不能建立通信。

### 3. 通话过程中的越区信道切换

通话中，基站不断对移动台的通话信道进行监测，当移动台逐渐接近该无线小区的边缘时，基站可检测到接收电平下降，马上上报 MSC，MSC 立即驱动周围基站开始检测该移动台信号的接收电平并上报。MSC 判定接收电平最高的基站为移动台进入的小区，随机选取该小区的空闲无线信道，经试验确认线路良好之后，则令移动台从原小区的无线语音信道切换到新小区的无线语音信道进行通信，同时原小区的通话信道切断，转为空闲信道，新小区的指配信道供移动用户使用。这样就完成了通话中的信道切换。全部操作是在移动台用无觉察、不影响正常通话的情况下完成的。

## 24.2.2 越区切换

越区(或过区)切换(Hand-over & Hand-off)是指将当前移动台与基站之间正在进行通信的通信链路从当前基站转移到另一个基站的过程。该过程也称为自动链路转移(Automatic Link Transfer，ALT)。

越区切换通常发生在移动台从一个基站覆盖的小区进入到另一个基站覆盖的小区的情况下。为了保持通信的连续性，将移动台与当前基站之间的链路转移到移动台与新基站之间的链路上。

越区切换算法的主要性能指标主要有：越区切换的失败概率、因越区失败而使通信中断的概率、越区切换的速率、越区切换引起通信中断的时间间隔以及越区切换发生的时延等。

越区切换分为硬切换和软切换两大类。硬切换是指在新的连接建立以前，先中断旧的连接；软切换是指既维持旧的连接，又同时建立新的连接，并利用新、旧链路的分集合成信号来改善通信质量，当与新基站建立可靠连接之后再中断旧链路。

在越区切换时，可以仅以上行或下行方向的链路质量为准，也可以同时考虑双向链路的通信质量。

### 1. 越区切换的准则

在决定何时需要进行越区切换时，通常可根据移动台处接收的平均信号强度来确定，也可以根据移动台处的信噪比(或信扰比)、误比特率等参数来确定。

假定移动台从基站1向基站2运动，其信号强度的变化如图24.2.1所示。判定何时需要越区切换的准则包括以下几种：

(1)准则1。准则1是相对信号强度准则。在任何时间都选择具有最强接收信号的基站，如图24.2.1中的 A、B、C、D 处将要发生越区切换。该种准则的缺点是，在原基站的信号强度仍满足要求的情况下，会引发过多不必要的越区切换。

(2)准则2。准则2是具有门限规定的相对信号强度准则。仅允许移动用户在当前基站

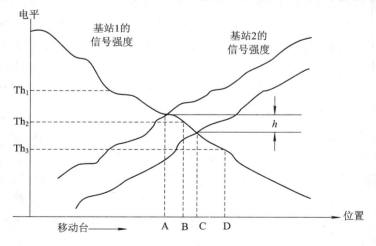

图 24.2.1 越区切换示意图

的信号低于某一门限，且新基站的信号强于本基站的信号情况下，才可以进行越区切换。如图 24.2.1 所示，在门限为 $Th_2$ 时，在 B 点将会发生越区切换。在该方法中，门限选择具有重要作用。例如在图 24.2.1 中，如果门限太高，取为 $Th_1$，则该准则与准则 1 相同；如果门限太低，取为 $Th_3$，则会引起较大的越区时延。此时，一方面会因链路质量较差而导致通信中断，另一方面会对同信道用户造成额外干扰。

（3）准则 3。准则 3 为具有滞后余量的相对信号强度准则。仅允许移动用户在新基站的信号强度远高于原基站信号强度（即大于滞后余量 Hystersis Margin）的情况下进行越区切换。例如图 24.2.1 中的 C 点。该技术可以防止由于信号波动引起移动台在两个基站之间的来回重复切换，即"乒乓效应"。

（4）准则 4。准则 4 是具有滞后余量和门限规定的相对信号强度准则。仅允许移动用户在当前基站的信号电平低于规定门限，且新基站的信号强度高于当前基站一个给定滞后余量时进行越区切换。

**2. 越区切换的控制策略**

越区切换控制有越区切换的参数控制和越区切换的过程控制两个方面内容。以下仅介绍过程控制。在移动通信系统中，过程控制的方式主要有以下三种：

（1）移动台控制的越区切换。在该方式中，移动台连续监测当前基站和几个越区中的候选基站的信号强度及质量。当满足某种越区切换准则后，移动台选择具有可用业务信道的最佳候选基站，并发送越区切换请求。

（2）网络控制的越区切换。在该方式中，基站检测来自移动台的信号强度和质量，当信号低于某个门限后，网络开始安排向另一个基站的越区切换。网络要求移动台周围的所有基站都监测该移动台的信号，并把测量结果报告给网络。网络从这些基站中选择一个基站作为越区切换的新基站，并把结果通过旧基站通知移动台及新基站。

（3）移动台辅助的越区切换。在该方式中，网络要求移动台测量其周围基站的信号质量并把结果报告给旧基站，网络根据测试结果决定何时进行越区切换以及切换到哪一个基站。

**3. 越区切换时的信道分配**

越区切换时的信道分配是指解决当呼叫要转换到新小区时，新小区如何分配信道使得越区失败的概率尽量小的问题。通常的做法是在每个小区预留部分信道专门用于越区切换。该方法的特点是：因新呼叫将使可用信道数减少，虽增加了呼损率，但减少了通话中断的概率，从而符合人们的使用习惯。

## 24.2.3　GSM 移动通信系统的业务

GSM 系统定义的所有业务是建立在 ISDN 概念基础上的，并考虑移动性特点做了必要修改。GSM 与 ISDN 使用相同的信令方案和信号特性。这一决定使得有线与无线需建立统一的接入平台和统一的业务特性。

GSM 按照 ISDN 对业务的分类方法对其业务进行分类，分为基本业务（Base Services）和补充业务（Supplement Services）。基本业务按功能又可分为电信业务（Teleservices，又称用户终端业务）和承载业务（Bearer Services）。这两种业务是独立的通信业务。GSM 系统业务分类示意图如图 24.2.2(a)所示。GSM 支持的基本业务示意图如图 24.2.2(b)所示。

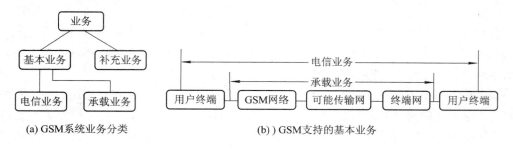

(a) GSM系统业务分类　　　　　　　　　(b) ) GSM支持的基本业务

图 24.2.2　GSM 业务

### 1. 承载业务

承载业务主要是保证用户在两个接入点之间传输有关信号所需的带宽容量,使用户之间能实时可靠地传递语音、数据等信息。这类业务与 OSI 参考模型的低三层有关,定义了对网络功能的需求。为了提供各种承载业务,GSM 用户应能够发送和接收速率高达 9.6 kb/s 的数据。由于 GSM 是数字网,所以在用户和 GSM 网络之间不需 Modem,但在 GSM 和 PSTN 接口方面仍然需要音频 Modem。表 24.2.1 为 GSM 的承载业务。

**表 24.2.1　GSM 的承载业务**

| 业　　务 | 业　务　内　容 |
|---|---|
| 异步数据 | 300～9600 b/s |
| 同步数据 | 1200～9600 b/s |
| PAD 接入 | 300～9600 b/s,分组打包/拆包,GSM 用户分组入网异步连接 |
| 分组接入 | 300～9600 b/s,分组打包/拆包,GSM 用户分组入网同步连接 |
| 语音/数据交替 | 在呼叫过程中,提供语音和数据交替 |
| 语音后数据 | 先语音连接,后进入数据连接 |

### 2. 电信业务

电信业务主要是提供用户足够的容量(包括终端设备功能),以及与其他用户之间的通信。它结合了与信息处理功能相关的传输功能,使用承载业务来传送数据及提供更高层的功能。这些更高层的功能与 OSI 参考模型中的 4～7 层相对应。电信业务包括网络及终端容量,如电话、传真等。承载业务将包含语音的数据传送给终端,电信业务则将它转换成语音信号。

1) 电话业务

GSM 系统所提供的业务中,最重要的业务是电话业务,它为数字移动通信系统的用户和其他所有与其联网的用户之间提供了双向电话通信。

语音编码可以以 64 kb/s 的速率进行传输,但频率利用率低。为提高频率利用率,GSM 采用 13 kb/s 的全速语音编码器来进行语音编码传输。GSM 还可采用接近 6.5 kb/s 的半速进行语音编码,使频率利用率更高。

2）紧急业务

按照 GSM 技术规范，紧急呼叫是由电话业务引申出来的一种特殊业务。此业务可使移动用户通过一种简单而统一的手续连接到就近的紧急业务中心。如在我国统一使用火警特殊号 119 等，紧急呼叫业务优先于其他业务。使用紧急业务不收费，也不需要鉴别使用者的识别号码。

3）短信业务

GSM 提供给用户短消息业务，允许移动用户发送短消息。短信息业务包括移动台之间点对点短信息业务，以及小区广播式短信息业务。MSC 是存储转发中心，该 MSC 在功能上与 GSM 网络分开。所有 GSM 点对点短消息都来自或去向该 MSC，由控制信道传送短信息业务。

点对点短信息业务是由短信息业务中心完成存储和前转功能的。短信息业务中心不仅可服务于 GSM 用户，也可服务于具备接收短信息业务功能的固定网用户。点对点信息的发送或接收应在空闲状态下进行，其信息量限制为 160 个字符。

小区广播式短信息业务是 GSM 移动通信网以有规律的间隔向移动台广播具有通用意义的短信息。移动台连续不断地监视广播信息，并能在显示器上显示广播信息。移动台只有在空闲状态下可接受广播信息，其信息量限制为 93 个字符。

另外 GSM 系统还可提供传真及可视图文业务。

**3. 补充业务**

补充业务是对基本业务的改进和补充，它不能单独向用户提供，而必须与基本业务一起提供。同一补充业务可应用到若干个基本业务中。表 24.2.2 为 GSM 的补充业务。

**表 24.2.2　GSM 的补充业务**

| 业　　务 | 业　务　内　容 |
|---|---|
| 号码识别 | 主叫号码显示(CLIP)、主叫线号码限制(CLIR)、连接线显示(CoLP)、连接线限制(CoLR) |
| 呼叫服务 | 前向呼叫无条件转移(CFU)、移动台忙时前向呼叫(CFB)、无应答前向呼叫(CFNRy)、移动用户未能达到前向呼叫(CFNRc) |
| 呼叫完成 | 呼叫保持(HOLD)、呼叫等待(CW) |
| 多方 | 多方业务(MPTY) |
| 兴趣群体 | 密切用户群(CUG) |
| 计费 | 计费信息提示(AoCI)、计费费用提示(AoCC) |
| 呼叫限制 | 所有呼叫禁止(BACC)、国际呼叫禁止(BOIC)、除拨向归属国家外所有国际呼出禁止(BOIC - exHC) |
| 无结构化 | 无结构化补充业务 |
| 运营者确定限制 | 由运营者确定的不同呼叫/限制业务 |

# 24.3　GSM 移动通信系统的无线传输

## 24.3.1　TDMA/FDMA 接入方式

### 1. 时隙

GSM 系统采用时分多址（TDMA）、频分多址（FDMA）和频分双工（FDD）制式。在 25 MHz 的频段中共分 125 个信道，信道间隔为 200 kHz；每个载波含 8 个（以后可扩展为 16 个）时隙，时隙宽为 0.577 ms；每 8 个时隙构成一个 TDMA 帧，帧长为 4.615 ms，如图 24.3.1 所示。

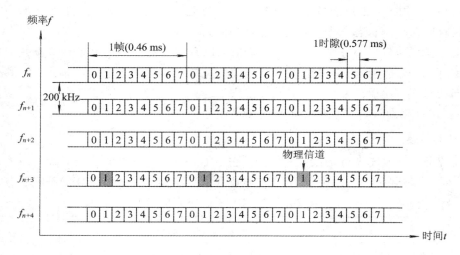

图 24.3.1　GSM 的 TDMA/FDMA 的结构

对双工载波各用一个时隙可构成一个双向物理信道，这种物理信道共有 $125 \times 8 = 1000$ 个，根据需要分配给不同的用户使用。移动台在特定的频率上和特定的时隙内，以猝发方式向基站传输信息，基站在相应的频率上和相应的时隙内，以时分复用的方式向各个移动台传输信息。

几个小区（比如 4 个）构成一个区群。各小区均分配一组信道，相邻小区不使用相同的信道，但相邻区群允许信道重复使用。

各用户在通信时所占用的信道和时隙是在呼叫建立阶段由网络动态分配的。各小区要在其分配的信道中，指配一个专门的信道作为所有移动用户的公用信道，用于基站广播通用（控制）信息和移动台发送入网申请，其余信道用于各类业务信息的传输。移动台除了在指配的信道和时隙中发送和接收与自己有关的信息外，还可以在其他时隙检测或接收周围基站发送的广播信息，因而移动台可随时了解网络的运行状态和周围基站的信号强度，以判断何时需要进行过境切换和应向哪一个基站进行过境切换。

### 2. 频率与信道序号

GSM 系统工作的射频频段为：用于移动台发送、基站接收的上行频段为 890～

915 MHz；用于移动台接收、基站发送的下行频段为 935～960 MHz。收发频率间隔为 45 MHz。

移动台采用较低频段进行信号发射，传播损耗较低，有利于补偿上、下功率不平衡。由于载频间隔为 0.2 MHz，因此 GSM 系统整个工作频段分为 124 对载频，其信道序号用 $n$ 表示，则上、下两频段中序号为 $n$ 的载频可用下式计算：

下频段：
$$f_l(n) = 890 + 0.2n$$

上频段：
$$f_h(n) = 935 + 0.2n$$

式中，$n=1～124$。由于每个载频有 8 个时隙，因此 GSM 系统总共有 124×8＝992 个物理信道，有些文献中号称 GSM 有 1000 个信道。

**3. 调制方式**

GSM 的调制方式是高斯型最小移频键控（GMSK）方式。矩形脉冲在调制器之前先通过一个高斯滤波器。该调制方案有助于改善频谱特性，从而能满足 CCIR 提出的邻信道功率电平小于 −60 dBW 的要求。高斯滤波器的归一化带宽 BT＝0.3。由于载频是以 0.2 MHz 为载频间隔的，并且信道的传输速率为 270.833 kb/s，因此频谱利用率为 1.35(b/s)/Hz。

**4. 载频复用与区群结构**

GSM 中，基站发射功率为每载波 500 W，每时隙平均为（500/8）W＝62.5 W。移动台的发射功率分为 0.8 W、2 W、5 W、8 W 和 20 W 五种，可供用户选择。小区覆盖半径最大为 35 km，最小为 500 m。前者适用于农村地区，后者适用于市区。由于系统采取了多种抗干扰措施，同信道射频载干比可降到 $C/I=9$ dB，因此在业务密集区，可采用 3 小区 9 扇区的区群结构。

## 24.3.2　信道及其组合

GSM 蜂窝数字移动通信系统要传输不同类型的信息。按逻辑功能，可分为业务信息和控制信息，因而在时分、频分复用的物理信道上要安排相应的逻辑信道。在时分多址的物理信道中，帧的结构是基础，以下先介绍 GSM 的帧结构。

**1. 帧结构**

GSM 的帧结构如图 24.3.2 所示。每一个 TDMA 帧分为 0～7 共 8 个时隙，帧长度为 4.615 ms，每个时隙长度为 0.577 ms。

由若干个 TDMA 帧构成复帧，其结构有两种：一种是由 26 帧组成的复帧，这种复帧长 120 ms，主要用于业务信息的传输，也称做业务复帧；另一种是由 51 帧组成的复帧，这种复帧长 235.385 ms，用于传输控制信息，也称做控制复帧。

51 个业务复帧或 26 个控制复帧均可组成一个超帧，超帧的周期为 1326 个 TDMA 帧，超帧长 $51×26×4.615×10^{-3}＝6.12$ s。

由 2048 个超帧组成超高帧，超高帧的周期为 2048×1326＝2 715 648 个 TDMA 帧，时长为 12 533.76 s。帧的编号（FN）以超高帧为周期，为 0～2 715 647。

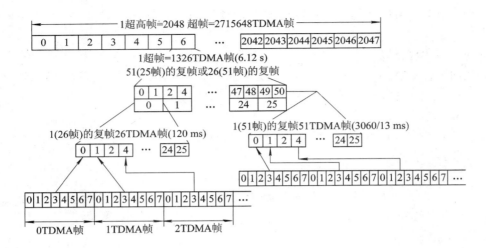

图 24.3.2　GSM 系统的帧及时隙

GSM 系统上行传输所用的帧号和下行传输所用的帧号相同，但上行帧相对于下行帧来说，在时间上推后 3 个时隙，如图 24.3.3 所示。这样安排可允许移动台在这 3 个时隙的时间内进行帧调整以及对收发信机进行调谐和转换。

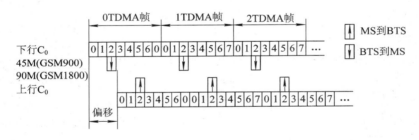

图 24.3.3　上行帧号与下行帧号时间对应关系

### 2．信道结构

GSM 的信道可分为业务信道、控制信道两大类，各类信道还有其他多种功能信道。GSM 的信道结构如图 24.3.4 所示。

1）业务信道

业务信道（TCH）主要用于传输数字语音或数据，其次还有少量的随路控制信令。业务信道有全速率业务信道（TCH/F）和半速率业务信道（TCH/H）之分。半速率业务信道所用时隙是全速率业务信道所用时隙的一半。目前使用的是全速率业务信道，将来采用低比特率语音编码器后可使用半速率业务信道，从而在信道传输速率不变的情况下，信道数目可加倍。

（1）语音业务信道。承载编码语音的业务的信道分为全速率语音业务信道（TCH/FS）和半速率语音业务信道（TCH/HS），两者的总速率分别为 22.8 kb/s 和 11.4 kb/s。全速率语音编码中，语音帧长 20 ms，每帧含有 260 bit 语音信息，提供的净速率为 13 kb/s。

（2）数据业务信道。在全速率或半速率信道上，户可使用下列各种不同的数据业务：

① 速率为 9.6 kb/s，全速率数据业务信道（TCH/F 9.6）。

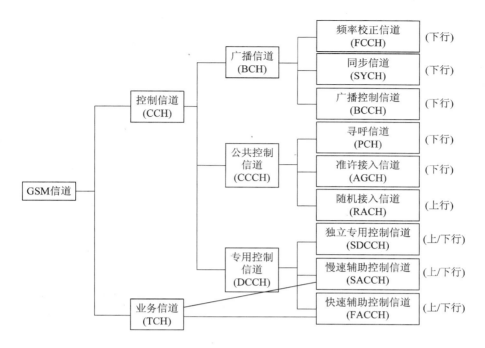

图 24.3.4　GSM 的信道结构

② 速率为 4.8 kb/s，全速率数据业务信道(TCH/F 4.8)。

③ 速率为 4.8 kb/s，半速率数据业务信道(TCH/H 4.8)。

④ 速率不大于 2.4 kb/s，全速率数据业务信道(TCH/F 2.4)。

⑤ 速率不大于 2.4 kb/s，半速率数据业务信道(TCH/H 2.4)。

此外，在业务信道中还可安排慢速辅助控制信道或快速辅助控制信道的连接，如图 24.3.4 中所示。

2) 控制信道

控制信道(CCH)用于传送信令相同步信号，主要要有广播信道(BCH)、公共控制信道(CCCH)和专用控制信道(DCCK)三种。

(1) 广播信道(BCH)。BCH 是一种"一点对多点"的单方向控制信道，用于基站向移动台广播公用的信息，传输的内容主要是移动台入网和呼叫建立所需要的有关信息，其中又分为以下几类：

① 频率校正信道(FCCH)：传输供移动台校正其工作频率的信息。

② 同步信道(SYCH)：传输供移动台进行同步和对基站进行识别的信息。

③ 广播控制信道(BCCH)：传输系统公用控制信息，例如公共控制信道(CCCH)号码以及是否与独立专用控制信道(SDCCH)相组合等信息。

(2) 公共控制信道(CCCH)。CCCH 是一种双向控制信道，用于呼叫接续阶段传输链路连接所需的控制信令，其中又分为以下几类：

① 寻呼信道(PCH)：传输基站寻呼移动台的信息。

② 随机接入信道(BACH)：上行信道，用于移动台随机提出入网申请，即请求分配一个独立专用控制信道(SDCCH)。

③ 准许接入信道（AGCH）：下行信道，用于基站对移动台的入网申请做出应答，即分配一个独立专用控制信道。

（3）专用控制信道（DCCH）。DCCH 是一种"点对点"的双向控制信道，其用途是在呼叫接续阶段以及在通信进行当中，在移动台和基站之间传输必需的控制信息。其中又分为以下几类：

① 独立专用控制信道（SDCCH）：用于在分配业务信道之前传送有关信令。例如，登记、鉴权等信令均在此信道上传输，经鉴权确认后，再分配业务信道（TCH）。

② 慢速辅助控制信道（SACCH）：用于在移动台和基站之间周期性传输一些信息。例如，移动台要不断地报告正在服务的基站和邻近基站的信号强度，以实现"移动台辅助切换功能"。此外，基站对移动台的功率调整、定时调整命令也在此信道上传输，因此 SACCH 是双向的点对点控制信道。SACCH 可与一个业务信道或一个独立专用控制信道联用。SACCH 安排在业务信道时，以 SACCH/T 表示；安排在控制信道时，以 SACCH/T 表示。

③ 快速辅助控制信道（FACCH）：用于传送与 SDCCH 相同的信息，只有在没有分配 SDCCH 的情况下，才使用这种控制信道，并且在使用时要中断业务信息，FACCH 插入业务信道后每次占用的时间很短，约 18.5 ms。

GSM 通信系统为了传输所需的各种信令，设置了多种控制信道。这样除了因数字传输而设置多种逻辑信道外，主要是为了增强系统的控制功能，同时也为了保证语音通信质量。

**3. GSM 的帧结构**

GSM 的帧结构由时隙、TDMA 帧、复帧（Multiframe）、超帧（Superframe）和超高帧五个层次构成。时隙是物理信道的基本单元，是其他 4 个层次的基础；TDMA 帧是由 8 个时隙组成的，是占据载频带宽的基本单元，每个载频有 8 个时隙。

复帧包括以下两种类型：

（1）由 26 个 TDMA 帧组成的复帧。这种复帧用于 TCH、SACCH 和 FACCH。

（2）由 51 个 TDMA 帧组成的复帧。这种复帧用于 BCCH 和 CCCH。

超帧由 51 个业务复帧或 26 个控制复帧构成。

超高帧由 2048 个超帧构成。在 GSM 系统中，超高帧的周期是与加密和跳频有关的。每经过一个超高帧的周期循环长度为 2 715 648，相当于 3 小时 28 分 53 秒 760 毫秒，系统将重新启动密码和跳频算法。

**4. 突发脉冲**

突发脉冲是以不同的信息格式携带不同逻辑信道在一个时隙内传输，由 100 多个调制比特组成的脉冲序列。因此可以将突发脉冲看成是逻辑信道在物理信道传输的载体。根据逻辑信道的不同，突发脉冲也有所不同。通常突发脉冲有五种类型。

1）普通突发脉冲

普通突发脉冲（Normal Burst，NB）用于构成 TCH，以及除 PCCH、BACH 和空闲突发脉冲以外的所有控制信息信道，携带它们的业务信息和控制信息。普通突发脉冲的构成如图 24.3.5 所示。

| TB(3 bit) | 加密比特(57 bit) | (1 bit) | 训练序列(26 bit) | 加密比特(57 bit) | TB(3 bit) | GP(8.25 bit) |
|---|---|---|---|---|---|---|

$\longleftarrow$ 0.577 ms，共156.25 bit $\longrightarrow$

图 24.3.5　普通突发脉冲序列

普通突发脉冲是由加密比特(2 个 57 bit)、训练序列(26 bit)、尾位 TB(2 个 3 bit)、借用标志 F(Stealing Flag，2 个 1 bit)和保护时间 GP(Guard Period，8.25 bit)构成的，总计 156.25 bit。由于每个比特的持续时间为 3.6923 $\mu$m，所以一个普通突发脉冲所占用的时间为 0.577 ms。

加密比特是 57 bit 的加密语音、数据或控制信息。另外 1 bit 为"借用标志"，当业务信道被 FACCH 借用时，以此标志表明借用一半业务信道资源。训练序列是一串已知比特，供信道均衡使用。尾位 TB 总是 000，是突发脉冲开始与结尾的标志。保护时间 GP 是用来防止由于定时误差而造成突发脉冲间的重叠的。

2) 频率校正突发脉冲

频率校正突发脉冲(Frequency Correction Burst，FB)用于构成 FCCH，携带频率校正信息。其结构如图 24.3.6 所示。频率校正突发脉冲主要传送固定的频率校正信息，共 142 bit 且全为 0。

| TB(3 bit) | 固定比特(142 bit) | TB(3 bit) | GP(8.25 bit) |
|---|---|---|---|

$\longleftarrow$ 0.577 ms，共156.25 bit $\longrightarrow$

图 24.3.6　频率校正突发脉冲序列

3) 同步突发脉冲

同步突发脉冲(Synchronization Burst，SB)用于构成 SYCH，携带系统的同步信息。其结构如图 24.3.7 所示。同步突发脉冲由加密比特(2 个 39 bit)和一个易被检测的同步序列(64 bit)构成。加密比特携带 TDMA 帧号及基站识别码信息。

| TB(3 bit) | 加密比特(39 bit) | 同步序列(64 bit) | 加密比特(39 bit) | TB(3 bit) | GP(8.25 bit) |
|---|---|---|---|---|---|

$\longleftarrow$ 0.577 ms，共156.25 bit $\longrightarrow$

图 24.3.7　同步突发脉冲序列

4) 接入突发脉冲

接入突发脉冲(Access Burst，AB)用于构成移动台的 RACH，携带随机接入信息。接入突发脉冲的结构如图 24.3.8 所示。

| TB(8 bit) | 同步序列(41 bit) | 加密比特(36 bit) | TB(3 bit) | GP(8.25 bit) |
|---|---|---|---|---|

图 24.3.8　接入突发脉冲序列

接入突发脉冲由同步序列(41 bit)、加密比特(36 bit)、尾位 TB(8+3 bit)和保护时间构成。其中保护时间的间隔较长，这是为了使移动台首次接入或切换到一个新的基站时不知道时间的提前量而设置的。当保护时间长达 252 $\mu$m 时，允许小区半径为 35 km，在此范围内可保证移动台随机接入移动网。

5）空闲突发脉冲

空闲突发脉冲（Dummy Burst，DB）的结构与普通突发脉冲的结构相同，只是将普通突发脉冲中的加密比特换成固定比特。其结构如图 24.3.9 所示。

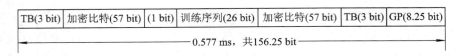

图 24.3.9　空闲突发脉冲序列

# 24.4　GSM 移动通信的接续

## 24.4.1　移动台开机、小区选择、位置登记及更新

### 1. 移动台开机

当移动台（MS）开机后，将在 GSM 网中对其初始化。由于 MS 对自身的位置、小区配置、网络情况、接入条件均不清楚，因此这些信息都要从网络中获得。

为了获得这些必要的信息，MS 首先必须确定 BCCH 频率，以获得操作必需的系统参数。在 GSM900 中有 124 个无线频率，在 DCS1800 中有接近 375 个无线频率。要确定 BCCH 频率，须对这些频率进行搜索和解码，这需要一段较长的时间。为了帮助 MS 完成这一任务，GSM 允许在 SIM 中存储一张频率表，这些频率是前一次小区登录时的 BCCH 频率，以及在该 BCCH 广播的邻近小区的频点，MS 上电后就开始搜索这些频率。

GSM 所有的 BCCH 均是满功率工作的，即 BCCH 不进行功率抑制，并且 BTS 在 BCCH 信道的所有空闲时隙发送空闲标志，这两点保证了 BCCH 频率比小区其他频率具有更大的功率密度。

在找到无线频点以后，MS 下一步要确定 FCCH。同理，由于 FCCH 功率密度大于 BCCH 频率，在找到 FCCH 之后，MS 通过解码使自身与系统的主频同步。

一旦 MS 确定了 FCCH 并同步后，它可以正确地确定时隙和帧的边界，至此，它便实现了时间同步。MS 知道在相同的频率上 FCCH 的第 8 个时隙后是同步信道 SCH，所以它只需简单等待 8 个时隙，便可对 SCH 进行解码从而获得时间同步。至此，MS 可对 BCCH 上的其他数据进行解码。

### 2. 小区选择

MS 在选择所在的小区之前，需确定是否能获得网络中的服务。BCCH 携带了 GSM 网络有关该小区的识别号。MS 可以手工或自动确定有效的 GSM 网络。如果当前小区不是有效的 GSM 网络，MS 只能寻找其他 BCCH。

一旦选择了有效的 GSM 网，MS 就可选择登录的小区。MS 有一个小区选择算法，用于确定最佳的有效小区。MS 根据收到的信号强度、位置区域和功率等级等参数来确定小区的选择。

MS 收到信号的强度是 MS 从该区的 BTS 接收到信号好坏的指示。如果该指示太低，则 MS 可以知道之后建立的通信线路将不会非常好。小区 BCCH 频率是以最大允许的功率发送的，由 MS 建立起来的任何专用信道，其功率都应控制在 BCCH 频率的功率级以下。实际上，由 BCCH 发射的参数之一是 MS 允许接入系统的最小接收信号电平。如果接收信号电平在该值之下，MS 将禁止在该小区登录。

用于小区选择的第二个标准是位置区域。每一次来自 MS 的位置区更新使用了大量的信令带宽。为了减少 MS 和网络间的信令流量，每个网络营运者都试图在不影响性能的情况下使这些业务量最小。每一次 MS 关机后，服务登记区识别号存储在 SIM 卡中，一旦手机重新开机后进入小区选择，存储在 SIM 卡中的位置区识别号会被用来与广播位置区识别号进行比较，如果它们不一致，这个特别小区将被某一因素的权重记录下来。这样，如果在不同登记区有两个识别小区，那么可由 MS 视无线信号的优劣等因素来选择，而不选用需进行位置更新的小区。

用于小区选择的第三个标准是移动台功率等级，特别是 MS 的最大发射功率，即使 MS 可能相当好地接收 BTS 信号，而 BTS 能否接收 MS 信号并不能保证。例如，如果某个小区被设计成功率等级 1，GSM900 的 MS 的最大发射功率为 20 W，等级 5 的 GSM900 只能发射最大 0.8 W 的功率，这个 MS 如果在小区边缘，就不能保证它的发送能被 BTS 在可接收的功率电平上接收。这一点非常重要，小区范围不是固定的，而是随 MS 的功率等级不同而变化的。

使用小区选择标准和算法时，MS 扫描其附近小区的 BCCH 信道，给出一张所有通过选择标准的小区表，表中最好的小区被 MS 选择为工作小区，如果所选小区是在一个新的位置区域，则必须进行位置更新。在 MS 进行小区选择时，网络无需意识到 MS 在一个指定小区的存在，所有 BTS 以被动方式提供信息，为所有在 BCCH 接收的 MS 的利益广播必需的系统参数，接下去网络将起更主动的作用，与 MS 交换信息。

**3. 位置登记及更新**

MS 选择好工作小区后，即可确定 MS 应是位置登记还是位置更新。

如果是位置登记，MS 以其 IMSI 等数据向 GSM 网络请求位置登记，网络经过验证后会分派一个 TMSI 代码给 MS。MS 得到 TMSI 后，会将 TMSI 代码存储在 SIM 卡中，以后不论是手机关机还是重新开启，TMSI 都存储在手机的 SIM 卡中。

如果是位置更新，则 MS 首先确定该工作小区是否是以前登记过的位置区。它从 BCCH 获得位置区信息并将它与存储在 SIM 卡中原先登记的位置区进行比较，如果位置区是同一个，MS 就进入空闲模式等待用户发起呼叫或接收来自网络的寻呼；如果位置区不一致，那么它将通知网络数据库存放的该 MS 的位置信息不再正确而需要更新。在这期间任何对该 MS 的呼叫都不会获得成功，因为网络会在该 MS 原先登记的小区中发出寻呼，由于该 MS 不在原先小区，因此呼叫不会成功。这样 MS 必须把它的新位置区尽可能快地通知网络，使网络能够更新它的数据库，在以后将呼叫成功的连接到该 MS。一旦确认需要位置更新，MS 应立即进行位置更新。

应注意的是，在位置登记中，MS 是以 IMSI 向网络发出更新位置信息的；而在位置更新中，MS 是以 TMSI 向网络报告信息的。

## 24.4.2  通信链路的建立、初始信息发送、鉴权及加密

### 1. 通信链路的建立

在 MS 进行位置登记之前，首先必须建立与网络通信的链路。有了通信链路才能进行位置更新信息的变换，通信链路的建立程序由 MS 调谐到随机接入信道（RACH）上发出信道请求信息，然后转到接入许可信道（AGCH），等待来自网络的响应。BTS 收到信道请求后，便增加有关传输时延的信息一起传输给 BSC。BSC 能够通过比较时延进行赋值。MS 送出信道请求信息后有一个长的保护周期，因为这是 MS 第一次发送的信息，网络和 MS 对时延的大小都没有认识。长的保护周期可以保证即使该信息与下一个时隙的信息重叠，在 BTS 接收时，信息内容也不会丢失。BSC 选择一个有效信道（典型的 SDCCH），计算赋值的定时延迟，并通知 BTS 激活信道，然后发送一个信道分配信息给 BTS。该信息携带一个参数，使接收端 MS 能够得到分配的信道。这使 MS 得知该信道的定时前置、MS 起初发射功率的电平大小等参数。

### 2. 初始信息发送

MS 在接收到信道分配信息后，将其调谐到分配信道上并发送一个业务请求信息（在 SDCCH 上传送）。这个信息用来指明 MS 从网络请求什么业务。在位置更新的情况下，请求是一个位置更新请求，这个信息是关于 MS 识别码的详细信息（这是第一次网络开始了解 MS 的识别码，直到现在网络还不知该用户是否有权从网络中得到该服务），包括有关移动识别码的信息、功率级、频率容量、MS 支持的保密算法等。这些信息由 BSC 送给 MSC，通过 A 接口作进一步处理，然后 MSC 通过 B 接口将信息传给 VLR。

### 3. 鉴权

一旦当前的 VLR 成功地接收到位置更新、呼叫建立等起始信息，它将启动鉴权和加密程序。鉴权程序的目的有两个：一是允许网络检查 MS 提供的识别号是否可接收，二是计算密钥。鉴权过程总是由网络发起的。

鉴权算法驻留在网侧的鉴权中心（AUC）和 MS 的 SIM 用户卡中。AUC 对各用户选择一个随机数并连同用户的唯一码将它输入 A3/A8 算法，输出鉴权参数 RAND、SERS 和 $K_C$。

一旦 VLR 完成鉴权，它通过 SDCCH 发送一个鉴权请求给 MS。这一信息包含随机询问（RAND）。实际上，VLR 询问 MS 是为了证明它要求是什么，MS 将 SIM 卡产生的 SRES 发送给 VLR，同时产生一新的加密密钥 $K_C$。VLR 收到 SRES 后与内部存储的值进行比较，如果匹配，则认为该用户是合法的。

### 4. 加密

VLR 开始加密时，它通知 MSC 按所使用的密钥发送一个信息给 BSC。BSC 通过 BTS 通知 MS 在以后的传输过程中开始加密。在这之前，BTS 同样被通知使用加密的信息并得到密钥，这样它能对信息进行解密。BTS 将信息解密后发送给 BSC，并发送一个指令通知 VLR 加密过程已经开始。

### 24.4.3　位置更新过程及通信链路的释放

#### 1. 位置更新过程

位置更新呼叫流程如图 24.4.1 所示。位置更新过程通常会在以下几种情况出现：

① 如果移动台当前所在的位置区由收到这一信息的当前 VLR 控制，那么意味着 VLR 已经得到了该用户的所有信息，它能够顺利完成位置更新的过程；

② 在 VLR 没有该用户以前记录的情况下，当前 VLR 需求助于用户的原籍位置寄存器 HLR，要求提供用户的信息。

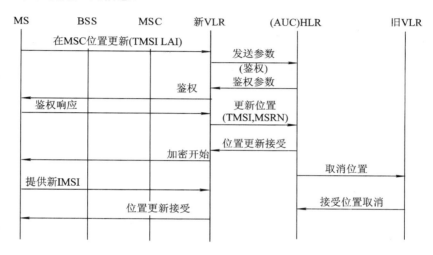

图 24.4.1　位置更新流程

VLR 发送一个 MAP-D 位置更新信息给 HLR，该信息包含移动识别号，在移动用户被叫时可按 VLR 的地址使 HLR 查询 VLR。HLR 在它的内部数据库记录中查找用户的描述，以确认该用户是否在当前的 VLR 中具有该业务。如果用户在 VLR 区具有该业务权限，那么 HLR 就返回一个成功的信息给 VLR；如果用户在 VLR 区无该业务权限，那么 HLR 就返回一个失败的信息给 VLR。若 HLR 发现当前的 VLR 与前次登记的 VLR 不一致，则 HLR 发送一个删除位置信息给前次登记的 VLR，以删除该 VLR 中的记录，然后 HLR 将用户数据发送给当前的 VLR，即提供所有信息给为用户提供业务的 VLR。

如果 VLR 对于 MS 的位置更新请求发送一个成功的信息，那么 HLR 请求分配有关移动台的参数，如临时移动用户识别号(TMSI)。TMSI 来自前一次的位置更新请求。由于位置区已改变，不得不给移动台安排一个新的 TMSI，这个新的 TMSI 由 VLR 安排并反馈一个成功的位置更新指示给 MS，MS 在收到 TMSI 以后，改写以前的值并且将它存入 SIM 卡。该值将用于所有以后发生的位置更新。

#### 2. 通信链路的释放

一旦位置更新过程成功完成，MS 与 BTS、BSC 和 MSC 的通信链路也就结束了。MS 将返回空闲模式，等待用户的主叫及来自网络的寻呼。

### 24.4.4　移动台的主叫、被叫流程

#### 1. 移动台的主叫流程

移动台的主叫流程如图 24.4.2 所示。移动台主叫的建立需先经过通信链路建立过程、原始信息过程、鉴权和加密过程。

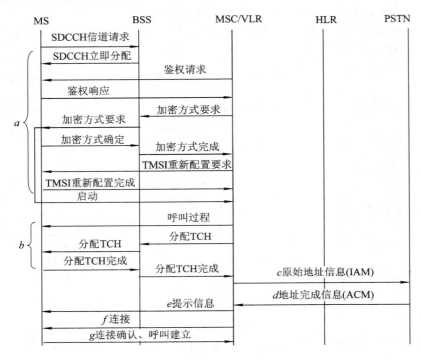

图 24.4.2　MS 主叫流程

一旦这些过程成功完成，移动台将在建立的链路上（SDCCH）发送启动信息（见图 24.4.2 中的 $a$），这一信息包含了被叫部分的号码和其他一些网络与公共固定交换电话网（PSTN）联系时所需的信息。承载要求表明呼叫是进行通话还是数据呼叫，是电路呼叫还是分组呼叫，是同步还是异步，以及提供用户数据速率（可在 300～9600 b/s 范围内变化）等信息。MSC 利用这一信息确认承载要求是否能得到支持，同时通过 MAP - B 信息查询 VLR，确认是否有任何提供业务方面的限制。

如果 MS 送出的被叫部分是密切用户群码（CUG），则要求 VLR 翻译并检查用户限制以确认这种呼叫能否被允许。如果对用户有呼叫发起限制，但 VLR 确认这次呼叫不违反有关限制，则这时的呼叫有效并被允许进行，MSC 发出呼叫继续信息给 MS，通知它建立信息已经收到并处理，网络试图接入本次呼叫。

如果用户要求进行语音连接，系统将安排业务信道（TCH）。BSC 通知 BTS 新的信道后，BTS 激活新的信道，然后 BSC 为语音编码分配 TRAU（发送编码器和速率适配器单元）资源。在网络方所有的资源全部被安排用于处理业务信道的情况下，BSC 发送一个分配命令信息给 MS，通知它在下一步传输中使用的新信道。MS 调谐到新无线信道上并在该信道上发送一个分配结束信号，指示它已成功调谐到新信道上，BSC 即可释放旧信道（见

图 24.4.2 中的 b)。同时，MSC 通过网络启动呼叫建立过程。例如，如果连接到 PSTN 交换是通过 ISUP，则发送一个 IAM(原始地址信息)给 PSTN(见图 24.4.2 中的 c)。接入交换机返回一个 ACM(地址完成信息)给 MSC，表明被叫正在振铃(见图 24.4.2 中的 d)，当 MSC 收到 ACM 后，它发送一个振铃信息给 MS，MS 在收到这一信息后就产生一个提示音通知用户已经联络被叫，电话正在振铃(见图 24.4.2 中的 e)。当被叫应答时，ANM(应答信息)通过网络发送信息给 MSC 通知 MS 已连接(见图 24.4.2 中的 f)。至此，两部分呼叫已连接并可以交换信息(见图 24.4.2 中的 g)。

**2. 移动台的被叫流程**

　　不论是从无线移动电话或有线电话系统拨号呼叫 GSM 移动台，拨号时都只能输入 GSM 移动台用户的 MSISDN 号码。该号码并不包含当前移动台用户的位置信息，因此 GSM 网络必须询问 HLR 有关移动台的 MSRM 代码，才可得知移动台用户目前所在的 LA 区域与负责该区域的 MSC。MSRN 代码是当移动台在进行位置更新时由当地的 VLR 负责产生的。

　　固定电话拨号呼叫 GSM 移动台时的流程如图 24.4.3 所示。当主叫输入移动台的 MSISDN 号码时，固定电话的交换机从 MSISDN 号码中标示出呼叫移动电话的移动台后，依照 MSISDN 上的 CC 及 NDC 将信号传递到负责该移动台服务区域内的关口 MSC (GMSC)。

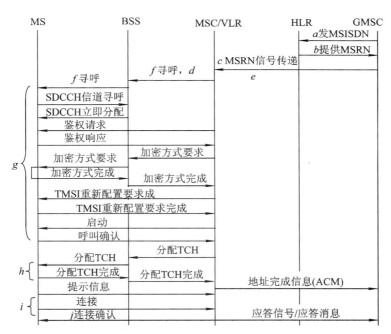

图 24.4.3　MS 被叫流程

　　如果在固定电话网(PSTN)中使用 ISUP，这必将是一个原始地址信息(Initial Area Message，IAM)。

　　在 IAM 中的被叫部分号码将是 MSISDN 码。这一语音呼叫在 GMSC 试图确定用户的位置中，使用 MAP-C 呼叫信令过程从用户的 HLR 中寻找路由信息。GMSC 能够确定用户的 HLR,它有一张与 MSISDN 相关的 HLR 翻译表(见图 24.4.3 中的 a)。HLR 在收到请求后,借助于翻译表将提供的 MSISDN 变换为一个 IMSI 码,然后查询与 IMSI 码相关的用户概貌,按照用户特性激活相关事件。

如果用户是前向呼叫无条件转移(CFU),那么 HLR 返回前向码到 GMSC,它将呼叫语音到目的交换机重新进行路由选择,处理前向码。如果用户是所有呼入禁止 BAIC,则 HLR 拒绝服务。

在正常情况下,对用户被叫是无限制的,HLR 确定被呼移动台当前登记的 VLR 地址。使用 MAP – D 过程查询 VLR 有关路由号码,即 MS 漫游号码(MSRN),MLR 返回该 MSRN 给 GMSC(见图 24.4.3 中的 b)。GMSC 经过 MSRN 的指示将信号传递到当地的交换机 MSC(见图 24.4.3 中的 c),MSC 根据 MSRN 询问 VLR(见图 24.4.3 中的 d),VLR 在 MSRN 基础上查询用户记录并确定当前的登记区,返回 IMSI 等信息给 MSC(见图 24.4.3 中的 e)。MSC 通知该位置登记区所在的所有 BSC,BSC 轮流送出寻呼命令给 BTS,命令它们通过寻呼信道送出寻呼用户的指令(见图 24.4.3 中的 f)。

MS 在收到它的寻呼后,启动通信链路建立与初始化信息过程,鉴权和加密过程,无论是否必要都进行 IMSI 重新配置,建立的原因将打上作为响应寻呼的标记。MSC 是来话停留的网络实体,一旦它确定收到一个有效的寻呼响应,它就通过建立的通信链路发送一个启动信息。MS 收到这一信息,会发送出一个呼叫确认信息给网络,通知网络启动信息已经收到(见图 24.4.3 中的 g)。网络开始安排一个业务信道(TCH)给 MS(见图 24.4.3 中的 h)。在成功完成这一步之后,MS 开始提供一个提示音给用户,它同时送一个提示信息给 MSC(见图 24.4.3 中的 i),MSC 接着发送一个 ACM 信息给 PSTN 用户,该信息告诉 PSTN 用户移动用户已有效并得到通知,MS 在提供振铃声时,作为可选功能,可显示主叫号码。如果 MS 应答,就发送出一个连接信息给 MSC,MSC 接着发送一个 ANS 给 PSTN 用户,双方通信开始(见图 24.4.3 中的 j)。

## 24.4.5　切换进程

切换是当 MS 变换小区时保持呼叫的过程。在 MS 变换小区时,切换是避免呼叫损失所必不可少的步骤。如果一个 MS 打算变换小区,则它已经处于小区的边缘,此时无线信号电平必然不大良好,这是要切换的另外一个原因。

一次切换进程可分成三部分:预切换过程、切换执行过程和切换以后的过程。在预切换过程阶段网络为切换决定收集所需的数据。如果切换是需要的,则选择一个合适的小区做切换小区,在切换执行阶段执行实际的切换,将 MS 连接到新的 BTS 上。在切换以后,所有不再需要的网络资源被释放,系统返回稳定阶段。

### 1. 预切换过程

在切换过程中,MS 的作用非常重要,它为切换算法提供有关输入的信息、执行切换的决定,以及新的最合适的基站收发信机(BTS)选取所需要的各种测量信息,并描述 MS 和 BTS 能力的参数以形成切换算法输入的一部分。

描述 MS 和 BTS 能力的参数和测量的信息有:为 MS 服务的服务(BTS)、邻近 BTS 的最大发射功率、小区容量和负荷;上行信道质量和接收电平;下行信道质量和接收电平;来自邻近小区的下行接收电平。

在切换过程中，MS 须对当前服务小区及相邻小区信号的质量和强度进行测量，并将它们报告给服务 BTS。质量测量是把当前服务下行信道的低比特误码率转换成 0～7 中的一个值，并将服务 BTS 的接收信号强度转换成 6 bit 的数值。对邻近小区的接收信号强度的测量按同样方式进行。这种测量是在上行发送和下行接收时隙中完成的。在这一时隙中，MS 转到相邻的小区广播控制信道 BCCH 以测量下行接收信号的强度，BCCH 的频率测量值被送往服务 BTS。一个 MS 可以报告除服务小区测量外多达 6 个相邻小区的情况。一个 MS 必须报告相邻小区 BCCH 载波频率，包括在 BCCH 和慢相关控制信道（SACCH）的发射信息。

由 MS 完成的下行信道测量值报告给 BTS，SACCH 用来携带这一信息。一个 SACCH 帧每 120 ms 发送一次，但由于交织，BTS 收到的一个完整的帧会有 480 ms 延时。同样为了克服短期影响，瞬时无线链路使测量的降级在 MS、BTS 和 BSC 被平均化。由服务 BTS 完成的上行信道测量（包括质量和接收信号强度的测量）。服务 BTS 把以上测量和接收到的 MS 测量结果一起送给 BSC。

**2. 切换执行**

MSC 之间的切换流程如图 24.4.4 所示。当决定启动切换时，在确认了最适合的新小区后，MS 和网络进入切换执行阶段。此时，MS 与当前服务 BTS 的连接中断，并在新小区与新的 BTS 建立连接。

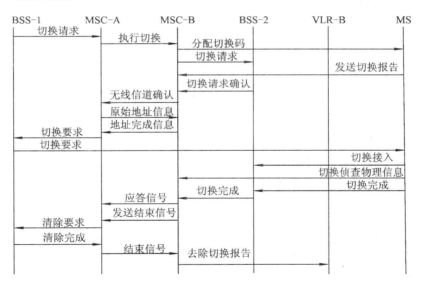

图 24.4.4　MSC 之间的切换流程

切换执行过程和所包含的信令一同依赖于新小区的选择。如果新小区由同一个 BSC 控制，那么切换被认为是 BSC 内部切换，信令限制在 BSC 内部而不用包含 MSC；如果新的 BTS 属于同一 MSC 内不同的 BSC，则称之为 MSC 内部切换；如果这两个 BSC 由不同的 MSC 控制，则称之为 MSC 之间的切换。

上述三种不同情况的切换对信令的要求有所不同。MSC 之间的切换用 MAP－E 消息实现。切换阶段的第一步由 BSC 将其切换请求通知新 BSC。除了新旧 BTS 由同一个 BSC

控制之外，请求均通过 MSC 到达新 BSC。在新旧 MSC 相同的情况下，通信线路的建立要花费 A 接口的资源。如果新旧 MSC 不同，它将包含两个 MSC 之间的资源，一旦通知新 BSC 切换，它将在新 BTS 中安排一个信道。一旦成功，就发送出有关新安排信道信息给旧 BSC，产生一个切换信息，并且通过旧 BTS 发送给移动台。这条信息包括有关新信道、切换码和时间同步信息等。MS 重新调整到新 BTS 的频率并开始发送与接收。

**3. 切换后处理**

MS 与新网络一旦同步上以后，它送出一个切换完成消息给新 BTS。该消息通过网络送给旧 BSC。该 BSC 释放原来占用的无线资源，以及所有在 Abis 和 A 接口中安排给该 MS 的资源。

# 本 章 小 结

GSM 数字蜂窝通信系统主要由移动台、基站子系统和网络子系统部分组成。GSM 的网络接口分为三类，即主要接口、网络子系统内部接口及与其他电信网通信的接口，这三类接口都有相应的接口协议，使得整个 GSM 系统能够协调工作、互联互通。

在移动通信系统中，无线信道通常有两种：业务信道和控制信道。在以语音业务为主的系统中，业务信道就是语音信道。

由于移动用户是移动的，因此在呼叫建立过程中应首先确定用户所在位置，在每次通话过程中，系统还需一直跟踪每个移动用户位置的变化。另外用户必然会从一个无线小区越过多个无线小区，要发生多次越区信道切换问题，以及不同网络间的切换或不同系统间的切换问题。

GSM 系统采用 TDMA/FDMA/FDD 制式。在 25 MHz 的频段中共分 125 个信道，信道间隔 200 kHz。每个载波含 8 个(以后可扩展为 16 个)时隙，时隙宽为 0.577 ms。8 个时隙构成一个 TDMA 帧，帧长为 4.615 ms。

每一个 TDMA 帧分为 0～7 共 8 个时隙，帧长度为 4.615 ms。每个时隙长度为 0.577 ms。由若干个 TDMA 帧构成复帧，其结构有两种：一种是由 26 帧组成的复帧，这种复帧长 120 ms，主要用于业务信息的传输，也称做业务复帧；另一种是由 51 帧组成的复帧，这种复帧长 235.385 ms，用于传输控制信息，也称做控制复帧。51 个业务复帧或 26 个控制复帧均可组成一个超帧，超帧的周期为 1326 个 TDMA 帧，超帧长 $51 \times 26 \times 4.615 \times 10^{-3} = 6.12$ s。由 2048 个超帧组成超高帧，超高帧的周期为 $2048 \times 1326 = 2\ 715\ 648$ 个 TDMA 帧，时长为 12 533.76 s。帧的编号(FN)以超高帧为周期，为 0～2 715 647。

GSM 系统上行传输所用的帧号和下行传输所用的帧号相同，但上行帧相对于下行帧来说，在时间上推后 3 个时隙，这样安排可允许移动台在这 3 个时隙的时间内进行帧调整以及对收发信机进行调谐和转换。

GSM 移动通信的接续主要包括了移动台的开机、小区选择、位置登记及更新、通信链路的建立、初始信息过程、鉴权、加密、位置更新过程和通信链路的释放等过程。

# 习 题 与 思 考

24-1　GSM 数字蜂窝通信系统主要由哪些部分构成?

24-2　简述基站子系统(BSS)的组成及功能。

24-3　网络子系统(NSS)由哪些子系统组成? 这些子系统有何作用?

24-4　GSM 网络接口主要有哪些? 它们有何功能?

24-5　GSM 系统中的业务信道和控制信道又分为哪些信道? 它们有何作用?

24-6　简述 GSM 通信呼叫建立的过程。

24-7　越区切换的准则有哪些? 试述这些准则。

24-8　GSM 的业务可分为哪几类? 每类都提供哪些主要业务?

24-9　GSM 的帧结构是如何组成的?

24-10　突发脉冲分为几类? 各有何作用?

24-11　GSM 移动台开机后要进行哪些工作?

24-12　GSM 移动台选择小区的标准有哪些? 试分别说明这些标准的作用。

24-13　GSM 移动台的位置是如何更新的? 试画图说明位置更新的原理。

24-14　试述移动台作为主叫的呼叫建立过程。

24-15　试述移动台作为被叫的呼叫建立过程。

24-16　试述移动台的切换流程,并画图说明。

# 第 25 章 CDMA 数字蜂窝移动通信

CDMA 数字蜂窝移动通信是码分多址技术与数字蜂窝技术相结合的产物。CDMA 具有抗人为干扰、抗窄带干扰、抗衰落、抗多径时延扩展，并可提供较大的系统容量和便于与模拟或数字体制共存的特点。CDMA 数字蜂窝系统移动通信按占用频带宽度可分为窄带 CDMA(N – CDMA) 和宽带 CDMA(B – CDMA) 系统两大类。

## 25.1 扩频通信原理

### 25.1.1 扩频理论基础

#### 1. 香农(Shannon)公式

香农在其信息论中给出了带宽与信噪比之间的关系式，即香农公式

$$C = B \, \mathrm{lb}\left(1 + \frac{S}{N}\right) \tag{25.1.1}$$

式中，$C$ 为信道容量，单位为 b/s；$B$ 为信号的频带宽度，单位为 Hz；$S$ 为信号的平均功率，单位为 W；$N$ 为噪声的平均功率，单位为 W。

由香农公式可知，在给定信号功率 $S$ 和噪声功率 $N$ 的情况下，只要采用某种编码就能以任意小的差错概率，以接近于 $C$ 的传输速率来传送信息。在保持信息传输速率 $C$ 不变的条件下，频带 $B$ 和信噪比是可以互换的。也就是说，如果增加信号频带宽度，就可以在较低信噪比的条件下以任意小的差错概率来传输信息。甚至在信号被噪声淹没即 $S/N < 1$ 的情况下，只要相应地增加信号带宽，也能进行可靠的通信。

#### 2. 差错概率公式

信息传输的差错概率 $P_e$ 由下式决定，即

$$P_e \approx f\left(\frac{E}{n_o}\right) \tag{25.1.2}$$

式中，$E$ 为信号的能量，$n_o$ 为噪声的功率谱密度，$f(.)$ 为一函数。设信息的持续时间或数字码元的宽度为 $T$，则信息的带宽及信号的功率分别为

$$\begin{cases} B_m = \dfrac{1}{T} \\ S = \dfrac{E}{T} \end{cases} \tag{25.1.3}$$

若已调或已扩频信号的带宽为 $B$，则噪声功率为

$$N = n_o B \tag{25.1.4}$$

将 $B_m$、$S$、$N$ 代入式(25.1.2)，可得

$$P_e \approx f\left(\frac{ST}{N}B\right) = f\left(\frac{S}{N} \times \frac{B}{B_m}\right) \tag{25.1.5}$$

由式(25.1.5)可见,差错概率 $P_e$ 是输入信号与噪声功率之比 $S/N$ 和信号带宽与信息带宽之比 $B/B_m$ 二者乘积的函数,信噪比与带宽是可以互换的。用增加带宽的方法可以换取信噪比上的降低。

**3. 处理增益与抗干扰容限**

在各种扩频系统中,它们的抗干扰能力总是与扩频信号带宽 $B$ 和信息带宽 $B_m$ 之间的比成正比的,在工程中常以分贝(dB)表示,即

$$G_p = 10 \lg \frac{B}{B_m} \tag{25.1.6}$$

式中,$G_p$ 称为扩频系统的处理增益,是扩频系统一个重要的性能指标。它表示了扩频系统信噪比改善的程度。

通信系统要正常工作,还需要保证输出端有一定的信噪比,并要扣除系统内部信噪比的损耗,因此需引入抗干扰容限 $M_j$,其定义为

$$M_j = G_p - \left[\left(\frac{S}{N}\right)_o + L_a\right] \tag{25.1.7}$$

式中,$\left(\dfrac{S}{N}\right)_o$ 为输出端的信噪比,$L_a$ 为系统损耗。

例如,一个扩频系统的 $G_p$ 为 40 dB,$\left(\dfrac{S}{N}\right)_o$ 为 15 dB,$L_a$ 为 3 dB,则 $M_j$ 为 22 dB。这表明若干扰功率超过信号功率 22 dB,系统就不能正常工作。

## 25.1.2　直接序列扩频

直接序列扩频(Direct Sequence - Spread Spectrum,DS - SS)简称直扩,就是直接用高速率的扩频码序列在发送端扩展信号的频谱,而在接收端用相同的扩频码序列进行解扩,把扩频信号还原成原始信息。其原理如图 25.1.1 所示。

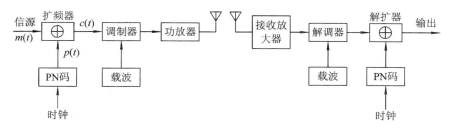

图 25.1.1　DS - SS 原理图

在发送端,输入的信息码元为 $m(t)$,为二进制码元,其码元宽度为 $T_b$;扩频器为一逻辑运算器,可采用模 2 加法器来实现;扩频码为一个伪随机码(PN 码),用 $p(t)$ 表示,其码元宽度为 $T_p$。通常在 DS - SS 系统中,伪随机码的速率 $R_p$ 远远大于信息码元的速率 $R_m$。也就是说,伪随机码的码元宽度远远小于信息码元的宽度,这样才能展宽频谱。模 2 加法器运算规则为

$$c(t) = m(t) \oplus p(t) \tag{25.1.8}$$

对于式(25.1.8)，若 $m(t)$ 与 $p(t)$ 相同，则 $c(t)=0$；$m(t)$ 与 $p(t)$ 不相同，则 $c(t)=1$。扩频系统的处理增益为

$$G_p = 10 \lg \frac{T_b}{T_p}$$

即 $T_b$ 越大，而 $T_p$ 越小时，$G_p$ 越高。

# 25.2　CDMA 数字蜂窝移动通信结构

## 25.2.1　CDMA 数字蜂窝移动通信系统的构成

CDMA 数字蜂窝移动通信系统的结构如图 25.2.1 所示，它主要由网络子系统、基站子系统和移动台三部分组成，与 GSM 数字蜂窝移动通信系统的结构非常相似。以下介绍网络子系统和基站子系统。

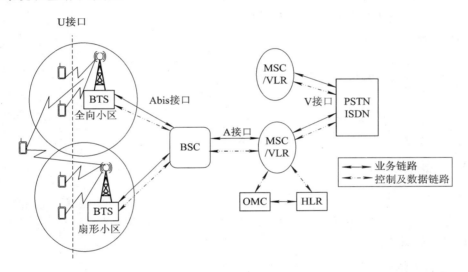

图 25.2.1　CDMA 蜂窝移动通信系统结构

### 1. 网络子系统

网络子系统处于固定通信网如 PSTN、ISDN 与基站控制器之间，它主要由移动交换中心(MSC)、原籍位置寄存器(HLR)、访问用户位置寄存器(VLR)、操作管理中心(OMC)以及鉴权中心等设备组成。

MSC 是蜂窝通信网络的核心，其主要功能是对位于本 MSC 控制区域内的移动用户进行通信控制和管理。所有基站都通过通信线路连至 MSC，该通信线路包括业务线路和控制线路。

### 2. 基站子系统

基站子系统(BSS)包括基站控制器(BSC)和基站收发设备(BTS)。每个基站的有效覆盖范围即为无线小区，简称小区。小区可分为采用全向天线的全向小区和采用定向天线的扇形小区。扇形小区常分为 3 个扇形区，分别用 $\alpha$、$\beta$ 和 $\gamma$ 表示。

　　一个基站控制器控制多个基站，每个基站含有多部收发信机。BSC 的结构如图 25.2.2 所示，主要包括代码转换器和移动性管理器。

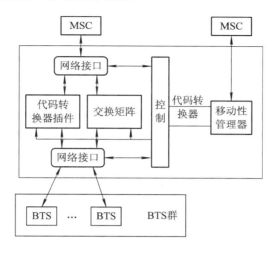

图 25.2.2　BSC 结构

　　移动性管理器负责呼叫建立、拆除、切换无线信道等功能，由信道控制软件和 MSC 中的呼叫处理软件共同完成。

　　代码转换器主要包含代码转换器插件、交换矩阵及网络接口单元。代码转换功能由 EIA/TIA 宽带扩频标准规定，完成适应地面 MSC 使用的 64 kb/s PCM 语音和无线信道中的声码器语音转换，其声码器速率是可变的，有 8 kb/s、4 kb/s、2 kb/s 和 0.8 kb/s 四种。除此之外，代码转换器还将业务信道和控制信道分别送往 MSC 和移动性管理器。BSC 与 MSC 及 BTS 之间的传输速率都很高，可达 1.544 Mb/s。

　　基站子系统中，数量最多的是收发信机（BTS）等设备。BTS 由于接收部分采用空间分集方式，因此采用两副接收天线（Rx）和一副发射天线（Tx）。

　　基站控制器的功能是控制管理蜂窝系统小区的运行，维护基站设备的硬件和软件，为建立呼叫、接入、信道分配等正常运行收集有关的统计信息，并监测设备故障、分配定时信息等。

## 25.2.2　CDMA 系统的接口、信令及相关参数

### 1. CDMA 系统的接口

CDMA 系统的接口如图 25.2.3 所示。

图中的 IWF 为互通功能单元。MC 为短消息中心，是存储和转发短报文的实体。短报文实体（SMF）是合成和分解短报文的实体，它们之间的接口为 M 接口。

其主要接口如下：

（1）Um 接口：MS 与 BS 之间的接口。

（2）A 接口：BS 与 MSC 之间的接口。

（3）B 接口：MSC 与 VLR 之间的接口。

（4）C 接口：MSC 与 HLR 之间的接口。

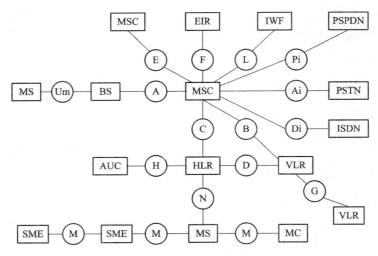

图 25.2.3　CDMA 系统的接口

（5）D 接口：VLR 与 HLR 之间的接口。

（6）E 接口：MSC 与 MSC 之间的接口。

（7）F 接口：MSC 与 EIR 之间的接口。

（8）G 接口：VLR 与 VLR 之间的接口。

（9）H 接口：HLR 与 AUC 之间的接口。

（10）Ai 接口：MSC 与 PSTN 之间的接口。

（11）Pi 接口：MSC 与 PSPDN 之间的接口。

（12）Di 接口：MSC 与 ISDN 之间的接口。

**2. 信令**

CDMA 系统信令应包括各个接口间的信令，信令是以协议的形式来表现的，因此信令可称为信令协议。以下以空中接口 Um 信令协议为例，介绍信令的结构。

在 CDMA 系统中，所有信道上的信令都使用面向比特的同步协议，所有信道上的报文都使用同样的分层格式。最高层的格式是报文囊（Capsule），它包括报文（Message）和填充物（Padding）；次一层的格式将报文分成报文长度、报文体和 CRC。

Um 接口信令协议结构也分为三层，即物理层、链路层和移动台控制处理层，它们是 CDMA 系统的基础。CDMA 系统信令协议的三层结构如图 25.2.4 所示。

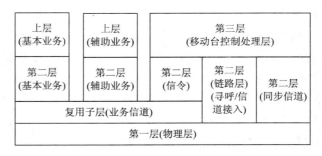

图 25.2.4　CDMA 系统信令协议的三层结构

第一层是数据无线信道中的物理层，包括传递比特位的功能，如射频调制、编码、成帧、信道匹配传输等。在第一层和第二层之间有一个复用子层，它允许用户数据和信令处理通过无线通道实现共享。对于用户数据来说，高于复用子层的协议层与业务选择无关。在典型的情况下，它有更高两层，即第二层、第三层的协议内容。信令协议的第二层是和可靠的信令发送相联系的协议。信令协议的信号第三层包括了呼叫流程，无线信道控制，以及呼叫的建立和切换、功率的控制、移动台注销在内的移动台控制。

**3. CDMA 系统参数及应用频段**

频段：824～849 MHz(反向链路)，869～894 MHz(前向链路)。

双工方式：FDD。

载波间隔：1.25 MHz。

信道速率：1.2288 Mc/s。

接入方式：CDMA。

调制方式：$\pi/4$ - QPSK。

分集方式：RAKE、交织、天线分集。

信道编码：卷积码，$K=9$，$R=3$(反向链路)；$K=9$，$R=2$(前向链路)。

语音编码：QCELP 可变速率声码器。

数据速率：9.6 kb/s，4.8 kb/s，2.4 kb/s，1.2 kb/s。

信道号：1～666，占 20 MHz 频段，其中 1～333 属于系统 A，334～666 属于系统 B。系统 A、B 为两个不同的经营部门，各自组成蜂窝网。A 和 B 是基本的信道。另外，又增加了 5 MHz 频带作为 A 系统的扩展(A′、A″)和 B 系统的扩展(B′)，其信道号码分别为667～779 和 991～1023。

## 25.2.3　CDMA 系统的逻辑信道

**1. 逻辑信道**

CDMA 系统中，各种逻辑信道都是由不同的码序列来区分的。任何一个通信网络除了主要传输业务信息外，还必须传输有关的控制信息。对于大容量系统，一般采用集中控制方式，以便快速实现建立链路的过程。CDMA 系统在基站至移动台的传输方向(正向传输或下行传输)上设置了导频信道、同步信道、寻呼信道和正向业务信道；在移动台至基站的传输方向(反向传输或上行传输)上设置了接入信道和反向业务信道，如图 25.2.5 所示。

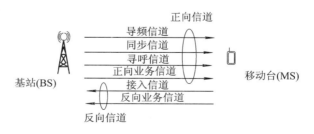

图 25.2.5　CDMA 信道分类

CDMA 系统采用码分多址方式，收、发使用不同的载频，其收、发频差为45 MHz；通信方式是频分双工；一个载频包含 64 个逻辑信道，占用带宽约 1.23 MHz。由于 CDMA 系统的正向传输和反向传输的要求及条件不同，因此逻辑信道的构成及产生方式也不同。

### 2. 正向逻辑信道

CDMA 系统的正向逻辑信道结构如图 25.2.6 所示。在正向传输中，采用 64 阶沃尔什函数区分逻辑信道，分别用 $W_0$，$W_1$，…，$W_{63}$ 表示。其中，$W_0$ 为导频信道；$W_1$，…，$W_7$ 为寻呼信道，即寻呼信道最多可达 7 个，$W_1$ 是首选的寻呼信道；$W_8$，…，$W_{63}$ 为业务信道，$W_{32}$ 为同步信道，共计 55 个正向逻辑信道。

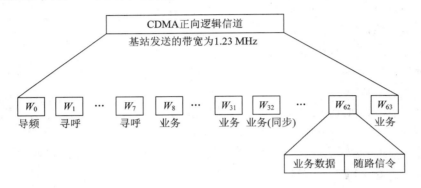

图 25.2.6　正向逻辑信道的结构

导频信道可用来传送导频信息，即由基站连续不断地发送一种直接序列扩频信号，供移动台获得信道的信息，也可提取相干载波以进行相干解调，还可对导频信号电平进行检测，用以比较相邻基站的信号强度和决定是否需要进行越区切换。为了保证各移动台载波检测和提取的可靠性，导频信道的功率须高于业务信道和寻呼信道的平均功率。如导频信道可占总功率的 20%，同步信道占 3%，每个寻呼信道占 6%，剩下的功率分配给各业务信道。

同步信道用于传输同步信息，在基站覆盖范围内，各移动台可利用这些信息进行同步捕获。同步信道上载有系统的时间和基站引导 PN 码的偏置系数，以实现移动台的接收解调。同步信道在捕捉阶段使用，一旦捕获成功就不再使用。同步信道的数据速率固定为 1200 b/s。

寻呼信道供基站在呼叫建立阶段来传输控制信息，每个基站有 1 个或最多 7 个的寻呼信道。当有市话用户呼叫移动用户时，经 MSC 或移动电话交换局送至基站，寻呼信道上就播送该移动用户识别码。通常，移动台在建立同步后，就在首选的 $W_1$ 寻呼信道（或在基站指定的寻呼信道上）监听由基站发来的信令，当收到基站分配业务信道的指令后，就转入指配的业务信道中进行信息传输。当小区内需要通信的用户数较多，而业务信道不够应用时，某几个寻呼信道可临时用作业务信道。在极端情况下，7 个寻呼信道和一个同步信道都可用来充当业务信道。这时候，总数为 64 的逻辑信道中，除去一个导频信道外，其余 63 个均用于业务信道。寻呼信道上的数据速率是 4800 b/s 或 9600 b/s，由网络经营者自行决定。

业务信道上载有编码的语音或其他业务数据，除此之外，还可以插入必需的随路信令，如必须安排功率控制子信道，用于传输功率控制指令；又如在通话过程中，越区切换时，必须插入过境切换指令等。

在 CDMA 蜂窝系统中，各基站配有 GPS 接收机，保证系统中各基站有统一的时间基准。小区内所有移动台均以基站的时间基准作为各移动台的时间基准，从而保证全网的同步。

**3．反向逻辑信道**

CDMA 系统的反向逻辑信道由接入信道和反向业务信道组成。反向逻辑信道的结构如图 25.2.7 所示。在反向逻辑信道中，接入信道与正向传输的寻呼信道相对应，其作用是在移动台接续开始阶段提供通路，在移动台没有占用业务信道之前，提供由移动台到基站的传输通路。供移动台发起呼叫或对基站的寻呼进行响应，以及向基站发送登记注册的信息等。

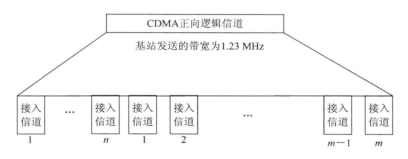

图 25.2.7　反向逻辑信道的结构

接入信道采用一种随机接入协议，允许多个用户以竞争的方式占用。在一个反向逻辑信道中，接入信道数 $n$ 最多可达 32 个。在极端情况下，业务信道数 $m$ 最多可达 64 个。每个业务信道用不同的用户长码序列加以识别，每个接入信道也采用不同的接入信道长码序列加以区别。在反向传输方向上无导频信道，因此基站接收反向传输的信号时，只能用非相干解调来接收。

# 25.3　CDMA 正向信道

在 CDMA 系统中，由基站发送移动台的信道称为 CDMA 正向信道，也称为下行传输或下行链路。它由用于正向控制的广播信道和用于携带用户信息的正向业务信道组成。其中控制信道又分为导频信道、同步信道和寻呼信道。所有这些信道都在同一个 1.23 MHz 的 CDMA 载波上来传输。

## 25.3.1　正向信道的组成

**1．信道的组成**

CDMA 系统的正向信道组成原理如图 25.3.1 所示，它主要由沃尔什函数、卷积编码器、长码产生器、分频器、调制解调器、基带滤波器等组成。

**2．信号的构成**

基站发送的信号带宽约为 1.23 MHz，该信号带宽内包含了相互正交的 64 个逻辑信道。但正向信道的逻辑信道配置并不是固定的，其中导频信道一定要有，其余的逻辑信道

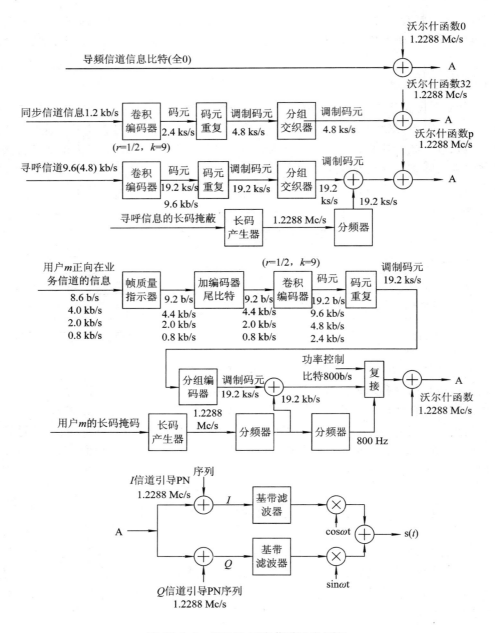

图 25.3.1　CDMA 正向信道组成原理

可根据具体情况进行配置。例如，可用业务信道取代寻呼信道和同步信道，成为 1 个导频信道、0 个同步信道、0 个寻呼信道和 63 个业务信道。这种情况发生在基站拥有两个以上的 CDMA 信道，即带宽大于 2.5 MHz 的情况下，其中一个为 CDMA 基本信道，其带宽为 1.23 MHz，所有移动台都先集中在该基本信道上工作。此时，若基本 CDMA 业务信道忙，则可由基站在基本 CDMA 信道的寻呼信道上发射信道指配消息，将某移动台分配到另一个 CDMA 信道进行业务通信。该 CDMA 信道只需一个导频信道，而不再需要同步信道和寻呼信道。

每一个逻辑信道都选用相应的沃尔什函数进行正交扩频,沃尔什函数的码片(或称子码)的速率为 1.2288 Mc/s,即子码的码元宽度为 0.8138 $\mu$s,约 0.814 $\mu$s。

每个逻辑信道,对输入的数据都经过卷积编码(码率为 1/2,约束长度为 9)、分组交织(导频信道除外,导频信道为全 0,无需卷积和交织)、沃尔什函数扩展频谱。由于沃尔什函数是一正交函数族,互相关值为零,所以在扩频的同时,给各个逻辑信道赋予了正交性,称其为正交扩频。扩频后的信号再进行四相调制,基站发射信号则采用 QPSK 调制方式。

### 3. 四相调制

正交扩频后的信号需要进行四相调制,或者称为四相扩展。在同相支路($I$ 支路)和正交支路($Q$ 支路)引入两个互为准正交的 $m$ 序列,即 $I$ 信道引导 PN 序列和 $Q$ 信道引导 PN 序列,序列周期长度均为 $2^{15}$(= 32 768),其构成是以下列生成多项式为基础的:

$I$ 支路:$P_I(x) = x^{15} + x^{13} + x^9 + x^8 + x^7 + x^5 + 1$

$Q$ 支路:$P_Q(x) = x^{15} + x^{12} + x^{11} + x^{10} + x^6 + x^5 + x^4 + x^3 + 1$

上述生成多项式产生的是周期长度为 $2^{15} - 1$ 的 $m$ 序列。为了得到周期长度为 $2^{15}$ 的 $I$ 序列和 $Q$ 序列,当生成的 $m$ 序列中出现 14 个连"0"时,向其中再插入一个"0",使序列中 14 个"0"的游程变成 15 个"0"的游程。这样不仅使得引导序列周期的长度为偶数($2^{15}$ = 32 768),而且使得序列中"0"和"1"的个数各占半,从而平衡性更好。

引导 PN 序列的主要作用是给不同基站发出的信号赋以不同的特征,便于移动台识别所需的基站。不同的基站虽然使用相同的 PN 序列,但各基站 PN 序列的起始位置是不同的,即各自采用不同的时间偏置。由于 $m$ 序列的自相关特性在时间偏移方面大于一个子码码元宽度,所以其自相关系数值接近于 0,因而移动台用相关器很容易把不同基站的信号区分开来。通常一个基站的 PN 序列在其所有配置的频率上,都采用相同的时间偏置,而在一个 CDMA 蜂窝系统中,时间偏置也可以再用。

不同的时间偏置用不同的偏置系数表示,偏置系数共 512 个。编号 $K$ 为 0~511,如图 25.3.2 所示。通常,规定序列中出现 15 个"0"后,后续的 64 个子码为偏置系数 $K=0$。同样,$K=1$ 表示后续的 64 个子码是码序列中最末的 64 个子码,它包含序列周期中唯一的 15 个连"0"。

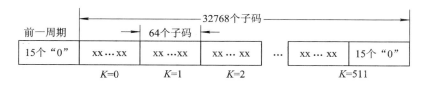

图 25.3.2　偏置系数 $K$ 示意图

偏置时间 $t_k$ 等于偏置系数乘以 64 个子码宽度时间,即

$$t_k = K \times 64 \times \frac{1}{1.2288} \ (\mu s)$$

偏置的引导 PN 序列必须在以基站传输为基准时间的偶数秒起开始传输,其他 PN 引导序列的偏置系数规定了它的零偏置($K=0$)引导序列的偏置时间差。引导 PN 序列的周期时间为 26.666(= 32 768/1.2288)ms,即每秒有 75 个 PN 序列周期。

经过基带滤波器后,四相调制的相位关系如表 25.3.1 所示。

表 25.3.1 正向 CDMA 信号相位关系

| $I$ | $Q$ | 相位 |
| --- | --- | --- |
| 0 | 0 | $\pi/4$ |
| 1 | 0 | $3\pi/4$ |
| 1 | 1 | $-3\pi/4$ |
| 0 | 1 | $-\pi/4$ |

**4. 数据传输与信息帧结构**

数据信息帧的结构如图 25.3.3 所示,它分为同步数据信息帧和寻呼/业务数据信息帧两大类。两类信息帧组成的高帧结构相同,均含有 25 个超帧,但两类超帧、帧、符号的结构则不相同,两类逻辑信道的结构也不相同。

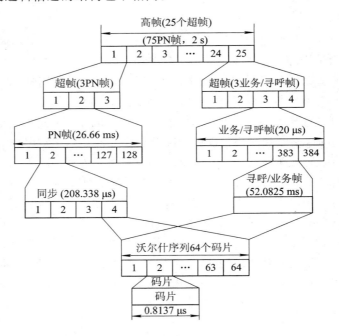

图 25.3.3 数据信息帧的结构

1) 同步数据信息帧的结构

同步数据信息帧的组成如下:

高帧:含 25 个超帧或 75 个 PN 帧(相当于 75 个 PN 周期),时长为 2 s。

超帧:相当于 3 个 PN 周期,时长为 80 ms。

PN 帧:含 128 个同步符号,即 32 768 个码片,时长为 26.66 ms。

同步符号:含 256 个码片,即 4 个沃尔什序列,时长为 208.338 $\mu$s。

沃尔什序列:含 64 个码片,时长为 52.0825 $\mu$s。

码片(Chip):时长为 0.8137 $\mu$s。

2) 寻呼/业务数据信息帧的结构

寻呼/业务数据信息帧的组成如下:

高帧：含 25 个超帧或 75 个 PN 帧（相当于 75 个 PN 周期），时长为 2 s。

超帧：相当于 4 个业务帧，时长为 80 ms。

业务帧：含 384 个寻呼/业务符号（24 576 个码片），时长为 20 ms。

寻呼/业务符号：含 64 个码片（1 个沃尔什序列），时长为 52.0825 $\mu$s。

沃尔什序列：含 64 个码片。

码片（Chip）：时长为 0.8137 $\mu$s。

3）业务信息帧

业务信息帧可分为前向业务信道信息帧和反向业务信道信息帧，它们的格式相同，帧长均为 20 ms，如图 25.3.4 所示。业务信道在信道编码之前的数据传输速率分别为 9.6 kb/s、4.8 kb/s、2.4 kb/s、1.2 kb/s，因此，在一帧内可传送的信息位分别为 172 bit、80 bit、40 bit、16 bit。在速率为 9.6 kb/s、4.8 kb/s 的帧中，F 分别为 12 bit 和 8 bit 的帧质量指示位，T 为 8 bit 的尾位。在速率为 2.4/1.2 kb/s 的帧中，只有 8 bit 的尾位。帧质量指示位的功能有两个，一是帧校验，即指示该帧是否有错；二是指示传输速率，因为低传输速率时无 F 位。

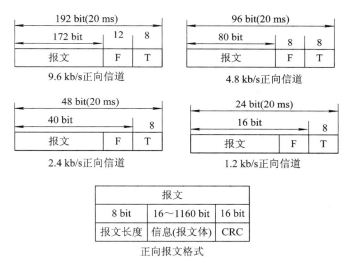

图 25.3.4　业务信道帧结构

前向业务信道：在业务信道工作期间，基站在前向业务信道中的业务帧给移动台发送报文信息。前向业务信道报文包含报文长度（8 bit）、报文体（16～1160 bit）及 CRC（16 bit）。基站发送的报文可在一个业务信道帧或多个业务信道帧中传送。在多帧传送时，以业务信道帧的第一位 SOM（1 bit）来标识报文的开始，即报文开头这一帧的 SOM 为"1"，其余帧的 SOM 为"0"，如果报文结束的哪一帧有空余位，则用"0"作填充。当无业务激活时，基站发送无业务信道数据（Null Traffic Channel Data）给移动台，以保持联系，无业务信道数据的传输率为 1.2 kb/s，在其帧结构中含有 247 bit 报文，由 16 个"1"后跟 8 个"0"组成。

反向业务信道：其帧结构与前向业务信道帧相同。反向业务信道的前导（Preamble）由含有 192 个"0"的若干帧组成。无业务信道数据由 16 个"1"加 8 个"0"组成，传输速率为 1.2 kb/s。当移动台无业务激活时，它发送无业务信道数据，以保持移动台与基站的连接性。

## 25.3.2　正向控制信道

CDMA 系统的正向控制信道是用于建立业务链路的服务信道，有时也可称做建立信道。它只传输信令，不传输业务，除非当业务信道占满后，临时性地将控制信道改作业务信道使用。正向控制信道包括导频信道、同步信道和寻呼信道。

### 1. 导频信道

导频信道用于移动台作相位定时、相干载波提取以及过境切换时信号强度的比较。导频信道输入为全 0，用沃尔什函数进行扩频，然后进行四相调制。导频信号在基站工作期间是连续不断地发送的，而且所占功率较大(约占 20%)，以保证小区内各个移动台能进行正确的解调。

### 2. 同步信道

同步信道用于传输同步信息，此同步信息被移动台用来进行同步调整。此外，同步信道还提供移动台选用的寻呼信道数据率。移动台一旦完成同步，通常不再接收同步信号，但当设备关机重新开机时，还需要重新进行同步。当通信业务量很多、所有业务信道均被占用而不够应用时，同步信道也可临时改作业务信道使用。

同步信号的数据速率是 1.2 kb/s，分帧传输，帧长是 26.66 ms，即与引导 PN 序列周期的时间相同。3 个同步信道帧构成 2 个超帧(80 ms，含 96 bit)。在同步信道上传送消息只能从同步信道超帧的起始点开始。当使用零偏置($K=0$)引导 PN 序列时，同步信道超帧要在偶数秒的时刻开始。当然，也可在相隔 1 个超帧时刻开始。当所用的引导 PN 序列不是零偏置引导 PN 序列时，同步信道超帧将在偶数秒加上引导 PN 序列偏置时间的时刻开始。同步信道的主要参数如表 25.3.2 所示。

**表 25.3.2　同步信道的主要参数**

| 参　　　数 | 数据速率 1.2 kb/s | 单　　　位 |
|---|---|---|
| PN 子码速率 | 1.2288 | Mc/s |
| 卷积码速率 | 1/2 | |
| 码元重复后出现的次数 | 2 | |
| 调制码元速率 | 4800 | s/s |
| 每调制码元的子码数 | 256 | |
| 每比特的子码数 | 1024 | |

注：二进制信息速率用比特每秒表示，记作 b/s；符号速率用符号数每秒表示，记作 s/s，或千符号数每秒，记作 ks/s；PN 子码速率是扩频系统专用的一种速率，它是 PN 码对信息码进行扩频时的速率，可以用每秒的子码数表示，记作 c/s。通常 PN 码速率较高，常用 Mc/s 表示。

在扩频前，调制码元还需进行分组交织。交织的作用是为了克服突发性干扰，它可将突发性差错分散化，在接收端由卷积编码器按维特比译码法纠正随机差错，从而间接地纠正了突发性差错。

同步信道使用时间跨距为 26.66 ms 的分组交织，此跨距与 4800 s/s 字符速率的 128 个调制字符相对应。

**3. 寻呼信道**

寻呼信道是在呼叫接续阶段传输寻呼移动台的信息的。这些信息包括被呼的移动台号码，以及给移动台指配业务信道的指令等。寻呼信道最多可达 7 条，分别用 $W_1$，$W_2$，…，$W_7$ 进行扩频调制。寻呼信道的信息速率有 9.6 kb/s 和 4.8 kb/s 两种。CDMA 系统的正向信道的寻呼信道中的信息流首先经过卷积编码器，该编码器码率为 1/2，约束长度为 9，卷积编码器输出的码元速率提高一倍，即输入信息速率为 9.6 kb/s 时输出为 19.2 ks/s 而输入为 4.8 kb/s 时输出为 9.6 ks/s；对于 9.6 ks/s 的码元重复一次，而对于 19.2 ks/s 的码元并不进行重复。这样分组交织器输入端的调制码元速率统一为 19.2 ks/s，分组交织器仅改变码元的顺序，不改变码元(或符号)的速率。

寻呼信道中分组交织器的交织跨度为 20 ms，这相当于码元速率为 19.2 ks/s 时的 384 个调制码元宽度。交织器组成的阵列是 24 行×16 列(即 384 个码元)。

通过分组交织的寻呼信号还要进行数据掩蔽，其目的是为了信息的安全，起到保密作用。寻呼信道中含有移动用户号码等重要信息，必须采取安全措施。

长码产生器由 42 级移位寄存器和相应的反馈支路及模 2 加法器组成，产生的 $m$ 序列周期很长，达 $2^{42}-1$，因此重复周期的时间也很长。移位寄存器共有 42 级，下式是该长码产生器的特征多项：

$$P(x) = x^{42} + x^{35} + x^{33} + x^{31} + x^{27} + x^{26} + x^{25} + x^{22} + x^{21} + x^{19} + x^{18}$$
$$+ x^{17} + x^{16} + x^{10} + x^7 + x^6 + x^5 + x^3 + x^2 + x + 1$$

为了安全起见，42 级移位寄存器的各级输出与寻呼信道长码的 42 bit 时标相乘，再进行模 2 相加，产生长码输出。长码的时钟工作频率是 1.2288 MHz，相应的长码速率是 1.2288 Mc/s，经分频比为 64 的分频器后得到的数据速率为 19.2 kb/s，再与经卷积、交织处理后的调制码元进行模 2 加，然后才进行 $W_1$(或 $W_2 \sim W_7$)扩频调制。

寻呼信道用于长码产生器的掩码格式如图 25.3.5 所示。图中，寻呼信道号(PCN)用 3 个比特表示，即 $2^3 = 8$，可满足最多 7 个寻呼信道的要求。引导 PN 序列的偏置系数 PILOT-PN 用 9 个比特表示，可满足 0~511 个偏置系数的需要。寻呼信道参数如表 25.3.3 所示。

| 41　　　　　29 | 28　　　24 | 23　　　21 | 20　　　　　9 | 8　　　　0 |
|---|---|---|---|---|
| 1100011001101 | 00000 | PCN | 000000000000 | PILOT-PN |

图 25.3.5　寻呼信道中长码产生器的掩码格式

**表 25.3.3　寻呼信道参数**

| 参　　　　数 | 数据速率/(b/s) | | 单　　　位 |
|---|---|---|---|
| | 9600 | 4800 | |
| PN 子码速率 | 1.2288 | 1.2288 | Mc/s |
| 卷码编码速率 | 1/2 | 1/2 | |
| 码元重复后出现的次数 | 1 | 2 | |
| 调制码元速率 | 19.2 | 19.2 | ks/s |
| 每调制码元的子码数 | 64 | 64 | |
| 每比特的子码数 | 128 | 256 | |

### 25.3.3　正向 CDMA 业务信道

正向 CDMA 业务信道是基站向移动台传送如语音业务等信息的信道。此外，它还必须传输必要的随路信令，如功率控制和过境切换指令等。

正向 CDMA 业务信道上传送的信号经过语音编码、信道编码、分组交织、长码掩蔽、沃尔什函数扩频及正交调制等步骤产生，如图 25.3.6 所示。

图 25.3.6　正向业务信道信号的流程图

基站在正向业务信道上可以改变数据速率来传送信息，共分为 4 种速率，即 9.6 kb/s、4.8 kb/s、2.4 kb/s 和 1.2 kb/s。信号帧的长度为 20 ms，数据速率可逐帧选择（20 ms 一次）。这样可实现通话时以较高速率传送，而停顿时以较低速率传输，以减小共道干扰。虽然数据速率可以逐帧变化，但调制码元速率仍统一为 19.2 ks/s。由于码字重复的原因，较低数据速率的调制码元可以用较低能量发送。假设速率为 9.6 kb/s 的调制码元能量归一化为 1，则 4.8 kb/s 的调制码元能量为 1/2，2.4 kb/s 的调制码元能量为 1/4，1.2 kb/s 的调制码元能量为 1/8。

#### 1. 信息的组成及其格式

业务信道主要传送的是可变速率语音编码器输出的数字语音，也可传输同样速率的其他业务，前者称主要业务，后者称辅助业务；此外，还有一些必要的随路信令。业务信道信息的编码过程如图 25.3.7 所示。

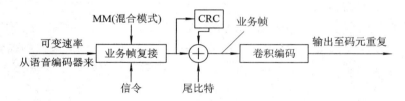

图 25.3.7　正向业务信道信息的编码过程

可变速率语音编码器输出速率分别为 8.6 kb/s、4.0 kb/s、2.0 kb/s 和 0.8 kb/s 的数据后，进入业务帧的复接。MM 称做混合模式比特，MM＝0，表示该帧无信令；MM＝1，表示该帧加入了信令。IS-95 规定只有速率为 1，即 8.6 k/s，才允许加入信令。MM＝0时，各种速率的情况下，20 ms 一帧内语音的比特数如图 25.3.8 所示。

20 ms 为一组的语音包，速率为 1 时，输入语音为 171 bit，MM＝0 的标志符插入 1 比特（放在第 1 位），其余 171 bit 为语音数据信息比特，共计 172 bit，因此业务速率为8.6 kb/s（20 ms 含有 172 bit）。

对于速率为 1/2、1/4 和 1/8 的语音信号，不加标志位。因此对于 20 ms 业务帧，语音比特分别是 80 bit、40 bit 和 16 bit，相应的业务速率是 4.0 kb/s、2.0 kb/s 和 0.8 kb/s。

正向业务信道上传输的业务信息和信令信息，可以通过复接方式把它们装载到物理信道上。通过复接，业务信道对每帧还要加入帧质量指示位和尾位。前者属于循环冗余编码，具有检纠错能力，能表明该帧信息传输的质量；后者是末位加入 8 个"0"，它是在每帧进行卷积编码时，为使卷积编码器中的 8 级移位寄存器（约束长度为 9）复位至"0"而添加的。添加的过程如图 25.3.8 所示。

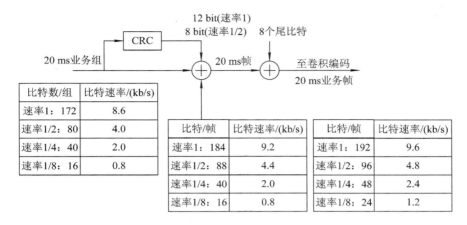

图 25.3.8　业务帧增加 CRC 及尾比特过程

20 ms 的业务帧，对于速率为 1 的业务，CRC 为 12 位，由 172 bit 增加到 184 bit；对于速率为 1/2 的业务，CRC 为 8 位，由 80 bit 增加到 88 bit；对于速率为 1/4 和 1/8 的业务，不进行 CRC 校验。无论是哪种速率，后续都要变换为约束长度均为 9 的卷积编码，因此都需要在末位添加 8 个全"0"位。对于 20 ms 的业务帧，在不同速率的情况下，帧结构如图 25.3.9 所示。

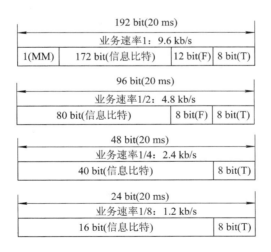

图 25.3.9　正向业务信道帧结构

## 2. 卷积编码

卷积编码用于信道编码，主要用来纠正码元的随机差错，它是利用增加监督位来进行检错和纠错的。CDMA 系统中的各种信道都使用卷积编码器。在正向 CDMA 信道中，包括同步信道、寻呼信道和业务信道，均使用相同的卷积编码器，即码率为 1/2、约束长度为 9 的卷积编码器。所谓"码率"就是编码效率。码率为 1/2，意味着编码器每输入 1 bit 信息，输出为 2 bit。

### 3. 码元重复和交织

对于正向业务信道，在分组交织之前还要进行码元重复。对于速率为 1/2 的数据，输入数据速率为 9.6 ks/s，各码元重复一次（每个码元连续出现两次）；速率为 4.8 ks/s 时，各码元重复 3 次（每个码元连续出现 4 次）；速率为 2.4 ks/s 时，各码元重复 7 次（每个码元连续出现 8 次）。这样，各种速率均变换成相同的调制码元速率，即 19 200 个调制码元每秒，亦即每 20 ms 有 384 个调制码元，以便实现统一的分组交织。

分组交织的作用主要是为了对抗突发性干扰，即将突发性差错分散开来，以便于接收端进行纠错。

正向业务信道的交织跨度是 20 ms，也就是以 384 个调制码元为一组进行交织。交织器组成的阵列是 24 行×16 列，即 384 个调制码元。

对于速率为 9.6 ks/s 的业务信道，其交织阵列输入和输出，即写入矩阵和读出矩阵，与寻呼信道的相同。

### 4. 数据掩蔽

数据掩蔽也称为数据扰乱，其目的是为了数据的安全。正向业务信道的数据掩蔽原理与寻呼信道的信号掩蔽原理相同。图 25.3.10 为正向业务信道的数据掩蔽以及功率控制原理。

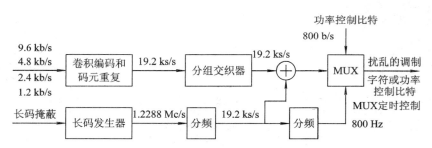

图 25.3.10 正向业务信道的数据掩蔽及功率控制原理

图中的扰码是在分组交织器输出的 19 200 s/s 调制字符上进行的。它是通过交织器输出字符与长码 PN 码片的二进制值模 2 相加而完成的。该长码 PN 码片在交织器输出字符传送期的开始时有效。PN 序列是工作时钟为 1.2288 MHz 的长码（长码周期为 $2^{41}-1$），每一调制码元长度为

$$\frac{1.2288 \times 10^{6}}{19\ 200} = 64\ (\text{PN 子码宽度})$$

长码经分频后（分频系数为 64），其速率变为 19 200 s/s，因而送入模 2 加法器进行数据掩蔽的是每 64 个子码中的第一个子码在起作用。

### 5. 功率控制子信道

功率控制子信道信号是连续地在正向业务信道上发送的。该子信道以每 1.25 ms 中 1 个比特（"0"或"1"）的速率（800 bit/s）发送。"0"或"1"比特分别表示增加或降低移动台的平均输出功率电平。

基站反向业务信道接收机对在 1.25 ms 期间所分配的特定移动台的信号强度进行接收

和估算。1.25 ms 相当于 6 个调制字符。基站接收机利用估算值来确定功率控制比特值。基站在相应的正向业务信道上使用收缩技术来发送功率控制比特。

在正向业务信道上传输功率控制比特的功率控制组,是跟随相应反向信道上估算信号强度的功率控制组之后的第二个功率控制组。例如在图 25.3.11 中,反向业务信道在编号为 5 的功率控制组上接收信号,那么正向业务信道应在功率控制组编号为 5+2=7 期间发送相应的功率控制比特。

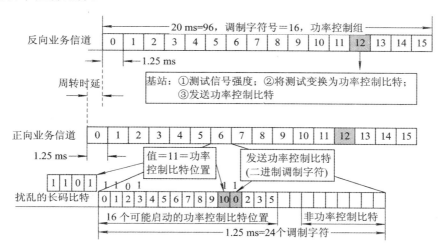

图 25.3.11　功率控制比特位置示意图

一个功率控制比特的长度相当于正向业务信道的 2 个调制字符,每个功率控制比特取代 2 个连贯的正向业务信道调制字符,这种技术就是通常所称的字符收缩。这样,收缩的调制字符就被功率控制比特所取代。功率控制比特的发送能量不小于 $E_b$,如图 25.3.12 所示,这里的 $E_b$ 是正向业务信道上每信息比特的能量,而 $x$ 值给定为

| 发送速率 | $x$ 值 |
|---|---|
| 9600 b/s | 2 |
| 4800 b/s | 4 |
| 2400 b/s | 8 |
| 1200 b/s | 16 |

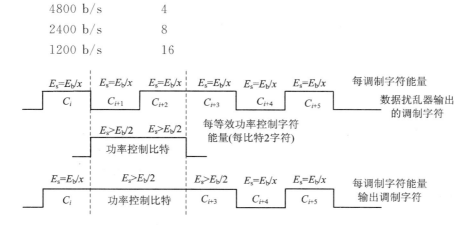

图 25.3.12　功率控制子信道的结构与字符收缩

一帧中的所有非收缩调制字符是在同样功率电平上发送的,而在邻近帧中的调制字符

可以发送不同的功率电平。正向业务信道的参数如表 25.3.4 所示。

表 25.3.4 正向业务信道的参数

| 参数 | 数据速率/(b/s) | | | | 单位 |
|---|---|---|---|---|---|
| | 9600 | 4800 | 2400 | 1200 | |
| PN 子码速率 | 1.2288 | 1.2288 | 1.2288 | 1.2288 | Mc/s |
| 卷积编码速率 | 1/2 | 1/2 | 1/2 | 1/2 | |
| 码元重复后出现的次数 | 1 | 2 | 4 | 8 | |
| 调制码元速率 | 19 200 | 19 200 | 19 200 | 19 200 | b/s |
| 每调制码元的子码数 | 64 | 64 | 64 | 64 | |
| 每比特的子码数 | 128 | 256 | 512 | 1024 | |

# 25.4  CDMA 反向信道

CDMA 系统中，移动台与基站之间的信道称为 CDMA 反向信道，也称为上行传输信道。反向信道中只包含接入信道和反向业务信道，其中接入信道与正向信道中的寻呼信道相对应，反向业务信道与正向业务信道相对应。这些信道采用直接序列扩频的 CDMA 技术共享同一 CDMA 频率分配。

## 25.4.1  反向信道的组成

### 1. 反向信道的构成

移动台发射信号的信道通常称为反向信道，其电路原理框图如图 25.4.1 所示。

接入信道采用 4800 b/s 的固定速率，反向业务信道采用 9600 b/s、4800 b/s、2400 b/s 和 1200 b/s 的可变速率。这两种信道的数据中均要求加入编码器层比特，用于将卷积编码器复位到规定的状态。此外，在反向业务信道上以 9600 b/s 和 4800 b/s 的速率传送数据时，需要增加质量指示位，即 CRC 校验位。

接入信道和反向业务信道所传输的数据都要进行卷积编码，卷积码的码率为 1/3，约束长度为 9。

反向业务信道的码元重复方法与正向业务信道相同。数据速率为 9600 b/s 时，码元不重复；数据速率为 4800 b/s、2400 b/s 和 1200 b/s 时，码元分别重复 1 次、3 次和 7 次，即每个码元连续出现 2 次、7 次和 8 次。这样，使得各种速率的数据都变换成每秒 28 800 码元。反向业务信道与正向业务信道的不同之处是并非对重复的码元重复发送多次，而是除了发送其中的一个码元外，其余的重复码元全部被删除。在接入信道上，因为数据速率固定为 4800 b/s，所以每一码元只重复 1 次，而且两个重复码元都要发送。

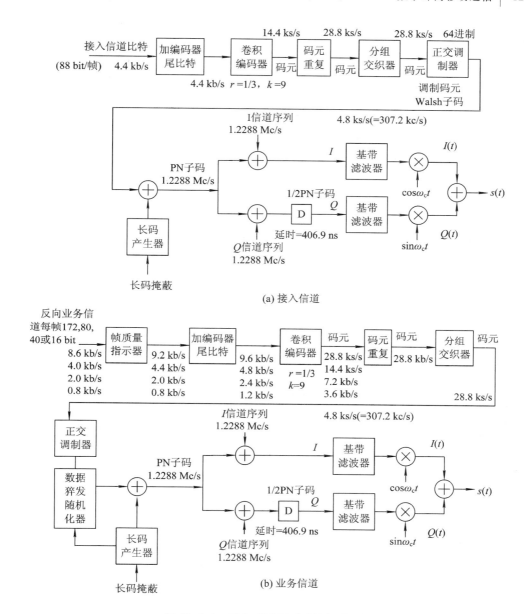

图 25.4.1　反向 CDMA 信道原理框图

　　所有码元在重复之后都要进行分组交织。分组交织的跨度为 20 ms。交织器组成的阵列是 32 行×18 列, 即 576 个单元。

　　为了减小移动台的功耗及其对 CDMA 信道产生的干扰, 需对交织器输出的码元采用时间滤波器进行选通, 只允许所需的码元输出, 而删除其他重复的码元。

### 2. 正交多进制调制

　　在反向 CDMA 信道中, 把交织器输出的码元每 6 个作为一组, 用六十四进制的沃尔什函数之一 (称为调制码元) 进行传输。调制码元的传输速率为 $(28\,800/6)\,\text{b/s} = 4800\,\text{b/s}$, 调制码元的时间宽度为 $1/4800 = 208.333\,\mu\text{s}$。每一调制码元含 64 个子码, 因此沃尔什函数的

子码速率为 $64\times4800$ b/s$=307.2$ kb/s，相应的子码宽度为 $3.255\ \mu$s。

正向 CDMA 信道和反向 CDMA 信道都使用六十四进制的沃尔什函数，但两者的应用目的不同，前者是为了区分信道，而后者是对数据进行正交码多进制调制，以提高通信质量。因为在反向 CDMA 信道中，不可能像正向 CDMA 信道那样提供共享的导频信道。

**3. 直接序列扩展**

在反向业务信道和接入信道传输的信号都要用长码进行扩展。前者是数据猝发随机化器输出的码流与长码模 2 相加；后者是六十四进制正交调制器输出的码流和长码模 2 相加。长码的周期是 $2^{42}-1$ 个子码，并满足以下特征多项式的线性递归关系：

$$P(x) = x^{42} + x^{35} + x^{31} + x^{27} + x^{26} + x^{25} + x^{22} + x^{21} + x^{19} + x^{18}$$
$$+ x^{17} + x^{16} + x^{10} + x^7 + x^6 + x^5 + x^3 + x^2 + x + 1$$

长码的各个 PN 子码是用一个 42 位的掩码和序列产生器的 42 位状态矢量进行模 2 乘而产生的。正交多进制调制和长码序列扩展示意如图 25.4.2 所示。

图 25.4.2　正交多进制调制与长码序列扩展原理

用于长码产生器的掩码随移动台传输信道的不同类型而变。掩码的格式如图 25.4.3 所示。在接入信道传输时，掩码格式为：$M_{41}\sim M_{33}$ 要置成"110001111"，$M_{32}\sim M_{28}$ 要置成选用的接入信道号码，$M_{27}\sim M_{25}$ 要置成对应的寻呼信道号码（范围是 $1\sim7$），$M_{24}\sim M_9$ 要置成当前的基站标志，$M_8\sim M_0$ 要置成当前 CDMA 信道的引导 PN 偏置。

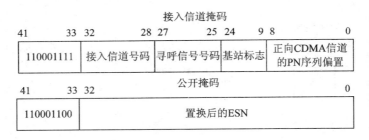

图 25.4.3　接入信道掩码格式

在反向业务信道传输时，移动台要用到如下两个掩码中的一个：一个是公开掩码；另一个是私用掩码。这两个掩码都是该移动台所独有的。公开掩码为：$M_{41}\sim M_{33}$ 要置成"110001100"，$M_{31}\sim M_0$ 要置成移动台的电子序列号码（ESN）。

为了防止和连号 ESN 相对应的长码之间出现过大的相关值，移动台的 ESN 要进行置换，置换规则如下：

置换前：ESN$=(E_{31}, E_{30}, \cdots, E_1, E_0)$

置换后：ESN$=(E_0, E_{31}, E_{22}, E_4, E_{26}, E_{17}, E_8, E_{30}, E_{21}, E_{12}, E_3, E_{25}, E_{16}, E_7, E_{29}, E_{30}, E_{11}, E_2, E_{24}, E_{15}, E_6, E_{28}, E_{19}, E_{10}, E_1, E_{23}, E_{14}, E_5, E_{27}, E_{18}, E_9)$

私用掩码适用于用户保密通信，其格式由 TIA 规定。

## 25.4.2　接入信道

移动台利用接入信道发起呼叫或对基站寻呼信道的寻呼信号进行响应。接入信道的输入信息速率是 4.4 kb/s，加上用于后续卷积编码器的编码尾位后，速率为 4.8 kb/s，经过码率为 1/3、约束长度为 9 的卷积编码，速率变为 14.4 ks/s，码元重复一次，速率提高到 28.8 ks/s，然后进行正交多进制扩频调制、长码掩蔽、四相位调制等。

### 1. 反向信道的卷积编码器

为了提高反向信道信号抗干扰能力，采用码率为 1/3 的卷积编码器，即输入 1 个码元，编码器相应输出 3 个码元；约束长度为 9，即前后 9 个码元有关联，或者说有约束关系。因此它包含 8 级移位寄存器和 3 个模 2 加法器，其电路原理如图 25.4.4 所示。

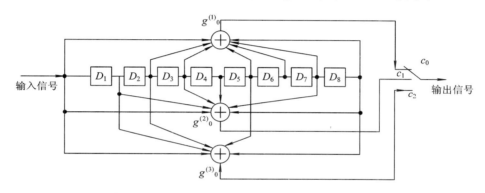

图 25.4.4　反向信道卷积编码电路原理

由图可见，每输入 1 bit 信息，输出为 3 bit，并依次由 $c_0$、$c_1$ 和 $c_2$ 产生 3 bit 输出。$c_0$、$c_1$ 和 $c_2$ 分别由模 2 加法器 $g_1^{(1)}$、$g_1^{(2)}$ 和 $g_1^{(3)}$ 输出产生，而 $g_1^{(1)}$、$g_1^{(2)}$ 和 $g_1^{(3)}$ 输入的序列由各级移位寄存器的反馈系数决定。编码器输出的 $c_0$、$c_1$ 和 $c_2$ 按下列公式计算：

$$\begin{cases} c_0 = D_0 \oplus D_2 \oplus D_3 \oplus D_5 \oplus D_6 \oplus D_7 \oplus D_8 \\ c_1 = D_0 \oplus D_1 \oplus D_3 \oplus D_4 \oplus D_7 \oplus D_8 \\ c_2 = D_0 \oplus D_1 \oplus D_5 \oplus D_8 \end{cases}$$

### 2. 码元重复和分组交织

对于接入信道，输入速率为 4.4 kb/s，加入编码尾位后，速率提高至 4.8 kb/s。一帧时间是 20 ms，含 96 个二进制符号，经卷积编码后速率变为 14.4 ks/s(3×4.8 ks/s)，在 1 帧 20 ms 时间内，含 288 个码符(14.4×10³×0.02 个码符)。为了将调制码元速率统一为 28.8 ks/s，对于接入信道，码元只重复一次即可。码元重复后的速率为 28.8 ks/s，在一帧 20 ms 时间内，共有 576 个码元。

为了克服突发干扰卷积、重复后的码元，还要进行分组交织。交织的时间跨度为 20 ms，即将一帧内 576 个码元排成 32 行×18 列的阵列。

### 3. 多进制正交扩频调制

多进制正交调制，采用相互正交的 64 阶沃尔什函数。由于 $2^6=64$，所以每输入 6 个二进制符号，就对应 64 个沃尔什函数之一。正交调制器每输入 6 个符号，则输出 64 个符号的输入符号速率是 28.8 kc/s，输出符号速率则为 $28.8 \times 64/4 = 307.2$ kc/s。

调制符号可根据下列调制指数来选择，调制符号指数 MSI 为

$$\text{MSI} = c_0 + 2c_1 + 4c_2 + 8c_3 + 16c_4 + 32c_5$$

式中，$c_i$ 代表输入码元第 $i$ 位的码元值，$0 \leqslant i \leqslant 5$。如输入码元为 $\{c_0 c_1 c_2 c_3 c_4 c_5\} = \{110100\}$，则

$$\text{MSI} = 1 + 2 + 8 = 11$$

部分多进制调制中符号输入、调制符号指数及输出符号的关系如表 25.4.1 所示。

**表 25.4.1　部分多进制调制中符号输入、调制符号指数及输出符号的关系**

| 输入 | MSI | 64 个符号输出 |
|---|---|---|
| 110100 | 11 | 0110011010011001011001101001100101100110100110010110011010011001 |
| 100101 | 41 | 0101010110101010010101011010101010101010100101010110101001010101 |

**4. 长码直接序列扩频**

经过正交多进制调制后，码片速率已达 307.2 kc/s，再与 $2^{24}-1$ 的 PN 长码进行模 2 加，即进行直接序列扩频，如图 25.4.5 所示。

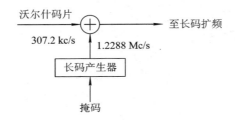

图 25.4.5　接入信道长码扩频原理图

长码产生器由 42 级移位寄存器组成，长码周期为 $2^{42}-1$，速率为 1.2288 Mc/s，其特征多项式为

$$P(x) = x^{42} + x^{35} + x^{33} + x^{31} + x^{27} + x^{26} + x^{25} + x^{22} + x^{21} + x^{19}$$
$$+ x^{18} + x^{17} + x^{10} + x^7 + x^6 + x^5 + x^3 + x^2 + x + 1$$

为了对传输信息加强安全性保护，可采取掩码措施。掩码与 42 级移位寄存器的各级输出相乘再模 2 加，最后产生的长码作为扩频码，即与多进制调制输出的符号进行模 2 加。接入信道的掩码格式如图 25.4.6 所示。图中，ACN 为接入信道号码，PCN 为寻呼信道号码，BASE-ID 为基站识别码，PILOT-PN 为正向 CDMA 信道引导 PN 序列偏置系数。

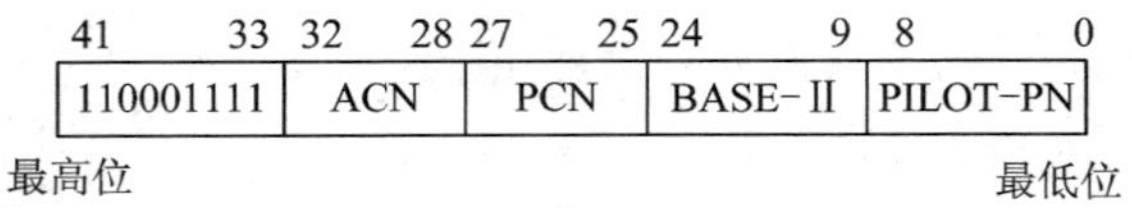

| 41 | 33 32 | 28 27 | 25 24 | 9 8 | 0 |
|---|---|---|---|---|---|
| 110001111 | ACN | PCN | BASE-II | PILOT-PN | |

最高位　　　　　　　　　　　　　　　　　最低位

图 25.4.6　接入信道的掩码格式

经过掩码，速率仍为 1.2288 Mc/s，然后进入四相调制。接入信道的调制参数如表 25.4.2 所示。

**表 25.4.2　接入信道的调制参数**

| 参　　数 | 数据速率 4800 b/s | 单位 |
|---|---|---|
| PN 子码速率 | 1.2288 | Mc/s |
| 卷积码速率 | 1/3 | |
| 码元重复出现的次数 | 2 | |
| 传输占空比 | 100 | % |
| 码元速率 | 28 800 | s/s |
| 每调制码元的码元数 | 6 | |
| 调制码元速率 | 4800 | s/s |
| 沃尔什子码速率 | 307.20 | kc/s |
| 调制码元宽度 | 208.33 | $\mu$s |
| 每码元的 PN 子码数 | 42.67 | |
| 每调制码元的 PN 子码数 | 256 | |
| 每沃尔什子码的 PN 子码数 | 4 | |

## 25.4.3　反向业务信道

反向业务信道用于通信过程中由移动台向基站传输语音、数据和必要的信令信息。系统电路的组成如图 25.4.1(b)所示。

**1. 可变传输速率**

反向业务信道和正向业务信道相对应。输入的业务信息是从可变速率语音编码器得到的，共有 4 种速率，即 8.6 kb/s、4.0 kb/s、2.0 kb/s 和 0.8 kb/s。对于 8.6 kb/s 和 4.0 kb/s 两种速率，在 20 ms 的每帧中要分别加入不同的帧质量指示位；对于 2.0 kb/s 和 0.8 kb/s 两种速率，则不加帧质量指示位。

对于速率为 8.6 kb/s 的业务信息，20 ms 的每帧中有 172 bit，加入帧质量指示位 12 bit 后，即要求每 20 ms 的帧内传输 184 bit，因此速率从 8.6 kb/s 上升到 9.2 kb/s；而速率为 4.0 kb/s 的业务信息，在 20 ms 的帧内，含有 80 bit 信息，加入帧质量指示位 8 bit 后，即 20 ms 内共传输 80+8=88 bit，因此速率从 4.0 kb/s 变为 4.4 kb/s。

为了进行卷积编码，使其约束长度为 9，在一帧内都要加入 8 个全"0"的尾位。因此对于 4 种不同速率，速率变更情况也是不同的。加入尾位后，4 种速率分别为 9.6 kb/s、4.8 kb/s、2.4 kb/s 和 1.2 kb/s。经码率为 1/3 的卷积编码后，速率变为 28.8 ks/s、14.4 ks/s、7.2 ks/s 和 3.6 ks/s，然后经过不同的码元重复，调制码元的速率统一为 28.8 ks/s。通过分组交织，加入六十四进制的多进制正交扩频调制。分组交织及多进制正交调制均与接入信道的相同。反向业务信道的调制参数如表 25.4.3 所示。

表 25.4.3　反向业务信道的调制参数

| 参数 | 数据率/(b/s) | | | |
|---|---|---|---|---|
| | 9600 | 4800 | 2400 | 1200 |
| PN 子码速率/(Mc/s) | 1.2288 | 1.2288 | 1.2288 | 1.2288 |
| 卷积码速率 | 1/3 | 1/3 | 1/3 | 1/3 |
| 传输占空比/(%) | 100 | 50 | 25 | 12.5 |
| 码元速率/(s/s) | 28 800 | 28 800 | 28 800 | 28 800 |
| 每调制码元的码元数 | 6 | 6 | 6 | 6 |
| 调制码元速率/(s/s) | 4800 | 4800 | 4800 | 4800 |
| 沃尔什子码速率/(kc/s) | 370.20 | 370.20 | 370.20 | 370.20 |
| 调制码元宽度/μs | 208.33 | 208.33 | 208.33 | 208.33 |
| 每码元的 PN 子码数 | 42.67 | 42.67 | 42.67 | 42.67 |
| 每调制码元的 PN 子码数 | 256 | 256 | 256 | 256 |
| 每沃尔什子码的 PN 子码数 | 4 | 4 | 4 | 4 |

**2. 帧质量指示位**

反向业务信道和正向业务信道都加入了帧质量指示位。对于 9.6 kb/s 和 4.8 b/s 的业务信道,每帧都含帧质量指示位,前者为 12 bit,后者为 8 bit。帧质量指示位是一种 CRC 循环冗余编码校验位,对方接收机以此来判断该帧是否有错,即可用于检测误帧率。对于 2.4 kb/s 和 1.2 b/s 的业务信道,不采用帧质量指示位。

帧质量指示位 CRC 是在一帧中除了帧质量指示位和尾位之外,由其他位所决定的,与帧质量指示位的生成多项式有关。

对于 9.6 kb/s 和 4.8 kb/s 两种速率的业务信道,均需加入帧质量标志,分别采用 12 bit 和 8 bit 的帧质量指示位,它们的生成多项式分别为

$9.6 \text{ kb/s:} \quad g(x) = x^{12} + x^{11} + x^{10} + x^9 + x^8 + x^4 + x + 1$

$4.8 \text{ kb/s:} \quad g(x) = x^8 + x^7 + c^4 + x^3 + x + 1$

# 25.5　CDMA 系统功率控制

在 CDMA 数字蜂窝移动通信系统中,为了获得大容量、高质量的通信,解决远近效应等问题,同时避免对其他用户产生过大的干扰,必须采用严格的功率控制。功率控制包括反向链路开环功率控制和闭环功率控制,还有正向链路的功率控制。前者使所有移动台的发射信号在到达基站时具有相同的所选定的功率电平,后者使正向链路的发射信号功率限制在只需满足移动台的接收要求。

## 25.5.1　正向链路的功率控制

基站的正向链路功率控制是通过响应移动台提供的测试来调整各用户链路信号的正向链路功率的。若移动台处于静态,离基站近,且受多径衰落和阴影效果或其他小区干扰的

影响很小,则基站采用低于标称发射功率来发射所需信号,以降低对系统正在发送的其他信号的干扰。同时,多余的功率就可给予那些环境困难、远离基站而错误率高的移动台。这就是正向链路功率控制的目的。

正向功率控制过程由两部分组成:第一部分是开环功率控制,在这一过程中,基站能利用接入信道所接收的移动台功率估算正向链路的传输损耗,并调节各业务信道的起始功率,在目前实施中,基站为各业务信道分配一个起始的标称功率。第二部分是闭环功率控制,基站和移动台相结合而动态地改变功率。

为了允许基站调节正向业务信道功率,各移动台应监测正向业务信道帧的质量。基站周期性地降低发向用户的功率,而移动台也周期性地向基站报告帧质量计算结果。基站再将这个计算结果与某一阈值相比较,来确定分配给正向业务信道的功率是增加还是减少。此外,如果这种质量的帧数超过某程度,则移动台便自动地报告计算结果,而基站会增加分配功率。正向链路功率控制的调节量较小,通常约 0.5 dB。调节的动态范围约限制在标称功率 16 dB 之内。调节的速率低于反向链路功控的变化速率,逢每个声码器便调节一次帧,或按每 15~20 ms 变更一次。这样,所有的移动台都可保持在预定的可接受的质量水平上。为了使功率放大不饱和,基站需做出是否调节功率的判决。

### 25.5.2　反向链路的功率控制

CDMA 系统的通信质量和容量主要受限于收到干扰功率的大小。若基站接收到移动台的信号功率太低,则误比特率太大而无法保证高质量通信;反之,若基站接收到的某一移动台功率太高,虽然保证了该移动台与基站间的通信质量,却对其他移动台增加了干扰,导致了整个系统质量恶化和容量减小。只有当每个移动台的发射功率控制在基站所需信噪比的最小值时,通信系统的容量才达到最大值。

反向链路也称上行链路,反向链路功率控制就是控制各移动台的发射功率的大小。它可分为开环功率控制和闭环功率控制。

#### 1. 反向链路开环功率控制

反向链路开环功率控制的前提条件是假设上行传输损耗与下行传输损耗相同。移动台接收、测量基站发来的信号强度,并估计下行传输损耗,然后根据这种估计来自行调整发射功率,若接收信号增强,则降低其发射功率;若接收信号减弱,则增加其发射功率。

开环功率控制的优点是简单易行,不需要在移动台和基站之间交换控制信息,因而不仅控制速度快,而且节省开销。它对慢衰落是比较有效的,即可以减小车载移动台快速驶入/出高大建筑物巡蔽区所引起的衰落;但是对于信号因多径效应而引起的瑞利衰落,效果不佳。对于 900 MHz 的 CDMA 蜂窝系统,采用频分双工通信方式,收发频率相差 45 MHz,已远远超过信道的相干带宽,因而上行或下行无线链路的多径衰落是彼此独立的,或者说它们是不相干的。移动台在下行信道上测得的衰落特性不能认为就等于上行信道上的衰落特性。为了解决这个问题,可采用闭环功率控制方法。

#### 2. 反向链路闭环功率控制

反向链路闭环功率控制的目的是对移动台的开环估算提供快速校正,以保持最佳的发射功率。各基站解调器测试各自移动台的信噪比,并把它与一个要求的阈值相比较,然后在下行信道上向移动台发送功率上升指令或下降指令。这个功率调节指令与移动台的开环估算值相结合，可得到移动台发射功率的最后数值。

根据功率调节指令，移动台按预定量(约 0.5 dB)增加或降低发射功率。受最大容许发射功率的限制，移动台提供的闭环调节范围在其开环估算值附近 ±24 dB 以内。功率调节指令以每 1.25 ms 一次的速率发送，该速率必须足够高，以允许跟踪上行路径上的瑞利衰落。确定功率控制信号的等待时间是很重要的，并且需保持小的传输过程，以便在控制比特被接收和起作用之前，信道条件无明显变化。

# 25.6　CDMA 系统的切换

在 CDMA 系统中，可分为软切换、CDMA 到 CDMA 的硬切换以及 CDMA 到模拟系统的切换。

### 1. 软切换

软切换是指在导频信道的载波频率相同时，小区之间的信道切换。这种软切换只是导频信道 PN 序列偏移的转换，而载波频率不发生变化。在切换过程中，移动用户与原基站和新基站都保持着通信链路，可同时与两个或多个基站通信，只有当移动台在新的小区建立稳定的通信后才断开与原基站的链路。软切换是 CDMA 系统独有的切换功能，没有通信中断的现象，可有效提高切换的可靠性，而且当移动台处于小区的边缘时，软切换能提供正向业务信道和反向业务信道的分集，从而保证通信的质量。

软切换还可细分为更软切换和软/更软切换。更软切换是指在一个小区内的扇区之间的信道切换。因为这种切换只需通过小区基站便时完成，而不需通过移动交换中心的处理，故称为更软切换。软/更软切换是指在一个小区内的扇区与另一小区或另一小区的扇区之间的信道切换。

在 CDMA 软切换过程中，移动台需要搜索导频信号并测量其信号强度，设置切换定时器，测量导频信号中的 PN 序列偏移，以及通过移动台与基站的信息交换完成切换。

软切换的具体过程包含三个阶段：第一阶段，移动台与原小区基站保持通信链路；第二阶段，在移动台与原小区基站保持通信链路的同时，与新的目标小区(一个或多个小区)的基站建立通信链路；第三阶段，移动台只与其中的一个新小区基站保持通信链路。

实现软切换的前提条件是移动台应能不断地测量原基站和相邻基站导频信道的信号强度，并把测量结果通知基站。如图 25.6.1(a)所示为移动台由小区 A 到小区 B 的越区软切换的信号电平与判决门限。因为来自小区 C 基站的导频信号强度低于下门限，所以该导频信号不介入切换。

当移动台测量到来自相邻小区基站的导频信号大于上门限时，移动台将所有高于上门限导频信号的强度信息报告给基站，并将这些导频信号作为候选者。这时，移动台进入软切换区。

移动交换中心通过原小区基站向移动台发送一个切换导向的消息。移动台依照切换导向指令跟踪新的目标小区(一个或多个小区)的导频信号，将这些导频信号作为有效者(或激活者)。同时，移动台在反向信道上向所有激活者的基站发送一个切换完成的消息。这时，移动台除仍保持与原小区基站的链路外，与其他新小区基站建立了链路。因此，在此阶段移动台的通信是多信道并行的。

当原小区基站的导频信号强度低于下门限时,移动台的切换定时器开始计时,当计时器满时,移动台向基站发送导频信号强度的测量消息,基站向移动台发送一个切换导向消息,依此切换导向消息移动台拆除与原小区的链路,保持新小区的通信链路,同时向基站发送一个切换完成消息,原小区基站的导频信号由有效者变为邻近者。这时就完成了越区软切换的全过程。

对于某一个小区基站的导频信号而言,在切换过程中其导频信号处于不同的状态,即相邻、候选、激活。因为处于这三种状态下的导频信号不止一个,所以将它们称为组,如图 25.6.1(b)所示。图中:① 表示进入软切换过程的时刻;② 表示基站向移动台发送切换导向消息的时刻;③ 表示导频信号由候选变为激活状态的时刻;④ 表示移动台启动切换定时器的时刻;⑤ 表示定时器计时终止的时刻;⑥ 表示移动台向基站发送切换导向消息的时刻;⑦ 表示软切换过程结束的时刻。

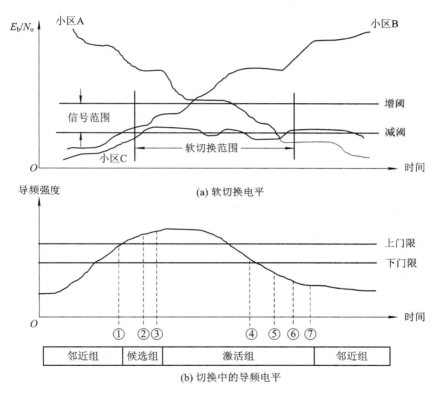

图 25.6.1　软切换过程

**2. CDMA 到 CDMA 的硬切换**

CDMA 到 CDMA 的硬切换是指在载波频率指配不同的基站覆盖小区之间的信道切换。硬切换包括载波频率和导频信道 PN 序列偏移的转换。在切换过程中,移动用户与基站的通信链路有一个很短的中断时间。

**3. CDMA 到模拟系统的切换**

CDMA 到模拟系统的切换是基站引导移动台由正向业务信道向模拟语音信道的切换。

切换的前提是及时了解各基站发射的信号在到达移动台接收地点时的强度。因此,移动台必须对基站发出的导频信号不断进行测量,并把测量结果通知基站。

# 25.7 CDMA 位置登记及呼叫处理

## 25.7.1 登记注册

登记注册是移动台向基站报告其位置状态、身份标志和其他特征的过程。通过注册,基站可以知道移动台的位置、等级和通信能力,确定移动台在寻呼信道的哪个时隙中监听,并能有效地向移动台发起呼叫等。对于时隙排列的模式,基站同意移动台在所安排的时隙间隔内减小功率输出以便节省电源。这种方案也称为移动台睡眠模式或非连续接收。移动台同样也提供类标记和协议版本号,以便基站能识别出移动台的容量和能力。注册是 CDMA 蜂窝通信系统在控制和操作中必不可少的功能。

### 1. 自主注册

自主注册是与移动台漫游无关的一类注册,它包括下列五种注册。

1. 开电源注册

移动台不仅在打开电源时需要进行注册,从其他服务系统(如模拟系统)切换过来时也需要进行注册。为了防止多重登记,移动台只有在时钟允许范围内的开机才登记有效。这种登记模式可以通过系统参数消息使之无效。为了防止电源连续多次的接通和断开而多次注册,通常移动台要在打开电源后延迟 20 ms 才进行注册。

2) 断电源注册

尽管移动台在断开电源时需要进行注册,但它只有在当前服务的系统中已经注册过时才能进行断电源注册。断电源注册并不像期望的那样特别可靠,因为移动台有可能已经跨出了蜂窝系统的接收范围。但是,一个成功的断电源注册可使 MSC 避免呼叫处于关机状态的移动台。

3) 周期性注册

为了使移动台按一定的时间间隔进行周期性注册,移动台需要设置一个计数器。计数器的最大值受基站控制。当计数值达到最大(或称计满)时,移动台就进行一次注册。周期性注册的好处是不仅能保证系统及时掌握移动台的状态,而且当移动台的断电源注册没有成功时,系统还会自动删除该移动台的注册。周期性注册的时间间隔不宜太长,也不宜太短。如果时间间隔太长,系统不能准确地获知移动台的位置,这必然要在较多的小区或扇区中对移动台进行寻呼,从而增大寻呼信道的负荷;相反,如果时间间隔太短,即注册次数过于频繁,虽然系统能较准确地得到移动台的位置,从而减少寻呼次数,但是却因此要增加接入信道的负荷。所以注册周期应选取一折中值,使寻呼信道和接入信道的负荷相对平衡。

4) 根据距离注册

在基于距离的注册中,基站发送出它的纬度和经度以及距离参数。当移动台开始接收到一个新的基站时,移动台同时收到它的纬度、经度和其他值。移动台把接收到的新基站的经/纬度和原来注册的基站的经/纬度相比较。如果测量计算结果与原先注册基站的距离大于某门限值,移动台就会注册,并根据两个基站的纬度和经度之差来计算它已经移动的距离。在注册中，基站成为以多个典型值为圆形的蜂窝小区的中心。移动台在移出这一圆形范围时才会注册，移动台要存储最后进行注册的基站的纬度、经度和注册距离。

5）根据区域注册

在 CDMA 系统中，为了便于对通信进行控制和管理，达到漫游的目的，在 CDMA 系统中定义了系统及网络的识别程序。把 CDMA 系统划分为系统、网络和区域三个层次。网络是系统的子集，区域是系统和网络的组成部分，系统用系统标志（SID）区分，网络用网络标志（NID）区分，区域用区域号区分。属于一个系统的网络由系统/网络标志（SID，NID）来区分，属于一个系统中某个网络的区域用区域号加上系统/网络标志（SID，NID）来区分。

基站和移动台都保存一张供移动台注册用的"区域表格"。若移动台进入一个新区，区域表格中没有对它的登记注册，则移动台进行以区域为基础的注册。注册的内容包括区域号与系统/网络标志（SID，NID）。

基于区域的登记中，蜂窝系统合成位置范围和区域、移动台和 MSC 同样保留了移动台最近登记的移动区域。CDMA 和 GSM 不同，在 CDMA 系统中，移动台可以同时成为不同位置范围的移动台，当移动台进入一个表上没有的区域时，它就登记。在成功的登记过程中，移动台和 MSC 给它们的列表上加上新的区域，并给其他列表上的区域设置所期望的时钟。通过多区域的列表，系统避免在边界区域上的多次登记。通过在旧区域上设置时钟，MSC 就可以避免对那些在老的区域中已过时的移动台进行呼叫，区域的登记在蜂窝系统中或在不同的系统之间定义边界时特别有效。

每次注册成功后，基站和移动台都要更新其存储的区域表格。移动台为区域表格的每一次注册都提供一个计时器。根据计时器的值可以比较表格中各次注册的寿命。一旦发现区域表格中注册的数目超过了允许保存的数目，便可根据定时器的值把最早的即寿命最长的注册删掉，保证剩下的注册数目不超过允许的数目。允许移动台注册的最大数目由基站控制，移动台在其区域表格中至少能进行 7 次注册。

为了实现在系统之间和网络之间漫游，移动台要专门建立一种"系统/网络表格"。移动台可在这种表格中存储四次注册。每次注册都包括系统/网络标志（SID，NID）。这种注册有两种类型：一是原籍注册；二是访问注册。如果要存储的标志（SID，NID）和原籍的标志（SID，NID）不符，则说明移动台是漫游者。漫游有两种形式：一是要注册的标志（SID，NID）中的 SID 和原籍标志（SID，NID）中的 SID 相同，即移动台是网络之间的漫游者（或称外来 NID 漫游者）；其二是要注册的标志（SID，NID）中的 SID 和原籍标志（SID，NID）中的 SID 不同，即移动台是系统之间的漫游者（或称外来 SID 漫游者）。

**2. 其他注册**

除了上述自主注册之外，还有下列四种注册形式：

（1）参数改变注册。当移动台修改其存储的某些参数时，要进行注册。

（2）受命注册。基站发送请求指令，指挥移动台进行注册。

（3）默认注册。当移动台成功地发送出一启动信息或寻呼应答信息时，判断出移动台的位置。该注册不涉及两者之间任何注册信息的交换。

（4）业务信道注册。一旦基站得到移动台已被分配到某一业务信道的注册信息，则基站通知移动台它已被注册。

### 25.7.2　呼叫处理

移动台呼叫处理状态如图 25.7.1 所示。

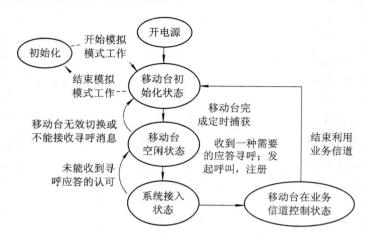

图 25.7.1　移动台呼叫处理状态

**1. 移动台初始化状态**

移动台接通电源后就进入"初始化状态"。在此状态中,移动台首先要判定它要在模拟系统中工作还是要在 CDMA 系统中工作。如果是后者,它就不断地检测周围各基站发来的导频信号和同步信号。各基站使用相同的引导 PN 序列,但其偏置各不相同,移动台只要改变其本地 PN 序列的偏置,很容易测出周围有哪些基站在发送导频信号。移动台比较这些导频信号的强度即可判断出自己处于哪个小区之中。一般情况下,最强的信号是距离最近的基站发送的。

**2. 移动台空闲状态**

移动台在完成同步和定时后,即由初始化状态进入"空闲状态"。在此状态中,移动台可接收外来的呼叫,也可进行向外的呼叫和登记注册的处理,还可确定所需的码信道和数据率。

移动台的工作模式有两种:一种是时隙工作方式,另一种是非时隙工作模式。如果是后者,移动台要一直监听寻呼信道;如果是前者,移动台只需在其指配的时隙中监听寻呼信道,其他时间可以关闭接收机,以利于节电。

**3. 系统接入状态**

当移动台要发起呼叫,或者要进行注册登记,或者收到一种需要认可或应答的寻呼信息时,移动台即进入"系统接入状态",并在接入信道上向基站发送有关的信息。这些信息可分为两类:一类属于被动发送的应答信息;另一类属于主动发送的请求信息。

为了防止移动台一开始就使用过大的功率,增大不必要的干扰,这里用到一种"接入尝试"程序,它实质上是一个功率逐步增大的过程。所谓一次接入尝试,是指传送某一信息直到收到该信息的认可的整个过程。一次接入尝试包括多次接入探测,多次接入探测都传送同一信息。把一次接入尝试中的多个接入探测分成一个或多个接入探测序列,同一个接入探测序列所含多个接入探测都在同一接入信道中发送，此接入信道是在与当前所用寻呼信道对应的全部接入信道中随机选择的。各接入探测序列的第一个接入探测根据额定开环功率所规定的电平进行发送，其后每个接入探测所用的功率均比前一接入探测提高一个规定量。

接入探测和接入探测序列都是按时隙发送的，每次传输接入探测序列之前，移动台都要产生一个随机数 $R$，并把接入探测的传输时间延迟 $R$ 个时隙。如果接入尝试属于接入信道请求，则还要增加一个附加时延，该时延为 PD 个时隙，以供移动台测试接入信道的时隙。只有测试通过，探测序列的第一个接入探测才能在那个时隙开始传输，否则要延迟到下一个时隙以后并且进行测试后再确定。

在传输一个接入探测之后，移动台要从时隙末端开始等候一规定时间 $T_A$，以接收基站发来的认可信息。如果接收到认可信息，则尝试结束；若未接收到认可信息，则下一个接入探测在延迟一定时间 RT 后发送。

一般情况下，在发送每个接入探测之前，移动台要关掉其发射机。

**4. 业务信道控制状态**

移动台在业务信道控制状态中，移动台和基站利用反向业务信道和正向业务信道进行信息交换。

为了支持正向业务信道进行功率控制，移动台要向基站报告帧错误率的统计。如果基站授权移动台做周期性报告，则移动台在规定的时间间隔定期向基站报告统计；如果基站授权移动台进行门限报告，则移动台只在帧错误率达到了规定的门限时才向基站报告其统计。周期性报告和门限报告也可以同时授权或同时废权。为了完成上述统计，移动台要连续地对它收到的帧总数和错误帧数进行统计。

无论移动台还是基站都可以申请"服务选择"。基站在发送寻呼信息或在业务信道工作时，能申请服务选择。移动台在发起呼叫、向寻呼信息应答或在业务信息工作时，都能申请服务选择。如果移动台（或基站）的服务选择申请是基站（或移动台）可以接受的，则它们开始使用新的服务选择；如果移动台（或基站）的服务选择申请是基站（或移动台）不能接受的，则基站（或移动台）拒绝这次服务选择申请，或提出另外的服务选择申请。移动台（或基站）对基站（或移动台）所提另外的服务选择申请也可以接受、拒绝或再提出另外的服务选择申请。这种反复的过程称为"服务选择协商"。当移动台和基站找到双方可接受的服务选择或者找不到双方可接受的服务选择时，这种协商过程就结束。

移动台和基站使用"服务选择申请指令"来申请服务选择或建立另一种服务选择，而用"服务选择应答指令"去接受或拒绝服务选择申请。

**5. 基站呼叫处理**

基站呼叫处理具有下列几种类型：

（1）导频和同步信道处理。在此期间，基站发送导频信号和同步信号，使移动台捕获和同步到 CDMA 信道，移动台处于初始化状态。

（2）寻呼信道处理。在此期间，基站发送寻呼信号，移动台处于空闲状态或系统接入状态。

（3）接入信道处理。在此期间，基站监听接入信道，以接收移动台发来的信息，移动台处于系统接入状态。

（4）业务信道处理。在此期间，基站用正向业务信道和反向业务信道与移动台交换信息，移动台处于业务信道控制状态。

# 本 章 小 结

CDMA 数字蜂窝移动通信是码分多址技术与数字蜂窝技术相结合的产物。CDMA 系统具有抗人为干扰、抗窄带干扰、抗衰落、抗多径时延扩展，并可提供较大的系统容量和便于与模拟或数字体制共存的特点。

CDMA 系统主要由网络子系统、基站子系统和移动台三部分组成，与 GSM 系统的结构非常相似。

CDMA 系统的接口主要有 Um 接口、A 接口、B 接口、C 接口、D 接口、E 接口、F 接口、G 接口、H 接口、Ai 接口、Pi 接口和 Di 接口。

CDMA 系统的正向传输或下行传输上设置了导频信道、同步信道、寻呼信道和正向业务信道；反向传输或上行传输上设置了接入信道和反向业务信道。

在 CDMA 系统中，为了获得大容量、高质量的通信，解决远近效应等问题，同时避免对其他用户产生过大的干扰，必须采用严格的功率控制，包括反向链路开环功率控制和闭环功率控制，还有正向链路的功率控制。

在 CDMA 系统中，可分为软切换、CDMA 到 CDMA 的硬切换以及 CDMA 到模拟系统的切换。

# 习 题 与 思 考

25－1　CDMA 系统有何特点？

25－2　CDMA 系统的接口主要有哪些？它们有何作用？

25－3　什么是 CDMA 系统的正向及反向信道？

25－4　CDMA 系统的正向信道由哪些部分组成？

25－5　什么是时间偏置？

25－6　什么是偏置系数？偏置系数共有多少个？

25－7　什么是正向控制信道？正向控制信道包括哪些信道？

25－8　试述正向业务信道信息的编码过程。

25－9　分组交织的作用是什么？分组交织由电路的哪部分实现？

25－10　什么是数据掩蔽？简述数据掩蔽的实现原理。

25－11　为什么要进行链路的功率控制？

25－12　CDMA 系统的切换有哪些？

25－13　试画图说明移动台呼叫处理状态。

# 第 26 章　第三代移动通信系统

## 26.1　第三代移动通信系统简介

### 26.1.1　概述

第三代移动通信系统与第二代移动通信系统的主要不同在于它可以提供移动环境下的多媒体业务和宽带数据业务，其数据传输速率最高可达 2 Mb/s。目前第三代移动通信系统的标准分别为 WCDMA、CDMA2000、TD－CDMA 和 WiMAX 四种。

第三代移动通信系统在继承了前两代移动通信语音服务的基础上，还提供了低速率数据服务，其最终目标是提供宽带多媒体通信服务。

3G 是 3rd-Generation 的缩写，是第三代移动通信技术的简称，它是将无线通信与互联网等多媒体通信相结合的新一代移动通信系统，能够处理图像、音乐、视频流等多种媒体形式，提供包括网页浏览、电话会议、电子商务等多种信息服务。为了满足不同的应用需求，第三代移动通信技术能够支持不同的数据传输速率，即在室内、室外和行车的环境中分别支持至少 2 Mb/s、384 kb/s 以及 144 kb/s 的传输速率。

由于 CDMA 系统具有频率规划简单、系统容量大、频率复用系数高、抗多径能力强、通信质量好以及支持软容量和软切换等优点，使得它成为第三代移动通信技术的主流技术。在第三代移动通信技术标准中，WCDMA、CDMA2000 和 TD－SCDMA 这三种标准都采用 CDMA 技术，另外一种标准 WiMAX 采用的是 OFDM 技术。

### 26.1.2　第三代移动通信系统的特点

从目前已确立的 3G 标准来看，其网络特征主要体现在无线接口技术上，主要包括小区复用、多址/双工方式、应用频段、调制技术、射频信道参数、信道编码及纠错技术、帧结构、物理信道结构和复用模式等诸多方面。3G 技术的特点包括以下几个方面：

（1）采用高频段频谱资源。为实现全球漫游，按 ITU 规划 IMT－2000 将统一采用 2G 频段，可用带宽高达 230 MHz，分配给陆地网络 170 MHz、卫星网络 60 MHz，这为 3G 容量发展、实现全球多业务环境提供了广阔的频谱空间，同时可更好地满足宽带业务。

（2）采用宽带射频信道，支持高速率业务。充分考虑承载多媒体业务的需要，3G 网络射频载波信道根据业务要求，在室内、室外和行车的环境中支持至少 2 Mb/s、384 kb/s 及 144 kb/s 的传输速率，同时进一步提高了码片速率，系统抗多径衰落能力也大大提高。

（3）实现多业务、多速率传送。在宽带信道中，可以灵活应用时分复用、码分复用技术，单独控制每种业务的功率和质量，通过选取不同的扩频因子，将具有不同 QoS 要求的各种速率业务映射到宽带信道上，实现多业务、多速率传送。

（4）快速功率控制。3G 主流技术均在下行信道中采用了快速闭环功率控制技术，用以改善下行传输信道性能，这提高了系统抗多径衰落能力，但由于受多径信道的影响，会导致扩频码分多址用户间的正交性不理想，增加了系统自干扰的偏差，但总体上快速功率控制的应用对改善系统性能是有好处的。

（5）采用自适应天线及软件无线电技术。3G 基站采用带有可编程电子相位关系的自适应天线阵列，可以进行发信波束赋形，自适应地调整功率，减小系统自干扰，提高接收灵敏度，增大系统容量；另外软件无线电技术在基站及终端产品中的应用，对提高系统灵活性、降低成本至关重要。

### 26.1.3　3G 参数

国际电联对第三代移动通信系统 IMT－2000 划分了 230 MHz 频率，即上行 1885～2025 MHz、下行 2110～2200 MHz，共 230 MHz。上下行频带不对称，可使用双频 FDD 方式和单频 TDD 方式。

2000 年的 WRC2000 大会在 WRC－1992 基础上批推了新的附加频段，即 860～960 MHz、1710～1885 MHz、2500～2690 MHz。以下是各种 3G 标准的相关参数及其在我国的频谱分配情况。

**1. WCDMA**

双工方式：FDD。

异步 CDMA 系统：无 GPS。

带宽：5 MHz。

码片速率：3.84 Mc/s。

中国联通频段：1920～1980 MHz、2110～2170 MHz（核心频段，分别用于上行和下行）；1755～1785 MHz、1850～1880 MHz（补充频段，分别用于上行和下行）。

**2. TD－SCDMA**

双工方式：TDD。

同步 CDMA 系统：有 GPS。

带宽：1.6 MHz。

中国移动频段：1880～1920 MHz、2010～2025 MHz（核心频段）；2300～2400 MHz（补充频段）。

**3. CDMA2000**

双工方式：FDD。

同步 CDMA：有 GPS。

带宽：1.23 MHz。

码片速率：1.2288 Mc/s。

中国电信频段：825～835 MHz、870～880 MHz（核心频段，分别用于上行和下行）；885～915 MHz、930～960 MHz（补充频段，分别用于上行和下行）。

**4. WiMAX**

全球微波互联接入，另一个名称是 802.16。

带宽：1.5～20 MHz。

最高接入速率：70 Mb/s。

最远传输距离：50 km。

中国频段：无。

# 26.2　WCDMA

## 26.2.1　UMTS 与 WCDMA

通用移动通信系统（Universal Mobile Telecommunications System，UMTS）是采用 WCDMA 空中接口技术的第三代移动通信系统，通常也称为 WCDMA 通信系统。UMTS 系统结构如图 26.2.1 所示，主要由无线接入网（Radio Access Network，RAN）和核心网（Core Network，CN）两个部分组成。RAN 用于处理所有与无线有关的功能；CN 用于处理 UMTS 系统内所有的语音呼叫和数据连接，并实现与外部网络的交换和路由。RAN 可以借用 MUTS 中地面 RAN 的概念，简称 UTRAN(UMTS Terrestrial RAN)；CN 从逻辑上分为电路交换域（Circuit Switched domain，CS）和分组交换域（Packed Switched domain，PS）。UTRAN、CN 与用户设备(User Equipment，UE)一起构成了整个 UMTS 系统。

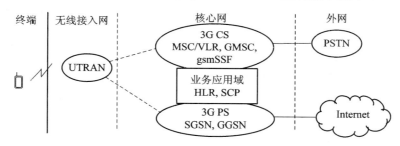

图 26.2.1　UMTS 系统结构

UMTS 系统的物理结构模型如图 26.2.2 所示。该模型分为两个域：用户设备域和基本结构域。用户设备域是用户用来接入 UMTS 业务的设备，它通过无线接口与基本结构域相连接。基本结构域由物理节点组成，这些物理节点完成终止无线接口和支持用户通信业务需要的各种功能。基本结构域是共享的资源，它为其覆盖区域内的所有授权用户提供服务。

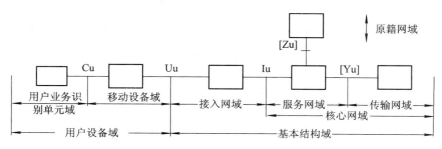

图 26.2.2　UMTS 物理结构模型

用户设备域包括具有不同功能的各种类型设备，可能兼容一种或多种现有的固定或无线接口设备，如双模 GSM/UMTS 用户终端等。用户设备域可进一步分为移动设备（ME）域和用户业务识别单元（USIM）域。

移动设备域的功能是完成无线传输和应用。移动设备还可以分为实体，如完成无线传输和相关功能的移动终端（MT），包含端到端应用的终端设备（TE）。其接口和功能与 UMTS 的接入层和核心网结构有关，而与用户无关。

用户业务识别单元（USIM）域包含安全地确定身份的数据和过程，这些功能一般存入智能卡中。它只与特定的用户有关，而与用户所使用的移动设备无关。

基本结构域可进一步分为接入网域和核心网域。接入网域由与接入技术相关的功能模块组成，直接与用户相连接；而核心网域的功能与接入技术无关，两者通过开放接口连接。核心网又可以分为分组交换业务域和电路交换业务域。网络和终端可以只具有分组交换功能或电路交换功能，也可以同时具有两种功能。

接入网域由系列的物理实体来管理接入网资源到核心网域的机制。UMTS 的 UTRAN 由无线网络系统（RNS）通过 Iu 接口和核心网相连。

UMTS 将支持各种接入方法，以便于用户利用各种固定和移动终端接入 UMTS 核心网和虚拟家用环境（Virtual Home Environment，VHE）业务。此时，不同模式的移动终端对应不同的无线接入环境，用户则依靠用户业务识别单元接入相应的 UMTS 网络。

核心网域包括支持网络特征和通信业务的物理实体，提供包括用户位置信息的管理、网络特性和业务的控制、信令和用户信息的传输机制等功能。核心网域又可分为服务网域、原籍网域和传输网域。

服务网域与接入网域相连接，其功能是呼叫的寻路和将用户数据与信息从源传输到目的。它既和原籍网域联系以获得和用户有关的数据与业务，也和传输网域联系以获得与用户有关的数据和业务。

原籍网域用于管理用户永久的位置信息。用户业务识别单元域和原籍网域有关。传输网域是服务网域和远端用户间的通信路径。

## 26.2.2　WCDMA 系统的组成

WCDMA 的系统组成如图 26.2.3 所示。WCDMA 系统由若干逻辑网络元素构成。逻辑网络元素可以按不同子网来划分，也可以按功能来划分。

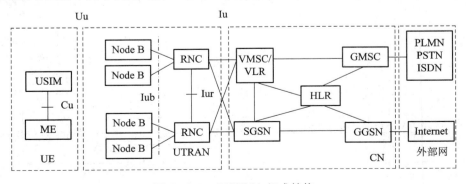

图 26.2.3　WCDMA 组成结构

WCDMA 逻辑网络元素按功能可以分成用户设备终端(UE)、无线接入网(RAN)和核心网(CN)。RAN 处理与无线通信有关的功能。CN 处理语音和数据业务的交换功能,完成移动网络与其他外部通信网络的互联,相当于第二代系统中的 MSC/VLR/HLR。除 CN 基本上来源于 GSM 外,UE(User Equipment)和 RAN 采用 WCDMA 无线技术规范。

**1. UE**

UE 为用户终端设备,主要由射频处理单元、基带处理单元、协议栈模块以及应用层软件模块等组成。UE 通过 Uu 接口与网络设备进行数据交互,为用户提供电路域和分组域内的各种业务功能,包括普通语音、宽带语音、Internet 应用和移动多媒体业务等。UE 包括两部分:

(1) 移动设备(The Mobile Equipment,ME):提供与 Node B 进行无线通信的接口和应用接口服务。

(2) UMTS 用户识别模块(The UMTS Subscriber Module,USIM):提供用户身份识别功能,相当于 GSM 终端中的 SIM 智能卡,用于记载用户标识,对执行鉴权算法并保存鉴权、密钥以及终端所需的预约信息。

**2. UTRAN**

UMTS 陆地无线接入网(UTRAN)由基站(Node B)和无线网络控制器(Radio Network Controller,RNC)两部分组成。

(1) Node B:WCDMA 系统的基站,由无线收发信机和基带处理部件等组成。通过标准的 Iub 接口和 RNC 相连,主要完成 Uu 接口物理层协议的处理,包括扩频、调制、信道编码、解扩、解调、信道解码、基带信号和射频信号的相互转换等功能。此外,Node B 还提供部分无线资源管理业务。Node B 包含 RF 收发放大、射频收发系统(TRX)、基带部分(BB)、传输接口单元和基站控制部分等逻辑功能模块。

(2) RNC:用于完成连接的建立和断开、切换、宏分集合并、无线资源管理控制等功能。

**3. CN**

CN 负责与其他网络的连接和对 UE 的通信和管理,主要包括以下功能模块:

(1) VMSC/VLR。VMSC/VLR 是 WCDMA 核心网 CS 域功能节点。它通过 Iu CS 接口与 UTRAN 相连,通过 PSTN/ISDN 接口与外部 PSTN、ISDN 及其他 PLMN 网络相连,通过 C/D 接口与 HLR/AUC 相连,通过 E 接口与 VMSC/VLR 或 SMC 相连,通过 CAP 接口与 SCP 相连,通过 Gs 接口与 SGSN 相连。VMSC/VLR 主要提供 CS 域的呼叫接续、移动性管理、鉴权和加密等功能。

(2) GMSC。GMSC 是 WCDMA 移动网 CS 域与外部网络之间的网关节点,是可选功能节点。它通过 PSTN/ISDN 接口与外部网络相连,通过 C 接口与 HLR 相连,通过 CAP 接口与 SCP 相连,主要完成 VMSC 功能中呼入呼叫的路由功能。

(3) SGSN。SGSN 是 WCDMA 核心网 PS 域功能节点。它通过 Iu PS 接口与 UTRAN 相连,通过 Gn/Gp 接口与 GGSN 相连,通过 Gr 接口与 HLR/AUC 相连,通过 Gs 接口与 VMSC/VLR,通过 CAP 接口与 SCP 相连,通过 Gd 接口与 SMC 相连,通过 Ga 接口与 CG 相连,通过 Gn/Gp 接口与 SGSN 相连。SGSN 主要提供 PS 域的路由转发、移动性管理、会话管理、鉴权和加密等功能。

（4）GGSN。GGSN 是网关 GPRS 支持节点。通过 Gn 接口与 SGSN 相连，通过 Gi 接口与外部数据网络相连。GGSN 提供数据包在 WCDMA 移动网和外部数据网之间的路由和封装。GGSN 主要提供同外部 IP 分组网络的接口和 UE 接入外部分组网络的关口功能。从外部网络的观点来看，GGSN 类似于可寻址 WCDMA 移动网络中所有用户 IP 的路由器，同外部网络交换路由信息。

（5）HLR。HLR 是 WCDMA 移动网归属位置寄存器，通过 C 接口与 VMSC/VLR 或 GMSC 相连，通过 Gr 接口与 SGSN 相连，通过 Gc 接口与 GGSN 相连。HLR 的主要功能是提供用户的签约信息存放、新业务支持、增强的签权等功能。

**4. OMC(Operation Maintenance Center，网络操作维护中心)**

OMC 包括设备管理系统和网络管理系统。设备管理系统完成对各独立网元的维护和管理，包括性能管理、配置管理、故障管理、计费管理和安全管理的业务功能。网络管理系统能够实现对全网所有相关网元的统一维护和管理，实现综合集中的网络业务功能，包括网络业务的性能管理、配置管理、故障管理、计费管理和安全管理。

**5. 外部网络**

外部网络分为两类，即电路交换网和分组交换网。

WCDMA 网络也可以分成若干个子网。子网之间既可以独立工作，又可以协同工作。子网可称为 UMTS 公众陆地移动网(PLMN)。

## 26.2.3　接口

WCDMA 系统主要有如下接口：

（1）Cu 接口。Cu 接口是 USIM 卡和 ME 之间的电气接口，是遵循智能卡标准的接口。

（2）Uu 接口。Uu 是 WCDMA 的无线接口。UE 通过 Uu 接口接入到 UMTS 系统的固定网络部分，Uu 接口是 UMTS 系统中最重要的开放接口，其开放性可以确保不同制造商设计的 UE 终端可以接入其他制造商设计的 RAN 中。

（3）Iu 接口。Iu 接口是连接 UTRN 和 CN 的接口。Iu 接口是一个开放的标准接口，使得通过 Iu 接口相连接的 UTRAN 与 CN 可以分别由不同的设备制造商提供。

（4）Iur 接口。Iur 接口是连接 RNC 之间的接口，是 UMTS 系统特有的接口，用于对 RAN 中移动台的移动管理，比如在不同的 BNC 之间进行软切换时，移动台所有数据都通过 Iur 接口从正在工作的 BNC 转到候选 RNC，Iur 是开放的标带接口。

（5）Iub 接口。Iub 接口是连接 Node B 与 RNC 的接口，它是一个开放的标准接口，使得通过 Iub 接口相连接的 RNC 与 Node B 可以分别由不同的设备制造商提供。

# 26.3　CDMA2000

## 26.3.1　CDMA2000 的特点

CDMA2000 是由美国高通北美公司为主导提出，摩托罗拉、韩国三星等都有参与的移动通信标准。该系统是从窄带 CDMA one 数字标准衍生出来的，可以从原有的 CDMA one 结构直接升级到 3G，建设成本低廉。

CDMA2000 的目标是进一步提高语音容量，提高数据传输效率，支持更高的数据速率，降低移动台电源消耗，延长电池寿命，消除对其他电子设备的电磁干扰，具有更好的加密技术，后向兼容 CDMA one。与 CDMA one 相比，CDMA2000 具有以下特点。

### 1. 多种射频信道带宽

CDMA2000 在前向链路上支持多载波(MC)和直扩(DS)两种方式，反向链路仅支持直扩方式。当采用多载波方式时，能支持多种射频带宽，射频信道带宽可以是 $N \times 1.25$ MHz，其中 $N = 1$、3、5、9 或 12，即可选择的带宽有 1.25 MHz、3.75 MHz、6.25 MHz、11.25 MHz 和 15 MHz。目前的技术仅支持前两种带宽。

### 2. Turbo 码

为了适应高速数据业务的需求，CDMA2000 采用 Turbo 编码技术，编码速率可以是 1/2、1/3 或 1/4。Turbo 编码器由两个递归系统卷积码(RSC)成员编码器、交织器和删除器构成，每个 RSC 有多路校验位输出，两个 RSC 的输出经删除复用后形成 Turbo 码。Turbo 编码器一次输入 $N$ turbo bit，包括信息数据、帧校验(CRC)和保留 bit，输出($N$ turbo + 6)/$R$ 符号。Turbo 译码器由两个软输入软输出的译码器、交织器和去交织器构成，两个成员译码器对两个成员编码器分别交替译码，并通过软输出相互传递信息，进行多轮译码后，通过对软信息进行过零判决得到译码输出。

Turbo 码具有优异的纠错性能，但译码复杂度高、时延大，因此主要用于高速率、对译码时延要求不高的数据传输业务。与传统的卷积码相比，Turbo 码可降低对发射功率的要求，增加系统容量。在 CDMA2000 中，Turbo 码仅用于前向补充信道和反向补充信道中。

### 3. 3800 MHz 前向快速功率控制

CDMA2000 采用新的前向快速功率控制(FFPC)算法，该算法使用前向链路功率控制子信道和导频信道，使移动台收到的全速率业务信道的 $E_b/N_t$ 保持恒定。移动台将测量到的业务信道 $E_b/N_t$ 与门限值相比较，然后根据比较结果，向基站发出升高或降低发射功率的指令。功率控制命令比特由反向功率控制子信道传送，功率控制速率可达到 800 b/s。采用前向快速功率控制，能尽量减小远近效应，降低移动台接收机实现一定误帧率所需的信噪比，进而降低基站发射功率和系统的总干扰电平，提高系统容量。

### 4. 前向快速寻呼信道

前向快速寻呼信道用于指示一次寻呼或配置改变。基站使用前向快速寻呼信道的寻呼指示(PI)比特来通知位于覆盖区域，并工作于时隙模式且处于空闲状态的移动台，是监听下一个个前向公共控制信道/前向寻呼信道的时隙，还是返回低功耗的睡眠状态直至下一周期到来。当寻呼负载较高时，可以使用一个以上的前向快速寻呼信道来减少冲突。前向快速寻呼信道的使用，可使移动台不必长时间连续监听前向寻呼信道，减少了激活移动台所需的时间，降低了移动台功耗，从而延长了移动台的待机时间和电池寿命。

如果是在最近 10 min 内有任何配置消息(如系统参数消息)发生变化，前向快速寻呼信道上的配置改变指示(CCI)比特将被设置，然后移动台通过解调前向广播信道来获得新消息。

前向快速寻呼信道采用通断键控（OOK）调制，可节约基站发射功率。

**5. 前向链路发射分集**

前向链路采用的发射分集方式包括多载波发射分集和直接扩频发射分集两种。前者用于多载波方式，每个天线发射一个载波子集；后者用于直接扩频方式，又可分为正交发射分集和空时扩展分集两种。

采用前向发射分集技术能减小每个信道要求的发射功率，增加前向链路容量，改善室内单径瑞利衰落环境和慢速移动环境下的系统性能。

**6. 反向相干解调**

为了提高反向链路性能，CDMA2000 采用反向链路导频信道，它是未经编码的由 0 号沃尔什函数扩频的信号。基站用导频信道完成初始捕获、时间跟踪和 Bake 接收机相干解调，并为功率控制测量链路质量。导频参考电平随数据速率而变化。

基站可以利用反向导频帮助捕获移动台的发射，实现反向链路上的相干解调。与采用非相干解调的 CDMA2000 相比，基站所需的信噪比显著降低，从而降低了移动台发射功率，提高了系统容量。当移动台发射无线配置为 RC-6 的反向业务信道时，在反向导频信道中插入一个反向功率控制子信道，移动台通过该子信道发送功率控制命令，可实现前向链路功率控制。反向导频还可以采用门控发送方式，即非连续发送，不仅能减小对其他用户的干扰，也能降低移动台的功耗。

**7. 连接的反向空中接口波形**

在反向链路中，所有速率的数据都采用连续导频和连续数据信道波形。连续波形可以把对其他电子设备的电磁干扰降到最低，通过降低数据速率，能扩大小区覆盖范围；允许在整个帧上实现交织，并改善搜索性能。连续波形还支持移动台为快速前向功率控制时连续发送前向链路质量测量信息，以及基站为反向功率控制时连续监控反向链路质量。

**8. 辅助导频信道**

CDMA2000 中新增加了前向辅助导频信道，支持对一组移动台的波束形成，以及对单个移动台的波束控制和波束形成。点波束应用能扩大覆盖区域和增加容量，并提高可支持的数据速率。

**9. 增强的媒体接入控制功能**

媒体接入控制（MAC）子层控制系统中包含了多种业务到物理层的接入过程，保证了多媒体业务的实现。它的引入能满足更高带宽和更广泛业务种类的需求，支持语音、分组数据和电路数据业务的同时处理。CDMA2000 系统的 MAC 子层能提供尽力发送（Best Effort Delivery）复用和 QoS 控制，以及接入程序。

**10. 灵活的帧长**

CDMA2000 支持 5 ms、10 ms、20 ms、40 ms、80 ms 和 160 ms 多种灵活的帧长。不同类型的信道分别支持不同的帧长。例如，前向基本信道、前向专用控制信道、反向基本信道和反向专用控制信道采用 5 ms 和 20 ms 帧，前向补充信道和反向补充信道采用 20 ms、40 ms 或 80 ms 帧，语音业务采用 20 ms 帧。较短的帧可以减少时延；较长的帧因帧头所占比重小，可降低对发射功率的要求。

## 26.3.2　CDMA2000 系统的结构

　　CDMA2000 系统由无线接入网、核心网电路域、核心网分组域、智能网、短消息中心、无线应用协议（WAP）及定位部分组成，如图 26.3.1 所示。

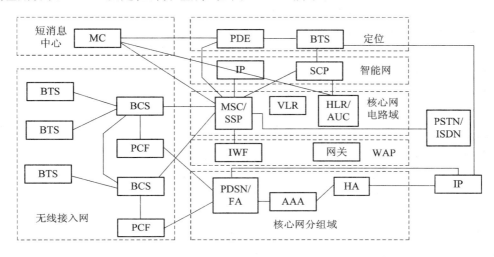

图 26.3.1　CDMA2000 系统结构

　　无线接入网由基站收发信机（BTS）和基站控制器（BSC）组成。BTS 主要负责接收移动台的无线信号；BSC 则负责管理多个 BTS，并与移动交换中心（MSC）和分组控制功能（PCF）进行语音和数据的交互。PCF 主要负责与分组数据业务相关的无线资源管理控制。

　　核心网电路域主要由 MSC、访问位置寄存器（VLR）、原籍位置寄存器（HLR）和鉴权中心（AUC）构成。该部分主要用于控制电路域的业务。

　　核心网分组域主要由 PCF、分组数据服务节点/外地代理（PDSN/FA）、认证、授权、计费（AAA）、本地代理（HA）等组成。该部分主要用于控制分组数据业务。其中 PDSN 负责管理用户通信状态，转发用户的数据到另外一个 MSC 网络中。AAA 主要用来对用户的权限和计费进行管理。

　　智能网部分主要由 MSC、业务交换点（SSP）、IP、业务控制节点（SCP）等构成。智能网是目前移动通信系统中非常重要的部分，许多新业务都需要智能网。

　　短消息中心（MC）主要完成与短消息相关的业务。

　　无线应用协议（WAP）主要完成一系列网络协议的转换，将 Internet 与移动通信网相连。

　　定位部分是 CDMA 提供的一个特殊服务，主要用在各种切换技术中。

## 26.3.3　CDMA2000 的主要接口

　　CDMA2000 系统的主要接口如图 26.3.2 所示，它主要由 A 接口和 Um 接口组成。

　　A 接口为网络子系统（NSS）与基站子系统（BSC）之间的通信接口，也是移动业务交换中心（MSC）与基站控制器（BSC）的互连接口，采用标准的 2.048 Mb/s 的 PCM 数字传输链路来实现。传递的信息主要有移动台管理、基站管理、移动性管理、接续管理等。

空中接口即 Um 接口，定义为移动台与基站收发信机（BTS）之间的通信接口，用于移动台与系统固定部分之间的通信，通过天线链路实现。该接口传输的信息主要有无线资源管理、移动性管理和接续管理等。

除了上述两个主要接口外，还有以下几个接口：

（1）Abis 接口：用于 BTS 和 BSC 之间的连接。

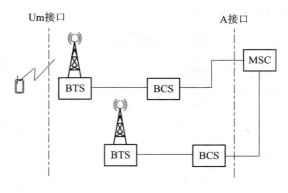

图 26.3.2　CDMA2000 接口

（2）A1 接口：用于传输 MSC 与 BSC 之间的信令。

（3）A2 接口：用于传输 MSC 与 BSC 之间的语音业务。

（4）A3 接口：用于传输 BSC 与业务数据单元（SDU）之间的语音及数据等用户业务和信令。

（5）A7 接口：用于传输 BSC 之间的信令，支持软切换。

（6）A8 接口：用于传输 BSC 和 PCF 之间的用户业务信息。

（7）A9 接口：用于传输 BSC 和 PCF 之间的信令。

（8）A10 接口：用于传输 PCF 和 PDSN 之间的用户业务信息。

（9）A11 接口：用于传输 PCF 和 PDSN 之间的信令。

## 26.3.4　空中接口的分层结构

CDMA2000 标准中的内容就是按图 26.3.3 所示的层次结构组织起来的，这些层次主要有物理层、MAC 子层、LAC 子层和层 3 等。

### 1. 物理层

物理层处于体系结构的最底层，通过各种物理信道完成高层信息和空中无线信号的相互转换。几乎所有系统特性都依靠物理层来保证和实现，它是无线通信系统的基础。物理层主要执行一些信道处理、编码调制等任务。

### 2. MAC 子层

MAC 子层为了适应更高的带宽以及处理更多种类业务的需要，按照物理层的定时要求，及时地向物理层特定信道发送数据或从那里接收数据，并完成逻辑信道和具体信道的转换。

### 3. LAC 子层

LAC 子层与信令信息有关，主要为高层的信令提供在无线信道上的正确传输与发送。

### 4. 层 3

层 3 侧重于描述系统的控制信息的交互。通过 LAC 子层提供的服务，层 3 利用各种逻辑信道按照通信协议的规定完成基站和移动台的信令消息交互，以完成一些基本的承载业务。

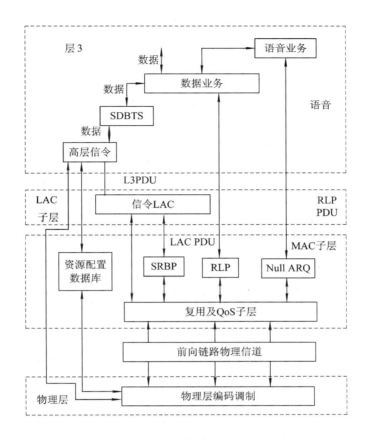

图 26.3.3　CDMA2000 系统空中接口分层结构

## 26.3.5　CDMA2000 的信道分配

CDMA2000 标准定义了逻辑信道和物理信道两个概念。物理信道是 CDMA2000 标准中物理层的描述对象，与空中无线特性有关。在物理层之上的协议中，为了更好地定义各种业务并便于控制，采用了逻辑信道的概念。高层数据在链路层逻辑信道中传输数据帧，并将其在链路层和物理层的接口处映射到物理信道上。

高层的信令都是在逻辑信道上传输的，屏蔽了具体物理层的特点，使得无线接口对高层是透明的。逻辑信道传输的信息最终由物理信道承载，逻辑信道和物理信道之间的对应关系称为映射。一个逻辑信道可以永久地独占一个物理信道(例如同步信道)，也可以临时独占一个物理信道，还可以和其他逻辑信道共享一个物理信道。在某些情况下，一个逻辑信道可以映射到另一个逻辑信道中，这两个逻辑信道或更多逻辑信道便融合成一个实际的逻辑信道，以传送不同类的业务。

信道间的映射具体在 LAC 层/MAC 层实现，但是具体的映射关系却是由高层，即层 3 确定的。

### 1. 前向物理信道

CDMA2000 标准中，物理层中的前向信道分为 12 类，分别是导频信道(Pilot Channel)、同步信道(Sync Channel)、寻呼信道(Paging Channel)、快速寻呼信道(Quick Paging

Channel)、广播信道(Broadcasting Channel)、公共功率控制信道(Common Power Control Channel)、公共指配信道(Common Consignment Channel)、前向专用控制信道(Forward Dedicated Control Channel)、业务信道(Traffic Channel)、辅助信道(Supplemental Channel)、基本信道(Fundamental Channel)和公共控制信道(Common Control Channel)。前向物理信道分配如图 26.3.4 所示，可分为专用和公用两类。

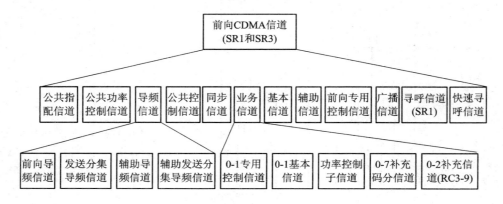

图 26.3.4　CDMA2000 前向物理信道

前向公用信道包括：导频信道、同步信道、寻呼信道、广播信道、快速寻呼信道、公共功率控制信道、公共指配信道和公共控制信道。其中前 3 种信道与 CDMA-95X 系统兼容，后 5 种是 CDMA2000 新定义的信道。部分信道的功能如下：

（1）导频信道：不断地发送不含数据信息的扩频信号。基站覆盖区中的移动台利用导频信号获取同步，同时也为移动台越区切换提供依据，此外导频信号也是移动台开环功率控制的依据。

（2）同步信道：在基站覆盖区中，处于开机状态的移动台通过同步信道来获得初始的时间同步。

（3）寻呼信道：每个基站有 1 个或最多 7 个寻呼信道。当呼叫时，在移动台没有接入业务信道之前，基站通过寻呼信道传送控制信息给移动台。当需要时，寻呼信道可以变成业务信道，用于传输用户业务数据。寻呼信道的作用为定时发送系统信息，使移动台能收到入网参数，为入网做准备；基站通过它寻呼移动台。

（4）广播控制信道：基站用来发送系统开销信息以及需要广播的信息，可工作在非连续方式。

（5）快速寻呼信道：基站用来通知在覆盖范围内工作在时隙模式且处于空闲状态的移动台工作信息。

（6）公共功率控制信道：基站用于对多个反向控制信道进行功率控制。

（7）公共指配信道：基站用来发送反向信道快速响应的指配信息。

（8）公共控制信道：基站用来给指定移动台发送消息，数据速率高、可靠性好。

**2. 反向物理信道**

CDMA2000 反向物理信道分配如图 26.3.5 所示。

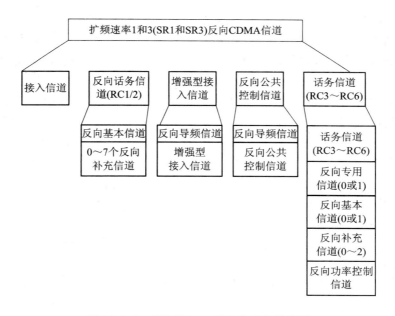

图 26.3.5　CDMA2000 反向物理信道分配

部分信道的功能如下：

（1）接入信道：用于移动台与基站的通信或响应寻呼信道消息。

（2）增强型接入信道：用于移动台与基站的通信或响应指向移动台的消息，也可用于发送中等大小的数据分组。增强型接入信道有三种可能的工作模式，即基本接入模式、功率控制接入模式和预约接入模式。功率控制接入模式和预约接入模式可以工作于同一个增强型接入信道；基本接入模式工作于独立增强型接入信道。

（3）反向公共控制信道：用于当无反向话务信道可用时向基站发送用户和信令信息。

（4）反向话务信道：用于呼叫中向基站发送用户和信令信息，反向话务信道可以包含 1 个专用控制信道。

（5）反向基本信道与反向补充信道：用于在呼叫中向基站发送用户和信令信息。反向业务信道可以包含一个反向基本信道。反向补充信道用于在呼叫中向基站发送用户信息。反向话务信道最多包含 2 个反向补充信道。

（6）反向补充信道：用于在呼叫中向基站发送用户信息。

（7）反向导频信道：用于辅助基站检测移动台的发送信号。

（8）反向功率控制信道：用于调节移动台发射功率，消除远近效应。

# 26.4　TD‐SCDMA

## 26.4.1　TD‐SCDMA 的特点及其空中接口参数

### 1. TD‐SCDMA 的特点

时分同步码分多址接入（TD‐SCDMA）系统是第一次由中国提出的全球 3G 标准之一。TD‐SCDMA 是 TDD 和 CDMA、TDMA 技术的完美结合，具有以下特点：

（1）采用时分双工（TDD）技术，仅需一个 16 MHz 带宽，而以 FDD 为代表的 CDMA2000 需要 $1.25 \times 2$ MHz 带宽，WCDMA 需要 $5 \times 2$ MHz 带宽。其语音频谱利用率比 WCDMA 高 2.5 倍，数据频谱利用率甚至高 3.1 倍，无需成对频段，适用于多运营商环境。

（2）采用智能天线、联合检测和上行同步等大量先进技术，可以降低发射功率，减少多址干扰，提高系统容量；采用"接力切换"技术，可克服软切换大量占用资源的缺点；采用 TDD 后不需要双工器，可简化射频电路，系统设备和移动台的成本较低。

（3）采用 TDMA 更适合传输下行数据速率高于上行数据速率的非对称 Internet 业务，而 WCDMA 并不适合，因而在 R5 版本中增加了高速下行链路分组接入（HSDPA）。

（4）采用软件无线电先进技术，更容易实现多制式基站和多模终端，使系统更易于升级换代，更适合在开通 GSM 网络的大城市热点地区首先建设，借以满足局部用户群对 384 kb/s 多媒体业务的需求，并通过 GSM/TD 双模终端来适应两网并存的过渡期内用户漫游切换的要求。

（5）采用 TDD 与 TDMA，更易支持 PTT 业务和实现新一代数字集群。

（6）具有频率资源丰富、频谱效率高及适于全球漫游的特点。

**2. TD - SCDMA 空中接口参数**

TD - SCDMA 空中接口参数如表 26.4.1 所示。

**表 26.4.1　TD - SCDMA 空中接口参数**

| 空中接口参数 | 参　　数 |
| --- | --- |
| 双工方式 | TDD |
| 基本带宽 | 1.6 MHz |
| 每载波时隙数 | 10 |
| 码速率 | 1.28 Mc/s |
| 帧长 | 10 ms（分为 2 个 5 ms 子帧） |
| 功率控制 | 开环＋闭环 |
| 功率控制频率 | 200 次/s |
| 智能天线 | 8 个天线组成天线阵列 |
| 基站间同步关系 | 同步 |
| 多用户检测 | 支持 |
| 支持核心网 | GSM - MAP |
| 扩频方式 | DS SF＝1/2/4/8/16 |
| 上行同步精度 | 1/8 码片 |
| 调制方式 | QPSK/8PSK |

## 26.4.2　TD - SCDMA 网络结构

TD - SCDMA 系统由核心网（CN）、无线接入网（UTRAN）和手机终端（UE）组成，如图 26.4.1 所示。

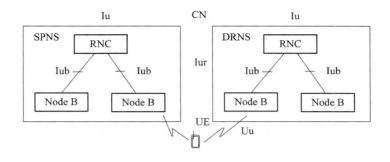

图 26.4.1　TD-SCDMA 系统网络结构

UTRAN 由基站无线网络控制器（Radio Network Controller，RNC）和基站 Node B 组成。

CN 通过 Iu 接口与 UTRAN 的 RNC 相连。Iu 接口可分为连接到电路交换域的 Iu-SC、连接到分组交换域的 Iu-PS 和连接到广播控制域的 Iu-BC 接口。Node B 与 RNC 之间由 Iub 相连。在 UTRAN 内部，RNC 通过 Iur 接口进行信息交互。Node B 与 UE 之间通过 Uu 接口交换信息。

## 26.4.3　系统信道

TD-SCDMA 系统中有三种信道模式：逻辑信道、传输信道和物理信道，如图 26.4.2 所示。

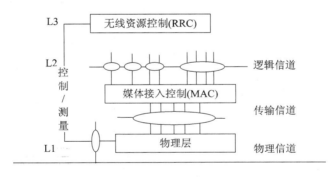

图 26.4.2　TD-SCDM 系统的三种信道模式

逻辑信道：作为 MAC 子层向上层提供服务，用来描述承载信息的类型。

传输信道：作为物理层向高层提供服务，用来描述所承载信息的传送方式。

物理信道：系统直接发送信息的通道，即在空中传输信息的物理信道。

传输信道作为物理层为高层提供服务，通常分为公共信道和专用信道。专用信道（DCH）是一个用于上下行链路，并承载网络和 UE 之间的用户或控制信息的上下行传输信道。

### 1. 公共信道

公共信道是发送某一特定的 UE 时含有内识别信息的信道。公共信道可分为以下几种：

（1）广播信道（BCH）：用于广播系统和小区特有信息的一个下行传输信道。

（2）寻呼信道（PCH）：用于当系统不知道移动台所在的小区位置时，承载发向移动台的控制信息的一个下行传输信道。

（3）前向接入信道（FACH）：用于当系统知道移动台所在的小区位置时，承载发向移动台的控制信息的一个下行传输信道。FACH 也可以承载一些短的用户信息数据包。

（4）随机接入信道（RACH）：用于承载来自移动台控制信息的一个上行传输信道。RACH 也可以承载一些短的用户信息数据包。

（5）上行共享信道（SCH）：一种被几个 UE 共享的上行传输信道，用于承载专用控制数据或业务数据。

（6）下行共享信道（DSCH）：一种被几个 UE 共享的下行传输信道，用于承载专用控制数据或业务数据。

**2. 物理信道**

TD-SDMA 的物理信道包含四层结构：系统帧、无线帧、子帧和时隙码。依据不同的资源分配方案，子帧或时隙码的配置结构可能有所不同。时隙码能够在时域和码域上区分不同的用户信号，具有 TDMA 的特性，如图 26.4.3 所示。

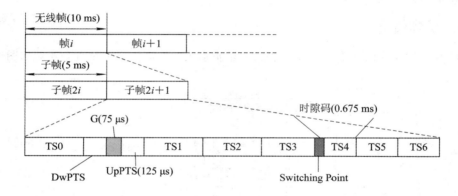

图 26.4.3　TD-SCDMA 物理信道信号格式

TDD 模式下的物理信道用于发射所分配的无线帧特定时隙中的一个突发。无线帧的分配可以是连续的，即每一帧的相应时隙都可以分配给某物理信道；也可以是不连续的，即仅有部分无线帧中的相应时隙分配给该物理信道。一个突发由数据部分、Midamble 部分和一个保护间隔组成。一个突发的持续时间就是一个时隙。

物理信道分为为两大类：专用物理信道和公共物理信道。专用物理信道（DPCH）由 DCH（Dedicated Channnel，专用信道）映射得到，支持上下行数据传输，下行通常采用智能天线进行波束赋形。公共物理信道可以分为以下几种：

（1）主公共控制物型信道（PCCPCH）：由广播信道（BCH）映射而来。PCCPCH 的位置（时隙/码）是固定的（TS0）。PCCPCH 需要覆盖整个区域，不进行波束赋形，其扩频因子为 16。

（2）辅助公共控制物理信道（SCCPCH1）：由 PCH 和 FACH 映射而来，扩频因子为 16。

（3）物理随机接入信道（PHACH）：由 RACH 映射而来，扩频因子为 16、8 或 4。

（4）快速物理接入信道（FPACH）：它是 TD‐SCDMA 系统独有的信道，用于对 UE 发出的 UpPTS 信号进行响应，支持建立上行同步，固定扩频因子为 16。

（5）物理上行共享信道（PUSCH）：由 USCH（Uplink Shared Channel）映射而来。

（6）物理下行共享信道（PDSCH）：由 DSCH（Downlink Shared Channel）映射而来。

（7）寻呼指示信道（PICH）：用来承载寻呼指示信息，扩频因子为 16。

（8）下行导频信道（DwPCH）：承载在 DwPTS 时隙上，主要完成下行导频和下行同步。

（9）上行导频信道（UpPCh）：承载在 UpPTS 时隙上，主要完成用户接入过程中的上行同步。

# 26.5　WiMAX

## 26.5.1　WiMAX 标准

2007 年 10 月 19 日，ITU 批准了 WiMAX 标准成为 ITU 移动无线标准，于是在移动通信技术领域，WiMAX 成为了未来全球移动通信中的一个重要组成部分。

WiMAX 论坛是由通信行业众多知名的设备制造商共同组建的。这个组织是对基于 IEEE802.16 标准的设备进行互操作性和一致性方面的认证组织。IEEE 是标准的制定者，WiMAX 论坛是标准的推动者，WiMAX 论坛将对产品是否符合标准进行验证。从某种意义上来说，WiMAX 几乎就是 IEEE802.16 的代名词。

IEEE802.16 是一种无线接入系统的新协议，它定义了无线城域网的空中接口。1999 年开始提出了 IEEE802.16，并在 2001 年、2003 年发表了 2 种基于单载波的固定式传输的技术标准 IEEE802.16—2001 和 IEEE802.16a，2004 年发表了基于正交频分复用（OFDM）的固定式应用技术标准 IEEE802.16d，随后又推出了针对移动应用的技术标准 IEEE802.16e 标准。WiMAX 标准的演进及相关标准如表 26.5.1 所示。

**表 26.5.1　IEEE802.16 相关标准及其应用领域**

| 标准号 | 相关应用领域 |
| --- | --- |
| IEEE802.16 | 10～66 GHz 固定宽带无线接入系统空中接口 |
| IEEE802.16a | 2～11 GHz 固定宽带接入系统空中接口 |
| IEEE802.16c | 10～66 GHz 固定宽带接入系统的兼容性 |
| IEEE802.16d | 2～66 GHz 固定宽带系统空中接口 |
| IEEE802.16e | 2～66 GHz 固定和移动宽带无线接入系统空中接口管理信息库 |
| IEEE802.16f | 固定宽带无线接入系统空中接口管理信息库（MIB）要求 |
| IEEE802.16g | 固定和移动宽带无线接入系统空中接口管理平面流程和服务要求 |

IEEE802.16 系列标准主要定义了空中接口的物理层和 MAC 层规范。MAC 层独立于物理层，并能支持多种不同的物理层。

## 26.5.2 WiMAX 技术特点

### 1. 覆盖范围大

WiMAX 能为 50 km 范围内的固定站点提供无线宽带接入服务，或者为 5～15 km 范围内的移动设备提供同样的接入服务。WiMAX 标准中采用了很多先进技术，包括先进的网络拓扑、OFDM 和天线技术中的波束成形、天线分集和多扇区等技术。另外，WiMAX 还针对各种传播环境进行了优化。

### 2. 无线数据传输性能强

WiMAX 技术支持 TCP/IP。TCP/IP 的特点之一是对信道的传输质量有较高的要求，无线宽带接入技术面对日益增长的 IP 数据业务，必须适应 TCP/IP 对信道传输质量的要求。同时，WiMAX 技术在链路层加入了 ARQ 机制，减少了到达网络层的信息差错，大大提高了系统的业务吞吐量。此外，WiMAX 采用天线阵、天线极化方式等天线分集技术来应对无线信道的衰落。这些措施都提高了 WiMAX 的无线数据传输性能。

### 3. 数据传输速率高

WiMAX 技术具有足够的带宽，支持高频谱效率，其最大数据传输速率可高达 75 Mb/s，是 3G 所能提供的传输速率的 30 倍。即使在链路环境最差的环境下，WiMAX 也能提供比 3G 系统高得多的传输速率。

### 4. 支持 QoS

WiMAX 向用户提供具有 QoS 性能要求的数据、视频、语音（VoIP）业务。WiMAX 提供 3 种等级的服务：CBR（Constantt Bit Rate，固定带宽）、CIR（Committed Information Rate，承诺带宽）、BE（Best Effort，尽力而为）。CBR 的优先级最高，在任何情况下，网络操作者与服务提供商以高优先级、高速率及低延时为用户提供服务，保证用户订购的带宽。CIR 的优先级次之，网络操作者以约定的速率来提供，但速率超过规定的峰值，优先级会降低，还可以根据设备带宽资源情况向用户提供更多的传输带宽。BE 则具有更低的优先级，这种服务类似于传统 IP 网络的尽力而为服务，网络不提供优先级与速率的保证。在系统满足其他用户较高优先级业务的条件下，尽力为用户提供传输带宽。

### 5. 可靠的安全性

WiMAX 技术在 MAC 层中利用一个专用子层来提供认证、保密和加密功能。

### 6. 业务功能丰富

WiMAX 技术不仅支持具有 QoS 性能要求的数据、视频、语音（VoIP）业务，还支持不同的用户环境，在同一信道上可以支持上千个用户。

## 26.5.3 WiMAX 网络架构

WiMAX 网络可以分为终端、接入网和核心网三部分，如图 26.5.1 所示。

接入网可以分为基站（BS）和接入网关（Access Service Network Gateway，ASNG）。接入网的功能包括为终端的 AAA（认证、授权和计费）提供代理、支持网络服务协议的发现和选择、IP 地址的分配、无线资源管理、功率控制、空中接口数据的压缩和加密以及位置管理等。

　　WiMAX 核心网主要实现漫游、用户认证以及 WiMAX 网络与其他网络之间的接口功能，包括用户的控制与管理、用户的授权与认证、移动用户终端的授权与认证、归属网络的连接、与 2G/3G 等其他网络的核心网的互通，以及防火墙、VPN、合法监听等安全管理、网络选择与重选及漫游管理等。

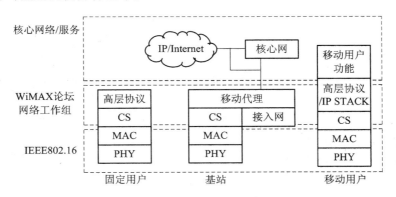

图 26.5.1　WiMAX 网络架构

WiMAX 网络架构可以采用不支持漫游和支持漫游两种类型，如图 26.5.2 所示。

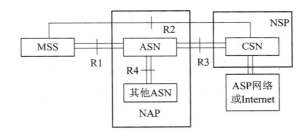

(a) 不支持漫游型WiMAX架构

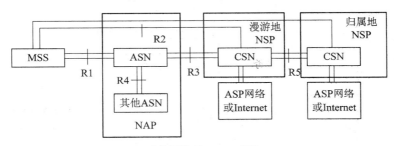

(b) 支持漫游型WiMAX架构

图 26.5.2　WiMAX 网络架构

WiMAX 网络主要由接入业务网（ASN）和连接业务网（CSN）组成。

**1. ASN 的功能**

ASN 的功能如下：

（1）发现网络。根据策略选择基站，获得无线接入服务，在基站和用户终端间建立物理层和 MAC 层的连接，同时进行无线资源管理。

（2）将 AAA 控制消息传递给用户的归属网络业务提供商，协助完成认证、业务授权和计费等功能。

（3）协助高层与用户终端建立三层连接，即建立物理层、MAC 层和 CS 层的连接；同时分配 IP 地址，并完成业务网络和连接业务网络之间的建立和管理。

（4）根据分级结构进行接入业务网络内的移动性管理，包括所有类型的切换，并进行接入网内的寻呼和位置管理。

（5）存储临时用户信息列表。

**2. CSN 的功能**

CSN 主要由路由器、AAA 代理服务器、用户数据库以及 Internet 网关设备等组成，其主要功能如下：

（1）为用户会话建立连接，给终端分配 IP 地址并提供 Internet 接入，实现 ASN 和 CSN 之间的隧道建立和管理。

（2）基于用户属性进行控制和管理。

（3）完成 ASN 网和核心网之间的隧道建立和维护。

（4）作为 AAA 代理服务器完成用户计费和结算。

（5）支持 WiMAX 服务，如位置服务、点对点服务、多媒体子系统（IMS）服务和紧急呼叫等。

（6）完成漫游需要的 CSN 之间的隧道建立与维护。

（7）实现接入网之间的移动性管理。

## 26.5.4　网络接口

WiMAX 网络中的接口点（或称为网络参考点）如图 26.5.3 所示。图中，NAP 为网络接入提供商；NSP 为网络业务提供商；ASP 为应用业务提供商；ASN 为接入业务网；CSN 为连接业务网；SS/MSS 为用户终端/移动用户终端。

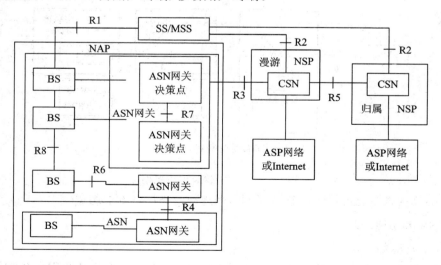

图 26.5.3　WiMAX 网络接口

（1）R1。R1 为空中接口，是移动用户终端与接入业务网之间的接口。R1 与 IEEE 802.16 的空中接口物理层和 MAC 层一致，并包含相关的管理平面功能。

（2）R2。R2 为客户界面，是移动用户终端与连接业务网之间的逻辑接口。R2 建立在用户到 CSN 的物理连接上，可提供认证、业务授权和 IP 主机配置等服务。

（3）R3。R3 是 WiMAX 接入网与核心网之间的接口，也是接入业务网和连接业务网之间的互操作接口，它包括一系列控制平面协议和承载平面协议。其中，控制平面协议包括 IP 隧道建立以及由终端移动而产生的隧道释放等控制协议，与 AAA、ASN 和 CSN 之间的策略，以及 QoS 执行等协议。承载平面协议由 ASN 和 CSN 之间的 IP 隧道构成，IP 隧道的粗粒度与不同的 QoS 等级相关，同时也和不同的 CSN 相关。

（4）R4。R4 是 ASN 与 ASN 之间的接口，用于处理 ASN 网关间与移动性相关的一系列控制平面协议与承载平面协议。

（5）R5。R5 是核心网 WiMAX 的漫游接口，是漫游 CSN 与归属 CSN 之间互操作的一系列控制平面协议与承载平面协议。控制平面协议包括 IP 隧道的建立以及由于终端的移动而产生的隧道释放等控制协议，与 AAA、ASN 和 CSN 之间的策略，以及 QoS 执行等协议。承载平面协议由漫游 CSN 和归属 CSN 之间的 IP 隧道构成。

（6）R6。R6 是基站与 ASN 网关之间的接口，属于 ASN 的内部接口，由一系列控制平面协议与承载平面协议构成。控制平面协议包括 IP 隧道的建立以及由于终端移动而产生的隧道释放等控制协议。承载平面协议由 BS 和 ASN 网关之间的 IP 隧道构成。

（7）R7。R7 是 ASN 网关内部接口，是 ASN 网关决策点与 ASN 网关执行点之间的控制平面接口。

（8）R8。R8 是基站之间的接口，用于快速切换，由一系列控制平面协议与承载平面协议构成。控制平面协议包含基站之间的通信协议。承载平面协议定义了一套协议，允许切换时在所有涉及的基站之间传递数据。

# 本 章 小 结

第三代移动通信系统与第二代移动通信系统的主要不同在于它可以提供移动环境下的多媒体业务和宽带数据业务，其数据传输速率最高可达 2 Mb/s。目前第三代移动通信系统的标准分别为 WCDMA、CDMA2000、TD‐CDMA 和 WiMAX 四种。

第三代移动通信系统在继承前两代移动通信提供的语音服务的基础上，还提供了低速率数据服务，其最终目标是提供宽带多媒体通信服务。

UMTS 是采用 WCDMA 空中接口技术的第三代移动通信系统，通常也称为 WCDMA 通信系统。UMTS 系统结构主要由无线接入网和核心网两个部分组成。

CDMA2000 的目标是进一步提高语音容量，提高数据传输效率，支持更高的数据速率，降低移动台的电源消耗，延长电池寿命，消除对其他电子设备的电磁干扰，具有更好的加密技术，后向兼容 CDMA one。与 CDMA one 相比，CDMA2000 采用较多的新技术，具有较多的优点。

时分同步码分多址接入（TD‐SCDMA）系统是第一次由中国提出的全球 3G 标准之一。TD‐SCDMA 是 TDD 和 CDMA、TDMA 技术的完美结合。

2007 年 10 月 19 日，ITU 批准了 WiMAX 标准成为 ITU 移动无线标准，于是在移动通信技术领域，WiMAX 成为了未来全球移动通信中的一个重要组成部分。

# 习 题 与 思 考

26 - 1　什么是 3G？它包含哪些主要技术？具有哪些特点？

26 - 2　我国对 3G 的频谱是如何分配的？

26 - 3　UMTS 与 WCDMA 有何关系？UMTS 主要由哪些部分组成？

26 - 4　WCDMA 系统主要有哪些接口？这些接口是如何定义的？

26 - 5　CDMA2000 有何特点？

26 - 6　CDMA2000 系统由哪些部分构成？各部分的功能如何？

26 - 7　CDMA2000 空中接口的分层结构是怎样的？简述各层的作用。

26 - 8　TD - SCDMA 有何特点？

26 - 9　TD - SCDMA 系统由哪些部分构成？各部分的功能如何？

26 - 10　TD - SDMA 的物理信道由哪些层组成？

26 - 11　简述 WiMAX 标准。

26 - 12　WiMAX 技术有何特点？

# 参 考 文 献

[1] 王志良，王粉花. 物联网工程概论[M]. 北京，机械工业出版社，2011.

[2] 朱洪波，杨龙祥，朱琦. 物联网技术进展与应用[J]. 南京邮电大学学报(自然科学版)，2011，31(1)：1－9.

[3] 朱晓荣，孙君，齐丽娜，等. 物联网[M]. 北京：人民邮电出版社，2010.

[4] 宁焕生，徐群玉. 全球物联网发展及中国物联网建设若干思考[J]. 电子学报，2010，38(11)：2590－2599.

[5] Sanjay Sarma, David L Brock, Kevin Ashton. MIT Auto IDWH－001：The Networked Physical World[R]. Massachusetts：MIT Press，2000.

[6] Harald Sundmaeker, Patrick Guillemin, et al. Vision and Challenges for Realizing the Internet of Things [M]. Luxemborg：Publications Office of the European Union，2010.

[7] EPC global. The EPC global Architecture Framework [OL]. http://www.epcglobalinc.org/standards/architecture/ architecture－1－3－framework－20090319. pdf，2009－03－19.

[8] CERP－IoT. Internet of Things Strategic Research Roadmap [OL]. http://ec.europa.eu/information－society/ policy/rfid/documents/in－cerp. pdf，2009－09－15.

[9] Commission of the European Communities. Internet of Things － An action plan for Europe COM (2009)278 final[R]. Brussels，EC Publication，2009.

[10] 张平，苗杰，胡铮，等. 泛在网络研究综述[J]. 北京邮电大学学报，2010，33(5)：1－6.

[11] International Telecommunication Union，Internet Reports 2005. The Internet of things[R]. Geneva：ITU，2005.

[12] 曹淑敏. 走向宽带泛在的无线移动通信[J]. 世界电信，2009，22(12)：43－45.

[13] 陈如明. 泛在/物联/传感网与其他信息通信网络关系分析思考[J]. 移动通信，2010，34(8)：47－51.

[14] 续合元. 泛在网络架构的研究[J]. 电信网技术，2009(7)：22－26.

[15] 樊昌信，张甫翊，徐炳祥，等. 通信原理[M]. 北京：国防工业出版社，2001.

[16] 陈光军. 数据通信技术与应[M]. 北京：北京邮电大学出版社，2005.

[17] 秦国，秦亚莉，韩彬霞. 现代通信网概率[M]. 北京：人民邮电出版社，2004.

[18] 夏靖波，刘振霞，张锐. 通信网理论与技术[M]. 西安：西安电子科技大学出版社，2006.

[19] 傅祖芸. 信息论——基础理论与应用[M]. 北京：电子工业出版社，2005.

[20] 鲍官军，等. CAN 总线技术、系统实现及发展趋势[J]. 浙江工业大学学报，2003，(2)：58－61.

[21] 史久根，张培仁，陈真勇. CAN 现场总线系统设计技术[M]. 北京：国防工业出版社，2004.

[22] 张士兵，包志华，徐晨. 近距离无线通信技术规范解析与研究[J]. 苏州大学学报(自然科学版)，2006，22(1)：33－36.

[23] 张莉. 近距离无线通信技术及应用前景[J]. 电信技术，2005，(11)：9－11.

[24] 蒋伟民，毕红军. 五种主流近距离无线技术比较[J]. 科技资讯，2007，(2)：2.

[25] 徐汉文. 近距离无线技术的介绍和对比[J]. 智能家居，2008，(1)：33－36.

[26] 金纯，许光晨，孙睿. 蓝牙技术[M]. 北京：电子工业出版社，2011.

[27]　刘春红，张漫，张帆，等. 基于无线传感器网络的智慧农业信息平台开发[J]. 中国农业大学学报，2011，16( 5)：151 - 156.

[28]　蔡肯，王克强，岳洪伟，等. 农田信息监测与蓝牙无线传输系统设计[J]. 农机化研究，2012，(1)：80 - 83.

[29]　岳少博. 蓝牙无线传输技术在农业专家系统中的应用[D]. 河北农业大学学报，2011.

[30]　姚锡忠. 高速红外通信技术在电子名片机中的应用研究[D]. 南京理工大学学报，2010.

[31]　鄢盟. 红外通信模块的设计与实现[D]. 吉林大学学报，2012.

[32]　徐海峰，刘贤德. 国外无线红外数字通信的研究[J]. 红外技术，1998，20(3)：31 - 36.

[33]　严后选，张天宏，孙健国. 近距离红外无线数据通信技术研究[J]. 应用基础与工程科学学报，2004，12(4)：407 - 415.

[34]　周锦荣，张恒. 基于红外载波的近距离无线通信技术应用研究[J]. 红外，2008，29(9)：37 - 42.

[35]　傅文渊，王爽，李国刚，等. 采用红外通信的智能化抄表器电路设计[J]. 华侨大学学报(自然科学版)，2012，33(4)：384 - 387.

[36]　陈国东. 超宽带无线通信系及若干关键技术研究[D]. 北京邮电大学，2007.

[37]　王秀贞. 超宽带无线通信及其定位技术研究[D]. 华东师范大学，2010.

[38]　R. Fontana. A brief history of UWB communications [OL]. http://www.multisPectral.com.

[39]　张博. UWB 超宽带通信技术在无线医疗监护体系中的应用前景[J]. 计算机与数字工程，2012，40(10)：67 - 69.

[40]　马祖长，孙怡宁，梅涛. 无线传感器网络综述[J]. 通信学报，2004，25(4)：114 - 124.

[41]　孙立民，李建中，陈渝等. 无线传感器网络[M]. 北京：清华大学出版社，2005.

[42]　肖俊芳. 无线传感器网络的若干关键技术研究[D]. 上海交通大学，2009.10.

[43]　李晓维. 无线传感器网络技术[M]. 北京：北京理工大学出版社，2007.

[44]　张少军. 无线传感器网络技术及应用[M]. 北京：中国电力出版社，2009.

[45]　Zigbee 技术起源和 Zigbee 协议分析[EB/OL]. http://www.cdtarena.com.

[46]　梁雄健，孙青华，张静，等. 通信网规划理论与实务[M]. 北京：北京邮电大学出版社，2006.

[47]　王丽娜. 现代通信技术[M]. 北京：国防工业出版社，2009.

[48]　叶敏. 程控数字交换技术[M]. 北京：北京邮电大学出版社，1998.

[49]　敖发良，等. 现代通信网络中的交换技术[M]. 重庆：重庆大学出版社，2003.

[50]　毛京丽，李文海. 数据通信原理. 2 版[M]. 北京：北京邮电大学出版社，2007.

[51]　章坚武. 移动通信[M]. 西安：西安电子科技大学出版社，2002.

[52]　佟学俭，罗涛. OFDM 移动通信技术原理与应用[M]. 北京：人民邮电出版社，2003.

[53]　何林娜. 数字移动通信[M]. 北京：机械工业出版社，2010.